C000080417

1 MONTH OF
FREE
READING

at

www.ForgottenBooks.com

By purchasing this book you are eligible for one month membership to ForgottenBooks.com, giving you unlimited access to our entire collection of over 1,000,000 titles via our web site and mobile apps.

To claim your free month visit:

www.forgottenbooks.com/free568550

ISBN 978-0-365-35939-5
PIBN 10568550

ARCHIVES

DE

PARASITOLOGIE

Paraissant tous les trois mois

SOUS LA DIRECTION DE

RAPHAËL BLANCHARD

PROFESSEUR A LA FACULTÉ DE MÉDECINE DE PARIS
MEMBRE DE L'ACADÉMIE DE MÉDECINE

———

TOME NEUVIÈME

———

PARIS
F. R. DE RUDEVAL, ÉDITEUR
4, RUE ANTOINE DUBOIS (VI⁶)

—

1905

LES PARASITES DES CULICIDES

PAR

le Dr LÉON DYÉ

Ancien Préparateur au Laboratoire de Parasitologie
Médecin colonial de l'Université de Paris.

Les Culicides étaient étudiés jusqu'à ces dernières années au seul point de vue zoologique. Leur étude, au point de vue médical, a pris, depuis 1899, une grande importance, à la suite de la découverte, chez certains d'entre eux, de parasites pathogènes pour l'espèce humaine.

Il a été prouvé, en effet, que ces parasites des Culicides sont les agents très actifs de quelques-unes des maladies les plus répandues dans les pays chauds, telles que le paludisme et la filariose. Les études sur ces redoutables Insectes se sont alors multipliées : études zoologiques, qui nous ont permis de les mieux connaître et de les classer plus aisément ; études médicales, qui ont conduit à une connaissance plus approfondie des maladies qu'ils sont susceptibles de nous transmettre ; études de prophylaxie et d'hygiène, basées sur les mœurs de ces Insectes, nous mettant à même de mieux nous préserver de leurs attaques, ou de les détruire plus facilement.

Il suffit de suivre sur un planisphère la distribution géographique du paludisme et de la filariose pour se rendre compte de toute l'importance de cette étude des parasites des Culicides pathogènes pour l'espèce humaine. Et ce domaine peut s'augmenter de toute l'aire de distribution géographique de la fièvre jaune, si l'on considère les résultats obtenus en certaines régions, contre cette maladie, par les seules mesures prophylactiques prises envers les Culicides. Les expériences concordantes faites à ce sujet, *en pays amaril*, par les missions américaines, anglaises et françaises, tendent à prouver que le germe encore inconnu de la fièvre jaune, microbe ou Protozoaire, passe au moins une phase de son évolution dans le corps de certains Moustiques ; nous reviendrons d'ailleurs plus loin sur cette question.

La connaissance approfondie des parasites des Culicides en général, même de ceux non encore reconnus pathogènes pour l'espèce humaine, peut également nous rendre de très grands services. Leur étude systématique peut, en effet, conduire à la découverte, chez ces Insectes, de parasites nouveaux, parmi lesquels peuvent se trouver les parasites producteurs de maladies à facteur étiologique encore inconnu, telles que la fièvre jaune et la lèpre ; de plus, cette étude systématique des parasites des Culicides peut aussi nous mettre à même de mieux nous défendre contre ces Insectes, en nous permettant de trouver, par exemple, des parasites pathogènes pour les Culicides eux-mêmes et capables, dans certains cas, de les détruire.

« La guerre aux Culicides, dit Laveran, est devenue une mesure d'hygiène des plus importantes et c'est avec raison que les moyens de destruction de ces Insectes ont été mis partout à l'ordre du jour. La connaissance des parasites des Culicides conduira peut-être à trouver un microbe pathogène pour ces Insectes, microbe qu'on pourra cultiver et ensemencer dans les eaux stagnantes où pullulent les larves des Culicides ; l'étude de ces parasites mérite donc d'attirer l'attention. »

L'étude d'ensemble des parasites des Culicides n'a pas encore été faite. Plusieurs auteurs ont publié récemment des ouvrages didactiques très complets sur les Culicides, mais les uns, comme Theobald, dans *A monograph of the Culicidae*, ont traité seulement le côté zoologique de la question des Culicides, et les autres, comme Giles, dans la seconde édition de *Gnats or Mosquitoes*, ont consacré simplement quelques lignes à certains parasites des Culicides et de façon tout à fait incidente.

Dans un ouvrage actuellement sous presse (1), le professeur R. Blanchard a réservé un court chapitre à cette révision toute spéciale des parasites des Culicides : c'est le premier essai de ce genre que nous connaissions. Nous l'avons consulté avec fruit et il a été l'un des points de départ de notre travail.

Les études en ce sens vont du reste se multiplier, au fur et à mesure que l'histoire naturelle et médicale de ces Insectes sera mieux connue : « On n'ignore pas, écrit le professeur R. Blanchard

(1) R. BLANCHARD, *Les Moustiques. Histoire naturelle et médicale.* Paris, F. R. de Rudeval, 1904 (*sous presse*); Parasites des Culicides, p. 132.

dans le même ouvrage, qu'un très grand nombre de ces Culicides joue un rôle capital dans la propagation des maladies les plus redoutables : le médecin doit donc se familiariser avec leur étude. Il est actuellement démontré que les genres *Anopheles*, *Pyretophorus*, *Stegomyia*, *Culex*, *Mansonia*, etc., renferment un plus ou moins grand nombre d'espèces morbifères ; sans aucun doute, cette redoutable faculté de propager les maladies parasitaires n'appartient pas exclusivement aux seuls Moustiques chez lesquels on l'a reconnue ; et, s'il a suffi de 4 ou 5 années d'études et d'expériences pour établir des faits d'une si haute importance, que ne peut-on attendre d'un prochain avenir ? »

Les parasites des Culicides, étudiés jusqu'à ce jour, sont déjà suffisamment nombreux pour qu'on puisse les répartir en catégories différentes, suivant l'ordre zoologique et botanique.

Notre travail se trouve naturellement divisé en deux parties, d'après la grande division des parasites en endoparasites et en ectoparasites ; dans chaque partie nous pourrons établir une subdivision en parasites végétaux et parasites animaux.

La première partie, comprenant les endoparasites, renferme la plupart des parasites des Culicides, pathogènes pour l'Homme ; on y rencontre des Champignons, des Algues, des Sporozoaires, des Flagellés, des Infusoires et des Vers.

La deuxième partie, comprenant les ectoparasites, renferme des Champignons, des Infusoires, des Diptères, enfin des Acariens dont nous avons eu un certain nombre de types entre les mains, ce qui nous a conduit à nous étendre un peu plus longuement sur ce sujet tout spécial.

Nous ferons précéder ces deux parties d'une courte révision des Culicides décrits actuellement, nous bornant à donner les caractères des sous-familles et à énumérer les genres.

Mais avant d'aborder cette étude, qu'il nous soit permis d'adresser ici le témoignage de toute notre reconnaissance à M. le Professeur R. Blanchard, pour avoir bien voulu nous attacher à son laboratoire à titre de préparateur, et pour toute la bienveillance qu'il n'a cessé de nous témoigner. C'est lui qui nous a donné l'idée première de ce travail et qui nous en a fourni les éléments, en nous chargeant de l'étude de divers lots de Moustiques reçus par son Laboratoire, et spécialement de l'étude des Culicides

de Madagascar. C'est au cours de ces recherches, longues et minutieuses, que nous avons rencontré un certain nombre de Moustiques, porteurs d'Acariens parasites, et que nous avons été ainsi
amené, sur ses conseils, à établir cette révision des parasites des
Culicides, en y joignant nos observations personnelles.

LES CULICIDES. — SOUS-FAMILLES ET GENRES

Avant d'entreprendre l'étude des parasites des Culicides, il
nous semble nécessaire de dire quelques mots des Culicides eux-
mêmes, puisque nous serons amenés, au cours de cette revue, à
citer les espèces, ou tout au moins les genres, sur lesquels on a
trouvé ces parasites. De plus, étant donné le nombre assez considérable de genres nouveaux créés en ces dernières années, il
nous a paru indispensable de les indiquer ici, pour donner plus de
clarté à notre description.

Nous ne nous étendrons pas sur ce sujet, renvoyant le lecteur
aux traités spéciaux parus sur la matière, dont quelques-uns très
complets (1).

Les Moustiques ou Cousins sont des Insectes Diptères appartenant au sous-ordre des Nématocères et à la famille des *Culicidae.*

Les *Diptères* sont des Insectes à pièces buccales disposées pour
sucer et pour piquer, à prothorax soudé, à ailes postérieures
transformées en balanciers et à métamorphoses complètes.

Les *Nématocères* ont le corps mou, allongé, les antennes à plusieurs articles filiformes, quelquefois touffues chez les mâles. Les
pattes sont longues et grêles, les ailes grandes, recouvertes
d'écailles ou nues. Les palpes sont longs et composés de plusieurs
articles. La trompe courte et charnue, ou longue et filiforme, est
souvent armée de piquants sétiformes. Les balanciers sont libres ;
l'abdomen comprend de sept à neuf articles. Les larves ont une tête
différenciée ; elles se transforment en nymphes immobiles ou mobiles. Ces dernières ont des trachées branchiales sur le cou et la
queue. L'Insecte, sorti de la nymphe, continue à flotter sur l'enveloppe vide, jusqu'à ce qu'il puisse se servir de ses ailes.

(1) F. W. THEOBALD, *A monograph of the Culicidae.* London, 1901-1903, 3 vol.
in-8. — GILES, *Gnats or Mosquitoes.* London, 2ᵉ édition, 1902. — R. BLANCHARD,
Les Moustiques. Histoire naturelle et médicale, Paris, F. R. de Rudeval, 1901.

La famille des *Culicidae*, ainsi nommée parce que le Cousin vulgaire (*Culex*) en est le type, a été ainsi caractérisée par Robineau-Desvoidy, en 1827, dans son *Essai sur la tribu des Culicides* : « Petits Diptères nématocères à trompe longue et cornée, à larves et nymphes aquatiques, bien connus par leurs habitudes sanguinaires. »

Ces deux caractères, trompe longue et cornée, si on y ajoute celui de la disposition caractéristique des nervures de l'aile, recouvertes d'écailles, sont suffisants pour différencier la famille des *Culicidae* des familles voisines, telles que les *Chironomidae*, les *Cecidomyidae* et aussi les *Simulidae*, dont l'ensemble comprend tous les Insectes Diptères communément désignés sous l'appellation vulgaire de Moucherons.

La famille des *Culicidae* ne comprenait, en 1901, que douze genres : actuellement elle en compte cinquante et un, et leur nombre s'augmente tous les jours, en rapport avec l'accroissement considérable du nombre des espèces. Aussi a-t-il été nécessaire de créer des *sous-familles*, pour obtenir plus de commodité dans la répartition des genres ; ces sous-familles sont au nombre de six : *Anophelinae, Megarhininae, Culicinae, Aëdeomyinae, Joblotinae, Heptaphlebomyinae*, si l'on adopte la classification de Theobald.

La classification des Culicides était primitivement basée uniquement sur les longueurs respectives des palpes et de la trompe. Cette classification, avec l'augmentation du nombre des genres et des espèces, a dû s'adresser à d'autres caractères différentiels. L'auteur anglais, Theobald, dont la classification est aujourd'hui généralement adoptée, a basé sa classification presque exclusivement sur l'écaillure des Moustiques, sur la forme et la position relative des écailles de la tête, du thorax, de l'abdomen et du métanotum, ce qui lui a permis de créer de nombreux genres nouveaux, et aussi de démembrer les anciens. C'est cette classification que nous adopterons, avec Giles, R. Blanchard, et la plupart des entomologistes qui s'occupent de la question des Culicides.

Neveu-Lemaire (1) a proposé une classification moins compliquée, basée sur la longueur relative de la trompe et des palpes maxillaires, sur le nombre d'articles et la forme de ces palpes

(1) M. Neveu-Lemaire, Classification de la famille des *Culicidae. Mémoires de la Société Zoologique de France*, XV, p. 195, 1902.

maxillaires, enfin sur la nervation de l'aile. Cette classification peut rendre de bons services dans certains cas particuliers, lorsque, par exemple, les Moustiques à déterminer sont *lavés*, c'est-à dire dépourvus en partie de leurs écailles par le liquide conservateur et ainsi rendus indéterminables par la méthode de Theobald. Elle mérite donc d'être conservée à ce titre, surtout par le médecin, qui ne peut le plus souvent faire œuvre d'entomologiste et à qui il importe, dans la plupart des cas, de savoir seulement si le Culicide examiné appartient ou non à la sous-famille des *Anophelinae*, ou à certains genres peu nombreux de la sous-famille des *Culicinae*, qui ont presque tous des caractères différentiels bien nets.

Nous allons maintenant donner les caractères des sous-familles, en y ajoutant la simple énumération des genres et le nombre des espèces correspondantes, d'après les ouvrages récents de Theobald et de R. Blanchard.

I. — SOUS-FAMILLE DES ANOPHELINAE.

Palpes longs dans les deux sexes, terminés en massue chez le mâle, linéaires chez la femelle, prolongation des deuxième et troisième nervures longitudinales dans les cellules basales ; petitesse des deux fourchettes chez le mâle. Caractère spécial des larves : pas de tube respiratoire apparent. 10 genres :

1. *Anopheles* Meigen, 1818 (12 espèces).
2. *Myzomyia* R. Blanchard, 1902 (16 espèces).
3. *Cyclolepidopteron* Theobald, 1901 (2 espèces).
4. *Stethomyia* Theobald, 1902 (1 espèce).
5. *Pyretophorus* R. Blanchard, 1902 (7 espèces).
6. *Arribalzagaia* Theobald, 1903 (1 espèce).
7. *Myzorhynchus* R. Blanchard, 1902 (14 espèces).
8. *Nyssorhynchus* R. Blanchard, 1902 (16 espèces).
9. *Cellia* Theobald, 1902 (7 espèces).
10. *Aldrichia* Theobald, 1903 (1 espèce).

Il faut y ajouter un certain nombre d'*Anophelinae* incertains ou insuffisamment connus (15 espèces).

II. — SOUS-FAMILLE DES MEGARHININAE.

Trompe longue et recourbée ; palpes longs chez le mâle, courts chez la femelle ; première cellule sub-marginale très petite, beaucoup plus petite que la deuxième postérieure ; Moustiques à couleurs brillantes. 2 genres :

1. *Megarhinus* Robineau-Desvoidy, 1827 (15 espèces).
2. *Toxorhynchites* Theobald, 1901 (2 espèces).

III. — SOUS-FAMILLE DES CULICINAE.

Palpes à peu près aussi longs ou plus longs que la trompe chez le mâle, toujours beaucoup plus courts que la trompe chez la femelle ; première cellule sous-marginale aussi longue ou plus longue que la deuxième cellule postérieure. 17 genres :

1. *Ianthinosoma* Arribálzaga, 1891 (6 espèces).
2. *Psorophora* Robineau-Desvoidy, 1827 (4 espèces).
3. *Mucidus* Theobald, 1901 (5 espèces).
4. *Desvoidya* R. Blanchard, 1902 (2 espèces).
5. *Stegomyia* Theobald, 1901 (23 espèces).
6. *Theobaldia* Neveu-Lemaire, 1902 (8 espèces).
7. *Lutzia* Theobald, 1903.
8. *Culex* Linné, 1758 (160 espèces).
9. *Gilesia* Theobald, 1903 (1 espèce).
10. *Lasioconops* Theobald, 1903 (1 espèce).
11. *Melanoconium* Theobald, 1903 (6 espèces).
12. *Grabhamia* Theobald, 1903 (11 espèces).
13. *Acartomyia* Theobald, 1903 (1 espèce).
14. *Tæniorhynchus* Arribálzaga, 1891 (12 espèces).
15. *Mansonia* R. Blanchard, 1901 (7 espèces).
16. *Macleaya* Theobald, 1903.
17. *Catageiomyia* Theobald, 1903 (1 espèce).

Culicinae incertains ou indéterminables : une cinquantaine d'espèces.

IV. — SOUS-FAMILLE DES AEDEOMIYNAE.

Palpes très courts chez le mâle et chez la femelle, beaucoup plus courts que la trompe. 12 genres :

1. *Dinocerites* Theobald, 1901 (2 espèces).
2. *Finlaya* Theobald, 1903 (2 espèces).
3. *Aëdes* Meigen, 1818 (3 espèces).
4. *Howardina* Theobald, 1903 (2 espèces).

5. *Aëdimorphus* Theobald, 1903 (1 espèce).

6. *Skusea* Theobald, 1903 (3 espèces).

7. *Verrallina* Theobald, 1903 (3 espèces).

8. *Ficalbia* Theobald, 1903 (2 espèces).

9. *Uranotænia* Arribálzaga, 1891 (13 espèces).

10. *Mimomyia* Theobald, 1903 (2 espèces).

11. *Aëdeomyia* Theobald, 1901 (3 espèces).

12. *Hæmagogus* Williston, 1896 (2 espèces).

V. — SOUS-FAMILLE DES SABETTINAE.

Palpes courts dans les deux sexes. Métanotum orné de soies, mais dépourvu d'écailles. 6 genres :

1. *Sabettus* Robineau-Desvoidy, 1827 (3 espèces).

2. *Sabettoides* Theobald, 1903 (1 espèce).

3. *Wycomyia* Theobald, 1901 (2 espèces).

4. *Phoniomyia* Theobald, 1903 (2 espèces).

5. *Dendromyia* Theobald, 1903 (3 espèces).

6· *Binotia* R. Blanchard, 1904 (1 espèce).

VI. — SOUS-FAMILLE DES JOBLOTINAE.

Métanotum portant des poils et des écailles ; palpes longs chez le mâle, courts chez la femelle. 3 genres :

1. *Joblotia* R. Blanchard, 1901 (2 espèces)·

2. *Limatus* Theobald, 1901 (1 espèce).

3. *Goeldia* Theobald, 1903 (1 espèce).

VII. — SOUS-FAMILLE DES HEPTAPHLEBOMYINAE.

Sept nervures longitudinales sur l'aile au lieu de six, comme dans toutes les autres sous-familles. 1 genre :

1. *Heptaphlebomyia* Theobald, 1903 (1 espèce).

ENDOPARASITES

Dans cette section, assez étendue, des endoparasites des Culicides, on peut aisément établir la subdivision en parasites végétaux et parasites animaux. Les parasites végétaux comprennent des Bactéries et des Champignons. L'autre subdivision, celle des parasites animaux, comprend un grand nombre de parasites appartenant à des types fort différents ; ce sont, en suivant l'ordre zoologique ascendant, c'est-à-dire en partant des types les plus simples pour s'élever graduellement à des types plus complexes comme organisation, des Myxosporidies, des Hémosporidies, des Grégarines, des Flagellés, des Infusoires, des Plathelminthes, des Némathelminthes. Enfin nous dirons aussi quelques mots, comme l'a fait le professeur R. Blanchard, dans son chapitre des parasites des Culicides, des infestations multiples que l'on a fréquemment l'occasion d'observer au cours de l'étude des parasites des Culicides.

Tout imparfait que soit ce travail, nous espérons cependant qu'il pourra ainsi être de quelque utilité à ceux qui désireraient le compléter, ou plus simplement se documenter rapidement sur ce sujet très spécial et tout d'actualité. Il nous montrera, en tout cas, combien ces parasites des Culicides ont été insuffisamment étudiés jusqu'ici, et quels nombreux points les concernant il reste encore à élucider, pour arriver à leur connaissance exacte.

I. — PARASITES VÉGÉTAUX

Les parasites végétaux, signalés jusqu'ici comme endoparasites des Culicides, sont encore peu nombreux, et cependant leur nombre réel doit être assez élevé. Leur étude présente beaucoup d'intérêt, en raison de l'action pathogène exercée par bon nombre d'entre eux sur le Moustique hôte ; de plus, un certain nombre semblent pouvoir être disséminés par le Moustique et inoculés à l'état de spores : ils pourraient ainsi produire, d'après certains auteurs, quelques affections de la peau spéciales à des régions tropicales de l'Amérique du sud.

Bactéries et Champignons.

Bactéries. — Le premier cas décrit l'a été par Perroncito ; ce savant avait, en novembre et décembre 1899, recueilli des larves de Culicides dans les environs de Turin. L'éducation de ces larves lui fournit des Moustiques adultes de l'espèce *Anopheles maculipennis* et il avait été frappé de la grande mortalité qui sévissait sur ces Insectes. Il en rechercha la cause et fut ainsi amené à l'attribuer à une Bactérie, analogue au *Leptothrix buccalis*, qui parasitait ces Insectes. Le microorganisme était formé de filaments verdâtres, larges de 1 à 2 μ, cloisonnés transversalement et réunis en faisceaux ; on trouvait en outre une grande quantité de granulations et des corpuscules sphériques semi-lunaires ou de formes variées, en grande partie mobiles.

Le siège de ce microorganisme n'est pas indiqué de façon précise ; il est plus que probable que c'est la cavité générale de l'Insecte.

Remarque importante : d'après Perroncito, cette Bactérie est *pathogène pour les Anopheles*. Les Moustiques s'infestent à l'état de larves ; le parasite poursuit son évolution chez la nymphe, puis chez l'adulte et finit par le tuer, peu de temps après sa naissance.

Nous voyons donc, dans ce premier cas de parasitisme, un parasite pathogène, sans doute pour les Culicides en général, et en particulier pour un *Anopheles*. Il serait très désirable que des recherches fussent continuées en ce sens, pour mieux déterminer cette Bactérie, ainsi que ses aptitudes biologiques et rechercher si on ne pourrait pas en tirer parti pour la destruction systématique des Culicides, dans certaines conditions données.

Champignons. — Un second cas de parasitisme, dû cette fois à un Champignon, a été signalé brièvement par Léger et Duboscq : « Nous avons retrouvé, disent ces auteurs, dans quelques larves de la région de Campo di Loro, un Champignon filamenteux, sans doute analogue à celui déjà signalé par Perroncito dans ces Insectes. »

Tout récemment, Marchoux, Salimbeni et Simond ont signalé, chez le *Stegomyia calopus* adulte, la présence de divers Champignons. Ces Champignons, analogues à des *Mucor*, ont été rencontrés en grande abondance à certaines périodes de l'année ; ils se trouvaient non seulement dans le tube digestif et ses annexes, mais aussi dans le cœlome.

Ces parasites peuvent envahir tout le corps du *Stegomyia* et amener ainsi sa mort : c'est donc encore un exemple de parasite pathogène pour le Culicide. Les auteurs ont surtout recherché si ce Champignon, parasite du Moustique, avait une relation quelconque avec l'aptitude du *Stegomyia calopus* à transmettre la fièvre jaune et ils concluent par la négative.

La destruction des Insectes par les Champignons est fréquente dans la nature, et on pourrait en multiplier les exemples. Citons toutefois l'*Empusa culicis* trouvé par A. Braun chez le *Culex pipiens*; c'est de même une *Empusa*, qui tue très fréquemment les Mouches de nos contrées. Rappelons aussi que, d'après Trabut et Debray, les Altises adultes peuvent être détruites par le *Sporotrichum globuliferum,* et que leurs larves, d'après Vaney et Conte, peuvent l'être par le Champignon de la muscardine des Vers à soie, le *Botrytis bassiana.*

On voit donc que la connaissance plus exacte de ces Champignons peut nous rendre de très grands services dans la lutte entreprise pour la destruction des Culicides. Elle peut aussi nous être utile à un autre point de vue, les Moustiques pouvant nous transmettre certaines maladies causées par ces Champignons, les maladies à caratés, par exemple. C'est ainsi que Montoya y Florez a recueilli les divers Champignons des caratés dans le corps de Moustiques (*Culex* ?), de Simulies et de Punaises dans les régions à caratés de l'Amérique centrale, et qu'il n'est pas éloigné d'admettre l'intervention de ces Insectes dans la transmission de ces maladies, par suite de l'introduction des spores de ces Champignons dans la peau, au niveau des piqûres.

Il est toutefois nécessaire que de nouvelles études soient entreprises, pour élucider cette question de l'étiologie des caratés ; il était bon néanmoins de poser le problème de l'action possible des Culicides, dans ce cas particulier.

Nous devons maintenant dire quelques mots des Levûres, rencontrées par plusieurs auteurs chez les Moustiques.

En octobre 1900, Laveran a signalé le cas d'une Levûre, parasite des Culicides. Cet auteur a observé, sur des coupes d'*Anopheles maculipennis,* l'existence d'une Levûre dans la cavité cœlomique de Moustiques provenant de Rio-Tinto (Espagne) ; ils avaient sucé du sang palustre et avaient été bien fixés dans l'alcool absolu. D'après Laveran, cette Levûre se présente sous l'aspect de petits éléments ovalaires, mesurant de 2 à 5 μ de long ; un certain nombre de ces cellules ont à l'une de leurs extrémités un petit bourgeon ; elles possèdent chacune un noyau, que l'on colore facilement par le procédé de Heidenhain.

La plupart des cellules de Levûre sont libres dans la cavité cœlomique, où elles sont groupées en petits amas. Sur plusieurs coupes longitudinales de ces *Anopheles*, Laveran a vu nettement que cette Levûre traversait l'épithelium des parois du tube digestif et venait tomber dans la cavité cœlomique.

Cette Levûre semble pathogène pour le Moustique ; en effet, à la suite des observations de Laveran, le Dr Macdonald, de Rio-Tinto, a recherché systématiquement ces petits éléments cellulaires, qu'il a réussi à retrouver. Il a remarqué de plus que les larves d'*Anopheles* mouraient rapidement, à l'époque de l'année où l'on trouvait les *Anopheles* infestés par la Levûre décrite par Laveran. Il est donc probable que la Levûre se transmet de la larve à l'Insecte adulte, comme dans le cas du Champignon, parasite des Culicides, observé par Perroncito.

Marchoux, Salimbeni et Simond ont aussi observé des Levûres chez la plupart des *Stegomyia calopus* qu'ils ont eu l'occasion d'examiner, au cours de leurs recherches sur la fièvre jaune. Ils les ont surtout trouvées sur des Moustiques disséqués à une période peu éloignée de leur naissance : elles existaient en abondance, surtout dans le cœlome des Moustiques, sur les individus nourris de miel, de fruits et de matières sucrées. Ces auteurs notent que ces Levûres différaient selon le genre de nourriture de l'Insecte.

Contrairement aux Champignons, signalés plus haut par les mêmes auteurs, ces Levûres n'étaient pas pathogènes pour le Culicide ; on ne peut non plus, d'après eux, leur attribuer aucun rôle dans l'aptitude du *Stegomyia calopus* à transmettre la fièvre jaune.

Néanmoins l'étude de ces Levûres n'est pas dénuée d'intérêt : les masses sphéroïdes ou de formes irrégulières, formées par ces Levûres, que l'on rencontre dans le grand sac à air du Culicide, peuvent facilement être prises, à un examen superficiel, pour des Sporozoaires, et les auteurs ne sont pas loin de supposer, comme nous le verrons plus loin, que ces Levûres ont été prises par les Américains Parker, Beyer et Pothier, pour un des stades du parasite qu'ils ont décrit sous le nom de *Myxococcidium stegomyiae*. Il est bon de signaler, dès maintenant, les erreurs d'interprétation possibles auxquelles peut donner lieu la rencontre de ces Levûres, parasites des Culicides.

Schaudinn, dans son remarquable travail, interprète d'une façon tout à fait spéciale le rôle de ces Levûres, qu'il a presque toujours rencontrées dans les diverticules de l'estomac (sac à air, estomac suceur, réservoir à nourriture) des nombreux Culicides qu'il a disséqués, au cours de ses belles recherches. Pour lui, ces Levûres auraient un rôle purement physiologique : il a été amené, par ses expériences, à conclure que l'effet irritant de la piqûre des *Culex* est dû, non pas seulement, comme on le pensait jusqu'ici, à la salive sécrétée par les glandes salivaires, mais bien aussi à l'action combinée des gaz et produits divers, sécrétés par les Levûres des diverticules œsophagiens. Nous ne suivrons pas l'auteur dans sa démonstration très serrée de ce rôle, en quelque sorte physiologique, des Levûres parasites ; nous tenions seulement à signaler au passage cette interprétation originale, qui nous montre combien toutes ces questions des parasites des Culicides ont besoin d'être sérieusement approfondies. Nous voyons en effet, à propos de ces Levûres de l'estomac du Moustique, trois auteurs, les étudiant successivement en pays différents, Schaudinn en Allemagne, Parker, Beyer et Pothier au Mexique, Marchoux, Salimbeni et Simond au Brésil, et leur attribuant chacun une interprétation totalement différente au point de vue de leur rôle parasitaire.

II. — PARASITES ANIMAUX

Les endoparasites des Culicides, appartenant au règne animal, peuvent se répartir entre les trois groupes suivants : Sporozoaires, Flagellés et Vers, tous trois également intéressants à des titres divers. Ils renferment, en effet, des formes de passage de parasites très communs chez l'Homme et chez les animaux.

Dans le groupe des Sporozoaires, on a rencontré des Myxosporidies, des Hémosporidies, des Grégarines. C'est parmi les Hémosporidies que se classent les Hématozoaires du paludisme.

Les parasites appartenant au groupe des Flagellés étaient peu nombreux jusqu'ici ; les récents travaux de Schaudinn ont ouvert des horizons nouveaux et presque illimités dans cette direction : s'ils se vérifient, ce groupe devrait s'augmenter considérablement, par l'adjonction de certaines formes d'Hémosporidies, les formes à flagelles des parasites des Culicides n'étant qu'un des stades du cycle évolutif des Hémosporidies de certains Vertébrés et même peut-être aussi de l'Homme.

Enfin avec le dernier groupe, celui des Vers, nous arrivons à des parasites des Culicides d'un ordre beaucoup plus élevé que les précédents. Ces parasites se répartissent entre les Plathelminthes (*Distomum*) et les Némathelminthes (*Mermithidae, Filaridae*).

Nous suivrons autant que possible l'ordre zoologique dans la description de ces parasites ; mais il est parfois difficile de les classer, tant leur description est incomplète, surtout chez les Sporozoaires que nous répartirons de la façon suivante : Myxosporidies, Grégarines, Hémosporidies.

Nous ferons précéder chaque groupe de sa diagnose aussi succincte que possible.

1. — Myxosporidies.

Les Myxosporidies sont des Sporozoaires à corps protoplasmique amiboïde, se reproduisant par spores munies de capsules à filaments.

Grassi et différents auteurs ont observé des Myxosporidies, parasites des Culicides, mais leurs descriptions sont très incomplètes et, dans la plupart des cas, ils ne rangent ces parasites que provisoirement parmi les Myxosporidies.

Plus récemment Marchoux, Salimbeni et Simond, en 1903, lors d'une mission à Rio-de-Janeiro, pour l'étude de l'agent étiologique de la fièvre jaune, ont été amenés, au cours de leurs recherches, à décrire parmi les parasites trouvés chez des *Stegomyia calopus*, des parasites qu'ils ont rangés dans le genre *Nosema*.

Nous ne parlerons pas ici du parasite trouvé par Parker, Beyer et Pothier dans les mêmes conditions, en 1902, à la Vera-Cruz, ces auteurs ayant cru devoir le ranger parmi les Hémosporidies où nous le décrirons.

Grassi a constaté, chez les *Anopheles*, la présence de deux sortes de parasites, qu'il rattache, provisoirement du moins, faute de renseignements suffisants, aux Myxosporidies.

Le premier de ces parasites se rencontre dans la cavité générale du Moustique : il est libre ou adhérent aux organes. Quand il est libre, il forme des amas protoplasmiques arrondis, à nombreux noyaux, sans mouvements amiboïdes. A côté des noyaux se voient des corpuscules ovalaires, mobiles, à nodule central brillant, qui sont capables de sortir de la masse protoplasmique. Quand il est adhérent aux organes, le parasite se présente sous l'aspect de tubes, d'ampoules, de globes irréguliers ; il s'entoure d'une membrane kystique et se segmente en un grand nombre de spores à paroi propre, mais dans lesquelles on n'a pas pu voir la capsule polaire.

Le second de ces parasites envahit surtout les œufs ; on l'y rencontre parfois en proportion considérable. Lorsque l'œuf arrive à maturité, il y produit une grande quantité de spores contenant chacune, d'après Grassi, huit sporozoïtes.

On ne sait rien sur le rôle de ces parasites ; ils n'ont aucune relation avec les parasites de la malaria : « Ces parasites, dit Grassi, méritent une étude plus approfondie, car mes connaissances sur ce sujet sont très peu étendues, et je ne les aurais même pas mentionnés, si je n'avais vu la nécessité de convaincre le lecteur que ces Sporozoaires n'ont aucun rapport avec les parasites de la malaria. » Plusieurs autres Myxosporidies, mal déterminées, ont été observées par différents auteurs : l'une d'entre elles a été rapportée par L. Pfeiffer au genre *Glugea* : elle a été trouvée par cet auteur chez des *Culex* indéterminés. Une autre, caractérisée par ses spores, a été signalée également par Grassi chez les *Culex* à tous les états de développement ; elle n'a encore été rencontrée chez aucun *Anopheles* ; par contre, elle est souvent très abondante chez certaines espèces de *Culex*. Grassi avait tout d'abord cru que ces parasites appartenaient au cycle évolutif des parasites du paludisme, mais l'étude de leurs caractères spéciaux, et leur absence chez les *Anopheles*, lui montrèrent qu'il avait bien affaire à un parasite distinct. L'intérêt de leur étude, comme celle de tous ces Sporozoaires en général, semble surtout résider dans leur diagnostic différentiel avec les parasites du paludisme.

Parasites du genre *Nosema*.

Ces parasites, décrits par Marchoux, Salimbeni et Simond, sont des parasites du *Stegomyia calopus*, à Rio-de-Janeiro. Les auteurs en ont décrit deux variétés ; nous les suivrons dans la description assez longue qu'ils donnent de la première.

Première variété. — C'est la forme la plus commune. Le parasite existe chez la larve, chez la nymphe et chez l'Insecte adulte.

Il est difficile à distinguer au moment de la métamorphose de la nymphe en Moustique, à cause du petit nombre de parasites qu'on rencontre à ce moment. Quelques jours après la métamorphose, le parasite est plus abondant. Il se présente sous forme de corpuscules ou spores, quelquefois isolés, mais le plus souvent réunis en masses plus ou moins sphériques. Ces spores sont nettement réniformes, quelquefois avec une extrémité plus effilée que l'autre. On les rencontre, le plus habituellement, dans toute la longueur du tube digestif, mais lorsque l'infection est très avancée, on les trouve aussi en abondance dans toutes les parties du Moustique et jusque dans la trompe. Ces spores se partagent en deux groupes, selon leur coloration : spores incolores et spores brunes.

Les *spores incolores* mesurent de 4 à 7 µ de longueur et de 2 à 3 µ de largeur ; elles sont réniformes, immobiles, effilées à un pôle et pourvues d'une membrane transparente à double contour ; elles sont remplies d'un protoplasma transparent. Il n'y a pas de noyau apparent. Leur évolution est facile à suivre dans les sacs aériens du Moustique : la spore se gonfle, la membrane disparaît et le plasmode ainsi formé a environ de 8 à 15 µ ; quelquefois il atteint jusqu'à 20 à 30 µ de diamètre. Arrivé à un certain degré d'accroissement, le plasmode est mûr pour la sporulation : il se délimite à son intérieur de petites portions de plasma présentant l'aspect de la spore primitive, mais sans membrane ; celle-ci se forme ensuite. Le reliquat du plasmode disparaît, une fois la sporulation achevée : il se comporte à la façon d'un plasmode de Myxosporidie. Le plasmode a généralement la forme d'une sphère ; il est toujours plus ou moins fixé à l'endroit du corps du Moustique où il se développe. Chaque plasmode peut donner naissance à un très grand nombre de spores, depuis 5 ou 6 jusqu'à 50 et au-delà.

Les spores ainsi formées sont disséminées dans le corps de l'Insecte : 8 à 15 jours après la métamorphose, la généralisation du parasite est complète ; il est tantôt libre dans les cavités du corps, tantôt intra-tissulaire, jamais intra-cellulaire.

La *spore brune* a une constitution sensiblement identique à celle de la spore incolore. Son protoplasma est coloré en brun chocolat. Elle a une évolution entièrement différente, qui rapproche son développement de celui des végétaux inférieurs pourvus d'un mycélium : le protoplasma se condense à l'un des pôles de la spore

et émet un bourgeon qui traverse la coque formée par l'épaississement de la membrane et s'allonge en un filament qui peut atteindre
de 50 à 100 μ, de forme très irrégulière, de coloration brune,
quelquefois ramifié. Ce filament, par condensation de sa substance
en certains points, forme un chapelet dont les grains sont irrégulièrement répartis sur la longueur.

Les auteurs n'ont pas pu suivre plus loin le développement de
cette spore brune ; ils semblent admettre que c'est là un stade de
dégénérescence de la spore incolore, et non un stade de résistance,
inconnu chez les autres Microsporidies.

Nous avons vu que le stade plasmodien, provenant des spores
incolores, a son siège de prédilection dans les sacs à air de l'Insecte,
qui, au nombre de trois, viennent s'aboucher dans le tube digestif,
au-dessus du sphincter intestinal ; le stade filamenteux, provenant
des spores brunes, se rencontre presque exclusivement au niveau
de l'intestin antérieur, au-dessous du même sphincter et jamais
dans les sacs à air.

Au niveau de l'intestin antérieur, le plasmode, né de spores
incolores, fournit presque exclusivement des spores brunes, dont
l'évolution donne une végétation parasitaire qui envahit tout le
tube digestif en cette région ; le tissu intestinal, de son côté, réagit
par une multiplication des cellules de la paroi intestinale et il se
forme en ces points de véritables tumeurs.

Les spores incolores et les spores brunes proviennent bien d'un
même parasite, car, chez les *Stegomyia* infectés et disséqués à une
période un peu avancée de leur existence, on constate souvent dans
un même plasmode la présence simultanée des deux sortes de
spores.

Chez la larve, on ne rencontre que le stade plasmodien dans le
tube digestif et autour des papilles anales : on n'a pas observé le
stade mycélien dans les tissus de la larve.

Les conclusions des auteurs sont qu'il doit exister une forme
de résistance dans le milieu extérieur ; cette forme, avalée par la
larve du Moustique, l'infecte et imprègne ses tissus par multiplication endogène avant la métamorphose, puis infecte par le même
processus l'Insecte adulte, en y produisant les deux stades, plasmodien et mycélien.

Dans la *seconde variété*, les spores sont piriformes, au lieu d'être réniformes ; elles évoluent entièrement de la même manière que celles de la première variété ; chaque corps sporulé, dans les deux variétés, conserve toujours son individualité, ce qui indique bien deux variétés distinctes.

D'après les expérimentateurs, ces *Nosema* n'ont aucune relation avec la fièvre jaune. Ils ont observé nombre de *Stegomyia* parasités, qui n'avaient jamais piqué de malades et qui avaient été nourris soit avec du miel, soit par piqûre sur des animaux bien portants.

L'action propre de ces *Nosema*, sur les Culicides parasités, n'est pas indiquée ; il eût été cependant utile de la connaître et de savoir si la dissémination considérable des spores incolores et des spores brunes, la formation des plasmodes et surtout la formation des productions réactionnelles du stade mycélien, affectaient d'une façon quelconque la vie du Culicide infecté.

2. — Grégarines.

Les Grégarines sont des Sporozoaires à corps protoplasmique revêtu d'une membrane, subissant leur premier développement dans une cellule, puis vivant dans la cavité générale de leur hôte.

Les Grégarines, comme parasites des Culicides, ont été observées par différents auteurs, mais les observations en sont encore peu nombreuses.

Ronald Ross, dans les Indes, à Secunderabad, a trouvé des Grégarines dans des larves de Culicides. Le tube digestif des Insectes observés en contenait un grand nombre. Ces Grégarines se reproduisent par spores : à la fin du stade larvaire, elles s'enkystent et donnent des spores. D'après Ronald Ross, elles ne semblent pas avoir d'action pathogène sur le Moustique.

Johnson, au cours de recherches dans une contrée à paludisme, a également trouvé, chez des *Anopheles maculipennis* ♀, des Sporozoaires qu'il croit devoir rattacher aux Grégarines. Ces parasites se rencontraient chez 8 pour 100 des individus examinés. Ils font saillie sur la paroi externe de l'estomac, vers la cavité générale de l'Insecte. Ils ont beaucoup d'analogie, à première vue, avec les oocystes des parasites du paludisme, mais ils s'en distinguent cependant par un caractère important : le kyste de la Grégarine a un noyau unique, celui des Hématozoaires du paludisme a plusieurs noyaux.

Léger et Duboscq, dans une larve de *Culex* recueillie en Corse, ont trouvé un kyste cœlomique appendu à la paroi intestinale, kyste qu'ils rapportent à une Grégarine du type *Diplocystis*.

Marchoux, Salimbeni et Simond, en disséquant des *Stegomyia calopus* adultes, ont trouvé des Grégarines et ont bien étudié leur évolution. Ces Grégarines étaient toujours rencontrées dans les tubes de Malpighi, à l'état de sporocyste, et jamais le stade mobile n'a été vu par ces auteurs dans l'estomac ou dans les autres organes du Moustique.

Ils ont recherché soigneusement ce que pouvaient bien devenir ces sporocystes et ils sont arrivés à ces conclusions, que ces sporocystes, développés dans les tubes de Malpighi, étaient répandus dans le milieu extérieur de deux façons : soit après la mort, lors de la désagrégation de l'Insecte, soit pendant la vie avec les fèces, lors de leur expulsion. Ces spores, tombées ainsi dans le milieu extérieur, sont entraînées par l'eau ; les auteurs ont constaté qu'elles étaient encore intactes au bout d'un mois; ils n'ont pu cependant fixer les limites de la durée de ce stade. Ces spores sont avalées par les larves de *St. calopus* et chaque spore éclôt dans le tube digestif de la larve.

« Les sporozoïtes mobiles, sortis du sporocyste, pénètrent dans les parois et vont se fixer chacun dans une cellule, soit du tissu digestif, soit même du tissu adipeux sous-cutané de la larve. Arrivé dans la cellule hôte, le sporozoïte s'arrondit et subit son évolution complète à l'intérieur de cette cellule. Le terme de cette évolution est une Grégarine, dépourvue d'épimérite et de protomérite, en forme de poire, et mesurant 15 à 30 μ tant qu'elle reste enfermée et immobile dans la cellule hôte. Si le volume du parasite, ou une cause quelconque, fait éclater la cellule à ce moment, la Grégarine commence aussitôt à se mouvoir avec activité. On la rencontre à la phase libre, soit dans le cœlome, soit dans le tube digestif. Elle mesure alors 25 à 50 μ.

« C'est durant la dernière période de l'existence de la larve, et surtout au début du stade de pupe du Moustique, que la conjugaison du parasite s'accomplit. Pendant le stade de pupe, en même temps que se constitue le tube digestif complexe de l'Insecte parfait, les Grégarines mobiles passent dans ce tube digestif et pénètrent dans les canaux de Malpighi, où elles s'immobilisent et commencent à sporuler. La sporulation s'effectue très rapidement; elle est en général complète au moment où, la métamorphose terminée, le *Stegomyia* ailé s'échappe de la pupe. »

Les auteurs, conduits à faire ces recherches par l'idée que le parasite supposé de la fièvre jaune pouvait être un Sporozoaire, déduisent de l'étude de cette Grégarine qu'elle ne peut avoir aucune relation de cause à effet avec la maladie en question. Ils font remarquer avec raison que le *Stegomyia* porteur de ces sporocystes, ne peut à aucun moment les inoculer à un animal quelconque et qu'il est incapable de les rejeter par sa trompe. D'ailleurs les sporozoïtes mobiles, qui eux pourraient être facilement inoculés par le Moustique adulte, achèvent tout le cycle de leur évolution, comme nous venons de le voir, pendant le stade larvaire.

Les auteurs ne semblent pas avoir envisagé l'action de la Grégarine, qu'ils ont étudiée si minutieusement, sur le Culicide lui-même. Mais il semble peu probable que ce parasite ait une action pathogène quelconque sur le *Stegomyia calopus*, car elle aurait frappé les observateurs. Il serait néanmoins, étant donnée l'importance de cette question, très intéressant d'être renseigné sur ce point.

L'étude de la parasitologie du *Stegomyia calopus*, si elle ne nous conduit pas à la découverte de l'agent pathogène, cause de la fièvre jaune, peut tout de même nous être très utile, si elle nous amène à la connaissance d'un parasite susceptible de détruire le *Stegomyia calopus*, propagateur possible de la maladie, à un stade quelconque de son évolution.

C'est à ce double point de vue qu'on doit toujours se placer dans l'étude complète des parasites d'un Culicide, reconnu susceptible de transmettre une maladie à l'Homme.

Retenons aussi, de cette étude des Grégarines parasites des Culicides, la grande analogie qui existe entre les formes enkystées de ces Grégarines et les kystes cœlomiques mûrs des *Plasmodium* du paludisme : il y a là une cause d'erreur à laquelle il faut toujours songer. Nous avons indiqué plus haut ce qui différencie les formes enkystées de ces deux sortes de parasites des Culicides, très différents à tous les points de vue dans leur mode d'action sur le Moustique et sur l'organisme humain, et dont la confusion peut entraîner à de grossières erreurs d'interprétation.

3. — Hémosporidies.

L'ordre des *Hæmosporidia* se subdivise en deux sous-ordres, les *Hæmosporea* et les *Acystosporea*. Ces derniers seuls nous intéressent ici. Ce sont des Sporozoaires à évolution entièrement intracellulaire, à structure et à mouvements d'Amibes, se reproduisant par sporulation, sans l'adjonction d'aucune membrane kystique. Ils comprennent trois genres certains :

1. *Babesia* Starcovici, 1893 ;
2. *Plasmodium* Marchiafava et Celli, 1885 ;
3. *Halteridium* Labbé, 1894.

On doit leur rattacher encore deux genres incertains, qui devront sans doute rentrer dans le genre *Plasmodium*, quand leur évolution sera mieux connue :

1. *Polychromophilus* Dionisi, 1898 ;
2. *Achromaticus* Dionisi, 1898.

Les *Babesia* sont transmis par les Acariens de la famille des Ixodidés ; les *Plasmodium* et les *Halteridium*, au contraire, sont propagés par les Moustiques, dont ils sont de véritables parasites. Ils rentrent donc dans notre étude (1). On doit rattacher à cette catégorie les six espèces suivantes :

Plasmodium malariae (Laveran, 1881);
Plasmodium vivax (Grassi et Feletti, 1890);
Plasmodium falciparum (Welch, 1897);
Plasmodium Danilevskyi (Kruse, 1890);
Plasmodium Ziemanni (Laveran, 1903);
Halteridium Danilevskyi (Grassi et Feletti, 1890).

Les trois premières espèces sont parasites de l'Homme pendant leur phase schizogonique; elles produisent les divers types de fièvre intermittente. Les trois dernières sont parasites des Oiseaux. En outre de ces six espèces, on connaît un certain nombre d'autres Hémosporidies des Vertébrés supérieurs, pour lesquelles le passage par l'organisme du Moustique n'est pas encore démontré : tels sont les *Plasmodium Kochi* (Laveran, 1899), des Singes d'Afrique,

(1) Pour la nomenclature de ce chapitre, nous avons pris pour guide le livre du Professeur R. Blanchard, p. 410 et suivantes.

Pl. præcox (Grassi et Feletti, avril 1890) et *Pl. immaculatum* (Grassi et Feletti, 31 octobre 1891), des Oiseaux (1).

On sait que les Hémosporidies se multiplient au moyen d'une véritable génération alternante : une première phase de reproduction asexuée, dite *schizogonie*, s'accomplit dans le sang de l'Homme ou des Oiseaux ; une seconde phase de reproduction sexuée, dite *sporogonie*, s'accomplit dans l'organisme des Moustiques. La décou-verte de cette phase sporogonique dans l'organisme des Moustiques est due à Ronald Ross pour les Plasmodies du sang des Oiseaux, puis au professeur R. Grassi pour celles du sang de l'Homme. Elle est d'une importance capitale, puisqu'elle a définitivement établi l'étiologie du paludisme, c'est-à-dire de l'une des maladies les plus meurtrières et les plus répandues à la surface du globe.

Les découvertes de Schaudinn sont venues, du moins pour les Hématozoaires des Oiseaux, nous faire connaître un troisième état de développement, le stade Trypanosome et Spirochète. Schaudinn assure déjà qu'il a retrouvé ce même stade chez un parasite du sang humain, le *Plasmodium malariae*. On peut donc s'attendre à voir se produire prochainement des modifications profondes dans la façon d'envisager le développement du paludisme.

L'étude détaillée de la phase sporogonique des parasites énu-mérés ci-dessus, c'est-à-dire des métamorphoses qu'ils subissent chez les Moustiques, nous entraînerait trop loin. Bornons-nous à en donner une description succincte, en insistant sur leurs carac-tères différentiels. Nous dirons ensuite quelques mots du *Myxo-coccidium stegomyiae*, parasite du *Stegomyia calopus*, rangé provisoi-rement parmi les Hémosporidies.

I. — Genre *Plasmodium* Marchiafava et Celli, 1885.

La schizogonie s'accomplit dans le sang des Mammifères et des Oiseaux. Schizonte endoglobulaire, plus ou moins chargé de mélanine et aboutissant à la production de mérozoïtes, ovoïdes ou sphériques, disposés en un seul groupe et laissant entre eux un reliquat protoplasmique. Gamètes sphériques, soit d'emblée, soit

---

(1) Ces deux dernières dénominations ont été aussi attribuées au *Plasmodium falciparum*, c'est-à-dire au parasite de la fièvre pernicieuse. Le professeur R. Blanchard (*loco citato*, p. 449-450) a démontré qu'elles ne pouvaient appar-tenir qu'à des parasites des Oiseaux.

après avoir gardé plus ou moins longtemps l'aspect de croissants. La sporogonie s'accomplit dans le corps des *Anophelinae*.

1. — **Plasmodium malariae** (Laveran, 1881). Parasite de la fièvre quarte. Neuf à douze mérozoïtes. Gamètes arrondis.

2. — **Plasmodium vivax** (Grassi et Feletti, 1890). Parasite de la fièvre quarte. Quinze à vingt mérozoïtes. Gamètes arrondis.

3. — **Plasmodium falciparum** (Welch, 1897). Parasite des fièvres irrégulières et estivo-automnales. Gamètes en croissant.

Ces trois espèces vivent dans le sang de l'Homme pendant leur phase schizogonique ; elles peuvent y être puisées par des Moustiques appartenant à des groupes variés, mais il résulte de nombreuses expériences, que les *Anophelinae* sont seuls capables de leur fournir un terrain favorable à l'accomplissement de leur phase sporogonique ; en particulier, les *Culicinae* en sont tout à fait incapables. C'est là une règle absolue. Quand on trouve certains stades évolutifs d'une Hémosporidie dans l'organisme des *Culicinae*, il s'agit de parasites des Oiseaux, mais non de ceux de l'Homme.

Évolution de la Plasmodie paludique. — Prenons pour type le *Plasmodium falciparum* de la fièvre pernicieuse, et suivons son évolution dans le corps de l'*Anopheles*. En piquant un malade, l'Insecte avale du sang dans lequel le parasite se trouve sous divers aspects : schizontes endoglobulaires et gamètes en croissant. Le *microgamétocyte* ou gamète mâle est reconnaissable à son pigment condensé dans la partie centrale, le *macrogamète* ou gamète femelle à son pigment plus diffus. Les schizontes sont bientôt digérés par l'Insecte, avec les hématies qui les renferment, mais les gamètes subissent une évolution actuellement bien connue.

Le gamète mâle émet des *flagelles* ou *microgamètes*, qui se fusionnent avec les macrogamètes et les fécondent. Ces derniers se transforment ainsi en zygotes ou oocinètes, organismes amiboïdes qui pénètrent dans l'épaisseur de la paroi de l'estomac et s'y enkystent (fig. 1). En sacrifiant successivement une série d'*Anopheles* infestés expérimentalement à une époque connue, on peut suivre toutes les phases de la sporogonie. Au bout de 24 heures, quelques kystes apparaissent sur la paroi de l'estomac ; ils sont transparents et ne mesurent pas plus de 5 à 7 μ. De la 40ᵉ à la 42ᵉ heure, tous les zygotes se sont enkystés et transformés en oocystes ; le noyau se colore fortement ; le protoplasma commence à se condenser à la périphérie. Au 3e jour, l'oocyste est déjà très vacuolaire ; il mesure de 8 à 11 μ ; le noyau s'est divisé ; on compte de 8 à 15 noyaux-filles. Au 4e jour, l'oocyste est gros de 12 à 15 μ, il renferme 25 à 30 noyaux situés le long des filaments protoplasmiques.

Le parasite continue de grossir ; il fait, à la surface externe de l'estomac du Moustique, une saillie qui va en s'accentuant de plus en plus.

Au 6me jour, il est large de 30 à 40 μ et présente l'aspect de

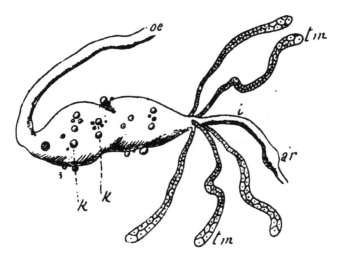

Fig. 1. — Estomac d'*Anopheles claviger* présentant des Hématozaires enkystés dans sa paroi. *k k*, kystes faisant hernie sur la surface externe de l'estomac ; *œ*, œsophage ; *i*, intestin ; *ar*, ampoule rectale ; *tm*, tubes de Malpighi. D'après H. Polaillon.

stries rayonnantes, premier indice des sporozoïtes. Du 7me au 8me jour, l'oocyste éclate et les sporozoïtes tombent dans la cavité générale de l'*Anopheles*. Ce sont des corpuscules fusiformes, longs de 10 μ, larges de 1 μ à 1 μ 5, pourvus d'un noyau allongé. Doués de mouvements assez actifs, ils pénètrent dans les cellules des glandes salivaires, puis tombent dans le canal excréteur de ces glandes et, de la sorte, peuvent être inoculés à l'Homme. Ainsi s'achève l'évolution du *Plasmodium*, et se trouve inoculé le germe de la fièvre pernicieuse.

Ce cycle évolutif sporogonique des Hématozoaires du paludisme, dans le corps du Moustique, peut se représenter schéma-
tiquement de la façon ci-dessus.

Influences diverses agissant sur la sporogonie. — La sporogonie
ne s'accomplit, comme il vient d'être dit, qu'autant que les Mous-

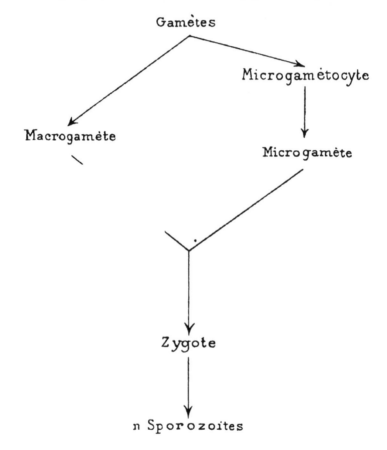

Sporogonie dans le corps de l'Anophèle.

tiques se trouvent à une température moyenne d'environ 30° C. ;
la température de leur corps est sensiblement égale à la température ambiante.

En effet, certaines influences peuvent agir sur l'évolution des
parasites, à l'intérieur du corps des *Anophelinae*, soit en la modifiant, soit même en l'arrêtant complètement.

Les variations de la température sont au premier rang de ces influences. D'après Koch (1), la sporogonie exige une température moyenne de 25° ; cependant Schoo (2), en Hollande, l'a vue s'accomplir à des températures notablement inférieures, à 18° par exemple, mais alors l'évolution est plus lente. Le même auteur a constaté que des écarts de température de 10 à 22° n'empêchent pas l'évolution du parasite.

Grassi a reconnu que la température limite, à laquelle peut se faire le développement du parasite, est de 20 à 22° pour le parasite de la tierce et de 16°,5 pour celui de la quarte. Cependant, d'après Grassi et Van der Scheers, le parasite de la tierce peut encore se développer à 12° et même à 9°, pourvu que son évolution ait été commencée à une température normale ; mais il est peu probable que les sporozoïtes, développés dans des conditions aussi défectueuses, puissent être infectieux.

Le régime alimentaire du Moustique semble aussi exercer une grande influence sur la sporogonie. D'après Schoo, les individus nourris avec des fruits acides ne s'infectent pas, quand on leur fait piquer des malades atteints de fièvres palustres ; au contraire, ils s'infectent facilement quand, après leur avoir fait sucer du sang palustre, on ne leur donne que de l'eau et des fruits non acides.

Tous les *Anophelinae* sont-ils également aptes à propager le paludisme ? Les observateurs qui ont étudié cette question importante concluent par la négative.

Stephen et Christophers (3), à Calcutta, n'ont jamais réussi à infecter expérimentalement le *Myzomyia Rossi* en lui faisant piquer des malades atteints de fièvre palustre ; ils n'ont jamais non plus trouvé chez ce Moustique des oocystes ou des sporozoïtes, ni à Calcutta, ni aux environs.

James (4), aux Indes, a confirmé ces résultats : même dans les localités les plus palustres, il n'a pu trouver de *M. Rossi* infectés ; il a réussi cependant plusieurs fois à infecter expérimentalement ce même Insecte, en lui faisant piquer des paludiques.

(1) KOCH, *Erster Bericht über die Thatigkeit der Malariaparasiten.* Leipzig, 1899.

(2) SCHOO, *La Malaria in Olanda.* Roma. 1902.

(3) STEPHEN ET CHRISTOPHERS, *Royal Soc. further to the mal. Comm.*, London, 1900. — *Ibidem*, octobre 1901.

(4) JAMES, Malaria in India. *Scientific memoirs by officers of the medical and sanitary department of the Government of India*, 2, 1902.

Il y a là des recherches très intéressantes à poursuivre dans ce même ordre d'idées chez les différents *Anophelinae*.

Corps bruns. — En outre des oocystes, Ross a observé dans la paroi stomacale de *Culex* infestés par *Plasmodium Danilevskyi*, des formes parasitaires spéciales, auxquelles il donna le nom de *black-spores*. Ce sont des corpuscules bruns ou noirs, en forme d'S, de faucille ou de bâtonnet. Des formations toutes semblables ont été retrouvées dans le tube digestif des *Anopheles* infestés par les Hématozoaires du paludisme, on n'a pas encore pu déterminer leur rôle exact ; il y a tout lieu de penser que ce sont des zygotes en voie de dégénérescence, dont l'évolution s'est trouvée arrêtée sous l'influence d'une cause quelconque, difficile à déterminer.

Ces corps bruns présentent une certaine analogie avec le stade mycélien du parasite du genre *Nosema* décrit par Simond, que nous avons signalé plus haut ; on peut les rapprocher aussi des formes de dégénérescence grise observées par Noé, sur les embryons de *Filaria immitis*, dans les tubes de Malpighi du Moustique.

Anophelinae transmettant le paludisme.—A l'heure actuelle, dans tous les pays, une vaste enquête se poursuit de façon méthodique dans le but de déterminer l'aptitude des différentes espèces d'*Anophelinae* à propager le paludisme. Les renseignements acquis à ce jour sont donc loin d'être définitifs. Il est utile néanmoins de fixer l'état de la science, et de donner la liste des espèces actuellement reconnues dangereuses. Cette liste comprend les douze espèces suivantes :

Anopheles bifurcatus (Linné, 1758).—Europe entière, États-Unis, Canada.
A. jesoensis Tsuzuki, 1902. — Japon.
A. maculipennis (Meigen, 1818. — Europe entière, Algérie, Tunisie, Palestine, États-Unis, Canada, Sanghaï (?), Java (?).
Myzomyia Christophersi (Theobald, 1902) — Duars (Inde).
M. culicifacies (Giles, 1901). — Centre de l'Inde (Hoshangabad, Bear).
M. funesta (Giles, 1900). — Sierra-Leone, Lagos, Gambie, côte occidentale d'Afrique, centre de l'Afrique, Mashonaland, Inde.
M Rossi (Giles, 1899). — Indes, presqu'île de Malacca.
M. superpicta (Grassi, 1899), – Sud de l'Italie, Espagne, Algérie, Palestine, Inde, Mashonaland, côte occidentale d'Afrique, Madagascar.
Myzorhynchus paludis (Theobald, 1900). — Katunga, Sierra-Leone.
M. pseudopictus (Grassi, 1899). — Italie, Palestine.
Nyssorhynchus Lutzi (Theobald, 1901). — Rio de Janeiro.

Pyretophorus costalis (Loew, 1866). — Espèce très répandue en Afrique : Cafrerie, Mashonaland, Afrique centrale, Sierra-Leone, Lagos, Gambie, Djibouti, Harrar, Abyssinie, Madagascar, Réunion, Maurice. Soudan français. Côte de Malabar, Inde, Hongkong.

4. — **Plasmodium Danilevskyi** (Grassi et Feletti, 1890).

Synonymes : *Proteosoma Danilevskyi, Hæmamœba relicta.*

Cet Hématozoaire, qui comprend probablement plusieurs espèces distinctes, s'observe dans le sang d'un grand nombre d'Oiseaux (Rapaces et Passereaux) (1). La sporogonie s'accomplit chez le *Culex pipiens.* Ce fait capital, d'où dérivent toutes nos connaissances sur les migrations et les métamorphoses des Hémosporidies, a été découvert par Ross, à la suite de longues et laborieuses recherches, destinées à vérifier l'hypothèse de Patrick Manson sur la propagation du paludisme par les Moustiques.

Manson avait émis l'opinion que la production des flagelles, dans le sang examiné au microscope, quelques minutes seulement après sa sortie des vaisseaux, était un phénomène naturel qui devait se passer normalement dans la cavité stomacale de quelque Insecte suceur : ce serait donc la première étape de la vie du parasite en dehors du sang d'un Vertébré. La seconde phase devait, selon toute probabilité, s'accomplir chez le Moustique.

En constatant, en 1897, la formation du zygote, par suite de la fécondation du macrogamète par le microgamète ou flagelle, Mac Callum vint donner un appui important à la théorie de Manson ; puisque ces flagelles n'infectaient pas l'Insecte, comme il l'avait cru tout d'abord, c'était donc au zygote que le rôle d'agent infectieux devait être dévolu.

R. Ross partit pour les Indes, en 1895, dans le but d'élucider la question. Après deux ans et demi d'études délicates, il parvint à découvrir la présence de kystes spéciaux, chargés de pigment mélanique, à la face externe de l'estomac de certains Moustiques du genre *Anopheles* : c'était là le fil conducteur qui devait le guider dans ses recherches ultérieures.

---

(1) Citons notamment : *Falco tinnunculus* L., à Rome ; *Buteo vulgaris* L., en Italie ; *Lanius excubitor* L., *L. senator* L., *L. minor* Gm , *Pica caudata* L., *Corvus cornix* L., à Naples ; *Passer domesticus* L. à Catane ; *P. montanus* L., *P. hispaniolensis* Temm., *Fringilla cœlebs* L., à Paris, Catane et Rome ; *Corvus frugilegus* L., en Russie ; *Columba livia* L., en Italie ; *Pernis apivorus* (L.) : *Pandion haliætus* L.; *Milvus nigrans* Bodd ; *Circus æruginosus* L.; *Asio otus* L.; *Colœus monedula* L. ; *Passer indicus* aux Indes ; *Athene noctua* L.

Dans une seconde mission, en 1898, R. Ross fut empêché de poursuivre ses recherches antérieures sur l'évolution du zygote, chez les *Anopheles*, par une épidémie de peste qui sévissait dans l'Inde ; il porta alors son attention sur les Hémosporidies des Oiseaux. Guidé par ses premiers travaux, il put suivre le cycle complet de l'évolution sporogonique de *Plasmodium Danilevskyi* chez des Moustiques du genre *Culex* : il trouva les sporozoïtes dans les glandes salivaires de l'Insecte et démontra, par des expériences positives, l'infestation de l'Oiseau par le Culicide parasité.

Ces résultats, obtenus par Ross, furent bientôt confirmés par Daniels. Depuis lors, de nombreux travaux, exécutés dans tous les pays, sont venus encore en vérifier l'exactitude.

La notion du cycle sporogonique de *Plasmodium Danilevskyi* chez le *Culex*, offre un intérêt historique considérable, puisqu'elle a été le point de départ de nos connaissances actuelles sur l'évolution des parasites du paludisme, d'une part chez l'Homme et d'autre part chez l'*Anopheles*.

Les métamorphoses de *Pl. Danilevskyi* dans le corps du *Culex pipiens* sont presque identiques à celles du *Pl. falciparum* chez les *Anophelinae* ; nous nous bornerons donc à noter les différences.

Les gamètes sont sphériques. La fécondation s'opère dans l'estomac du *Culex*, par la pénétration d'un seul microgamète dans chaque macrogamète ; elle a lieu quelques minutes après l'ingestion du sang par le *Culex*. Au bout de 12 heures, l'estomac renferme des zygotes de forme ovalaire, mesurant 6 à 7 μ et contenant des granulations noires. Après 36 à 48 heures les zygotes sont enkystés à la surface externe de l'estomac ; ce sont alors des oocystes larges de 10 à 12 μ ; les grains de pigment noir paraissent animés de mouvements. Au bout de 5 à 6 jours, l'oocyste atteint environ 60 μ ; d'après Daniels, il peut même mesurer jusqu'à 70 μ. Les sporozoïtes commencent à se montrer à l'intérieur : en exerçant une légère pression, on rompt la membrane et l'on met en liberté des sporozoïtes, longs de 10 à 14 μ, en forme de faucille et pourvus d'un noyau bien net. Vers le 10e jour, ils sont arrivés dans les glandes salivaires, et le *Culex* peut infecter désormais l'Oiseau, par sa piqûre.

Une température de 24 à 30° est nécessaire pour que le parasite puisse évoluer normalement dans le corps du *Culex*.

5. — Plasmodium Ziemanni (Laveran, 1903).

Synonyme : *Hæmamœba Ziemanni* Laveran.

Cet organisme est parasite des globules blancs de la Chevêche (*Athene noctua*). Il émigre chez *Culex pipiens* et y accomplit de très intéressantes métamorphoses que Schaudinn a fait connaître ; si les observations de ce savant sont confirmées, elles révolutionneront littéralement l'histoire des Hémosporidies.

Dans l'estomac du Moustique se produit un zygote, par le procédé déjà connu ; mais, à partir de ce moment, interviennent des phénomènes nouveaux. De la surface du zygote naissent des Trypanosomes très petits qui, par division longitudinale, produisent des formes encore plus minces et allongées.

Celles-ci ont cependant encore la structure caractéristique des Trypanosomes : Schaudinn les regarde comme de véritables Spirochètes, qui peuvent se mouvoir dans un sens ou dans l'autre. Ces organismes continuent à se diviser : certains sont si petits, qu'on ne peut les apercevoir sous le microscope, à moins qu'ils ne soient agglutinés en rosace ; ils s'agglomèrent dans ce cas par leur extrémité postérieure. Les Spirochètes sont alors si petits qu'ils peuvent traverser les filtres Chamberland. « Les Protozoaires parasites, ajoute Schaudinn, peuvent donc devenir, à certains moments, invisibles par nos moyens optiques, tandis qu'à d'autres stades, ils sont faciles à voir et même très gros. Il ne faut donc plus penser qu'un parasite n'est pas un Protozoaire parce qu'il traverse les filtres les plus fins. »

Ces formes évoluent dans l'estomac, puis dans l'intestin du Moustique ; de là, elles arrivent dans la région du cou par le vaisseau dorsal, parviennent autour du pharynx et passent par effraction dans la trompe. Ce sont ces Spirochètes qui, inoculés à l'Oiseau, continuent à pulluler dans son sang et à s'y multiplier.

Schaudinn a aussi trouvé des Spirochètes dans les tubes de Malpighi ; ils s'y multiplient et infectent les cellules de l'organe excréteur. Si l'on broie ces tubes infectés dans la solution physiologique de sel et qu'on injecte le mélange au Hibou, cet Oiseau ne tarde pas à être infecté. L'auteur ne sait pas ce que deviennent ces Spirochètes des tubes de Malpighi.

Pour Schaudinn, la Plasmodie endoglobulaire, le Trypanosome et le Spirochète, sont donc les trois formes successives d'un même parasite, auquel il donne du reste le nom de *Spirochæte Ziemanni* (Laveran).

Le cycle évolutif complet du *Plasmodium Ziemanni* ne comprendrait donc plus seulement un cycle schizogonique chez l'Oiseau et un cycle sporogonique chez le Moustique ; il faudrait

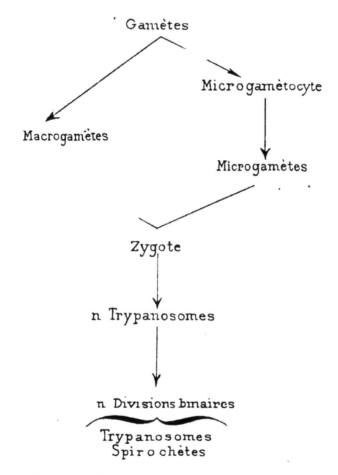

y ajouter chez tous deux, Oiseau et Moustique, une forme de multiplication asexuée par divisions binaires longitudinales.

On voit combien toutes ces notions nouvelles sont grosses de conséquences, au cas où elles seraient confirmées, ce qui est plus que probable, étant données la haute compétence de l'auteur pour tout ce qui touche à l'évolution des Hématozoaires et la conscience scrupuleuse qu'il apporte dans toutes ses publications.

A n'envisager que le zygote à l'état d'indifférence sexuelle, on peut résumer dans le schéma suivant l'évolution du parasite dans le corps du Moustique.

II. — GENRE *Halteridium* LABBÉ, 1894.

Parasites endoglobulaires, connus seulement chez les Oiseaux. Le schizonte est allongé, déplace le noyau, puis se renfle à chaque extrémité en forme d'haltère, pour former de part et d'autre un groupe de mérozoïtes ; la partie intermédiaire rétrécie, qui renferme le pigment, constitue un reliquat. On n'admet qu'une seule espèce, mais il est probable qu'on pourra la subdiviser en plusieurs autres.

Halteridium Danilevskyi (Grassi et Feletti, 1890). — Ce parasite a été vu dans le sang d'un grand nombre d'Oiseaux, notamment chez des Rapaces et des Passereaux (1). Son noyau a huit chromosomes ; les gamètes n'en ont que quatre. La sporogonie s'accomplit chez le *Culex pipiens* suivant un mode excessivement complexe que Schaudinn a fait connaître.

Etudions le chez l'*Athene noctua*. Le sang renferme des gamètes qui sont puisés par la trompe de l'Insecte, et qui vont se féconder dans l'estomac de celui ci. Les zygotes qui en résultent séjournent de 8 à 36 heures dans la partie antérieure de l'estomac, suivant la température. Ils évoluent alors selon trois types différents, dans le détail desquels nous ne pouvons entrer ; bornons-nous à les caractériser brièvement :

1° *Zygote à l'état d'indifférence sexuelle*, ayant la plus grande analogie avec le *Chrithidia* trouvé par Léger dans l'intestin de l'*Anopheles*. Il se multiplie par division longitudinale et produit des Trypanosomes asexués, qui se fixent à l'épithelium intestinal ; toutefois il peut se produire un stade grégariniforme libre, tout comme pour le *Chrithidia*. Les Trypanosomes de ce type diminuent

---

(1) Citons notamment : *Passer domesticus* L., *P. montanus* L., *Athene noctua* L., *Fringilla cælebs* L., *Alauda arvensis* L., *Garrulus glandarius* L., *Sturnus vulgaris* L., *Corvus corax* L., *Columba domestica* L., *Buteo vulgaris* L., *Falco tinnunculus* L., *Bubo* sp. (Italie, Allemagne, Russie), *Agelæus phœniceus* L., *Melospiza georgiana* Lath., *M. fasciata* Gm., *Corvus americanus* Audubon, *Bubo virginianus* Gm., *Emberiza miliaria* L., *Padda orizovora* (Indes, Indo-Chine).

progressivement de nombre dans le corps du Moustique, parce qu'ils se transforment en Trypanosomes mâles ou femelles, qui eux, ne se multiplient qu'après une longue période de repos.

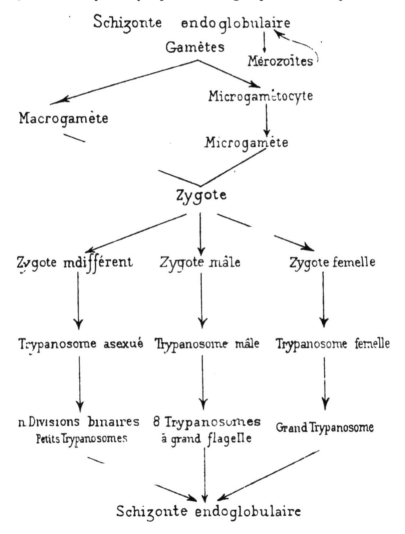

Schéma de la sporogonie chez le Moustique.

2° Zygote femelle, à protoplasma foncé. Il se transforme en un gros Trypanosome, à peu près trois fois plus grand que les précédents et qui semble avoir perdu la faculté de se reproduire par division ; il présente aussi un stade grégariniforme. Il est excessi-

vement résistant : ce serait même, d'après Schaudinn, la forme de
résistance du parasite dans le corps du Moustique, car il s'enkyste
dans l'estomac, lors des froids de l'hiver, tandis que les autres
formes disparaissent. Sous cet état, il ressemble beaucoup aux
oocystes des *Plasmodium.*

3° *Zygote mâle,* beaucoup plus petit que les précédents, à
protoplasma clair et hyalin, sans substance de réserve. Le petit
noyau donne 8 fuseaux hétéropores et le gros noyau disparaît, c'est
le contraire de ce qui a lieu pour la forme femelle : le gros noyau
est donc la partie femelle et le petit la partie mâle. Ces 8 fuseaux
donnent naissance, par une série de transformations, à 8 Trypanosomes qui se distinguent de la forme femelle par leur très
petite taille et de la forme indifférente par leur flagelle plus fortement développé.

D'après Schaudinn, les Trypanosomes mâles ne seraient plus
capables de multiplication et périraient pour la plupart. D'ailleurs,
les deux autres formes, indifférente et femelle, peuvent donner
des formes mâles ; c'est ce qui a lieu, notamment, dès que les
formes femelles quittent le sang de l'Oiseau pour changer d'hôte :
les zygotes mâles de l'intestin du Moustique sont homologues aux
microgamétocytes du sang, et les Trypanosomes mâles aux Microgamètes. Ces Trypanosomes mâles s'agglutinent par l'extrémité
libre de leurs flagelles, dans l'intestin du Moustique.

Ces trois formes se retrouvent parmi les schizontes endoglobulaire. En outre de ceux-ci, le sang de la Chevêche renferme aussi
des Trypanosomes libres, dont la filiation avec ceux qui viennent
d'être décrits est assez claire. Schaudinn l'a démontré par des
observations très précises ; il conclut que l'espèce parasitaire poly-
morphe dont il vient d'être question doit prendre le nom de
Trypanosoma noctuae (Celli et Sanfelice). On peut résumer tous ces
faits dans le tableau ci-dessus.

Myxococcidium stegomyiae Parker, Beyer, Pothier, 1903.

Parker, Beyer et Pothier, médecins américains, envoyés à la
Vera-Cruz (Mexique) par le *Bureau of public health and marine
hospital Service,* à l'effet d'y faire des recherches sur l'étiologie de
la fièvre jaune, ont observé, chez le *Stegomyia calopus,* un parasite
qu'ils regardent comme le facteur étiologique de cette maladie.
Il est impossible, d'après leur description, de préciser la position

systématique de cet organisme, auquel ils ont néanmoins donné le nom de *Myxococcidium stegomyiae*. Ils le placent provisoirement parmi les Hémosporidies ; mais, comme ils le disent eux-mêmes, d'après « des considérations de pure convenance, plutôt que d'après une conviction de sa position exacte ».

Le parasite ne doit être recherché dans les *Stegomyia* contaminés que trois ou quatre jours après que ceux-ci ont sucé le sang d'un malade atteint de fièvre jaune ; le sang est alors digéré et le parasite devient visible ; autrement l'estomac serait distendu et il serait impossible de distinguer, sur les coupes, aucun organisme. On doit aussi, pendant ce même laps de temps, laisser le *Stegomyia* sans nourriture, pour éviter l'introduction possible d'autres parasites avec les aliments. Du reste, il va sans dire qu'on ne doit opérer qu'avec des Moustiques *neufs,* c'est-à-dire provenant de l'éducation de larves et n'ayant pas encore pris de nourriture.

En se plaçant dans ces conditions spéciales, on trouve, dans l'estomac du *Stegomyia* infecté, de petits organismes fusiformes, généralement groupés, parfois aussi isolés. Ces corpuscules ont un noyau ovalaire. Certains d'entre eux ont un aspect qui rappelle les formes de conjugaison de certains Sporozoaires : ils semblent se fusionner deux à deux pour constituer des « zygotes » qui traversent la paroi hypertrophiée de l'estomac et pénètrent dans le diverticule œsophagien.

Les organismes y trouvent une masse albumineuse, d'origine indéterminée, dans laquelle ils s'enkystent, surtout à la périphérie : ainsi se constituent des « oocystes » qui vont être le siège de différentes transformations.

Le parasite augmente de volume ; son noyau se divise un grand nombre de fois ; chacune de ces divisions donnant naissance à un « sporoblaste » ovale, allongé. Chaque « oocyste » renferme un nombre à peu près constant de sporoblastes ; on en trouve de 30 à 40 environ, sur chaque coupe médiane. Puis la masse albuminoïde se désagrège, les sporoblastes mûrissent et sont mis en liberté. Du diverticule œsophagien, ils passent alors par la voie de moindre résistance dans le tissu connectif qui supporte les glandes salivaires, et entoure, presque de toutes parts, le diverticule œsophagien. De là, les parasites s'enfoncent dans les cellules des glandes salivaires et une nouvelle transformation se produit : les sporoblastes se divisent en un nombre infini de sporozoïtes qui tombent finalement dans le canal excréteur de la glande et sont inoculés avec la salive, quand le *Stegomyia* vient à piquer un Homme.

Tel est, d'après les trois observateurs américains, le cycle sporogonique du *Myxococcidium stegomyiae.*

L'action de cet organisme, sur le Moustique, est assez obscure : on note l'hypertrophie de l'estomac, des glandes salivaires et des œufs ; consécutivement ces derniers subissent une dégénérescence fibreuse, mais on n'a jamais pu y déceler la présence d'un parasite. Quant au cycle schizogonique, il doit s'accomplir dans le sang des malades atteints de fièvre jaune, mais il n'a pas encore été observé.

Parker, Beyer et Pothier, ayant fréquemment constaté la présence de cet organisme chez des *Stegomyia* gorgés de sang de fièvre jaune, admettent en effet qu'il en est l'agent pathogène. Ils disent reproduire expérimentalement la fièvre jaune au moyen de Moustiques infectés par ce parasite et avoir pu infester de nouveaux Moustiques avec le malade ainsi inoculé ; mais ils n'ont jamais retrouvé le parasite dans le sang des malades de la fièvre jaune.

Il semble donc prématuré de conclure que le *Myxococcidium stegomyiae* est le parasite de la fièvre jaune ; des expériences nouvelles sont nécessaires pour faire mieux connaître la nature du parasite et pour étudier ses relations possibles avec cette maladie.

D'après Schaudinn, le *Myxococcidium stegomyiae* serait une Levûre semblable à celles qu'il a trouvées dans l'intestin et les diverticules œsophagiens de tous les Diptères piqueurs. « La figure 15 du mémoire des auteurs américains, dit-il, montre avec toute évidence le bourgeonnement de la Levûre *apiculatus.* Je ne crois pas que ces parasites aient rien à faire avec la fièvre jaune ; le *Stegomyia* aurait sa Levûre commensale spécifique, comme les autres Culicides, et les auteurs américains en auraient décrit des stades inconnus. »

Marchoux, Salimbeni et Simond, pensent aussi qu'il s'agit de Levûres, qui se développeraient abondamment chez les *Stegomyia* nourris de bananes ou de miel ; quant aux « sporoblastes » trouvés sur les coupes du diverticule œsophagien, ils les assimilent aux plasmodes du *Nosema,* décrit plus haut.

Mais ce ne sont là que des hypothèses : rien ne prouve que le parasite étudié par les Américains au Mexique soit identique à celui rencontré par la mission française au Brésil. Il convient donc de considérer, au moins provisoirement, ces deux formes parasitaires comme distinctes.

En somme, le parasite de la fièvre jaune est encore inconnu chez le *Stegomyia*. Certains auteurs se demandent s'il ne pourrait pas appartenir à la catégorie des microbes dits « invisibles » (1), dont la dimension est si restreinte, qu'ils échappent aux moyens optiques dont nous disposons actuellement.

L'existence de deux hôtes, Homme et Moustique, pour le germe de la fièvre jaune, comme pour celui du paludisme, semble établir une grande analogie entre ces deux affections. Finlay note cependant qu'il existe entre elles des différences notables, quant à leur mode d'action sur l'organisme humain : le germe palustre peut rester très longtemps dans le corps humain, tandis que le germe amaril semble n'y rester que très peu de temps : la mission française de Rio-de-Janeiro ne le trouvait plus après trois jours ; d'un autre côté, le germe palustre reste très peu de temps dans l'organisme du Moustique (10 jours environ) ; il se peut donc que, par analogie, le germe de la fièvre jaune passe la plus grande partie de son existence dans le corps du Moustique. « Le germe amaril, ajoute Finlay, étant parasite, à l'état normal, d'un petit Insecte, doit être un Protozoaire beaucoup plus petit que le germe malarique qui est un parasite de l'Homme. » D'où, encore une fois, la conséquence que le parasite de la fièvre jaune pourrait bien être, chez l'Homme, un germe dit « invisible ».

Sir Patrick Manson (2) croit aussi à une grande analogie entre les deux parasites : le parasite de la fièvre jaune devant être un Protozoaire, comme celui du paludisme, il est même probable qu'on peut le voir chez le Moustique, alors qu'il est invisible dans le sang humain. Cette opinion repose sur la comparaison des dimensions respectives des parasites du paludisme dans le sang de l'Homme et chez le Moustique ; or, on sait que les zygotes du *Plasmodium Danilevskyi* peuvent atteindre jusqu'à 70 μ, c'est-à-dire

(1) E. Roux, Sur les microbes dits « invisibles ». *Bulletin de l'Institut Pasteur*, 1, p. 7, 1903 ; cf. p. 50.

(2) P. Manson, *Tropical Diseases*. London, 1903, cf. p. 196.

près de dix fois les dimensions de l'Hématozoaire dans le sang de l'Oiseau.

Enfin, en tenant compte de l'extrême petitesse des Spirochètes dérivés du *Plasmodium Ziemanni*, Schaudinn émet l'avis que la fièvre jaune pourrait être produite par des Spirochètes semblables. Il convient donc d'étudier très soigneusement les *Stegomyia* infectés et de rechercher les parasites dans tous les organes, notamment dans les tubes de Malpighi où on pourrait les rencontrer, comme cela a lieu pour les Spirochètes du *Plasmodium Ziemanni*.

4. — Flagellés.

Les Flagellés sont des animalcules toujours dépourvus de cils, munis d'un ou plusieurs flagellums, d'un noyau et de vacuoles contractiles.

Les Flagellés, parasites des Culicides, observés jusqu'ici, sont en très petit nombre, quelques auteurs seulement les ont signalés, et ils ne semblent exercer aucune action pathogène sur le Culicide parasité. L'intérêt de leur étude et de leur recherche systématique chez les Culicides est néanmoins considérable, étant donnée la proche parenté de ces parasites avec des Flagellés qui, depuis quelques années, ont pris, en pathologie coloniale, une grande importance : nous voulons parler des Trypanosomes. Nous verrons du reste que ce rapprochement a été fait par les auteurs qui ont étudié jusqu'ici ces Flagellés parasites des Culicides.

Chattergie, en 1901, au cours de la dissection de différents *Anopheles*, a rencontré une fois, dans la cavité abdominale d'un de ces Culicides, des organismes qui lui parurent très voisins des Trypanosomes flagellés, parasites du surra. Ces organismes étaient très mobiles et animés de mouvements rapides. « En disséquant l'estomac d'un *Anopheles*, dit cet auteur, je remarquai à l'examen au microscope avec un faible grossissement, des particules de sang désagrégé, qui se remuaient très violemment dans l'intérieur de l'estomac. En examinant à un grossissement beaucoup plus fort, je pus reconnaître une quantité d'organismes se mouvant dans le champ du microscope, avec rapidité, au milieu des particules. Après un court espace de temps, leurs mouvements se ralentirent et je pus reconnaître la structure de l'organisme. Il possède un flagellum et un noyau ovale ; le flagellum est fin et long ; il est plus long que le corps». Chattergie a également retrouvé, chez le même Moustique, dans la musculature de la tête, une forme parasitaire enkystée dans une capsule : il ne rattache pas cette forme à la précédente et, ne sachant où la classer, il se borne à la signaler.

En 1902, Léger a décrit, chez le Moustique, un Flagellé qu'il appelle *Chrithidia fasciculata*, trouvé dans l'intestin de femelles d'*Anopheles maculipennis*, capturées dans le Dauphiné.

L'étude de ce parasite du Culicide est intéressante en raison des analogies qu'elle peut présenter avec celle du développement des Trypanosomes dans le corps du Moustique. Nous croyons donc devoir suivre l'auteur dans la description précise qu'il en a faite.

Les parasites de très petite taille (4 à 10 μ), sont souvent réunis en très grand nombre, par amas, disposés en faisceaux radiés, le long de la paroi intestinale, et principalement aux points de jonction des tubes de Malpighi avec l'intestin. On peut les ramener à deux types principaux, entre lesquels se voient toutes les formes de transition possibles :

1° *Une forme ovalaire*, rappelant celle d'un grain d'orge légèrement aplati et tronqué à l'extrémité antérieure. Cette extrémité porte un flagelle de la longueur du corps. C'est la forme de beaucoup la plus fréquente. Ces parasites mesurent depuis 3 à 4 μ de long jusqu'à 6 à 8 μ. Leur corps est hyalin, à peine granuleux et on peut y distinguer une ou plusieurs vacuoles. Le flagelle se prolonge à l'intérieur du corps jusqu'à un centrosome, vivement colorable. « Ce centrosome est tout à fait comparable au corpuscule basilaire du flagelle des Trypanosomes ». A côté de ce centrosome se trouve le noyau assez gros et à contour circulaire. La multiplication du parasite a lieu par division longitudinale : le centrosome, puis le noyau se divisent successivement transversalement, et la division du centrosome a pour conséquence celle du flagelle ; ensuite, le corps se partage en deux, longitudinalement. L'évolution du parasite est donc analogue à celle des Trypanosomes. « De même que chez les Trypanosomes, chez les formes très jeunes peuvent s'observer des divisions multiples, précédées de la multiplication des centrosomes, et aboutissant à des formes en rosace qui constituent, sans doute, l'origine des colonies radiées ».

2° *Une forme effilée*, chez laquelle le flagelle de la forme ovalaire perd son individualité par suite de l'allongement du corps, ce qui

rapproche, encore plus, ces formes des Trypanosomes. « Elles ressemblent tout à fait à de minuscules Trypanosomes, de 8 à 14 μ
de longueur, y compris la partie effilée, d'autant mieux que sur
l'un des côtés, le corps plus aminci et à contour ondulé montre
comme un rudiment de membrane ondulante. » Ces formes effilées
sont le plus souvent libres, elles se relient aux premières par des
formes intermédiaires. Elles se reproduisent également par division longitudinale.

L'auteur ne semble attribuer, à ces parasites des Culicides,
aucun rôle pathogène pour le Culicide ; mais, frappé par l'analogie
que présentent les formes effilées du *Chrithidia fasciculata* avec les
Trypanosomes, il se demande si, en raison du mode d'alimentation
des *Anopheles*, ces *Chrithidia* « ne représenteraient pas un certain
stade évolutif de quelque Hématozoaire flagellé des Vertébrés. »

Léger et Duboscq ont retrouvé la même année, en Corse, dans
l'intestin de larves d'*Anopheles*, recueillies en différents points
palustres, ce même *Chrithidia fasciculata*. Le parasite se présentait
soit sous la forme libre, effilée, soit sous la forme ovalaire, en grain
d'orge, avec stade en rosace comprenant de nombreux individus :
l'intestin des larves en était parfois complètement recouvert.

En plein hiver, les mêmes auteurs ont également trouvé, dans
l'*Anopheles maculipennis* femelle hibernant, ces mêmes *Chrithidia*.

Le mémoire de Schaudinn est venu montrer combien étaient
exactes les hypothèses de Chattergie, Léger et Duboscq, sur la
présence de formes vraies de Trypanosomes chez le Moustique.

Nous avons vu que cet auteur avait trouvé des formes Trypanosomes dans le cycle évolutif, chez le Culicide, de deux Hématozoaires du sang des Oiseaux, *Plasmodium Ziemanni* et *Halteridium
Danilevskyi*, auxquels il a donné respectivement les noms de *Spirochæte Ziemanni* et de *Trypanosoma noctuae*.

Enfin, tout récemment (juin 1904), Rogers annonce, mais ces
résultats demandent confirmation, qu'il a obtenu des Trypanosomes, en cultivant le *Leishmania Donovani*.

On voit donc que toute cette classe des Protozoaires, où l'on
avait rangé les Flagellés, semble appelée sous peu, si les découvertes de Schaudinn et de Rogers se vérifient, à subir un rema-
niement complet. Ces nouvelles notions vont bouleverser toutes
les notions acquises, relativement aux Trypanosomes : elles ne

tendent, en effet, à rien moins qu'à faire disparaître les barrières qui semblaient exister entre deux grandes classes de Protozoaires, les Sporozoaires et les Flagellés.

5. — Plathelminthes.

Les Plathelminthes sont des Vers plats à cavité générale comblée par du parenchyme, munis d'un appareil excréteur formé d'un système pair de canaux continus dans toute la longueur du corps.

Les Plathelminthes, parasites des Culicides, sont tous des Trématodes distomiens, c'est-à-dire des Trématodes à deux ventouses au plus, sans crochets. Ces parasites sont en très petit nombre.

Martirano a étudié un Trématode parasite de l'*Anopheles maculipennis*, déjà signalé par Grassi. Il a reconnu qu'il s'agissait d'un petit Distome long de $0^{mm}33$, large de $0^{mm}20$, plat, de forme ovalaire, muni de deux ventouses, une grande ventouse antérieure et une ventouse postérieure située au milieu de la face ventrale. C'est un Helminthe adulte avec un grand nombre d'œufs arrondis d'un brun jaunâtre. Ce parasite a été trouvé chez *A. maculipennis*, à tous les stades, chez la larve, chez la nymphe aussi bien que chez l'individu adulte. On peut le rencontrer soit libre, soit enkysté. A l'état libre, on le trouve dans le thorax ou l'abdomen, mais c'est l'exception ; le plus souvent il se présente sous la forme enkystée. On voit alors dans la partie antérieure de l'abdomen, le long de l'œsophage ou de l'estomac, des petits kystes d'un blanc brillant, longs de $0^{mm}15$ à $0^{mm}23$. Chaque kyste ne renferme qu'un individu, mais on peut trouver chez le même Moustique jusqu'à cinq ou dix kystes et c'est même le cas le plus fréquent.

Il est probable que l'infection se fait à l'état larvaire, et que l'Helminthe continue son évolution chez la nymphe et chez l'adulte ; il se peut que cette infection soit produite par une Cercaire.

D'après Martirano, ce parasite est très fréquent en mai et en juin, où il attaque jusqu'à 50 pour 100 des *Anopheles*. Il ne semble pas que le parasite soit, en aucune façon, pathogène pour le Moustique qui, sans doute, sert simplement d'hôte intermédiaire dans le cycle évolutif de l'Helminthe.

Schoo a trouvé également en Hollande des *Anopheles maculipennis* parasités par un Distome enkysté. C'est au stade larvaire que le Culicide s'infeste.

R. Ruge a rencontré dans une série de douze *Anopheles*, qui avaient piqué des malades atteints de malaria, deux *Anopheles* porteurs de Distomas ; les malades, examinés à ce point de vue, furent reconnus indemnes de Distomes. L'auteur pense donc qu'il s'agissait très probablement d'un Distome d'Oiseau.

6. — Némathelminthes.

Les Némathelminthes sont des Vers cylindriques, à cavité générale, sans appendices locomoteurs, ni chaîne ganglionnaire ventrale.

Plusieurs Némathelminthes ont été trouvés comme endoparasites des Culicides : ils sont actuellement au nombre de quatre, et appartiennent tous à la classe des Nématodes, deux à la famille des *Mermithidae* et deux à celle des *Filaridae*.

Ces deux derniers, parasites de l'Homme et du Chien à l'état adulte, passent une partie de leur stade embryonnaire dans le corps du Moustique, ce sont *Filaria Bancrofti* et *F. immitis* ; les deux autres sont décrits très succinctement par les auteurs qui les ont trouvés chez les Culicides, nous n'en dirons donc que quelques mots.

Ces parasites semblent tous être pathogènes, à des degrés divers, pour le Moustique.

I. *Mermithidae*. — Nématodes filiformes très longs, dépourvus d'anus. Mâles avec un spicule.

W. Stiles a rencontré plusieurs fois des Nématodes dans le corps des Moustiques ; il a été amené ainsi à créer un genre nouveau, très peu défini, le genre *Agamomermis*, auquel il donne les caractères suivants : « Groupe artificiel de *Mermithidae* contenant des formes larvaires qui ne peuvent être définitivement déterminées à cause du manque d'organes génitaux ».

Pendant l'été de 1899, Stiles a examiné des *Culex nemoralis* recueillis dans les environs de Leipzig, chez lesquels il a trouvé un certain nombre d'*Agamomermis* sp. On rencontre le parasite dans la cavité générale de la larve, de la nymphe et des Insectes adultes, d'où la supposition que l'infection doit se faire dans l'eau, par la larve ou la nymphe du *Culex* parasité.

Stiles note comme un fait important que l'*Agamomermis*, trouvé à Leipzig, est très préjudiciable pour les Moustiques infectés :

leurs mouvements deviennent lents, beaucoup meurent du fait du parasite ; les ovaires des femelles infectées étaient dégénérés. D'après Leuckart, ces *Culex nemoralis* infectés meurent rapidement et il en résulte, que les années où s'observe avec fréquence cette épidémie particulière, les Moustiques adultes sont notablement plus rares : ce parasite semble donc avoir une action pathogène bien nette sur le Culicide parasité.

Tout récemment, Stiles a observé, en 1903, un nouveau cas d'*Agamomermis* parasite du Culicide. Il s'agit de deux Vers, pris dans la cavité abdominale d'un *Culex sollicitans*, qui lui furent envoyés pour être déterminés. L'un de ces deux Vers servit de type à l'*Agamomermis culicis*, genre et espèce provisoires, étant donné que l'on connaît seulement l'évolution de la larve.

Enfin, des Nématodes ont été également signalés chez les Chironomes, très voisins des Culicides, par E. Corti (1) ; leur étude ne doit pas être négligée, elle peut nous renseigner, par analogie, sur l'évolution des Némathelminthes chez le Meustique.

II. *Filaridés.* — Nématodes à corps très long, filiforme ; le mâle avec quatre paires de papilles préanales.

Il existe actuellement deux espèces de Filaires, dont le cycle évolutif des embryons a été complètement suivi dans le corps des Moustiques, c'est-à-dire dont l'évolution est complète chez ces derniers ; ce sont *Filaria Bancrofti*, dont les embryons sont des parasites sanguicoles de l'Homme, et *Filaria immitis*, dont les embryons sont des parasites sanguicoles du Chien.

Nous allons décrire successivement leur évolution chez le Moustique ; puis nous dirons quelques mots de Filaires à évolution incomplètement connue chez les Culicides.

1° **Filaria Bancrofti.** — Les recherches combinées de P. Manson, de Th.-L. Bancroft et de G.-G. Low, ont définitivement établi que les embryons de *Filaria Bancrofti* accomplissaient une partie de leur cycle évolutif dans le corps de certains Culicides. Cette découverte a eu une grande importance, la *Filaria Bancrofti* ayant été très souvent rencontrée, du moins dans les pays tropicaux, dans le sang d'un certain nombre de malades atteints de filariose :

(1) E. Corti, Di un nuovo Nematode parassita in larva di *Chironomus. Rendic. Inst. lomb. sc. e lett.* XXXV, p. 1 et p. 105, 1902.

l'embryon sanguicole de la *F. Bancrofti* est aussi désigné sous le nom de *F. nocturna*.

La découverte de la phase parasitaire de l'embryon de *F. Bancrofti*, dans le corps du Moustique, présente également un grand intérêt historique, car elle a été le point de départ des études ultérieures, sur la recherche des migrations des parasites des Hématozoaires du paludisme, dans le corps des Culicides et de tous les parasites des Culicides en général. C'est depuis ces belles recherches que les Moustiques, regardés jusqu'alors seulement comme des Insectes gênants et désagréables par leurs piqûres, ont pris dans la Médecine, et à juste titre, une importance considérable. Tout fait prévoir, et les belles recherches de Schaudinn, sont là pour le prouver, que ce rôle des Culicides ne fera que grandir, au fur et à mesure que la question des parasites des Culicides sera étudiée de plus près, au point de vue biologique.

La question de la migration de la *Filaria Bancrofti*, dans le corps du Moustique, a déjà été étudiée et minutieusement décrite par de nombreux auteurs, nous ne nous y arrêterons donc pas (1). Nous rappellerons seulement, en quelques lignes, l'évolution des embryons de cette Filaire, en partant des parasites arrivés à maturité dans le sang de l'Homme. Nous ferons suivre cette courte description de la liste des Culicides chez lesquels on a trouvé ce parasite, séparant ceux chez lesquels on a pu suivre l'évolution complète de ceux chez lesquels la présence des embryons de la Filaire a été constatée, mais dont l'évolution est incomplète ou incertaine.

On sait que les embryons de *F. Bancrofti* ne se trouvent chez l'Homme que transitoirement, dans la circulation périphérique, lorsque l'individu infecté par la Filaire est à l'état de sommeil et qu'ils disparaissent à l'état de veille pour gagner les gros vaisseaux de la circulation centrale, ce qui revient à dire que les embryons sont rencontrés le plus habituellement la nuit, à l'examen du sang. Le Moustique s'infecte donc le plus souvent en piquant la nuit un sujet ayant dans son sang des embryons sanguicoles. Ces embryons gagnent l'estomac du Moustique, ils ont alors les mêmes caractères que dans le sang de l'Homme : longueur 300 μ, largeur 8 μ, gaîne striée transversalement, tache claire antérieure

(1) Cf. PENEL, *Les Filaires du sang de l'Homme*. Paris, F. R. de Rudeval, 1904.

en forme de V, tache claire postérieure, bien moins marquée
que la précédente. Au bout de quelques heures, l'embryon perce
sa gaine et s'en débarrasse ; il est alors devenu bien plus mobile
que précédemment. Il chemine à travers les parois de l'estomac,
et vient se loger dans les muscles thoraciques avoisinants. Là, il

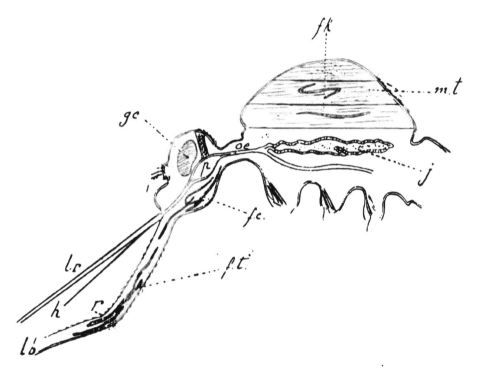

Fig. 2. — Coupe d'un *Culex* montrant des embryons de *Filaria Bancrofti* enkystées dans les muscles du thorax et d'autres engagées dans la trompe, d'après
une préparation de Low. — *fc*, Filaires dans la cavité de la tête; *fk*, Filaires
enkystées dans les muscles du thorax; *fl*, Filaires engagées dans la gaine de la
trompe; *gc*, ganglions cérébelleux; *h*, hypopharynx; *j*, jabot; *lr*, labrum;
mt, muscles thoraciques; *œ*, œsophage; *p*, pharynx; *r*, point où se fait la
rupture de la gaine de la trompe. D'après H. Polaillon.

se nourrit aux dépens du plasma du Moustique et subit différentes
transformations, dont la forme « en saucisse » des Anglais. Vers
le dix-huitième jour, la jeune Filaire a atteint son maximum de
développement, en ce qui concerne son existence dans le corps du
Moustique, elle quitte alors les muscles du thorax qui apparaissent
creusés de grandes lacunes et vient se loger dans le tissu conjonctif

de la partie antérieure du prothorax, de là elle gagne la tête et pénètre dans le tissu de la trompe, prête à infecter un individu sain au
moment d'une piqûre (fig. 3 et N). Quelques embryons tombent
dans la cavité générale du Moustique et vont se loger dans la partie
postérieure de l'abdomen, au milieu des œufs, mais c'est l'exception; habituellement, on trouve les embryons réunis dans le tissu
connectif du labium au nombre de trois ou quatre ; parfois leur
nombre peut s'élever jusqu'à vingt-cinq mais c'est l'exception. Le
mécanisme de l'infestation a été bien étudié par Noé, au cours de

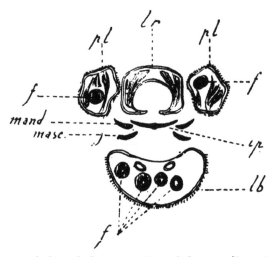

Fig. 3. — Coupe de la base de la trompe d'*Anopheles maculipennis* envahi par la
    Filaria immitis. — *f*, Filaires engagées dans la gaîne de la trompe et dans les
    palpes ; *ip*, hypopharynx ; *ll*, gaîne de la trompe ; *lr*, labrum ; *mand*, mandi-
    bules ; *max*, maxilles ; *pl*, palpes. D'après Noé.

recherches effectuées sur les Moustiques infestés avec les embryons
de *F. immitis* : il se fait par rupture de la gaîne de la trompe, en
un point de moindre résistance, au moment de la piqûre ; les
Filaires sortent et sont amenées tout naturellement à suivre le
fourreau formé par les stylets pour pénétrer à leur suite, sous la
peau de l'animal piqué et gagner de là le système lymphatique.

    L'évolution de la jeune Filaire dans le corps du Moustique se
fait en une vingtaine de jours ; elle est variable suivant la température. Bancroft a constaté que l'on peut trouver des Filaires se
mouvant au bout du seizième au dix-septième jour. D'après les

observations du même auteur, le Moustique qui joue le rôle d'intermédiaire, à l'égard de la *Filaria Bancrofti*, appartient au genre *Culex* ; c'est le *Culex ciliaris*, Cousin domestique d'Australie, regardé comme l'analogue de notre *Culex pipiens* ; mais l'évolution de la Filaire a été signalée également chez des Culicides appartenant à d'autres genres.

Au point de vue de l'action propre du parasite sur le Culicide infecté, il ne semble pas qu'on puisse lui attribuer une action pathogène quelconque, du moins tant que le nombre des embryons de Filaire n'est pas très élevé ; c'est ce qui a lieu généralement, le Moustique ne piquant souvent qu'une seule fois et n'introduisant par cette piqûre qu'un nombre restreint d'embryons ; en général, le Culicide ne paraît pas souffrir sérieusement de la présence des embryons de la Filaire, ce qui peut s'expliquer, si l'on songe à l'importance de sa masse musculaire thoracique.

Il est à remarquer que la *Filaria Bancrofti* ne passe qu'une petite partie de son évolution à l'état de parasite sanguicole (*F. nocturna*) ; elle a toujours une prédilection marquée pour le tissu interstitiel et lymphatique, où elle accomplit toute son évolution, aussi bien dans le corps du Moustique que dans le corps de l'Homme où c'est dans le tissu lymphatique que se développent l'embryon et l'adulte : sa présence dans le sang n'est que temporaire.

Toutes les espèces des Culicides ne sont pas aptes à servir d'hôte intermédiaire à la *F. Bancrofti*. De nombreux expérimentateurs ont cherché, en divers pays, à élucider ce point. On trouvera dans le tableau ci-contre la liste des Culicides sur lesquels ces recherches ont été faites, ainsi que les résultats obtenus, et la durée de l'évolution de la Filaire dans le corps du Moustique infecté. Ces résultats peuvent se diviser en trois catégories, selon que l'évolution de la Filaire a été complète, incomplète ou nulle.

2° **Filaria immitis.** — La *Filaria immitis* (Leidy, 1856) habite à l'état adulte le cœur droit et les artères pulmonaires du Chien. Les embryons de cette Filaire circulent en permanence dans les vaisseaux périphériques ; toutefois, comme cela a lieu pour les embryons de *Filaria Bancrofti* dans le sang de l'Homme, ils y sont bien plus nombreux pendant la nuit et à l'état de sommeil, que pendant le jour et à l'état de veille.

Jusqu'à ces dernières années, on ne connaissait rien des migrations de cette Filaire, ni de l'hôte intermédiaire chez lequel elles s'effectuaient. Les recherches de Noé, complétées par celles de Bancroft et de différents auteurs, ont montré que l'hôte intermédiaire de cette Filaire était aussi, comme pour la *F. Bancrofti*, un Insecte de la famille des Culicides. Les analogies sont nombreuses entre le cycle évolutif de la *F. Bancrofti* et celui de la *F. immitis* : toutes les deux ont pour hôte définitif un Mammifère (Homme ou Chien) ; toutes les deux se rencontrent à l'état larvaire chez un hôte intermédiaire qui est le Culicide, et toutes deux présentent, dans l'intérieur du corps du Culicide, des stades de migration. L'unique différence réside dans la localisation du stade larvaire : la *F. immitis* se localise dans les tubes de Malpighi du Moustique, elle y accomplit son stade larvaire à peu près de la même façon que la *F. Bancrofti* accomplit le sien, dans les muscles du thorax du Moustique.

D'après Noé, on peut considérer quatre périodes dans le cycle évolutif de l'embryon de la *F. immitis* dans le corps du Moustique : nous allons les passer successivement en revue. La première période est essentiellement caractérisée par un racourcissement des embryons, accompagné d'un élargissement notable du corps ; elle dure jusqu'à la fin du troisième jour, depuis le moment où l'embryon a pénétré, par piqûre, dans le corps de l'Insecte. L'embryon pénètre dans les cellules des tubes de Malpighi, 24 à 36 heures après la piqûre, il y reste dans une immobilité complète. De 170 à 180 μ de long et 11 μ de large, il passe à 135 à 160 μ de long et 20 μ de large.

Dans une seconde période, l'embryon s'allonge et grossit ; au quatrième jour il mesure 220 à 225 μ en longueur et 24 à 27 μ en largeur ; les organes génitaux, visibles seulement à un fort grossissement, resteront fixes jusqu'à la fin de la période embryonnaire. La troisième période est caractérisée par un rapide allongement du corps de l'embryon ; au neuvième jour, il mesure jusqu'à 500 μ, sa grosseur diminue et se réduit à 20 μ environ ; c'est alors la période d'activité nutritive de l'embryon aux dépens des cellules des tubes de Malpighi. Enfin, dans la quatrième et dernière période, qui se termine vers la fin du onzième jour, ou au commencement du douzième jour après le moment de la piqûre, l'embryon s'agite,

Embryons de Filaria Bancrofti chez les Culicides

ESPÈCE	ÉVOLUTION	DURÉE	OBSERVATEUR	HABITAT
Anopheles maculipennis. .	Nulle	—	Annett Dutton	Niger.
Myzomyia funesta.	Incomplète	—	Laveran	Diego-Suarez.
Myzomyia Rossi.	Complète	12 à 14 jours	James	Travancore (Indes).
Anophelinae sp..	Id.	12 à 14 jours	James	Travancore.
Myzorhynchus nigerrimus.	Id.	—	— (1)	—
Nyssorhynchus musivus. .	Incomplète	3 jours	Th. Bancroft	Australie.
Pyretophorus costalis . . .	Complète	15 jours	Annett, Dutton	Bouny (Niger).
Nyssorhynchus albimanus.	Incomplète	12 jours	Vincent	La Trinité.
Culex pipiens, var. *ciliaris*.	Complète	—	Bancroft	Australie.
Culex fatigans.	Id.	16-19 jours	Vincent	La Trinité.
Id.	Id.	12 jours	Low	Sainte-Lucie.
Id. var. *nigrithorax*.	Incomplète	—	Th. Bancroft	Australie.
Culex præcox	Id.	—	Id.	Id.
Myzomyia funesta.	Nulle	—	Daniels	Zambèze.
Culex vigilax	Incomplète	7 jours	Th. Bancroft	Australie.
Culex annulirostris	Nulle	—	Id.	Id.
Mansonia africanus	Complète	—	Daniels	Nyassalands.
Culex brun sp.	Id.	—	Id.	Id.
Stegomyia calopus.	Id.	—	— (2)	Niger.
Culex Skusei.	Id.	5 à 6 jours	Th. Bancroft	Brisbane.
Culex microannulatus . . .	Incomplète	—	James	Travancore.
Stegomyia scutellaris . . .	Id.	12 jours	Id.	Id.
Stegomyia calopus, var. (*Culex tæniatus*).	Id.	6 jours	Vincent, Low	Trinité, Sainte-Lucie
Stegomyia nososcripta. . .	Nulle	—	Th. Bancroft	Australie.
Mucidus alternans.	Id.	—	Id.	Id.

(1) Cité par Ed. et Et. Sergent, *Moustiques et maladies infectieuses*, p. 136, Paris, 1903.

(2) Cité par Sambon, Remarks of the individuality of *Filaria diurna. Journal. of trop. med.*, V, p. 381, 1902.

il rompt la membrane basilaire des tubes de Malpighi et se répand dans le système lacunaire de l'Insecte, d'où il parvient jusqu'à la trompe. La longueur maxima de l'embryon, parvenu à ce terme, est de 900 μ et sa largeur de 19 à 20 μ environ.

La durée du cycle évolutif de l'embryon de *F. immitis* dans le corps du Moustique est donc environ de douze jours, à la température moyenne de l'été. Il est à noter que cette durée varie notablement avec la température : au-dessous de 16° à 18°, l'évolution de l'embryon dans le corps du Moustique s'arrête.

Les observations de Noé ont porté primitivement sur l'*Anopheles claviger* ; mais il a retrouvé également l'embryon de *F. immitis* chez *A. pseudopictus*, chez *A. bifurcatus* et enfin chez *A. superpictus*. Il en conclut que tous les *Anopheles*, du moins ceux de la région italienne, peuvent servir d'hôte intermédiaire à ces embryons. Certains Moustiques du genre *Culex* peuvent aussi servir d'hôte intermédiaire à *F. immitis*, ce sont le *C. penicillaris* et le *C. malariae* qui se rencontrent très fréquemment dans les régions malariques ; par contre, le *Culex pipiens*, hôte habituel des villes et des pays sains, ne sert pas normalement d'hôte intermédiaire pour les embryons de la *F. immitis* : on ne l'y rencontre que très rarement et par exception.

Les altérations produites chez le Moustique par le passage des embryons de la *F. immitis* sont assez importantes pour faire périr presque 50 °/₀ des Culicides infectés. La mort du Moustique infecté se produit avant l'évolution complète du stade larvaire de l'embryon et bien peu de Moustiques conduisent à terme ce cycle évolutif ; les tubes de Malpighi sont profondément altérés, la cuticule interne est détruite et les tubes prennent une apparence sacciforme. D'ailleurs, le nombre des larves parasites est quelquefois très élevé : on en a vu jusqu'à des centaines dans les tubes de Malpighi d'un même individu ; ils en semblent parfois littéralement farcis (fig. 4).

La différence d'action pour le Moustique, au point de vue pathogène, des embryons de *F. immitis* et de *F. Bancrofti*, peut s'expliquer par la localisation différente de ces deux parasites : alors qu'il suffit d'un certain nombre d'embryons de *F. immitis* pour désagréger, semble-t-il, les tubes de Malpighi du Culicide, organes très délicats, et gêner ainsi ses fonctions vitales, le même

Culicide peut très bien supporter, sans gêne apparente, la destruction de quelques-unes des fibres de ses muscles thoraciques, très puissants comme on sait, pourvu toutefois, et il semble bien que ce soit le cas le plus commun, que cette destruction ne soit pas poussée trop loin.

A côté de cette évolution normale de l'embryon de *F. immitis*, dans les tubes de Malpighi du Moustique, on peut observer une sorte de dégénérescence brune des embryons, qui se résorbent. Cette dégénérescence peut ne se manifester que dans un seul tube ou les affecter tous. L'évolution de l'embryon s'arrête dans le cas de dégénérescence brune et il meurt. On ne sait à quoi attribuer cet

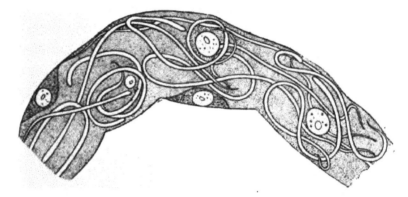

Fig. 4. — Portion du tube de Malpighi de l'*Anopheles maculipennis*, altéré par la présence d'une petite quantité d'embryons de *Filaria immitis*. Les cellules sont réduites aux noyaux entourés d'une petite portion de cytoplasme. D'après Noé.

arrêt dans l'évolution du stade larvaire de l'embryon : l'abaissement de la température semble avoir une réelle influence, mais ce ne doit pas être la seule. Cette dégénérescence brune est à rapprocher de celle des zygotes de l'estomac du Moustique, décrite par R. Ross, sous le nom de « black spore ».

Nous pouvons faire ici la même remarque que pour les Hémosporidies : il existe encore de nombreuses Filaires dont le cycle évolutif des embryons est totalement inconnu ainsi que leur hôte intermédiaire, et il est possible que, comme pour la *F. Bancrofti* et pour la *F. immitis*, ce soient certaines espèces des Culicides qui jouent ce rôle d'hôte intermédiaire. Il est donc indiqué, chaque fois que l'on rencontrera dans une région des animaux ayant dans leur sang des embryons de Filaire, de les faire piquer par des Moustiques *neufs*, c'est-à-dire provenant de l'éducation de larves et de nymphes, et de rechercher, en les sacrifiant à des dates successives, à partir du jour de la piqûre, si les embryons ont évolué en une *région quelconque* du corps du Moustique soumis à l'expérience. Il est nécessaire de faire ces expériences successivement avec des séries de chacune des espèces de Culicides que l'on rencontre dans la région où l'on expérimente, pour écarter autant que possible les causes d'erreur : certains embryons de Filaires n'évoluant que chez une espèce déterminée de Culicide.

3° **Recherches sur F. perstans et F. Demarquayi.** — Divers expérimentateurs ont recherché si les embryons d'autres Filaires, telles que ceux de *F. perstans* et de *F. Demarquayi*, n'avaient pas pour hôte intermédiaire un des Culicides du pays où ils se trouvaient, régions où l'on rencontrait souvent des individus, dont le sang était infecté par les embryons de ces Filaires. Ils n'ont obtenu aucun résultat positif avec évolution complète, nous devons cependant mentionner leurs travaux.

Hodges a examiné un certain nombre de Moustiques de Busoga (Ouganda) et des régions voisines, infectés sur des sujets porteurs d'embryons de la *F. perstans*, il n'a obtenu que des résultats incomplets ou négatifs ; voici la liste des Culicides expérimentés, avec la durée de l'évolution obtenue : Résultats incomplets : *Mansonia africanus* (4 jours) ; *Stegomyia calopus* (3 jours) ; *Pyretophorus costalis* (3 jours) ; *Stegomyia sugens* (3 jours); *Culex* jaune et . noir, non déterminé (3 jours). Hodges note l'extrême vitalité des embryons de *F. perstans* chez les *Mansonia* de l'Ouganda.

Résultats négatifs : *Myzomyia funesta* (6 jours) ; *Myzorhynchus paludis* (3 jours) ; petit *Culex* brun indéterminé (4 jours).

Low, à la Guyane anglaise, a entrepris des recherches semblables sur les Moustiques de cette région et a examiné ceux recueillis dans des cases, où habitaient des individus ayant dans leur sang des embryons de *F. perstans* ; il a aussi fait piquer ces sujets infectés, par des Moustiques *neufs*. Il n'a pas non plus obtenu de résultat positif, mais, dans un cas, il a trouvé chez le *Tæniorhynchus fuscopennatus* deux larves, au stade « saucisse », dans les muscles du thorax, ce qui indique déjà un certain degré d'évolution de l'embryon de la *F. perstans*. Il n'a rien obtenu avec les espèces suivantes :

Stethomyia nimbus, *Anopheles argyrotarsis*, *Ianthinosoma musica*, *Culex fatigans*, *C. atratus*, *C. viridus*, *C. luteolateralis*, *C. quasigelidus*, *Pyretophorus costalis*, *Myzomyia funesta*, *Mansonia africanus* (var. *uniformis*), *Uranotænia cæruleocephala*, *Hæmagogus albomaculatus*.

Vincent et Low, à la Trinité, ont expérimenté sur des embryons de *Filaria Demarquayi*, qu'ils avaient fait sucer, par un *Stegomyia calopus*, sur un individu infecté. Ils ont trouvé dans plusieurs cas la forme « en saucisse » dans les muscles thoraciques de ce Moustique *neuf*, mais jamais l'évolution n'a été vue au delà et, dans les dissections ultérieures, les embryons avaient complètement disparu.

Le fait d'avoir trouvé, chez des Culicides, des embryons de *F. perstans* et de *F. Demarquayi* en voie d'évolution, à l'état de « saucisse », dans les muscles du thorax de ces Culicides est intéressant à noter et les résultats obtenus, bien qu'incomplets, sont à retenir. Il importe de continuer ces recherches sur les Culicides des régions où l'on trouve des individus dont le sang renferme des embryons de ces Filaires. Mais il faut remarquer que rien ne prouve que l'évolution de ces embryons de Filaires, dont on ne connaît pas encore l'évolution complète, se fasse nécessairement dans les muscles du thorax du Culicide : il nous semble donc utile, dans tous ces cas, de rechercher le parasite de façon systématique dans tous les organes : dans le cas particulier de *F. perstans*, la petitesse de l'embryon vient compliquer les difficultés de l'examen.

ECTOPARASITES

Comme ectoparasites des Culicides, on a signalé jusqu'ici des Champignons, des Infusoires, des Acariens et des Diptères. Ces parasites sont loin de présenter le même intérêt, au point de vue médical, que les endoparasites que nous venons de passer en revue : on n'a pas encore trouvé parmi eux de parasites pouvant être considérés comme facteurs de maladies spéciales à l'Homme. Il se peut toutefois que le Moustique, sans servir d'hôte intermédiaire, comme cela a lieu pour le cycle évolutif de la Filaire ou de l'Hématozoaire, serve simplement de véhicule, soit par lui-même, soit par ses ectoparasites, pour le transport des germes de quelques-unes des maladies, à étiologie incertaine, dont la distribution géographique coïncide avec l'abondance des -Moustiques (fièvre jaune, lèpre, etc.). Lorsque, dans ces cas, l'étude des endoparasites n'aura rien donné, au point de vue de la recherche de l'agent pathogène, il sera toujours indiqué, pour compléter ces recherches, de passer à l'étude des ectoparasites : il est donc bon de les connaître.

Du reste, l'étude de ces ectoparasites des Culicides présente déjà, à l'heure actuelle, plusieurs points intéressants pour nous : quelques Champignons paraissent pathogènes pour le Culicide ; certains Infusoires offrent quelques particularités singulières, et les Acariens, par leur fréquence, méritent de fixer l'attention ; comme les Diptères parasites, ils se nourrissent aux dépens du Culicide parasité. Ces ectoparasites appartiennent soit au règne végétal (Champignons) ; soit au règne animal (Infusoires, Acariens, Diptères). Nous nous étendrons surtout sur le groupe des ectoparasites Acariens.

1. — Champignons.

Glen·Liston a observé des larves de Culicides malades, dont la croissance était extrêmement lente ; il a été amené à en rechercher les causes.

Il a trouvé différents parasites appartenant, soit au règne animal (Infusoires, dont nous parlerons plus loin), soit au règne végétal. Les parasites végétaux étaient, dit-il, des « mycelial spore », portant un Champignon analogue au *Tricophyton* (?). Mais il n'en donne pas une description bien détaillée et il est assez difficile de se faire une idée du parasite en question, d'après ces données.

Glen Liston fait cependant plusieurs remarques intéressantes, sur la biologie de ces végétations, considérées au point de vue de leurs rapports avec les larves de Culicides. Ces Champignons se développaient principalement chez des larves qui n'avaient pas une nourriture hydro-carbonée suffisante et qui étaient, par exemple, privées de bananes, de pain, etc. Au contraire, les larves élevées avec des aliments à base hydro-carbonée étaient suffisamment résistantes pour ne pas se laisser envahir par le Champignon parasite.

L'étude de ces Champignons ectoparasites des Culicides est assez .délicate. Il est tout d'abord absolument nécessaire de les étudier sur l'animal à l'état vivant, ou fraîchement tué. Nous avons souvent trouvé sur des Moustiques, expédiés et conservés dans l'alcool, des exemplaires couverts de Champignons, sans pouvoir conclure, faute de renseignements suffisants, si l'infection s'était faite pendant la vie du Culicide, ou bien si nous nous trouvions en présence de Moisissures banales, ayant envahi l'Insecte après sa mort.

Sur des *Myzorhynchus Coustani* de la Réunion, entre autres, nous avons trouvé, sur certains exemplaires, de ces Champignons disséminés en taches blanches, à contours bien nets, sur tout le corps, sur les pattes, les palpes, la tête, et même sur les ailes.

Glen Liston n'a d'ailleurs envisagé que la question des larves de Culicides, envahies par des Champignons. Il ne faut pas oublier que les Moustiques adultes peuvent être recouverts de Moisissures, pendant leur vie, sans en sembler incommodés. C'est ce qui se passe pour ceux de ces Insectes qui, dans nos contrées, hivernent dans les lieux humides : on les rencontre souvent entièrement recouverts de Moisissures, ayant poussé autour d'eux pendant leur repos hivernal, sans que cela entraîne leur mort.

2. — Infusoires.

Giles a rencontré un Infusoire infestant les larves des Culicides. C'est un Infusoire muni d'un très long pédoncule. Le parasite semble se fixer de préférence sur les parties de la larve où les téguments lui offrent le moins de résistance ; c'est ainsi qu'on le trouve en abondance autour des tubercules anaux et sur les parties molles des interstices des différents segments du corps de la larve. Il se rencontre parfois, en grande abondance, sur les larves capturées dans certaines flaques d'eau ; les larves ainsi atteintes ont un aspect particulier : elles sont transparentes et semblent souffrir de la présence de ce parasite qui, très probablement, se nourrit, d'après Giles, à leurs dépens. Ces Infusoires seraient donc pathogènes pour les larves ; c'est du moins l'opinion de l'auteur, qui leur attribue l'inexplicable disparition des larves de Culicides, dans des régions où on les trouvait auparavant en grande abondance.

Glen Liston, en étudiant des larves malades, dont la croissance était également très lente, a trouvé, outre les Champignons signalés plus haut, des Vorticelles. Ces Infusoires, que l'on peut faire rentrer, d'après l'auteur, dans la section des parasites pathogènes des Culicides, étaient toujours trouvés sur des larves recueillies

depuis peu, dans des excavations naturelles où elles abondaient.
« Les Vorticelles, dit Glen Liston, semblent trouver le corps de la
larve du Moustique comme une place très convenable ».

Ce commensalisme singulier n'est du reste pas particulier aux
Culicides; il a déjà été signalé, dans des conditions identiques, par
le professeur R. Blanchard chez des Hirudinées de l'Amérique du
sud, de l'Espagne, des Açores et de Syrie (1). Ces Infusoires, parasites des Hirudinées, sont des *Epistylis* : ils se fixent, de même
que ceux rencontrés chez les Culicides, en des lieux d'élection
bien déterminés, soit sur les glandes du cou, soit autour des tubercules anaux, soit encore aux interstices des différents segments du
corps des Hirudinées.

Nous avons nous-mêmes observé au laboratoire, avec M. Neveu-
Lemaire, des Infusoires sur des larves de Culicides, capturées dans
des mares des environs de Paris. La proportion des individus
atteints était assez forte : nous avons pu observer jusqu'à cinq individus infectés sur six. Mais, contrairement aux observations de
Giles, les larves ne nous ont pas paru souffrir de la présence de ces
parasites et, bien que quelques larves eussent leurs nageoires cau-
dales littéralement couvertes de ces Infusoires, nous les avons
toujours vues se transformer en nymphes et donner naissance à des
Insectes adultes, comme dans les cas normaux.

3. — Acariens.

Les Acariens sont des animaux qui sont presque tous parasites, au moins à l'un des stades de leur évolution. Des animaux
de cet ordre s'observent fréquemment, à l'état d'ectoparasites,
aussi bien sur les Moustiques de nos pays que sur ceux des régions
exotiques.

Les Acariens subissent des métamorphoses plus ou moins complètes ; ils passent, le plus souvent, par les états successifs de larve
hexapode, de nymphe octopode et d'animal adulte pourvu d'organes génitaux. C'est ordinairement à l'état de larve hexapode
qu'on les trouve sur les Moustiques; leur étude est assez laborieuse

(1) R. BLANCHARD, Hirudineen. *Hamburger Magalhaensische Sammelreise,*
p. 15, 1900. — Sanguijuelas de la Península Ibérica. *Anales de la Soc. española
de hist. nat.,* XXII, 1893. — Hirudinées des Açores et de Syrie. *Revue biologique du Nord de la France,* VI, 1893.

et il est généralement impossible d'arriver à une détermination précise, tant les états larvaire et adulte diffèrent l'un de l'autre. La difficulté est d'autant plus grande que les Acariens des pays exotiques ont été très peu étudiés jusqu'ici. « Malgré de nombreux travaux, dit en effet Trouessart (1), les animaux de ce groupe sont encore très mal connus, et, si les principaux types d'Europe ont été décrits, on peut dire que tout est à faire pour ce qui a rapport aux types exotiques. »

Ajoutons que tous les liquides, et particulièrement les liquides organiques en décomposition, sont des milieux très favorables au développement de certaines espèces. On peut voir des Sarcoptides détriticoles envahir les tubes d'alcool, dans lesquels on conserve les Culicides, surtout quand beaucoup d'individus sont rassemblés dans un même tube et qu'ils y font un long séjour ; il faut avoir soin de ne pas confondre ces espèces saprophytes avec de vrais parasites des Culicides.

Les Acariens parasites se conservent le mieux, en préparations microscopiques, dans le Baume du Canada, la glycérine pure ou la gélatine glycérinée. Il est utile d'éclaircir la préparation en la faisant bouillir pendant quelques instants,dans une solution faible de potasse : mais cette petite opération demande une certaine habitude. Une goutte d'essence de cèdre peut remplir le même usage ; enfin le lactophénol de Amann (2), employé ailleurs avec avantage pour l'étude des Muscinées (3), nous a donné également de bons résultats, mais il faut qu'il soit fortement dilué, et il est nécessaire de suivre l'éclaircissement sous le microscope. A l'exemple de M. Trouessart, nous montons la préparation dans la gélatine glycérinée.

Les Acariens, ectoparasites des Culicides, ont été signalés déjà par divers auteurs. Grassi les a indiqués le premier : il se horne à dire qu'il a vu un Acarien, ectoparasite chez un *Anopheles maculipennis* adulte, mais sans préciser de quel Acarien il pouvait bien s'agir.

R. Blanchard en a observé deux cas, l'un chez un *A. maculipen·*

(1) E. TROUESSART, Récolte et recherche des Acariens. *Comptes-rendus des séances du Congrès international de Zoologie.* Paris, p. 164, 1889.

(2) J. AMANN, Lactophenol. *Journal de botanique de Morot,* 1896.

(3) M. LANGERON et H. SOLLEROT, Muscinées de la Côte-d'Or. *Publication de la Revue Bourguignonne de l'Enseignement supérieur.* Dijon, 1898; cf. p. 19.

nis de Bastia, l'autre chez un *A. bifurcatus* de Charbonnières, près
Lyon. « Le premier de ces Insectes, écrit-il, portait à la face inférieure de l'abdomen une double rangée longitudinale de cinq à six
Acariens globuleux, d'un brun clair ; on eût dit deux rangées de
perles. Le second ne portait qu'un seul parasite. Dans les deux cas,
j'ai eu affaire à des larves hexapodes d'Hydrachnides, indéterminables ; elles ressemblaient beaucoup à la larve de *Nesæa fuscata.* »

Giles a également observé trois spécimens de larves hexapodes
d'Acariens, trouvées en Palestine, sur *A. maculipennis* ; elles étaient
pourvues d'un appareil suceur à peu près aussi large que long,
« paraissant formidable pour un aussi petit Insecte ». Il s'agissait
là, sans doute, de larves d'*Hydrachna*.

Laveran a rencontré plusieurs Acariens, dans l'alcool ayant
servi à conserver des Culicides du Haut-Tonkin. D'après Trouessart, qui les a déterminés, il ne s'agissait pas de véritables parasites, mais de détriticoles venus après la mort des Culicides ; on
peut les rapporter aux trois espèces suivantes :

1° *Tyroglyphus Siro* (L.) ou *Acarus domesticus* des auteurs ;

2° *Cheyletus eruditus* (Schrank), plus gros, à fortes mandibules
avec peigne, venu pour dévorer les précédents ;

3° *Gamasus* sp., un jeune, nymphe indéterminable.

Sur un *Culex* du Tonkin et sur un *Anopheles* de Madagascar.
Laveran a également signalé la présence de larves hexapodes
d'Hydrachnides indéterminables ; dans le premier cas, étant donnée
la coloration verdâtre de l'animal, on peut supposer qu'il s'agissait d'une larve d'*Arrhenurus* ; dans le second, très probablement
d'une larve d'*Hydrodroma* ou de *Nesæa*.

A. Hodges parle aussi d'Acariens parasites, ressemblant à des
Tiques, et trouvés dans l'Ouganda sur des *Mansonia* et sur des *Anopheles paludis*. Dans certains endroits, près de 50 % des Moustiques
étaient attaqués et l'on ne trouvait pas moins de neuf parasites,
sur chaque Moustique. La teihte du parasite dépendrait de la nourriture de son hôte ; il serait toujours rouge sur un Moustique gorgé
de sang. Les Acariens, parasites de Moustiques ayant sucé du sang
humain renfermant des *Filaria perstans*, ne présentaient rien qui
puisse être rapporté à cet Helminthe. En revanche, et le cas est
intéressant à noter, les Acariens semblent exercer une action

pathogène sur les Culicides qui les hébergent; ceux-ci « deviennent généralement apathiques et ne vivent que quelques jours en captivité. »

Les Moustiques de l'Ile Madeline, Wis., sont souvent parasités par de petits Acariens rouges qui se fixent sous leurs ailes et leur font perdre leurs forces. R. Blanchard pense qu'il s'agit ici, non d'une Hydrachnide, mais d'une larve de Trombididé, qui passe sur l'Insecte quand celui-ci est posé sur les plantes : la Mouche commune et les Sauterelles ont souvent sur les ailes des parasites de ce genre. Quant à nous, nous n'avons jamais observé cette localisation spéciale du parasite sous les ailes.

Fearnside a vu, sur le *Culex pipiens* ayant sucé du sang, de petits Acariens rouge vermillon, qui pourraient être aussi des Trombidions; ceux qui étaient fixés au thorax étaient de couleur grise. Ces Acariens se nourrissent aux dépens de leur hôte : leurs mandibules, pénétrant entre les somites, atteignent l'estomac où ils puisent directement la nourriture; la teinte rouge proviendrait de l'hémoglobine, qui se décomposerait dans l'estomac du Moustique.

Gros, Ed. et Et. Sergent, d'autres encore, ont signalé la présence d'Acariens parasites des Culicides; nous aurons l'occasion de revenir sur leurs travaux, à propos de la biologie de ces Acariens.

Nous avons également rencontré, sur des Culicides de Madagascar, des Acariens ectoparasites, se rapportant le plus souvent à des larves d'Hydrachnides indéterminables. Dans l'alcool ayant servi à conserver ces Culicides, nous avons aussi trouvé des Acariens libres, mais c'étaient le plus souvent des Sarcoptides détriticoles, à part quelques larves d'Hydrachnides qui avaient dû se détacher des Moustiques.

Ainsi que le professeur R. Blanchard l'a établi le premier, c'est donc surtout au groupe des Hydrachnides qu'appartiennent les Acariens à l'état larvaire qu'il est si fréquent de trouver en parasites sur les Moustiques. Ces parasites se nourrissent aux dépens de leur hôte et peuvent, dans certains cas, entraîner sa mort rapide. Ils méritent donc de fixer notre attention.

Différents auteurs nous ont fait connaître les mœurs de ces Arachnides; Kramer (1) a donné des tableaux qui permettent

(1) P. KRAMER, *Die Hydrachniden. Das Thier- und Pflanzenleben des Süsswassers.* Leipzig.

d'arriver, pour l'adulte, à la détermination des genres ; il a caractérisé en outre quatre types larvaires, dont il a donné une bonne
description. La larve, ainsi que Dugès l'a reconnu des premiers,
est aquatique comme l'adulte, mais peut passer une partie de son
existence à l'air libre, comme parasite des Insectes.

Walckenaer et Gervais (1) ont étudié la biologie de la larve
d'*Hydrachna cruenta*. Tout d'abord, les larves vivent librement dans
l'eau ; « *mais à une certaine époque, elles se fixent à divers Insectes* et
les modifications qu'elles éprouvent ont fait dire à Dugès qu'elles
passaient à l'état de nymphe. *Ainsi fixées sur le corps de quelque Insecte
aquatique, elles peuvent être emportées à l'air sans danger.* Dès la fin
de l'été et durant l'automne, on en trouve déjà de fixées sur le
corps et les membres, sur les filets caudiformes, sur les élytres de
la Nèpe et sur d'autres parties cornées qu'elles perforent d'un trou
fort étroit, mais bien reconnaissable à l'aide d'une forte loupe.
Elles attaquent aussi les Ranatres et diverses espèces de Dytiques,
l'Hydrophile, etc.; sur les Coléoptères, elles préfèrent les parties
membraneuses. Les Nèpes, les Ranatres, etc., sont souvent chargées de ces parasites, que la plupart des observateurs ont pris pour
des œufs. Swammerdam les nomme des lentes ; mais il a constaté
qu'il en sortait une petite Hydrachne (*Biblia naturæ*, tab. II, fig. 4
et fig. 5).

« Malgré l'allongement considérable du corps des nymphes
d'Hydrachnes, leur suçoir, l'écusson qui leur forme une espèce de
céphalothorax, et leurs pattes ne grandissent pas. Souvent même
les palpes ont disparu en partie ou en totalité, et l'espace membraneux qui sert de jonction entre le corps et le suçoir s'est allongé
en forme de cou. C'est que, dès que le corps commence à s'allonger,
les palpes et les pattes se retirent en dedans, suivent le corps dans
l'espèce de sac que forme en arrière la peau distendue et abandon-
nent ainsi leur fourreau que les violences extérieures peuvent
rompre aisément. La larve est ainsi passée à l'état de nymphe
dont nous avons parlé. Son œsophage cependant n'a pas cessé de
traverser le suçoir enfoncé dans les téguments de l'Insecte nour-
risseur et un prolongement membraneux en forme d'entonnoir,
qui a pénétré peu à peu jusque dans les chairs mêmes de celui-ci, y

(1) Walckenaer et Gervais, *Nouvelles suites à Buffon*. Paris, 1844; cf. III.

retient si fortement le suçoir, qu'il y reste encore attaché avec une portion des enveloppes, lorsque l'Hydrachne a brisé ces dernières.

« Après ces opérations, l'animal n'est pas encore entièrement parfait ; il a encore une mue et un petit changement à subir. Au lieu d'une plaque cordiformé, ses organes génitaux n'ont qu'une dépression en fente superficielle ; sur les côtés, à quelque distance, sont deux plaques ovales grenues. Après avoir vécu ainsi quelques semaines, et pris un notable accroissement, ces individus impubères, ou présumés tels, vont se fixer à l'aisselle d'une feuille de Potamogéton où ils subissent une nouvelle mue. »

Donc la larve d'Hydrachne, emportée dans l'air par un Insecte, vit aux dépens de celui-ci et *se comporte comme un vrai parasite* ; c'est sur cet Insecte qu'elle accomplit ses différentes mues et passe à l'état de nymphe, c'est de cet Insecte que, par une dernière mue, se détache l'Hydrachne adulte, abandonnant sa dépouille de nymphe. Toutefois Pérez (1) admet que le parasitisme vrai n'existerait pas d'emblée ; les larves hexapodes seraient d'abord de simples commensaux ; elles se promèneraient sur le corps de l'Insecte, en s'accrochant aux poils ; ce n'est que plus tard qu'elles enfonceraient leur rostre à travers les téguments de leur hôte, pour se nourrir à ses dépens.

Ces larves d'Hydrachnides sont parasites de beaucoup d'animaux, en dehors des Moustiques. Soar (2) a recherché sur quels animaux on les rencontrait ; il n'en signale pas sur des Culicides. Il signale par contre la présence sur les *Corisa Geoffroyi*, les *Notonecta glauca*, de larves et de nymphes du genre *Hydrachna* ; sur les *Nepa cinerea*, les *Ranatra*, et même sur des Poissons, il a trouvé des larves se rapprochant de celles de l'*Hydrachna globosa* de Geer.

Nous nous sommes demandé de quelle façon les larves d'Hydrachnides venaient infecter les Culicides.

Nous avons essayé de réaliser cette infestation avec des larves de *Diplodontus filipes*, provenant de la ponte d'adultes recueillis à l'étang d'Ursine, près de Chaville. Le récipient où se trouvaient les œufs renfermait également des larves et des nymphes de *Culex*

(1) Ch. PÉREZ, Sur les larves d'Hydrachnes. *C. R. de la Soç. de biologie*, p. 253, 1904.
(2) C. D. SOAR, Note on the occurrence of larval water Mites on various aquatic animals. *Journal of the Quekett micr. Club*, p. 65, 1901.

pipiens. A partir du jour de l'éclosion des Hydrachnes, nous avons examiné méthodiquement aussi bien les larves et nymphes que les Moustiques qui quittaient leur enveloppe nymphale et passaient à l'état adulte : nous n'avons pu, dans aucun cas, les voir attaqués par les larves du Diplodonte ; bien plus, ces larves semblaient s'écarter des larves et des nymphes de Moustique.

Ce résultat négatif tient peut-être à la nature même du Moustique sur lequel nous avons expérimenté. En effet, nous avons opéré exclusivement sur le *Culex pipiens* ; or, il ressort de toutes les observations recueillies jusqu'à ce jour, que les larves d'Hydrachnides n'ont encore été vues que sur des *Anopheles*. Les constatations de Gros, de Macdonald à Rio-Tinto (Espagne) et de Ed. et Et. Sergent en Algérie sont d'accord sur ce point.

Ces derniers ont fait des observations intéressantes. De mai à octobre, ils ont vu que les *Anopheles maculipennis* de la plaine de la Mitidja ou des vallées de la Kabylie, pouvaient porter à leurs différents états de larve, de nymphe et d'Insecte adulte, des larves d'Hydrachne. Au moment où la larve d'*Anopheles* subit la mue qui la fait passer à l'état de nymphe, le parasite passe sur cette dernière ; quand éclot l'Insecte parfait, il quitte encore la dépouille de la nymphe pour se fixer à celui-ci. Bien plus, l'Hydrachne peut changer d'hôte : Ed. et Et. Sergent ont pu faire passer sur *Anopheles algeriensis* des Acariens primitivement fixés sur *A. maculipennis* ; il eût été intéressant de réaliser une semblable expérience avec les *Culex*. L'action de l'Hydrachne sur l'Anophèle serait à peu près nulle ; dans leurs élevages, les auteurs que nous citons, n'ont pas vu que les larves, nymphes ou adultes parasités, même abondamment, fussent soumis à une mortalité plus forte que les témoins. Cette constatation est en désaccord avec l'opinion de Hodges, déjà mentionnée plus haut.

4. — Acariens parasites des Culicides de Madagascar.

M. le professeur R. Blanchard m'a remis tous les envois de Moustiques qui lui étaient parvenus de Madagascar ; j'en ai reçu moi-même d'autre part ; j'ai donc eu l'occasion d'examiner un très grand nombre de Culicides provenant de la grande île africaine et, sur beaucoup, j'ai rencontré des Acariens parasites.

Pour la facilité de nos descriptions, nous diviserons en quatre lots les Moustiques malgaches que nous avons étudiés, selon leur provenance.

Premier lot. — Moustiques capturés en 1901 par le Dr Decorse, médecin des troupes coloniales à Imanombo (sud de Madagascar). Dans ce lot, un *Pyretophorus costalis* ♀, porteur d'une larve d'Hydrachnide implantée à la face inférieure du cou.

Deuxième lot. — Moustiques recueillis à Maevatanana (région occidentale de Madagascar), par le Dr Decorse, en 1900.

Dans ce lot, 17 Culicides étaient parasités, savoir : 5 *Anophelinae* ♀ (3 *Pyretophorus costalis* et 2 *Myzorhynchus Coustani*) et 12 *Culicinae* ♀ (*Mansonia uniformis* var. *africana*).

Les *Anophelinae* ne portaient qu'un parasite, à l'exception d'un seul, qui en portait deux. Le parasite unique siégeait trois fois sur les côtés du cou, et une fois sur les côtés du thorax ; des deux parasites observés chez le même Moustique, l'un siégeait à la partie antérieure du thorax et l'autre à la jonction de l'abdomen et du thorax, à la face ventrale. Tous ces parasites étaient semblables entre eux et conformes au premier type décrit ci-dessous ; c'est d'après eux qu'ont pu être établis les dessins ci-contre (fig. 5 et 6).

Des 12 *Mansonia uniformis*, 5 portaient plusieurs parasites, les 7 autres un seul parasite. On observait une seule fois quatre Acariens, dont trois rangés en collerette autour du cou et un à la face ventrale de l'abdomen : deux fois, il y avait trois parasites, disposés dans un des cas, tous en collerette autour du cou et dans l'autre cas, à la jonction de l'abdomen et du thorax ; deux fois, on trouvait deux parasites placés respectivement comme chez les deux *Mansonia* précédents.

Quant aux parasites uniques, ils siégeaient quatre fois à la face inférieure ou à l'une des faces latérales du cou ; trois fois sur la face ventrale de l'abdomen, deux fois à la jonction de l'abdomen et du thorax et une fois sur le milieu du premier segment de l'abdomen. C'est d'après un des Insectes de ce groupe qu'a été dessiné l'Acarien fixé à la face inférieure du cou d'un Moustique (fig. 5).

Dans tous les cas, il s'agissait de larves identiques à celles que nous avions trouvées déjà sur les *Anophelinae* de la même localité ; dans un seul cas, le parasite était assez différent, mais trop détérioré pour pouvoir être décrit ; il siégeait sur le milieu d'un segment abdominal et non à la jonction de l'abdomen et du thorax comme cela avait lieu pour tous les autres. Quelques parasites de ce lot présentaient à leur intérieur une masse noire qui aurait pu être prise pour des ébauches de l'appareil génital, mais qui n'était en réalité que des reliquats de la nourriture de l'Insecte.

Troisième lot. — Moustiques provenant des salles de l'hôpital de Helville, à Nossi-Bé, capturés, en 1900, par le Dᴿ Joly, médecin de la marine. Un seul Moustique (*Mansonia uniformis* ♀), non gorgé de sang, portait trois Acariens parasites disposés en collerette autour du cou, deux à la face inférieure, et un à la face supérieure.

Quatrième lot. — Moustiques provenant de Mandritsara (nord de

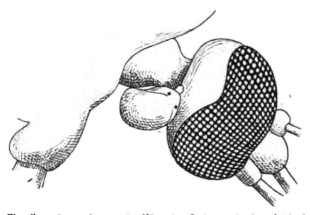

Fig. 5. — Larve hexapode d'Acarien fixée sur la face latérale
du cou d'un *Mansonia.*

l'île), recueillis par M. Vincent de Alma, en 1904.

Trois Culicides portaient des Acariens parasites, un *Culex* ♀ indéterminé, avec un parasite fixé sur le cou et deux *Mansonia uniformis* ♀, l'un avec un seul parasite à la jonction de l'abdomen et du thorax, l'autre avec trois parasites rangés en collerette autour du cou.

Il est intéressant de constater la présence d'un Acarien parasite sur un *Culex*, c'est le seul cas actuellement connu ; c'est donc un fait exceptionnel, tenant soit à ce que les Acariens se fixent rarement sur les *Culex*, soit à ce que moins solidement fixés que sur les autres Moustiques ils se détachent plus facilement en cours de route et ne se retrouvent plus sur des Insectes venant de loin. Une partie des Acariens, tenus en suspension dans le liquide conservateur, devrait donc reconnaître cette origine. En effet, j'ai reconnu plus d'une fois, au milieu de larves d'Acariens détriticoles, la présence de quelques larves d'Hydrachnides, du type décrit plus loin, dans l'alcool des tubes où étaient conservés des Moustiques. Une seule fois, dans le deuxième lot, j'ai trouvé une larve hexapode d'un type différent, à très gros rostre, qui se rapprochait beaucoup de la larve d'*Hydrachna*.

Ces études m'ont conduit à faire les remarques suivantes. Tout d'abord, l'abondance des *Mansonia* parasités et le grand nombre de parasites qu'ils transportent sont des faits très frappants. D'autre part, tous mes Culicides parasités étaient des femelles ; ces dernières semblent donc plus exposées à la contagion que les mâles. Toutefois Ed. et Et. Sergent ont vu parmi leurs *Anopheles* d'Algérie des mâles porteurs aussi d'Acariens.

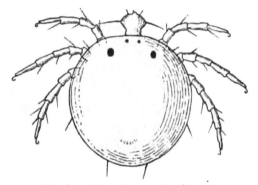

Fig. 6. — Larve hexapode d'Acarien isolée du Culicide parasité.

Ces Acariens parasites ont toujours l'axe du corps dans la direction de celui du Culicide parasité, la tête en avant. Cette position facilite beaucoup leur résistance à l'air, pendant le vol du Moustique. Ils ont besoin en effet d'être solidement fixés sur leur hôte, puisqu'ils se trouvent transportés avec lui à travers l'air, et par suite très exposés. C'est ce qui explique leur siège de prédilection pour la fixation : au cou et à la jonction de l'abdomen et du thorax ; ils se trouvent ainsi mieux protégés par le corps du Moustique.

Leur adhérence est d'ailleurs très solide, puisqu'elle résiste lors de l'envoi des collections de Moustiques, au ballottement incessant que subissent, pendant tout un long voyage, les Moustiques envoyés dans un même récipient, parfois au nombre de plusieurs centaines.

En raison de notre connaissance très insuffisante des Hydrachnides exotiques, il nous a été impossible de déterminer aucun des Acariens malgaches, parasites des Moustiques. Nous avons pu néanmoins reconnaître, parmi eux, les trois types qui suivent :

Premier type. — Animal d'apparence globuleuse lorsqu'on le regarde par en-dessus, mesurant en moyenne 335 μ de long sur 330 μ de large ; tête petite, élargie dans le sens transversal, semblant articulée et mobile ; yeux au nombre de quatre, deux gros latéraux et deux petits submédians. Palpes larges, à plusieurs articles (3 ou 4 ?), le terminal en forme de crochet ; sur l'un des articles, une longue soie disposée transversalement (fig. 6). Orifice buccal semblant disposé en forme de suçoir ; mandibules très courtes, cachées dans l'orifice buccal avec deux languettes disposées à plat sur l'orifice buccal, qui semble s'ouvrir à la partie inférieure. Les six épimères des trois paires de pattes distincts, les deux premiers petits et sensiblement égaux, le dernier plus large. Pattes libres, à cinq articles ; quelques longs poils sur les articles et de courtes épines, massives et trapues ; pas de soies natatoires.

Une griffe, assez forte et recourbée, à chaque paire de pattes, avec petites griffes accessoires. Pas de pores visibles, ni de carapace sur le dos. Couleur claire. Intérieur du corps indistinct. Pas de traces d'appareil génital.

Vue de profil et fixée sur le Culicide (fig. 5), cette larve prend un aspect moins globuleux ; elle est plus allongée dans le sens longitudinal et mesure alors 358 μ de long sur 212 μ de haut ; elle semble ne tenir au corps du Moustique que par son rostre. Celui-ci est profondément ancré dans les tissus de l'Insecte, qui se déchirent souvent, quand on essaie d'arracher le parasite. Dans cette position, du moins quand il est conservé dans l'alcool, l'Acarien a les pattes appliquées contre le corps, ces appendices ne semblant avoir aucun rapport avec le corps du Moustique. Le parasite apparaît alors comme un petit globule, appendu au Moustique, et n'ayant avec celui-ci qu'un seul point de contact, au niveau du rostre.

Deuxième type. — Se rapproche beaucoup du précédent, mais il a une forme moins globuleuse ; la tête est moins élargie dans le sens transversal et sans les deux longues soies ; il semble avoir une enveloppe, qui pourrait bien n'être que l'*Apoderma* des formes de passage de la larve à la nymphe. C'est chez ce type que l'on voit presque constamment à l'intérieur de la larve une masse noirâtre, qui pourrait être prise pour une ébauche de l'appareil génital, mais qui n'est en réalité, que le résidu de la nourriture de la larve.

Troisième type. — Semble se rattacher par la grosseur du rostre à la larve d'*Hydrachna* : un seul exemplaire, rencontré sur un *Mansonia*.

Il reste à élucider deux points essentiels de l'histoire des Acariens, parasites des Culicides, en dehors de leur détermination : d'une part leur action sur le Moustique, d'autre part la transformation, dans leur corps, du sang puisé par eux dans l'estomac ou les tissus du Moustique. Peut-être certains endoparasites des Culicides trouvent-ils là des conditions favorables à leur transmission, ou même à leur dissémination.

Nous aurions voulu pouvoir donner ici, à la fois, les figures et la description de quatre types larvaires principaux d'Hydrachnides, pour pouvoir les comparer avec la forme larvaire rencontrée sur ces Moustiques de Madagascar, ainsi que la diagnose des genres d'Hydrachnides actuellement connues, aucune Hydrachnide adulte de Madagascar n'ayant encore été décrite à notre connaissance. Nous nous proposons de compléter, par ailleurs, ce chapitre des Hydrachnides. forcément très écourté, et dont la description ne pouvait trouver place ici.

5. — Diptères.

Un seul cas de Diptère parasite des Culicides a été observé par Fearnside. Il s'agit d'une petite Mouche que l'auteur a trouvée fixée sur des Moustiques du genre *Culex*, gorgés de sang ; on la trouve surtout sur ceux que l'on capture dans des endroits sombres. Si on examine attentivement les Moustiques ainsi capturés, on voit qu'elle est généralement fixée à leur face ventrale. Elle mesure 1,8 mm. à 2 mm.; sa couleur générale est grise, ce qui la rend presque invisible sur le Moustique. A la loupe, on voit que la tête est noire, le thorax brun, avec une tache claire au centre et l'abdomen gris ; lorsqu'elle est gorgée de sang, on distingue, au milieu de l'abdomen, une masse brune ovale, qui n'est autre que du sang décomposé, extrait de l'estomac du Moustique. L'abdomen est de couleur grise, à huit somites ; les ailes sont membraneuses, la trompe courte et épaisse ; les pattes de couleur brune et couvertes de soies. Elle n'a pas été déterminée par l'auteur.

Aucune action du parasite sur le Moustique n'est notée par Fearnside, mais il est tout naturel de penser que ce parasite, qui se nourrit du sang contenu dans l'estomac du *Culex*, mérite d'être étudié ; il importerait de savoir ce que deviennent chez lui les divers parasites du sang contenus dans l'estomac du Moustique, Hématozoaires, Trypanosomes ou Filaires, qu'il suce avec le sang de son hôte : sont-ils résorbés ou bien évoluent-ils dans le corps de ce petit Diptère, qui pourrait ensuite les répandre dans le monde extérieur. Il se peut aussi que le Diptère lui-même infecte le Culicide sain. Il mérite donc, pour toutes ces raisons, d'être étudié de plus près.

Nous avons vu, dans cette question des parasites des Culicides, qu'il ne faut rien laisser de côté et que, parfois, le parasite qui semblait le plus banal, et sans action immédiate sur son hôte, s'est trouvé, à la suite de découvertes ultérieures, être reconnu comme un stade d'évolution d'un parasite d'un Vertébré supérieur et acquérir, par suite, une grande importance : c'est ainsi que les formes Trypanosomes entrevues par Chattergie, chez le Moustique, n'étaient très probablement que des formes de transition d'un Hématozoaire.

Infestations multiples.

Enfin, avant de terminer cette revue des parasites des Culicides, nous ne devons pas omettre de signaler que l'on rencontre très souvent chez les Culicides des cas d'infestation multiple par endoparasites divers. Cela a lieu particulièrement dans les pays chauds.

C'est ainsi qu'on peut observer, chez le même Moustique, les Hématozoaires du paludisme aux différents états de leur phase sporogonique, kystes enkystés de la paroi externe de l'estomac et sporozoïtes dans les glandes salivaires, et rencontrer en même temps la larve de *Filaria Bancrofti* enkystée dans les muscles de la paroi thoracique, et même parfois, en plus, les embryons de *Filaria immitis* dans les tubes de Malpighi du même Insecte. Ces différents parasites ne semblent pas s'exclure les uns les autres et semblent poursuivre leur évolution, chacun dans leur lieu d'élection, sans se gêner mutuellement.

Le *Stegomyia calopus* est sans contredit un des Culicides noté comme présentant le plus grand nombre de cas d'infestations multiples, et le plus susceptible d'être infecté par des parasites variés ; cela tient à ce qu'il a été étudié de plus près que les autres Culicides, en ces dernières années, pour la recherche du parasite hypothétique de la fièvre jaune, que l'on a tout lieu de croire qu'il véhicule : Levures, Grégarines, Microsporidies, Filaires, etc., on a rencontré presque tous les parasites des Culicides dans son tube digestif ; et cette étude systématique n'est commencée que depuis bien peu de temps encore. Celle des autres Culicides est à faire dans le même sens ; on arrivera certainement, par ce moyen, à trouver chez ces infatigables suceurs de sang que sont les Moustiques, nombre de stades intermédiaires des Hémosporidies des Vertébrés, encore inconnus à l'heure actuelle.

Ces exemples d'infestations multiples ne se rencontrent pas que dans les pays chauds ; on les voit également dans les régions tempérées ; ils sont seulement plus communs sous les tropiques étant donné l'appoint fourni par les Hématozoaires du paludisme et les Filaires, qui viennent en multiplier le nombre.

Martirano signale le cas de larves de *Filaria immitis* infectant le Moustique en même temps que le petit Distome qu'il a décrit et dont nous avons parlé plus haut. Et l'on pourrait multiplier ces exemples. A ces causes d'infestations multiples de Culicides par endoparasites peuvent encore venir se surajouter celles dues aux ectoparasites, dont certains d'entre eux, les Acariens par exemple, sont très communément rencontrés sur les Moustiques.

CONCLUSIONS

Par cette esquisse rapide des parasites des Culicides, nous avons essayé de montrer combien leur étude systématique offrait d'intérêt, tout à la fois, pour le médecin, pour l'hygiéniste et aussi pour le zoologiste.

L'étude des parasites des Culicides rappelle au médecin que certains de ces parasites sont pathogènes pour l'espèce humaine ; elle lui fait connaître l'étiologie, jusqu'ici inconnue, de quelques maladies très fréquentes, surtout dans les pays chauds, enfin elle lui montre également que le mode de développement de ces parasites des Culicides chez les Vertébrés supérieurs ne doit pas être négligé, car il peut lui révéler les transformations parallèles de certains de ces parasites, dans l'organisme humain. C'est ainsi que les belles recherches de R. Ross, sur l'évolution du *Plasmodium* des Oiseaux chez les *Culex*, ont conduit tout naturellement à la connaissance de la phase parasitaire de l'évolution des Hématozoaires du paludisme, chez les *Anophelinae*.

Cette étude présente aussi une non moins grande importance pour l'hygiéniste. Il suffit de rappeler les progrès réalisés par la prophylaxie de certaines maladies, grâce à la connaissance, même supposée, comme c'est le cas pour la fièvre jaune, de l'existence du cycle évolutif de ces parasites chez le Moustique. Elle peut aussi, dans le même ordre d'idées, nous amener à trouver, parmi ces parasites des Culicides, des parasites pathogènes pour le Moustique lui-même, et augmenter ainsi notablement nos moyens d'action pour la destruction de ces Insectes, si redoutables parfois, et toujours si incommodants.

Enfin, cette étude des parasites des Culicides offre un intérêt très grand pour le zoologiste. On sait quel progrès a amené, en protistologie seulement, la notion du cycle évolutif de certains parasites chez le Moustique. Les récents travaux de Schaudinn montrent quels horizons, en quelque sorte illimités, cette seule notion ouvre aux investigations des chercheurs.

Il est donc à souhaiter que cette enquête sur les parasites des Culicides se poursuive dans tous les pays où se trouvent des Moustiques, dangereux ou non pour l'espèce humaine, et l'on sait si ces régions sont nombreuses! Il faut surtout que cette enquête soit toujours menée au triple point de vue de l'évolution du parasite, de son action pathogène sur l'Homme ou les Vertébrés supérieurs, et aussi au point de vue de l'action propre du parasite sur son hôte, c'est-à-dire sur le Culicide lui-même : cette dernière partie a été très souvent laissée de côté par la plupart des observateurs qui se sont occupés de la question des parasites des Culicides.

BIBLIOGRAPHIE (1)

TH. L. BANCROFT, On the metamorphosis of the young form of *Filaria Bancrofti*, in the body of *Culex ciliaris*. *Journal and Proceedings of the Royal Society of N. S. Wales*, XXXIII. p. 48, 1898.

(1) Pour la bibliographie spéciale des Hématozoaires et des Filaires, nous renvoyons aux travaux de MM. Neveu-Lemaire et Penel et surtout au livre de M. le Professeur R. Blanchard, cités dans notre bibliographie. Nous n'avons indiqué ici, à propos de ces parasites, que les travaux qui ont servi de base aux nouvelles théories sur leur parasitisme chez le Moustique.

Th. L. Bancroft, Preliminary notes on the intermediary host of *Filaria immitis*. *Journal and Proceedings of the Royal Society of N. S. Wales*, june 5, 1901.

R. Blanchard, *Les Moustiques*. *Histoire naturelle et médicale* Paris, 1904; cf. Parasites des Culicides, p. 132. — [Bibliographie très étendue].

R. Blanchard, Transmission de la filariose par les Moustiques. *Archives de Parasitologie*, III, p. 280, 1900.

A. Braun, *Algarum unicellularium genera nova et minus cognita*. Leipzig, 1855.

Chattergie Bopal Chander, Parasites in *Anopheles*. *Indian med. Gazette*, XXXVI, p. 371, 1901.

T. S. Cobbold, On the discovery of the intermediary host *of Filaria sanguinis hominis*. *Lancet*, 12 janvier 1878.

C. W. Daniels, On transmission of *Proteosoma* to Birds by the Mosquito. Royal Society. Reports to the malaria committee. *Proceedings of the R. Society*, LXIV, p. 444-454, 1899; *Journal of tropical medicine*, p. 338, 1899.

L. Dyé, Sur la répartition des *Anophelinae* à Madagascar. *Comptes rendus de la Soc. de biologie*, LVI, p. 544, 1904.

C. J. Fearnside, Parasites found on Mosquitos. *Indian medical gazette*, p. 128, 1900.

C. J. Finlay, Concepto probable de la naturaleja y el cyclo vital del germen de la fiebre amarilla. *Revista de med. trop.*, avril 1903.

Giles, *Gnats or Mosquitoes*, 2ᵉ édition, London, 1902; cf. p. 150.

B. Grassi, Rapporti tra la malaria e peculiari Insetti. *Policlinico*, V, 29 sept. 1898.

B. Grassi, *Studi uno zoologo sulla malaria*. Roma, 1900; 2ᵉ édition, 1903.

B. Grassi, A. Bignami, e G. Bastianelli, Ciclo evolutivo delle semilune nell' *Anopheles claviger* ed altri studi sulla malaria dall' octobre 1898, al maggio 1899. *Atti della Soc. per gli studi della malaria*, 1898-1899; *Annali d'igiene sperimentale*, IX, con 2 tav., p. 258, 1899.

B Grassi, A. Bignami e G. Bastianelli, Ulteriori ricerche sul ciclo dei parassiti malaria umani nel corpe del Zanzarone. *Rend. della R. Acad. dei Lincei*, VIII, 1899, et *Centralblatt für Bakt.*, XXV, p. 192, 1899.

H. Gros. Sur un Acarien parasite des *Anopheles*. *C. R. de la Soc. de biologie*, p. 56, 1904.

A Hodges, Sleeping sickness and *Filaria perstans* in Busoga and its neighbourhood, Uganda Protectorate. *Journal of trop. med.*, p. 293, 1902.

H. P. Johnson, A new Sporozoan parasite of *Anopheles*. *Journal of med. research*, VII, p. 213-219, Boston, 1902.

A. Laveran, Sur des Culicides provenant du Haut-Tonkin. *C. R. de la Soc. de biologie*, p. 991, 1901.

A. Laveran, De quelques parasites des Culicides. *C. R. de la Soc. de biologie*, p. 233, 1902.

L. Léger, Sur un Flagellé parasite de l'*Anopheles maculipennis*. *C. R. de la Soc. de biologie*, p. 354, 1902.

I.. Léger et O. Duboscq, Sur les larves d'*Anopheles* et leurs parasites en Corse. *Comptes rendus de l'Assoc. fr. pour l'avancement des sciences*, Congrès de Montauban, p. 703, 1902.

W. G. Liston, A year's experience of the habits of *Anopheles* in Ellichpur. *Indian med. Gazette*, XXXVI, p. 361, 1901.

G. Ç. Low, A recent observation on *Filaria nocturna* in *Culex* ; probable mode of infection of Man. *British med. Journal*, I, p. 1456, 1900.

G. C. Low, The developpement of *Filaria nocturna* in different species of Mosquitos. *British med. Journal*, p. 1336, 1901.

G. C. Low, *Filaria perstans*. *British med. Journ.*, p. 722, 1903.

P. Manson, The developement of the *Filaria sanguinis hominis*. *Med. Times and Gazette*, II, p. 731, London, 1878.

P. Manson, The metamorphosis of *Filaria sanguinis* in the Mosquito. *Trans. Linnean Soc. London*, 2 d. ser., zool., II, part. X, 1884 ; *British Med. Journ.* déc. 8th 1894 ; Gulstonian lectures, *British med. Journal*, march 14th, 21 and 28th, 1896.

Marchoux, Salimbeni et Simond, La fièvre jaune. *Annales de l'Institut Pasteur*, p. 665, 1903.

F. Martirano, L'*Anopheles claviger* ospite di un Distona. *Il Policlinico, sezione pratica*, VII, p. 1089, 1901.

Montoya y Florez, *Recherches sur les caratés de Colombie*. Paris, 1898.

M. Neveu-Lemaire, *Les Hématozoaires du paludisme*. Thèse, Paris, 1901.

G. Noé, Sul ciclo evolutivo della *Filaria Bancrofti* e della *Filaria immitis*. *Richerche di anatomia normale*, VIII, p. 275, Roma, 1901.

G. Noé, Ulteriori studi sulla *Filaria immitis*. *Rendiconti Accad. dei Lincei*, XII, p. 476, 1903.

Parker, Beyer and Pothier, A study of the etiology of yellow fever (*Myxococcidium stegomyiae*). *Bulletin yellow fever Institute*, nᵒ 13, Washington, 1903..

Penel, *les Filaires du sang de l'Homme*. Thèse, Paris, F. R. de Rudeval, 1904. [Bibliographie très complète].

E. Perroncito, Sopra una speciale forma di micosi delle Zanzare. *Bolletino della R. Accad. di med. di Torino*, 22 déc. 1899.

L. Pfeiffer, *Die Protozoen als Krankheitserreger*. Nachträge Iena, G. Fischer, in-8 de V-122 p., 1895; cf. p. 39.

G. Pittaluga, Sugli embrioni delle Filarie del Cane. *Archives latines de méd. et de biol.*, I, 20 oct. 1903.

R. Ross, *British med. Journal*, déc. 18th 1897, and febr. 26th 1898 ; *Proceedings of the South Indian branch, British med. Assoc.*, 17 déc. 1895.

R. Ross, Infection of Birds with *Proteosoma* by the bites of Mosquitos. *Indian med. Gazette*, nᵒ 1, p. 1, 1899.

R. Ruge, Der *Anopheles maculipennis* als Wirt eines *Distomum*. *Festschrift zum sechszigsten Geburtstage von R. Koch*, Iena, 1903.

R. Ruge, Untersuchungen über das deutsche *Proteosoma*. *Centralblatt für Bakt.*, nᵒ 5, 1901.

F. Schaudinn, Generations- und Wirtswechsel bei *Trypanosoma* und *Spirochæte. Arbeiten a. d. kais. Gesundheitsamte*, XX, p. 387, 1904.

H. J. M. Schoo, Het voorkomen van *Distomum* in het lichaam van *Anopheles claviger. Nederl. Tijdschr. voor Geneeskunde*, I, p. 283, 1902.

Ed. et Et. Sergent, Note sur les Acariens parasites des *Anopheles. C. R. de la Soc. de biologie*, p. 100, 1904.

P. L. Simond, Note sur un Sporozoaire du genre *Nosema*, parasite du *Stegomyia fasciata. C. R. de la Soc. de biologie*, LV, p. 1335, 1903.

C. W. Stiles, A parasitic round Worm in american Mosquitoes. *Bulletin Hyg. Laboratories*, n° 13, p. 14, Washington, 1903.

G. A. Vincent, Observations on human filariasis in Trinidad. *British med. Journal*, 25 janvier 1902.

TABLE DES MATIÈRES

LE HALZOUN [1]

PAR

le Dr ALFRED KHOURI

Lauréat de la Faculté française de médecine
Ancien externe de l'hôpital français de Beyrouth
Médecin du District de Kesrouan (Liban).

On connaît au Liban, sous le nom de *halzoun*, un ensemble de symptômes, les uns de nature congestive ou œdémateuse, les autres de nature mécanique, qui sont dus à ce qu'un parasite des voies biliaires des herbivores, la Grande Douve du foie (*Fasciola hepatica*), se localise au niveau de la muqueuse pharyngée de l'Homme.

Les *symptômes congestifs* se traduisent par une congestion œdémateuse plus ou moins accusée de la muqueuse bucco-pharyngée, du larynx, des fosses nasales, des amygdales, de la trompe d'Eustache, de l'oreille, des conjonctives et des lèvres. Les *symptômes mécaniques* ou compressifs (dyspnée, dysphagie, aphonie) résultent des premiers et sont sous leur dépendance ; leur acuité est proportionnelle à la violence de la congestion. Ils sont moins constants que les premiers, mais d'un pronostic plus sérieux.

Étiologie. — Le mot *Halzoun* est aussi inconnu, en médecine, que le syndrome qu'il représente. On cite, il est vrai, dans la littérature médicale, des faits très rares, où la Douve du foie, chez l'Homme, a pu quitter son habitat naturel, les canaux biliaires, pour émigrer, à travers la voie sanguine, dans les divers tissus de l'économie. C'est ainsi qu'elle a été trouvée dans le parenchyme hépatique, le parenchyme pulmonaire, le tissu cellulaire sous-cutané, les muscles, le cœur, etc. (2). Mais on semble avoir totalement méconnu les accidents dus à sa localisation sur la muqueuse pharyngée.

Dans le premier cas, c'est la Douve du foie humain qui a émigré

(1) Relation médicale présentée au Congrès de médecine et de chirurgie de Beyrouth, 20 mai 1901.

(2) R. BLANCHARD, *Traité de zoologie médicale*. Paris, 2 vol. in-8°, 1885-1889 ; cf. I, p. 596-599.

de ce foie dans les divers tissus de l'Homme. Ici, c'est la Douve du foie d'un herbivore qui, par le seul fait que ce foie est ingéré par l'Homme, produit chez ce dernier les accidents que nous allons décrire. Il ressort de ce dernier fait, que la seule cause de la maladie est l'ingestion d'un foie d'animal contenant le parasite en question et la condition *sine quâ non*, c'est que ce foie soit cru. C'est ce qui explique que la maladie ait été méconnue dans les pays où le foie cru ne joue aucun rôle dans l'alimentation, sauf ces dernières années où l'on s'en est servi dans un but opothérapique.

C'est surtout au nord du Liban qu'on observe le *halzoun* ; il y est très répandu. La raison de son extrême fréquence en cette contrée est la consommation habituelle et immodérée que l'on fait du Chevreau. Or, la Douve, quoique s'observant chez un grand nombre d'herbivores, est particulièrement abondante dans le foie de ce Ruminant, probablement à cause du genre particulier de nourriture de l'animal, dans cette partie de la Syrie.

Ce genre de nourriture, particulier à la Chèvre, s'explique par un fait d'observation répandu. Tout le monde au Liban sait qu'un individu, peu ou pas habitué à l'usage du Chevreau, a, quand il en fait usage, une diarrhée particulière, dont le meilleur remède est l'abstention de la viande incriminée. Les faits en sont innombrables, banals. J'ai été moi-même témoin d'un grand nombre de faits analogues, où la suspension de l'usage du Chevreau a arrêté comme par enchantement des diarrhées extrêmement tenaces.

A quoi attribuer cet effet de la viande en question sur le péristaltisme intestinal ? Je ne crois pas que la viande elle-même ait des propriétés laxatives. Ce que je suis tenté d'affirmer, mais l'affirmation n'a ici que la valeur d'une hypothèse, c'est que la Chèvre se nourrit d'une plante particulière ayant des propriétés purgatives ; que les sels de cette plante passent, par le torrent circulatoire, dans les tissus de l'animal et produisent, chez l'Homme qui en consomme, les effets précités : au même titre que la belladone, absorbée par le Lapin et le Lièvre, est absolument inoffensive pour eux, mais imprègne leur chair qui, consommée avant l'élimination de l'atropine, produit chez l'Homme les accidents très-graves, souvent mortels, de l'atropinisme aigu. De même, on pourrait expliquer l'innocuité absolue de la viande de

Chèvre, chez ceux qui y sont habitués, par une certaine accoutumance du tube digestif.

Cette digression sur le genre de nourriture de la Chèvre m'amène à donner un détail d'une autre nature, qui montre la fréquence de la Douve chez cet animal. Ce détail m'a été fourni par des bergers que j'ai souvent questionnés sur le *halzoun* et ses causes.

Le foie de Chèvre, disent-ils, produit plus fréquemment le *halzoun* que le foie de Mouton ou de Veau, parce que la cause de cette maladie est un Ver qu'on observe plus souvent dans le foie de la Chèvre que dans celui des autres herbivores. Nous reconnaissons que l'animal en est atteint à ce qu'il maigrit à vue d'œil. Nous avons un moyen très sûr de l'en débarrasser : on prive l'animal de tout breuvage pendant un ou deux jours, durant lesquels on fait macérer, dans un bassin d'eau, une espèce de racine appelée rhibbès (Rhubarbe). Quand on juge que la macération est achevée, on fait avaler ce breuvage à la Chèvre. Le jour même ou le lendemain, elle rejette, avec le liquide diarrhéique, une quantité variable de Vers plats.

Comment agit cette plante ? quel chemin suit le Ver ? Les bergers l'ignorent ; mais il est facile de le comprendre. La Douve habite les canaux biliaires, la Rhubarbe est cholagogue et purgative ; on comprend donc que la sécrétion biliaire qu'elle provoque entraîne mécaniquement les Vers hors des canaux biliaires et que le flux diarrhéique achève leur expulsion au dehors.

Nature du parasite. — C'est réellement bien du *Fasciola hepatica* qu'il s'agit. Le parasite en a tous les caractères ; il habite les canaux biliaires, qu'il dilate quelquefois au point d'en faire des poches très-larges, où grouillent un grand nombre de parasites. La poche a alors, au dehors, l'aspect d'un Escargot, d'où le nom d'*halzoun*, qui veut dire Escargot en arabe.

C'est ce même Trématode qui s'attache au pharynx de l'Homme, non quand il est adulte, mais quand il est encore tout jeune, quand il vient de quitter la forme de Cercaire et d'arriver dans les voies biliaires. L'infestation des herbivores se fait, en général, au printemps, au moment où les eaux de pluie ou de rivière, en baissant de niveau, laissent à nu les Cercaires déposées sur l'herbe. Or, c'est dans cette même saison que le *halzoun* sévit plus particulièrement chez l'Homme.

Mode de production du halzoun. — Il y a deux ans, les médecins qui connaissaient le *halzoun*, tout en accusant un parasite des voies biliaires du foie des herbivores d'en être la cause, attribuaient les accidents à l'absorption des produits de sécrétion du parasite, ingérés avec le foie cru. J'avais moi-même émis cette hypothèse au Congrès de Beyrouth (mai 1902). Mais l'interprétation n'était pas suffisante, car il était difficile d'admettre que des toxines, absorbées par le tube digestif, portassent uniquement leur action sur les muqueuses de l'extrémité céphalique. D'autre part, l'idée de toxine entraîne le plus souvent avec elle l'idée d'intoxication générale, avec diverses réactions de l'économie, traduisant l'empoisonnement : chose qui ne s'observe guère dans l'accident qui nous occupe.

Les choses en étaient là, quand mon maître, le professeur de Brun, président du Congrès, me chargea, pour l'année suivante, de présenter un rapport étudié sur la question. A son instigation, j'entrepris ce travail et je m'efforçai de le conduire en m'inspirant du grand sens clinique que le maître imprime toujours à son savant enseignement.

Je recherchai donc le parasite, je l'étudiai dans son état adulte, les sécrétions gluantes dans lesquelles il nage, les lésions du foie qu'il provoque, lésions presque exclusivement limitées aux canaux biliaires d'un certain calibre, au point que presque toujours (à moins que le parasite ne farcisse littéralement le foie) la surface de cet organe paraît indemne, et que ce n'est qu'à la coupe qu'on observe le corps du délit. J'étudiai de plus près les malades, je demandai l'appui d'intelligents confrères, et voici ce que j'ai été amené à constater :

1º L'apparition des accidents a lieu de quelques minutes à une heure après l'ingestion du foie suspect ;

2º Du début à la fin, ils sont localisés à l'extrémité céphalique ;

3º Le vomissement spontané ou provoqué amène l'expulsion d'un ou plusieurs Vers ;

4º Plus le nombre de ces Vers est considérable, plus les accidents sont violents.

Ces faits m'amenèrent à penser que la cause des accidents était purement locale, que l'animal incriminé se portait sur la muqueuse du pharynx, qu'il s'y attachait et produisait les symptômes en

question. J'ai été assez heureux pour pouvoir donner à cette
hypothèse la sanction expérimentale.

Expériences. — Le 17 septembre 1902, j'entreprends cette étude
sur des Lapins.

Première Expérience. — Je me procure du foie malade cru,
frais, presque chaud encore. J'en coupe une partie, où préalable-
ment je m'assure de la présence du parasite encore tout au début
de l'état adulte. Je la triture dans un mortier, au point d'en faire
une pâte molle, où il est difficile de reconnaître le tissu hépatique.
J'introduis ce liquide dans la gorge d'un Lapin, qui l'avale sans
difficulté.

Deuxième Expérience. — Je retire des poches biliaires six petites
Douves, animées de mouvements, encore tout au début de l'état
adulte et ne mesurant pas plus d'un millimètre ; je les fais passer
dans la bouche d'un Lapin.

Les deux Lapins sont mis au repos et reçoivent la même nourriture. Au bout d'une demi-heure, le Lapin de la deuxième expérience cesse de manger ; il est pris d'une sorte de convulsion du
cou, ressemblant à la toux, se blottit dans un coin, la bouche
entr'ouverte ; quatre heures après, il succombe avec des convulsions.

A l'autopsie, je trouve une intense congestion œdémateuse de
la muqueuse pharyngée, du larynx et des poumons ; à la base de
la langue, trois petits Distomes sont accrochés, et leurs points
d'insertion se perdent au centre d'un bourrelet œdémateux. La
glotte est presque obturée. L'incision des tissus œdématiés laisse
couler un liquide séro-sanguinolent. Les Douves sont augmentées
de volume, gorgées de sérum sanguin.

Le Lapin de la première expérience a survécu sans présenter
aucun phénomène morbide pendant les dix jours suivants, où il
fut tenu en observation.

Troisième et Quatrième Expériences. — Pour plus d'exactitude,
je reprends, le 21 septembre, les deux expériences ci-dessus, sur
deux autres Lapins. Les résultats sont identiques aux premiers,
sauf une plus grande survie d'un Lapin auquel j'ai fait prendre
huit Douves : résultat contradictoire, en apparence, mais trouvé
exact à l'autopsie ; car des huit Douves ingérées, deux seulement
s'étaient fixées au pharynx. La lenteur des accidents développés

avait produit chez le Lapin en question une survie de huit heures, tandis que le Lapin de la deuxième expérience n'avait survécu que quatre heures et demie. Trois autres Distomes furent retrouvés dans l'estomac.

De ces expériences résultent des faits très importants :

1° Le *halzoun* est dû à la fixation du Distome sur la muqueuse de l'arrière-gorge.

2° Le Distome, accroché à la muqueuse, se gorge d'un liquide séro-sanguin, qui le gonfle et le distend à la manière des Sangsues.

3° Le Distome produit des accidents congestifs et œdémateux.

4° Ces accidents, limités aux muqueuses de la tête, sont dus probablement à ce que la Douve déverse, dans la muqueuse où elle se fixe, certains produits de sécrétion ayant des propriétés vasodilatatrices très accusées, de sorte que la Douve, d'un côté enlève à la muqueuse ses liquides et, de l'autre, déverse dans la plaie qu'elle a faite sur cette muqueuse les produits irritatifs en question.

5° L'intensité des accidents est en raison directe du nombre des parasites ; plus ils sont nombreux, plus la congestion et l'œdème sont intenses, plus les symptômes sont accusés. La différence de survie entre les Lapins 2 et 4 le prouve péremptoirement.

6° Puisque le parasite se gorge et augmente de volume, il faut admettre qu'il doive arriver à un degré de saturation et d'engorgement, qu'il ne peut dépasser ; c'est alors, et l'observation le prouve, que la Douve se détache spontanément : ou bien elle tombe avec les aliments dans l'estomac, ou bien elle est rejetée au dehors par le vomissement. C'est le moment de l'euphorie ou de la guérison, quand les accidents congestifs et œdémateux n'ont pas été assez violents pour entraîner l'asphyxie du malade. Ce dernier fait est tout-à-fait exceptionnel.

Description et symptômes du halzoun. — Je prends pour type de cette description la forme moyenne commune.

Symptômes subjectifs. — Le début du halzoun est le même dans tous les cas, à la rapidité d'apparition près. Un individu, jouissant d'une santé parfaite, vient de faire un repas où le foie cru entrait pour élément, s'il n'en était point l'élément principal. Quelques minutes ou une demi-heure se passent à peine, que l'individu commence à sentir, dans la profondeur de sa gorge, une espèce

de *démangeaison* très désagréable. Il porte instinctivement la main
à son cou pour s'en débarrasser ; mais le picotement est trop profond pour être à la portée de la main. Le malade sait d'ailleurs à
quoi s'en tenir ; il connaît les accidents du halzoun ; dans l'attente
de l'évolution des accidents, il reste chez lui ou vaque à ses affaires ;
rarement il se paie le luxe de consulter le médecin.

Bientôt il épouve un certain malaise. Les démangeaisons augmentent ª deviennent plus tenaces ; elles s'étendent à l'oreille et
y sont très pénibles. Des *bourdonnements d'oreille* apparaissent, une
sensation de tension auriculaire très-gênante exaspère le malade.
Les secousses, les bruits extérieurs violents retentissent douloureusement à son oreille.

Deux ou trois heures après le début, les démangeaisons du pharynx cèdent en partie et font place à des symptômes plus sérieux.
Avec la *dysphagie*, la déglutition devient pénible et douloureuse.
En même temps, la *dysphonie* se déclare, plus ou moins accusée,
pouvant aller jusqu'à l'aphonie complète.

Mais le symptôme le plus alarmant est la *dyspnée.* Son intensité
varie depuis la simple gêne respiratoire jusqu'à l'orthopnée dans
les cas sévères, jusqu'à l'*asphyxie* complète dans les cas mortels :
éventualité heureusement tout-à-fait exceptionnelle. Le *halzou-*
nateux se plaint d'une sensation de suffocation, de constriction
violente à la gorge et d'une *céphalalgie* quelquefois extrêmement
vive. Cette céphalée est le plus souvent frontale : elle est due très
probablement à la congestion des sinus frontaux.

SYMPTÔMES OBJECTIFS. — Ce sont eux qui dictent la marche et
l'intensité des symptômes subjectifs.

L'aspect du malade est typique : la face est congestionnée. Les
lèvres épaisses, cyanosées, livides, donnent à l'individu un aspect
tout particulier ; entr'ouvertes, elles laissent couler une salive
abondante. Les *yeux* sont vivement congestionnés et sécrètent souvent une abondante quantité de larmes. Les *conjonctives* palpé-
brales et bulbaires sont fortement vascularisées, œdématiées,
presque chémotiques. La photophobie et l'exophtalmie sont fréquentes dans les cas sévères. La vue reste normale. Le *nez* est
gros, rouge et luisant. La *muqueuse pituitaire*, d'un rouge violacé
intense, est épaissie, quelquefois au point d'obturer les fosses
nasales. Presque toujours, surtout dans les cas accusés, elle sécrète

un liquide jaunâtre, filant, visqueux, dont l'abondance constitue parfois un véritable jetage.

L'aspect du cou varie suivant les formes. Dans les cas bénins, il est normal ; dans les formes sévères, il est gonflé, œdématié : la palpation y fait découvrir une adénopathie sous-maxillaire et cervicale et un empâtement diffus variables. Les ganglions se tuméfient en masse. L'œdème envahit le tissù cellulaire cervical ; dans les cas sérieux, il s'étend du maxillaire à la clavicule et donne au cou l'aspect proconsulaire décrit par Saint-Germain dans les diphtéries hypertoxiques.

Quand le halzoun revêt la forme grave, l'aspect du malade est loin d'être agréable ou rassurant. Ses douleurs vives, l'obstruction des voies aériennes et les symptômes alarmants qui en résultent, son orthopnée, sa respiration courte, précipitée, insuffisante, superficielle, la cyanose, la congestion oculaire et quelquefois l'exophtalmie lui donnent un air de souffrance et d'anhélation, un véritable masque d'asphyxie, très pénible à voir. Heureusement, ces cas sont l'exception. Le plus souvent, le malade, avec l'atténuation de ce faciès décrit ci-dessus, a une simple gêne, des douleurs supportables qui ne l'empêchent pas de vaquer à ses occupations, tranquille qu'il est sur l'issue favorable de cet accident banal.

L'examen de la gorge dénote une congestion et un œdème plus ou moins accentués de la muqueuse pharyngée, du voile du palais, et surtout de la luette et des amygdales. Ces dernières sont considérablement augmentées de volume ; dans les cas graves, elles peuvent se toucher et se joindre sur la ligne médiane. C'est là une éventualité extrêmement grave, car l'obstacle à l'entrée de l'air dans les poumons, déjà fortement compromise par la congestion et la sécrétion de la pituitaire, devient absolu et l'asphyxie s'ensuit à bref délai. Mais dans l'immense majorité des cas, la congestion et l'œdème n'atteignent point ce degré.

Dans aucun cas, l'examen visuel ne m'a permis de voir le parasite *in situ*. L'examen laryugoscopique, fait à trois reprises différentes, a montré une étroitesse inaccoutumée du larynx supérieur, qui était d'un rouge violacé. Les cordes vocales se sont trouvées très-légèrement œdématiées ; mais, dans aucun des trois cas où il m'a été donné de pratiquer l'examen, l'ouverture de la glotte n'était sérieusement rétrécie.

A l'examen de l'*oreille*, on trouve une rougeur assez vive du conduit auditif externe, et surtout du tympan. L'introduction de l'otoscope est quelquefois très douloureuse.

SYMPTÔMES SOMATIQUES. — A part l'état de malaise variable, on n'observe rien d'anormal dans l'état général. Le *pouls*, calme au début, s'agite et devient plus fréquent, à mesure que la dyspnée s'accentue. Il devient précipité, incomptable, misérable dans l'asphyxie. Pendant tout ce temps, la *température*, chose remarquable, reste normale. Dans deux cas, je l'ai vue s'élever d'un demi-degré seulement. Tous les médecins que j'ai interrogés sur la rareté de ce symptôme m'ont affirmé que la fièvre est un fait exceptionnel dans le halzoun. Il semble que tout contribue à confirmer la localisation exclusive des accidents du halzoun aux muqueuses de l'extrémité céphalique ; que tout porte à croire que les sécrétions du parasite sont de nature irritative plutôt que toxinique, car il est difficile d'admettre que des toxines portent leur action sur un point limité du corps et ne produisent pas les symptômes généraux communs à toute intoxication.

L'examen des organes reste absolument négatif. Les urines ne contiennent pas trace d'albumine, et l'examen du poumon, malgré la dyspnée quelquefois atroce, ne révèle pas, dans toute l'étendue de la poitrine, l'existence du moindre râle : ce qui confirme l'origine purement mécanique de la dyspnée.

FORMES SYMPTOMATIQUES. — La description de ces formes me dispensera de citer les nombreuses observations que j'ai moi-même recueillies ou que je dois à l'obligeance de mes confrères. Elles sont toutes identiques. Je dois particulièrement d'intéressantes observations à MM. les Drs Habib Saad, Mansour Cheble, Jean Alam, Daher Zéhenni et Khalil Karam. Le premier m'a fourni les plus importantes ; il a été témoin oculaire de deux cas de mort due au halzoun ; il en a vu l'évolution et la terminaison. C'est sur ses données intelligentes et judicieuses que je baserai surtout ma description des formes graves et mortelles.

Outre la forme commune déjà décrite, on pourrait distinguer au halzoun trois formes principales, répondant au degré d'intensité de la maladie : une *forme légère*, une *forme grave* et une *forme mortelle*.

Forme légère. — Le début est généralement plus tardif que dans la forme grave. Ce n'est qu'une ou deux heures après l'ingestion du foie cru que l'individu ressent à la gorge les démangeaisons caractéristiques de l'invasion. Puis apparaissent les autres symptômes décrits plus haut, avec un minimum d'intensité tel, que le malade et son entourage ne s'en soucient guère. Ce qui distingue cette forme des formes communes, ce n'est pas tant l'atténuation des symptômes que l'absence de deux signes capitaux et établissant, à eux seuls, une ligne de démarcation très nette entre les deux formes : ce sont la dyspnée et les troubles de la voix.

Ici donc, on n'observe ni aphonie ni dyspnée. Chez les sujets nerveux, toutefois, cette dernière s'observe ; mais alors elle revêt la forme spasmodique, par crises plus ou moins espacées, entre lesquelles la respiration est extrêmement calme et paisible.

La durée de cette forme est courte. Elle varie de quelques heures à deux ou trois jours. Les mêmes causes qui ont amené une forme si bénigne, amènent sa résolution, à savoir : le nombre restreint des parasites, leur peu de vivacité, l'état peu frais du foie cru, l'état adulte du malade où les voies supérieures de l'air sont à leur entier développement.

Forme grave. — Tous les symptômes de la forme commune sont ici portés à leur maximum d'intensité. La période qu'on pourrait appeler d'incubation, c'est-à-dire le laps de temps qui s'écoule entre le repas suspect et l'apparition des accidents, est ici plus courte que pour les formes décrites plus haut. De 5 à 25 minutes après l'ingestion du foie cru infecté, apparaissent les picotements à la gorge, symptôme qui ne fait presque jamais défaut et qu'on trouve à des degrés divers dans tous les cas de halzoun. Ils sont ici extrêmement pénibles. Presque simultanément se manifestent les accidents du côté de l'oreille, des yeux et des lèvres. Au bout de 10 ou 18 heures, les phénomènes pharyngolaryngés entrent en scène. Tous les symptômes, dans cette forme, sont portés à leur plus haut degré de violence et ce maximum est atteint en très-peu d'heures. Le tableau est impressionnant et fait peine à voir.

Le faciès du malade est caractéristique : il exprime la terreur et l'angoisse. Les yeux rouges, larmoyants et projetés en avant, donnent au malheureux un air d'effarement tel qu'on est tenté à première vue de le prendre pour un homme atteint de rage ou pris de manie aiguë. Les lèvres sont tuméfiées et cyanosées ; la salive coule continuellement et abondamment de la bouche entr'ouverte. La muqueuse pituitaire, à son maximum de congestion, donne issue, par l'orifice antérieur des fosses nasales, a une quantité abondante d'un mucus filant, jaunâtre, parfois strié de sang, symptôme qui réalise au suprême degré ce qu'en médecine vétérinaire on appelle *jetage*. Les phénomènes auriculaires sont très-accentués : la tension et les bourdonnements d'oreilles sont pénibles et incessants ; l'ouïe en est altérée et les bruits violents y retentissent douloureusement. Les ganglions sous-maxillaires et cervicaux sont violemment engorgés, le tissu cellulaire qui les entoure est fortement œdématié, depuis la branche horizontale du maxillaire inférieur jusqu'à la clavicule. L'aspect du malade réalise au parfait celui du cou proconsulaire.

Les amygdales et la luette sont vivement congestionnées, tuméfiées, sans se toucher toutefois. La dysphagie est très-vive et très-douloureuse, au point que, pour éviter les douleurs violentes qu'elle entraîne, le malade se soustrait à la déglutition de tout aliment, de toute boisson, de sa salive même. Les douleurs s'exagèrent davantage chez les personnes à réactions nerveuses exaltées. La dyspnée est quelquefois très accusée. Les excursions respiratoires se chiffrent par 30 à 50 à la minute. Par le fait de la dyspnée, la cyanose augmente dans des proportions considérables. Le pouls est agité, fréquent et traduit l'alarme du cœur ; l'oxygénation est insuffisante. L'aspect du malade est déchirant ; il exprime l'angoisse la plus profonde, faite du besoin d'air et du pressentiment de la fin.

Celle-ci serait inévitable si, au bout de 36 heures, les accidents graves ne commençaient à s'atténuer pour évoluer encore, pendant 4 ou 5 jours, sous une forme bénigne. Cette forme a une durée plus longue que les précédentes : elle dure de 5 à 8 jours et consiste en une atténuation progressive des symptômes. Cette terminaison se fait spontanément ou est provoquée par l'administration d'un vomitif, qui, en rejetant un ou plusieurs parasites, amène un bien-être presque immédiat, avant-coureur d'une guérison prochaine.

Forme mortelle. — Elle est la reproduction de la forme grave, avec cette différence que la marche des symptômes est ici progressive et que le dénouement est la mort. Celle-ci se fait avec une rapidité effrayante. Le masque d'asphyxie est précoce ; le faciès est très altéré et exprime la terreur. Les amygdales se rapprochent sur la ligne médiane : l'obstruction des voies aériennes va être absolue ; la dyspnée, terrible, aboutit rapidement à l'apnée ; l'anhélation est presque complète. Le patient est pris d'une violente agitation ; il se sent étouffer ; il se déplace incessamment, pour chercher l'air que ses muscles respirateurs appellent convulsivement. Il prend tour-à-tour toutes les positions capables de donner un facile accès à l'air, dont il éprouve si douloureusement le besoin. Le pouls devient misérable, insaisissable, et le malade succombe au progrès de l'asphyxie. Le malade du Dr Habib Saad est mort, les deux mains appuyées, convulsivement cramponnées à deux troncs d'arbre sur lesquels le malheureux était allé chercher appui et donner un soutien à l'action de ses muscles respirateurs en détresse.

Chez ce malade et chez un autre qui a succombé presque de la même façon, le Dr Saad a trouvé les deux amygdales totalement accolées sur la ligne médiane ; et c'est à cet accolement, surajouté à l'obstruction nasale, qui empêche l'issue de l'air dans les poumons, qu'il attribue la mort.

Complications. — En général, du début à la fin, le halzoun évolue sous la forme commune décrite plus haut. Exceptionnellement, on observe des accidents qui, pour être très rares, n'en sont pas moins intéressants à signaler. Parmi eux, il en est qui sont de nature inflammatoire, d'autres de nature congestive ou mécanique.

Accidents inflammatoires : abcès. — Le plus souvent leur siège est le conduit auditif externe et la région mastoïdienne. Ils évoluent de la même façon que les abcès chauds ordinaires et se terminent soit par l'ouverture spontanée, quand le malade a été assez pusillanime pour éviter l'incision, soit par l'ouverture chirurgicale. Ces abcès, à l'égal des furoncles de la même région, sont très douloureux et privent le malade de tout repos. Leur ouverture calme instantanément les douleurs. Ils guérissent par les moyens chirurgicaux ordinaires.

On observe encore, quoique exceptionnellement, l'otite moyenne suppurée, surtout dans les formes graves, quand les accidents ont été très violents du côté de l'oreille. Il semble que la violence de la congestion, en diminuant la résistance des tissus de la région, en fasse un véritable *locus minoris resistentiæ* et favorise le développement des microbes pyogènes. Si l'incision du tympan n'est pas faite à temps, la perforation spontanée en est presque inévitable et la guérison plus traînante.

Accidents mécaniques. — Le principal consiste en une *paralysie faciale* périphérique. Elle s'observe dans les conditions qui viennent d'être décrites, à savoir, quand les accidents congestifs du côté de l'oreille ont été très violents. Le mécanisme en est alors facile à saisir. La congestion de l'oreille, très-visible sur la membrane tympanique, envahit toutes les cavités de l'oreille et se transmet à travers le rocher aux nerfs acoustique, intermédiaire de Wrisberg et facial, qui, se trouvant dans une loge inextensible, subissent une compression excentrique dans l'aqueduc de Fallope, en proportion avec l'intensité de la congestion. Le mécanisme de production de cette paralysie faciale est presque le même que celui de la paralysie faciale *a frigore.*

Il est oiseux de décrire cette paralysie, que tout le monde connaît. Son évolution est sous la dépendance de la cause qui l'a produite. Mais le plus souvent, celle-ci disparue, la paralysie faciale persiste. Cependant, sa durée ne dépasse guère 8 à 10 jours et la guérison spontanée en est la règle.

Durée du halzoun. — Elle oscille de quelques heures à plusieurs jours (10 au maximum). Elle est de quelques heures dans les formes bénignes, qui semblent plutôt une ébauche de l'accident que le halzoun vrai. Dans la forme mortelle, la durée est courte aussi, et la fin est aussi rapide que l'apparition des symptômes. Dans la forme légère, au contraire, le début est plus lent.

Evolution. — Elle diffère suivant les formes. En général, elle est régulière. Cette régularité est interrompue, quand on intervient par un vomitif ou qu'il se produit un vomissement spontané. Ce dernier n'est pas rare, car la région où siège le parasite est le point de départ le plus fréquent du réflexe nauséeux. L'expulsion d'un ou de plusieurs Distomes procure rapidement au malade un bien-être favorable, premier stade de la guérison définitive.

L'évolution régulière du halzoun, dans les formes bénignes ou moyennes, peut être interrompue par les accidents spasmoglottiques que j'ai signalés et qui sont l'apanage des sujets nerveux.

Dans l'intervalle de ces crises nerveuses, variables en nombre et en intensité, mais d'une durée tout-à-fait éphémère, la maladie reprend son cours normal.

Terminaison. — Dans l'immense majorité des cas, l'issue naturelle du halzoun est la guérison. La mort est un fait d'une rareté excessive. Quand elle se produit, son unique cause est l'asphyxie par l'obstruction des voies aériennes supérieures.

Diagnostic. — Il est très difficile, étant donnée l'étiologie du halzoun et les circonstances qui président à son apparition, à son début et à son évolution, de confondre ce syndrôme avec une autre affection. Il est cependant des cas où l'on est tenté de prime abord, et quand on n'est pas prévenu, de confondre le halzoun avec certaines maladies ou intoxications qui présentent un tableau symptomatique plus ou moins analogue. Telles sont la diphtérie grave hypertoxique, l'œdème de la glotte, certaines dyspnées cardiaques ou pulmonaires et l'iodisme aigu.

Le diagnostic de la *diphtérie maligne* est des plus aisés : la différence de faciès est d'emblée manifeste. Dans la diphtérie infectieuse, le visage, au lieu d'être congestionné, est pâle et livide ; les yeux sont éteints, les lèvres ne sont point tuméfiées, l'angoisse respiratoire fait défaut, à moins de complication croupale et de tirage. La fièvre est vive dans la diphtérie ; elle fait totalement défaut dans le halzoun. Le jetage et la salive présentent dans la diphtérie une fétidité qu'on n'observe presque jamais ici. L'adénopathie sous-maxillo-cervicale et l'œdème du cou simulent cependant ceux qu'on observe dans les diphtéries associées : mais l'examen de la gorge lève immédiatement tous les doutes. Dans le halzoun, il n'y a jamais trace de fausses membranes dans la gorge. Ajoutez à ce signe négatif l'élément étiologique, dont l'importance est capitale et qui est toujours le même dans tous les cas de halzoun, et le diagnostic n'admettra plus aucune discussion.

L'*œdème de la glotte* se produit dans des conditions déterminées. Les commémoratifs relatifs à l'existence antérieure de lésions laryngées (cancer, tuberculose, syphilis), le mal de Bright, l'enfance, si prédisposée aux spasmes, aux convulsions et à l'œdème de la glotte, sont des éléments de nature à faciliter un diagnostic déjà très facile.

Les *dyspnées cardiaques ou pulmonaires* présentent des caractères particuliers, une étiologie, des antécédents et une allure tels, qu'il est vraiment difficile de les confondre avec les dyspnées mécaniques du halzoun. Le pouls, l'examen du cœur et des poumons lèvent tous les doutes. Les dyspnées les plus violentes dans le halzoun peuvent, il est vrai, exagérer le nombre des pulsations cardiaques, mais jamais en altérer le rythme. Et de plus, ici, même dans une dyspnée excessive, l'examen des poumons reste muet et l'auscultation la plus minutieuse ne dénote pas l'existence du moindre râle. N'était-ce l'inspiration humée, sifflante presque, d'un emphysème aigu compensateur, la respiration serait absolument normale.

Le diagnostic des formes légères avec l'*iodisme aigu* serait moins facile, si l'on n'avait recours aux antécédents et si l'on n'avait cet appoint sûr et infaillible du diagnostic du halzoun, à savoir, l'ingestion du foie cru. Cette ressemblance de l'iodisme aigu avec le syndrôme que nous décrivons est, en effet, frappante. Dans les deux cas, on observe la congestion des yeux, de la pituitaire, le larmoiement, l'écoulement nasal, la salivation ; dans les deux cas, on note la céphalalgie à des degrés variables d'intensité, les bourdonnements d'oreille, l'hypertrophie aiguë des amygdales, l'œdème de la luette, du pharynx, du larynx, du cou ; dans l'iodisme violent, comme dans le halzoun, s'observent encore la dysphagie, l'aphonie et la dyspnée. Il est vrai qu'ici les éruptions iodiques font défaut, mais n'est-ce pas assez pour qu'un tableau symptomatique, si ressemblant dans les deux cas, entraîne, à première vue, une erreur inévitable (1) ?

A propos du diagnostic, je citerai encore un cas curieux qui m'a été rapporté par le Dr Cheble. Ce dernier dit avoir observé, sur la muqueuse buccale d'un jeune Homme, à la face interne de la joue, deux petits Vers accrochés à la muqueuse et qui provenaient d'un foie de Chèvre. Ces parasites n'avaient occasionné d'autres lésions qu'une rougeur assez vive mais très limitée, à pourtours réguliers et dont le diamètre ne dépassait guère 2 centimètres.

---

(1) Je cite, en passant, le diagnostic avec les accidents du *botulisme*. Ce dernier ne s'observe presque jamais dans notre pays, encore moins dans les populations pauvres de la montagne. Au reste, le botulisme reconnaît des causes particulières (conserves de viandes, Poissons insuffisamment salés, *Bacillus botulinus*) et se traduit par des symptômes neuro-paralytiques : troubles sécrétoires des premières voies, paralysies motrices symétriques (ophtalmoplégie), dysphagie, aphonie, rétention d'urine, constipation.

Râclés avec le doigt, ces Distomes se détachèrent assez facilement. On pourrait conclure de ce fait que le Distome a une prédilection marquée et exclusive pour la muqueuse du pharynx, puisque c'est là qu'on le trouve toujours, et puisqu'ailleurs il ne produit aucun des symptômes habituels du halzoun.

Pronostic. — De ce qui précède, il est facile de déduire l'innocuité presque constante du halzoun. Le pronostic, on l'a vu, sauf dans des cas d'extrême exception, est des plus bénins.

Traitement. — Ce chapitre n'a d'autre intérêt que celui de montrer les curieuses inventions de l'empirisme, qui pour être irréfléchies ou le simple effet du hasard, n'en ont pas moins donné à la médecine d'utiles médications.

Le traitement du halzoun se divise en deux parties : le traitement prophylactique et le traitement palliatif.

Traitement prophylactique. — C'est le seul qui soit réellement efficace. Il se résume en un mot : faire cuire le foie destiné à la consommation. Jamais un foie ayant subi l'action de la chaleur n'a été accusé de produire le moindre accident. C'est là une constatation capitale : une élévation modérée de la température détruit en quelques secondes le parasite. C'est donc l'hygiène qui nous fournit le plus sûr moyen de prévenir le halzoun. Et ici, comme ailleurs, prévenir vaut mieux que guérir. Mais dans notre pays, et surtout dans un clan particulier de la population, l'habitude prise et la faveur accordée au foie cru fourniront toujours un certain nombre de cas de halzoun.

Traitement palliatif. — Les remèdes n'en sont guère empruntés à la matière médicale. Dans le nord du Liban, les remèdes les plus en vogue sont l'eau-de-vie en gargarismes ou en boisson, les gargarismes sucrés (sucre-miel-mélasse), l'ingestion du poivre et autres substances n'ayant pas plus de valeur que celles citées.

Il est d'observation courante que le halzoun est assez rare chez les buveurs d'araki (et c'est la catégorie d'individus les plus friands du foie cru). Ils en donnent une explication qui est, je crois, la vraie. Ils disent : « l'araki tue le Ver ». L'alcool de cette liqueur a une action parasiticide sur le Distome. J'ai versé quelques gouttes d'eau de-vie sur ces petits Vers, encore dans les canaux biliaires ; ils ont été tués très-rapidement. Cela explique l'adoption de ce moyen par les buveurs et son intronisation par eux en méthode thérapeutique.

L'eau-de-vie agirait donc comme prophylactique ; comme moyen curatif, quand les symptômes se sont déjà produits, quoique utile, son action est moins certaine.

Dans les formes moyennes ou sévères, le seul traitement utile est le *vomitif*. Il donne souvent des résultats inespérés et procure au malade, en quelques minutes, un bien-être d'autant plus appréciable qu'il succède à une agitation souvent très vive. Le vomitif agit mieux encore quand l'estomac est plein. Les aliments, violemment projetés au dehors, entraînent avec eux le parasite. Si l'estomac est vide, les contractions violentes du pharynx et de l'œsophage finissent toujours par détacher les Distomes, quoique moins facilement. Les animaux rejetés sont augmentés de volume, suivant le temps qu'ils ont passé sur la muqueuse. Quelquefois même, il n'est pas besoin de vomitif. La nature médicatrice intervient seule et, par des nausées et des vomissements réflexes répétés, expulse de la gorge son hôte incommode.

Voilà où en est le traitement du halzoun. J'avoue, à part l'usage systématique du vomitif que je lui ai opposé, que j'ai peu fait pour son traitement. Toutefois, quand l'affection sera connue et mieux étudiée, nul doute qu'on la dotera d'un nom plus scientifique ; et, quand les recherches se seront multipliées, qu'on arrivera à lui trouver un traitement moins empirique, plus rationnel et surtout plus efficace.

LA MÉDECINE COLONIALE [1]

PAR

le Professeur R. BLANCHARD

Le voyageur qui, venant d'Europe, débarque sous les tropiques, se trouve soudain transporté dans une nature étrange : tout lui est nouveau, la flore et la faune; les arbres sont si différents de ceux qu'il a coutume de voir en Europe, les fleurs revêtent des formes si capricieuses, les animaux sont eux-mêmes d'un aspect tellement inattendu, que notre voyageur n'a d'autre souci que de rapporter en Europe des échantillons de tous ces êtres curieux, pour en enrichir les collections publiques.

Ce sentiment de curiosité, de nouveauté, de « pas encore vu », il n'y a rien d'étonnant à ce que celui qui, au lieu d'étudier les plantes et les bêtes, étudie l'Homme, l'éprouve à son tour. Chacun sait à quel point les diverses races humaines diffèrent les unes des autres; personne n'ignore qu'il existe des blancs et des noirs, des rouges et des jaunes et que tous ces peuples divers n'ont ni la même langue, ni les mêmes coutumes.

Ce n'est pas seulement à ces différents points de vue que les races humaines sont dissemblables; c'est encore et surtout par leur physiologie, par leur morbidité, par les maladies qui les peuvent assaillir. C'est une erreur trop répandue, de croire qu'il suffit de faire, dans les Facultés de médecine d'Europe ou de quelques pays du Nouveau-Monde, des études que je veux supposer très bonnes, alors cependant que les examens de tous les jours nous prouvent souvent le contraire; c'est, dis-je, une erreur de croire qu'il suffit de connaître la pleurésie, la péritonite, la fièvre typhoïde, le cancer et d'autres maladies banales dont l'humanité du Vieux-Monde est affligée, pour être apte à exercer la médecine sous les tropiques et pour avoir une notion précise, comme doit la posséder tout médecin digne de ce nom, des maladies qu'on rencontre dans les colonies, aussi bien chez les indigènes que chez les blancs qui s'y trouvent transplantés.

[1] Conférence faite, sous les auspices de la *Revue scientifique*, à la salle des Agriculteurs, le 11 mai 1904.

Pendant fort longtemps, les colonies françaises ont été de très faible importance. A la suite de la perte du Canada, de ces quelques arpents de neige qui sont devenus le pays florissant que vous savez, après la chute de l'Empire français des Indes, nos colonies ont été réduites à quelques petites îles : la Martinique, la Guadeloupe, la Réunion. La conquête de l'Algérie, puis la prise de possession de la Nouvelle-Calédonie et de la Cochinchine, furent les premiers symptômes du réveil colonial de notre pays. Depuis vingt-cinq ans, nous avons fait dans ce sens des progrès étonnants et nos possessions d'outre-mer se sont multipliées : le protectorat de la Tunisie, de l'Annam et du Cambodge; la conquête du Tonkin, du Soudan, du Congo, de Madagascar, etc., témoignent suffisamment de notre activité colonisatrice.

D'ailleurs, cette activité ne s'est pas seulement manifestée en France. Depuis 25 ou 30 ans, un souffle nouveau pousse les grandes nations européennes vers la colonisation : toutes, à l'envi, se sont ruées sur les régions du globe qui n'appartenaient encore à aucune puissance civilisée ou prétendue telle; elles se sont mises à dépecer le monde, à le diviser en parcelles dont il s'agissait de prendre possession le plus rapidement possible, pour contrecarrer les entreprises des nations rivales. Cette besogne a été menée si promptement, qu'aujourd'hui, on peut le dire, il ne reste plus de territoires disponibles.

Ce partage du monde ne s'est point fait pour l'unique plaisir des géographes; le Vieux-Monde, enserré dans ses limites étroites, ne trouvant plus assez de débouchés pour les produits de son industrie, a été obligé, par la force des choses, de trouver des débouchés nouveaux. Telle est la raison économique dominante, grâce à laquelle les peuples d'Europe se sont mis à coloniser. On a vu des vieux peuples colonisateurs, comme la France et l'Angleterre, acquérir des territoires nouveaux excessivement étendus et, symptôme beaucoup plus curieux, des peuples nouveaux venus à la colonisation, comme l'Allemagne, s'empresser de mettre la main sur des territoires encore inoccupés.

Aujourd'hui, cette phase de conquête est achevée; la période d'organisation et de mise en valeur est partout inaugurée. Il est bien certain, en effet, que les conquêtes faites récemment par la France, l'Angleterre, l'Allemagne, l'Italie, la Belgique et même les

États-Unis, n'ont pas été entreprises uniquement pour le plaisir enfantin de barioler la carte de jaune, de rouge ou de vert. Nous sommes tous résolus, non seulement à étendre nos relations commerciales et industrielles avec ces pays nouveaux, mais encore à nous y implanter, à nous y établir, à y faire souche et à former ainsi des Frances, des Angleterres ou des Allemagnes nouvelles.

Par ce simple préambule, je crois vous avoir montré combien il est indispensable à tout colon d'avoir des notions précises sur les ressources du pays où il vient s'établir ; sur le climat, la constitution du sol ; de savoir quels animaux y vivent, de manière à les utiliser ; de savoir quels végétaux y poussent, de manière à en tirer profit ; mais aussi de savoir lutter contre les intempéries, contre les maladies qui peuvent l'assaillir dans ces pays nouveaux, enfin d'avoir sur l'habitabilité de ce pays et sur l'hygiène des données absolument exactes.

Or, aucun de ceux qui sont au courant de l'enseignement médical, tel qu'il se donne dans les Facultés de médecine de l'Europe ou de l'Amérique du Nord, c'est-à-dire des pays tempérés, ne me contredira, si je prétends ici que ce que nous enseignons à nos étudiants, c'est la médecine de France ou d'Allemagne, ou d'Italie, mais nullement la médecine des pays chauds. Le médecin qui, ayant fait de bonnes études en Europe, s'en va sous les tropiques, se trouve aussi dépaysé que tout à l'heure l'était notre voyageur, lorsqu'il se trouve en présence de cette nature nouvelle. Pour lui, l'humanité est un champ nouveau, un microcosme particulièrement intéressant, mais tout à fait inconnu, qu'il a le plus grand intérêt à connaître et à pénétrer. Pour cette raison, la nécessité s'est donc imposée, dans ces années dernières, de créer dans nos Facultés de médecine un enseignement portant exclusivement sur les maladies des pays chauds.

Je dois dire, en toute justice, qu'un tel enseignement existe depuis longtemps en France : c'est dans nos Ecoles de médecine navale de Brest, de Toulon et de Rochefort, que, pour la première fois dans le Vieux Monde, on a systématiquement enseigné la médecine exotique. Il existe également au Val-de-Grâce des cours d'épidémiologie, grâce auxquels les médecins de l'armée acquièrent les connaissances médicales relatives aux colonies et, d'une façon plus générale, aux régions exotiques où les hasards de la guerre peuvent les appeler du jour au lendemain. Mais le rôle de la colonisation s'étend : les territoires placés sous l'hégémonie des nations d'Europe ne sont plus uniquement occupés par des militaires ; il y vient des colons, avec l'intention formelle de s'y établir et d'y vivre ; c'est la véritable colonisation qui commence, après l'occupation militaire du pays. Pour ces colons, pour le personnel blanc, noir ou jaune qui travaille dans leurs exploitations, pour les villes qui se créent ou qui s'étendent, il faut des médecins eux-mêmes sédentaires. Ces médecins civils n'auront pu acquérir des notions de pathologie exotique auprès des maîtres d'une si haute distinction qui professent dans nos Ecoles de médecine navale ou militaire, puisque celles-ci sont fermées aux médecins civils. Il était donc urgent d'organiser en faveur de ces derniers un enseignement nouveau, répondant aux besoins que nous venons d'exposer.

Cette fois, ce n'est plus la France qui a pris l'initiative ; l'exemple nous est venu de l'étranger. Ce sont les Anglais qui, les premiers, ont institué une Ecole de médecine tropicale, grâce à l'initiative d'un savant éminent, Sir Patrick Manson. Ayant vécu longtemps en Chine et y ayant vu de près des maladies parfaitement inconnues en Europe, il eut l'idée de constituer à Londres un enseignement particulier pour ces maladies ; il fut ainsi le créateur de la première Ecole de médecine tropicale, qui est annexée à l'hôpital des marins, à l'est de Londres, et qui fonctionne depuis cinq ans environ.

A cette époque, le ministre des Colonies était M. Joseph Chamberlain. Un beau jour, un armateur de Liverpool, M. Alfred Jones, vint rendre visite au ministre, qui lui dit tout en causant : « On vient de créer, à Londres, une Ecole de médecine tropicale ; vous devriez en faire autant à Liverpool, le grand port. » L'idée était bonne ; elle n'allait pas tarder à se montrer féconde.

M. Jones revint à Liverpool, et organisa un banquet (on banquète beaucoup en Angleterre), où furent conviées toutes les personnes s'intéressant aux progrès de la ville et au succès commercial et économique des colonies anglaises. Après les toasts à la Reine, à la famille royale et à l' « army and navy », qui sont obligatoires au cours de toutes les agapes, M. Jones prit la parole, raconta ce que le ministre Chamberlain lui avait dit et déclara qu'il était résolu à créer à Liverpool une Ecole de médecine tropicale. Il fallait beaucoup d'argent ; il proposa une somme importante ;

« J'estime, dit-il, que c'est la moitié de ce qu'il faut ; je verserai
cette somme lorsque les personnes ici présentes ou un groupe quelconque de nos concitoyens auront réuni une somme semblable. »
Et, séance tenante, on vida les portefeuilles, les bank-notes affluè-
rent, et en dix minutes l'Ecole de médecine tropicale de Liverpool
fut créée.

Depuis lors, l'argent ne cesse d'affluer : les deux Ecoles de
Londres et de Liverpool sont actuellement dotées de la façon la
plus large et possèdent des revenus à faire pâlir d'envie toutes les
institutions scientifiques du continent (1).

C'est ainsi que les choses se passent dans un pays où l'initiative
privée fait tout, dans un pays qui n'a point de budget de l'Instruction publique, qui a pourtant des écoles très florissantes, des
Universités célèbres dans le monde entier : Oxford, Cambridge, et
autres ; dans un pays où les établissements d'instruction sont entretenus par la générosité des citoyens.

Est-ce qu'il ne serait pas possible, dans notre pays, qui possède
également un empire colonial très étendu, de constituer aussi un
enseignement de la médecine coloniale ou tropicale ?

La question s'est posée de différents côtés à la fois ; c'est à
Marseille qu'elle fut résolue tout d'abord. Le professeur Heckel,
dont tout le monde savant admire les beaux travaux sur les plantes
des pays chauds, eut la généreuse et patriotique idée de créer,
dans cette ville, un enseignement de la médecine tropicale. Mais
vous savez ce qu'est la concentration française : une force centri-
pète entraîne tout vers Paris et les institutions les plus utiles et
les mieux organisées, lorsqu'elles naissent loin du centre, ne sont
pas toujours accueillies avec la faveur que pourtant elles méritent.
C'est précisément ce qui arriva : malgré la haute valeur des
maîtres, malgré des conditons exceptionnellement favorables au
recrutement des malades, les élèves ne furent pas aussi nombreux
qu'on était en droit de l'espérer ; et tous ces élèves étaient exclusivement des Français — ce qui n'était qu'un demi mal, puisqu'en
somme c'était pour les Français que l'enseignement était organisé.

Vers la même époque, l'Université de Bordeaux créa un enseignement similaire. Bordeaux est le siège d'une Ecole d'application

(1) R. BLANCHARD, Création à Paris d'un Institut de médecine coloniale. *Archives
de Parasitologie*, VI, p. 414-474, 1901.

du Service de santé de la Marine : la clientèle était donc trouvée ; ce fut cette clientèle qui fit le succès de l'institution nouvelle. Le programme est d'ailleurs excellent, les cours sont tout à fait remarquables, et la Faculté de Bordeaux a déjà formé un bon nombre de médecins coloniaux.

Mais ceux-ci sont toujours des Français et l'influence de l'enseignement nouveau ne se fait guère sentir en dehors de nos frontières. Au point de vue de l'influence morale exercée par notre pays, il était évidemment désirable qu'il en pût être autrement. L'Université de Paris attire un très grand nombre d'étudiants étrangers ; nous devions avoir la légitime ambition, par un enseignement de la médecine tropicale, d'attirer à nous, non seulement des Français, mais aussi un nombre considérable d'étrangers.

J'eus donc l'idée de créer à Paris un Institut de médecine coloniale. Cela n'alla pas sans peine ; je dus lutter pendant deux ans contre des difficultés sans cesse renaissantes : la gestation fut plutôt pénible, mais enfin on aboutit (1). Maintenant, l'Institut de médecine coloniale vit ; il a déjà eu deux sessions d'enseignement, et je vois dans cette salle un certain nombre de nos élèves, si ce mot ne les choque pas, qui ont suivi avec le plus grand succès l'une ou l'autre de ces sessions ; leur présence est un sûr garant du succès de l'institution et de l'intérêt qu'ils ont trouvé à suivre notre enseignement.

Et ce qui manquait aux deux écoles de Marseille et de Bordeaux, qui nous ont précédés (2), s'est réalisé chez nous : nous avons eu à la première session 20 élèves, dont 7 étrangers ; nous en avons eu 25 cette année-ci, dont 13 étrangers ; nous aurions pu en avoir 42, dont plus de la moitié d'étrangers, si la place et les crédits ne nous avaient manqué.

D'où viennent ces étrangers ? Je vois dans cette salle un Vénézuélien ; je pourrais y voir un Russe, un Chilien, un Colombien, un Grec, deux Italiens, un Haïtien, un médecin de l'armée américaine des Philippines, un médecin du Congo belge, un autre des colonies

(1) R. BLANCHARD, L'Institut de médecine coloniale. Histoire de sa fondation. *Archives de Parasitologie*, VI, p. 585-603, 1902.

(2) En réalité, mes pourparlers en vue de la création de l'Institut de médecine coloniale étaient engagés avant qu'il fût question d'une création semblable à Bordeaux.

portugaises de la côte occidentale d'Afrique, etc. En d'autres termes, nous avons su attirer à nous des étrangers ; et si nos moyens d'action étaient moins limités, si nous avions des locaux plus vastes et surtout de l'argent en quantité plus grande, je suis certain que nous aurions des élèves aussi nombreux, sinon même plus nombreux que l'École de médecine tropicale de Londres.

Dans cette concurrence qui s'établit entre les deux centres d'enseignement, Londres et Paris, nous marchons d'accord de la façon la plus intime. Bien avant « l'entente cordiale », nous avions décidé, Sir Patrick Manson et moi, de nous envoyer ceux de nos élèves qui voulaient bien passer la Manche, et même de faire éventuellement un échange de malades, de manière à faire une sorte d'enseignement réciproque.

Nous avons tenu parole. Sir Patrick Manson, les Dʳˢ Cantlie, Low et Sambon sont venus de Londres, dans le courant de novembre dernier, pour voir nos trois nègres atteints de la maladie du sommeil. De notre côté, nous sommes allés, M. Wurtz et moi, avec une quinzaine de nos élèves, rendre visite à nos amis de Londres, aux dernières vacances de Noël. Ils nous ont fait une réception triomphale, tout à fait disproportionnée à notre très faible mérite ; ils nous ont donné une démonstration touchante et inoubliable de cette hospitalité cordiale qui est célèbre dans le monde entier et qu'on ne trouve qu'en Angleterre.... et en Écosse. Bref, il y a des éléments de succès et de concorde très intéressants à constater.

Je ne veux pas rester plus longtemps sur ces préliminaires un peu ardus, un peu techniques, mais je tenais à vous faire bien comprendre qu'il se produit en ce moment une sorte de renouveau des études médicales, du moins dans une certaine limite, et que ces tentatives doivent avoir les plus heureuses conséquences au point de vue des entreprises coloniales.

Je veux maintenant vous montrer qu'il était tout à fait nécessaire d'instituer un enseignement de la médecine coloniale ou tropicale, car les maladies qu'on observe sous les tropiques ne ressemblent en rien à celles que nous observons ici. Il est bien certain qu'on se luxe l'humérus ou qu'on se fracture le tibia en Afrique, tout aussi bien qu'en Europe, car les maladies d'origine traumatique sont partout les mêmes, mais celles que déterminent les agents animés et le climat ne sont pas du tout de même nature.

Vous êtes, sans doute, un peu surpris de voir un naturaliste venir vous parler de l'utilité de l'enseignement de la médecine tropicale ; vous comprendriez beaucoup mieux qu'un maître de la pathologie interne ou externe vînt défendre devant vous la thèse que je me propose de vous exposer. Eh bien! si à priori vous admettez cela, j'ai quelque idée que vous allez bientôt changer d'avis et que vous ne tarderez pas à comprendre que ceux qui doivent le plus s'occuper de ces questions, ce sont bien plus les naturalistes que les médecins.

A mesure que nous pénétrons mieux la cause des maladies, que nous remontons à leur étiologie et que nous en établissons les sources d'une façon plus certaine, nous arrivons à reconnaître que les maladies parasitaires sont de beaucoup les plus nombreuses : telle maladie, qu'on croyait être une pure inflammation ou qu'on croyait causée par une influence climatérique, est uniquement sous la dépendance d'un parasite. Or, il est intéressant de voir que, tandis que dans les pays tempérés, les maladies parasitaires sont pour la plupart d'origine microbienne, dans les pays chauds, elles sont d'origine animale. Les plus graves endémies et les maladies les plus meurtrières qui frappent les Européens établis sous les tropiques sont causées par des animaux. Et alors, vous comprenez que le problème se complique singulièrement : il ne s'agit plus seulement d'étudier une maladie au point de vue clinique, d'en déterminer les symptômes, d'en savoir faire un diagnostic judicieux; ce qu'il importe surtout de connaître, c'est l'agent qui produit cette maladie. Il faut savoir quels sont ses mœurs, ses migrations, s'il en a, ses conditions de vie en dehors de l'organisme humain, et j'ajouterai même en dehors de l'organisme animal, car il s'établit un rapprochement tous les jours plus intime entre la médecine des animaux et celle de l'Homme, L'Homme, en effet, n'est pas, pour le physiologiste, le médecin, le naturaliste, autre chose qu'un animal, assurément le plus parfait, le plus sublime, le plus... tout ce que vous voudrez, vous connaissez la thèse, tout aussi bien et mieux que moi; il n'en est pas moins vrai que l'Homme n'est qu'un animal et certaines maladies s'observent aussi bien chez lui que chez les animaux domestiques ou sauvages. Le médecin, spécialement celui qui exerce son art aux colonies, doit donc absolument posséder des notions aussi nettes que possible sur les maladies des animaux qui vivent auprès de l'Homme.

Et puisque, sous les tropiques, la plupart des maladies sont causées par des animaux parasites, vous voyez que le rôle du naturaliste intervient d'une façon urgente et que c'est lui qui doit être l'initiateur et le directeur dans les études que nous avons à accomplir. Je vais vous le démontrer par quelques exemples ; ils sont très abondants et s'il me fallait vous les énumérer tous, votre patience serait bien vite à bout, car ce serait tout un cours de Faculté de médecine qu'il me faudrait faire, et vous n'attendez pas cela de moi.

Est-il une maladie plus répandue que le paludisme, la fièvre intermittente ? Vous savez en quoi consiste cette maladie en Europe, mais ce que vous constatez dans nos pays ne peut vous faire soupçonner en aucune manière avec quelle violence elle sévit dans les pays chauds.

Le paludisme forme autour du globe une ceinture qui couvre toute la région tropicale et qui s'étend même bien au-delà. Cette maladie est la plus meurtrière de toutes celles qui peuvent nous attaquer : aucune, même les épidémies les plus terribles, la peste, le choléra, la fièvre jaune, etc., ne tue bon an mal an autant de monde que le paludisme. Dans nos climats, la tuberculose passe à juste titre pour être une maladie des plus redoutables, mais le tribut que nous lui payons est loin d'être aussi lourd que celui que certaines races paient au paludisme. Il y a donc grand intérêt à bien connaître cette maladie. Eh bien ! il s'agit là d'une maladie parasitaire et le parasite a été découvert, voilà vingt-trois ans, par un médecin militaire français dont vous avez déjà tous le nom sur les lèvres : le professeur Laveran. C'est là, incontestablement, l'une des découvertes les plus sensationnelles du xixᵉ siècle.

Je ne veux pas entrer dans les détails ; qu'il me suffise de vous dire qu'il s'agit ici d'un corpuscule parasitaire excessivement fin, qui se loge à l'intérieur des globules rouges du sang ; il mange la substance de ces globules, grossit et se développe à leurs dépens, puis, à un moment donné, se multiplie par un procédé spécial, grâce auquel un nombre assez considérable de petits corpuscules vont se trouver libres dans le sang ; ces derniers pénètrent à leur tour dans les globules rouges, et le même cycle recommence indéfiniment.

Je vous présente une série de projections qui mettent en évidence toutes les phases accomplies successivement par le parasite du paludisme.

Toutes les fois que les corpuscules susdits se trouvent mis en liberté, par suite de l'éclatement du globule, le malade a un accès de fièvre, et à ce moment là seulement. Pourquoi ? On sait que tous les êtres vivants, en se nourrissant, c'est-à-dire en usant leurs tissus, produisent des toxines; l'animalcule qui est dans le globule sanguin n'échappe pas à la loi commune : il excrète des toxines qui s'accumulent autour de lui dans le globule. Quand ce globule éclate et que les petits corpuscules parasitaires sont mis en liberté, les toxines sont déversées en même temps dans le torrent circulatoire qui les absorbe; elles peuvent agir alors sur les centres nerveux, et voilà comment l'accès de fièvre se produit; et s'il se produit périodiquement, c'est que l'éclatement du globule est lui-même périodique. Voilà tout le secret de la fièvre intermittente, sur les causes de laquelle on a tant discuté.

Pendant très longtemps on n'a pas su comment se propageait la fièvre intermittente. On disait : cela vient des marécages, d'où le nom de *paludisme* donné à la maladie. On disait encore : cela vient de l'air, et on recommandait, par exemple, aux voyageurs qui traversaient les marais Pontins ou la campagne romaine, en chemin de fer ou en carriole, de ne respirer que par le nez, car un miasme subtil s'échappait du terrain et se répandait dans l'air, d'où le nom de *malaria* (mauvais air) donné à la fièvre. On disait aussi : cela vient du sol, et le miasme dangereux se dégage quand on fait des travaux de terrassement, d'où le nom de *tellurisme* également donné à la maladie.

Toutes ces conceptions étiologiques sont inexactes; pendant 20 siècles, l'humanité a vécu sur ces idées fausses, dont, à l'heure présente, il ne reste plus rien. C'est par l'intermédiaire d'un Moustique que se fait la transmission du parasite. A un certain moment, celui-ci ne se multiplie plus dans le sang, mais revêt une forme spéciale et reste alors indéfiniment dans le liquide sanguin, sans y subir aucune modification. Les corpuscules particuliers, qui ont ainsi pris naissance dans le sang, peuvent être avalés avec les globules rouges par un Moustique.

Dans l'estomac de l'Insecte s'accomplissent alors des phénomènes très curieux, qui aboutissent à une sorte de fécondation et à la production d'une espèce d'œuf. Celui-ci pénètre dans l'épaisseur de l'estomac, y grossit, puis se résout en une foule de petits filaments qui, par éclatement de l'enveloppe qui les entoure, tombent dans la cavité du corps de l'animal. Ils se disséminent alors de toutes parts, puis cheminent vers la partie antérieure, tombent dans les glandes salivaires, les traversent de part en part, et arrivent ainsi dans le canal excréteur, d'où ils peuvent être introduits dans la peau d'un Homme sain, que le Moustique vient piquer par hasard.

Ainsi s'opère l'inoculation du parasite ; ainsi commence le cycle évolutif que nous venons d'esquisser rapidement. Il n'y a pas d'instant, ne fût-ce qu'un millième de seconde, où le parasite du paludisme soit libre ; il passe de l'Homme au Moustique, du Moustique à l'Homme, et indéfiniment... Quoi qu'on en ait pensé pendant des siècles, ce ne sont donc ni l'eau, ni l'air, ni le sol, qui causent le paludisme ; ces croyances appartiennent désormais à l'histoire de la médecine ; il est définitivement établi par l'expérience que les fièvres intermittentes se transmettent exclusivement par les Moustiques.

Voici ces Insectes délicats, dont beaucoup sont gracieux et jolis au possible. Chacun connaît leur piaulement aigu et a subi leurs cuisantes piqûres, mais qui se douterait que des êtres si petits puissent être si redoutables ? Pourtant, rien n'est plus exact. Il devient donc nécessaire d'acquérir sur leur compte des connaissances précises.

Les Moustiques pondent leurs œufs dans l'eau stagnante ; la forme et l'agencement de ces œufs peuvent varier d'une façon très caractéristique. Tantôt ces œufs adhèrent entre eux de manière à former une sorte de galette, tantôt ils demeurent indépendants et séparés les uns des autres, quoique plus ou moins rapprochés, parce que les corps flottants se rapprochent, mais un souffle suffit pour les dissocier. Ces deux types sont bien connus des naturalistes, et ils doivent être bien connus des médecins.

Les Moustiques sont en nombre considérable ; on en connaît à l'heure actuelle plus de 300 espèces ; heureusement toutes ne sont pas dangereuses.

Parmi ces espèces, les unes sont la cause du paludisme dont

nous venons de parler : ce sont les Anophèles ; d'autres donnent la filariose, la fièvre jaune, peut-être aussi la lèpre. Il y a donc un intérêt capital à connaître ces Insectes d'une façon générale et à pouvoir déterminer que les espèces nuisibles habitent une région déterminée.

Sont-ce les médecins qui nous diront cela ? Non, à moins qu'ils ne soient, ce qui est très désirable, doublés de naturalistes. C'est le naturaliste seul, en effet, qui est capable de nous renseigner. Et voyez l'importance de cette question :

Nous sommes aux colonies ; le pays semble fertile, l'eau est abondante ; on pourrait installer une plantation ou une culture quelconque, construire des habitations ou même fonder une ville.

Jusqu'à ces derniers temps, en pareille occurrence, on allait à l'aveuglette : on se laissait charmer par le paysage, on se décidait d'après l'emplacement, la proximité des voies de communication, etc. Certes, de telles considérations sont importantes, mais aujourd'hui elles doivent passer au second plan ; la question capitale, celle qui doit dominer toute autre préoccupation, c'est la question de salubrité. Et le problème qui se pose désormais se résume à ceci : « Y a-t-il ou non dans ce pays des Moustiques dangereux ou d'autres Insectes capables de propager des maladies ? »

Comment le savoir ? Les colons vont-ils se mettre tous à courir après les Moustiques, à faire des collections d'Insectes ? Il ne peut être évidemment question de demander cela à tout le monde ; mais ce que chacun peut faire, car rien n'est plus facile et plus instructif, c'est de pêcher dans les eaux stagnantes à l'aide de filets fins, analogues aux filets à Papillons. On prélève ainsi dans l'eau ou à sa surface des spécimens, des animalcules qui y vivent ; on les verse dans un bocal d'alcool ou de formol, puis on les envoie par la poste au Laboratoire de parasitologie, 15, rue de l'Ecole de Médecine, à Paris. Là se trouvent des gens qui passent leur vie la loupe ou le microscope à l'œil et qui pourront vous renseigner. Ils vous diront, d'après le simple examen des œufs et des animalcules ramenés par le filet fin, s'il existe dans la région des Moustiques dangereux, à quels types ils appartiennent et, conséquemment, s'ils sont capables ou non de vous inoculer quelque affection parasitaire.

Cependant, l'œuf éclôt et il donne naissance à la larve. Qui ne connaît la larve du Cousin vulgaire ? Qui n'a vu, dans les tonneaux d'arrosage, cet animalcule étrange, qui gambade et s'agite de la façon la plus bizarre ?

Suivant que l'on observe la larve du Cousin ou celle de l'Anophèle, l'attitude de l'animal au repos est différente. La première se tient obliquement dans l'eau et son tube respiratoire seul affleure la surface ; la seconde est dépourvue de siphon respiratoire et est étendue à la surface, comme un fétu de paille. Bien que vivant dans l'eau, ces animaux ne peuvent respirer que l'air atmosphérique : ils sont obligés périodiquement de remonter à la surface, pour rejeter l'air vicié qui est dans leur appareil respiratoire et de le remplacer par de l'air contenant de l'oxygène.

Les figures qui passent sur l'écran vous montrent ces différences essentielles, qui sont aisément appréciables. Après les larves, voici les nymphes, puis divers types de Moustiques adultes, afin de vous montrer les nombreuses variations que ces Insectes peuvent présenter. Celui-ci est l'*Anopheles maculipennis* femelle, l'animal qui nous donne la fièvre intermittente : on ne se douterait pas que, dans un corps aussi petit, il pût y avoir tant d'astuce.

L'Anophèle existe partout en Europe, et partout il propage le paludisme ; il existe même aux environs de Paris, et si la fièvre intermittente ne s'y observe pas c'est tout simplement parce que les fiévreux y font défaut. Mais qu'un fiévreux vienne d'Indo-Chine ou du Sénégal, et que dans son voisinage se trouve une nichée d'Anophèles, éclose dans quelque bassin de jardin, cet individu va pouvoir infester les Anophèles et le paludisme va se répandre tout à l'entour.

On soupçonnait depuis longtemps que les Moustiques jouaient un certain rôle dans la dissémination du paludisme, mais c'est à sir Patrick Manson que revient le mérite d'avoir conçu le premier un plan de recherches devant conduire à cette découverte capitale. Ce n'est pas lui, toutefois, qui a fait cette découverte, car il résidait en Angleterre, pays où la fièvre intermittente n'existe plus guère, mais il en a été l'instigateur. C'est à un médecin de l'armée des Indes, le Dr R. Ross, que revient la gloire d'avoir reconnu que le paludisme des Oiseaux, qui est très semblable à celui de l'Homme, est transmis par les Moustiques. En Italie, le professeur Grassi, de l'Université de Rome, ne tarda pas à étudier le paludisme dans la campagne romaine et constata que cette redoutable épidémie était, elle aussi, causée par les Anophèles.

Voilà donc une série de faits qui s'enchaînent, plusieurs savants dont les observations concordent ; il n'y a pas, dans les sciences médicales, de fait plus positif que celui que je viens de vous résumer et qui date de quatre ou cinq ans au plus et maintenant on peut dire, tout au moins au point de vue théorique, que nous avons vaincu le paludisme et que le règne de cette endémie meurtrière entre toutes est sur le point d'être achevé : nous pouvons la faire disparaître, ce n'est plus qu'une question d'argent. On sacrifie, pour des choses moins importantes, des sommes infiniment plus considérables que celles qui seraient nécessaires pour assainir nos colonies françaises.

Je voudrais vous prouver, par un exemple encore, qu'il est facile de rendre salubres des centres d'habitation que jusqu'alors décimait le paludisme. Cet exemple me sera fourni par la ville de Freetown, à Sierra Leone. Grâce à l'inépuisable libéralité de M. A. Jones, l'Ecole de médecine tropicale de Liverpool envoya sur la côte occidentale d'Afrique plusieurs missions pour étudier les conditions de la propagation du paludisme. L'une de ces missions prit Freetown pour champ d'observation : la ville était réputée pour son insalubrité. On reconnut que les rues étaient creusées de petites ornières, de petites flaques d'eau, où vivaient des larves d'Anophèles en quantité plus ou moins grande, à la porte même des habitations. En effet, le paludisme était à l'état permanent ; il causait des ravages considérables et faisait de Freetown l'un des points les plus insalubres de la côte d'Afrique. Il a suffi de quelques pelletées de terre pour combler toutes les flaques d'eau : dès lors, l'assainissement de la ville fit des progrès considérables et le paludisme rétrocéda dans des proportions extraordinaires.

La filariose vous est moins connue que le paludisme, parce que, contrairement à celui-ci, c'est une maladie exclusivement tropicale. La carte qui passe sous vos yeux vous montre, en effet, qu'elle ne s'étend pas au-delà des tropiques et qu'elle forme une sorte de ceinture continue tout autour du globe. C'est une maladie singulière, qui est causée par des Vers dont les embryons circulent dans le sang.

Les individus atteint de filariose présentent des symptômes assez divers ; l'un des plus constants est l'hématurie. A la longue, il peuvent présenter aussi de singulières malformations des membres, qui prennent cet aspect terrifiant que l'on désigne sous le nom d'éléphantiasis ; mais c'est véritablement insulter l'Eléphant que d'emprunter son nom pour caractériser de telles déformations. L'éléphantiasis revêt souvent des aspects beaucoup plus monstrueux que ceux que je vous présente, mais j'ai pensé qu'il viendrait des dames à cette conférence et j'ai craint de les effrayer.

Voilà très longtemps que la filariose est connue, comme le prouve cette peinture japonaise, que j'ai fait copier au Musée Britannique sur un makimono du XIIe siècle ; elle montre une femme atteinte d'éléphantiasis des deux jambes.

Cette maladie, je l'ai dit, ne se trouve que sous les tropiques ; les pays qui ont des colonies équatoriales doivent donc s'y intéresser tout particulièrement ; aussi ne doit-on pas être trop surpris de la trouver représentée dans des circonstances où assurément on ne l'attend guère, sur le timbre français de 50 centimes, par exemple.

La filariose est, elle aussi, transmise par un Moustique. Quand l'Insecte suce le sang d'un individu malade, il avale, en même temps que les globules, les petits embryons que je vous ai montrés tout à l'heure. Ceux-ci, arrivés dans l'estomac ou le jabot du Moustique, vont en percer les parois et tomber dans la masse des muscles moteurs des ailes, y grandissent peu à peu, en même temps que ces muscles se détruisent progressivement. Au bout de trois semaines environ, la croissance des larves est achevée : elles quittent alors les muscles, s'acheminent vers la tête et pénètrent dans la trompe. Désormais le Moustique est infectieux : s'il vient à piquer un individu sain, il émet sa salive irritante et, du même coup, il déverse dans la petite plaie qu'il vient de produire un nombre plus ou moins grand de ces larves. C'est ainsi que la filariose est inoculée.

Des larves qui ont ainsi pénétré dans la peau subissent une mue nouvelle et passent à l'état adulte. Puis, la femelle met en liberté des petits qui entrent dans la circulation périphérique, et voilà la filariose établie. En même temps, il se produit des désordres du côté de la circulation d'où passage du sang dans l'urine, et d'autres désordres du côté de la peau, d'où éléphantiasis.

Une autre affection, particulière encore aux pays chauds et dont je dois dire un mot, c'est la fièvre jaune. C'est une maladie du Nouveau-Monde ; elle n'a donc été connue qu'après la découverte de l'Amérique. Jusqu'à il y a trois ou quatre ans, on ne savait pas en quoi elle consistait. Au point de vue clinique, elle était parfaitement décrite dans les ouvrages de pathologie, mais ses causes et son mode de transmission étaient absolument ignorés. Or, il est beaucoup plus important de prévenir une maladie que de la guérir, et on ne peut la prévenir qu'autant qu'on en connaît l'origine. Depuis qu'il est démontré qu'un nombre immense de maladies sont d'origine parasitaire, il est permis d'entrevoir un nouvel âge d'or, où le médecin n'aura plus guère à traiter que des traumatismes et d'autres maladies accidentelles. Quant aux autres, il saura les arrêter par de sages mesures préventives. Le médecin de l'avenir fera donc de la prophylaxie, bien plus que de la thérapeutique. Quelle profonde transformation des mœurs n'en résultera-t-il pas ! Comme c'est déjà la mode aux Etats-Unis, on s'assurera contre la maladie, auprès du médecin, comme on s'assure contre l'incendie ou sur la vie, auprès de telle ou telle compagnie financière.

Donc, on sait d'une façon certaine que la fièvre jaune est une maladie parasitaire, on a même de sérieuses raisons de croire qu'elle est causée par un parasite animal, mais on ne sait encore rien de positif sur la nature de ce parasite. En revanche, on connaît très exactement comment il se transmet, ce qui permet heureusement de dompter ce fléau redoutable.

Voilà quelque vingt ans, le Dr Carlos Finlay, de la Havane, émettait l'opinion que la fièvre jaune était transmise par les Moustiques, mais il était incapable d'en donner la démonstration ; sa théorie restait à l'état de simple hypothèse, appuyée sur des observations sans doute intéressantes, mais incomplètes. Quand les Américains firent tomber la domination espagnole à Cuba, ils furent, avant la proclamation de la République cubaine, maîtres de ce pays pendant un certain temps ; ils en profitèrent, non pour lui faire rendre beaucoup de douros, comme on pourrait le croire, mais pour l'assainir. La fièvre jaune était alors à l'état permanent ; elle décimait la population, faisait des razzias formidables parmi les blancs non acclimatés. Les Américains en profitèrent pour partir en guerre contre elle et, se basant d'une part sur les observations de Finlay et d'autre part sur celles de Ross, de Manson et de Grassi relatives au paludisme, ils constatèrent qu'effectivement la fièvre jaune était bel et bien transmise par un Moustique, le *Stegomyia calopus*.

De cette notion découlèrent aussitôt des mesures prophylactiques dont je parlerai tout-à-l'heure et grâce auxquelles on parvient à détruire ce Moustique à La Havane et dans les environs. Aussi cette ville, qui passait à juste titre pour un foyer de pestilence, est-elle devenue essentiellement salubre et la fièvre jaune n'y existe-t-elle plus. Il y a encore trois ou quatre ans, si quelqu'un avait eu la folle envie de prendre la fièvre jaune presque à coup sûr, il eût fallu lui conseiller de s'embarquer pour La Havane ; aujourd'hui, on peut donner le même conseil à ceux qui veulent éviter cette maladie.

Les entomologistes nous ont fait connaître que le *Stegomyia calopus* n'existe pas seulement en Amérique, mais qu'il se trouve aussi sur la côte occidentale d'Afrique et sur les côtes portugaise, espagnole du nord, française de l'Atlantique. On sait que la fièvre jaune ne reste pas cantonnée à l'Amérique tropicale, mais qu'elle peut parfois traverser l'Atlantique et pénétrer dans l'ancien monde. Vous avez tous présents à l'esprit le souvenir de cette terrible épidémie de fièvre jaune qui a ravagé le Sénégal, il y a trois ans ; plus anciennement, l'épidémie a ravagé Brest et Saint Nazaire. Or, dans toutes ces régions on rencontre le *Stegomyia* ; en Europe comme en Amérique, on trouve donc la confirmation de la découverte considérable dont Finlay a été le promoteur.

Puisque les Moustiques jouent un rôle aussi capital dans la propagation des maladies les plus meurtrières, il importe de s'en débarrasser ou de se mettre à l'abri de leurs attaques. Ce n'est pas chose facile, car le Moustique ne se chasse point au fusil comme le Perdreau et il échappe facilement aux regards. Pourtant, sachant que l'animal se développe dans les eaux stagnantes, c'est là qu'on va pouvoir l'attaquer avec quelque chance de succès. En effet, pour détruire sûrement toutes les larves et nymphes qui se développent dans les eaux stagnantes, il suffit de verser à la surface

de celles-ci du pétrole à la dose de 15 centimètres cubes par mètre
carré ; en renouvelant cette opération trois ou quatre fois par été,
on détruit radicalement tous les Moustiques.

Un exemple mettra en lumière l'efficacité de cette méthode.
Naguère encore, l'île d'Asinara, sur la côte de Sardaigne, était
décimée par le paludisme. En raison de ses dimensions un peu
restreintes, il fut facile de relever tous les points où se trouvaient
des eaux stagnantes. On y versa du pétrole, et depuis lors le paludisme a disparu ; les individus qui étaient malades ont conservé
leur fièvre et, en se traitant par la quinine, ont pu se guérir plus
ou moins complètement, mais il n'y a pas eu de cas nouveaux.

Un autre procédé de prophylaxie consiste à protéger les habitations. Quand vous irez en Italie, vous verrez, en beaucoup
d'endroits, notamment dans la campagne romaine, aux environs
de Naples, et en Sicile, que les gares de chemin de fer et les
maisons des garde-barrières présentent l'aspect de garde-mangers,
Elles sont entourées de toiles métalliques à travers lesquelles l'air
circule librement, mais dont les mailles sont trop serrées pour
permettre aux Insectes de pénétrer. Les personnes qui vivent dans
ces maisons ne craignent pas les Moustiques et ne sont plus
atteintes par le paludisme.

Voilà donc des mesures très simples, qui sont partout applicables, non seulement contre le paludisme, mais aussi contre la
filariose, contre la fièvre jaune et contre beaucoup d'autres affections que nous soupçonnons encore d'être transmises par les
Moustiques.

Je pourrais m'étendre longuement sur ce sujet et vous donner
des renseignements très circonstanciés et très démonstratifs. Mais
à quoi bon ? Je suis bien sûr que votre conviction est faite et que
vous ne doutez plus du rôle néfaste que jouent les Moustiques, en
inoculant à l'Homme les maladies parasitaires les plus graves. Je
m'arrête, car je veux vous montrer maintenant que les Moustiques
ne sont pas seuls en cause, mais qu'un rôle non moins redoutable
est joué par d'autres animaux, avec lesquels le médecin colonial
doit aussi faire connaissance.

On sait, depuis les voyages célèbres de Livingstone, que certaines
régions de l'Afrique orientale et australes sont absolument inhabitables pour les animaux domestiques, à cause d'une Mouche

redoutable, la Tsétsé (*Glossina morsitans* Westwood), qui inocule une maladie toujours mortelle et dont le germe est resté très long-temps inconnu. Pour faire franchir aux bêtes de somme ou au bétail ces régions inhospitalières, il n'y a pas d'autre moyen que de les vêtir de pijamas en étoffe impénétrable à la trompe de la Tsétsé, comme le montre cette curieuse figure, mais cela coûte très cher et un bon nombre d'animaux meurent de chaleur. En fait, la Glossine rend absolument inhabitables au bétail et, par conséquent, rend impropres à la colonisation de vastes territoires d'ailleurs fertiles, bien irrigués, d'un climat doux et bienfaisant.

J'ai déjà dit qu'on a longtemps ignoré la nature de la maladie inoculée par la Tsétsé. On sait maintenant, grâce à Bruce, qu'il s'agit d'une trypanosomose. Le sang des animaux malades renferme des Trypanosomes, sortes de petites Anguilles qui s'agitent avec une très grande rapidité, en prenant toutes les formes possibles ; c'est un spectacle vraiment curieux que de les voir se démener dans le sang, au milieu des globules. Ces animalcules, d'organi-sation très inférieure, appartiennent au groupe des Flagellés ; ils se multiplient activement dans le sang et finissent par devenir excessivement nombreux, au point d'être en aussi grande abon-dance que les globules. On comprend donc maintenant comment agit la Tsétsé : grâce à la forte et longue trompe dont elle est armée, elle inocule à un animal sain les Trypanosomes qu'elle a puisés précédemment dans le sang d'un animal malade.

On connaît, dans l'Afrique sus-équatoriale, au Congo, au Gabon, exactement depuis un siècle, une singulière endémie que l'on désigne sous le nom de *maladie du sommeil* ; elle a fait quelque bruit dans ces temps derniers. On pensait que cette maladie attei-gnait exclusivement les noirs, mais on sait maintenant qu'elle frappe aussi les blancs ; elle en devient donc d'autant plus intéres-sante. Elle tient, elle aussi, à la présence d'un Trypanosome (*Tr. gambiense* Dutton) dans le sang et même dans le liquide céphalo-rachidien. D'abord localisée au bas Congo, cette maladie s'est répandue, depuis deux ou trois ans, à travers l'Afrique centrale et jusque dans l'Ouganda, avec une rapidité inouïe, exerçant partout sur son passage les ravages les plus considérables, dépeuplant des territoires excessivement étendus.

Si nous voulons nous établir au Congo et dans les régions avoisi-

nantes, nous avons le plus grand intérêt, en dehors de tout
sentiment d'humanité, à bien connaître les dangers qui nous y
menacent. Des nombreux périls que nous ayons à redouter en ces
contrées, il n'en est pas, à l'heure actuelle, de plus grave que la
maladie du sommeil. Il m'a donc semblé nécessaire d'étudier
d'une façon toute spéciale cette maladie encore mal connue et,
comme les Anglais l'avaient déjà fait pour l'Ouganda, d'envoyer
une mission au Congo dans le but de s'y livrer aux multiples
recherches qui ne se peuvent accomplir qu'au milieu même des
foyers épidémiques. La Commission administrative de l'Institut de
médecine coloniale, à laquelle je soumis ce projet, le 18 juin 1903,
voulut bien l'approuver et, sur ma proposition, désigna comme
chef de la mission future mon préparateur, M. le Dr Brumpt, que
ses connaissances techniques et sa périlleuse traversée de l'Afrique,
de Djibouti au Congo, avec la mission du Bourg de Bozas, rendaient
le plus apte à mener à bien une pareille entreprise.

Nous espérions recueillir assez d'argent pour adjoindre à
M. Brumpt une ou deux personnes, ce qui aurait augmenté sa
sécurité personnelle et singulièrement facilité le pénible travail
qu'il s'agissait d'accomplir. Nous allâmes, M. Brouardel et moi,
solliciter l'intérêt de M. le Ministre des colonies ; quant au reste,
je fus chargé d'accomplir moi-même toutes les démarches nécessaires. J'ai conscience de m'être acquitté de cette tâche avec toute
l'activité dont j'étais capable et d'avoir été aussi persuasif et aussi
pressant que possible. Mais il faut croire que, décidément, la cause
que je défendais était bien mauvaise, car je me suis heurté, presque
partout, à l'indifférence la plus absolue. Bref, nous parvînmes à
réunir péniblement une somme de 7.800 francs, dont 4.500 furent
fournis par trois laboratoires de la Faculté de médecine.

M. Brumpt dut donc partir seul. Cela ne l'empêcha pas d'accomplir
là-bas de bonne et utile besogne et de faire des observations très
importantes, grâce auxquelles nos connaissances sur la maladie du
sommeil ont progressé notablement. Il a pu même ramener à Paris
trois nègres atteints de cette affection, ce qui devait nous permettre
d'observer dans de bonnes conditions la marche de la maladie et
d'avoir en permanence à notre disposition une source de parasites,
pour en étudier les moyens de culture et pour rechercher un sérum
curatif ou préventif.

Voici diverses photographies de ces trois nègres, Salomon, Makaya et Bobanghi. Ils ont été mis en observation à l'hôpital de l'Association des Dames françaises, 93, rue Michel-Ange, hôpital que j'ai eu la vive satisfaction, grâce à une convention passée avec l'Association, de pouvoir mettre à la disposition de l'Institut de médecine coloniale pour son enseignement clinique. L'opinion publique s'est vivement intéressée à nos trois pensionnaires et leur histoire a fait, en France et à l'étranger, beaucoup plus de bruit que nous ne le désirions. En général, on a compris et approuvé les raisons de leur venue à Paris ; quelques personnes, pourtant, ont jeté un cri d'alarme, en prétendant que nous allions introduire en France la maladie du sommeil. Chose étrange, ces critiques ont été formulées même par des médecins, comme si une telle maladie pouvait aisément se propager là où n'existe pas son agent de transmission.

Je viens de vous montrer par quelques exemples combien les maladies des pays chauds diffèrent de celles des climats tempérés ; je vous ai fait voir aussi l'étroite relation qu'elles ont avec les Insectes chargés de les répandre. A côté des types morbides que nous avons envisagés, il en est une foule d'autres dont nous ne savons rien, ou à peu près, du moins en ce qui touche aux conditions de leur propagation, et dont il est pourtant essentiel d'élucider l'étiologie. Auprès du paludisme viennent se ranger d'autres maladies fébriles, dont la cause est encore inconnue, mais dont l'origine parasitaire n'est pas douteuse. On connaît diverses sortes de Filaires du sang, mais leurs migrations demeurent ignorées. La fièvre bilieuse hémoglobinurique, si répandue sous les tropiques, fait le sujet des hypothèses les plus contradictoires, ce qui montre bien que nous ne savons encore rien de précis, quant à son étiologie. Peut-être est-elle, comme certaines fièvres hématuriques des animaux, transmise par des Ixodes ? Les Acariens de cette famille sont excessivement nombreux ; il s'agirait alors de débrouiller quelles espèces sont pathogènes, et ce n'est pas une besogne commode.

Au surplus, l'action des Acariens est déjà entrevue : certaines maladies humaines sont incontestablement dues à la piqûre de ces animaux. On connaît de réputation, plutôt que cliniquement, une « fièvre des Tiques » qui sévit en Afrique centrale, dans la région des grands lacs. On doit penser *a priori* qu'elle est causée par un *Babesia* très voisin de celui qui, chez le bétail, cause l'hémoglobi nurie généralement connue sous le nom de *fièvre du Texas* (1).

Vous citerai-je encore le *Leishmania Donovani*, organisme fort ténu, qui pullule dans la rate des individus atteints de splénomégalie non paludique ? On le trouve aux Indes dans le kala-azar ; on le rencontre aussi dans les ulcères des pays chauds ; on l'a observé même à Tunis. D'aucuns l'assimilent à une Babésie, mais une telle opinion est peu défendable. Ce nouveau type parasitaire semble être très répandu dans les pays chauds ; il est en relation avec des états pathologiques assez graves ; on ignore absolument son origine et jusqu'à ses affinités zoologiques (2).

Voilà quelques-uns des problèmes qui touchent à la médecine des pays chauds. Je n'ai parlé ni du béribéri, ni de l'hydropisie épidémique, ni de la fièvre japonaise de rivière, ni de tant et tant d'autres maladies coloniales. Vous êtes bien convaincus maintenant que les maladies des pays chauds et celles des pays tempérés ne se ressemblent en rien, et que ce qu'un médecin d'Europe sait de la pathologie des pays tempérés ne peut l'éclairer beaucoup sur la pathologie intertropicale.

Il est donc tout à fait nécessaire d'étudier en Europe les maladies particulières aux pays chauds et d'en faire l'objet d'un enseignement systématique. Assurément, les malades atteints de telles affections ne seront jamais nombreux dans nos hôpitaux, mais nous sommes bien armés au point de vue théorique : nous avons de belles collections de parasites et de pièces anatomiques : nous recevons toutes les publications qui, dans le monde entier, traitent de ces questions spéciales ; nos Facultés possèdent des savants qui consacrent à ces études toute leur activité, toute leur intelligence, toute leur existence, et qui, par conséquent, sont capables de donner à leurs élèves l'enseignement théorique et pratique le plus

(1) Le *Babesia bovis* (Babès, 1888) est ordinairement appelé, mais à tort, *Piro-plasma bigeminum* (Smith et Kilborne, 1895). La « spotted fever » des Montagnes Rocheuses a aussi été attribuée à une Babésie, mais des observations récentes ont démontré que cette opinion était erronée. Il est presque certain que les babé-sioses ne sont pas spéciales aux animaux, mais, jusqu'à ce jour, on n'a pas encore eu l'occasion de les observer dans l'espèce humaine.

(2) R. BLANCHARD, Note critique sur les corpuscules de Leishman. *Revue de méd. et d'hygiène tropicales*, I, p. 37-42, 1904.

profitable. La création des Ecoles ou Instituts de Londres, de Liverpool, de Paris, de Bordeaux, de Marseille, de Hambourg, répondait à un besoin réel : chacune de ces institutions va faire progresser la science sur des questions devenues véritablement urgentes, bien plus en raison des ressources pécuniaires dont elles disposeront qu'à cause de la valeur des hommes.

Dans la concurrence qui s'établit entre les divers pays, c'est, en effet, l'institution la plus riche qui accomplira la meilleure besogne ; tout, ou presque tout, se résume en une question budgétaire. J'ai déjà dit dans quelles circonstances les Ecoles de Londres et de Liverpool avaient été fondées, et grâce à quelles libéralités intelligentes elles se sont trouvées, dès leur création, en possession de revenus considérables ; j'ai dit aussi qu'un si bel élan ne s'était pas ralenti, bien au contraire. Je m'en voudrais de ne pas vous montrer la photographie de M. W. Johnston, riche armateur de Liverpool et fondateur d'un admirable laboratoire qui ne lui a pas coûté moins de 625.000 francs (1).

Vraiment, on a plaisir à constater qu'il existe, de par le monde, des Mécènes assez intelligents pour comprendre l'utitité de tels sacrifices et assez généreux pour dénouer aussi libéralement les cordons de leur bourse. Je sais bien que ce n'est pas à la portée de tout le monde, mais il y a, dans d'autres pays que l'Angleterre, des personnes qui jouissent aussi de fortunes considérables et qui pourraient peut-être les mieux employer qu'à faire courir des Chevaux.

Pendant que Liverpool recevait des bienfaits de MM. A. Jones, W. Johnston, S. Timmis et d'autres encore, l'Ecolè de Londres ne restait pas inactive. Sir Francis Lovell, ancien médecin en chef de la Trinidad, prenait en mains la cause de cette Ecole et s'astreignait à visiter toutes les colonies anglaises : rude besogne, car les colonies anglaises sont nombreuses. D'un premier voyage, accompli en 1901-1902 et au cours duquel il a visité Bombay, les Etats Malais, Hong-Kong et Singapore, il a rapporté la somme assez coquette de 8.804 livres 7 sh., soit 220.108 fr. 75. Voici le portrait d'un riche parsi, M. Bomanji Dinshaw Petit, qui, à lui seul, a remis à sir Francis Lovell un lac de roupies, soit 165.000 francs.

(1) Les nouveaux laboratoires de l'Ecole de médecine tropicale de Liverpool. *Archives de l'arasitologie*, VIII, p. 139, 1903.

Heureux les établissements qui savent susciter de pareilles générosités ! Honneur à ceux qui les accomplissent ! Et combien est
pénible, navrante, humiliante même, l'indifférence des Français
envers les graves problèmes qui s'agitent, d'où dépend l'avenir de
nos entreprises coloniales, par conséquent l'avenir de notre pays.

Je parlais tout à l'heure de la mission du Dr Brumpt au Congo :
pendant que les Ecoles de Liverpool et de Londres étaient l'objet
des libéralités que je viens de dire, nous recueillions à grande
peine 7 à 8.000 francs, après combien de refus ! Et, sur cette
somme, savez-vous quelle part fut allouée à la mission par le
Gouvernement ? Quinze cents francs ! Et plus heureux encore que
l'officier de la *Dame Blanche,* qui achetait un château, Brumpt a pu
ramener en France trois nègres sur ses économies !

Non seulement il était donc urgent d'instituer en Europe
l'enseignement de la médecine coloniale, mais il est indispensable
de doter l'Institut de médecine coloniale avec plus de générosité
qu'on ne le fait. Il n'a pu fonctionner jusqu'à présent que grâce à
la décision intelligente et patriotique d'un homme qui avait déjà
donné sa mesure dans le gouvernement de l'Indo Chine, M. Doumer,
qui seul a compris l'importance de cette création. Il a inscrit l'Institut au budget de l'Indo-Chine, pour une somme annuelle de
30.000 francs, mais, depuis deux ans que nous existons, nous
n'avons pas reçu un sou de plus, alors que les Ecoles anglaises
avaient leurs missionnaires, tels que sir Francis Lovell, ou
recevaient des générosités fabuleuses, comme celles de M. W.
Johnston. Ces 30.000 francs nous ont permis de nous installer,
bien petitement; mais j'en appelle à ceux qui ont suivi nos cours,
ils peuvent attester que nous avons fait de notre mieux. Si nous
disposions de moyens plus étendus, nous ferions mieux encore.

D'ailleurs, ce n'est pas seulement en Europe qu'il faut poursuivre les études sur les maladies des pays chauds ; ici, nous
donnons un enseignement théorique très complet et nous habituons
nos élèves à toutes les recherches de laboratoire ; nous leur
délivrons, après un examen très sérieux, le diplôme universitaire
de Médecin colonial. Il faut maintenant que tous ces médecins
coloniaux trouvent dans les colonies et les pays de protectorat
l'application de leur savoir. Je vais indiquer comment. Voyons
d'abord ce qu'on fait à l'étranger.

L'Ecole de médecine de Londres a fondé à Kuala Lumpur, dans les Etats malais confédérés, un très beau laboratoire, dont voici la photographie. Le Dr Low l'a dirigé pendant deux ans, jusqu'en avril 1903. Pendant ce temps, le Dr C. W. Daniels était chef des travaux à l'Ecole de Londres. Il est allé à son tour, pour trois années, à Kuala Lumpur et Low a pris sa place à Londres. Ce chassé-croisé doit se répéter indéfiniment. Pendant leur séjour à la presqu'île de Malacca, ces deux savants accumulent les recherches et les observations et rassemblent de nombreux objets d'étude. Mais pour étudier et décrire utilement tous ces matériaux, pour mettre en ordre leurs notes d'expériences et en faire la critique, le contact des livres et des divers périodiques est indispensable; c'est la besogne qu'ils accomplissent après leur retour à Londres. Il est manifeste que, grâce à cette organisation de leur travail, les deux savants anglais vont arriver à débrouiller toute l'histoire pathologique de la péninsule malaise et faire des travaux de tout premier ordre. Aussi bien, ils ont publié déjà l'un et l'autre des ouvrages très remarquables. Et pendant que les Anglais travaillent dans les pays malais, que faisons-nous en Cochinchine, au Cambodge, en Annam et au Tonkin?

Les Belges ont créé à Léopoldville un laboratoire de recherches médicales, qui a sa publication spéciale, renfermant de bons travaux. Les Drs Dryepont et van Campenhout ont accompli dans ce laboratoire d'importantes études sur les maladies de l'Afrique tropicale. Et nous, que faisons-nous au Congo français?

Les Belges ont entrepris également un inventaire complet des richesses naturelles de l'Etat Indépendant du Congo; ils ont publié déjà, sur les animaux et les plantes, une série d'ouvrages de la plus haute valeur scientifique, ornés de planches sans nombre, ouvrages qui font l'admiration de tous les naturalistes. Les Allemands à peine installés au Togo et dans l'Afrique orientale, se sont livrés à une enquête toute semblable; j'en sais quelque chose, puisque le Musée de Berlin m'a fait l'honneur de me confier l'étude et la description de certaines collections d'Invertébrés. Le Dr Stublmann dirige de Dar-es-Sàlam un très intéressant périodique où sont publiées ses observations scientifiques et celles de ses collaborateurs. En regard de toute cette activité, qu'avons-nous fait pour mieux connaître nos immenses colonies africaines, à part celles de la zone méditerranéenne?

Les Américains viennent de s'installer aux Philippines, que
dis-je ? Ils ne sont pas encore maîtres de l'archipel, et déjà fonc-
tionnent à Manille des laboratoires d'hygiène et de médecine, d'où
sortent des travaux très remarquables et des publications très
luxueuses.

La constatation est navrante, mais j'aurai le courage de la faire
tout haut : nous sommes débordés par nos voisins. Il faut que nous
sortions de notre torpeur et que nous gardions le rang auquel nous
donne droit un passé scientifique glorieux entre tous. Pour cela et
à ne considérer que la médecine, j'estime qu'il est indispensable
de créer dans chacune de nos colonies un laboratoire médical, muni
de toute l'instrumentation moderne. On va dire peut-être que je
demande l'impossible, que la dépense serait énorme, que le personnel compétent ferait défaut, etc. Mauvaises raisons que tout cela.

Le personnel compétent existe, je l'ai amplement démontré ; au
surplus il s'agit d'une seule personne pour diriger chaque laboratoire ; à la rigueur les aides, les préparateurs, les garçons peuvent
être recrutés sur place. Mais il est essentiel, pour accomplir ses
recherches en toute sérénité d'esprit, que ce directeur jouisse d'une
indépendance absolue et ne soit responsable que devant le gouverneur et devant sa conscience. Pas d'hiérarchie militaire ou administrative ; je pourrais citer maint exemple du trouble apporté
dans les délicates recherches qu'il s'agit de poursuivre par une
subordination trop étroite au commandement.

Les locaux nécessaires à une telle installation existent d'ailleurs
à peu près partout : il suffirait de quelques aménagements peu
dispendieux. Nos Ecoles de médecine de Pondichéry (fondée en
1863), de Tananarive (16 février 1897), d'Hanoï (1900) et de Saïgon
(25 août 1903) ; la Maternité de Cholon ; les Instituts Pasteur de
Saïgon (1890), de Nha Trang (1894) et de Tananarive (23 mars 1900) ;
les laboratoires de Saint-Louis du Sénégal (mars 1896), de Nouméa
(1897), d'Hanoï (1899) et de la Réunion (1900) sont les premiers
établissements dont on doive tirer parti. Voici quelques photographies qui vous permettront de juger de leur importance. La
plupart de ces établissements appartiennent au ministère des
colonies ; il est donc facile de trouver un arrangement, grâce
auquel les colonies intéressées pourront ou en prendre possession
ou y annexer des services pour leur usage particulier.

Je vous présente maintenant des vues de divers hôpitaux coloniaux. Voici successivement ceux de Chandernagor, de Pondichéry, de Saïgon ; voici le lazaret de Papeete, bâti sur pilotis à la façon des constructions préhistoriques, pour se préserver de l'invasion des Rats. En Afrique, nous avons d'excellents hôpitaux à Saint-Louis, à Conakry, à Porto-Novo, à Libreville. J'en passe et des meilleurs. Voici enfin pour Madagascar, l'hôpital de Tamatave, une grande léproserie, l'Ecole de médecine de Tananarive, l'Institut Pasteur de la même ville, puis diverses scènes relatives aux méde- . cins de colonisation.

Vous le voyez, l'organisation que je réclame existe partout virtuellement : il suffit de vouloir lui donner une forme définitive. Les dépenses seront minimes, mais la santé publique et la science en retireront d'immenses bienfaits. Il est grand temps que les colonies comprennent que l'Institut de médecine coloniale travaille pour elles seules : leur intérêt bien entendu leur commande, d'une part d'encourager et de subventionner nos efforts, et d'autre part, de faire appel à la compétence, à la science et à l'abnégation des médecins coloniaux que nous avons instruits.

Imbus des idées scientifiques modernes, ces médecins savent ce qu'il faut chercher et comment il faut le chercher. Ils doivent être les pionniers de la civilisation, les meilleurs agents de notre influence, les ouvriers du succès de nos entreprises coloniales. Celles-ci seront vaines et désastreuses, si, maintenant que la période des faits d'armes est close, elles ne se laissent pas guider par le flambeau de la science.

SUR UN TRAVAIL DE M. LE D' J. GUIART

INTITULÉ :

RÔLE DU TRICHOCÉPHALE
DANS L'ÉTIOLOGIE DE LA FIÈVRE TYPHOÏDE

PAR

RAPHAËL BLANCHARD

M. le D' Guiart, agrégé à la Faculté de médecine de Paris, a adressé récemment à l'Académie une courte note sur le rôle du Trichocéphale dans l'étiologie de la fièvre typhoïde. Il étudie depuis plusieurs années l'action des parasites intestinaux de l'Homme ; dès 1899, il a été amené a considérer les Helminthes comme des parasites très pathogènes (1). Ils agiraient, suivant lui, comme lancettes d'inoculation, en faisant pénétrer dans la muqueuse de l'intestin des Bactéries, qui, sans eux, seraient restées inoffensives. En 1901, M. Metshnikov s'est fait le champion de cette même idée, en montrant le rôle des Vers intestinaux dans l'étiologie de l'appendicite (2). Une telle conception est encore bien loin d'être admise par tous, et pourtant, en ce qui concerne l'appendicite, les observations se sont tellement multipliées, que vraisemblablement le jour est proche où les Vers intestinaux devront être considérés comme un des facteurs principaux de cette affection.

Lors du Congrès colonial français, qui s'est tenu à Paris au mois de mai dernier, M. Guiart a fait une communication sur l'action pathogène des parasites de l'intestin (3). Il y a défendu ses idées avec beaucoup de clarté et, j'ajouterai, de courage.

(1) J. Guiart, Le rôle pathogène de l'*Ascaris lumbricoïdes* dans l'intestin de l'Homme. *Comptes rendus de la Société de biologie*, 1899, p. 1000. Il y est dit : « Si nous voulons bien considérer maintenant que l'Helminthe vit au milieu de la matière intestinale, c'est-a-dire dans un milieu septique entre tous, nous comprenons que l'ulcération produite par la morsure du parasite pourra facilement s'enflammer et donner un abcès ou même donner naissance à des entérites variées, sous l'action par exemple, du *Bacterium coli* ou du Bacille typhique. »

(2) E. Metchnikoff, Note helminthologique sur l'appendicite. *Bulletin de l'Académie de médecine*, 12 mars 1901.

(3) J. Guiart, Action pathogène des parasites de l'intestin. *Congrès colonial français ; compte rendu de la section de médecine et d'hygiène coloniales.* Paris, F.-R. de Rudeval, in-8°, 1901 ; cf. p. 217.

Reprenant l'historique de la question, il a montré que les Helminthes avaient joué le principal rôle dans la pathologie intestinale, jusqu'au jour où ils furent détrônés par les Bactéries. Assurément celles-ci sont nuisibles et nul ne peut me supposer la pensée de révoquer en doute leurs méfaits, mais nous estimons, et les preuves en abondent, que les Helminthes intestinaux ne sont pas moins redoutables. Ce sont des êtres plus hautement différen‧ ciés, ils se nourrissent généralement de sang et sont bien armés pour la lutte, ayant souvent des crochets pour déchirer la muqueuse et des poisons tout prêts à être inoculés.

En se basant sur ces considérations préliminaires, M. Guiart montrait avec preuves à l'appui le rôle des Vers intestinaux comme agents d'inoculation de certaines maladies des pays tempérés et des pays chauds, notamment de l'appendicite, du choléra et de la dysenterie. Reprenant une hypothèse émise par lui dès l'année 1901, dans une communication présentée à la Société de biologie (1), il montrait en outre que, suivant toute vraisemblance, les Helminthes devaient être les agents d'inoculation du Bacille d'Eberth dans la muqueuse intestinale. C'est là le point de départ du travail qu'il a présenté à l'Académie.

Se trouvant à Brest en septembre dernier, au début d'une épidémie de fièvre typhoïde, il eut l'occasion de vérifier l'exactitude

_____

(1) J. GUIART, Le Trichocéphale et les associations parasitaires. *Comptes rendus de la Société de biologie*, 16 mars 1901. — « J'espère, écrit-il, qu'on ne me fera pas dire que je considère le Trichocéphale comme étant la cause de la fièvre typhoïde ; ce serait aussi exagéré que de faire dire à M. Metshnikov que cet Helminthe est l'agent spécifique de l'appendicite. Son vrai rôle, le voici : notre intestin héberge une flore bactérienne des plus riches et où se rencontrent nombre de Bactéries pathogènes ; mais heureusement, à l'état normal, l'épithélium leur offre une barrière infranchissable. Il en est en réalité comme de notre tégument externe, toujours souillé par les Bactéries, mais qui ne se laisse pénétrer par elles qu'à la faveur d'une coupure ou d'une plaie. De même, dans l'intestin, les Bactéries pathogènes restent sans action, tant que la muqueuse ne se trouve pas éraillée par un corps étranger ou une particule solide ingérée avec les aliments ou n'est pas entamée par un Helminthe quelconque vivant dans sa cavité. En effet, cet Helminthe, en se fixant sur la muqueuse pour ne pas se trouver entraîné par le cours des matières fécales, la déchire, et dès lors les conditions changent : les Bactéries, inoculées par le parasite, se développent sous la muqueuse et produiront, suivant les cas, une entérite, une appendicite, un simple abcès, voire une péritonite. Comme, dans nos pays, le Bacille typhique est l'un des plus abondants, il en résulte que les parasites intestinaux ouvrent surtout la porte à la fièvre typhoïde ; dans d'autres pays, ils produisent l'inoculation de la dysenterie ou du choléra. »

de son hypothèse. Admis à examiner les malades en traitement à l'hôpital de la marine, il prélève à plusieurs reprises les matières fécales de douze typhiques et trouve d'une façon constante, chez dix d'entre eux, des œufs de Trichocéphale. Il lui suffisait pour cela de faire chaque fois trois préparations microscopiques. Il put ainsi trouver de un à vingt-huit œufs sur trois préparations et pour l'ensemble une moyenne de plus de deux œufs par préparation. Or, si l'on songe que dans l'appendicite vermineuse il faut souvent faire une douzaine de préparations avant de trouver un œuf de parasite et que chaque préparation microscopique néces-site une parcelle extrêmement faible des matières fécales, on com-prend que, pour trouver si facilement des œufs de Trichocéphale chez les typhiques, il faut que les Vers adultes soient particulière-ment abondants dans l'intestin.

Restent deux malades chez lesquels on n'a pas trouvé les œufs de Trichocéphales. Or, l'un de ces deux malades étant mort, on reconnut à l'autopsie la présence de six Trichocéphales vivants dans le cæcum. Y eut-il interruption dans la ponte ou s'agissait-il seulement de Trichocéphales mâles? Ce sont là deux hypothèses vraisemblables, mais qui n'ont pu être vérifiées, M. Guiart n'assis-tant malheureusement pas à l'autopsie. Reste un dernier cas négatif, pour lequel il n'y a pas eu d'autopsie, mais qui trouve peut-être son explication dans le précédent.

Le parasite, à Paris du moins, n'est jamais aussi fréquent ni aussi abondant ; il importait de savoir s'il offrait la même fréquence chez les autres militaires en traitement à l'hôpital. Les matières fécales de quatre individus furent examinées : deux étaient atteints de conjonctivite, un autre d'hydarthrose, le quatrième avait été amputé du médius droit. Chez les trois premiers, il ne fut pas possible de trouver un seul œuf, malgré de nombreuses prépara-tions. Chez l'amputé, on trouva un œuf sur six préparations, pro-portion bien faible, si l'on songe que les typhiques présentent une moyenne de sept œufs sur trois préparations, c'est-à-dire une moyenne quatorze fois supérieure. L'existence de cet œuf chez l'amputé expliquerait peut-être une atteinte de dysenterie nostras dont il avait souffert antérieurement.

Telles sont les observations que M. Guiart soumet à l'apprécia-tion de l'Académie. On reste frappé du fait qu'il existe de nombreux Trichocéphales dans l'intestin des typhiques, alors que ces mêmes parasites sont rares ou très peu abondànts chez les personnes saines ou atteintes d'affections non intestinales.

Du reste, M. Guiart ne méconnaît pas que ces faits sont connus depuis longtemps. Dès l'année 1762, Rœderer et Wagler donnèrent, sous le nom de *Morbus mucosus*, la première relation d'une épidémie de fièvre typhoïde, qu'ils attribuèrent précisément au grand nombre de Vers intestinaux qu'ils rencontraient aux autopsies. Ces Vers, déjà vus antérieurement par Morgagni, mais nouveaux pour eux, n'étaient autres que le Trichocéphale, qu'ils décrivirent sous le nom de *Trichuris*. En 1807, Pinel, dans sa *Nosographie philosophique*, indique qu'il faut toujours soupçonner l'existence des Vers intestinaux dans les fièvres muqueuses. Rokitansky émet une opinion analogue à celle de Rœderer et Wagler. Pour Raspail, le terme de fièvre typhoïde serait synonyme de pullulation du Trichocéphale dans les intestins (1). Enfin, Davaine lui-même a noté l'abondance frappante des Trichocéphales dans la fièvre typhoïde. Cette dernière observation tire un intérêt tout spécial de ce que Davaine, en refusant tout rôle infectieux aux Vers intestinaux, a entraîné les conceptions médicales actuelles.

Nombre de bons observateurs ont donc été frappés de la fréquence des Trichocéphales dans l'intestin des typhiques et ont admis une relation entre les Helminthes et la maladie infectieuse.

M. Guiart est également de cet avis : « Qu'on ne nous fasse point dire, écrit-il, que la fièvre typhoïde a pour agent le Trichocéphale ! Nous ne songeons nullement à enlever au Bacille d'Eberth sa spécificité. Mais ce que nous croyons fermement, c'est qu'un individu, dont l'intestin est libre de Vers intestinaux, peut boire impunément l'eau souillée par le redoutable Bacille. Mais que cette même eau parvienne dans un intestin renfermant des Trichocéphales, comme ceux-ci, pour puiser le sang dont ils se nourrissent, pénètrent profondément dans la muqueuse intestinale par leur extrémité antérieure effilée, ils inoculent du même coup les Bactéries dans cette muqueuse et font éclater l'infection. On comprend mieux, dès lors, pourquoi, dans une population buvant une eau contaminée, il y a en réalité si peu d'individus frappés :

(1) RASPAIL, *Santé et maladie*, II, p. 483.

ce sont ceux qui hébergent des Vers intestinaux et plus particulièrement des Trichocéphales, Comment, du reste, s'expliquer
autrement que le Bacille puisse franchir la barrière que lui offre
l'épithélium intestinal! il est bien évident qu'un Ascaride, une larve
de Mouche (1), un parasite quelconque capable de léser l'intestin,
pourront agir de même, mais, comme le Trichocéphale est le Ver
intestinal le plus commun et en même temps celui qui lèse le
plus profondément la muqueuse, il en résulte que c'est lui qu'il
faudra presque toujours incriminer. »

Nous ne pouvons que nous rallier à cette opinion, car, à l'heure
actuelle, il ne fait plus de doute pour personne que le Trichocéphale s'implante profondément dans la muqueuse intestinale par
son extrémité antérieure effilée ; Askanazy (2) a montré qu'il se
nourrit de sang et qu'il a besoin, par suite, d'aller à la recherche
d'un vaisseau sanguin. Peu de temps après la mort, le Trichocéphale, ne trouvant plus de sang en circulation, se détache de
la muqueuse et devient libre dans la lumière de l'intestin. Si donc,
à l'autopsie, on examine le tube digestif, après l'avoir lavé sous un
robinet d'eau, on ne devra pas s'étonner de ne pas rencontrer de
Trichocéphales : se trouvant libres dans les matières fécales, ils
ont été entraînés au courant de l'eau. C'est du reste la raison pour
laquelle tant de Vers intestinaux passent inaperçus aux autopsies.
Et puisqu'il est prouvé que le Trichocéphale lèse la muqueuse
intestinale, comment peut-on raisonnablement admettre que,
vivant dans un milieu aussi infecté que l'intestin, il puisse en
déchirer impunément les vaisseaux, alors que tout le monde
admet qu'une simple piqûre d'aiguille peut ouvrir la porte aux
Bactéries pyogènes, que la piqûre d'une Puce peut nous inoculer
la peste, celle du Moustique le paludisme, la filariose ou la fièvre
jaune ?

On ne manquera pas d'objecter que les lésions de la fièvre
typhoïde siègent particulièrement au niveau de l'intestin grêle,

(1) V. Trébault, Hémorragie intestinale et affection typhoïde causée par des
larves de Diptère. *Archives de Parasitologie*, IV, p. 353, 1901. — Cette intéressante
observation est on ne peut plus démonstrative ; elle concerne une jeune fille qui
avait l habitude de manger du fromage où grouillaient les larves du *Piophila
casei*.

(2) Askanazy, Der Peitschenwurm, ein blutsaugender Parasit. *Deutsches Archiv
fur klin. Medicin*, LVII, p. 104.

alors que le Trichocéphale est considéré comme un hôte normal du cæcum. Il est exact, en effet, que le Trichocéphale adulte se fixe dans la muqueuse du cæcum, mais on sait, depuis les expériences de Davaine, que l'œuf embryonné éclôt dans l'estomac. Il est donc permis de supposer que les premières phases de la vie libre se passent dans l'intestin grêle et qu'on peut, par suite, observer dans ce dernier des Trichocéphales à différents degrés de développement. En effet, Wrisberg en a rencontré dans le duodénum, et son observation est particulièrement intéressante en ce qu'il dit les avoir vus pénétrer par l'une de leurs extrémités dans l'*orifice des glandes de Peyer* et des *follicules muqueux*. De même, Heller a vu à plusieurs reprises, dans l'intestin grêle, quelques exemplaires qui semblaient plus petits que ceux du cæcum ; Werner et Bellingham en ont trouvé dans la partie inférieure de l'iléon ; enfin Davaine dit que l'on en trouve quelquefois dans l'intestin grêle (1).

Du reste, même en supposant que le Trichocéphale vive uniquement dans le cæcum, la contradiction ne serait encore qu'apparente. Les recherches de nombreux auteurs ont établi, en effet, que l'inoculation aux animaux de cultures du Bacille typhique, même en injection intra-veineuse ou intra-péritonéale, peut reproduire les lésions intestinales. A plus forte raison, ne doit-on pas s'étonner d'observer ces lésions à la suite de l'inoculation du Bacille dans la région du cæcum. Ce qu'il importe de retenir, c'est que la fièvre typhoïde est une maladie infectieuse microbienne, à porte d'entrée intestinale, et que c'est le Trichocéphale, parasite intestinal, qui, dans la plupart des cas, ouvre la porte à l'infection.

Les conséquences pratiques de ces observations sont de la plus haute importance. En effet, si, dans la fièvre typhoïde, l'agent étiologique initial n'est autre que le Trichocéphale, c'est à lui qu'il faut raisonnablement s'attaquer. D'ordinaire, on se contente de faire de l'expectation armée et l'on respecte avec le plus grand soin l'intestin, de peur d'activer l'ulcération ; or, les Trichocéphales continuent leurs inoculations et l'on fait par là même tout ce qu'il faut pour augmenter l'infection. Aussi les conclusions de l'auteur nous semblent-elles très justes : « En présence d'une

(1) R. BLANCHARD, *Traité de zoologie médicale*, 2 vol. In-8°, 1885-1889; cf. I, p. 782-787.

entérite fébrile quelconque, avant même de savoir si le séro-diag-
nostic est positif et s'il faut incriminer le Bacille d'Eberth, on doit
instituer, le plus vite possible, le traitement anthelminthique, et
évacuer l'intestin pour chasser du même coup Microbes et Helminthes, et empêcher l'auto-inoculation constante du malade. Il serait
évidemment mieux de faire un examen de matières fécales et de
faire varier le traitement (thymol, santonine, etc...) suivant les
œufs d'Helminthes rencontrés. Mais, dans la pratique, puisqu'il
s'agit presque toujours du Trichocéphale, on peut se contenter
d'instituer le plus rapidement possible le traitement anthelminthique par le thymol. »

Telle est, avec les commentaires qu'elle appelait, la note envoyée
par M. le Dr Guiart. Je propose à l'Académie de déposer honora-
blement ce travail dans ses *Archives*, et d'adresser des remerciements à l'auteur pour son intéressante communication.

— Les conclusions du présent rapport sont mises aux voix et
adoptées.

ZOOLOGIE ET MÉDECINE [1]

PAR

le Professeur R. BLANCHARD.

La question qui va nous occuper n'est pas nouvelle. Je pourrais citer un bon nombre de discours académiques ou de dissertations inaugurales qui discutent les rapports de la zoologie avec la médecine; suivant les préoccupations philosophiques ou les doctrines médicales de l'époque, ces essais littéraires envisagent la question à des points de vue différents, mais la plupart d'entre eux planent dans les hauteurs nébuleuses de la métaphysique et tous se ressemblent par l'absence complète d'une base véritablement scientifique.

Au cours du XIXᵉ siècle sont nées diverses sciences, telles que l'anatomie comparée, la physiologie, l'anthropologie, la médecine expérimentale et la parasitologie : chacune d'elles a éclairé d'un jour nouveau le problème de la nature et de l'origine de l'Homme, et spécialement celui de ses relations avec les Vertébrés supérieurs. Ce serait une recherche assurément très intéressante, mais dépassant singulièrement les limites d'une simple conférence, que de dégager les notions scientifiques qui dérivent de ces récentes études. Je n'ai pas l'intention d'aborder devant vous une discussion aussi technique, pour laquelle je ne disposerais pas d'assez de temps; mon rôle sera plus modeste et je veux me borner à vous faire toucher du doigt, par quelques exemples, de quels progrès décisifs les doctrines médicales sont redevables à la zoologie, quelles découvertes capitales ont résulté d'une connaissance plus exacte des parasites animaux, quelle lumière inattendue a été projetée par ces notions nouvelles sur l'origine des maladies les plus meurtrières, quelles heureuses indications pratiques en découlent et, à cette époque de vastes entreprises coloniales, à quel point l'acclimatement et le succès de notre race dans les pays chauds sont liés aux progrès de la Zoologie médicale.

---

[1] Conférence faite à Berne, le 15 août 1904, à la première séance générale du sixième Congrès International de Zoologie.

Le sang, la lymphe et le tissu conjonctif renferment des éléments anatomiques depuis longtemps connus sous le nom de leucocytes ou globules blancs. C'est une expression banale que de les comparer aux Amibes, auxquelles ils ressemblent, en effet, par leur mode de locomotion et par la façon dont ils englobent les corpuscules solides. On en connaît plusieurs variétés, dont la distinction n'était, naguère encore, qu'une curiosité d'histologiste. Or, il se trouve que ces éléments, que leur structure et leur physiologie rapprochent des animaux les plus inférieurs, jouent dans l'organisme un rôle capital.

L'équilibre physiologique, qui constitue la santé, n'est assuré que par l'incessante surveillance qu'ils exercent : partout disséminés, ils veillent en tous les points du corps et s'opposent aux perturbations diverses qui peuvent à chaque instant se manifester dans nos organes ; en particulier, ils ont pour mission d'arrêter au passage les corps étrangers, les microbes et, d'une façon générale, les parasites qui envahissent notre économie par les voies les plus diverses. Suivant que ces derniers sont plus ou moins gros, les leucocytes varient leur moyen d'attaque : ils interviennent isolément ou, au contraire, mettent en commun leurs efforts pour arrêter dans sa marche envahissante l'élément parasitaire. Si l'agent infectieux n'est pas représenté par un être figuré, mais consiste en des substances chimiques, douées de propriétés toxiques, ils interviennent d'une autre manière et, s'adaptant à ces conditions nouvelles, élaborent, eux aussi, et déversent dans les humeurs de l'organisme, des substances capables de neutraliser les premières.

La théorie de la phagocytose, que l'on doit aux sagaces observations de Metshnikov, n'est-elle pas de ce nombre ? Chacun sait en quoi elle consiste ; chacun, du moins, connaît les Amibes, qui vivent dans les eaux stagnantes. Ces animalcules représentent le dernier degré de l'animalité : leur sarcode ou substance plastique émet des prolongements qui lui permettent d'englober les corpuscules solides qui se trouvent à son contact ; suivant leur nature, ces derniers sont digérés et assimilés par l'Amibe ou, au contraire, rejetés au bout d'un certain temps. Rien n'est mieux connu que ce phénomène ; Dujardin et d'autres l'ont très bien étudié ; ils y voyaient la manifestation la plus simple de l'acte de la nutrition.

C'est bien cela, en effet, mais c'est aussi un acte d'une exceptionnelle importance, puisqu'il a été le point de départ de la découverte de la phagocytose, doctrine qui touche aux problèmes les plus obscurs de la physiologie.

Ainsi, un simple fait d'observation zoologique bien interprété par un esprit d'une rare pénétration, est venu ruiner de fond en comble les conceptions hésitantes et nuageuses, dérivées de l'humorisme, par lesquelles la médecine essayait d'expliquer le grand fait de la résistance de l'organisme aux infections. La phagocytose a donné la clef du problème. Elle permet aussi, ou va bientôt permettre de comprendre d'une façon tout aussi nette les lois de la vaccination et de l'immunité, au sujet desquelles la médecine ne pouvait même pas émettre une hypothèse acceptable.

Telles sont les conséquences de la théorie phagocytaire. On chercherait vainement, dans une autre branche des sciences biologiques, l'exemple d'une révolution doctrinale aussi profonde, basée sur un fait d'aussi minime apparence.

Voilà trois ans, notre savant collègue, le professeur B. Grassi, a exposé au Congrès ses admirables découvertes sur le rôle des Moustiques dans la propagation du paludisme ; j'aurais garde de revenir sur ce sujet, qu'il a traité avec tant d'autorité, mais il n'est pas inutile de nous arrêter un instant sur ces Insectes qui sont bien plus dangereux qu'on ne le pourrait croire d'après sa brillante conférence. En effet, s'ils propagent le paludisme à la surface presque entière du globe, ils sont, dans des contrées moins vastes, mais encore trop étendues, les agents de dissémination de diverses maladies qui sont au premier rang des fléaux de l'humanité. Dans toute la zone intertropicale, ils inoculent les Filaires du sang : ces Nématodes vivent dans le tissu conjonctif ou l'appareil circulatoire ; leurs embryons sont entraînés par le torrent sanguin ; ils sont en relation avec divers états pathologiques, tels que l'hématurie des pays chauds et peut-être aussi l'éléphantiasis des Arabes.

Dans une zone plus restreinte, les Moustiques inoculent la fièvre jaune, dont le domaine, limité jadis à l'Amérique tropicale, s'étend maintenant à la côte occidentale d'Afrique, atteint parfois l'Europe et est peut-être à la veille de gagner jusqu'à l'Extrême-Orient, quand le canal de Panama sera achevé. Les Moustiques ne sont pas, comme on pourrait le croire, de simples transmetteurs inertes

des parasites, connus ou non, qui sont ici en cause ; ceux-ci, bien
au contraire, subissent dans leur organisme des métamorphoses
plus ou moins compliquées.

L'un des problèmes les plus urgents de l'hygiène des pays chauds
est donc, depuis que ces faits sont connus, l'étude des Moustiques
qui se rencontrent dans les différentes parties du globe. La connaissance exacte de la faune d'un pays, à ce point de vue spécial, est,
comme on le voit, du plus haut intérêt pour la santé publique,
puisque, suivant la présence ou l'absence des espèces reconnues
pathogènes, le pays qui est l'objet d'une telle investigation, peut
être déclaré dangereux ou salubre.

A vrai dire, on ne peut exiger que tout médecin soit capable de
déterminer avec toute la rigueur scientifique les différentes
espèces de Moustiques qui peuvent s'offrir à lui, d'autant plus
qu'il faut savoir, suivant les circonstances, les reconnaître à l'état
d'œuf, de larve ou de nymphe, tout aussi bien qu'à l'état adulte.
De telles constatations ne peuvent être que l'œuvre de naturalistes
spécialisés dans ce sens et voici que, par un singulier phénomène,
l'entomologiste de cabinet, auquel on aura recours pour la détermination des Insectes ailés, recueillis dans les habitations, ou des
larves et des nymphes, pêchées au filet fin dans les flaques d'eau,
devient non seulement l'auxiliaire obligé, mais même le conseiller
et le guide autorisé de l'hygiéniste et du médecin. La question se
complique encore, car il est utile de rechercher expérimentalement,
chez diverses espèces de Moustiques, le développement éventuel
d'organismes parasitaires rencontrés dans le sang de l'Homme ou
des animaux. Cela entraîne aux recherches histologiques les plus
délicates et aux expérimentations les plus difficiles. Les récentes
découvertes relatives à la filariose et à la fièvre jaune l'ont bien
montré.

On connaît environ quatre cents espèces de Moustiques : c'est
dire l'ampleur imprévue des études qui se poursuivent en ce
moment et quel rôle prépondérant l'entomologie a conquis dans
nos études. Je donnerais une idée très incomplète de son importance, si je m'en tenais à ce qui vient d'être dit. D'autres Diptères
attirent également l'attention des parasitologues, parce qu'ils
transmettent certaines maladies très meurtrières. Chacun connaît
ces épidémies de cause mystérieuse dont sont frappés les animaux

domestiques européens que l'on tente d'introduire dans certaines régions de l'Afrique tropicale. Livingstone a reconnu qu'elles sont occasionnées par la piqûre de la Mouche Tsétsé (*Glossina morsitans*), mais on est resté longtemps sans comprendre le mécanisme intime de l'infection. Le problème est actuellement résolu. La Tsétsé inocule au bétail un Protozoaire qu'elle a puisé dans le sang d'un animal malade : le parasite inoculé de la sorte se multiplie très activement dans le sang de son nouvel hôte et celui-ci ne tarde pas à présenter les symptômes caractéristique du nagana.

L'animalcule en question est un simple Flagellé, connu sous le nom de *Trypanosoma Brucei*. Il nage dans le plasma, s'y reproduit par division longitudinale et le sang se charge ainsi de parasites chaque jour plus nombreux. Il est dûment établi par l'expérience que ceux-ci sont effectivement la cause de la maladie, qui est presque toujours mortelle. Les Trypanosomes sont donc de redoutables parasites et leur histoire doit singulièrement intéresser le médecin, s'il est prouvé que l'espèce humaine puisse être attaquée, elle aussi, par des organismes semblables.

Or, la maladie du sommeil, qui sévit dans l'Afrique tropicale avec une redoudable intensité, au point de dévaster des territoires très étendus comme elle l'a fait ces années dernières au Congo et dans l'Ouganda. n'est pas autre chose qu'une trypanosomose : le parasite spécifique est ici le *Trypanosoma gambiense*, que transmettent la *Glossina palpalis* et, vraisemblablement aussi, d'autres espèces du même genre. On connaît, chez divers animaux, d'autres trypanosomoses, dont les agents de transmission ne sont pas des Glossines, mais des Muscides d'autres types ou divers Tabanides. Bien plus, on sait qu'il existe en Algérie une trypanosomose humaine qui, vu l'absence des Glossines en cette région, rentre également dans cette dernière catégorie. Il s'ensuit que le concours du diptérologiste dans les questions d'épidémiologie est encore plus important que nous ne l'avions supposé.

Au surplus, il ne s'agit pas seulement de préciser la nature des Insectes pathogènes, d'élucider leurs mœurs et leurs métamorphoses, de trouver les moyens les plus aptes à les détruire ou à les écarter, de suivre dans ses moindres détails le cycle évolutif que le parasite peut subir à l'intérieur de leurs organes : tout cela n'est qu'une face de la question et j'ose dire que ce n'est pas la plus importante. En effet, il est indispensable d'expérimenter sur le parasite lui-même, afin d'arrêter, si faire se peut, sa marche envahissante et de déterminer les conditions capables d'atténuer son action pathogène ou de rendre l'organisme de son hôte indifférent à ses attaques. Un Trypanosome pullule dans le sang du Rat, sans que celui-ci en soit incommodé d'une façon appréciable : une telle endurance est sans doute le résultat d'une accoutumance progressive et héréditaire; cela nous donne à penser que l'Homme et les animaux qui sont actuellement sans défense à l'égard des Trypanosomes sont capables d'acquérir, eux aussi, l'immunité. La recherche des conditions suivant lesquelles celle-ci peut s'établir est assurément l'un des plus importants problèmes de l'heure actuelle. Cela nous ramène à la question toujours présente de la phagocytose et de la physiologie pathologique des globules blancs.

Hier inconnus en parasitologie humaine, les Trypanosomes ont donc acquis une place importante dans ce domaine particulier de la médecine. Même en supposant résolus les problèmes qui les concernent, ils sont loin de nous avoir livré toute leur histoire et nous en sommes à nous demander maintenant si ces êtres dangereux sont vraiment des Flagellés, comme on l'avait cru jusqu'à présent. Le zoologiste a ses classifications bien tranchées, dans lesquelles les classes sont comme des compartiments voisins, mais sans communication les uns avec les autres. On s'entendait pour rattacher les Trypanosomes aux Flagellés et l'Hématozoaire du paludisme ou, d'une façon plus large, les Hémosporidies aux Sporozoaires. Les arguments étaient bons, sur lesquels reposait cette répartition.

Or, Schaudinn nous a récemment appris que ces deux types, en apparence si distincts, pouvaient successivement passer de l'un à l'autre, soit dans le sang d'un même Oiseau, soit du Vertébré au Moustique. Vous n'attendez pas de moi la description des métamorphoses vraiment compliquées que subissent les animalcules en question. J'en aurai indiqué toute la valeur en disant que la découverte de Schaudinn, que d'autres observateurs ont déjà contrôlée pour des types parasitaires différents de ceux qu'il avait envisagés, bien loin de résoudre la question des migrations et des métamorphoses des Hématozoaires, nous montre, je ne dirai pas l'erreur de nos notions actuelles, mais leur très grande insuffisance. Aussi bien pour les Hémosporidies que pour les Trypanosomes, les phases évolutives admises par tous les observateurs ne sont qu'un simple état passager, se reliant à d'autres formes encore inconnues qu'il va falloir maintenant déceler dans toute leur succession. C'est ainsi que la science progresse, que les questions changent sans cesse de face, que les faits considérés comme les plus définitifs ne sont qu'une simple étape sur la route infinie du progrès ; c'est ainsi, pour rappeler un mot familier à Claude Bernard, que la science du jour est l'erreur du lendemain.

Il va sans dire que ce n'est pas seulement l'histoire des Hématozoaires des Oiseaux qui se trouve ainsi remise en question, mais que l'incertitude plane également sur les Hématozoaires du paludisme et sur d'autres parasites dont l'existence est certaine, bien que nous n'ayons pas encore su les découvrir. De ce nombre est celui de la fièvre jaune : on connaît sa transmission par les Moustiques (*Stegomyia calopus*), on sait que ceux-ci ne sont infectieux qu'à partir du douzième jour après qu'ils ont piqué un individu atteint de fièvre jaune, ce qui revient à dire que le parasite subit dans leur organisme des transformations plus ou moins analogues à celles dont l'Hématozoaire du paludisme nous donne un si remarquable exemple. Malgré ces indications précises, toute recherche de l'agent infectieux est demeurée vaine, sans doute parce qu'il est de trop petite taille pour être accessible à nos moyens d'investigation. Il n'est point le seul dont on en puisse dire autant et, selon toute apparence, la syphilis, la fièvre bilieuse hématurique, la rage, pour ne citer que celles-là, appartiennent à cette catégorie d'affections parasitaires dont le germe demeure inconnu. Aussi bien, les recherches de Schaudinn nous ont appris que certaines formes de Trypanosomes et de Spirochètes, dérivées des Hématozoaires des Oiseaux et produites dans le tube digestif du Moustique (*Culex pipiens*), sont assez petites pour traverser les filtres de porcelaine et ne deviennent apparentes, malgré les plus forts grossissements, que lorsqu'elles se rassemblent en nombre considérable. On découvrira sans doute des combinaisons optiques permettant de voir et d'étudier ces êtres d'une extraordinaire petitesse : leur investigation ouvre la voie à des recherches particulièrement délicates et intéressantes.

Les faits nouvellement acquis ou les questions récemment sou-
levées dans le domaine de l'helminthologie ne sont pas non plus
sans importance. Voilà vingt-cinq ans à peine, la zoologie médicale se restreignait à une description, voire à une énumération
sommaire des quatre ou cinq Helminthes les plus répandus en
Europe, c'est-à-dire les deux Ténias inerme et armé, l'Ascaride,
l'Oxyure et le Trichocéphale. Pour être complet, on citait aussi la
Filaire de Médine, à titre de curiosité exotique : pour paraître
amateur de raretés, on mentionnait encore le Strongle géant.
Quant aux Trématodes, on s'en tenait à la grande et à la petite
Douve du foie et on faisait une allusion discrète, et pour cause, à
la Bilharzie. Cela prenait, dans l'enseignement de nos Facultés de
médecine, trois ou quatre leçons. J'en sais quelque chose, puisque
c'est à ce régime que j'ai été éduqué.

Et notez que les Facultés et Ecoles de médecine françaises sont,
dans le monde entier, à peu près les seules à posséder une chaire
magistrale d'histoire naturelle. Il est vrai que le professeur devait
enseigner en même temps la zoologie et la botanique dans leurs
applications à la médecine, comme s'il se pouvait trouver, dans
l'état actuel du progrès scientifique, des hommes capables d'enseigner avec autorité deux branches de l'histoire naturelle depuis
longtemps si profondément différenciées. Dans la pratique, cette
difficulté était tournée, puisque le professeur enseignait telle
branche de la science qui lui était plus familière, laissant à l'agrégé
le soin d'enseigner l'autre. C'est ainsi que mon savant prédécesseur, M. le Professeur Baillon, qui a occupé si longtemps la chaire
d'histoire naturelle médicale de la Faculté de Paris et dont les
travaux de botanique jouissent de la plus grande réputation, se
réservait l'enseignement de la botanique ; l'agrégé devait donc
enseigner la zoologie.

Jusqu'en 1883, date à laquelle j'ai eu l'honneur de commencer
mon enseignement à la Faculté de Paris, le cours de zoologie médicale n'était en réalité qu'un cours élémentaire de Faculté des
sciences. Il n'y avait à cela que demi-mal, puisqu'il fallait dégrossir
des jeunes gens frais émoulus du collège, dont les connaissances
en histoire naturelle étaient tout à fait insuffisantes ; mais il eût été
nécessaire de compléter ces éléments de zoologie générale par une
étude aussi détaillée que possible des parasites d'origine animale.

Convaincu du rôle chaque jour plus important que les parasites de cette nature jouent en pathologie humaine, rôle évidemment méconnu dans une foule de circonstances ; instruit par la découverte de nouveaux parasites, en Extrême Orient, par exemple ; persuadé que les expéditions coloniales, qui retrouvaient alors un regain de vogue en Europe, ne tarderaient pas à nous faire connaître, dans ce même ordre d'idées, beaucoup de faits nouveaux, je résolus de rompre avec ces errements et de consacrer mon enseignement presque entier à l'étude des maladies parasitaires. Les résultats ne se firent pas attendre ; d'abord un peu déconcertés par la nouveauté de cet enseignement, les étudiants ne tardèrent pas à en saisir toute l'importance. Il ne m'appartient pas de dire si le succès fut ou non à la hauteur de l'effort, mais je crois avoir le droit de déclarer qu'une telle innovation, qui équivalait à la création d'un enseignement nouveau, répondait aux besoins de l'époque ; j'en vois la preuve dans ce fait, que toutes les Facultés et Ecoles de France suivirent mon exemple et s'en trouvèrent fort bien. Il en fut de même pour quelques pays, particulièrement pour la Roumanie, où furent créées des chaires d'histoire naturelle médicale.

Ce que j'avais pu réaliser dès 1883 comme agrégé, j'ai pu le compléter depuis 1897 comme professeur titulaire. J'ai eu la bonne fortune de monter dans ma chaire au moment où le programme des études médicales venait d'être modifié d'une façon très heureuse. L'histoire naturelle médicale, puisque tel est encore le titre officiel de mon enseignement, figurait désormais au programme de la troisième année d'études, ce qui permettait de serrer de plus près les importantes questions ressortissant à la parasitologie et d'entrer dans des détails de clinique, de physiologie et d'anatomie pathologique, auxquels jadis les étudiants de première année n'eussent pas compris grand'chose. Il en est résulté une spécialisation beaucoup plus grande de l'enseignement, ainsi qu'une orientation toute nouvelle des travaux pratiques et du laboratoire. La création des *Archives de Parasitologie*, dont le huitième volume est maintenant achevé, est encore un témoignage de la profonde réforme que j'ai pu accomplir.

Il va sans dire que, dans un tel enseignement, c'est l'histoire naturelle qui domine et qu'il ne saurait être donné avec la compé-

tence requise par un homme dont l'éducation serait surtout médicale. En effet, l'helminthologie n'en est plus à l'âge d'or que je
décrivais tout à l'heure. Quel immense chemin parcouru en vingt-
cinq ans ! Combien d'espèces parasitaires ajoutées à la liste alors
si restreinte ! L'étude complète de ces animaux nécessite des
connaissances très techniques de zoologie ; il ne suffit pas de déterminer leur structure, de suivre leurs migrations et leurs métamorphoses, de les reconnaître dans leurs diverses transformations,
de préciser les lésions dont elles sont la cause, il faut encore
connaître assez bien les parasites des animaux les plus divers
pour discerner les liens de parenté qui peuvent exister entre ces
Helminthes de l'Homme et ceux de différentes espèces animales.

Davaine a décrit, d'après des échantillons très incomplets, un
petit Ténia provenant des Comores, auquel il a donné le nom de
Tænia madagascariensis ; Cobbold a fait connaître sous celui de
Distoma Ringeri un Trématode qui vit au Japon et en Chine dans le
poumon de l'Homme et cause des hémoptysies fréquentes. Qui
donc, sans posséder les notions que je viens d'indiquer et qui ne
peuvent s'acquérir que par une longue pratique de la zoologie,
aurait pu se douter que le premier de ces parasites appartient à un
type qui ne se trouve chez les Mammifères et chez l'Homme qu'à
titre tout à fait exceptionnel, mais qui appartient normalement aux
Gallinacés ? Qui donc, de même, aurait pu reconnaître dans le
second un Helminthe déjà signalé par Kerbert chez le Tigre ? De
tels rapprochements ne constituent point de simples curiosités,
comme des esprits superficiels pourraient le croire : ils sont de la
plus haute importance, puisqu'ils peuvent mettre sur la voie de
l'origine des maladies parasitaires de l'Homme, les seules en
somme intéressantes pour le médecin. Il me serait facile de citer
d'autres exemples démontrant d'une façon toute aussi nette cette
proposition.

A un point de vue plus strictement médical, les Helminthes
sont en train de reprendre en médecine un rôle qui leur était
anciennement attribué sans conteste, mais dont les progrès de la
bactériologie les avaient dépossédés. La découverte du rôle pathogène des Microbes a été l'origine de progrès surprenants dans
l'étiologie, la prophylaxie et le traitement des maladies infectieuses. Par une exagération très compréhensible, on a voulu tout

rapporter aux Microbes et ce fut un soulagement singulier pour la médecine que de trouver enfin en eux l'explication de phénomènes pathologiques qui, depuis des siècles, refusaient obstinément de livrer leur secret. Loin de moi l'intention de contester le rôle capital que jouent les infiniment petits dans la production des maladies, mais je suis nettement d'avis que souvent ils ne sont nuisibles que parce qu'ils sont précédés dans leur œuvre néfaste par divers Helminthes qui leur ouvrent la voie et leur permettent d'exercer leur action malfaisante.

Guiart a reconnu que l'*Ascaris conocephalus* produit dans la muqueuse intestinale du Dauphin des érosions assez profondes, grâce aux trois puissants nodules dont sa bouche est armée ; l'*Ascaris lumbricoïdes* agit de même chez l'Homme, toute proportion gardée. Et, en effet, les cliniciens ont maintes fois noté, mais sans attacher à ce fait l'importance qu'il mérite, l'existence d'Ascarides plus ou moins nombreux chez les individus atteints d'affections intestinales et spécialement de fièvre typhoïde. Rœderer et Wagler, en 1760, ont observé à Göttingen une violente épidémie de fièvre typhoïde ou de *morbus mucosus*, comme ils disaient, au cours de laquelle ils découvrirent le Trichocéphale ; ce parasite se trouvait en abondance dans l'intestin des individus dont ils purent faire l'autopsie. On n'ignore pas qu'à une époque tout à fait récente, le professeur Metshnikov a reconnu que ce même Helminthe était la cause fréquente, mais non exclusive, de l'appendicite.

Est-ce à dire que les Helminthes soient infectieux ? En aucune façon ; leur rôle pathogène est indubitable, mais il n'est, en quelque sorte, que préparatoire. L'Ascaride, nous l'avons vu, érode et ulcère la muqueuse intestinale ; les dégâts éprouvés par celle-ci sont encore plus graves, quand elle est attaquée par le Trichocéphale, l'Uncinaire et d'autres Helminthes qui, armés ou non de crochets, la transpercent et s'enfoncent à son intérieur jusqu'au contact des capillaires sanguins. Il se produit de la sorte une série de pertuis minuscules, par où les microbes pathogènes, qui se rencontrent si fréquemment à l'état de saprophytes dans l'intestin d'individus en bonne santé, peuvent envahir l'organisme et y causer l'infection. On peut donc proclamer cet aphorisme : pas d'infection intestinale sans Helminthes pour frayer la voie aux Microbes infectieux. Voilà qui rendrait aux Helminthes un regain d'actualité, s'il n'était démontré, d'autre part, grâce aux récentes acquisitions dans le domaine de la médecine coloniale, que les parasites animaux sont beaucoup plus redoutables qu'on ne le croit généralement ; ils jouent, en effet, dans la pathologie des pays chauds, un rôle absolument prépondérant.

J'en reviens ainsi à une question qui m'est particulièrement chère. Je suis un partisan convaincu de l'expansion coloniale et je crois fermement que celle-ci ne peut avoir de guide plus sûr que la médecine. Or, les maladies des pays chauds sont en grande majorité de cause parasitaire, et les parasites dont elles relèvent sont pour la plupart de nature animale. Comme la science fait de grands progrès dans ce domaine particulier et que, d'une année à l'autre, il surgit des questions véritablement imprévues, il m'a semblé nécessaire de créer à Paris, à côté de la Faculté de médecine, un enseignement complémentaire, d'allure rapide, grâce auquel les médecins coloniaux revenus dans la métropole pussent se mettre au courant de ces questions nouvelles. De cette préoccupation est né l'Institut de Médecine coloniale, que j'ai été assez heureux pour fonder, grâce à l'appui de l'Université de Paris. Les personnes qui en suivent les cours sont pour la plupart des médecins ayant vécu sous les tropiques et désireux de se perfectionner dans les nouvelles méthodes d'investigation. Ils retournent là-bas mieux armés pour la recherche scientifique, connaissant les désiderata de l'heure présente, capables de poursuivre des recherches toujours délicates, l'esprit en éveil et animés du plus vif désir de faire œuvre utile. Il y a lieu d'espérer que leurs efforts ne seront pas vains, mais qu'ils pourront élucider quelques-unes des nombreuses questions qui sont encore obscures.

En effet, en élargissant ainsi notre cadre et en étendant nos études à la pathologie exotique, on peut dire qu'un champ immense s'ouvre devant la Zoologie médicale. Si je parlais devant des médecins, je pourrais mentionner toute une série de maladies dont l'étiologie est plongée dans la plus profonde obscurité et qui cependant, pour diverses raisons, doivent être envisagées *a priori* comme relevant de la parasitologie animale. La fièvre bilieuse hématurique est apparemment de ce nombre. Elle n'est pas sans analogie avec certaines affections parasitaires du bétail, qui sont transmises par la piqûre des Ixodes ; il est donc urgent de rechercher si elle ne résulterait pas également de l'inoculation de petits parasites tels que les *Babesia*.

On a récemment attribué à ces derniers une forme parasitaire qui se trouve soit dans la peau, dans les cas d'ulcère des pays chauds, soit dans la pulpe splénique, dans les cas de kala-azar et de splénomégalie apyrétique. Les organismes qu'on a confondus avec des Babésies sont, en réalité, bien différents de celles-ci. Imaginez un Trypanosome, qui aurait perdu son flagelle et sa membrane ondulante et dont le corps se serait condensé en une petite masse ovoïde ayant encore son blépharoplaste : telle est la structure très simple des *Leishmania*.

Ces parasites ont donc des affinités manifestes avec les Flagellés, bien plus qu'avec les parasites endoglobulaires. Or, quand on les cultive en milieu artificiel, on obtient des petits Trypanosomes. Ces derniers se présentent donc à nous de nouveau comme des organismes paradoxaux qui dérivent, dans certains cas, de formes parasitaires bien différentes d'aspect.

Ces quelques exemples suffisent à montrer l'intérêt des questions que soulève la parasitologie des pays chauds. D'autres problèmes non moins importants seront étudiés demain, et parmi eux figure au premier rang la question de la toxicité des animaux parasites.

On est familiarisé avec l'idée que les Microbes éliminent des toxines : Roux et Yersin ont établi l'existence et le rôle de ces substances dans la diphtérie; depuis cette démonstration magistrale, personne ne doute plus que, dans les maladies infectieuses, certains symptômes ne soient causés par des substances nocives éliminées par les Microbes. Une telle notion doit-elle être généralisée? Les Helminthes et les autres parasites animaux produisent-ils des substances analogues? Dans quelle mesure agissent-elles et certains phénomènes morbides peuvent-ils leur être attribués? Oui, sans doute, les parasites de nature animale se comportent de la même façon que les Microbes et il est vraiment surprenant que l'on ne l'ait pas reconnu plus tôt.

J'en trouve un exemple très démonstratif dans la fièvre paludéenne, l'accès fébrile n'étant que le résultat d'une intoxication de l'organisme. En effet, l'Hématozoaire, qui se loge, grandit et se multiplie à l'intérieur du globule rouge, obéit à la règle commune, c'est à-dire qu'il assimile des substances étrangères à son organisme, en même temps qu'il désassimile et rejette autour de lui des déchets solubles. Ceux-ci s'accumulent à l'intérieur du globule et ne sont déversés dans le sang qu'au moment où le globule se rompt. Ils sont d'abord trop dilués pour être actifs, mais leur quantité augmente à mesure que le nombre des parasites s'élève lui-même et bientôt ils déterminent une première réaction fébrile. Il est de notion courante que les accès deviennent de plus en plus violents quand la maladie n'est pas traitée par la quinine : c'est dire que les toxines sont déversées dans le plasma sanguin en quantité de plus en plus grande. Cet exemple est, je crois, assez caractéristique ; il a du moins le mérite d'être emprunté à une maladie dont tout le monde connaît la marche et, d'autre part, de donner de la fièvre la seule explication rationnelle.

Cela étant connu, on ne sera pas surpris que les Trypanosomes produisent également des substances toxiques, auxquelles on doit attribuer quelques-uns des symptômes de la maladie du sommeil. On sait déjà que le Bothriocéphale cause parfois l'anémie perni-cieuse progressive, non pas parce qu'il cause une hémorrhagie intestinale, mais par suite de l'absorption de substances qu'il excrète et qui se trouvent déversées dans l'intestin ; on entrevoit que d'autres Helminthes puissent être doués de la même faculté, à un degré plus ou moins accentué. Voilà donc que s'ouvre tout un nouveau chapitre de la chimie physiologique et l'on peut dire qůe, dès maintenant, il se montre hérissé des pires difficultés.

En vous entretenant de ces questions, je n'ai pas la prétention de vous avoir montré toutes les faces par lesquelles la Zoologie entre en contact avec la Médecine. L'union de ces deux sciences devient chaque jour plus étroite. « Le temps est proche, me disait récemment sir Patrick Manson, où chaque École de médecine devra posséder une chaire de zoologie ; en France, vous avez tranché la question avant les autres pays. »

Il est très exact que les Facultés et Ecoles françaises sont pour-vues d'un enseignement méthodique et complet de la parasitologie animale, mais il ne faut pas oublier que, par suite de l'insuffisance des crédits qui lui sont alloués, cet enseignement n'a guère, le plus souvent, qu'un caractère théorique. Or, nous avons mis en évidence quelles questions capitales il est urgent de résoudre et dans quelles voies la science doit maintenant s'engager. Les recherches dont on attend la solution ne peuvent être conduites à un bon résultat que si l'on dispose de moyens d'action puissants, je veux dire de crédits suffisamment élevés. L'argent n'est pas seulement le nerf de la guerre, il est bien plus encore celui de la science. Le succès sourit à ceux qui, sortant des spéculations théoriques et abstraites, luttent corps à corps avec les problèmes et leur arrachent leur secret.

Les Écoles de médecine tropicale de Londres et de Liverpool ont fait dans ces dernières années une remarquable besogne dans le domaine de la parasitologie des pays chauds, non pas tant à cause de la valeur, d'ailleurs incontestable, des hommes éminents qui ont pris la direction de ce mouvement nouveau, qu'à cause des subsides considérables que la générosité publique a mis à leur disposition. D'autres pays ont attaqué la question sous une autre forme. L'Allemagne, par exemple, a créé près de l'Office impérial de la santé publique (*Kaiserliches Gesundheitsamt*) une section de Parasitologie animale, à la tête de laquelle le Dr Schaudinn vient d'être placé avec le titre de conseiller d'État ; c'est un heureux complément d'une Institution qui a rendu déjà les plus éminents services et c'est pour elle le point de départ de nouveaux progrès. Les États-Unis, de leur côté, devenus puissance coloniale par la conquête de Porto-Rico et des Philippines, ont créé à Washington, comme dépendance du Service de l'Hôpital maritime, une Division de zoologie médicale dont le chef éminent est le Dr Ch. Wardell Stiles : le passé répond de l'avenir et, sous son impulsion féconde, la nouvelle Division ne va pas tarder à devenir l'un des foyers de recherche scientifique les plus actifs et les plus productifs. Les deux savants dont je viens de prononcer le nom sont assis dans cet amphithéâtre ; il m'est particulièrement agréable de leur rendre publiquement hommage, de les féliciter de la haute situation scientifique à laquelle ils ont été récemment appelés et de leur souhaiter bon augure pour les recherches dont ils vont être les instigateurs.

De tels exemples mériteraient d'être suivis par tous les pays possédant des colonies intertropicales ; il ne suffit pas, en effet, de constater le progrès du voisin, il faut aussi savoir consacrer à la recherche scientifique les sommes qui lui sont nécessaires. Espérons que les pays qui se sont montrés jusqu'à présent réfractaires

ou trop parcimonieux comprendront bientôt qu'il y va de leur
honneur et de leur bon renom scientifique d'instituer des établissements et des laboratoires du même genre ou du moins de doter
avec une plus grande libéralité ceux qui existent déjà et auxquels
ne manque point la volonté de bien faire.

Quoi qu'il en advienne, il est clair que la Zoologie médicale n'en
est encore qu'à ses débuts ; d'importantes questions se présentent
en foule, qui réclament une solution prochaine et la pénétration
des nations civilisées dans les régions encore inexplorées ou insuffisamment connues fera surgir un grand nombre d'autres problèmes
dont la Parasitologie donnera la solution. Après l'éclatante période
que vient de parcourir la Bactériologie, nous saluons avec confiance
l'aurore des temps où la Zoologie médicale atteindra son apogée.

NOTES ET INFORMATIONS

Nomination. — Par un arrêté en date du 27 juillet 1904, M. le D⁵ Maurice NEVEU-LEMAIRE a été institué agrégé d'histoire naturelle (parasitologie) près la Faculté de médecine de l'Université de Lyon.

Sur la présence de Blastomycètes dans un cas de molluscum contagiosum. — L'étiologie du *molluscum contagiosum* est à l'ordre du jour depuis 1865, époque à laquelle Virchow avait trouvé une certaine analogie entre les corpuscules du *molluscum* et les Coccidies du Lapin. De nombreuses recherches faites soit sur le *molluscum* soit sur une affection très analogue, l'*epithelioma contagiosum* des Oiseaux, ont tour à tour admis ou nié la nature parasitaire de ces affections. Mais même parmi ceux qui ont considéré le *molluscum* comme une maladie parasitaire, il y en a qui ont nié la nature de parasites aux corpuscules considérés comme tels par Virchow et qui ont attribué le rôle d'agents spécifiques à d'autres éléments plus petits. Ainsi Piana et moi (1), dans une étude comparative sur le *molluscum* et l'*epithelioma contagiosum*, nous avons considéré les corpuscules signalés par Virchow comme des cellules dégénérées, nous rattachant complètement à l'opinion déjà émise par Bizzozero et Manfredi (2), et avons au contraire décrit comme parasites des corpuscules de 2 à 6 μ, que nous avons considérés comme des Protozoaires.

Tout dernièrement enfin, Marx et Striker (3) ayant filtré sur bougie Berkefeld une bouillie faite en écrasant des nodules d'*epithelioma contagiosum* dans la solution physiologique de chlorure de sodium, ont pu par l'inoculation du liquide filtré, qui était stérile, reproduire l'*epithelioma* chez les Poules. Se basant sur ce fait, Marx et Stricker considèrent l'agent spécifique de l'*epithelioma* comme étant très petit et capable de passer à travers les filtres.

Le 6 novembre 1903, j'ai reçu de la clinique dermatologique de l'Université de Lausanne, dirigée par M. le professeur Dind, des nodules de la dimension d'une tête d'épingle à un pois, qui avaient été extirpés à une femme qui en présentait beaucoup à la figure. Ces nodules, soit par leur aspect macroscopique, soit par l'aspect microscopique, présentaient tous les caractères des nodules typiques du *molluscum contagiosum*.

A l'examen à l'état frais du raclage de ces nodules, examen pratiqué avec l'oculaire 4 et l'objectif à immersion à eau, j'ai constaté les faits suivants : Cellules ovoïdes, granuleuses, dégénérées, correspondant aux corpuscules du *molluscum* de Virchow, parmi lesquelles il y avait un

(1) PIANA e GALLI-VALERIO, *Moderno zooiatro*, 1894. — GALLI-VALERIO, *Le neoformazioni nodulari*. Parma, 1897.

(2) BIZZOZERO e MANFREDI. *Archivio per le sc. med.*, p. 1, 1876.

(3) *Deutsche med Wochenschrift*, 1902, p. 893 et 1903, p. 49. — Résumé dans *Centralblatt für Bakt.*, Ref., XXXIII, p. 13 et *Revue vétérinaire*, 1903, p. 158.

grand nombre de petits corpuscules de 2,5 à 3 μ de diamètre, ronds ou ovoïdes, à double contour très net. à noyau central sombre, doués de légers mouvements d'oscillation, mais sans mouvements amiboïdes. Plusieurs de ces corpuscules présentaient, sur un point de leur périphérie, un bourgeon qui leur donnait l'aspect d'une gourde.

Les caractères de ces corpuscules ne pouvaient laisser aucun doute sur leur nature. Il s'agissait de Blastomycètes. Traités par le bleu au thymol, ils se coloraient fort bien, la capsule et le noyau apparaissant plus foncés que le protoplasma. Dans les préparations colorées au bleu, on remarquait que par ci, par là ces Blastomycètes étaient situés dans des cellules dégénérées, et souvent étaient entourés par une auréole plus claire.

Dans les coupes colorées avec le bleu au thymol, il y avait les mêmes formes, en grande partie libres, entre les cellules, mais, plusieurs contenues dans celles-ci. Des cultures faites sur agar et sur carotte cuite sont restées stériles.

L'inoculation par frottage des nodules du *molluscum* sur la peau du Cobaye et du Lapin et sur la crête d'une Poule, est restée négative. Les Blastomycètes que je viens de décrire, présentent la plus grande analogie avec ceux qui ont été décrits par Lowenbach et Oppenheim dans une affection nodulaire du nez chez l'Homme (1). Ont-ils joué le rôle d'agents spécifiques dans ce cas de *molluscum contagiosum* ? Il me semble impossible de répondre d'un façon affirmative à cette question. Ce n'est qu'en considération du rôle important que les Blastomycètes jouent aujourd'hui dans les affections cutanées, qu'ont peut penser à un rôle de ces parasites dans le *molluscum contagiosum*. De nouvelles recherches, surtout appuyées sur des cultures, pourront seules permettre de résoudre la question. — B. GALLI-VALERIO, Professeur à l'Université de Lausanne.

De una nueva especie de *Filaria* **en el Sapo de Medellin.** — Examinando, en el mes de diciembre de 1903, la sangre de los Sapos comunes de Medellín (República de Colombia), he encontrado en algunos de ellos lo siguiente :

En medio de los elementos figurados de la sangre se ven en las preparaciones frescas sin teñir unas Lombricitas ó Culebrillas de un milimetro y medio de longitud por tres micrones de grueso y con vivos movimientos de ondulación pero de traslación lenta, lo cual hacen separando con la cabeza los elementos figurados de la sangre, además se contraen ó alargan á voluntad. Otras veces apoyan la cabeza en un eritrocito y el cuerpo sigue ondulándose con rapidez como, un largo flagelo. En algunas ocasiones se les distingue un puntito negro en la cabeza, no se les ve vaina ó envoltura y la cola es poco menos gruesa que la cabeza y en todo caso no aguda sino más bien obtusa. Raras veces se distinguen unos como gusanillos ó larvas estriados transversalmente, cuya longitud es la cuarta parte de una de estas Filarias, de las cuales parecen ser los embriones.

---

(1) *Archiv fur Dermat. und Syph.*, p. 121, 1902.

En las preparaciones teñidas con cosina y azul de metileno se ven las Filarias enrolladas ó más ó menos retraidas á la mitad y hasta la tercera parte de su longitud normal, debido sin duda al calor de la llama al fijar la sangre. El cuerpo se ve cubierto de finas granulaciones basófilas y en algunos individuos se ve un rudimento de capuchón incoloro en la cabeza y en la cola, como si tuvieran una vaina ó envoltura viscosa muy discreta.

En lo general se encuentran de diez á treinta en una laminilla ordinaria de sangre.

Esta Filaria es persistente y se encuentra en la sangre, tanto en el dia como de noche. Los Sapos no parecen muy afectados por este parásito y apenas se les nota un poco de anemia y tal vez menos fuerza que de ordinario, pues al esponjarse lo hacen con menos vigor que los sanos del mismo volumen. Como se ve por la descripción que acabo de dar, esta Filaria se parece á la *Filaria perstans* que MANSON encontró en la sangre de muchos Negros del Africa Occidental. El mismo MANSON cree que la Filaria que O'Neil encontró en el craw-craw es la *perstans*, ápesar de algunas diferencias.

Craw-craw es el nombre vulgar que los Negros del Africa dan á varias afecciones de la piel, semejantes á los aradores ó sarna, en lo general caracterizadas por una erupción pruriginosa, al principio papulosa, luégo vesiculosa ó pustulosa y muy contagiosa, como lo que entre nosotros llaman *carranchín*. La forma que el Dr. EMILY observó en el Congo francés y en el Alto Ubangui, se limita á los pies y especialmente á los espacios interdigitales como lo que nuestros trabajadores de tierra caliente llaman *candelillas de pantano*, y que se observan en las gentes que andan delcalzas por entre el lodo.

Sería interesante saber por qué nuestros campesinos llaman *latigazo de Sapo ó Culebrilla* al zona ó herpes zoster ú atras afecciones parecidas de tierra caliente. ¿ Tendría el Sapo qué ver en esta clase de erupciones vesiculosas ?¿ Será el Sapo el agente que transmite al Hombre esta especie de craw-craw ? Sólo la observación de las personas competentes en las tierras calientes puede resolver este punto interesante de medicina tropical, averiguando si los individuos afectados han manoseado Sapos, y si en el liquido de las vesiculas se encuentra la Filaria.

En más de cincuenta enfermos del Hospital de San Juan de Dios, cuya sangre he examinado durante el dia, no he podido ver Filaria alguna, lo que prueba que tanto la Filaria diurna como la persistente son raras aqui.

De las hidroceles y ascitis lactecentes que atribuyen á filariosis no tengo conocimiento si no de un caso que operé para una apendicitis crónica, en que el vientre estaba lleno de una gran cantitad de liquido como leche de coco y en que los linfáticos del intestino formaban finas arborizaciones blancas, que contrastaban con los vasos sanguineos. El liquido no se examinó, pero he sabido que al enfermo se le han extraído después, en repetidas ocasiones, varios litros del mismo liquido lactecente.

Próximamente me propongo examinar de noche la sangre de varios
enfermos del Hospital para ver si entre nosotros es frecuente la Filaria
nocturna. — J. B. MONTOYA Y FLORES, Professeur à l'Université de Medellin
(Colombie).

— L'embryon de Filaire décrit plus haut se trouve dans le sang du
Crapaud le plus commun aux environs de Medellin (Colombie. Il est long
de 75 à 90 μ et large de 4 à 5 μ. Il ressemble beaucoup à l'embryon de
Filaria Bancrofti, mais est plus petit et relativement plus trapu. Certains
exemplaires, mais non tous, présentent à l'une de leurs extrémités un
appendice transparent, anhiste, de forme variée, ayant ordinairement
l'aspect d'une cupule cuticulaire froissée et n'ayant pas plus de 2 à 3 μ de
long ; c'est apparemment un détritus de la cuticule, plutôt que le reste
d'une gaine comparable à celle qui entoure certaines Microfilaires.

Le Ver qui produit ces embryons doit se trouver quelque part dans le
tissu conjonctif du Crapaud. Nous lui donnons le nom de *Filaria
Columbi.* — R. BL.

Observations sur un cas de bilharziose. — Je dois à l'amabilité de
mon ami le Dʳ L. ROBINSON, médecin de l'hôpital anglais, d'avoir pu
observer un cas de bilharziose chez un anglais habitant Paris. Cet Homme,
âgé de 25 à 30 ans, travaille dans un atelier de bijouterie. Il a fait la
guerre du Transvaal et a séjourné notamment à Koodoospoot, à l'est de
Pretoria. C'est là, dit-il, qu'il a contracté la maladie pour laquelle il est
venu à la consultation externe de l'hôpital.

Le malade est d'aspect très anémié. Il émet chaque jour des urines
sanguinolentes ; en examinant le dépôt très abondant qu'elles laissent
tomber au fond du vase, on y reconnaît des globules rouges, une quantité
considérable de globules blancs et un *nombre excessif* d'œufs de *Schistosomum hæmatobium.* Il est impossible de donner une évaluation même
approximative de la quantité de ces derniers ; disons seulement que cette
quantité est très élevée et qu'on en trouve sûrement des dizaines dans la
moindre préparation faite avec une parcelle du dépôt urinaire.

Le malade, malgré son état de faiblesse, n'a pas interrompu son travail ;
il est tenu toute la journée à son atelier. Pour ne pas lui faire perdre de
temps ou le troubler dans ses occupations, il fut convenu que, après avoir
jeté l'urine rendue au saut du lit, le dimanche matin, il conserverait toute
l'urine émise à partir de ce moment là jusqu'au lundi matin, inclusivement. Le lundi matin, on se rend à l'atelier pour prendre livraison des
flacons d'urine ; on en profite pour prélever aussi, par piqûre de la pulpe
du doigt, la quantité de sang nécessaire pour la détermination soit du
nombre des globules rouges du sang, au moyen de la chambre humide
graduée de MALASSEZ, soit du volume relatif des globules et du plasma, au
moyen de l'hématocrite à centrifugation. La numération des globules
rouges se fait ultérieurement au laboratoire ; l'examen à l'hématocrite se
fait extemporanément, à l'atelier même. Dans ces conditions, il m'a été
possible de faire les constatations suivantes :

Lundi 4 juillet. — Quantité d'urine rendue en 24 heures : 1000cc. Le liquide est centrifugé en totalité; on obtient un culot pesant 14 gr., occupant un volume de 14cc et formé par l'agglomération « à sec » des divers éléments contenus dans l'urine : hématies, leucocytes, œufs de Bilharzie et quelques débris de l'épithélium vésical; ces derniers, toutefois, sont en quantité négligeable.

Après agitation prolongée de l'urine, afin de mélanger les globules et de les répartir à peu près uniformément dans toute la masse, on compte à la chambre humide de MALASSEZ le contenu d'un millimètre cube du liquide : on trouve une proportion moyenne de 133 leucocytes pour 1000 hématies. Je ne méconnais pas toute l'imperfection de cette méthode; des numérations comparatives, d'une part pour une même urine et d'autre part pour les urines de jours différents, ont néanmoins prouvé qu'elle donne une approximation suffisante, quand il s'agit simplement de déterminer si une urine sanguinolente est relativement riche ou pauvre en globules blancs. Les chiffres que l'on obtient ainsi donnent donc, malgré leur imprécision, une indication utile.

Lundi 11 juillet. — Quantité d'urine rendue en 24 heures : 670cc (1). Poids du culot après centrifugation de la masse totale de l'urine : 9 gr. 50; volume du culot 10cc. L'urine renferme une proportion moyenne de 113 leucocytes pour 1000 hématies. Au compte-globules, on trouve 4.500.000 globules rouges par millimètre cube de sang; à l'hématocrite, on obtient une colonne correspondant à un chiffre de 4.250.000 globules de sang normal. Le nombre absolu des globules du sang s'est donc abaissé d'une façon très appréciable; le nombre des hématies, notamment, a subi une chute importante, en même temps que celui des leucocytes s'est élevé. L'examen de frottis de sang, colorés d'une façon appropriée, confirme ces observations; il donne la formule leucocytaire suivante :

Pour 1000 leucocytes : 77 éosinophiles, 126 lymphocytes, 161 mononucléaires et 636 polynucléaires.

Lundi 18 juillet. — Quantité d'urine rendue en 24 heures : 850cc. Poids du culot après centrifugation : 10 gr. 9; volume du culot : 11cc5. Proportion moyenne des éléments figurés du sang contenus dans l'urine : 94 leucocytes pour 1000 hématies. Formule leucocytaire du sang préparé en frottis sur lame, pour 1000 leucocytes : 86 éosinophiles, 129 lymphocytes. 225 mononucléaires et 560 polynucléaires.

Lundi 25 juillet. — Quantité d'urine rendue en 24 heures : 700cc. Poids du culot après centrifugation : 17 gr. 80; volume du culot : 17cc5. Proportion moyenne des éléments figurés du sang contenus dans l'urine : 160 leucocytes pour 1000 hématies.

Tant par l'examen direct du sang que par celui de l'urine, on constate donc une augmentation considérable du nombre des leucocytes; toutefois,

(1) La faible quantité d'urine rendue dans les 24 heures tient à l'excessive élévation de la température, qui a exagéré la perspiration cutanée.

ceux-ci sont infiniment moins nombreux dans le sang que dans l'urine, où ils atteignent une proportion moyenne de 125 leucocytes pour 1000 hématies, soit 1/8 du chiffre total. L'absence de toute suppuration dans la vessie et la structure des leucocytes trouvés dans l'uriue ne permettent pas d'attribuer à ces derniers la signification de globules du pus. Ils proviennent donc du sang pour une faible part, et surtout de cellules migratices infiltrées en grand nombre dans les portions de la paroi vésicale qui sont envahies par les œufs de la Bilharzie.

Sir Patrick MANSON a observé à Londres un anglais de 38 ans, qui avait contracté aux Petites Antilles une bilharziose de forme intestinale; les œufs se trouvaient en abondance dans les selles (1). Chez ce malade, l'examen du sang a donné les résultats suivants :

Hémoglobine . . . .   84 °/.
Hématies par mmc. 4.650.000
Leucocytes 8.200

La formule leucocytaire ne différait pas essentiellement de celle que nous avons nous-même reconnue. Il n'est pas sans intérêt de comparer les chiffres obtenus et de les rapprocher, d'autre part, de la formule leucocytaire que LEREDDE et LOEPER considèrent comme normale, chez l'Homme en bonne santé :

	FORMULE LEUCOCYTAIRE			
		DANS LE CAS DE BILHARZIOSE		
	normale, d'après LEREDDE et LOEPER	d'après P. MANSON	d'après R. BLANCHARD	
			1re numération	2e numération
Sur 1000 leucocytes :				
Polynucléaires neutrophiles	640 à 650	490	636	560
— éosinophiles.	10 à 20	120	77	86
Mononucléaires	320 à 330	170	161	225
Labrocytes	2,5 à 5	—	—	—
Intermédiaires	—	10	—	—
Lymphocytes	—	210	126	129

En résumé, diminution du nombre des hématies et des leucocytes mononucléaires, augmentation de celui des éosinophiles : telles sont les

(1) P. MANSON, Report of a case of *Bilharzia* from the West Indies. *British med. journal*, II, p. 1894, 1902. *Journal of trop. med.*, V, p. 384, 1902.

constatations qui ressortent nettement des observations de MANSON et des miennes ; elles ne sauraient être envisagées comme symptomatiques de la bilharziose ; elles sont tout au plus l'indice d'une affection parasitaire, dont, d'après ces seuls signes, la nature ne peut aucunement être précisée.

Quant à la proportion relative des globules rouges et des globules blancs dans le sang, nous ne sommes pas d'accord, MANSON et moi. MANSON trouve les leucocytes notablement diminués de nombre, puisque les chiffres qu'il donne correspondent à une proportion de 1,76 leucocytes pour 1000 hématies. Il m'a paru, au contraire, qu'ils avaient augmenté de nombre, toutefois sans les avoir soumis à une numération spéciale. L'excessive abondance des globules blancs dans l'urine résulte d'une infiltration leucocytaire intense des parties traversées par les œufs du parasite. — R. BLANCHARD.

Accès dysentériformes dus au _Tænia saginata_. — Homme de 40 ans, vigoureux. En 1892, attaque de dysenterie peu grave, à la suite d'un séjour dans un camp. En 1900, diarrhée chronique sans graisse ni selles sanglantes, à la suite d'un séjour aux oasis sahariennes. Pas de rechute depuis 1900.

En novembre 1903, il est pris subitement, sans cause apparente, de troubles gastriques généraux, de douleurs intestinales violentes avec évacuations alvines d'abord, puis muco-sanguinolentes et graisseuses (ténesme, tranchées, état nauséeux). Le traitement habituel ne produit aucun résultat, et la purgation fait évacuer de nombreux anneaux de Ténia. Cet état se prolonge avec des alternatives de demi-guérison et de rechutes, pendant deux mois environ. Le mieux se faisant sentir toutes les fois qu'une certaine quantité d'anneaux de Ténia est expulsée à la suite d'un purgatif, on administre un ténifuge qui détermine l'évacuation d'une très grande quantité d'anneaux, sans la tête.

Au bout de trois mois, expulsion involontaire de quelques anneaux ; deux jours après, nouvelle attaque de diarrhée dysentériforme, en tout semblable à la première. On administre de nouveau un ténifuge, qui provoque l'expulsion de deux Ténias inermes, tête comprise. A partir de ce jour, disparition absolue et immédiate de tout accident dysentériforme, sans modification aucune du régime. — Dʳ DODIEAU, médecin-major à Ghardaïa (Algérie).

OUVRAGES REÇUS

. Tous les ouvrages reçus sont annoncés.

Généralités

V. Ariola, Simbiosi e parassitismo nel regno animale. *Rivista Ligure*, Genova, in-8° de 29 p., 1904.

J. Brault, Note sur la fièvre hémoglobinurique en Algérie. *Janus*, VIII, in-8° de 6 p., 15 nov. 1903.

E. Brumpt, *Mission du Bourg de Bozas. De la Mer Rouge à l'Atlantique, à travers l'Afrique tropicale.* Paris, in-8° de 32 p., 1 carte. 1903.

Wl. Clerc, Contribution à l'étude de la faune helminthologique de l'Oural. *Revue suisse de Zoologie*, II, p. 241-368, pl. 8-11, 1903.

L. Cohn, Helminthologische Mittheilungen. *Archiv für Naturgeschichte*, I, p. 47-66. taf. 3, 1903.

G. Lhéritier, *Étude sur le goître dans le département du Puy-de-Dôme.* Thèse de Paris, in-8° de 104 p., 1904.

Nocht, Organisation de l'enseignement de la médecine coloniale. *Congrès d'hyg. et de démog., 7me sect., 6me quest.*, in-8° de 8 p., 1903.

R. Rangel, *Etiologia de ciertas anemias graves de Venezuela.* Caracas, Laborat. del Hospital Vargas, in-12° de 16 p., 1903.

Studi e ricerche del Prof. Luciano Armanni. *Giornale dell' Associazione Napoletana di Medici e Naturalisti*, gr. in-8° de 237 p., 1903.

Ch. W. Stiles, Index-Catalogue of medical and veterinary Zoology, part 6, [authors: F to Fynney]. *Bureau of Animal Industry, Bulletin n° 39*, p. 437-510, Washington, 1904.

C. Tiraboschi, Les Rats, les Souris et leurs parasites cutanés dans leurs rapports avec la propagation de la peste bubonique. *Archives de Parasitologie*, VIII, p. 161-349, 1904.

Н. А. Холодковскій, О ротовыхъ органахъ нѣкоторихъ насѣ-комыхъ, паразитирующихъ на человѣкѣ. *Извѣсть импер. я.-тедиц. Академіи въ Петербургѣ*, p. 299-309, 1 pl., 1903 (?).

Н. А. Холодковскій, Къ познаію ленточныхъ глистъ жвачн-ыхъ животныхъ. *Труды итп. С.-Петербургскаго Общества Естествоиспытателей*, XXXIII, in-8° de 5 p.

Ziemann, Zur Bevölkerungs- und Viehfrage in Kamerun. *Deutsches Colonialblatt*, in-4° de 4 p., n° 14, 1 Juli 1904.

Protozoaires

A. Broden, Les infections à Trypanosomes au Congo chez l'Homme et les Animaux. *Bulletin de la Soc. d'Etudes coloniales*, Bruxelles, in-8° de 28 p., février 1904.

L. Cohn, Protozoen als Parasiten in Rotatorien. *Zoologischer Anzeiger*, XXV, p. 497-502, 1902.

E. Dschunkowsky und J. Luhs, Die Piroplasmosen der Rinder. *Centralblatt für Bakteriol., Orig.*, XXXV, in-8° de 8 p, n° 4, 3 taf., 1904.

B. Galli-Valerio, Die Piroplasmose des Hundes. *Cettralbl. für Bakt., Orig.*, XXXV, p. 367-371, 1904.

J. GUIART, La maladie du sommeil. *Bull. des sc. pharmacol.*, VII, p. 386-392, 1903.

ED. HESSE, Etudes sur les Microsporidies. *Annales de l'Univ. de Grenoble*, XVI, nº 1, in-8º de 4 p., 1904.

Ch. A. KOFOID, On the structure of *Protophrya ovicola*, a ciliate Infusorian from the brood-sac of *Littorina rudis* Don. *Mark anniversary volume*, art. 5, p. 111-120, pl. 8, 1903.

M.-G. LEBREDO, Huespedes de infeccion protozoarica. Hospital « Las Animas ». *Revista de medicina y cirurgia de la Habana*, VIII, nº 22, in-8º de 12 p., 1903.

L. LÉGER, La reproduction sexuée chez les *Stylorhynchus*. *Archiv für Protistenkunde*, III, p. 303-357, taf. 13-14, 1904.

L. LÉGER, Sporozoaires parasites de l'*Embia Solieri* Rambur. *Archiv für Protistenkunde*, III, p. 358-366, 1904.

L. LÉGER, Sporozoaire parasite des Moules et autres Lamellibranches comestibles. *Annales de l'Université de Grenoble*, XVI, in-8º de 4 p., 1904.

F. MARCHAND und J. C. G. LEDINGHAM, Uber Infection mit « Leishman' schen Körperchen » (Kala-Azar ?) und ihr Verhältnis zur Trypanosomen-Krankheit. *Zeitschrift für Hyg.- und Infectionskrankheiten*, XXVII, in 8º de 40 p., pl. I-II, 1904.

F. MARCHAND und J. C. G. LEDINGHAM, Zur Frage der Trypanosoma-Infektion beim Menschen. *Centralblatt für Bakt.*, Orig., XXXV, p. 594-598, 1904.

P. MANSON and G.-C. Low, The Leishman-Donovan body and tropical splenomegaly. *British medical Journal*, in-8º de 9 p., 1904.

P. MITROPHANOW, Nouvelles recherches sur l'appareil nucléaire des Paramécies. *Archives de zool. expérim.*, p. 411-435, 1903.

W.-E. MUSGRAVE and M.-T. CLEGG, Trypanosoma and Trypanosomiasis, with special reference to surra in the Philippine Islands. *Bulletin of the Biological Laboratory, Dept. of the interior*, nº 5. Manila, in-8º de 248 p., 1903.

R. Ross, Note on the bodies recently described by Leishman and Donovan. *British medical Journal*, in-8º de 5 p., nov. 14, 21, 28, 1903.

H ROUJAS, La maladie du sommeil. Thèse de Paris, in-8º de 79 p., 1904.

F. SCHAUDINN, Generations- und Wirtswechsel bei Trypanosoma und Spirochæte. *Arbeiten aus dem kais. Gesunheitsamte*, XX, p. 387-439, 1904.

J. SIEGEL, Beiträge zur Kenntnis des Vaccineerregers. *Sitzungsberichte der k. preussischen Akad. der Wiss.*, p. 965-974, 1904.

J.-H. WRIGHT, Protozoa in a case of tropical ulcer (« Delhi sore »). *Journal of med. research*, X, p. 472-482, 1903. — [Reçu le 23 janvier 1904].

Hémosporidies et Moustiques

A. BILLET, La lutte contre la malaria en France et dans les possessions françaises en 1903. *Atti della Società per gli studi della malaria*, V, p. 291-299, 1904.

A. BILLET, A propos de l'Hémogrégarine du Crapaud de l'Afrique du Nord. *C. R. de la Soc. de biol.*, LVI, p. 482-484, 1904.

A. BILLET, Sur une Hémogrégarine karyolysante de la Couleuvre vipérine. *C. R. de la Soc. de biol.*, LVI, p. 484-485, 1904.

A. BILLET, A propos de l'Hémogrégarine de l'Emyde lépreuse (*Emys leprosa* Schw.) de l'Afrique du nord. *C. R. de la Soc. de biol.*, LVI, p. 601-603. 1904.

A. BILLET, Sur l'Hémogrégarine du Lézard ocellé d'Algérie. *C. R. de la Soc. de biol.*, LVI, p. 741-743, 1904.

A. BILLET et G. CARPANETTI, Sur les Culicides de la ville de Bône (Algérie) et de ses environs (Aïn-Mokra, etc) ; leur relation avec le paludisme de cette région. *C. R. de la Soc. de biol.*, LV, p. 1231-1232, 1903.

R. Boyce, The anti-malaria measures at Ismailia, 1902-4. *Liverpool School of tropical medicine*, memoir XII, in-4° de 9 p., 1904.

Casalta, *Contribution à l'étude du paludisme en Corse envisagé particulièrement au point de vue de sa prophylaxie et de son traitement*. Thèse de Paris, in-8° de 62 p., 1904.

G. Dock, Mosquitoes and malaria. The present knowledge of their relations, with some observations in Ann Arbor and vicinity. *Journal of the Michigan State medical Society*, in-18 de 27 p., february, 1903.

H.-E. Durham, Report of the yellow fever expedition to Pará. *Memoir VII of the Liverpool School of tropical medicine*, in-4° de 80 p., 1902.

F. Fajardo, *O impaludismo. Ensaio de um estudo clinico*. Rio de Janeiro, in-8° de 422 p., 1904.

B. Galli-Valerio e J. Rochaz de Jongh, Studi e ricerche sui Culicidi dei generi *Culex* e *Anopheles*, 2e mem. *Atti della Società per gli studi della malaria*, IV, in-8° de 47 p., 1903.

B. Galli-Valerio et J. Rochaz-de-Jongh, Sur la présence de *Mochlonyx velutinus* Ruthe dans le canton de Vaud. *Bulletin de la Soc. vaud. des sc. nat.*, (4), XXXIX, p. 453-460, 1903.

B. Galli-Valerio, La febbre gialla e la sua profilassi secondo le nuove ricerche. *Rivista d'ig. e san. publ.*, XV, in-8° de 15 p., 1904.

W.-C. Gorgas, Work of the sanitary department of Havana. *New-York post graduate clinical Society*, in-8° de 12 p., may 22, 1903.

La lutte contre le paludisme d'apres les nouvelles découvertes. Ligue contre le paludisme en Algérie. Alger-Mustapha, in-8° de 32 p., 1903.

L. Manzi, Gli Dei distruttori degli Anofeli e l'uso antico delle fumigazioni e delle reti contro di essi. *Archives de Parasitologie*, VIII, p. 88-109, 1904.

L. Moreau et H. Soulié, La lutte contre le paludisme, d'après les nouvelles découvertes. *Ligue contre le paludisme*, Alger-Mustapha, in-8° de 26 p., 1903.

L. Moreau et H. Soulié, Comment on se défend contre le paludisme. *Ligue contre le paludisme*, Agha Alger, in-8° de 8 p., 1904.

J. H. Pazos y Caballero, Del exterior e interior del Mosquito. Apuntes sobre la anatomia y morfologia. *Revista de medicina tropical*, in-8° de 12 p., nov. 1903.

J. Régnault, Toxines pyrétogènes dans le paludisme. *Revue de médecine*, XXIII, p. 729-737, 1903.

R. Ross, *Researches on malaria being the Nobel medical prize lecture for 1902*. Stockholm, in-8° de 89 p., 9 pl., 1904.

J.-W.-W. Stephens and S.-R. Christophers, Summary of researches ou native malaria and malarial prophylaxis; on blackwater fever : its nature and prophylaxis. *Thompson Yates and Johnston Laboratories Reports*, V, p. 221-233, 1903.

F.-V. Theobald, Notes on *Culicidae* and their larvae from Pecos, New Mexico, and description of a New *Grabhamia*. *The Canadian Entomologist*, XXXV, p. 311-316, 1903.

F.-V. Theobald, Description of a new North American *Culex*. *The Canadian Entomologist*, XXXV, p. 211-213, 1903.

L. Védy, La fièvre bilieuse hémoglobinurique dans le bassin du Congo. *Annales de la Soc. royale des sc. méd. et nat. de Bruxelles*, XIII, in-8° de 116 p., 1904.

Flagellés

J. Brault, Hypnosie. Maladie à Trypanosomes. *Annales de la Soc. de méd. de Gand*, p. 33, 1904.

E. Brumpt, La maladie désignée sous le nom d'Aino par les Somalis de l'Ogaden est une typanosomose probablement identique au Nagana de l'Afrique orientale. *C. R. de la Soc. de biologie*, LVI, p. 673-675, 1904.

E. Brumpt et Wurtz, Maladie du sommeil expérimentale chez les Souris, Rats, Cobayes, Lapins, Marmottes, Hérissons, Singes d'Asie et d'Afrique, Singes d'Amérique, Makis de Madagascar, Chien et Porc. *C. R. de la Soc. de biol.*, LVI, p. 567-574, 1904.

E. Brumpt et Wurtz, Essais de traitement de la maladie du sommeil expérimentale. *C. R. de la Soc. de biol.*, LVI, p. 756-758, 1904.

Günther und Weber, Ein Fall von Trypanosomenkrankheit beim Menschen. *Münchener med. Wochenschrift*, n° 24, in-8° de 12 p. 1904.

L. Léger, Sur la morphologie du *Trypanoplasma* des Vairons. *C. R. de l'Acad. des sc.*, in-4° de 3 p., 28 mars 1904.

S. Prowazek, Die Entwicklung von *Herpetomonas* einem mit den Trypanosomen verwandten Flagellaten. *Arbeiten aus dem kais. Gesundheitsamte*, XX, p. 440-452, 1904.

Infusoires

S. di Mauro, Sopra un nuovo Infusorio ciliato parassita dello *Strongylocentrotus lividus* e dello *Sphærechinus granularis* (*Anophrys echini* n. sp.). *Bollet. dell' Accad. Gioenia di sc. nat. in Catania*, in-8° de de 7 p., maggio 1904, fasc. 81.

Helminthologie en général

J.-Ch. Huber, *Bibliographie der klinischen Helminthologie*. Iena, 2. Auflage, 1. Heft, p. 1-34, 1903.

O. von Linstow, Entozoa des zoologischen Museums der kaiserlichen Akademie der Wissenschaften zu St. Petersburg. *Annuaire du Musée Zoologique de l'Acad. imp. des sc. de St. Pétersbourg*, VIII, in-8° de 30 p., pl. 17-18, 1903.

O. von Linstow, Neue Helminthen. *Centralblatt für Bakt., Orig.*, XXXV, p. 352-357, 1903.

G. Schneider, Ichthyologische Beiträge. III. Ueber die in den Fischen des Finnischen Meerbusens vorkommenden Endoparasiten. *Acta Societatis pro fauna et flora fennica*, in-8° de 87 p., Helsingfors, 1902.

H. B. Ward, Data for the determination of human Entozoa. *Studies from the Zool. Labor. of the Univ. of Nebraska*. n° 55, p. 49-84, pl. 10-11, 1903.

Cestodes

O. Fuhrmann, Evolution des Ténias et en particulier des Ichtyoténias. *Archives des sc. phys. et natur.*, (4), XVI, in-8° de 3 p., sept. 1903.

O. Fuhrmann, Die Tetrabothrien der Säugethiere. *Centralblatt für Bakt., Orig.*, XXXV, p. 744-752, 1904.

O. Fuhrmann, Ein getrenntgeschlechtiger Cestode. *Zoologische Jahrbücher, Systematik*, XX, p. 131-150, taf. 10, 1904.

O. Fuhrmann, Ein merkwürdiger getrenntgeschlechtiger Cestode. *Zoologischer Anzeiger*, XXII, p. 327-331, 1904.

O. Fuhrmann, Neue Anoplocephaliden der Vögel. *Zoologischer Anzeiger*, XXVII, p. 384-388, 1904.

C von Janicki, Weitere Angaben über *Triplotænia mirabilis* J.-E.-V. Boas. *Zoologischer Anzeiger*, XXVII, p. 243-245, 1904.

O. Köhl, *Tænia cucumerina* bei einem sechs Wochen alten Kinde. *Münchener med. Woch.*, in-folio, n° 4, 1904.

N. Kholodkovsky, Contributions à la connaissance des Ténias des Ruminants. *Archives de Parasitologie*, VI, p. 145-148, pl. 1, 1902.

F. Marchand, Ueber Gehirnzysticerken. Volkmann's *Sammlung klin. Vorträge*, (2), n° 371, p. 185-208, 1904.

P. Minazzini, Ricerche sul vario modo di fissazione delle Tenie alla parete intes- tinale e sul loro assorbimento. *Ricerche Lab. anat. Roma*, X, p. 5-24, tav. I-II, 1904.

Th. Odhner, *Urogonoporus armatus* Lühe, 1902, die reifen Proglottiden von *Trilocularia gracilis* Olsson 1869. *Archives de Parasitologie*, VIII, p. 465-471, 1904.

Th. Pintner, Studien über Tetrarhynchen nebst Beobachtungen an anderen Bandwürmern. — III. Zwei eigenthümliche Drüsensysteme bei *Rhynchobothrius adenoplusius* n. und histologische Notizen über *Anthocephalus, Amphilina* und *Tænia saginata. Sitzungsberichte der kais. Akad. der Wiss. in Wien, math.- nat. Klasse*, CXII, p. 541-597, pl. I-IV, 1903.

J. Vigener, Ueber dreikantige Bandwürmer aus der Familie der Tæniiden, *Jahrbücher der Nassauischen Vereins für Naturkunde*, LVI, p. 115-177, Wies- baden, 1903.

K. Wolffhügel, Ein interessantes Exemplar des Taubenbandwurmes *Bertia Delafondi* (Railliet). *Berliner tierarztliche Wochenschrift*, n° 3, in-8° de 8 p., 1904.

F. Zschokke. Die Cestoden der südamerikanischen Beuteltiere. *Zoologischer Anzeiger*, XXVII, p. 290-293, 1904.

F. Zschokke. Die Darmcestoden der amerikanischen Beuteltiere. *Centralblatt für Bakteriologie, Originale*, XXXVI, p. 51-62, 1 taf., 1904.

Trématodes

L. Boutan, Les perles fines, leur origine réelle. *Archives de zool. expérim. et génér.*, (4), II, p. 47-90, pl. 3, 1904.

L. Cohn. Zwei neue Distomen. *Centralblatt für Bakteriologie, Originale*, XXXII, p. 877-882, 1902.

L. Cohn, Mittheilungen über Trematoden. *Zoologischer Anzeiger*, XXV, p. 712- 718, 1902.

L. Cohn, Zur Kenntnis einiger Trematoden. *Centralblatt für Bakteriologie, Originale*, XXXIV, p. 35-42, 1903.

L. Cohn. Zur Anatomie der *Amphilina foliacea* (Rud.). *Zeitschrift fur wiss. Zoologie*, LXXVI, p. 367-387, pl. 23, 1904.

F. Fischoeder, Weitere Mitteilungen über Paramphistomiden der Säugetiere. *Centralblatt für Bakteriol., Orig.*, XXXV, p. 598-604, 1904.

M. Stossich. Una nuova specie del genere *Plagiorchis* Lühe. *Annuario del Museo Zoologico della R. Univ. di Napoli*, (2), I, n° 16, in-8° de 2 p., 1 pl., 11 febbraio 1904.

M Stossich, Note distomologiche. *Bollettino delle Soc. Adriatica di sc. nat.* XXI, p. 193-201, 1903.

H.-B. Ward, Trematoda. *Wood's Reference Handbook of the medical sciences*, VII, p. 860-873, 1903.

Nématodes

E. П. Доловинъ, О фагоцитарныхъ клѣткахъ *Heterakis perspi- cillum* Rud. Члены Записки Пмператорскаго Казанскаго Чнивер- ситета, n° 12, in 8° de 14 p., 1903.

E. Brumpt, La *Filaria loa*, Guyot, est la forme adulte de la Microfilaire désignée sous le nom de *Filaria diurna* Manson. *C. R. de la Soc. de biol.*, LVI, p. 630-632, 1904.

E. Brumpt, Les filarioses humaines en Afrique. *C. R. de la Soc. de biol.*, LVI, p. 758-760, 1904.

G. Canet, *De l'éléphantiasis de la verge et du scrotum.* Thèse de Paris, in-8° de 71 p., 1904.

E. Haveu, *L'ankylostomasie dans les mines de houille de Belgique.* Bruxelles, in-8° de 16 p., 3 mai 1904.

. O. von Linstow, Nematoda in the collection of the Colombo Museum. *Spolia Zeylanica*, Ceylow, I, part 4, in-8° de 14 p., 2 pl., 1904.

A. Manouvriez, *De l'anémie des mineurs dite d'Anzin. Etudes d'hygiene industrielle sur la houille et ses dérivés.* Valenciennes, in-8° de 247 p., 1878.

A. Manouvriez, *De l'anémie ankylostomiasique des mineurs.* Paris-Valenciennes, in-8° de 27 p., 1904.

H. Metcalf, Cultural Studies of a Nematode associated with plant decay. *Studies from the Zool. Labor. of the Univ. of Nebraska*, n° 54, p. 35-48, pl. 7, 1903.

G. Pieri, Nuove ricerche sul modo in cui avviene l'infezione da *Anchylostoma. Rendiconti della R. Accademia dei Lincei*, (2), XII, p 393-397, 1903.

A. Testi, Contribuzione allo studio dell' anguillulosi intestinale. *Rivista critica di clinica medica*, V, n°° 6-8; in-8° de 28 p., 1904.

Ch. T. Stambolski, Du Ver de Médine (*Filaria medinensis*). Sophia, in-8° de 29 p., 1896.

M Stossich, Sopra alcuni Nematodi. *Annuario del Museo zoologico della R. Univ. di Napoli*, (2), I, p. 1-5, tav. 1, n° 15, 2 febb. 1904.

Arachnides

L. G. Neumann, Notes sur les Ixodidés. II. *Archives de Parasitologie*, VIII, p. 444-464, 1904.

M. J. Rivera, *Nuevas observaciones acerca de la biolojia del* Latrodectus formidabilis. Santiago, in-8° de 22 p., 1903.

Insectes

E. Brumpt, Sur une nouvelle espèce de Mouche Tsé-tsé, la *Glossina Decorsei*, n. sp., provenant de l'Afrique centrale. *C R. de la Soc. de biologie*, LVI, p. 628-630, 1904.

E. Brumpt, Du rôle des Mouches Tsé-Tsé en pathologie exotique. *Comptes-rendus des séances de la Société de Biologie*, LV, p. 1496-1498, 1903.

N. Cholodkovsky, Zur Morphologie der Pediculiden. *Zoologischer Anzeiger*, XXVII, p. 120-125, 1903.

L. Dyé, De la récolte des Moustiques. *Bulletin du Comité de l'Afrique française*, XIII, suppl., p. 304-307, 1903.

L. Dyé, Sur la répartition des *Anophelinae* à Madagascar. *C. R. de la Soc. de biol.*, LVI, p. 544-545, 1904.

E. A. Goeldi, Os Mosquitos na Pará. Resumo provisorio dos resultados da campanha de experiencias executadas em 1903, especialmente em relação as especies *Stegomyia fasciata* e *Culex fatigans* sob o ponto de vista sanitario. *Boletim do Museu Goeldi*, IV, fasc. 2, in-8° de 69 p., 1904.

J. Lee Adams, Tropical cutaneous myiasis in Man. *Journal of the american med. Association*, in-8° de 7 p., Chicago, april 9, 1904.

O. von Linstow, Durch *Anopheles* verbreitete endemische Krankheiten. *Klinisch-therap. Wochenschrift*, n° 50, in-8° de 14 p., 1903.

A.-E. Shipley, The orders of Insects. *Zoologischer Anzeiger*, XXVII, p. 259-262, 1904.

Ю. Вагнеръ, Замѣтка о видахъ бгохъ бшзкихъ къ *Pulex pallidus* Tasch. (*Aphaniptera*). *Revue russe d'entomologie*, p. 308-310, 19З3.

Ю. Вагнеръ, Замѣтка о родѣ *Vermipsylla* Schimk. u о сет. *Vermipsylla* Wagn. (*Aphaniptera*). *Revue russe d'entomologie*, p. 294-296, 1903.

H. B. Ward, On the development of *Dermatobia hominis*. *Mark Anniversary Volume*, article XXV, p. 485-512, pl. 35-36, 1903.

H. B. Ward, Some points in the development of *Dermatobia hominis*. *Studies from the Zool. Labor. of the Univ. of Nebraska*, n° 58, p. 1-10, 1903.

Bactériologie

S. Arloing, La tuberculose humaine et celle des animaux domestiques sont-elles dues à la même espèce microbienne : le Bacille de Koch ? *Congrès d'hyg. et de démographie*, 1ʳᵉ sect., 3ᵉ quest., in-8° de 23 p., 1903.

P. F. Armand-Delille, *Rôle des poisons du Bacille de Koch dans la méningite tuberculeuse et la tuberculose des centres nerveux (Etude expérimentale et anatomo-pathologique)*. Paris, in-8° de 187 p., 3 pl., 1903.

L. Babonneix, *Nouvelles recherches sur les paralysies diphtériques*. Thèse de Paris, in-8° de 215 p., 1904.

Belfanti, Mode d'action et origine des substances actives des sérums préventifs et des sérums antitoxiques. *13ᵉ Congrès internat. d'hygiene et de démographie*, 1ʳᵉ section, in-8° de 10 p., 1903.

F. Bezançon et A. Philibert, Formes extra-intestinales de l'infection éberthienne. *Journal de physiol. et de pathol. gén.*, p. 74-89, 99-114, 1904.

A. Bergeron, *Etude critique sur la présence du Bacille de Koch dans le sang*. Thèse de Paris, in-8° de 97 p., 1904.

Hj. Bergholm, Ueber Mikroorganismen des Vaginal-secretes Schwangerer. *Archiv für Gynäkologie*, LXVI, in-8° de 93 p., taf. 7 a-7 b, Berlin, 1902.

D. de Blasi, Studio comparativo di alcuni stipiti di *B. dysentericum*. *Annali d'igiene sperimentale*, in-8° de 27 p., n° 1, 1904.

J. Brault, La fièvre ondulante à Alger. *Archives générales de médecine*, p. 2881-2891, 1903.

J. Brault, Quelques réflexions sur certains traitements actuellement usités dans la lèpre. *Annales de dermatologie et de syphil.*, p. 811-816, 1903.

E. Brumpt, La peste du Cheval en Abyssinie. *C. R. de la Soc. de biol.*, LVI, p. 675-677, 1904.

Compte-rendu du 13ᵉ Congrès internat. d'hygiene et de démographie. *Compte-rendu du Congres*, II : *Bactériologie*. Bruxelles, in-8° de 124 p., 1903.

A. Charrin et G. Delamare, Les défenses de l'organisme chez les nouveau-nés. *C. R. Acad. des sc.*, in-4° de 4 p., 30 mars 1903.

G. Chénier, *La question d'identité de nature de la morve et du farcin chez le Cheval et chez l'Homme*. Paris, in-8° de 15 p., 1886. 2 brochures.

J. Courmont et L. Lacomme, La caféine en bactériologie. Essai de différenciation du B. d'Eberth et du *B. coli*. Isolement des Streptocoques intestinaux. *Journal de physiol. et de path. gén.*, p. 286-294, 1904.

Ehrlich, Quelles sont les meilleures méthodes pour mesurer l'activité des sérums? *13ᵉ Congres internat. d'hyg. et de dém.*, 1ʳᵉ section, in-8° de 8 p., 1903.

Ed.-E. Escomel, Les amygdales palatines et la luette chez les tuberculeux. *Revue de médecine*, p. 459-471, 1903.

F.-R. Franco, *Contribution à l'étude du typhus exanthématique. Notes sur quelques cas observés à Tunis*. Thèse de Paris, in-8° de 83 p., 1903.

Ed. Frank, La prophylaxie sanitaire de la peste et les modifications à apporter aux règlements quarantenaires. *13e Congres internat. d'hyg. et de démog., 6ee section*, in-8e de 25 p., 1903.

M. Gruber, Mode d'action et origine des substances actives des sérums préventifs et des sérums antitoxiques. *13e Congres internat. d'hyg. et de dém., 1re section*, in-8e de 25 p., 1903.

L. Lacomme, Les microbes de Winogradsky. Recherche des microbes de Winogradsky dans un cas d'ostéomalacie sénile. *Bull. de la Soc. méd. des hôp. de Lyon*, in-8e de 18 p., 31 juillet 1903.

L. Lacomme, Les milieux caféinés en bactériologie. Différenciation du Bacille d'Eberth et du Colibacille. *Bull. de la Soc. méd. des hôp. de Lyon*, in-8e de 56 p., 8 décembre 1903.

E. Le Berre, *Contribution à l'étude de la botryomycose*. Thèse de Paris, in-8e de 116 p., 1904.

H. Legrand, Contribution à l'étude du problème de la défense de l'Egypte contre le choléra et réflexions sur la prophylaxie sanitaire de la peste. *13e Congres d'hygiene et de démographie*, Bruxelles, in-8e de 16 p., 1903.

L. Legnoux, La botryomycose. *Anatomie pathologique. Clinique. Pathogénie*. Thèse de Paris, in-8e de 91 p., 1 pl., 1904.

A. Lippmann, Le *microbisme biliaire normal et pathologique*. Thèse de Paris, in-8e de 172 p., 1904.

Loeffler, De la valeur du sérum antidiphtérique au point de vue de la prophylaxie. *13e Congres internat. d'hyg. et de dém., 1re section*, in-8e de 35 p., 1903.

M. Lortet, *La peste. A propos du dernier foyer déclaré à Marseille*. In-8e de 4 p., 1903.

H. Martel, Note relative à l'existence de la péripneumonie chronique dans le centre de la France. *Bull. de la Soc. centrale de méd. vétérinaire*, in-8e de 11 p., 27 mars 1902.

H. Martel, La sérothérapie de la claveléc. *Revue gén. de méd. vétérinaire*, p. 609-617, 1903.

H. Martel, *Recherches expérimentales sur la variabilité du Bacillus anthracis*. Paris, in-8e de 85 p., 1903.

L.-A. Noël, *La lepre. Douze années de pratique à l'hospice des lépreux de La Désirade (Guadeloupe)*. Thèse de Paris, in-8e de 58 p., 1903.

M. d'Oelsnitz, *La leucocytose dans la tuberculose et spécialement dans plusieurs formes de tuberculose infantile*. Thèse de Paris, in-8e de 111 p., 1903.

Ch. Pelloux, *Etude sur la diazo-réaction d'Ehrlich dans ses rapports avec la tuberculose et en particulier avec la tuberculose pulmonaire*. Thèse de Paris, in 8e de 122 p., 1904.

J. Perquis, *Contribution à l'étude de la présence du Bacille d'Eberth dans le sang des typhiques (Recherche par le procédé de Castellani modifié)*. Thèse de Paris, in-8e de 80 p., 1904.

G. J. Plateau, *Recherches historiques et topographiques sur la lepre en Bretagne et sur ses rapports avec le syndrôme de Morvan*. Thèse de Paris, in-8e de 83 p., 1904.

Kl. Rochette, *Contribution à l'étude de la leucocytose comme moyen de diagnostic dans les affections gynécologiques*. Thèse de Paris, in-8e de 66 p., 1904.

E. Salmon, Immunization from Hog cholera. *Bureau of animal industry, circular n° 43*, in-8e de 3 p., feb. 12 th, 1904.

D. E. Salmon, Reports on bovine tuberculosis and public health. *Bureau of animal industry, Bulletin n° 55*, in-8e de 53 p., Washington, 1904.

Suarez de Mendozá, De la sérothérapic préventivo do la diphtérie. *Archives de méd. et de chir. spéciales*, in-8° de 40 p., 1902-1903.

P. Trastour, L'*Entérocoque, agent pathogene*. Thèse de Paris, in-8° de 239 p., 1904.

H. Triau, *Les Rats sont-ils toujours l'agent propagateur de la peste*. Thèse de Paris, in-8° de 60 p., 1904.

G. Trouvé, *Etude historique et statistique sur les preuves anatomo-pathologiques de la guérison de la tuberculose pleuro-pulmonaire*. Paris, in-8° de 164 p., 1903.

P. Vuillemin, Recherches des organismes étrangers dans l'urine. *Revue médicale de l'Est*, in-8° de 11 p., 1903.

P. G. Woolley, Report on some pulmonary lesions produced by the *Bacillus* of hemorrhagic septicæmia of Carabaos. *Biological Laboratory*, Manila, in-8° de 11 p., 1904.

Zambaco Pacha, La contagion do la lèpre en l'état de la Science. *Revue médico-pharmaceutique*, in-8° de 94 p., 1904.

Mycologie

Angel et Thiry, Une observation d'actinomycose humaine avec étude bactériologique. *Revue médicale de l'Est*, in-8° de 14 p., 1898.

E. Bodin et P. Savouré, Recherches expérimentales sur les mycoses·internes. *Archives de Parasitologie*, VIII, p. 110-136, 1904.

H. Charpy, *Contribution à l'étude de la langue noire*. Thèse de Paris, in-8° de 88 p., 1898.

S. Fabozzi, Azione dei Blastomiceti sull' epitelio trapiantato nelle lamine corneali. Contribuzione sperimentale all'etiologia e patogenesi dei tumori. *Archives de Parasitologie*, VIII, p. 481-539, tav. 3, 1904.

V.-P.-H. Jensen, Ueber die Entwickelung der durch subcutane Einimpfung von *Saccharomyces neoformans* (Sanfelice) hervorgerufenen Knötchen. *Zeitschrift für Hygiene*, XLV, p. 298 308, pl. IV, 1903.

V.-P.-H. Jensen, *Undersøgelser over patogen gær*. København, in-8° de 126 p., 3 pl., 1903.

P. Lesage, Contribution à l'étude des mycoses dans les voies respiratoires. Rôle du régime hygrométrique dans la genèse do ces mycoses. *Archives de Parasitologie*, VIII, p. 353-443, 1904.

M. Letulle, Actinomycose de l'appendice vermiforme du cæcum. *Revue de gynécologie*, p. 627-660, 2 fig. et 2 pl., 1903.

P. Vuillemin, Recherches morphologiques et morphogéniques sur la membrane des zygospores. *Bulletin de la Soc. des sc. de Nancy*, in-8° de 32 p., 4 pl., 1904.

Le *Gérant*, F. R. de Rudeval.

PROPHYLAXIE DE LA FIÈVRE JAUNE

PAR

Le Dr L.-A. VINCENT

Médecin Inspecteur des troupes coloniales
Correspondant de l'Académie de médecine (1).

Les graves épidémies de fièvre jaune qui ont sévi au Sénégal en 1900, à la Guyane en 1902, à la Côte d'Ivoire en 1902 et en 1903 nous imposent impérieusement l'observation attentive de toutes les règles nouvelles de prophylaxie et de défense contre cette maladie, afin d'éviter le retour de désastreuses épidémies dans nos colonies d'Amérique et de la Côte Occidentale d'Afrique.

Les nouvelles données que nous possédons sur l'étiologie et la transmission de la fièvre jaune ont modifié de fond en comble et assis sur des bases sérieuses et véritablement scientifiques, les règles de cette prophylaxie qui peuvent être aujourd'hui méthodiquement tracées et qui offrent des garanties indéniables d'efficacité, si elles sont sérieusement appliquées.

Il résulte en effet des importants travaux de la Commission américaine envoyée à Cuba en 1900, après la guerre hispano-américaine et dont les conclusions concordent parfaitement avec les observations de la Mission française envoyée à Rio, et celle de la Commission anglaise de Santos, que les points suivants sont définitivement acquis:

1° Le sérum d'un malade atteint de fièvre jaune n'est virulent que pendant *les trois premiers jours* de la maladie et au quatrième jour de la maladie, le sang de l'amarilique ne contient plus de virus, même quand la fièvre est élevée.

2° La transmission de la maladie à l'homme se fait par l'intermédiaire exclusif d'un Moustique, le *Stegomyia calopus.*

Cette opinion avait été soutenue par Carlos J. Finlay dès 1881, et, dans un mémoire présenté au Congrès de Washington et qu'il nous communiquait à la Havane, lors de l'un de nos séjours en 1888, il disait nettement : « *el Culex mosquito es el agente necessario que*

(1) Le Dr L. A. VINCENT est décédé le 27 mai 1904.

transmite la fiebre amarilla ». Reed. Caroll et Agramonte ont surabondamment démontré la véracité de cette opinion de la transmissibilité de la fièvre jaune par le Moustique *Stegomyia*.

3° Pour pouvoir déterminer la maladie chez l'Homme, le Moustique doit s'être infecté au préalable en absorbant du sang d'un
malade atteint de fièvre jaune, pendant les *trois* premiers jours de
la maladie.

4° Le Moustique infecté n'est dangereux qu'après un intervalle
d'au moins *12 jours écoulés* depuis qu'il a ingéré du sang virulent.
Ce cycle de 12 jours paraît nécessaire à l'évolution que doit parcourir l'agent pathogène amaril dans le corps du Moustique. Le
Moustique est d'autant plus dangereux qu'il pique plus tard après
le moment où il s'est infecté.

5° La piqûre de deux Moustiques infectés donne en général une
fièvre jaune très grave.

6° Dans la région de Rio-de-Janeiro, pas plus qu'à Santos et à
Cuba, aucun autre Culicide que le *Stegomyia calopus* ne concourt
à la transmission de la fièvre jaune.

7° La fièvre jaune ne peut se propager et affecter un caractère
contagieux que dans les localités qui possèdent le *Stegomyia*.

8° En dehors de la piqûre du *Stegomyia* infecté, le seul moyen
connu de déterminer la maladie est l'injection, dans les tissus
d'un individu sensible, de sang provenant d'un malade atteint
de fièvre jaune et recueilli pendant les *trois* premiers jours de la
maladie.

9° La période d'incubation de la fièvre jaune est en général de
4 à 5 jours, mais, dans certains cas, cette période peut se prolonger jusqu'à *13 jours*.

10° Le contact avec un malade, sa literie, ses vêtements ou ses
excrétions est incapable de donner la fièvre jaune.

On comprend combien ces données sont précieuses pour la
prophylaxie de la maladie puisqu'on sait désormais que pour que
la fièvre jaune se produise dans un pays et s'y propage, il faut
qu'il y existe des *Stegomyia*, des malades en état de fièvre amarile
n'ayant pas dépassé les trois premiers jours de la période d'invasion, et des sujets réceptifs.

La prophylaxie se résumera donc, dans la destruction des *Stegomyia* et de leurs larves, dans l'isolement des malades et leur pro-

tection contre les piqûres de ces Culicides, afin d'empêcher que ces Moustiques une fois infectés ne puissent ultérieurement contaminer des individus sains.

Les *Stegomyia* sont très répandus à la surface du globe, et bien que nous ne connaissions pas encore d'une manière complète leur répartition géographique, nous savons déjà actuellement, d'après les enquêtes effectuées, qu'ils pullulent aux Antilles, au Mexique, au Brésil, à la Guyane. Ils existent aussi au Sénégal, au Soudan, à la Côte d'Ivoire (1). On en trouve aussi dans les régions tempérées, en Italie, en Espagne, en Portugal et dans d'autres pays de l'Europe (2). Laveran a, en outre, constaté la présence des *Stegomyia* dans des échantillons de Culicides qui m'avaient été envoyés de Thanh-hoa (Annam) (3); ce qui prouve l'existence des *Stegomyia* dans l'Asie Orientale : fait important à retenir, en raison des relations toujours croissantes et de plus en plus rapides entre les ports de l'Extrême-Orient et ceux du Nouveau Continent, et du prochain percement de l'isthme qui sépare les deux Amériques qui facilitera encore ces relations.

Pour tracer les règles d'une prophylaxie méthodique contre la fièvre jaune, nous ne croyons pas pouvoir mieux faire que d'exposer ce qui a été entrepris à Cuba. Les résultats obtenus nous fixeront complètement sur l'efficacité des mesures prophylactiques à édicter.

Au lendemain de la guerre hispano américaine, la situation des grandes villes de l'île de Cuba, (Santiago de Cuba et la Havane) était telle que nous l'avions observée nous-même, au cours de nos différents voyages, dans les grandes Antilles et de notre dernier séjour à la Havane en 1888.

La ville de Santiago de Cuba, dans la partie orientale de l'île, est située sur les bords d'une rade magnifique, accessible aux plus grands navires; une partie de la baie est entourée de terres basses, couvertes de Palétuviers.

Santiago, place importante de commerce, possède une population de 45.000 habitants dont 10.000 blancs et 35.000 noirs; elle est

(1) Léon DYÉ, *Les Moustiques et la fièvre jaune*. Paris, 1903.
(2) R. BLANCHARD, *Les Moustiques, Histoire naturelle et médicale* (sous presse).
(3) A. LAVERAN, *Société de Biologie*, 29 novembre 1902; *Académie des sciences,* 6 avril 1903.

divisée en deux parties: la ville haute avec quelques jolis quartiers et de belles résidences : la ville basse ou « la marina », où se trouvent les entrepôts, les magasins et une foule de rues étroites et tortueuses, fort mal entretenues. L'hygiène urbaine y était des plus défectueuses, l'eau potable, en quantité insuffisante, était de mauvaise qualité, le paludisme, la dysenterie, l'hépatite y sévissaient avec intensité, et la fièvre jaune y faisait, chaque année, d'avril à octobre, de nombreuses victimes. Pendant le long et terrible siège subi par cette place, le nombre des décès a été considérable, aussi bien parmi les assiégés que parmi les assiégeants.

Après la guerre, le général Léonard Wood, de l'armée des États-Unis fut nommé Gouverneur de la ville, *avec pleins pouvoirs*. Léonard Wood, ancien médecin militaire et l'un des plus brillants élèves de l'Université d'Harvard, profitant des enseignements et des découvertes de Reed, Caroll et Agramonte relativement à la fièvre jaune, entreprit l'assainissement de Santiago et ordonna une série de mesures et de travaux analogues à ceux qu'il lit effectuer ensuite à la Havane et dont nous parlerons à propos de cette ville. La situation est aujourd'hui excellente, et la fièvre jaune n'y sévit plus.

La Havane, grande ville de 260.000 habitants, aujourd'hui capitale de la République cubaine, présentait autrefois, sous la domination espagnole, les plus déplorables conditions, au point de vue de l'hygiène (1). Les services de voirie n'existaient pour ainsi dire pas; les rues étaient jonchées d'immondices et de détritus de toutes sortes, sauf dans quelques beaux quartiers; ces rues défoncées, boueuses ou poussiéreuses, suivant la saison, avaient un aspect des plus lamentables, indigne d'une ville de cette importance. La distribution de l'eau était insuffisante et dans les quartiers habités par les ouvriers des manufactures, l'encombrement était énorme et les conditions hygiéniques déplorables.

Le paludisme, la dysenterie y faisaient, chaque année de nombreuses victimes et la fièvre jaune y causait annuellement de 450 à 500 décès en moyenne.

Le tableau ci-dessous indique la mortalité amarile par an, pour la période comprise entre 1890 et 1901.

---

(1) L. VINCENT, *Contribution à la géographie médicale des Antilles*. Paris, 1889.

Mois	1890	1891	1892	1893	1894	1895	1896	1897	1898	1899	1900	1901
Janvier	10	10	15	15	7	15	10	69	7	1	8	7
Février	4	3	10	6	4	4	7	24	1	»	9	5
Mars	4	4	1	4	2	2	3	30	2	1	4	1
Avril	13	5	8	8	4	6	14	71	1	2	»	»
Mai	23	7	7	23	16	10	27	88	4	»	2	»
Juin	38	41	13	69	31	16	46	174	3	1	8	»
Juillet	67	66	27	118	77	88	116	168	16	2	30	1
Août	60	66	67	100	73	120	262	102	16	13	49	2
Septembre . . .	33	65	70	68	76	135	166	56	34	18	52	2
Octobre	32	48	54	46	40	102	240	42	26	25	74	»
Novembre . . .	15	24	52	28	23	35	244	26	13	18	54	»
Décembre . . .	9	17	33	11	29	20	147	8	13	22	20	»
Total . . .	308	356	357	496	382	353	1282	858	136	103	310	18

En 1900, le brigadier Général Léonard Wood fut appelé au poste de Gouverneur général de la Havane ; son premier soin fut de s'occuper de l'assainissement général de la ville, et, sous sa haute direction et son active impulsion, le Dr Gorgas, médecin en chef de l'armée américaine, homme instruit, très modeste et doué d'un sens pratique très remarquable, étudia avec les médecins cubains, Finlay et Guiteras, les moyens à mettre en œuvre pour arriver à obtenir cet assainissement. On procéda à la réfection des égouts et des canalisations, à la mise en état des rues, à la visite minutieuse de toutes les maisons habitées par la population ouvrière qui est considérable, à l'examen de toutes leurs dépendances (cours, puits, etc.) ; on fit établir des cabinets d'aisance, avec chasses à l'égout dans celles qui n'en avaient pas, et elles étaient nombreuses. On édicta des règlements sévères de voirie concernant la propreté des rues, l'enlèvement des immondices, des gadoues et des détritus de toutes sortes et leur destruction par incinération ; l'épuration des eaux d'égout, avant leur écoulement à la mer, etc., etc. On étudia aussi les moyens qui pouvaient être employés pour diminuer l'encombrement dans les logements occupés par les ouvriers, ainsi que les mesures à prescrire pour améliorer l'hygiène des usines, des manufactures et autres établissements industriels.

On se préoccupa en même temps d'organiser une lutte acharnée et systématique contre les Moustiques. On créa, dans ce but, deux brigades d'agents sanitaires, l'une chargée de la destruction des Moustiques vecteurs du paludisme *(Anopheles brigade)*, l'autre de la lutte contre les *Stegomyia (Stegomyia brigade)*.

Ces agents avaient pour mission, les premiers de nettoyer et de reconstruire les fossés en mauvais état où s'accumulaient et stagnaient les eaux pluviales et de détruire par le pétrole les larves pouvant exister dans tous les bassins et pièces d'eau.

Les seconds étaient plus particulièrement chargés de la visite intérieure des maisons et de veiller à ce que l'on ne conservât pas d'eau, dans aucun récipient ou ustensile domestique, sans que ces récipients fussent munis d'une fermeture hermétique. Ils procédaient aussi à la destruction des *Stegomyia*, dans l'intérieur des maisons, au moyen de diverses substances insecticides : formol, pétrole, poudre de pyrèthre. La poudre de pyrèthre en fumigations est le moyen le plus efficace pour étourdir les Moustiques et les faire tomber à terre; il n'y a plus ensuite qu'à les balayer.

Les agents sanitaires devaient signaler à l'administration toutes les infractions qu'il relevaient; les délinquants étaient punis d'une amende, pour la première infraction, et en cas de récidive, ils étaient passibles en outre, de prison, de bastonnade, ou de travaux obligatoires de voirie.

Ces mesures étaient fort rigoureuses, on le voit, mais il était nécessaire de les édicter et de les mettre en pratique, si on voulait arriver à un résultat, et il eut été peut-être impossible de modifier autrement les habitudes d'une population indolente et insouciante, telle que la population havanaise. Elle s'est d'ailleurs rapidement soumise aux règlements sanitaires comprenant toute l'utilité et l'importance de leur application et les infractions signalées sont devenues, de jour en jour, de moins en moins nombreuses.

Les résultats obtenus ont été excellents et ont dépassé toutes les espérances : on ne saurait trop le proclamer.

La mise en œuvre des mesures prophylactiques a commencé le *27 mars 1901, à la Havane*; en janvier et février il y avait eu 12 décès de fièvre jaune, 1 décès en mars, et il se produisit encore 5 décès dans les mois de juillet, août et septembre : total *18 décès* pour l'année 1901.

Depuis le mois d'octobre 1901, aucun décès de fièvre jaune ne s'est produit dans la ville de la Havane, ni en 1902, ni dans tout le courant de l'année 1903. Telle est encore la situation à l'heure actuelle, et dans son message aux Chambres cubaines, le Président de la Nouvelle République, déclare à la date du *4 avril 1904*, « qu'il n'y a pas eu à Cuba, depuis 1901, un seul cas de fièvre jaune non importé, qu'il tient à faire connaître au pays cette excellente situation sanitaire dont il est redevable à l'excellence des mesures de prophylaxie et à la vigilance des autorités sanitaires. La mortalité générale a été, en 1903, de 20, 82 0/00, pour la ville de la Havane, chiffre inférieur à celui de toutes les années précédentes depuis 1820, et de 15 0/00, pour toute l'île. »

Mais le grand port de la Havane, en raison du mouvement incessant dont il est le siège et de ses relations constantes et pour ainsi dire quotidiennes avec les ports du golfe du Mexique, toujours très suspects, se trouve sans cesse exposé à être contaminé par les provenances extérieures. L'administration sanitaire, à la tête de laquelle se trouve placé le Dr Carlos Finlay, doit exercer la surveillance la plus attentive sur ces provenances, et examiner avec un soin tout particulier les équipages et les passagers des navires arrivant sur rade et provenant de ces pays. En 1902, 7 cas de fièvre jaune ont été ainsi constatés à bord de navires mouillant sur rade ; 10 cas en 1903. De ces 17 malades, 15 provenaient des ports du Mexique, (Vera-Cruz, Progresso, Tampico) ; 2 de la côte du Venezuela.

Les navires ont été soumis à une désinfection complète, leur équipage a été mis en observation et les malades, débarqués avec toutes les précautions possibles en vue d'empêcher toute contamination, ont été transportés à l'hôpital spécial de *las Animas* et placés dans des pavillons d'isolement, à l'abri de la piqûre des *Stegomyia* qui, une fois infectés, iraient propager la maladie. La fièvre jaune a par ailleurs, évolué chez ces différents malades, mais tous ces cas se sont éteints sur place : aucun n'a formé de foyer. C'est une nouvelle preuve de l'importance de l'isolement des malades atteints de fièvre jaune, point sur lequel nous avons toujours insisté et dont il serait superflu de démontrer la nécessité (1).

(1) L. VINCENT et SALANOUE-IPIN, La fièvre jaune, son étiologie et sa prophylaxie. *Revue d'hygiène*, juin 1903.

Pour le débarquement des malades provenant des navires arrivant sur rade de la Havane, le service sanitaire a dû organiser un service spécial de transport, afin d'éviter toute éventualité de contagion, pendant le trajet. Une chaloupe à vapeur, possédant une chambre d'isolement dont toutes les ouvertures sont garnies de toiles métalliques, conduit les malades à terre. Une voiture d'ambulance les attend au débarcadère, et, dans cette voiture, les malades couchés dans des cadres, sont protégés contre la piqûre des *Stegomyia*, par une grande et fine moustiquaire suspendue au plafond de la voiture; à l'arrivée à l'hôpital, on décroche la moustiquaire et elle enveloppe complètement le cadre et le malade, jusqu'à l'admission de ce dernier dans la salle qu'il doit occuper. Depuis que fonctionne ce service de transport, aucun incident ne s'est produit et on n'a eu à déplorer, de ce chef, aucun cas de contamination.

L'hôpital spécial de *las Animas* est situé en dehors de la Ville de la Havane, dans un immense parc et à une distance assez éloignée de toute habitation.

Il comprend une série de constructions indépendantes et isolées les unes des autres.

Un grand pavillon est destiné aux maladies contagieuses : variole, scarlatine, rougeole, diphtérie, affections morvo-farcineuses, etc ; ce pavillon peut recevoir 35 malades.

Un second pavillon, spécialement affecté à la fièvre jaune, comprend une salle centrale de 8 lits, quatre salles de 4 lits, une petite salle de 2 lits et un pavillon annexe permet encore de disposer de 12 autres lits. *Total : 38 lits.*

Toutes les ouvertures de ces pavillons destinés aux malades amarils, fenêtres, portes doubles et munies de tambours, chapiteaux, bouches et ventouses d'aération etc, sont garnies d'un fin treillis métallique à mailles *de 1ᵐᵐ à 1ᵐᵐ,5 de largeur*. Les toiles métalliques *en fil de fer galvanisé* avaient été employées au début, mais elles se détérioraient rapidement sous l'action du climat et on a dû les abandonner. On les a remplacées par des treillis *en fil de laiton fin*, d'un prix plus élevé, mais d'une meilleure conservation.

Tous les parquets des pavillons sont carrelés ou cimentés; les murs intérieurs des salles sont badigeonnés à la chaux, et leur blanchiment se renouvelle fréquemment.

Les lits ne sont pas garnis de moustiquaires, les toiles métalliques étant un moyen suffisant de protection contre l'entrée des Moustiques.

On a objecté que les toiles métalliques s'opposaient à la pénétration de l'air extérieur et nuisaient à la bonne aération des salles. L'accès de l'air se fait librement à travers les mailles, l'expérience le démontre : la vitesse du courant est diminuée notablement, mais sans aucun préjudice pour l'aération.

L'hôpital de *las Animas* dont nous donnons ailleurs (1) une description complète, d'après les documents et les plans que nous devons à l'obligeance de notre éminent ami le Dr Finlay, peut servir de modèle, pour tous les *hôpitaux d'isolement* que l'on voudrait établir dans les colonies exposées à la fièvre jaune, en vue de parer à toute éventualité.

Tel est l'exposé de toutes les mesures de prophylaxie amarile instituées à Cuba; elles font le plus grand honneur à ceux qui les ont conçues et à tous ceux aussi qui ont contribué à leur exécution. Les résultats obtenus ont démontré, de la façon la plus évidente, leur utilité et leur efficacité. Elles devront servir de guide, dans leurs principes essentiels, dans tous les pays de la zone intertropicale où l'on a à redouter l'invasion de la fièvre jaune. Elles se résument dans la lutte contre les Moustiques et dans l'isolement effectif des malades.

Nous sommes heureux de savoir que, dans notre colonie de la Côte d'Ivoire, qui a été si éprouvée par la fièvre jaune en 1902 et en 1903, on construit à Grand Bassam des baraquements avec ouvertures munies de toiles métalliques, pour l'isolement des malades, on comble les marigots qui avoisinent le poste, on détruit les *Stegomyia* si abondants dans la région, et on procède à de très importants travaux d'assainissement.

Au Sénégal, sous la haute impulsion de l'éminent gouverneur général de l'Afrique Occidentale française, M. Roume, on a également entrepris une campagne sanitaire des plus sérieuses; Le Dr Le Moal, médecin-major des troupes coloniales, est spécialement chargé de cette mission d'assainissement, et de la mise en état de

(1) L. VINCENT, l'hôpital de « Las Animas » à la Havane. Hôpital spécial pour les maladies contagieuses et la fièvre jaune. *Archives de Parasitologie*, VIII, p. 543 547, 1904.

défense de notre empire colonial africain contre le paludisme et la
fièvre jaune. Nous souhaitons bien vivement que les résultats
soient aussi consolants que ceux que nous avons constatés à Cuba,
tout en ne nous dissimulant pas toutes les difficultés d'une œuvre
aussi gigantesque, en raison des conditions climatériques et topographiques, de l'indifférence des indigènes et de leur mépris de
tout ce qui touche à l'hygiène.

Les questions sanitaires ont cependant une importance de
premier ordre pour l'avenir de nos colonies, et, en ce qui concerne
particulièrement la fièvre jaune, objet de ce rapport, c'est par leur
étude et par l'application des mesures de prophylaxie que l'on
pourra, sans aucun doute, éviter le retour périodique et hélas trop
fréquent de ces terribles épidémies qui jettent la désolation dans
tout le pays, occasionnent des pertes sérieuses dans tous les milieux,
entravent le fonctionnement régulier de tous les services et de
toutes les administrations et produisent un trouble profond et
prolongé dans l'essor commercial et économique de nos colonies.

LE PIAN A LA COTE D'IVOIRE

PAR

Le Dr CANNAC
Médecin de la Marine (École du Service de santé).

Dans la région orientale de la Côte d'Ivoire, comprise entre le fleuve Comoë et la colonie anglaise de la Côte d'Or, le pian est une affection d'une extrême fréquence. On peut dire sans exagération que plus de 50 pour 100 des indigènes de la race agni-achanti qui habitent ce pays en sont atteints. Le pian est désigné sous le nom de *n'dò* en langue agni.

Etiologie. — La contagion directe est nécessaire pour donner naissance à la maladie. Il faut pour cela les deux conditions suivantes :

1° Une solution de continuité de la peau.

2° Le contact direct du pus pianique sur cette brèche épidermique.

Ces conditions sont presque toujours réalisées chez les indigènes de la forêt, grâce aux plaies de toute sorte et à une hygiène des plus défectueuses.

Début. — Le début du pian revêt deux formes distinctes :

1° Début bruyant avec fièvre, céphalalgie, douleurs articulaires et éruption vésiculeuse très prurigineuse : le pian sera confluent. Ce début ressemble à celui de la dengue mais l'évolution de la maladie fait vite écarter le diagnostic.

2° Début lent, insidieux, sans phénomènes généraux : le pian sera discret.

Période d'état. — Après un laps de temps variant entre quinze jours et un mois et demi ou deux mois, la maladie présente ses éléments caractéristiques ou boutons framboesoïdes.

Tubercules pianiques ou boutons framboesoïdes. — Chacun d'eux est constitué par une masse blanchâtre composée d'îlots arrondis de la grosseur d'un grain de Mil, séparés les uns des autres par des sillons brunâtres. C'est une tumeur faisant une saillie notable sur la peau, molle, saignant au moindre contact et laissant écouler une sérosité visqueuse très coagulable. Tout autour de l'élément pianique, la peau est libre, non indurée, parfois parsemée de vésicules très fines. La base d'implantation a une largeur variable : de quelques millimètres à la dimension d'une pièce de deux francs et même de cinq francs.

Siège. — Ces granulomes peuvent siéger en un point quelconque de la peau, sauf cependant à la paume de la main et à la plante du pied où je ne les ai jamais observés. Les régions à sécrétion sudorale abondante sont des sièges de prédilection et les tumeurs y acquièrent d'énormes dimensions. Les doigts et les orteils en sont couverts, les ongles en sont entourés dans les formes confluentes et il en résulte une forme d'onyxis pianique très douloureuse empêchant la marche et la préhension.

Je n'ai jamais noté aucune éruption sur les muqueuses.

Autres symptômes. — Les tubercules pianiques s'accompagnent de démangeaisons violentes, d'où grattage et auto-contamination, ainsi que d'une hypertrophie ganglionnaire constante. Les ganglions atteints sont plus ou moins volumineux; ils sont de consistance molle, indolores et n'arrivent pas à la suppuration en général.

Les diverses fonctions de l'économie ne subissent aucune atteinte : la santé générale demeure parfaite.

Âge, sexe. — Le pian atteint indifféremment les deux sexes et s'attaque à tous les âges. L'enfant d'une mère pianique ne naît pas avec le pian; il n'est pas non plus vacciné contre l'affection.

Evolution. — Le tubercule pianique, après une période de longueur variable, peut évoluer de deux manières différentes :

1o Diminuer peu à peu, se sécher et disparaître;

2r Subir la fonte purulente, se transformer en clapier purulent et en ulcère phagédénique. Sur un même individu les éléments évoluent les uns de la première manière, c'est-à-dire vers la guérison rapide, les autres de la seconde. En général cette seconde forme d'évolution est la plus commune; la guérison est retardée indéfiniment.

Un individu atteint de pian depuis longtemps présente par suite des éléments pianiques à tous les stades de leur évolution :

1o Tubercules pianiques types;

2o Clapiers purulents et ulcères ;

3° Éléments à surface rouge lisse sur le même plan que la peau;

4° Plaques recouvertes de lamelles épidermiques ;

5° Plaques dépigmentées.

Ces dernières finissent par recouvrer leur pigment avec le temps. Les boutons de pian, sauf quand ils évoluent vers l'ulcère, ne laissent jamais de cicatrices.

Nature du pian. — Deux théories sont en présence :

A. — Le pian est une manifestation syphilitique.

Les lésions du pian, pour les partisans de cette théorie, sont semblables aux éruptions de la syphilis extra-génitale et de l'hérédo-syphilis. Le traitement antisyphilitique les fait disparaître et toute éruption qui résiste à la médication ne saurait recevoir la dénomination de pian.

Qu'il y ait des manifestations syphilitiques ressemblant au pian et justiciables du traitement spécifique, personne ne le contestera. Mais il faut se garder de conclure de là à l'identité des deux maladies.

Voici, à mon avis, les objections à opposer à cette pathogénie :

1° Je n'ai jamais observé un seul cas de syphilis acquise, pas plus que les stigmates de l'hérédo-syphilis chez les indigènes de la forêt : cependant le pian les frappe dans une proportion supérieure à 50 pour 100.

2° Les boutons de pian n'ont jamais de base indurée; une fois guéris, ils ne laissent après eux ni dépigmentation durable, ni cicatrices. L'hypertrophie ganglionnaire est molle et non ligneuse comme dans la syphilis.

3° Si cette affection était sous la dépendance de la syphilis, on verrait des accidents tertiaires graves chez ces indigènes qui ne prennent ni mercure ni iodure. Il n'en est rien et malgré une éruption de plusieurs années de durée, la santé générale demeure parfaite.

4° Échec complet du traitement antisyphilitique.

5° La syphilis, extrêmement rare dans la forêt, sinon inconnue, fait des ravages sur la côte; or, en cet endroit, le pian est infiniment moins fréquent que dans l'hinterland de la colonie.

B. — Le pian paraît être une affection bien à part, nettement caractérisée cliniquement, ordinairement endémique, à lésions exclusivement cutanées ne s'accompagnant d'aucun trouble de l'état général.

Traitement. — Après l'essai infructueux d'une longue série de topiques, voici le traitement qui m'a donné des succès.

1º Grand bain savonneux.

2º Décapage soigneux, à la pince, de tous les boutons.

3º Attouchement avec une solution de bichromate de potasse à 20 pour 100.

Cette application, faite tous les jours ou tous les deux jours, est douloureuse; mais on constate vite des modifications heureuses dans l'état des éléments pianiques : les boutons frambœsoïdes s'affaissent, les surfaces purulentes se détergent, le bourgeonnement commence et la guérison définitive survient en un mois et demi ou deux mois.

ACTION PATHOGÈNE DES PARASITES DE L'INTESTIN

PAR

Le Dr JULES GUIART
Professeur agrégé à la Faculté de médecine de Paris.

La question que nous devons traiter est trop vaste pour que nous puissions l'étudier dans tous ses détails; nous laisserons de côté tout ce qui est classique, tout ce qui est admis de tous, pour nous en tenir uniquement aux idées que l'on qualifiera peut-être de subversives, bien qu'elles soient déjà acceptées par un certain nombre d'auteurs, mais parce qu'elles ne se rencontrent encore dans aucun ouvrage didactique.

Les parasites de l'intestin peuvent, suivant nous, agir de trois façons diverses.

1º En irritant les terminaisons nerveuses et provoquant, par voie réflexe, les troubles variés de l'helminthiase. C'est là le rôle qu'on veut bien le plus souvent leur reconnaître, bien qu'il s'agisse en réalité d'une pure hypothèse.

2º En sécrétant des toxines qui, dans certains cas, agissent sur le sang en amenant la destruction de l'hémoglobine et des globules rouges, tandis que dans d'autres cas elles agissent sur les centres nerveux. Les parasites de l'intestin peuvent par là jouer un rôle considérable dans l'éclosion des anémies et des troubles nerveux de l'helminthiase.

3º En produisant des ulcérations de la muqueuse intestinale, ce qui facilite l'absorption des toxines et permet l'inoculation dans la muqueuse des Bactéries pathogènes existant dans le contenu intestinal. Ils pourraient être ainsi les agents d'inoculation de nombreuses affections de l'intestin et du foie, ainsi que des infections d'origine intestinale.

Nous supposerons connues les deux premières propositions et nous développerons simplement la troisième.

Les Vers intestinaux ou Helminthes ont été les premiers agents pathogènes animés, qui furent observés chez l'Homme. On comprend sans peine que les premiers médecins, frappés de leur fréquence dans certaines affections de l'intestin, aient songé à leur attribuer certaines maladies, où ils ne les observaient pas, mais qu'ils croyaient dues à des Vers, invisibles à leurs moyens d'investigation. Nous ne devons pas plus rire de ces Vers invisibles que des Microbes invisibles dont on parle aujourd'hui et si les *vermineuses universelles* avaient autrefois rencontré plus d'adeptes, il est vraisemblable que la bactériologie et les progrès qu'elle a entraînés avec elle auraient pu naître cinquante ans plus tôt. Mais la science, comme la mode, a ses caprices et dès que Raspail et Virchow eurent établi la pathologie cellulaire, on oublia complètement la théorie parasitaire. Et cependant elle n'eut pas de plus admirable défenseur que Raspail lui-même. Il eut beau la défendre et, en plus des Vers intestinaux, appeler à son aide toute la pléiade des infiniment petits, des Infusoires et des parasites microscopiques, la science d'alors fut sourde à sa voix et l'on poursuivit devant les tribunaux et plus tard devant la risée publique ce savant qui, sans même être médecin, avait la prétention de vouloir rénover les doctrines médicales. Quelque trente ans plus tard, Pasteur faillit du reste succomber sous les mêmes coups. Mais Pasteur, plus heureux que Raspail, eut la chance de sortir victorieux de la lutte et dès que les Vers invisibles d'autrefois, les parasites microscopiques de Raspail, eurent été baptisés du nom de Microbes, on admit qu'ils pouvaient être la cause de toutes les maladies. Du coup, la pathologie parasitaire fut réduite à l'étude de la bactériologie, d'autant plus que, dans le même temps, un savant, Davaine, qui fut un grand travailleur, mais un homme néfaste au point de vue qui nous occupe, semblait avoir porté les derniers coups à l'helminthologie. On en est arrivé à cette conception vraiment extraordinaire qu'un Microbe, un infiniment petit, peut se permettre de tout faire. On trouve tout naturel de lui attribuer tous les maux qui affligent l'humanité. Mais que quelqu'un vienne à parler d'un parasite dépassant les limites de l'investigation microscopique, d'un misérable Ver que l'on peut voir à l'œil nu, et se permette de mettre en avant son rôle pathogène, on voit aussitôt un sourire moqueur errer sur toutes les lèvres, bienheureux quand quelque *m'as-tu-vu* de la médecine ne hausse pas ostensiblement les épaules. Cependant je crois qu'il est permis de penser que si le Microbe, pauvre petite masse de protoplasme à peine mobile, peut être pathogène, à plus forte raison

est-il permis d'accorder ce titre à des êtres plus hautement différenciés, qui sont mieux armés pour la lutte, qui ont souvent des
dents pour mordre et des poisons tout prêts à être inoculés.

On connait les progrès imprévus qu'a réalisés la médecine
tropicale, depuis que l'on a admis la transmission de certaines
maladies par des Insectes, qui, en venant piquer l'Homme
ou les animaux, se font les agents d'inoculation de ces maladies.
Je vais essayer de montrer que, ce que les ectoparasites sont
capables de faire à la surface de notre peau, les endoparasites sont
capables de le faire dans notre intestin. Ce sont là des idées
que je défends depuis plusieurs années et je suis heureux de
constater qu'il commence à se produire dans différents pays
un mouvement suffisamment accusé pour que l'on puisse prévoir que le moment n'est pas éloigné où les médecins devront
se décider à rompre avec des théories surannées et à admettre
ce qui sera peut-être la vérité de demain. Il faut cependant
encore un certain courage pour oser exposer les théories que
je vais esquisser rapidement. Elles paraîtront peut-être révo-
lutionnaires; pour moi, je les crois justes et c'est à ce titre que je
crois de mon devoir de les exposer. Je ne demande pas qu'on les
accepte comme parole d'évangile ; je demande simplement à
mes collègues de ne pas les repousser, mais de les avoir présentes
à l'esprit dans leurs observations futures et de les contrôler chaque
fois qu'ils en trouveront l'occasion.

Je commencerai par quelques considérations relatives aux Vers
intestinaux les plus fréquents dans les pays tempérés, à savoir :
l'Ascaride, l'Oxyure et le Trichocéphale. En ce qui concerne
l'Ascaride, j'ai montré, il y a quelques années, que l'*Ascaris conocephalus* du Dauphin, qui possède la même armature buccale que
l'*Ascaris lombricoides* de l'Homme, est capable de s'implanter dans
la muqueuse du tube digestif. Il est vraisemblable que l'Ascaride
humain peut agir de même, d'autant plus que dans les quelques
cas où les auteurs ont examiné la muqueuse d'intestin renfermant
des Ascarides, ils ont observé des lésions ne pouvant guère s'expli
quer que par la fixation possible des Ascarides. Depuis la communication que je viens de rappeler, j'ai eu maintes fois l'occasion
de rencontrer des Ascarides fixés sur le tube digestif de différents
animaux. Si cette fixation ne s'observe pas chez l'Homme, il est

du moins facile de l'expliquer. C'est tout simplement parce que tous les parasites, qui sont fixés sur la paroi du tube digestif, s'en détachent très peu de temps après la mort, sans même attendre le refroidissement du cadavre. De telle sorte que, pour observer des Ascarides en place, il faudrait pouvoir faire l'autopsie immédiatement après la mort. La meilleure preuve en peut être fournie par le Trichocéphale. On sait que ce parasite vit dans la région du cæcum et à l'heure actuelle il ne fait plus de doute pour personne que le Trichocéphale est profondément implanté dans la muqueuse par son extrémité antérieure effilée. Cependant, lorsque l'on fait l'autopsie d'un tube digestif, après l'avoir lavé sous un robinet d'eau, on ne trouve plus en général de Trichocéphales. Ceux-ci, se trouvant libres dans les matières fécales, ont été entraînés par l'eau au dehors. Mais si l'on a soin d'enfermer le cæcum entre deux ligatures et de l'ouvrir ensuite, on pourra trouver de nombreux Trichocéphales, libres au milieu des matières qu'il contient Du reste, Askanazy ayant pu faire une autopsie quatre heures après la mort, trouva quarante Trichocéphales implantés tous dans la muqueuse, tandis que, dans une autopsie faite quarante heures après la mort, il trouva cent quatorze parasites libres dans l'intestin. Askanazy ayant traité des Trichocéphales par le ferrocyanure de potassium et l'acide chlorydrique, constata que l'intestin se colorait en bleu foncé, ce qui indiquait nettement que le pigment normal de cet intestin renfermait du fer, fer qui avait été vraisemblablement tiré de l'hémoglobine du sang de l'Homme. D'ailleurs, si l'on pratique des coupes dans un intestin renfermant des Trichocéphales, on constate que l'extrémité antérieure du parasite disparaît tout entière dans la paroi, jusque dans la sousmuqueuse, et certaines coupes pourront la rencontrer deux et trois fois. On peut supposer que le Trichocéphale se fixe ainsi pour ne pas être entraîné par le cours des matières fécales, mais comme la bouche se trouve alors dans la profondeur des tissus, il est permis de supposer que l'animal suce le sang pour se nourrir. On comprend dès lors pourquoi le parasite se détache après la mort : c'est parce qu'il ne trouve plus dans la muqueuse de sang en circulation. Or, ce qui vient d'être dit pour le Trichocéphale peut s'appliquer à l'Ascaride. Il se fixe moins profondément, il est vrai, dans la muqueuse, mais il doit aussi se nourrir de sang, comme le prouve la réaction bleue obtenue par Askanazy aussi bien pour l'Ascaride que pour le Trichocéphale. Il semble du reste que ce soit là un fait général pour les Helminthes pourvus d'un tube digestif et depuis la célèbre observation de Railliet, ne savons-nous pas que les Douves, bien que vivant au milieu de la bile, se nourrissent en réalité de sang.

Or, on admet à l'heure actuelle qu'une simple piqûre d'aiguille peut ouvrir la porte aux Bactéries pyogènes, que la piqûre d'une Puce peut nous inoculer la peste, celle du Moustique le paludisme, la filariose ou la fièvre jaune. Comment, dès lors, peut-on admettre qu'un parasite puisse produire des lésions de la muqueuse intestinale et puisse en ouvrir impunément les vaisseaux sanguins sans jamais ouvrir la porte à l'infection? Cependant le contenu du tube digestif ne passe pas précisément pour un milieu aseptique. Le Microbe le plus abondant dans les matières fécales étant le Colibacille, c'est lui qui sera le plus souvent inoculé et ainsi peuvent s'expliquer certaines entérites de l'enfant ou de l'adulte, certaines inflammations de l'intestin, générales ou partielles, et, parmi elles, l'appendicite. Ce fut en France un éclat de rire général, quand Metshnikov vint prétendre que l'appendicite pouvait être produite par les Vers intestinaux ; aujourd'hui encore, il faut voir le sourire de pitié des étudiants en médecine que l'on interroge à un examen sur le rôle et le diagnostic des Vers intestinaux dans l'appendicite. Les détracteurs de la théorie se basent sur ce fait que l'on extirpe journellement des appendices ne renfermant pas le moindre Ver intestinal. Comme si l'Helminthe avait besoin de pénétrer dans l'appendice pour faire éclater l'appendicite! Le chirurgien ne s'étonne pas cependant qu'une petite blessure au pied se traduise par de l'adénite inguinale. La peau et l'intestin sont deux tissus de même origine : pourquoi refuser à l'un ce qu'on admet pour l'autre? Il nous semble logique d'admettre qu'un parasite, se fixant dans le cæcum, puisse inoculer en ce point dans la muqueuse des Bactéries pyogènes, qui vont être transportées par les lymphatiques dans le tissu lymphoïde avoisinant et, comme ce tissu lymphoïde est particulièrement abondant dans l'appendice, les Bactéries, inoculées dans la région du cæcum, vont tout naturellement aller déchaîner l'inflammation dans l'appendice. C'est ainsi que tous les Vers intestinaux pouvant vivre et se fixer dans le cæcum

pourront être une cause d'appendicite. Ce seront presque toujours
l'Ascaride et le Trichocéphale. Du reste, depuis la communication
de Metshnikov et en dépit des détracteurs, les faits se sont singulièrement multipliés. Il est permis de penser que d'ici peu les Vers
intestinaux seront considérés non pas seulement comme la cause
de quelques rares appendicites, mais peut-être comme le facteur
étiologique le plus fréquent. Pour ma part, ne faisant pas de clientèle, je n'ai pas encore eu l'occasion d'observer de nombreux cas
d'appendicite. Je n'en ai vu que cinq dans mon entourage; dans un
premier cas, une appendicite aiguë fut guérie définitivement
après l'expulsion spontanée d'un Ascaride. Dans les quatre autres
cas, les matières fécales me furent envoyées à analyser, pour savoir
s'il existait des Vers dans l'intestin. N'ayant rien trouvé dans
deux cas, je conseillai l'opération. Mais dans les deux derniers cas,
ayant trouvé une fois des œufs d'Ascaride et une fois des œufs de
Trichocéphales, j'ordonnai chez l'un la santonine, chez l'autre le
thymol; les appendicites ont cessé comme par enchantement et dès
lors n'ont plus reparu. L'un des cas remonte à trois ans et l'autre
à quelques mois. Je suis persuadé que toutes les appendicites fa-
miliales et les appendicites à répétition sont justiciables de la médication anthelminthique.

Ce qui vient d'être dit de l'appendicite pourrait sans doute
s'étendre à la fièvre typhoïde. Je suis sincèrement convaincu que
cette affection est produite par le Bacille d'Eberth; mais je ne
m'explique guère comment ce Bacille peut franchir la barrière que
lui offre l'épithélium intestinal pour venir s'implanter dans la
muqueuse. D'ailleurs, si le Bacille d'Eberth agissait seul, on ne
comprendrait guère pourquoi, dans une population buvant une
même eau contaminée, il y a en réalité si peu d'individus de frappés. Au contraire, si l'on admet que l'inoculation est faite par
l'intermédiaire des parasites intestinaux, les faits s'expliquent très
facilement. Ils s'expliquent d'autant mieux que l'étiologie des Vers
intestinaux ou de la fièvre typhoïde est en réalité la même : à
savoir l'impureté des eaux de boisson. C'est, en effet, dans les eaux
impures, souillées de matières fécales, que se rencontrent les
œufs d'Helminthes et le Bacille d'Eberth et c'est avec ces eaux que
l'un et l'autre peuvent pénétrer dans le tube digestif de l'Homme.

A la lueur de ces données nouvelles, on comprend on ne peut

mieux la coïncidence si frappante autrefois de la fièvre typhoïde avec les Ascarides et les Trichocéphales. Nos ancêtres étaient moins difficiles que nous sur la qualité des eaux qu'ils buvaient et c'est ainsi que s'explique la fréquence des affections vermineuses d'alors, les individus absorbant à la fois avec l'eau polluée les germes de la fièvre typhoïde et les germes des parasites, qui allaient les inoculer dans la muqueuse intestinale. Nous ne devons donc pas nous étonner si nombreux furent les cas où les anthelminthiques agissaient favorablement dans le traitement de ces affections; ils agissaient sans doute en empêchant l'auto-inoculation constante du malade.

Ce que je viens de dire des Vers intestinaux pourrait du reste s'étendre à tous les parasites de l'intestin, aussi bien aux Infusoires ou aux Flagellés qu'aux larves d'Insectes et en général à tous les parasites pouvant produire des altérations de la muqueuse. Nous connaissons en effet une observation dans laquelle des larves de la Mouche du fromage ont pu produire une hémorrhagie intestinale et ont provoqué une affection à marche typhoïde, qui a été guérie par l'expulsion des larves.

Si l'on arrive à confirmer et à multiplier ces faits, les parasites de l'intestin vont reprendre la place prépondérante qu'occupaient autrefois en pathologie les Vers intestinaux et les conceptions géniales de Raspail pourront renaître de l'oubli et revendiquer une grande part du terrain injustement conquis par la bactériologie. Malheureusement Raspail a voulu frapper fort et vite et, connaissant bien les hommes, il a exagéré, poussé sa théorie à l'extrême et en voulant se faire le guérisseur de tous les maux, il a fourni des armes redoutables aux théories médicales qu'il combattait. Mais les médecins à leur tour ont exagéré le mouvement de réaction et quant ils se sont enfin ressaisis, ce fut pour se jeter à tête perdue dans l'étude des Microbes, à la suite des mémorables travaux de Pasteur. Du coup, ce fut l'oubli complet pour l'helminthologie. Ce sera le grand mérite du Professeur R. Blanchard d'avoir rénové en France l'étude des parasites et d'avoir créé à la Faculté de Médecine de Paris l'enseignement de la Parasitologie. Ce mouvement a été suivi partout en province, et les effets ne tarderont certainement pas à s'en faire sentir, sur la médecine de notre pays, comme sur celles de nos colonies.

En effet, ce que j'ai dit tout à l'heure pour certaines affections de
nos pays, et en particulier pour l'appendicite et la fièvre typhoïde,
peut s'appliquer encore plus facilement aux affections tropicales.
Nous pourrions facilement l'appliquer au choléra, en montrant la
coïncidence si singulière de cette affection avec les nombreux parasites, qui ont été décrits tour à tour dans l'intestin des cholériques,
parasites parmi lesquels on a signalé des Amibes, des Flagellés,
des Infusoires et enfin un certain nombre d'Helminthes, pouvant se
fixer sur la muqueuse de l'intestin. Mais nous préférons prendre
comme exemple la dysenterie, sur l'étiologie de laquelle on a beaucoup plus longuement discuté.

Un très grand nombre de parasites ont été incriminés dans l'étiologie de la dysenterie : Bactéries, Amibes, Flagellés, Infusoires,
Trématodes et Nématodes. Toutefois, à l'heure actuelle, la plupart
des auteurs semblent d'accord pour admettre deux dysenteries :
l'une bactérienne produite par le *Bacillus dysenteriæ*, l'autre amibienne produite par l'*Entamœba dysenteriæ*, cette dernière se ren-
contrant surtout dans les pays tropicaux. Pour nous, il n'existerait
qu'une seule dysenterie, produite par le *Bacillus dysenteriæ*, lequel
pourrait être inoculé dans la muqueuse intestinale par l'un
quelconque des parasites de l'intestin. Il s'agirait le plus souvent
de l'*Entamœba dysenteriæ*, mais les Infusoires ou les Helminthes
pourraient agir de même.

En ce qui concerne l'Amibe, il n'est plus permis de douter
aujourd'hui de son rôle pathogène, et s'il est arrivé fréquemment
de rencontrer des Amibes dans l'intestin d'individus non dysentériques, nous savons aujourd'hui que cela tient à ce que, pendant
longtemps, on a confondu, sous le nom d'*Amœba coli*, deux Amibes
distinctes. Les recherches récentes de Jürgens et de Schaudinn
nous ont appris qu'il existe en réalité deux Amibes parasites de
l'Homme : l'une, l'*Entamœba coli*, simple espèce saprophyte, non
pathogène ; l'autre, l'*Entamœba dysenteriæ*, capable de dissocier les
cellules de l'épithélium intestinal pour aller porter l'infection dans
la profondeur de la muqueuse. C'est cette dernière forme qui
semble du reste jouer le principal rôle dans l'étiologie de la dysenterie tropicale et de l'abcès tropical du foie.

Parmi les Infusoires, je signalerai simplement le *Balantidium coli*.
Les auteurs russes nous ont montré, en effet, que le *Balantidium coli*

est parfaitement capable de produire des ulcérations du gros intestin et par suite d'inoculer le Bacille dysentérique. Le *Balantidium
coli* semble avoir été l'Infusoire le plus fréquemment incriminé.
Nous n'oublierons pas cependant que Jacoby et Schaudinn ont
rencontré le *Balantidium minutum* et le *Nyctotherus faba* dans des
selles dysentériques et que nous avons nous-même décrit un
Infusoire banal , le *Chilodon dentatus*, dans un cas de diarrhée
dysentériforme.

Parmi les Helminthes, il n'y a guère que le *Strongyloides intestinalis* ou Anguillule intestinale qui ait été décrit comme agent
dysentérique ou plutôt comme l'agent de cette variété particulière
de dysenterie que l'on appelle diarrhée de Cochinchine. Ici encore,
on a renoncé à croire au rôle pathogène de ce parasite, parce
qu'on ne l'a pas rencontré dans tous les cas de diarrhée de Cochinchine, tandis qu'on l'a observé dans les matières fécales d'individus parfaitement sains. Mais ces faits s'expliquent d'eux-mêmes
à la lumière des idées que nous exposons ici. L'Anguillule intes
tinale agit en inoculant, dans la muqueuse de l'intestin grêle où
elle vit, une Bactérie pathogène qui serait peut-être encore le
Bacille dysentérique. On sait en effet que, d'après certains auteurs,
la dysenterie et la diarrhée de Cochinchine constitueraient en réalité une affection identique, siégeant dans un cas sur le gros
intestin et dans l'autre sur l'intestin grêle. Il ne nous appartient
pas de prendre position entre les unicistes et les dualistes. Quelle
que soit du reste l'opinion que l'on accepte, les arguments que
nous exposons ici ne se trouvent nullement amoindris. Dans un
cas les parasites inoculent des Bactéries différentes ; dans l'autre
cas ils inoculent le même Bacille ; et si l'affection diffère, c'est parce
que ce Bacille peut être inoculé dans l'intestin grêle ou dans le
gros intestin. Un parasite vivant dans l'intestin grêle inoculera la
diarrhée de Cochinchine, un parasite vivant dans le gros intestin
inoculera la dysenterie.

Si l'Anguillule intestinale est le principal agent de la diarrhée
de Cochinchine, c'est parce qu'elle est plus apte que tout autre
parasite de l'intestin à servir d'agent d'inoculation. En effet les
femelles fécondées pénètrent, pour pondre, dans la paroi même de
l'intestin. Les embryons, une fois nés, reviennent dans la lumière
de l'intestin, pour aller se transformer au dehors en Anguillules

stercorales. Nous connaissons même un cas, observé par Teissier, où les embryons se sont trompés de route et, traversant complète- ment la paroi intestinale, sont tombés dans les origines des veines et sont devenus des parasites accidentels du sang. Nous ne pen- sons donc pas que la présence de l'Anguillule intestinale soit compatible avec l'intégrité absolue de l'intestin, et si elle peut se rencontrer chez des individus non dysentériques, c'est tout sim- plement parce que le Bacille spécifique n'existe pas dans leur intestin et qu'elles n'ont pu par suite l'inoculer.

Quant aux cas de diarrhée de Cochinchine sans Anguillules, on les expliquera certainement quelque jour par la présence d'autres parasites dans l'intestin grêle, tels que l'Ascaride, l'Oxyure et surtout l'Uncinaire, parasite si puissamment armé et si fré- quent dans les pays chauds.

Le rôle de l'Ascaride n'a pas lieu non plus de nous étonner parce que nous connaissons nombre d'épidémies de dysenterie, dans lesquelles on observe sa présence constante. De plus, en consultant la bibliographie médicale, on pourra trouver nombre de cas où l'on a cherché vainement la cause d'une dysenterie, sans songer le moins du monde à tenir compte de la présence des œufs de l'Ascaride dans les matières fécales.

Mais nous ne voulons pas insister plus longuement sur ces faits. Le rôle pathogène des parasites intestinaux est pour nous incon- testable. Nous sommes persuadé que, dans un avenir assez rap- proché, il faudra en revenir à certaines des idées de Raspail et que l'étude des helminthes reprendra en pathologie la place qu'elle n'aurait pas dû perdre. Comme les parasites de l'intestin sont parti- culièrement fréquents dans les pays chauds, nous sommes persuadé qu'ils jouent un rôle énorme dans la pathologie de ces régions et c'est à ce titre que nous nous permettons d'attirer sur eux l'attention des médecins coloniaux. Les idées que nous venons d'exposer, et que nous défendons déjà depuis un certain nombre d'années, commencent du reste à se faire jour. Dans une commu- nication présentée à l'Académie de Médecine, le 19 avril dernier, le Dr Kermorgant s'est rallié complètement aux conclusions de notre travail sur le rôle pathogène de l'*Ascaris* et il a montré son importance en pathologie tropicale. Enfin, dans l'*Indian medical Gazette* de ce même mois d'avril, le Dr Fearnside a montré que les parasites intestinaux, et en particulier l'Ascaride, jouent un rôle considérable dans l'étiologie d'un grand nombre de maladies, parmi la population des prisons de l'Inde. Par la simple administration de santonine, il a pu réduire notablement le nombre des cas de diarrhée chronique, d'entérite muco-membraneuse et de dysentérie. Il a montré de plus que la présence des parasites intestinaux vient ajouter encore à l'intensité de l'anémie chez les individus déjà anémiés par le paludisme.

En résumé, nous devons retenir que les parasites de l'intestin peuvent agir de trois façons diverses :

1º En irritant les terminaisons nerveuses et provoquant par voie réflexe les troubles variés de l'helminthiase. C'est là le rôle qu'on veut bien le plus souvent leur reconnaître, bien qu'il s'agisse en réalité d'une pure hypothèse.

2º En sécrétant des toxines, plus ou moins violentes suivant les espèces et suivant les hôtes ; toxines qui, dans certains cas, agiraient sur le sang en amenant la destruction de l'hémoglobine et des globules rouges, tandis que, dans d'autres cas, elles agiraient sur les centres nerveux en augmentant ainsi les troubles nerveux de l'helminthiase. Les parasites de l'intestin peuvent par là jouer un rôle considérable dans l'éclosion des troubles nerveux et des anémies.

3º En inoculant dans la muqueuse du tube digestif les Bactéries pathogènes qui peuvent exister dans le contenu de l'intestin. Les parasites intestinaux jouent ainsi un rôle considérable dans l'étiologie des maladies de l'intestin et du foie, au même titre que les Insectes dans l'étiologie des infections du sang. Ils agissent surtout comme lancettes d'inoculation, et, suivant la virulence des espèces microbiennes de l'intestin, on se trouve naturellement en présence d'affections de gravité variable. Si, en effet, l'agent inoculé est peu pathogène, il suffit de faire disparaître les Vers intestinaux pour voir les symptômes s'atténuer et disparaître. C'est le triomphe de la médication anthelminthique. Si, au contraire, les Microbes inoculés dans la muqueuse ont une spécificité véritable, la maladie continue son évolution, même après l'évacuation des parasites ; mais du moins on évite l'auto-inoculation constante et on peut empêcher l'affection de passer à l'état chronique. Ce sont là, du reste, des faits d'une portée beaucoup plus générale, s'appliquant tout aussi bien à la pathologie animale qu'à la pathologie humaine. C'est ainsi que le professeur Moussu a montré l'action du Strongle du Mouton dans l'inoculation de la pasteurellose bovine. Nous nous rattachons complètement à ses conclusions et nous nous élevons violemment contre les idées actuelles, qui considèrent comme inoffensifs des parasites qui peuvent inoculer des infections mortelles. Ces infections sont bactériennes, il est vrai, mais elle ne se produiraient pas si le parasite n'existait pas. C'est donc ce dernier qui est en réalité l'agent le plus important.

J'espère que certains médecins coloniaux voudront bien se laisser influencer par les idées que je viens d'exposer. Je serais heureux s'ils pouvaient les appliquer aux maladies tropicales; ils n'auront pour cela qu'à apprendre comment on peut faire un examen de matières fécales, en vue d'y rechercher les parasites de l'intestin ou leurs œufs. Le procédé est tout ce qu'il y a de plus simple. Si cependant ils n'ont pas de microscope à leur disposition, ils pourront recourir à tout hasard à l'emploi des anthelminthiques. Je leur suis reconnaissant d'avance des communications qu'ils voudront bien me faire ou qu'ils adresseront aux journaux scientifiques ou aux sociétés savantes. L'avenir dira si j'ai tort ou raison. Peu importe du reste, puisque, en dernière analyse, c'est toujours la science qui bénéficiera des recherches qui auront été provoquées.

LES FILAIRES DU SANG DE L'HOMME

PAR

Le Dr R. PENEL

Médecin colonial de l'Université de Paris.

La question des Filaires du sang est à l'heure actuelle une des plus confuses de la pathologie exotique. Depuis qu'en 1872, Lewis trouva pour la première fois une Filaire embryonnaire dans le sang de l'Homme, les examens de sang se sont multipliés sous les tropiques, et des statistiques portant sur des milliers d'individus ont été dressées dans différentes régions. Par suite, des espèces nouvelles ont été découvertes, si bien que, tandis que jusqu'en 1891 la Filaire de Bancroft était seule connue en tant que Filaire du sang, nous n'en connaissons à l'heure actuelle pas moins d'une dizaine d'espèces, très voisines les unes des autres, il est vrai, mais nettement distinctes pour la plupart. C'est pourquoi nous avons pensé qu'il serait intéressant d'étudier de près la question, pour voir s'il ne serait pas possible dès à présent d'en éclairer quelques points, en mettant un peu d'ordre parmi les faits connus.

Nous laisserons de côté quelques espèces de Filaires rares et mal connues, qui n'ont été vues qu'à l'état adulte, telles que : *F. conjunctivae, F. labialis, F. hominis-oris, F. restiformis, F. lentis;* plusieurs de ces espèces sont très douteuses ou semblent ne correspondre qu'à des cas de pseudo-parasitisme, et nous ne pouvons rien préjuger du passage de leurs embryons dans le sang. Nous ne parlerons pas non plus de la *F. volvulus,* Filaire africaine qui vit dans les lymphatiques de la peau, où elle détermine de petites tumeurs sans gravité. Nous pensons qu'il s'agit bien là d'une Filaire du sang, vu son habitat dans les lymphatiques, vu ses embryons, qui ressemblent étroitement aux Microfilaires nocturne et diurne et ne paraissent pas aptes à vivre indépendants dans le milieu extérieur, vu enfin que les tumeurs qu'elle détermine ne tendent pas vers l'ulcération, ses embryons ne pouvant s'échapper par une solution de continuité des téguments, comme ceux de la *Filaria medinensis;* malgré cela, puisque sa Microfilaire n'a jamais été vue dans le sang, il nous suffira de l'avoir signalée.

Ces Filaires éliminées, il nous reste neuf espèces à passer rapidement en revue; ce sont : 1° *F. Bancrofti (F. nocturna)*, 2° *F. loa*, 3° *F. diurna*, 4° *F. perstans*, 5° *F. Demarquayi*, 6° *F. Ozzardi*, 7° *F. Magalhãesi*, 8° *F. gigas*, 9° *F. Powelli*.

Filaria Bancrofti. — C'est de toutes les Filaires du sang la plus répandue, et celle dont l'évolution et la pathologie sont le mieux connues. Sa forme adulte a été découverte par Bancroft en 1876 ; depuis, elle a été retrouvée un grand nombre de fois. Néanmoins, les notions que nous avons sur sa morphologie sont encore très incomplètes. Il faut ajouter que, jusqu'en 1895, les auteurs classiques ayant donné leur description de *F. Bancrofti* en partie d'après les échantillons de Magalhães, identifiés jusqu'alors avec elle, il s'en est suivi une confusion regrettable. C'est en 1895 seulement, après les descriptions et les mesures données par Manson des adultes de *F. Bancrofti* trouvés par Maitland, que le professeur R. Blanchard a pu distinguer ces échantillons sous le nom de *F. Magalhãesi* dans son article du *Traité de Pathologie générale*. Malgré cela, quelques auteurs persistent à confondre les deux espèces, tout en distinguant la Filaire de Magalhães.

Le mâle a été rarement décrit; c'est un Ver filiforme, à cuticule lisse, d'épaisseur à peu près égale sur toute sa longueur, mais effilé à ses deux extrémités. Le seul spécimen complet et intact qui ait été étudié (Lothrop, 1900) mesurait 38^{mm},6 de long sur 120μ dans son plus grand diamètre. La tête, légèrement bulbeuse, est séparée du corps par une portion faiblement rétrécie. La bouche est inerme. L'anus subterminal s'ouvre à 130μ de l'extrémité postérieure, qui est émoussée, arrondie et non bulbeuse. A ce niveau font saillie deux spicules inégaux. Les papilles anales n'ont jamais été bien vues; il faut croire, par analogie, qu'elles existent, mais dans ce cas, elles sont fort petites.

La femelle est mieux connue; elle est plus grande et plus épaisse, mesurant de 75 à 100^{mm} de long sur 209 à 250μ de large. La vulve siège immédiatement derrière la tête, à 1^{mm},20 environ de l'extrémité antérieure. L'appareil génital est constitué par un vagin unique, aboutissant à deux tubes utérins qui remplissent presque toute la cavité du corps et contiennent des œufs et des embryons à tous les stades de développement.

L'embryon de la *F. Bancrofti* ou *F. nocturna*, examiné dans le sang, apparaît sous la forme d'un organisme semblable à un petit Serpent, mesurant environ 300 μ de long sur 7 à 8 μ de large. Son extrémité antérieure est brusquement arrondie ; l'extrémité postérieure, effilée à partir du cinquième postérieur, se termine en pointe. A un fort grossissement, on voit que l'animal est contenu dans une sorte de gaîne très délicate, ajustée le long du corps et le dépassant en avant et en arrière. Cette gaîne est constituée par une membrane ovulaire, à l'intérieur de laquelle l'embryon s'est déroulé. L'embryon est très actif, il s'agite en tous sens, bousculant les globules sanguins ; mais embarrassé de sa gaîne, il ne se déplace pas à proprement parler et ne sort pas du champ du microscope. Lorsque les mouvements ont cessé, on constate que la structure interne ne permet de distinguer aucun organe défini : toutefois un début de différenciation est indiqué par des taches claires très réfringentes, dont le nombre et la répartition prêtent à des descriptions qui varient sensiblement suivant les auteurs. Deux de ces taches embryonnaires au moins paraissent constantes, l'une antérieure, que Manson appelle tache en V, l'autre postérieure qu'il appelle tache caudale. Le reste du corps est constitué par une colonne de petites cellules, dont les noyaux prennent fortement la couleur, et incluses dans un tégument très finement strié. Si l'animal se dépouille de sa gaîne, on voit que son extrémité antérieure est recouverte d'un prépuce très délicat, formé d'une sorte de collerette de six crochets très mobiles ; tandis qu'au sommet de la tête, un petit dard extrêmement ténu se projette et se rétracte avec une grande rapidité,

On sait que la *Filaria nocturna* ne se montre normalement dans la circulation périphérique que pendant la nuit. La cause immédiate de ce phénomène est aisée à comprendre : c'est une adaptation aux habitudes nocturnes de son hôte intermédiaire, le Moustique. La cause médiate est plus difficile à déterminer d'une façon précise. Il est certain que la nature de cette périodicité dépend plus ou moins directement des heures de veille et de sommeil ; c'est ce qui est prouvé par l'expérience classique de Mackenzie, qui a été reproduite et confirmée à plusieurs reprises : si l'on intervertit les heures de veille et de sommeil chez un sujet porteur de Filaires nocturnes, après deux ou trois jours d'hésita-

tion, la périodicité des embryons s'intervertit parallèlement ; ils
se montrent alors pendant le jour et disparaissent pendant la nuit.
Mais comme cette interversion ne se produit pas immédiatement,
et qu'il ne suffit pas de réveiller ou de faire dormir le sujet pour
faire disparaître ou apparaître les embryons, puisque de plus, ils
se montrent généralement dans le sang dès 5 à 6 heures du soir,
c'est-à-dire, longtemps avant l'heure habituelle du sommeil, pour
commencer à décroître dès minuit, c'est-à-dire au moment où
celui-ci est le plus profond, il faut croire que la périodicité ne dépend pas directement du fait même du sommeil, mais bien
plutôt des conditions physiologiques de l'organisme qui le préparent et le déterminent. Aussi, cette périodicité, qui dans les
conditions normales est en règle générale d'une fixité remarquable, présente-t-elle des variations fréquentes, même sur une
grande échelle.

C'est ainsi que Thorpe a observé aux Îles des Amis une Microfilaire très commune, en tout semblable à la *F. nocturna*,
quoique légèrement plus petite, mais qui se montre dans le sang
périphérique, de jour aussi bien que de nuit. Il explique ce phénomène par les habitudes des indigènes qui, passant volontiers
leurs nuits à festoyer et à se conter des aventures, ne dorment pas
à des heures régulières. Annett, Dutton, Elliot ont observé des faits
analogues dans le Bas-Niger. Ces exceptions sont très instructives
et doivent nous rendre prudents dans le parti que nous devons
tirer de la périodicité, en tant que caractère spécifique exclusif
d'une espèce.

L'embryon circulant dans les vaisseaux et embarrassé de sa gaîne
est destiné à périr, s'il n'est sucé avec le sang par un Moustique,
dans le corps duquel il va évoluer. C'est ce que nous ont montré,
dès 1877, les recherches de Manson, qui n'ont été reprises que vingt
ans plus tard, et simultanément, par Bancroft en Australie et par
James aux Indes. Ces recherches se sont multipliées ces dernières
années. L'embryon, aspiré par le Moustique, se débarrasse de sa
gaîne dans l'estomac de cet Insecte, par suite de l'hémolyse et de
l'épaississement du sang. Utilisant alors son prépuce à six
crochets comme appareil de perforation, il traverse la paroi du
tube digestif, passe dans la cavité générale et gagne le thorax, où
il va se loger dans la masse des muscles de l'aile. Là, il subit sa

métamorphose, qui dure un temps variable suivant la saison, le climat et l'espèce qui lui donne asile, en moyenne 12 à 17 jours. Lorsque l'évolution est achevée, la Filaire se montre sous la forme d'une petite larve visible à l'œil nu, mesurant plus d'un millimètre et demi de long sur 300 μ de large, présentant une bouche, un tube digestif complet, une queue trilobée particulière et un commencement de différenciation de l'appareil génital. Low, par des coupes pratiquées sur des échantillons envoyés de Brisbane par Bancroft, et qui sont très démonstratives, a montré qu'en cet état les larves quittent les muscles du thorax pour se répandre dans la cavité générale, et que bientôt le plus grand nombre d'entre elles gagne la tête et les pièces de la trompe, principalement le labium, où on peut les voir étendues dans toute leur longeur, deux par deux généralement, et l'extrémité antérieure dirigée en avant. Il est dès lors naturel de penser que les larves vont s'échapper du Moustique par la trompe, et que, lorsque cet Insecte ira piquer un Vertébré à sang chaud, elles passeront directement sous la peau de cet animal. Si celui-ci est un Homme, elles auront trouvé leur hôte définitif favorable : elles grandiront, atteindront l'âge adulte, s'accoupleront et pondront des embryons qui se répandront dans la circulation. Le cycle d'évolution sera ainsi fermé. Mais comment ces larves, qui sont non pas dans le tube digestif comme les mérozoïtes du paludisme, mais renfermées dans la cavité générale ou dans ses prolongements, vont-elles s'échapper au moment de la piqûre? Plusieurs théories ont été émises à ce sujet, et chacune est appuyée sur des observations soigneuses. Que ce soit par le fait d'une rupture du labium, comme le pensent Grassi et Noé; que ce soit à la faveur d'un point faible du tégument chitineux, soit à l'extrémité du labium, comme l'affirme Dutton, soit au niveau du pharynx, comme le suppose Sambon, il est difficile actuellement de le savoir, et à vrai dire, il n'est pas facile de saisir la chose sur le fait. Néanmoins, la transmission du parasite par le moyen de la piqûre reste infiniment probable.

Quelques auteurs cependant, tels que Maitland aux Indes ou Audain à Port-au-Prince, n'admettent pas encore ce mode d'infection et, se basant sur des raisons soit d'étiologie, soit de pathogénie, reviennent à l'ancienne théorie de Manson qui, n'ayant pu suivre le passage des larves dans la trompe du Moustique, pensait primitivement que celles-ci tombaient dans l'eau à la mort de l'Insecte et, mises en liberté à la faveur de sa décomposition, étaient avalées avec l'eau de boisson. Nous ne pouvons entrer dans le détail de cette discussion. Pour trancher la question, la seule méthode véritablement scientifique serait de tenter l'inoculation expérimentalement par l'une et l'autre voie. Il est délicat de le faire sur l'Homme : Manson déclare se refuser à entreprendre sur lui-même cet *experimentum crucis* et beaucoup sont dans son cas. Mais l'expérience est facile à faire sur le Chien avec la *F. immitis*, Filaire très voisine de la *F. Bancrofti* et dont l'évolution a pu être suivie chez l'*Anopheles Rossi*. Grassi et Noé l'ont tentée sur des Chiens de la campagne romaine et concluent à la transmission par la voie cutanée; mais ils ont sacrifié leurs sujets trop tôt et leurs expériences ne sont pas assez nombreuses pour être probantes. De plus, elles sont fautives : pour toutes les recherches de ce genre, il importe de ne s'adresser qu'à des individus primitivement vierges de toute infection, qu'il s'agisse de l'hôte intermédiaire ou de l'hôte définitif, et de mettre les sujets à l'abri de toute cause étrangère d'inoculation par quelque voie que ce soit, pendant tout le cours des observations.

Quoi qu'il en soit, au point de vue pratique, la question n'a qu'une importance secondaire : que le parasite s'introduise par la voie cutanée ou par la voie digestive, c'est le Moustique qu'il faut détruire; comme c'est dans les eaux stagnantes que le Moustique prend naissance, et comme c'est là qu'il retourne généralement mourir, pour l'hygiéniste, c'est l'eau qui est le premier facteur en jeu. Or, pour toute agglomération, l'eau de consommation constitue le foyer de pullulation le plus voisin, qu'il s'agisse de citernes, de tanks indiens ou des bassins et récipients domestiques en usage aux Antilles. Par suite, quelle que soit la théorie admise, la prophylaxie de la filariose réside avant tout dans le choix du mode d'approvisionnement de l'eau de consommation.

Nous croyons utile de donner ici la liste des Moustiques chez lesquels l'évolution de la *F. Bancrofti* a pu être suivie d'une façon complète :

Culex pipiens à Amoy, Chine (Manson) ;

Culex Skusei, Cousin domestique d'Australie, à Brisbane Quensland (Bancroft) ;

Anopheles Rossi à Tranvancore, Indes (James; il cite encore un autre *Anopheles* qu'il n'a pu spécifier);

Anopheles costalis, Bas Niger (Annett, Dutton).

Culex fatigans à la Trinité, Antilles (Vincent) et à Sainte-Lucie, Antilles (Low);

Panoplites africanus au Zambèze (Daniels), ainsi qu'un *Culex* indéterminé de la même région ;

Stegomyia calopus. Bas Niger.

Des résultats positifs mais incomplets ont été obtenus avec :

Culex tæniatus à la Trinité et à Sainte-Lucie (Vincent et Low);

Anopheles albimanus, à la Trinité (Vincent; développement rapide, mais le Moustique ne peut être élevé au delà de 12 jours);

Culex microannulatus } à Travancore (James; ne peuvent être
Culex albopictus } élevés au-delà de 12 jours.)

Nous voyons donc que la *Filaria Bancrofti* évolue indifféremment chez diverses familles de Culicides.

La *Filaria Bancrofti* est très répandue. Elle sévit sous tous les tropiques, qu'elle déborde largement au nord et au sud. Pour l'Ancien Monde, elle a été signalée dans l'hémisphère sud, jusqu'à Brisbane en Australie, par 27° de latitude, et jusqu'au Natal par 30°. Dans l'hémisphère nord, elle dépasse bien davantage la ligne des tropiques, car elle a été trouvée dans les îles méridionales du Japon, jusque vers le 33mo degré; enfin, elle est connue en Europe, où l'on a observé jusqu'à ce jour deux cas indigènes : l'un à Canet del Mar, petite localité de la côte d'Espagne, à 41 kilomètres au nord de Barcelone, signalé par Font y Torné en 1894; l'autre rapporté par Biondi en 1903 concernant un individu originaire de Gibraltar. Le cas le plus septentrional est donc celui de Canet del Mar, près du 42mo degré de latitude, à 80 kilomètres de la frontière française. Il s'agit là évidemment de cas erratiques qui s'expliquent par les relations que ces localités maritimes entretiennent avec les régions endémiques, mais si l'attention est attirée sur ce point, il est possible que les observations de ce genre se multiplient. Si nous notons aussi que le *Culex* d'Australie, chez lequel Bancroft a suivi l'évolution de la *Filaria Bancrofti*, est très voisin du *Culex pipiens* qui abonde dans nos pays, il ne nous paraîtra pas impossible que la *Filaria Bancrofti* s'acclimate un jour sur notre continent. Ce ne serait pas la première fois qu'une

endémie exotique, transmise par les Moustiques, serait importée
en Europe : l'exemple de la fièvre jaune est fait pour nous donner
à réfléchir. Dans le Nouveau Monde, la *Filaria Bancrofti* est connue
sur toute la côte orientale, depuis Buenos-Aires, sur le 35ᵐᵒ degré de
latitude sud, jusqu'à Philadelphie, sur le 40ᵐᵉ degré de latitude nord,
où Dunn a signalé un cas indigène. Les Antilles constituent un
des foyers où elle sévit avec le plus de force ; il est probable qu'elle
y a été importée d'Afrique par la traite des Noirs ; de là, à la faveur
des relations commerciales, elle s'est répandue dans les États-
Unis, où elle n'est pas rare entre le 30ᵐᵒ et 40ᵐᵉ degré de latitude,
ce qui prouve qu'elle peut s'accommoder d'un climat aussi tempéré
que la nôtre.

Filaria loa.—La *F. loa* ou Filaire de l'œil est de toutes ces Filaires
la plus anciennement connue. Nous savons, par une curieuse
gravure datée de 1598 et publiée par le professeur R. Blanchard,
qu'elle sévissait sur la côte occidentale d'Afrique à la fin du
XVIᵐᵉ siècle, avant même la traite des Noirs. C'est un Ver en
général plus petit et beaucoup plus épais que la Filaire de Bancroft :
le mâle mesure environ 30ᵐᵐ sur 350µ ; la femelle mesure 55ᵐᵐ
sur 425 µ. Le mâle présente cinq paires de papilles anales faciles à
voir, trois paires préanales très fortes et sacciformes, deux paires
postanales dont la dernière très petite et conique.

Le Ver adulte vit dans le tissu conjonctif sous-cutané ; c'est à ce
titre qu'on peut le voir occasionnellement serpenter sous la
conjonctive ; mais il peut se trouver sous la peau en un point
quelconque du corps, où il détermine des œdèmes localisés et
fugaces. A l'autopsie d'un Nègre du Congo, mort à Paris de
maladie du sommeil, nous avons trouvé trente et quelques adultes
disséminés dans le tissu cellulaire superficiel des quatre membres,
et malgré une recherche soigneuse, nous n'en avons vu ni sur le
tronc, ni sur le cou, ni sur la face, ni même à la région de l'œil.
La présence de la *F. loa* dans cette région n'est donc qu'occasionnelle ; il semble qu'elle s'y montre de préférence lorsqu'elle est
jeune et active. Ainsi s'explique que si fréquemment les spécimens
extraits n'ont pas encore atteint leur maturité, et que, d'autre
part, contrairement aux autres Filaires, on la voit si souvent chez
les enfants. Il est probable que, semblable en cela à quelques
Filaires connues chez les Mammifères, telle la *F. equina* qui peut

se montrer sous la conjonctive du Cheval quand elle est jeune, la *F. loa* tend avec l'âge à se fixer dans les tissus profonds où elle meurt; c'est ainsi que Brumpt a pu trouver sur le cœur d'un Indigène du Congo cinq Filaires adultes, dont quatre enkystées et calcifiées, la cinquième étant une femelle vivante de *F. loa.*

L'embryon de *F. loa*, extrait de l'utérus de la femelle, mesure environ 260 sur 16 μ. Il est entouré d'une gaîne et son extrémité postérieure est effilée; il est donc semblable à la Filaire nocturne, mais ses dimensions sont relativement petites, ce qui est généralement le cas des embryons qui n'ont pas encore passé dans la circulation. L'adulte vivant et mourant dans l'organisme, et le trouble léger qu'il provoque n'aboutissant jamais à la suppuration, les embryons ne trouvent jamais d'issue vers l'extérieur et doivent nécessairement se répandre dans la circulation. Toutefois, il est rare qu'un porteur de *F. loa* ait des Microfilaires dans le sang; si le cas se présente, c'est à la *F. diurna* que l'on a affaire.

La *F. loa* est un parasite exclusivement africain. Elle est connue sur toute la côte occidentale d'Afrique, de la Côte de l'Or à la Côte d'Angola, et dans le bassin du Congo. Les premières observations ont été faites aux Antilles et dans l'Amérique du sud à la fin du XVIIIe siècle, c'est-à-dire pendant la traite des Noirs; aussi concernaient-elles toutes des individus originaires de la Côte de Guinée. On n'a jamais vu de cas autochtones de *F. loa* dans le Nouveau Monde; on ne l'y a donc plus observée depuis que l'importation des esclaves a cessé.

Filaria diurna. — La Filaire diurne, décrite par Manson en 1891, est une Microfilaire très voisine de la *F. nocturna.* Ses dimensions sont sensiblement les mêmes; comme celle-ci, elle est entourée d'une gaîne et sa queue est effilée. Elle s'en distingue toutefois par quelques détails de sa morphologie et de ses réactions colorées. Sa gaîne est plus délicate, par suite elle manque aisément; fréquemment, l'extrémité de sa queue se replie sur elle-même, à l'intérieur de la gaîne, ce qui peut lui donner, au premier abord, un aspect tronqué. Pour la structure interne, il serait peut-être prématuré d'établir une distinction sur la distribution et l'aspect des taches embryonnaires qui, variant suivant les individus et selon les réactions, ne prêtent pas pour le moment à une systématisation précise; toutefois, en ce qui concerne les cellules elles-mêmes, le Dr Brumpt a observé qu'elles sont sensiblement plus grandes chez la *F. diurna,* et sur ce caractère il la différencie de la *F. nocturna* au simple vu de l'embryon. Cependant, c'est sur sa périodicité que Manson l'a tout d'abord différenciée. En effet, comme son nom l'indique, la *F. diurna* se rencontre principalement de jour dans le sang périphérique. Ce caractère distinctif est très net, vu de haut, mais assez inconstant dans le détail ; la *F. diurna* se trouve souvent dans le sang de la nuit, et suivant les habitudes du sujet, cette périodicité peut disparaître complètement, de telle sorte que la périodicité de la *F. diurna* et celle de la *F. nocturna* peuvent exceptionnellement se rapprocher l'une de l'autre. C'est ce qui a permis à Annett, Dutton et Elliot de mettre en doute l'individualité de la *F. diurna.* Nous ne pouvons entrer dans le détail de leur argumentation, qui est quelque peu paradoxale ; qu'il nous suffise de dire que cette manière de voir, qui s'explique par la méconnaissance de différences morphologiques réelles, ne semble pas légitimée par les faits : pour n'être pas aussi typique que le croyait Manson, la périodicité diurne de cette Filaire n'en est pas moins très réelle dans l'ensemble chez des sujets dont les habitudes sont régulières.

Nous ne savons rien du rôle pathologique joué par la *F. diurna,* et pour son évolution, nous en sommes réduits à des hypothèses. La présence d'une gaîne, qui musèle l'embryon, doit nous faire penser que celui-ci est mis en liberté par un Insecte suceur, et cet Insecte doit être diurne comme la périodicité. Quelques recherches entreprises sur les Moustiques n'ont pas donné de résultats. Manson a émis l'hypothèse que l'hôte favorable serait une Mouche, connue dans le Bas-Niger sous le nom de *Mangrove Fly* ; cette Mouche, qui pique au milieu du jour, est particulièrement importune dans cette région, où la *F. diurna* sévit avec une grande intensité. Mais ce terme ne s'applique pas à une espèce définie ; il sert, en réalité, à désigner indifféremment un certain nombre de Tabanides et de Glossines. Brumpt a fait précisément quelques recherches sur les Glossines au Congo ; des dissections rapides ne lui ont pas permis de trouver des larves de Filaire, mais il a rapporté un certain nombre d'échantillons fixés à la glycérine, qui nous ménagent peut-être quelque surprise. Comme la *F. loa,* la *F. diurna* est une espèce exclusivement africaine ; elle se rencontre sur la côte occidentale d'Afrique, de Sierra-Leone au Congo, ainsi que dans tout le bassin de ce fleuve. Elle semble disparaître lorsque l'on passe sur le versant du Nil; cependant Christy l'a observée dans le nord du Bukedi (Ouganda).

Filaria loa et *diurna*. — Quand Manson présenta la Filaire diurne en 1891, il émit l'hypothèse qu'elle pouvait représenter la forme embryonnaire de la *F. loa*. En effet, il l'avait observée chez un indigène du Congo chez lequel, quelques années auparavant, la *F. loa* avait été vue. Quoique, dans la majorité des cas, l'on n'ait pas vu de Microfilaires dans le sang des porteurs de *F. loa*, cette observation de Manson n'est pas unique. Annett, Dutton et Elliott ont revu récemment la *F. diurna* chez un jeune garçon du Bas-Niger, atteint de *F. loa*. Deux autres observations semblent être comparables : l'une de Prout à Sierra-Leone en 1903, qui décrit dans le sang d'un individu atteint de Loa, un embryon paraissant se rapporter à la *F. diurna;* l'autre de Texier, la même année, qui a trouvé la *F. diurna* chez un sujet qui paraît bien avoir été porteur de *F. loa*.

Mais, à l'appui de l'hypothèse de Manson, un fait bien plus démonstratif est le suivant : dans deux cas où l'on a recherché la forme adulte de la *F. diurna*, c'est la *F. loa* que l'on a rencontrée. Le premier de ces cas est celui de Brumpt : en pratiquant l'autopsie d'une femme atteinte de *F. diurna*, il a trouvé sur le cœur cinq Vers, dont quatre calcifiés et un vivant qui n'était autre qu'une femelle de *F. loa*. En examinant les embryons vivants contenus dans l'utérus de cette femelle, il put les identifier avec les Filaires diurnes trouvées dans le sang. Le second est celui d'un des Nègres morts à Paris de maladie du sommeil. Ce malade était porteur de *F. perstans* et de *F. diurna*. Dans l'espoir de trouver la forme adulte de l'une ou l'autre de ces Microfilaires, le professeur Wurtz entreprit une patiente dissection, qui lui permit de trouver deux Filaires dans le tissu conjonctif sous-cutané du bras. A sa suite, j'en ai retrouvé un grand nombre d'échantillons, et j'ai pu m'assurer qu'il s'agissait de la *F. loa* : les dimensions, les bosselures cuticulaires, les caractères de la queue du mâle, ne laissent pas de doute à ce sujet. Les embryons extraits de l'utérus, examinés en préparation humide après conservation dans le formol, sont un peu petits (260µ sur 6,5), comme c'est e lcas pour des Microfilaires qui n'ont pas encore passé dans le sang. Leur queue est effilée, souvent repliée sur elle-même à l'intérieur de la gaîne; celle-ci semble constante, quoique, dans certains cas, elle soit ajustée et difficile à voir. Ces caractères sont ceux de la *F. diurna*, et la Filaire nocturne n'est pas en question, puisque le sujet n'en était pas porteur.

Cette identité des deux espèces ressort de leur distribution géographique : elles sont toutes les deux africaines (côte occidentale et bassin du Congo) et ni l'une ni l'autre ne s'est acclimatée dans le Nouveau Monde à la faveur de la traite des Noirs, comme quelques espèces voisines.

Deux objections se présentent naturellement à l'esprit. Pourquoi, chez tout porteur de *F. loa*, ne trouve-t-on pas la *F. diurna* dans le sang, et réciproquement pourquoi, chez tout individu atteint de *F. diurna*, ne voit-on pas la *F. loa*? A ces deux questions la réponse est aisée. Tout d'abord, pour que les embryons puissent être décelés dans le sang, il faut déjà un certain nombre d'adultes : c'est ce que Manson a montré pour la *Filaria Bancrofti* et ce que Brumpt a contrôlé pour la *F. perstans* chez une jeune Congolaise qui, malgré les centaines d'adultes logés dans son mésentère, ne présentait qu'un petit nombre d'embryons par goutte de sang. Lorsque la *F. diurna* fait défaut, c'est que les adultes sont en quantité insuffisante. Il faut de plus compter avec les mâles, ou avec les femelles jeunes qui se rencontrent souvent. D'autre part, si la *F. loa* passe inaperçue chez un porteur de *F. diurna*, c'est que, son passage sous la conjonctive étant purement accidentel, il est exceptionnel que l'on ait l'occasion de la voir. Elle vit en un point quelconque du tissu conjonctif superficiel ou profond du corps et ne détermine que des troubles fugaces, œdèmes, prurit, douleurs rhumatoïdes, qui ne sont pas rattachés à leur véritable cause; le plus souvent, elle est parfaitement tolérée.

Filaria perstans. — D'après Low, le mâle mesure 34^{mm} sur 104μ; la femelle 50^{mm} sur 160 μ. C'est donc un Ver plus petit et beaucoup plus grêle que la *Filaria Bancrofti*. Le mâle est muni de quatre paires de papilles préanales et d'une paire de postanales, toutes très petites. Chez l'un et l'autre sexe, la queue se termine par deux prolongements triangulaires de la cuticule, qui lui donnent une apparence mitrée caractéristique.

L'embryon, de même, est beaucoup plus petit que la Filaire nocturne. Il mesure environ 200μ sur 5 μ, mais, comme il possède à un haut degré la propriété de s'allonger et de se rétracter, ses dimensions varient beaucoup. Il se distingue de la Microfilaire de Bancroft par son extrémité postérieure, qui s'arrondit brusquement comme si la pointe avait été tronquée. Cet embryon est privé de gaine ; par suite, il est libre dans le milieu sanguin, qu'il parcourt activement en tous sens. Enfin, il ne présente pas de périodicité : on le rencontre indifféremment dans le sang du jour ou de la nuit, d'où son nom. Firket, en 1895, frappé des écarts de taille observés sur les différents échantillons, crut pouvoir distinguer deux variétés de *F. perstans* : une variété longue, mesurant 160 à 180 μ, et une variété courte, mesurant 90 à 100 μ. Ces deux types sont généralement associés sur une même lame, et il est très rare d'observer des tailles intermédiaires. Plusieurs observateurs, tel Van Campenhout, Hodges et Brumpt, ont depuis signalé le même fait. N'y a-t-il là que des variations individuelles, ou ne s'agit-il que d'embryons observés à des âges différents ? La rareté des dimensions intermédiaires peut nous en faire douter. Le fait s'explique-t-il par des variations dans le degré de relâchement ou de contraction d'un embryon éminemment rétractile ? Ce n'est pas certain, car tous les auteurs ne signalent pas de variations inverses dans le diamètre de l'animal. Quoi qu'il en soit, il est difficile de dire, dès à présent, si nous sommes en droit de distinguer une variété grande et une variété petite de la *F. perstans*.

Nous ne savons rien du rôle pathologique joué par cette Filaire. Comme l'adulte est très petit et se loge dans le tissus conjonctif ou adipeux qui entoure les grands viscères, en particulier dans le mésentère, on comprend qu'elle soit mieux tolérée que la *Filaria Bancrofti*.

L'évolution de ce parasite nous est également inconnue. L'analogie nous conduit à penser qu'il doit passer par un hôte intermédiaire, probablement un Moustique. Hodges dans l'Ouganda et Low en Guyane ont observé un commencement d'évolution, le premier chez le *Panoplites africanus,* le second, chez le *Tæniorhynchus fuscopennatus* ; mais ce sont là des résultats encore très incomplets. Toutefois, la *F. perstans* sévissant principalement dans les régions où la forêt et la brousse n'ont pas encore fait place à la terre cultivée, il est probable que c'est parmi les Insectes qui hantent ces régions qu'il faut chercher l'hôte favorable.

Christy, constatant que, dans l'Ouganda, la *F. perstans* ne sévit pas sur les populations entièrement nues, s'était demandé si l'évolution ne se ferait pas chez les Poux et les Puces qui se cachent dans les vêtements des indigènes. Les expériences entreprises sur des parasites de cette sorte n'ont rien donné. Plus récemment, le même auteur a admis que cette Filaire serait transmise par la piqûre d'un Acarien, l'*Ornithodorus moubata*, et que la fièvre des Tiques ne serait autre chose que les prodromes de cette infection. Manson, en 1891, lorsqu'il présenta la *F. perstans*, émit l'hypothèse que, vu son absence de gaîne et la liberté de ses mouvements, et vu son extensibilité, cet embryon pourrait traverser la paroi des vaisseaux sans secours étranger et gagner les téguments, où il subirait un commencement de différenciation ; de là il tomberait dans l'eau, où il achèverait son évolution soit librement, soit après passage dans le corps de quelque animal d'eau douce, comme c'est le cas pour la Filaire de Médine. A ce moment, il s'appuyait sur l'origine filarienne du craw-craw et de la maladie du sommeil ; mais depuis lors, ces notions ayant été reconnues erronées, cette hypothèse, si séduisante qu'elle soit, a perdu une grande partie de son poids.

La *F. perstans* sévit sur la côte occidentale d'Afrique, où elle a été signalée de Sierra-Leone à Loanda. Elle est très répandue dans tout le bassin du Congo, où elle est fréquemment associée à la *F. diurna;* sur le versant oriental du continent noir, elle est commune dans l'Ouganda. Plus au sud, Danielsen a signalé un cas sur la rive occidentale du lac Nyassa. Elle a été considérée comme une espèce essentiellement africaine, jusqu'à ce que Manson eut édifié avec elle la variété tronquée de la *F. Ozzardi*, observée en Amérique chez les Caraïbes de l'intérieur de la Guyane anglaise. Nous savons maintenant qu'il y a là un foyer isolé, qui déborde probablement la frontière du Venezuela, du Brésil et de la Guyane hollandaise.

Filaria Demarquayi. — L'embryon de cette Filaire a été décrit par Manson en 1897, sur des lames de sang provenant de Saint-Vincent (Antilles); à l'instigation du professeur R. Blanchard, il lui a donné ce nom en l'honneur du chirurgien français Demarquay, qui le premier trouva une Microfilaire chez l'Homme. Galgey a trouvé la femelle adulte dans le mésentère d'une indigène de

Sainte-Lucie. Le mâle est inconnu. La femelle mesure 65 à 80^{mm} de long sur 210 à 250 μ de large ; elle est donc un peu plus petite que la *Filaria Bancrofti*, mais de diamètre à peu près égal ; elle lui ressemble d'ailleurs beaucoup.

L'embryon est petit comme celui de la *F. perstans* (200 μ sur 5 μ), dont il se rapproche par sa rétractilité, par l'absence de gaine, ce qui lui permet de se déplacer activement dans le champ de la préparation, et par l'absence de périodicité ; mais il s'en distingue nettement par son extrémité postérieure, qui est effilée comme celle des Filaires nocturne ou diurne.

Son rôle pathologique est inconnu ; vu son habitat. il est probable qu'elle est inoffensive. Sa distribution géographique est restreinte ; elle n'a été observée que dans quelques Antilles : à Sainte-Lucie, à Saint-Vincent, à la Dominique et à la Trinité ; et encore ne sévit-elle là que par petits foyers très circonscrits, dans des localités isolées, à proximité de la brousse ou des marécages : on assiste ainsi à de véritables épidémies de villages ou même de famille. Il est probable que son peu de diffusion tient à la rareté de son hôte intermédiaire. Les recherches de Low et de Vincent, à la Trinité, n'ont pas donné de résultat positif sur ce point; ils n'ont observé qu'un commencement d'évolution chez le *Stegomyia calopus*. Chose curieuse, à l'autre extrémité du monde, en Nouvelle-Guinée, Manson a signalé une petite Microfilaire effilée et privée de gaine, d'apparence identique à la Microfilaire de Demarquay ; Seligmann l'y a revue récemment. Faut-il l'identifier avec celle-ci ? C'est ce qu'il est impossible de dire, tant que l'on ne peut comparer les formes adultes.

Filaria Ozzardi. — Manson a trouvé, sur des lames de sang prélevé sur des aborigènes de l'intérieur de la Guyane anglaise, deux petites Filaires, le plus souvent associées, de même taille toutes deux (200 μ sur 5 μ) et toutes deux privées de gaine, mais dont l'une était effilée comme la *Filaria Demarquayi*, l'autre tronquée comme la *F. perstans*. Il les décrivit provisoirement sous le nom de *F. Ozzardi* ; il distingua deux variétés : une variété tronquée et une variété effilée. Daniels ayant trouvé la forme adulte de la Filaire tronquée d'Ozzard, Manson l'identifia à la *F. perstans* africaine, dont les embryons aussi bien que les adultes sont superposables. Par suite, aujourd'hui, la variété effilée d'Ozzard subsiste seule.

Nous en connaissons la femelle adulte qui a pu être comparée avec
la femelle de la *F. Demarquayi*. Daniels a constaté que leurs dimensions se correspondent très exactement et que leur morphologie
est la même. Toutefois, les diamètres de la tête varient; ils sont
beaucoup plus forts chez la *F. Demarquayi*; par contre, chez
celle-ci, la queue est moins large et se termine par un épaississement cuticulaire qui manque chez la *F. Ozzardi*. Nous ne
pensons pas que l'on puisse distinguer ces deux espèces sur de
semblables caractères. On sait, en effet, que les diamètres de la
tête et du cou varient beaucoup chez une même espèce, vu la
grande rétractilité de l'extrémité antérieure de l'animal; ces variations ne tiennent qu'au degré d'extension ou de rétraction de
cette extrémité, au moment où elle a été immobilisée par la mort.
Il en est de même pour la queue qui, étant fortement musculeuse
ne présente pas toujours les mêmes dimensions lorsque la mort a
fixé sa forme. Pour ce qui est de l'épaississement cuticulaire de
l'extrémité postérieure, il suffit de regarder les schémas donnés
par Daniels d'après des photographies pour voir qu'il ne s'agit là
que d'écarts individuels. Nous avons observé sur nos échantillons
de *F. loa* des écarts au moins aussi sensibles d'un spécimen à
l'autre.

Les adultes femelles ne sont donc pas différenciables. Il en est
de même des Microfilaires. Low a comparé avec soin les embryons
de l'une et l'autre espèce; il a observé une parfaite similitude de
taille et de structure, qu'ils soient examinés vivants ou en préparation sèche, lorsque la technique est la même, et il conclut à l'identité.

Enfin, en ce qui concerne la distribution géographique, ces
deux espèces se comportent absolument de même. En Guyane,
F. Ozzardi ne sévit pas sur la côte, où la Filaire nocturne est
seule connue. Elle ne commence à apparaître que lorsqu'on quitte
la bande de littoral cultivé pour entrer dans la brousse ou dans la
forêt; mais si l'on défriche dans l'intérieur, la Filaire disparaît :
ainsi, à Wismar, petit centre de chercheurs d'or qui est indemne,
quoiqu'à six milles de la côte. Par contre, s'il subsiste un coin de
brousse sur le littoral, la Filaire se rencontre encore : ainsi à
Warni-River, où elle sévit dans une proportion de 60 0/0. Dans
l'intérieur, la répartition est générale, mais très inégale; dans
quelques villages, ou même dans quelques familles, la totalité des

adultes est atteinte, d'autres villages ou familles étant absolument indemnes. Cette façon de procéder par petits foyers circonscrits est caractéristique de la *F. Demarquayi* aussi bien que de la *F. Ozzardi;* elle contraste avec la manière de la *F. Bancrofti* qui, dans ces régions, sévit volontiers dans les fortes agglomérations, où elle est propagée par les Moustiques domestiques qui vivent dans les eaux d'approvisionnement. Pour toutes ces raisons, nous pensons qu'il n'est pas prématuré de procéder au second démembrement de la *F. Ozzardi* et d'identifier sa variété effilée avec la *F. Demarquayi.*

Filaria Magalhäesi. — Le mâle et la femelle de cette Filaire ont été trouvés par Figueira de Saboia au Brésil, dans le cœur d'un enfant et décrits par Magalhães. Nous avons dit qu'elle a été confondue avec la *F. Bancrofti* jusqu'en 1895. Elle s'en distingue nettement par sa grande taille, 155^{mm} sur 715μ pour la femelle, 83^{mm} sur 407 μ pour le mâle; par sa cuticule épaisse et finement annelée; enfin par les papilles anales du mâle, qui sont fortes et à surface villeuse. Les embryons sont très allongés et très minces, mesurant 300 à 350 μ sur 6 μ. L'examen du sang n'a pas été fait, mais il est bien évident, de par la situation de l'adulte dans la cavité du cœur, que les Microfilaires se répandent dans la circulation. Le cas de Magalhães étant unique jusqu'à ce jour, toute hypothèse sur le rôle pathologique ou l'évolution de cette Filaire serait pour le moins prématurée.

Filaria gigas, F. Powelli. — Un mot seulement de ces deux Microfilaires, qui n'ont été vues qu'une fois et dont il serait prématuré d'affirmer la spécificité, puisqu'il faut toujours compter avec les erreurs d'interprétation et les artifices de préparation.

La *F. gigas* a été observée par Prout en 1902 à Sierra-Leone, associée à la *F. nocturna.* Il s'agissait de deux embryons de grande taille, le plus grand mesurant 349 μ sur 12 μ, le plus petit 220 μ sur 10 μ. La queue était tronquée et la gaine paraissait absente. Par un examen attentif, on pouvait distinguer nettement un canal central. Ces embryons présentaient une affinité particulière pour la fuchsine; par suite, ces échantillons étaient obscurs et, en cherchant à les éclaircir, Prout n'est parvenu qu'à les altérer. Il s'agirait donc d'une Microfilaire semblable à la *F. perstans,* mais de dimensions doubles et de différenciation plus avancée.

Powell, dans une note adressée au *British medical Journal* en
1903, décrit comme suit une Microfilaire qu'il a observée à trois
reprises chez un homme de police de Bombay :

« Embryon entouré d'une gaîne, à queue tronquée, de diamètre
sensiblement égal sur toute sa longueur et mesurant 131 μ de long
sur 5,3 μ pour son épaisseur maxima. »

C'est donc un embryon petit et tronqué comme la *F. perstans.*
Mais celle-ci, qui n'est pas connue aux Indes, s'en distingue
nettement par l'absence de gaîne. Il est certain qu'aucune Microfilaire semblable n'a encore été décrite.

Comme conclusion de cet aperçu, nous proposerons provisoirement la classification suivante des Filaires du sang :

FORMES ADULTES :	FORMES EMBRYONNAIRES :
F. Bancrofti.	*F. nocturna.*
F. loa.	*F. diurna.*
F. perstans.	*F. perstans.*
F. Demarquayi.	*F. Demarquayi.*
F. Magalhãesi.	?

à laquelle il faut probablement ajouter la *F. volvulus.*

Qu'il nous soit permis en terminant d'attirer l'attention des
médecins des Colonies françaises sur l'intérêt qu'il y a à pratiquer
des examens du sang sur une grande échelle et à dresser des
statistiques, soit pour la détermination des espèces et de leur
répartition, soit pour l'éclaircissement de certains problèmes, tels
que l'étiologie de l'éléphantiasis, dont l'origine filarienne est encore
à discuter et qui mérite d'être examinée de près. Il est regrettable
de constater qu'à ce point de vue nous sommes largement
devancés par les Anglais, à qui nous devons presque toute la littérature de cette question (1).

———————

(1) Pour de plus amples détails, voir : R. PENEL, *Les Filaires du sang de l'Homme.*
Paris, F. R. de Rudeval, 1904.

MALADIE DU SOMMEIL

DISTRIBUTION GÉOGRAPHIQUE, ÉTIOLOGIE, PROPHYLAXIE

PAR

Le Dr E. BRUMPT

Chef de travaux à l'Institut de médecine coloniale de Paris.

(Planche III)

Cette curieuse maladie est connue depuis longtemps des indigènes de diverses contrées de l'Afrique, qui, dans leurs dialectes, la désignent tous sous le nom de « sommeil » ou de « maladie du sommeil ». Une faiblesse marquée dans les membres, des accès de fièvre, des maux de tête assez violents, ainsi que des engorge ments ganglionnaires sont les premiers symptômes accusés par les malades. Plus tard surviennent les troubles nerveux, une somnolence presque continue dans le jour, contrastant avec une agitation nocturne presque toujours très marquée. Dans les derniers stades, le malade dort presque continuellement et meurt dans le coma avec une hyperthermie assez forte, ou au contraire, avec une hypothermie remarquable (température inférieure à 28° dans plusieurs cas, d'après A. Bettencourt).

La maladie du sommeil atteint les Européens et les Nègres, mais chez les premiers sa marche est plus rapide et le sommeil est beaucoup moins caractéristique que chez les seconds. Connue du monde scientifique depuis les travaux de Winterbottom, en 1800. elle a commencé à intéresser les gouvernements européens dans ces dernières années.

C'est le gouvernement portugais qui donna l'exemple en envoyant, en 1901, A. Bettencourt et ses collaborateurs, A. Kopke, G. de Rezende et C. Mendes, dans l'Angola, pour étudier l'épidémie qui s'étendait avec une rapidité extraordinaire vers les provinces de l'intérieur. En juin 1902, le gouvernement anglais, à l'instigation du professeur P. Manson, envoya dans l'Ouganda les Drs Low, Castellani et C. Christy, rappelés ensuite en Europe et remplacés par Bruce, Nabarro et Greig. Enfin, en 1903, le gouvernement français m'a confié une mission, due à l'initiative du professeur R. Blanchard, pour étudier cette maladie au Congo.

Dans ce travail, je me bornerai à étudier les points qui peuvent intéresser la colonisation, c'est-à-dire la distribution géographique, l'étiologie et enfin la prophylaxie.

Distribution géographique. — Grâce aux différentes missions signalées ci-dessus, ainsi qu'à l'enquête que M. Kermorgant a faite en Afrique occidentale, la distribution géographique de la maladie est à peu près connue aujourd'hui.

En Afrique occidentale, on peut considérer comme foyers endémiques certains points de la côte au sud de Dakar, Joal, Portudal et Nianing, où la maladie, d'après les renseignements que nous tenons de l'évêque de Dakar, M. Kunemann, semble beaucoup diminuer.

La Casamance et la Gambie anglaise sont également des pays endémiques connus depuis longtemps. Sur la côte, les villes de Konakry, Freetown, Monrovia, Grand Lahou, Grand Bassam, Cotonou, Porto-Novo ne sont pas contaminées, bien que la maladie y ait été importée, par mer ou de l'intérieur ; par contre, dans l'hinterland de certaines de ces colonies la maladie se rencontre fréquemment.

Des cas isolés, importés, ont également été observés en divers points du fleuve Sénégal et sur le moyen Niger. La maladie semble assez commune dans la haute Guinée, sur le haut Comoé et le haut cours de la Volta noire et de la Volta blanche. Il semble y avoir également quelques centres suspects dans le pays haoussa (Dr Best).

La maladie du sommeil semble inconnue au Cameroun (Ziemann), mais sévit, par contre, avec une certaine intensité dans les îles de Fernando Po, de São-Thomé et du Prince ; dans cette dernière surtout, elle fait tous les ans beaucoup de victimes.

De Libreville à Benguella, la maladie a été observée un peu partout, mais elle n'est pas endémique dans tous les points. Elle se rencontre de temps à autre chez les indigènes des environs de Libreville, sur la rivière Monda (le R. P. Klaine), à Boutika sur le Rio Mouny (P. Tanguy) ; elle fait quelquefois des victimes au Fernand Vaz et a remonté depuis deux ans le fleuve Ogooué à Lambaréné (Coupé), puis à Boué et à Njolé (le R. P. H. Trilles). A Mayoumba (le R. P. le Mintier de la Motte Basse), elle est assez répandue chez les indigènes des environs de la mission. Dans toute la région qui s'étend entre Loango et Cabinda elle est connue depuis longtemps.

L'estuaire du Congo était autrefois indemne ; cependant, depuis quelques années, la maladie devient assez fréquente dans les environs de Boma (Dr Nielsen). Le Congo portugais est contaminé depuis longtemps et la maladie a fait de très rapides progrès dans l'Angola depuis 1874 ; elle est surtout abondante dans la province de Loanda, plus rare dans la province de Benguella ; elle n'est pas endémique dans la province de Mossamedès.

Dans l'intérieur du continent noir, la maladie du sommeil a une distribution plus irrégulière. Elle est sporadiquement endémique dans le Mayombe français, le Bas Congo, ainsi que sur les rives du grand fleuve, depuis le Stanley pool jusqu'au poste de Nouvel-Anvers, où elle a fait son apparition il y a quelques années seul - ment (Dr Hans Muller) ; c'est le point le plus élevé du Congo où elle soit endémique. On la rencontre également, d'une façon plus ou moins régulière, sur les rives du Kassaï et de ses affluents portugais et belges. Elle existe également aux environs de Luluabourg et de Lusambo, à la mission de Saint-Trudon (Gréban de Saint-Germain) ; quelques cas isolés ont également été observés à la mission de Saint-Benoît.

Si nous considérons maintenant les affluents de droite du Congo, nous voyons que la maladie a remonté l'Oubangui jusqu'à Bangui, la Likouala jusqu'au 2e degré de latitude nord et la Sanga jusqu'aux environs de Ouesso.

J'en ai observé un cas à Bouta, sur l'Itimbiri, chez un nègre ababoua qui n'avait jamais quitté son pays ; mais la maladie doit être rare ou récemment importée, car les indigènes n'ont pas de nom spécial pour la désigner.

Enfin, je crois pouvoir affirmer l'existence d'un foyer, probablement très localisé, dans le Manyéma, chez les Bango-Bangos, car j'ai pu observer un indigène de cette race atteint de la maladie à Abba dans le haut Ouellé, dans un point où la maladie n'est pas endémique. Cet indigène n'avait voyagé que dans les provinces orientales, qui sont considérées comme indemnes. La maladie se nommerait *bolobi* dans le Manyéma.

Des cas isolés de maladie du sommeil ont été observés à peu près dans tous les postes belges, parmi les nombreux soldats et travailleurs recrutés un peu partout. Ces exodes de population ont été pour beaucoup dans l'acclimatement de la maladie, dans des régions autrefois indemnes et où les communications, entre peuples sauvages et anthropophages, étaient, avant l'occupation européenne, impossibles ou tout au moins très limitées.

L'hypnose a fait son apparition probable dans l'Ouganda en 1896 (C. Christy) et s'est signalée par de terribles ravages en 1901. Elle s'est rapidement étendue le long des rives nord du lac Victoria, ainsi que dans les îles adjacentes. On estime qu'en l'espace de trois ans, environ un tiers de la population a été décimé.

Comment la maladie a-t-elle été importée dans l'Ouganda? Christy pense qu'elle a été introduite par les anciens soldats d'Émin Pacha ou par leurs esclaves congolais, mais, comme les premiers cas ont atteint des indigènes de l'Ouganda, il avoue lui-même que son hypothèse est peu plausible. Le problème est difficile à résoudre ; néanmoins, si l'on tient compte de la facilité avec laquelle les Ougandas s'engagent comme porteurs à la solde des Arabes et des Souahélis de Zanzibar, pour parcourir d'immenses espaces pendant des mois et des années, il est possible d'admettre que la maladie a été importée par des indigènes qui se sont contaminés dans le Manyéma ou dans le Haut Kassaï, dans ces provinces que les Belges appellent la *zone arabe*. Ces régions, autrefois conquises par les Arabes, sont encore ouvertes à leur commerce aujourd'hui.

Quoi qu'il en soit, l'étude de la distribution géographique de la maladie du sommeil nous montre sa marche progressivement envahissante vers le Haut Congo et vers les sources de ses principaux affluents.

Les pays où se rencontre l'hypnose peuvent revêtir les aspects les plus divers. Un fait est bien établi, c'est que, dans une même région, certains villages sont décimés, tandis que d'autres sont respectés, bien que les communications entre villages soient fréquentes et le mode d'existence des habitants à peu près identique. Les villages établis au bord des rivières ou près des sources sont surtout atteints, les villages établis sur des hauteurs, dans des espaces dénudés, sont beaucoup moins éprouvés. Il y a quelques exceptions à cette règle : ainsi, la maladie existe sporadiquement sur le trajet du chemin de fer de Matadi à Léopoldville, bien que la région soit élevée et peu boisée, sauf dans le creux des vallées, alors qu'elle manque totalement à la pointe de Banane, à l'embouchure du

Congo, localité basse et marécageuse, où abondent les Palétuviers. Ces exceptions démontrent simplement que la maladie ne tient pas à la nature même du sol, mais bien à la présence d'un agent vecteur qui affectionne plus ou moins certaines contrées.

Étiologie. — Les hypothèses les plus nombreuses ont été émises au sujet de l'étiologie de la maladie du sommeil. Les indigènes ont à cet égard les idées les plus diverses. Sur la côte de Guinée, dans le Bas Congo, le Kassaï, etc., ils incriminent le manioc consommé en trop grande abondance ou insuffisamment mûri. Les Soussous de la Guinée accusent certains Poissons. En Casamance, au Sénégal, dans l'Angola, on croit à la contagiosité par la bave des malades qui serait même, dans certains cas, entraînée par le vent, d'où les précautions que prennent certaines tribus de l'Angola pour aller visiter les malades. Enfin les peuplades plus primitives, ou plus superstitieuses, accusent les mauvais esprits ou les maléfices d'un féticheur.

Les Européens, jusqu'à ces dernières années, n'ont guère fait que répéter les croyances indigènes : c'est surtout la théorie du manioc qui a eu la plus grande vogue. On a également voulu faire jouer un rôle prépondérant aux excès de toutes sortes, aux privations ou aux mauvais traitements, etc. En 1898, sir Patrick Manson, en examinant deux malades du sommeil traités à Londres, découvrit dans leur sang une nouvelle espèce de Filaire qu'il nomma *Filaria perstans*; il émit alors l'hypothèse, appuyée sur quelques faits de distribution géographique, que ce parasite était la cause de l'affection.

Pendant plusieurs années, cette hypothèse fit fortune ; on avait même signalé dans la Guyane anglaise des cas de maladie du sommeil contractés dans un pays où la *Filaria perstans* est commune : tout s'accordait donc pour rendre plausible l'hypothèse du grand savant anglais.

C'est Van Campenhout qui, le premier, battit en brèche cette théorie, en montrant par l'étude d'épidémies locales comme celles de Berghe Sainte-Marie, que la *Filaria perstans* ne pouvait jouer aucun rôle dans la maladie. Il fut démontré ensuite que les prétendus cas de la Guyane n'étaient autre chose que des cas avancés d'uncinariose. Depuis, les recherches de Bettencourt et de ses collaborateurs, celles de Ziemann, de Low et les miennes

sont venues démontrer l'absence complète de relations entre la
maladie du sommeil et la présence dans le sang de la *Filaria perstans.*

Différents microbes furent découverts successivement par Carvalho de Figueiredo, par Cagigal et Lepierre, par Bettencourt et ses
collaborateurs, par Broden et enfin par Castellani. Vers la fin de
l'année 1902 et au commencement de 1903, pendant que j'accom-
plissais la traversée du Congo belge depuis le Nil jusqu'à l'Atlantique, avec la mission du Bourg de Bozas, je recueillis, surtout au
point de vue épidémiologique, des documents qui me permirent
de considérer toutes les hypothèses émises comme insuffisantes.
Les maladies microbiennes ont en général une allure épidémique
bien différente de celle présentée par la maladie du sommeil. En
étudiant la distribution géographique, j'avais également été frappé
de ce fait que la maladie ne se transmet pas : en dehors de l'Afrique,
elle n'est donc pas contagieuse.

En examinant de près ce qui se passe en Afrique, on voit que,
subitement, la maladie peut apparaître dans un pays et y faire
de grands ravages. Dans un village donné, elle atteint plus spécialement les gens que leurs occupations attirent vers le fleuve ou les
sources : les pêcheurs, les pagayeurs, les esclaves qui vont
à l'eau, etc. On voit aussi qu'elle est limitée au bord des
fleuves, des rivières ou des sources ombragées. Un exemple, qui
m'a été communiqué par les Pères de Skeute, est des plus typiques:
A Banamia, près de Coquilhaville, existe une mission de Pères
trappistes, à environ vingt minutes du Congo. Au bord du fleuve
vivaient, il y a quelques années, environ 3.000 pêcheurs Lolo;
en 1902, on pouvait à peine en compter 300 ; tous les autres avaient
été décimés par la maladie du sommeil. Tout à côté de la mission
se trouve un village de cultivateurs ; ces indigènes ne vont que
rarement au fleuve: fait curieux, la maladie est presque inconnue
chez eux. Les exemples de ce genre seraient faciles à multiplier.
A M'Pakou existe une autre mission, installée à une certaine distance du fleuve, en plein pays endémique : les enfants de la mission,
qui proviennent de villages décimés, ne se livrent plus à la pêche,
mais font de la culture et vont rarement au fleuve; la maladie
a presque entièrement disparu.

De semblables faits nous avaient convaincu de la transmissibilité certaine de la maladie, dans des conditions particulières qui semblaient se rencontrer au bord des fleuves. Tous les facteurs dus à l'alimentation devaient être supprimés, car les pêcheurs et les cultivateurs, qui échangent les uns et les autres les produits de leur travail, ont un régime à peu près semblable.

Ces documents étaient profondément fixés dans mon esprit et n'auraient peut-être jamais pris de consistance sans la belle découverte de Castellani. Dans une communication lue devant la *Royal Society* de Londres, ce savant annonçait la fréquence, dans le liquide céphalo-rachidien et le sang des malades qu'il avait étudiés, d'un Protozoaire flagellé appartenant au genre *Trypanosoma*. Son rappel en Europe ne lui avait malheureusement pas permis de compléter ses travaux par des recherches expérimentales. Cette découverte du savant italien fut pour moi un trait de lumière : le 27 juin 1903, à la Société de Biologie, j'émettais l'hypothèse que le Trypanosome de la maladie du sommeil était transmis de l'individu malade à l'individu sain par l'intermédiaire d'une Mouche Tsé-tsé. Cette hypothèse, basée sur les études précédemment citées, expliquait toute l'épidémiologie de la maladie et ses allures bizarres dans les foyers endémiques ; elle expliquait aussi pourquoi les gens que leurs occupations attirent au bord des fleuves sont frappés tandis que les autres restent indemnes. De plus, elle donnait un certain poids à la découverte de Castellani, en montrant que le Trypanosome, qui ne pouvait être transmis que dans des conditions bien spéciales, devait être certainement l'agent de la maladie et non un simple parasite accidentel comme les microbes décrits par plusieurs auteurs et par Castellani lui-même.

Dans le *Journal of tropical medicine* du 1er juillet 1903, Sambon publiait une hypothèse semblable à la mienne, mais basée sur des considérations purement théoriques.

Sans entrer dans le détail des expériences qui ont été faites. nous pouvons dire qu'à l'heure actuelle, à la suite des travaux de la mission anglaise de l'Ouganda et de la mission dont nous avons été chargé au Congo français, ainsi que des recherches de laboratoire qui les ont suivies, que le Trypanosome découvert par Castellani est bien l'agent causal de l'affection et, d'autre part, que ce Trypanosome est identique à celui qui a été découvert par Fordes et décrit par Dutton dans la trypanosomose fébrile de

Gambie, parasite retrouvé la même année par Manson, Brumpt, Broden chez des Européens ayant contracté cette maladie au Congo. Ces faits sont très importants, car ils montrent l'identité de la maladie du sommeil et de la trypanosomose fébrile, qui n'en est que la phase initiale.

Transmission du parasite. — Des expériences ont été faites par Dutton avec deux espèces de *Stomoxys* de Gambie et par Bruce et Nabarro avec la *Glossina palpalis* de l'Ouganda.

Expériences de Dutton. Exp. 51. — Des Stomoxes appartenant à deux espèces sont capturés, pendant huit jours, sur deux Chevaux infectés l'un avec le *Trypanosoma dimorphon* Dutton et Todd, l'autre avec le *Trypanosoma gambiense* Dutton ; pendant huit jours, les mêmes Mouches se nourrissent sur un jeune Rat non infecté ; cet animal n'a jamais présenté de Trypanosomes dans le sang.

Exp. 50. — Du 18 au 26 mars, des Stomoxes sont récoltés et nourris journellement sur un Cheval inoculé avec *Trypanosoma gambiense*; à partir du 25 mars, ces Mouches sont nourries alternativement toutes les 24 heures sur un Rat neuf et sur le Cheval infecté. Le Rat n'a jamais été infecté.

Exp. 56. — Des Stomoxes, récoltés sur les deux Chevaux de l'expérience 51, sont nourris sur un Rat très infecté avec *Trypanosoma dimorphon*; deux fois ces Mouches piquèrent un Rat blanc neuf qui ne s'infecta pas.

Expériences de Bruce et Nabarro. — Ces expérimentateurs ont étudié dans l'Ouganda le rôle joué par la *Glossina palpalis* dans la transmission du *Trypanosoma gambiense*, agent de la maladie du sommeil. Les expériences qu'ils ont faites, bien que conduites d'une façon peu scientifique, sont néanmoins très intéressantes.

Pour démontrer d'abord la transmission du parasite de l'individu malade à l'individu sain, ils instituent diverses expériences :

Exp. 114. — Des *Glossina palpalis*, prises au hasard aux environs d'Entebbe, au nombre de plusieurs centaines, piquent un individu atteint de maladie du sommeil et, huit heures après, un Cercopithèque. Ces expériences durent du 20 mai au 23 juillet. Les Trypanosomes se montrent dans le sang le 64e jour.

Exp. 115. — Un autre Cercopithèque traité de la même façon contracte des Trypanosomes le 64e jour également.

Exp. 99. — Un Cercopithèque est piqué du 15 mai au 23 juillet par plusieurs centaines de Mouches ayant piqué 24 heures avant un malade; les Trypanosomes se montrent dans le sang le 69e jour.

Exp. 97. — Un Cercopithèque est traité comme le précédent : il contracte la maladie le 45e jour.

Exp. 116. — Du 20 mai au 23 juillet, un Cercopithèque est piqué par un grand nombre de Mouches ayant piqué 48 heures avant un malade du sommeil. L'animal s'infecte le 64e jour.

Ces expériences seraient du plus haut intérêt, s'il avait été démontré, à l'aide d'animaux témoins, que les Mouches en question avaient été débarrassées des Trypanosomes qu'elles pouvaient avoir puisés au dehors. Les expériences suivantes, empruntées au mémoire de Bruce, montrent en effet que les Glossines de l'Ouganda donnent la maladie, même quand on leur fait piquer directement des Singes. Dans ces conditions, l'infection est même beaucoup plus rapide.

Le premier Cercopithèque piqué a eu des parasites le 14e jour, le second le 29e jour et le troisième le 23e jour.

Bruce et Nabarro déclarent d'ailleurs que leurs animaux avaient des Trypanosomes dans le sang, mais, jusqu'à présent, la détermination des parasites inoculés par les Mouches n'a pas encore été faite, ce qui aurait été indispensable en pareille matière, car d'autres espèces de Trypanosomes, parasites des animaux, existent dans les mêmes régions.

Malgré les expériences précédemment citées, la démonstration rigoureusement scientifique reste encore à faire. Néanmoins, étant donné d'une part l'abondance des Trypanosomes dans le sang des indigènes de l'Ouganda, dans les points endémiques, et, d'autre part, la rareté des trypanosomoses animales, il y a 99 chances sur 100 pour que le parasite inoculé par la *Glossina palpalis* de l'Ouganda soit celui de la maladie du sommeil.

Par elle-même, cette Mouche est tout à fait inoffensive, quand il n'y a pas d'individus ou d'animaux malades dans la région : ainsi, dans le pays de Dimé, au sud de l'Abyssinie, nous avons pu faire piquer une Chienne par plusieurs centaines de ces Insectes, sans que cet animal présentât jamais de Trypanosomes dans le sang. Semblable expérience a été faite sur le Rat avec des Mouches récoltées en Gambie par Dutton.

Au point de vue pratique, on peut considérer les expériences de Bruce et Nabarro comme suffisamment démonstratives.

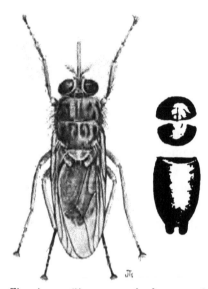

Fig. 1. — *Glossina palpalis* venant d'éclore ; à droite, les débris de sa pupe. × 4.

Nous venons de voir que le rôle pathogène de la *Glossina palpalis* (fig. 1) est un fait acquis ; un fait très intéressant au point de vue colonial reste à démontrer : est-elle la seule Tsé-tsé pathogène pour l'Homme ? *A priori*, il est impossible de se prononcer ; néanmoins, des documents que j'ai reçus récemment du Père Le Mintier de la Motte Basse, supérieur des Pères du Saint-Esprit à Mayoumba, me permettent de croire que la *Glossina fusca* Walker, joue peut-être aussi un rôle actif dans la transmission de la maladie du sommeil. A Mayoumba, cette maladie est endémique chez les indigènes ; depuis quelques années, elle semble même faire des progrès ; or, sur un grand nombre de Mouches piqueuses récoltées dans le pays, j'ai rencontré 13 exemplaires de Tsé-tsés appartenant exclusivement à l'espèce précédemment citée. En langue fiote, ces Mouches se nomment *Zizi*, nom qu'il est intéressant de rapprocher du mot *Tsé-tsé* ou *Tétzé* de l'Afrique australe : ils sont l'un et l'autre une onomatopée imitant le bruit très caractéristique que font ces Insectes en volant.

Comment agissent les Glossines ? Les expériences faites avec ces Mouches ne sont pas nombreuses jusqu'à présent. Les premières études ont été faites par Bruce dans le Zululand avec *Glossina morsitans*, et peut-être aussi avec *Glossina pallidipes*, qui a une distribution géographique identique et qu'Austen a récemment différenciée de la première. Dans le pays somali, les expériences que j'avais commencées avec la *Glossina longipennis* Corti (fig. 2) n'ont pu aboutir, par suite de la rareté du matériel. Enfin, Dutton a expérimenté en Gambie avec la *Glossina palpalis*, pour voir si cette

Mouche jouait un rôle dans la transmission du *Trypanosoma dimorphon*. Je cite, pour mémoire seulement, les expériences signalées ci-dessus, de Bruce et de Nabarro, dans l'Ouganda.

Deux hypothèses sont en présence pour expliquer la transmission des Trypanosomes par les Glossines : ou ces Insectes agissent d'une façon purement mécanique, ou bien, au contraire, ils sont des hôtes intermédiaires permettant une évolution spéciale du parasite et jouant vis-à-vis des Trypanosomes le rôle des Anophèles pour les parasites du paludisme. On peut encore admettre une théorie mixte : la Tsé-tsé agirait mécaniquement pendant les premiers jours et aurait un rôle plus complexe, comme hôte intermédiaire, après plusieurs jours ou semaines d'incubation. Avant d'essayer de

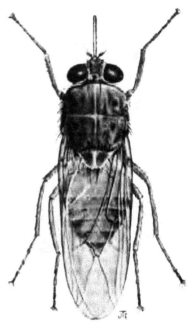

Fig. 2. — *Glossina longipennis.* × 4.

conclure d'une façon quelconque, nous allons donner un résumé de ce qui a été fait à ce sujet.

Les expériences de Bruce sur le nagana sont en faveur du rôle mécanique joué par l'Insecte. Dans la trompe même de la Mouche, on rencontre des Trypanosomes bien vivants 24 et encore 46 heures après la succion ; après 118 heures, ces parasites sont encore très actifs dans l'estomac. Si l'on fait jeûner pendant quelques jours des Glossines venant d'une zone infectée, elles deviennent incapables de transmettre la maladie, alors que des Mouches pouvant piquer des animaux sains immédiatement après leur capture la donnent certainement.

Nos observations sur la *Glossina longipennis* du pays somali, dans l'estomac de laquelle nous avons trouvé des parasites vivants, trente-six heures après la succion, et la structure spéciale du pharynx de cet Insecte nous avaient amené à croire, un peu *a priori* peut-être, au rôle mécanique de la Mouche Aïno des Somalis (1).

Pour appuyer cette manière de voir, je signalerai encore les expériences de Bruce et Nabarro sur la maladie du sommeil. Si l'on admet que les Mouches, capturées au hasard, avaient des Trypanosomes en réserve dans leur trompe ou dans leur pharynx, on comprend comment celles qui les ont inoculés de suite aux animaux en expérience ont pu les contaminer très vite, du 14e au 29e jour, et comment au contraire, celles qui les avaient inoculés d'abord à un malade du sommeil (2) ont agi moins rapidement; comme on l'a vu précédemment, la maladie s'est déclarée le 45e jour dans un cas et du 65e au 69e dans les 4 autres.

Une expérience de Dutton est venue jeter quelque trouble dans la conception si simple que l'on se faisait de la transmission des Trypanosomes. Pendant 18 jours, il fait piquer alternativement par des *Glossina palpalis* un Rat infecté avec du *Trypanosoma dimorphon* et un Rat sain. Ce dernier ne s'est jamais contaminé.

Il est difficile de conclure sur une seule expérience : le Rat pouvait être réfractaire à la maladie, bien que ce fait n'ait pas encore été constaté. Dutton pense que dans ses expériences, faites pendant la saison sèche, la virulence du parasite avait pu être atténuée dans le corps des Mouches. Il signale à ce sujet l'observation de M. Hewby, ex-résident en Nigeria, qui signale sur la Bénoué, à Ibi, des localités où les Chevaux contractent la maladie à coup sûr, pendant la saison humide, alors qu'ils les traversent impunément pendant la saison sèche, bien que les Mouches soient aussi abondantes. Cette observation est à rapprocher de celle de beaucoup d'indigènes de la côte occidentale et même de l'Afrique centrale, qui ne craignent pas d'envoyer leurs animaux dans les régions à Mouches pendant la saison sèche. Le Dr Decorse, de la mission Chevalier, m'a signalé un exemple de ce fait chez les indigènes du Chari.

Si cette observation était scientifiquement bien démontrée, elle ne serait vraie, en tous cas, que pour certaines espèces de Glossines. Je ferai remarquer, en effet, que dans le pays somali la mission du Bourg de Bozas a perdu près de cent Chameaux d'une trypanoso-

---

(1) E. BRUMPT, Notes et observations sur les maladies parasitaires (2e série), *Archives de Parasitologie*, V, p. 149, 1902.

(2) Expériences 114, 115, 99, 97, 116.

mose contractée en pleine saison sèche, dans un pays torride et malgré le nombre très restreint des Mouches.

Telles sont les expériences qui ont été faites jusqu'ici sur les Glossines; comme il est facile de le voir, il reste encore beaucoup à faire dans cette voie. Toutes les espèces de Trypanosomes sont-elles aussi résistantes à l'action des sucs digestifs des Glossines ou certaines d'entre elles sont-elles seulement respectées dans l'estomac de l'espèce qui doit assurer leur dissémination? D'autre part, les Glossines ont-elles un rôle mécanique ou au contraire permettent-elles au Trypanosome d'accomplir un cycle évolutif quelconque, cycle encore inconnu, mais dont les travaux récents de Schaudinn sur les *Halteridium* des Oiseaux semblent nous faire pressentir l'existence. Quel que soit le mécanisme par lequel les Glossines agissent, un fait bien certain c'est qu'elles inoculent plusieurs espèces de trypanosomoses à l'Homme et aux animaux; il faut donc leur faire la guerre dans la mesure du possible. Quelques notions sur l'histoire naturelle de ces Insectes ne seront pas inutiles ici.

Les Mouches Tsé-tsé sont réparties actuellement en huit espèces. Toutes sont caractérisées par leur corps allongé, leur tête pourvue de deux longs palpes maxillaires ayant l'aspect d'une languette, engainant complètement la trompe, et leurs ailes repliées sur le dos dans un plan horizontal, comme les lames d'une paire de ciseaux. Toutes les Glossines se nourrissent de sang, les mâles comme les femelles. Certaines espèces, comme la *Glossina palpalis* et la *Glossina tachinoïdes* West. sont strictement distribuées le long des cours d'eau boisés ou des sources ombragées ; d'autres, telles que les *Glossina morsitans*, *G. fusca*, *G. longipennis*, aiment également les steppes et les savanes. Il est même certain que certaines espèces, comme la *Gl. morsitans* et la *Gl. longipennis*, émigrent à la suite des troupeaux sauvages.

Quand une Glossine (*G. morsitans*, *G. palpalis*) est fécondée et qu'elle s'est gorgée de sang, on voit se développer en quelques jours, dans son abdomen, une larve blanche, mobile, qui ne tarde pas à le remplir complètement. Cette larve est évacuée et, si elle se trouve sur un substratum sec, elle se transforme rapidement en pupe. Si on la met sur du fumier, elle peut y vivre plusieurs jours en se déplaçant assez activement, mais ne semble pas s'en nourrir ; quand l'atmosphère se dessèche, elle se transforme en pupe. Le développement de la *Glossina morsitans* a été étudié par Bruce, celui de la *Glossina palpalis* par moi, au lac Rodolphe et au Congo. L'Iusecte parfait éclôt en six semaines dans les deux espèces.

Un semblable mode de développement rend la destruction de ces Insectes en quelque sorte impossible. Les efforts de l'Homme ne pourront réussir qu'à les éloigner ou à restreindre leur nombre, en modifiant les localités de façon à les rendre inhabitables pour les Mouches. Les espèces telles que la *Gl. palpalis* et la *Gl. tachinoïdes*, qui aiment les endroits ombragés, seront éloignées par le débroussaillement. Pour les autres espèces, la destruction générale ou partielle du gibier sauvage, hôte habituel des Trypanosomes pathogènes et nourriture des Mouches, sera le seul moyen à employer.

La *Glossina palpalis* a une distribution géographique très étendue. Tous les indigènes du Congo la connaissent très bien. Pour savoir si elle se rencontrait dans leur pays, je leur montrais des échantillons de *Gl. palpalis* et de *Gl. longipennis* : ils me désignaient toujours sans hésitation la première. Quelle que soit la valeur exacte de cette détermination, elle permet de croire néanmoins que cette espèce occupe tout le bassin du Congo.

Un fait intéressant consiste dans l'existence de cette Mouche aux sources même du Congo, dans le Katanga; nous l'avons signalée d'autre part sur le Haut Ouellé, une des sources de l'Oubangui. Le Professeur Gedoelst, de Bruxelles, a bien voulu nous confier deux collections de Glossines provenant du Katanga. Une de ces collections appartenait à l'État indépendant du Congo et avait été récoltée aux environs de Lukafu : elle contenait 28 exemplaires de *Glossina morsitans* (15 ♂ et 13 ♀). La seconde collection avait été recueillie sur la rivière Lufonzo et appartenait au Professeur Gedoelst : elle contenait 14 exemplaires de *Glossina morsitans* (8 ♂ et 6 ♀) et 3 exemplaires de *Glossina palpalis* (2 ♂ et 1 ♀). Il est donc bien probable, même sans tenir compte des renseignements qui nous ont été fournis par les Européens et les indigènes, que la *Gl. palpalis*, qui vit le long des rivières et qui se rencontre aux sources du Congo et sur tout son cours inférieur, doit se rencontrer dans les points intermédiaires.

Au cours de la mission du Bourg de Bozas, j'ai rencontré les premières *Glossina palpalis* sur le fleuve Omo à Ouacca Diguillo (pays de Malo); au dire des indigènes, on les trouverait aussi sur ce fleuve en remontant son cours ; il peut se faire que, par cette voie, elles remontent assez haut en Abyssinie. Ces Mouches sont très communes dans le pays de Dimé et sur le cours inférieur du fleuve Omo jusqu'au lac Rodolphe. Elles existent également sur les bords du Nil à Dou-flé. Depuis ce point jusqu'à Dongou sur l'Ouellé, elles se rencontrent uniquement au bord de quelques ruisseaux ombragés. De Dongou à Brazzaville, elles se trouvent partout sur les fleuves, sauf dans la grande forêt des Ababouas, où nous n'en n'avons pas trouvé une seule. On les rencontre enfin, par places, tout le long du chemin de fer de Matadi à Léopoldville; elles manquent à Matadi, mais se rencontrent à la M' Pozo, à quelques kilomètres de cette ville. D'après nos recherches et les renseignements indigènes, elles n'existeraient pas à Boma ni à la pointe de Banane.

Au cours de la mission pour l'étude de la maladie du sommeil, j'en ai récolté un assez grand nombre dans des localités nouvelles: Brazzaville et Grand-Bassam. A la suite de l'enquête et des demandes que j'ai adressées en différentes localités de la côte occidentale d'Afrique, Mgr. Le Roy, évêque d'Alaind, a eu l'amabilité de me remettre des tubes contenant des *Glossina palpalis* récoltées les unes à Sainte-Marie de Bathurst par le Père Wieder, les autres aux environs de Libreville, sur la rivière Monda, par le R. P. Klaine, bien connu des naturalistes par les importantes collections botaniques qu'il a faites au Gabon.

Par cet aperçu nécessairement très incomplet, on voit combien est grande la distribution de cette espèce : c'est dire que la maladie du sommeil a encore un vaste champ à envahir, si l'on ne prend pas dès maintenant des mesures énergiques pour arrêter sa propagation.

Prophylaxie. — Je passe sous silence le traitement, qui a toujours été négatif dans la maladie spontanée et qui, dans les infections expérimentales chez les animaux, a donné à Laveran et Mesnil, à Wurtz et à moi-même, des résultats temporaires qui n'auront aucune application pratique. D'ailleurs, quand le diagnostic est fait, la maladie est trop avancée pour que l'on puisse faire rétrocéder des lésions cérébrales aussi graves que celles que l'on constate à l'examen histologique. Mais, en supposant même que l'on trouve un traitement préventif aussi facile à suivre que la médication quinique pour le paludisme, comment l'appliquer à des milliers d'indigènes négligents, qui, par superstition ou fatalisme, se laissent décimer jusqu'au dernier dans leur village, sans avoir l'initiative d'aller se fixer ailleurs? De plus, le diagnostic de la maladie, à la période de fièvre à Trypanosomes, demanderait des recherches délicates qui ne pourraient jamais être faites d'une façon continue.

Ce qu'il faut, c'est arrêter l'essor sans cesse grandissant de la maladie; il faut l'empêcher de se propager et l'enrayer dans les points où elle exerce ses ravages. Ce sont les connaissances relatives à l'histoire naturelle et à la distribution géographique des Glossines qui vont nous donner la solution du problème.

Pour empêcher la maladie de se propager, il faut d'abord empêcher les exodes de population des centres infectés vers les centres sains, ce qu'obligent malheureusement à faire les expéditions militaires ou les exploitations agricoles et industrielles. Les Sénégalais et les Loangos, qui sont des serviteurs de premier ordre, ont certainement contribué pour beaucoup à la dissémination de la maladie du sommeil, aussi bien que de la syphilis, dans le centre de l'Afrique. Ce sont les Loangos qui ont introduit l'hypnose tout récemment sur l'Ogoué, à Boué et à Njolé, où elle commence à faire des victimes. Ce sont les soldats belges du Bas Congo, recrutés comme soldats au début de la pacification du grand État africain, qui ont dû la répandre dans le Kassaï et les régions du moyen Congo. Il ne serait que trop facile de multiplier les exemples.

D'autre part, il ne faudra pas introduire dans les zones infectées des gens provenant de régions saines. Par exemple, éviter d'envoyer des Yakomas, ou d'autres indigènes du Haut Oubangui, à Loango, dans le Mayombe, etc., où ils peuvent se contaminer. En retournant chez eux au moment de leur libération, ils pourront y introduire la maladie, qui s'acclimatera puisque les conditions de sa transmission y existent.

On devrait faire des échanges de soldats ou de travailleurs uniquement entre régions saines ou uniquement entre régions contaminées. Il serait facile, par exemple, d'envoyer comme soldats au Tchad des Yakomas et d'envoyer chez eux des Baguirmiens ou des Bornouans, pour éviter d'introduire un jour ou l'autre la maladie du sommeil dans les régions florissantes et peuplées du haut Oubangui. Pour le Congo belge, les mêmes préceptes sont valables. En mettant en application des mesures aussi simples,

les gouvernements intéressés constateront un arrêt de la maladie, au lieu de voir tous les ans le champ de ses ravages augmenter.

Mais si ces mesures permettent d'arrêter l'expansion du fléau, il faut également essayer de l'atteindre dans les régions où il sévit en maître. Ici, le travail devient plus difficile et demandera, pour donner des résultats bien évidents, une connaissance approfondie du pays et des mœurs des indigènes.

Il faudra étudier la distribution géographique exacte des Glossines pathogènes dans un pays déterminé. On sait, en effet, que ces Mouches se rencontrent par zones et manquent en beaucoup d'endroits. Quand des localités indemnes seront trouvées, on devra y faire établir des villages, en ayant soin de faire couper les arbres dans les environs des sources où vont s'approvisionner les indigènes. Ces mesures, faciles à mettre en pratique chez les indigènes cultivateurs, seraient plus difficiles à appliquer chez les peuples pêcheurs, qui passent plusieurs mois par an dans des huttes de branchage, au bord du fleuve ou sur les rapides où abondent les Poissons. Il faudrait agir sur eux en les instruisant des dangers auxquels les expose la pêche. Aux environs de Brazzaville, il serait facile de les convaincre, car, dans beaucoup de villages situés dans des localités indemnes de Mouches, celui de N'Douna par exemple, seuls sont atteints les gens qui vont préparer au fleuve la provision de Poisson sec. Ce n'est pas en quelques jours qu'on fera abandonner à ces sauvages le régime alimentaire qu'ils suivent depuis des siècles, car la satisfaction immédiate d'instincts impérieux comme ceux de l'alimentation acquièrent chez les Noirs une intensité qui leur fait bien souvent braver la mort. Il serait cependant possible peu à peu de changer leur mode d'existence, en leur facilitant l'élevage de certains animaux, du Porc par exemple, qu'ils élèvent déjà sur une petite échelle, ou en leur procurant à bon marché du Poisson sec préparé à la côte, où l'on pourrait installer des pêcheries.

Nous avons suffisamment pratiqué la vie africaine et côtoyé l'insouciance des Noirs et même celle que les Européens acquièrent fatalement dans les colonies, pour savoir que ces principes ne seront pas mis en pratique du jour au lendemain. Néanmoins, les découvertes récentes nous donnent les moyens pratiques de combattre le fléau. Les gouvernements ont le devoir de protéger les Européens, qui sont très sensibles à la maladie, et de protéger également les Noirs, que leur ignorance rend encore plus accessibles. Comme les peuples civilisés ont inconsciemment, par la pacification ou par l'extension du commerce, semé la maladie, c'est également à eux que revient la charge et l'honneur de l'enrayer définitivement.

Nous terminerons ce rapport en émettant les vœux suivants :

1º Que des missions soient organisées pour étudier l'action pathogène des diverses Mouches Tsé-tsés. S'il est démontré que les Glossines de l'Afrique orientale et australe ne sont pas pathogènes, il ne sera nullement nécessaire d'empêcher les relations de ces contrées avec les zones infectées.

2º Conseiller aux gouvernements anglais, belge, français et portugais de renoncer au recrutement de tirailleurs, de porteurs ou de serviteurs dans les régions infectées et éviter de faire servir, dans ces mêmes régions, des indigènes venant de pays sains qui pourront introduire la maladie en retournant dans leurs foyers.

3º Que ces mêmes gouvernements prennent des mesures pour faire enseigner aux indigènes les dangers qu'ils encourent en s'exposant aux piqûres des Mouches Tsé-tsés, et la nécessité pour eux d'établir des villages dans les points où elles n'existent pas. Comme il est très difficile, pour ne pas dire impossible, de compter sur l'initiative des indigènes, spécialement de ceux du Congo, pour l'application de ces simples principes, il est préférable de faire déterminer par des médecins ou des entomologistes, dans une région que l'on désire assainir, les localités propres à la culture et indemnes de Glossines reconnues dangereuses, où les gouverneurs de colonies obligeraient ensuite les chefs des villages atteints à venir s'installer pour créer de nouveaux villages. Des mesures aussi simples que peu coûteuses arrêteraient bien vite les épidémies ; elles n'auraient malheureusement qu'une efficacité très faible pour les pêcheurs que leur métier expose constamment à la contagion.

Dans sa monographie des Mouches Tsé-Tsés, E. E. Austen (1) décrivait sept espèces de Glossines. L'une d'elles, bien connue par l'importance qu'elle a acquise en pathologie humaine, la *Glossina*

(1) E. E. AUSTEN, *A monograph of the Tsetse-flies.* London, 1903.

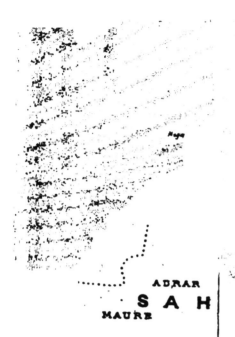

ADRAR

S A H

MAURE

Noga

Jibouti

Ankober

SOMALIE ANGAIS

palpalis, présentait une variété, qu'il désigna sous le nom de *var. Tachinoïdes* Westw., à cause de sa ressemblance avec la *Glossina tachinoïdes,* de Westwood (1). Il en donne la diagnose suivante, d'après deux femelles récoltées en Gambie par Dutton :

« Pattes entièrement jaunes, à l'exception du tarse des pattes postérieures et des deux articles terminaux des tarses des paires de pattes moyenne et antérieure; bande médiane et autres marques claires des anneaux de l'abdomen très visibles.»

A part ces modifications de couleur, cette Mouche ne se distingue pas de la *G. palpalis.* Austen ajoute :

« Cette variété cependant montre clairement les rapports qui exis-tent entre la *G. palpalis* à abdomen uniformément brun noir, relevé seulement d'une pâle bande médiane et de triangles laté-raux plus ou moins nets, et la *G. morsitans* ou la *G. longipennis,* car l'abdomen de la variété *tachinoïdes,* tel qu'il est représenté par les deux exemplaires femelles dont il est parlé, peut être décrit comme jaune brun avec des bandes noires transverses interrompues. »

Au sujet de la synonymie, Austen dit encore:

. « L'exemplaire type de la *Glossina tachinoïdes* Westwood est un simple fragment, mais heureusement il en reste suffisamment pour établir son identité et montrer qu'elle ne peut pas être considérée comme autre chose qu'une simple variété de la *G. palpalis.* »

Pendant mes voyages au Congo, j'ai eu l'occasion de récolter un grand nombre de *G. palpalis.* Ces Mouches sont en général de couleur foncée, certains exemplaires sont même absolument noirs ; par contre, certains autres de couleur claire correspondent bien à la variété décrite par Austen.

Au mois d'avril dernier, ayant en mains la collection du Muséum d'histoire naturelle, je décrivais une huitième espèce (2) sous le nom de *G. Decorsei,* d'après des exemplaires recueillis au Chari par le Dr Decorse au cours de la mission Chevalier. Cette espèce était facile à caractériser, en dehors de ses ornements et de sa couleur claire, par sa taille exiguë et la gracilité de son corps.

Ayant appris qu'Austen, qui avait reçu de MM. Laveran et Mesnil des exemplaires provenant également du Chari, considérait mon

---

(1) WESTWOOD, *Procedings of the zoological Society of London,* XVIII, 1850.
(2) E. BRUMPT, *Comptes rendus de la Société de biologie,* LVI, 1904.

espèce comme rentrant dans sa variété *tachinoïdes*, je lui envoyai quelques échantillons types décrits par moi, en lui demandant si mes exemplaires étaient identiques au type de la *Glossina tachinoïdes* de Westwood, auquel cas j'étais tout prêt à rétablir l'espèce de Westwood, ou bien s'ils étaient simplement identiques à sa variété *tachinoïdes* décrite d'après les exemplaires de Gambie, auquel cas je me permettrais d'élever sa variété au rang d'espèce et de lui conserver le mon de *Decorsei*.

Austen a eu l'obligeance d'étudier mes spécimens et actuellement nous sommes tombés d'accord. Mes Mouches sont identiques à la *G.tachinoïdes* de Westwood ; mon espèce tombe donc en synonymie. Quant aux exemplaires récoltés en Gambie, ils restent toujours dans l'espèce *palpalis* et constituent une variété innomée.

Si le nom de notre ami le Dr Decorse n'est plus associé à cette intéressante espèce de Glossine, je lui suis tout spécialement reconnaissant de m'avoir permis de définir bien nettement une huitième espèce de Tsé-tsé, qui semble pathogène pour les bestiaux et qui permettra aux naturalistes d'étendre le champ de leurs études dans la passionnante question de l'évolution des Trypanosomes.

Les travaux que nous poursuivons sur l'évolution des Flagellés des Poissons chez les Sangsues marines et d'eau douce nous permettent d'affirmer que ces Vers hébergent très longtemps dans leur tube digestif les Trypanosomes et Trypanoplasmes des Poissons qui subissent des modifications morphologiques identiques à celles que subissent les *Trypanosoma Lewisi* en culture ; il est bien certain que les cultures de Trypanosomes représentent l'état sous lequel se trouvent ces parasites dans leur hôte intermédiaire à sang froid : c'est pour cela que les cultures réussissent mieux et se conservent mieux à froid qu'à chaud. J'étais autrefois partisan du rôle purement mécanique joué par les Glossines; actuellement je suis bien convaincu qu'elles sont des hôtes intermédiaires indispensables et qu'elles conservent longtemps dans leur tube digestif des cultures de Trypanosomes qui sont ensuite inoculés mécaniquement par leur émigration active dans la trompe de la Mouche, comme cela se passe dans la trompe des Hirudinées.

NOTES SUR LES IXODIDÉS. — III

L. G. NEUMANN

Professeur à l'École vétérinaire de Toulouse.

I. — Espèces nouvelles.

1. Rhipicephalus longicoxatus n. sp.

Mâle. — Corps presque aussi large en avant qu'en arrière, long de 4mm,5 (rostre non compris), plus large (3mm) vers le milieu de la longueur. *Écusson* peu convexe, brillant, brun rougeâtre, couvrant toute la face dorsale; sillons cervicaux profonds et courts; pas de sillons marginaux; festons courts, à séparations très superficielles; ponctuations grandes, distantes, en alignements irréguliers sur les côtés, entremêlés de très nombreuses ponctuations très fines, presque obsolètes; yeux plats, jaunâtres, grands, non tout à fait marginaux, sur la face dorsale et à une distance relativement grande de l'extrémité antérieure. *Face ventrale* jaune rougeâtre, à poils longs et abondants; anus au niveau du tiers antérieur des écussons adanaux; ceux-ci fortement ponctués, triangulaires, à bord interne un peu concave, l'externe subrectiligne, le postérieur convexe et égal au moins à la moitié de la longueur de l'externe; écussons externes courts, à peine chitineux; pas de prolongement caudal. Péritrèmes subovales, avec un prolongement dorsal étroit sur le tiers postérieur du bord externe. — *Rostre* à base dorsale plus large que longue, ponctuée en arrière, les angles latéraux très saillants et vers le tiers antérieur de sa longueur, les postérieurs larges et peu saillants. Hypostome large, non spatulé, à 6 files de 9-11 dents fortes. Palpes un peu plus longs que larges, plats à la face dorsale, à bords parallèles, ne dépassant pas l'hypostome, sans saillie latérale. — *Pattes* fortes, épaisses, à articles faiblement ponctués. Hanches I à deux épines très longues, séparées presque jusqu'à l'angle antérieur, qui est visible à la face dorsale, l'épine externe triangulaire, l'interne plate, subrectangulaire; deux dents larges, plates au bord postérieur des autres hanches. Tarses relativement longs, à forts éperons terminaux.

Femelle. — Corps long de 12mm, large de 8mm, brun rougeâtre.

Archives de Parasitologie, IX, n° 2, 1904.

15

Écusson un peu plus long (2^{mm},6) que large (2^{mm}), les côtés un peu sinueux dans le tiers postérieur ; yeux semblables à ceux du ♂, vers le milieu de la longueur de l'écusson ; sillons cervicaux profonds à leur origine, larges et superficiels ensuite, dépassant à peine la ligne des yeux ; pas de sillons latéraux ; ponctuations comme chez le ♂. *Faces* dorsale et ventrale presque glabres, à ponctuations fines et distantes ; pore génital étroit ; péritrèmes semblables à ceux du ♂. *Rostre* à base dorsale deux fois aussi large que longue ; aires poreuses profondes, ovales, écartées du double de leur longueur. Palpes et hypostome un peu plus longs que chez le ♂, d'ailleurs semblables. *Pattes* plus longues et plus grêles, avec les mêmes particularités.

D'après 1 ♂ et 2 ♀ recueillis par Schillings dans l'Afrique orientale allemande (Musée de Berlin).

2. Amblyomma Argentinae n. sp.

Mâle. — Corps court, large, à côtés arrondis, long de 4^{mm},5 (rostre non compris), large de 3^{mm},7 à 4^{mm} vers le tiers postérieur. *Écusson* convexe, rouge jaunâtre, taché de brun rougeâtre (parfois peu apparent) au niveau des sillons cervicaux, des ponctuations, à la limite postérieure d'un écusson de femelle et sur des lignes rayonnantes postérieures ; sillons cervicaux profonds, courts, courbes avec concavité interne ; pas de sillons latéraux ; festons nets, plus longs que larges ; ponctuations abondantes, profondes, subégales (ou mélangées de très fines), distantes, manquant autour de la ligne médiane, parfois même localisées à la périphérie ; yeux plats, moyens. *Face ventrale* jaune ou rougeâtre, à ponctuations et poils peu nombreux ; festons nets, courts ; péritrèmes grands, longs, étroits. — *Rostre* à base dorsale rectangulaire, plus large que longue, les angles postérieurs à peine saillants. Hypostome spatulé, à 6 files de dents sur son tiers antérieur. 2ᵉ article des palpes deux fois au moins aussi long que le 3ᵉ ; celui-ci élargi à son bord dorsal. — *Pattes* fortes. Hanches I à deux épines plates, très courtes, subégales, écartées ; aux autres hanches, deux épines semblables, un peu plus petites, l'externe plus longue, surtout aux hanches IV. Tarses courts, atténués brusquement et presque en escalier à leur extrémité, terminés par deux éperons consécutifs ; caroncule très courte.

Femelle. — Corps ovale, de même forme (à jeun) que chez le ♂; peu renflé, long de 13^{mm} (rostre non compris), large de 9^{mm},5 (♀ repue). *Écusson* cordiforme, à bords latéraux postérieurs peu convexes, angle postérieur étroit, plus large (3^{mm}) que long (2^{mm},5); coloration et ponctuations comme chez le ♂; yeux en arrière du tiers antérieur de la longueur; sillons cervicaux profonds, un peu plus longs que chez le ♂; pas de sillons latéraux. — *Rostre* long (1^{mm},5); base plus large que longue; aires poreuses moyennes, ovales, divergentes en avant, à écartement égal à leur grand diamètre. Hypostome et palpes comme chez le ♂. — *Pattes* comme chez le ♂.

Nymphe. — Ovale, renflée à la face dorsale, jaunâtre, longue de 6^{mm}, large de 4^{mm}. Écusson losangique-cordiforme, jaunâtre, avec taches rouges en dedans des yeux; ceux-ci vers le milieu de la longueur; quelques ponctuations dans les champs latéraux; sillons cervicaux longs. Rostre étroit, grêle; hypostome à quatre files principales de dents. — Pattes, courtes, grêles; hanches I à deux très petites pointes; une seule, semblable, aux autres hanches; tarses terminés en talus.

D'après 3 ♂, 1 ♀ repue, 1 nymphe, pris en République Argentine sur *Testudo argentina* Scl. (coll. F. Lahille); plus une ♀ à jeun, sans hôte indiqué, de Buenos Ayres (coll. Lignières).

Cette espèce est très voisine d'*A. humerale* Koch par le ♂ et d'*A. deminutivum* Nn. par la ♀.

3. Amblyomma australiense n. sp.

Mâle. — Corps ovale, long de 4^{mm} (rostre non compris), étroit en avant, très élargi (3^{mm}) vers le quart postérieur. *Écusson* plat, brun jaunâtre, plus foncé dans la moitié antérieure, sans taches; sillons cervicaux droits, parallèles, profonds, leur longueur presque égale à la largeur de la base du rostre; sillons latéraux profonds, commençant en regard des yeux, un peu interrompus en arrière de ceux-ci, terminés à la limite antérieure du feston extrême; festons nets, plus longs que larges; ponctuations très fines, peu visibles, éparses; yeux grands, plats. *Face ventrale* jaunâtre, à ponctuations et poils peu nombreux; festons nets; péritrèmes grands, longs, étroits. — *Rostre* à base rectangulaire, plus large que longue, brune, les angles postérieurs saillants. Hypostome spatulé,

à 8 files de dents. 2ᵉ article des palpes bossu près de sa base
à la face dorsale, une fois et demi aussi long que le 3ᵉ. —
Pattes fortes. Hanches I à deux épines courtes, l'externe plus
longue; une tubérosité au bord postérieur des autres, plus longue à
la hanche IV. Tarses courts, atténués assez brusquement, mais
en talus, à leur extrémité, terminés par deux éperons consécutifs.

Femelle. — Corps ovale, brun, long de 5ᵐᵐ (rostre non compris),
large de 3ᵐᵐ5. *Écusson* cordiforme, à côtés arrondis, à angle postérieur large, plus large (2ᵐᵐ,5) que long (2ᵐᵐ,2), brun, sans
taches; yeux pâles, grands, plats, vers le milieu de la longueur;
sillons cervicaux très profonds, occupant les deux tiers de la longueur, un peu contournés en S; des sillons latéraux très profonds,
formés de grosses ponctuations contiguës, courts, n'occupant pas
le tiers de la longueur, leur milieu en regard des yeux; ponctuations très fines, peu nombreuses, quelques-unes plus grosses le long
du bord antérieur. *Face dorsale* striée, ponctuée, à poils épars;
des festons et un sillon marginal. *Face ventrale* brunâtre, ponctuée,
à poils courts; péritrèmes triangulaires, à côtés arrondis. —
Rostre long (1ᵐᵐ,5); base plus large que longue, à côtés arrondis,
les angles postérieurs saillants, larges, convergents; aires poreuses
ovales, petites, écartées de plus de leur diamètre. Hypostome et
palpes comme chez le ♂, plus longs. — *Pattes* comme chez le ♂,
plus longues, surtout par les tarses.

Nymphe. — Ovale, brunâtre, longue de 2ᵐᵐ. Écusson cordiforme, plus large que long, les yeux vers le milieu de la longueur;
ponctuations grandes, nombreuses; sillons cervicaux parcourant
toute la longueur. Hanches comme chez l'adulte.

D'après 9 ♂, 1 ♀, 2 nymphes prises sur *Echidna aculeata* (Shaw),
en Australie occidentale (Collection N. C. Rothschild).

4. HÆMAPHYSALIS PARMATA n. sp.

Mâle. — Corps ovale, plus large vers le milieu, long de 2ᵐᵐ
(rostre compris), large de 1ᵐᵐ,1, jaune brunâtre. *Écusson* couvrant
toute la face dorsale, glabre, à ponctuations nombreuses, fines,
égales, réparties régulièrement; sillons cervicaux courts, peu
profonds; sillons latéraux très courts, commençant au milieu de
la longueur et s'arrêtant à la limite antérieure du pénultième

feston; festons un peu plus longs que larges, à séparations nettes. *Face ventrale* finement ponctuée, glabre, jaunâtre clair; pore génital en regard du bord antérieur des hanches de la deuxième paire; péritrèmes subcirculaires. — *Rostre* long de 275 μ, à base dorsale rectangulaire et deux fois au moins aussi large que longue, les angles postérieurs bien saillants. Hypostome à huit files de dents. Palpes un peu plus longs que larges; le deuxième article à angle externe peu saillant, son bord postérieur ventral saillant en une épine courte et large, son bord interne ventral pourvu de cinq soies divergentes; le troisième article souvent un peu recourbé en dedans à son sommet, son bord postérieur pourvu de deux épines aiguës (dorsale et ventrale), égales, deux fois aussi longues que larges. — *Pattes* moyennes. Hanches pourvues à leur angle postéro-interne d'une épine très courte, plus forte à la première paire. Tarses relativement courts, non bossus, à caroncule presque aussi longue que les ongles.

Femelle. — Corps ovale, renflé, long de 5^{mm}, large de 3^{mm}, chez les adultes; presque plat chez les jeunes; gris plus ou moins foncé, jaunâtre dans le jeune âge; des festons postérieurs plus ou moins visibles selon l'âge. Écusson arrondi, aussi large que long, brun jaunâtre, à ponctuations fines et distantes; sillons cervicaux superficiels, occupant les deux tiers de sa longueur. Faces dorsale et ventrale profondément ponctuées, surtout à l'état de réplétion. — *Rostre* à base dorsale près de deux fois aussi large que longue, les angles postérieurs saillants; aires poreuses petites, très écartées. Hypostome à 8 files longitudinales de 8 ou 9 dents, avec nombreux denticules supplémentaires (1). Palpes à deuxième article aigu en dehors, peu saillant; six longues soies à son bord interne ventral; troisième article non concave en dedans, portant une épine ventrale rétrograde, grêle et assez longue, et une épine dorsale plus courte et plus large; quatrième article court et plus rapproché de l'extrémité antérieure du troisième. — *Pattes* : Hanches I terminées à leur angle interne par une épine très courte; les autres presque inermes. Une épine dorsale rétrograde à l'extrémité distale du deuxième article de la première paire. Tarses longs, étroits, non bossus; caroncule presque aussi longue que les ongles.

(1) Par anomalie, un exemplaire ne porte que trois files de chaque côté, plus une file impaire (de cinq dents) qui commence un peu plus en arrière que les autres, se termine au même niveau et ne paraît pas appartenir à une moitié plutôt qu'à l'autre de l'hypostome.

D'après un grand nombre de mâles et de femelles recueillis au Cameroun, sur le Bœuf, le Mouton, la Chèvre et le Porc, par Ziemann.

5. HÆMAPHYSALIS NUMIDIANA n. sp.

Mâle. — Corps ovale, plus large vers le tiers postérieur, long de 3^{mm}, 5 (rostre compris), large de 2^{mm}, jaune d'ocre. *Écusson* couvrant toute la face dorsale, glabre, à ponctuations nombreuses, grandes, peu profondes, réparties régulièrement; sillons cervicaux longs, superficiels; sillons latéraux longs, profonds, limitant en dedans et de chaque côté les deux festons extrêmes; festons plus longs que larges, nets. *Face ventrale* lisse, glabre, jaunâtre clair; pore génital en regard des hanches de la deuxième paire. Péritrèmes subcirculaires (à prolongement dorsal très court). — *Rostre* long de 550 μ, à base dorsale rectangulaire, deux fois aussi large que longue, les angles postérieurs saillants. Hypostome à huit files de dents. Palpes un peu plus longs que larges, triangulaires; le deuxième article très large à son bord postérieur, qui forme un angle externe aigu, très saillant; son bord interne ventral pourvu de sept ou huit soies divergentes; le troisième article plus court que le deuxième, aussi large que long, son bord postérieur ventral prolongé en une épine forte. — *Pattes* moyennes. Hanches pourvues à leur bord postérieur d'une épine, plus forte à la première paire, décroissant jusqu'à la quatrième, où elle est très petite et plus large que longue. Tarses courts, épais, un peu renflés au bord dorsal près de leur extrémité; caroncule presque aussi longue que les ongles.

Femelle. — Corps ovale, renflé, long de 6^{mm}, large de 3^{mm}, brun noirâtre. Écusson ovale, plus long (1^{mm}3) que large (1^{mm}), brun foncé, à ponctuations nombreuses, profondes, à sillons cervicaux superficiels, occupant les deux tiers de sa longueur. Faces dorsale et ventrale à ponctuations nombreuses. Péritrèmes discoïdes. — *Rostre* comme chez le ♂; base à angles postérieurs un peu moins saillants; aires poreuses ovales, très écartées. — *Pattes* comme chez le ♂; tarses plus longs, non trapus, atténués en talus.

D'après 3 ♂ et 1 ♀ pris sur un Hérisson à Tebessa (Algérie) par Fayet. Je les avais, par erreur, rapportés à *H. Leachi* (Aud.) *(Rev. des Ixodidés, 2e Mémoire)*.

II. — **Notes sur des espèces connues.**

1. RHIPICEPHALUS CAPENSIS Koch et R. COMPOSITUS Nn.

Ce sont deux formes tout à fait voisines et qu'il convient de réunir en une seule espèce, en faisant de la seconde une variété de la première.

R. capensis compositus Nn. se distingue du type par l'écusson dorsal, dont les ponctuations, aussi rapprochées, sont réparties plus régulièrement, ne sont séparées que par des crêtes peu nombreuses, peu apparentes, et manquent presque complètement à la périphérie, c'est-à-dire sur la bordure et les festons du ♂, en dehors des sillons latéraux et le long du bord postérieur chez la ♀. Chez le ♂, la face ventrale est glabre, les écussons accessoires peu chitineux, la base du rostre plus large, les pattes moins fortes, ainsi que les épines des hanches I.

D'après 8 ♂ et 3 ♀, pris sur *Bubalus caffer* Sparrm., dans l'Afrique orientale allemande, en 1903, par Schillings (Musée de Berlin).

2. AMBLYOMMA CAJENNENSE (Fab.).

J'ai décrit en 1899 (3ᵉ Mémoire, p. 208), sous le nom d'*Amblyomma parviscutatum* n. sp., une ♀ recueillie par Gounelle, au Brésil, sur un Tamanoir, et je faisais remarquer que cette espèce est très voisine d'*A. cajennense*. Elle provient, d'ailleurs, de l'aire de répartition de cette dernière espèce. Les affinités sont telles entre les deux types que, conformément au principe que j'ai déjà appliqué, je crois devoir réunir *A. parviscutatum* à *A. cajennense* sous le nom suivant : *A. cajennense parviscutat um* (Nn.). Cette variété se distingue du type à peu près exclusivement par les dimensions plus faibles de son écusson dorsal et de son rostre. Lorsque le ♂ sera connu, il y aura lieu de vérifier si ce rapprochement est définitif.

3. AMBLYOMMA LONGIROSTRE (C. L. Koch).

Cette espèce m'a fait passer par des tergiversations diverses. Tant que je n'ai eu en mains que des femelles, je les ai rattachées au genre *Amblyomma*. L'examen du mâle m'a fait admettre ensuite qu'il y avait lieu de ranger cette forme parmi les *Hyalomma,* et c'est ce que j'ai fait dans mon 4ᵉ mémoire *(Mém. de la Soc. Zool. de France,* XIV, p. 315, 1901). Je m'y étais décidé, après hésitation, en considération des plaques chitineuses qui se trouvent à la partie postérieure de la face ventrale du mâle.

Mon hésitation tenait à plusieurs raisons. *Hyalomma ægyptium* et *H. syriacum,* qui constituent à peu près exclusivement leur genre, appartiennent à l'ancien continent; *H. longirostre* serait le seul représentant de ce genre dans l'Amérique, qui est, au contraire, riche en espèces d'*Amblyomma.* De plus, *H. longirostre,* si caractérisé spécifiquement que Koch en avait fait le genre *Hæmalastor,* reproduit dans ses traits essentiels le facies des *Amblyomma.* Il est vrai que Koch ne connaissait que la femelle et qu'il l'avait mal vue. Elle a si bien le caractère des *Amblyomma* que, avant d'avoir reçu des spécimens mâles, j'ai décrit l'espèce, d'après des individus d'âges très différents, sous les noms d'*Amblyomma giganteum* et *A. avicola.* De plus, sentant combien les affinités sont grandes, même après avoir rattaché ce type aux *Hyalomma,* j'ai, pour éviter des embarras trop grands de détermination, fait entrer mon *H. longirostre* dans le tableau synoptique des *Amblyomma* ♀. Le seul caractère qui justifierait le rattachement de l'espèce aux *Hyalomma,* c'est la présence, à la face ventrale et dans la région circumanale du mâle, de plaques chitineuses qui rappellent celles de *H. ægyptium* et *H. syriacum* et celles des *Rhipicephalus.*

Une revision des types m'a amené à reconnaître que, dans l'espèce américaine et contrairement à ce qu'on voit dans les *Hyalomma,* ces plaques chitineuses ne sont pas apparentes dans les individus jeunes et ne le deviennent que chez les sujets de grande taille. Même chez ceux-ci, elles ne sont jamais saillantes, jamais libres par leur bord postérieur; elles adhèrent par toute leur étendue à la face ventrale, et elles y sont le plus souvent difficiles à distinguer. De plus, elles sont accompagnées, en dehors de ce qui correspondrait aux écussons accessoires, de deux autres plaques, l'une à droite et l'autre à gauche; de sorte que l'on peut voir en ceci l'accentuation d'un caractère qui se trouve déjà indiqué dans un *Amblyomma* non douteux, *A. Geayi.* C'est ce que j'avais fait remarquer (4ᵉ *Mémoire,* p. 315).

En tenant compte de la physionomie *Amblyomma* de l'espèce en question, de son origine géographique, de la signification ambiguë des plaques ventrales du mâle, il me paraît aujourd'hui plus logique de rattacher l'espèce au genre *Amblyomma,* sous le nom de *A. longirostre* (Koch).

4. AMBLYOMMA HUMERALE Koch et A. GYPSATUM Nn.

Un examen comparatif des formes que j'ai décrites sous ces deux noms m'a conduit à reconnaître l'impossibilité de les distinguer spécifiquement. Les différences qui me les avaient fait séparer sont purement individuelles. Il faut donc les réunir sous le même nom : *A. humerale* Koch.

5. AMBLYOMMA SPARSUM Nn. et A. PAULOPUNCTATUM Nn.

J'ai décrit (1) ces deux formes en 1899, chacune d'après un seul individu. Frappé d'abord de leurs différences, je les ai considérées comme spécifiquement distinctes. J'abandonne aujourd'hui cette conclusion, et je vois dans *A. paulopunctatum* une réduction, peut-être simplement une forme plus jeune d'*A. sparsum.* Je suis donc conduit à ne conserver comme espèce qu'*A. sparsum* et à ramener la seconde forme au rang de variété : *A. sparsum paulopunctatum.*

Les caractères distinctifs de cette variété sont : Dimensions plus faibles (6^{mm} de longueur sur 4^{mm} de largeur); ponctuations de l'écusson dorsal moins nombreuses et plus petites. Rostre de longueur moyenne (1^{mm},8). Pattes moyennes; hanches IV à épine deux fois aussi longue que large.

6. AMBLYOMMA HEBRÆUM Koch et formes affines.

A côté d'*Amblyomma hebræum* Koch se placent *A. eburneum* Gerst., *A. splendidum* Gieb. et *A. variegatum* (Fab.) Les affinités entre ces quatre formes sont montrées par les femelles aussi bien que par les mâles, contrairement à ce qu'on observe d'ordinaire, où la séparation entre deux espèces dont les mâles se ressemblent beaucoup est imposée par la dissemblance des femelles ou réciproquement. Ici, la parenté est si manifeste qu'elle se traduit souvent par de grandes difficultés dans la détermination précise de certains lots. La communauté d'origine géographique contribue à ces difficultés.

(1) G. NEUMANN, Revision de la famille des Ixodidés. 3e Mémoire. *Mém. de la Soc. Zoologique de France,* XII, pp. 247, 248; 1899.

Toutefois *A. variegatum* est toujours aisément reconnu : d'abord
par la forme des yeux, qui sont hémisphériques, petits, noirs,
orbités chez les femelles, et par les dessins de l'écusson des mâles,
dont les yeux sont cependant moins différents de ceux des autres
Amblyomma.

Il m'a paru que, en conservant, pour ces motifs, à *A. variegatum*
son rang d'espèce, il y a lieu d'y renoncer pour *A. eburneum* et
pour *A. splendidum*, qui sont nettement des dérivés d'*A. hebræum*.
Je propose donc de les considérer comme des variétés de cette der
nière espèce et de les classer : l'une sous le nom d'*A. hebræum
eburneum* (Gerst.), l'autre sous celui d'*A. hebræum splendidum* (Gieb.).

7. IXODES TESTUDINIS Supino.

En examinant quelques-uns des Ixodidés birmans déterminés
par Supino, j'ai reconnu que son *Ixodes testudinis* est un *Amblyomma* type et j'ai conclu (1) qu'il doit prendre le nom d'*Amblyomma
testudinis* (Supino), au lieu de celui d'*Aponomma testudinis* (Sup.)
que je lui avais primitivement attribué.

En m'arrêtant à cette conclusion, je ne tenais pas compte de
l'*Ixodes testudinis* Conil, que j'avais d'abord rattaché (avec doute) à
Amb. dissimile Koch et qu'il me paraît préférable de laisser parmi les
espèces incertaines d'*Amblyomma*, en lui donnant, par conséquent
pour nom *Amb. testudinis* (Conil). Il faut donc attribuer une nouvelle désignation à l'espèce de Supino. Je propose de la nommer :
Amblyomma Supinoi Nn. (= *Ixodes testudinis* Supino).

8. APONOMMA ECINCTUM Nn.

Parmi les milliers d'Ixodidés que j'ai eu à examiner, je n'en ai
rencontré que cinq ou six qui eussent été trouvés sur des Insectes.
Tous les autres provenaient de Vertébrés terrestres (Mammifères,
Oiseaux, Reptiles) et exceptionnellement d'Amphibiens,

Ces Ixodidés insecticoles sont *Rhipicephalus maculatus* Nn.,
recueilli au Cameroun sur un Hémiptère (*Platymeris horrida*) et *Aponomma ecinctum* Nn., qui, d'après les renseignements fournis par
W. W. Froggatt, serait commun sur un Coléoptère (*Aulacocyclus
Kaupi*).

---

(1) L. G. NEUMANN, Notes sur les Ixodidés. *Archives de Parasitologie*, VI. p.
124; 1902.

J'ai cru que les Insectes ne sont que des hôtes tout à fait accidentels et transitoires, dont les Ixodidés se serviraient comme
d'agents de transport, pour les abandonner aussitôt qu'une circonstance favorable les placerait dans de meilleures conditions de
parasitisme. Il n'en est peut-être pas ainsi.

Dans quelques lots qui m'ont été communiqués par M. N. C.
Rothschild (de Londres) s'en trouvait un, composé de 10 ♂, 1 ♀ et
4 nymphes d'*Aponomma ecinctum*, pris sur un Hémiptère (*Diemenia
superciliosa* Spin.) Tous les spécimens certains, que j'ai pu étudier
en deux fois et qui provenaient d'Australie, avaient donc été
fournis par des Insectes. Il serait curieux que ceux-ci fussent
les hôtes ordinaires d'une espèce particulière d'Ixodiné, d'autant
plus qu'*Aponomma ecinctum* ne présente aucune particularité de
conformation qui soit en rapport avec un parasitisme exceptionnel.

9. DERMACENTOR RETICULATUS (Fab.).

Après avoir décrit *Dermacentor reticulatus,* je disais (1) que c'est
une espèce à type variable; les diverses particularités sont, en effet,
plus ou moins accentuées selon l'origine, souvent aussi dans le
même lot. C'est pour cela que j'ai réuni sous ce nom des types des
diverses parties de l'Europe, de l'Asie et de l'Amérique qui se
relient les uns aux autres par des intermédiaires variés. De la
Californie, j'avais en main plusieurs ♂ et ♀ recueillis sur le
Daim et étiquetés par G. Marx *D. occidentalis*. Par un examen comparatif plusieurs fois répété, je me suis convaincu que cet ensemble représente une forme peu variable, qui mérite d'être mise
à part dans l'espèce au rang de variété : ce serait *D. reticulatus
occidentalis* Marx et Neumann. Elle se distingue du type par les caractères suivants :

Base du rostre un peu plus large, à angles postérieurs très prolongés en arrière. Hypostome à 6 files de dents. Saillies diverses
des palpes peu prononcées. Péritrèmes à granulations bien plus
apparentes. Hanches II, III et IV à épine plus longue. — ♂ Hanches IV prolongées parfois en arrière jusque près de l'anus. —
♀ Écusson dorsal relativement plus long. Aires poreuses plus
petites.

(1) G. NEUMANN, Revision de la famille des Ixodidés, 2ᵉ Mémoire. *Mém. de la
Soc. Zoolog. de France*, X, p. 374; 1897.

Californie, Tennessee. — Sur *Cariacus canadensis* (Briss.), *Bos taurus* L., *Equus caballus* L.

C'est la forme que Salmon et Stiles ont figurée (1) comme le *D. reticulatus* des États-Unis.

10. DERMACENTOR ELECTUS Koch.

Dermacentor parumapertus Nn. est établi d'après 4 femelles de Colifornie (Smithsonian Institution). En les comparant à diverses ♀ de *D. electus* Koch, je n'y ai trouvé d'autre différence essentielle que l'absence, sur l'écusson dorsal des premières, de la patine blanche, parfois peu étendue, que l'on trouve toujours sur les secondes. Cette différence ne me paraît pas suffisante pour séparer spécifiquement les deux types et je suis porté à considérer *D. parumapertus* comme une simple variété (*D. e. parumapertus*) de *D. electus*.

11. DERMACENTOR AURATUS Sup. et D. COMPACTUS Nn.

En étudiant les Ixodidés birmans qui ont pu être retrouvés de la collection décrite par Supino, j'ai reconnu (2), dans *Dermacentor auratus* Sup., une forme légitime et j'en ai donné une description complémentaire, qui en permet la comparaison avec d'autres types et qui rectifie les inexactitudes du texte et des figures de Supino. Je disais, en terminant, que cette espèce est très voisine de *D. compactus*.

Je trouve ici l'occasion d'appliquer encore la notion de variété, qui apporte une simplification avantageuse à la détermination des espèces, en même temps qu'elle rend plus évidente la parenté morphologique. Je rattache donc à ce *Dermacentor* birman la forme des îles de la Sonde (Bornéo, Java, Sumatra), qui en devient une variété : *D. auratus compactus* Nn. Les caractères distinctifs de cette variété sont fournis par l'écusson dorsal :

Écusson un peu plus large (3ᵐᵐ) que long, à contour presque circulaire, un peu sinueux, à ponctuations grandes, profondes, inégales, manquant par places.

Le nom de *D. compactus* étant postérieur (1902) à celui de

(1) D. E. SALMON et C. W. STILES, Cattle Ticks (*Ixodoidea*) of the United States. *Seventeenth Annual Report of the Bureau of Animal Industry*, 1900, pl. LXXXII-LXXXV; 1902.

(2) L. G. NEUMANN, Notes sur les Ixodidés. *Archives de Parasitologie*, VI, p. 127; 1902.

D. auratus (1897), c'est le nom le plus ancien qui doit être conservé à l'espèce, bien que *D. compactus* représente le type complet (♂ et ♀), et que *D. auratus* ne soit connu que sous la forme ♀, bien moins caractéristique que la forme ♂.

12. Hæmaphysalis cinnaberina C. L. Koch.

Cette espèce, établie par Koch d'après un exemplaire unique, qui est une jeune femelle, ne se distingue de *H. punctata* Can. et Fanz. que par la présence d'un cercle chitineux blanchâtre autour du pore génital et d'un autre semblable autour de l'anus. Ce caractère ne me paraît pas suffisant pour que cette forme garde le rang d'espèce. Je propose de la faire rentrer dans l'espèce type à titre de variété : *H. punctata cinnaberina* (Koch).

13. Hæmaphysalis longicornis Nn.

En 1901, j'ai décrit sous ce nom (*Revision des Ixodidés*, 4ᵉ mém. p. 261) deux femelles en préparation microscopique, provenant du Bœuf et de la Nouvelle-Galles du Sud. Je faisais remarquer qu'elles se rapprochent beaucoup de *H. concinna*. Le mâle demeurant inconnu, il ne me semble plus que les caractères de ces femelles soient suffisants pour qu'on les sépare absolument de *H. concinna* et je trouve plus logique de les y rapporter à titre de variété.

H. concinna longicornis se distingue du type par quelques détails du rostre : les angles postérieurs de la base sont peu saillants; le 3ᵉ article des palpes, aussi long que le 2ᵉ, est un peu recourbé en dedans par son extrémité antérieure, son épine ventrale est bien plus grande, et il porte le 4ᵉ article vers le milieu de sa longueur. De plus, les épines des hanches sont un peu plus fortes.

14. Hæmaphysalis flava Nn.

Dans la description de cette espèce (*Revision des Ixodidés*, 2ᵉ mém. p. 333), j'ai dit que les hanches de la quatrième paire de pattes, chez le mâle, ont parfois une épine très longue et presque égale en longueur à la largeur de cet article. C'est le cas de spécimens recueillis sur un Lièvre, sur une herbe et sur un arbrisseau indéterminés. Comme cette forme de la hanche n'est pas reliée à la forme type par des intermédiaires, ce caractère prend la valeur de celui d'une variété; il s'accompagne d'ailleurs de l'absence de protubérance dorsale aux tarses de la quatrième paire. Le nom de *H. flava armata* Nn. rappellera le caractère essentiel, fourni par les hanches de la quatrième paire.

15. HÆMAPHYSALIS LEACHI (Audouin).

Cette espèce est presque exclusivement africaine. J'y ai rattaché 2 ♂ pris à Sumatra sur *Felis tigris* L., et 7 ♀ de la Nouvelle-Galles-du-Sud, dont une provenant du Cheval. Ces formes australiennes se distinguent du type par un seul caractère, le nombre des files de dents de l'hypostome, qui est de huit au lieu de dix. Mais, comme cette différence porte sur un détail essentiel, il convient d'en faire la base d'une variété, qui sera à la fois géographique et morphologique : *H. Leachi australis* Nn.

16. HÆMAPHYSALIS HIRUDO L. Koch (1).

Cette espèce a été établie par L. Koch pour un exemplaire femelle unique, à l'état de réplétion. Il l'a décrite dans les termes suivants :

« L'animal entier est brun rouge foncé; l'écusson dorsal jaune verdâtre; les palpes brun rougeâtre; les pattes jaune brunâtre. — Corps renflé, d'un sixième plus long que large, à contour presque elliptique, un peu brillant, marqué extérieurement de stries ondulées, fines et rapprochées, glabre. Écusson dorsal presque discoïde, plus brillant que le corps, à ponctuations grandes et profondes, avec deux sillons longitudinaux, qui s'écartent l'un de l'autre en arrière et s'étendent jusqu'au bord postérieur. Palpes courts, à peine plus longs que larges. Péritrèmes à contour largement ovale, l'extrémité plus étroite dirigée vers la face supérieure, à surface brillante, très finement ponctuée; pore respiratoire excentrique, ovale, sur une plaque ronde, saillante. — Longueur du corps 9mm; largeur 7mm ».

Ce spécimen provenait du Japon.

La similitude d'origine m'avait décidé (2) à rapporter à la même espèce d'autres individus femelles provenant du Japon, de Saïgon

---

(1) L. KOCH, Japanesische Arachniden und Myriapoden. *Verhandlungen der K. K. zoolog.-botan. Gesellschaft in Wien*, XXVII, p. 786; 1877.

(2) L. G. NEUMANN, Révision de la famille des Ixodidés, 2ᵉ Mémoire. *Mém. de la Soc. Zoolog. de France*, X, p. 341; 1897.

et de la région de l'Amour. Je voyais dans ce rapprochement l'avantage de préciser la diagnose de *Hæmaphysalis hirudo*.

Il me paraît aujourd'hui plus logique, en l'absence du spécimen type, de laisser à *H. hirudo* la signification que lui donne la description de L. Koch. On reconnaît alors que, des divers caractères indiqués, il n'en est aucun qui, pris à part ou combiné aux autres, permette de figurer, même approximativement, la physionomie de l'espèce. On peut seulement présumer qu'il s'agit bien, en réalité, d'un *Hæmaphysalis*. *H. hirudo* tombe donc dans la vaste nécropole des espèces incertaines.

Quant aux échantillons que j'y avais rapportés, je leur trouve de grandes affinités avec *H. concinna* (C. L. Koch). L'absence de mâle laisse encore quelque doute. Dans l'ensemble que j'ai décrit comme *H. hirudo*, je verrais donc une variété d'*H. concinna* (*H. c. Kochi* Nn.), qui se distinguerait du type par les particularités suivantes :

Écusson dorsal à peine plus long que large, très peu échancré en avant, brunâtre. Base du rostre à peine enchâssée dans l'écusson, à angles postérieurs peu saillants. Caroncule du tarse presque aussi longue que les ongles.

17. Argas magnus Nn.

Le genre *Argas* est peut-être le plus homogène de tous ceux qui forment la famille des Ixodidés. Toutes les espèces sont construites sur le même type et les particularités qui les distinguent sont relativement secondaires. J'ai déjà indiqué les simplifications qui peuvent y être apportées en considérant comme plus étendue qu'on ne l'avait admis l'aire de dispersion de chacune d'elles, et en rattachant à des espèces types des formes que l'on avait regardées comme spécifiques en raison surtout de leur localisation géographique.

Le même ordre d'idées me porte à attribuer à *A. magnus* Nn. une valeur inférieure à celle que je lui avais reconnue primitivement. En le comparant à *A. reflexus* (Fab.) au moyen de spécimens plus nombreux que ceux dont je disposais d'abord, je n'ai plus trouvé de différences assez grandes pour conserver à la première forme le rang d'espèce. Je propose donc de la rattacher à la seconde avec la valeur de variété.

Cette variété [*A. reflexus magnus* (Nn.)] ne se distingue guère

du type que par ses dimensions plus grandes, son étroitesse
relative, la courbe du bord postérieur du corps moins cintrée et
plus ogivale. Elle a été trouvée dans l'Équateur et dans la Patagonie
orientale (golfe Saint-Georges).

18. Argas persicus Fisch. et A. miniatus Koch.

Dans un premier mémoire, j'ai décrit en 1897, sous le nom
d'*Argas americanus* Pack., une forme qui est très répandue dans
les États-Unis d'Amérique, particulièrement dans les États du
sud. En 1901, j'ai substitué à ce nom, en en donnant les raisons, celui
d'*A. miniatus* Koch. C'est aussi sous cette dernière dénomination
que la même forme est décrite dans l'important travail de Salmon
et Stiles sur les Ixodidés des États-Unis (1).

Le tableau synoptique pour la distinction des espèces, que j'ai
donné en 1901 (4ᵉ mémoire, p. 339), montre bien les affinités que je
reconnaissais entre *A. miniatus* et *A. persicus*. Ces deux espèces y
sont séparées des autres du même genre par les caractères tirés de
la bordure du corps, aussi bien à la face dorsale qu'à la face ventrale : dans ces deux formes, la bordure est constituée par des festons
rectangulaires qui encadrent une petite patelle (patellule), tandis
que dans les autres espèces elle est formée de plis étroits, radiés.

Mais quand il s'est agi de différencier *A. miniatus* d'*A. persicus*,
j'ai été réduit à invoquer l'aspect des granulations dorsales submarginales, et je les ai indiquées « distantes » dans *A. persicus*, et
« contiguës » dans *A. miniatus*. Ce caractère est beaucoup moins
précis dans les objets que dans les mots. En comparant à nouveau
de nombreux lots appartenant aux deux formes, ayant des origines
variées et comprenant des individus de tous âges et à divers états
de réplétion, je me suis vainement ingénié et obstiné à préciser
des caractères différentiels ; j'ai même été contraint de reconnaître
que ceux dont je m'étais d'abord satisfait sont au moins insuffisants ;
car les granulations invoquées sont parfois contiguës dans *A. persicus* et parfois distantes dans *A. miniatus*. Elles forment des
rangées parallèles aux bords et qui sont ordinairement plus

---

(1) D. E. Salmon et C. W. Stiles, Cattle Ticks *(Ixodoidea)* of the United States. *Seventeenth Annual Report of the Bureau of Animal Industry* (1900), p. 402, pl.
LXXVIII, fig. 69-78 ; 1902.

nombreuses et plus serrées dans *A. miniatus* que dans *A. persicus*; mais cet aspect n'est pas constant.

J'ai dû reconnaître que je n'avais pas suffisamment résisté, dans ce cas, à la suggestion que les considérations d'origine géographique avaient exercée sur mes prédécesseurs. Je crois représenter aujourd'hui une appréciation plus exacte en rattachant la forme américaine à celle de l'Asie, plus anciennement décrite, et en la considérant comme une simple variété : *Argas persicus miniatus* (Koch).

Cette variété se distinguera donc en ce que les patellules y forment, en général, trois à cinq séries submarginales et y cachent les plis du tégument, tandis que, dans le type, les patellules y forment, en général, des séries moins nombreuses, y sont moins serrées et y sont séparées par quelques plis tégumentaires. Les autres caractères sont les mêmes.

LA LÈPRE EN INDO-CHINE

PROJET DE RÉGLEMENTATION CONCERNANT SA PROPHYLAXIE

Le Dr E. JEANSELME

Professeur agrégé à la Faculté de Médecine de Paris

Médecin des Hôpitaux

L'endémie lépreuse sévit dans toutes les parties de l'Indo-Chine française. Elle se cantonne de préférence dans les régions surpeuplées qui avoisinent l'estuaire des grands fleuves. Elle occupe deux foyers principaux. Le méridional couvre toute la superficie de la Cochinchine. Le septentrional ou tonkinois a pour limites le delta du fleuve Rouge. Le long de la côte d'Annam, sur l'étroite bande fertile comprise entre la ligne de partage des eaux et le littoral, la population est nombreuse et la lèpre très commune.

Au Cambodge, région basse et marécageuse, en majeure partie couverte de forêts, et fort peu peuplée, si l'on excepte les centres importants, la lèpre ne fait pas beaucoup de victimes (1). Dans le Laos français, où 800.000 hommes tout au plus sont disséminés sur un immense territoire, la lèpre ne forme que des îlots insignifiants.

Le système orographique du Yunnan, province chinoise située dans la zone d'influence française, n'est pas compatible avec la formation de grandes agglomérations humaines. La population est donc peu fournie, et comme elle est distribuée par îlots entre lesquels les moyens de communications sont difficiles, il n'y a pas au Yunnan un foyer cohérent de lèpre, bien que cette maladie y soit partout répandue.

D'après l'enquête que j'ai faite sur les lieux, j'estime que le nombre des lépreux disséminés dans l'Indo-Chine française est de 12 à 15.000.

---

(1) Conf. ANGIER, La lèpre au Cambodge. *Annales d'hyg. et de méd. coloniales,* janv.-mars 1903, p. 176.

Or, même dans les grands centres européens, les précautions les plus élémentaires pour se prémunir contre la contagion sont négligées. Je pourrais citer quatre Européens qui ont contracté la lèpre dans l'Indo-Chine française. Et si des mesures énergiques ne sont pas prises, nul doute que la lèpre ne fasse tôt ou tard, parmi les populations blanches de cette colonie, autant de ravages qu'en Nouvelle-Calédonie. Sous la domination annamite, les lépreux étaient groupés dans des villages. Mais depuis la conquête, tous ceux qui ne sont pas indigents se sont répandus parmi la population saine.

Un *village de lépreux*, tel que celui de Ninh Binh par exemple, est un vaste quadrilatère limité seulement par une levée de terre. Les lépreux, parqués dans cet espace, construisent de misérables paillotes où ils vivent avec leur famille, de sorte que la *population saine égale au moins celle des lépreux*.

Comme l'allocation accordée par le Protectorat est *notoirement insuffisante,* les lépreux rayonnent dans les localités environnantes pour aller mendier dans les marchés. Ceux qui sont encore en état de travailler, s'engagent au service des paysans voisins pour faire les semailles et la moisson.

Au lieu d'être des foyers d'extinction de la lèpre ces villages sont donc en réalité des foyers de propagation.

Par suite de l'accroissement rapide de la population, le village des lépreux de Hanoï formait il y a quelques années, une véritable enclave dans la ville même. Ce village était adossé à l'hôpital et les logements des infirmiers européens et indigènes étaient contigus aux cases des lépreux sans qu'il y eut aucune démarcation.

Comme la valeur du terrain sur lequel s'étaient établis ces lépreux s'est considérablement accrue, ceux-ci ont été en partie expropriés ou expulsés, et l'on construit actuellement sur ce sol imprégné de sanie lépreuse des habitations pour les colons européens.

Il faut donc, sans hésitation ni retard, appliquer les réformes les plus urgentes. Mais pour qu'elles soient efficaces, elles doivent être *uniformes* et *coordonnées* sur tout le territoire de nos possessions indo-chinoises. Les réglementations partielles et locales n'aboutiraient qu'au déplacement des lépreux fuyant devant les mesures de rigueur, grâce à la complicité de leurs familles et des autorités indigènes.

A. — A l'exemple des colonies anglaises, *il faut interdire aux lépreux avérés l'exercice de certaines professions,* entre autres celles de :

Boulanger, boucher, laitier, cuisinier, porteur d'eau, ou tout métier dans lequel la personne employée manie des aliments, des boissons, des médicaments, du tabac ou de l'opium ;

Blanchisseur, tailleur, ou tout métier dans lequel la personne employée manufacture ou manie des vêtements ;

Barbier ou tout métier similaire dans lequel la personne employée vient en contact avec d'autres personnes, serviteur, médecin, nourrice, sage-femme, infirmier, pharmacien, instituteur, conducteur de voiture de louage ou de jinrikisha (vulgairement appelée pousse-pousse), prostituée.

Il faut en outre interdire aux lépreux avérés : de se baigner, de laver des vêtements ou de puiser de l'eau à tout puits public ou réservoir dont l'usage n'est pas spécialement autorisé aux lépreux par les règlements municipaux ; de monter dans les voitures publiques, de loger dans un hôtel garni.

Et ce, sous peine d'une amende dont le montant, et d'un emprisonnement dont la durée seront fixés par une décision du Gouvernement. Les mêmes peines seront encourues par toute personne qui emploie, en connaissance de cause, un lépreux à l'un des métiers ci-dessus désignés.

B. — L'immigration jaune doit être surveillée, en particulier celle des Chinois qui viennent en grand nombre du Quang Toung et du Fokien, province où la lèpre est endémique.

Ces immigrants sont tenus, d'après les règlements en vigueur, de se faire inscrire dès leur arrivée dans la colonie, pour obtenir une carte de séjour, et de se présenter au bureau anthropométrique. Il est donc facile de leur faire subir une visite médicale et d'éliminer les lépreux. Ceux-ci seraient immédiatement rembarqués aux frais du capitaine ou patron du navire qui les aurait débarqués.

Le médecin commis à l'examen des immigrants devra justifier d'une connaissance suffisante de la lèpre. Il sera soustrait au roulement, afin qu'il acquière une compétence spéciale et qu'en cas de négligence les responsabilités puissent être établies. Les instruments nécessaires pour faire un examen micrographique seront mis à la disposition de ce médecin,

Les indications ci-dessus énoncées peuvent être remplies sans entraîner des frais trop considérables. Les mesures suivantes sont plus dispendieuses. Mais elles sont aussi indispensables que les premières, car il y va de l'avenir de la colonie.

En principe, tout lépreux doit être isolé. La plus grande difficulté pratique qui s'oppose à l'application de cette mesure, c'est que beaucoup de familles ne consentent pas à se séparer de leurs parents ou de leurs enfants atteints de la lèpre. De là, parmi les lépreux, une distinction fondamentale.

1° Les uns peuvent pourvoir eux-mêmes à leurs besoins ou être entretenus par ceux de leurs parents qui en ont la charge légale;

2° Les autres sont dénués de moyens d'existence et n'ont pas de parents en état de leur venir en aide. Les premiers seront internés, à leurs frais ou aux frais de ceux qui en ont la charge légale, dans des *Léproseries terrestres,* situées dans les points de la colonie où l'endémie lépreuse est le plus considérable.

Chaque fois que cela sera possible, ces léproseries seront établies dans une île inhabitée du Mékong ou du fleuve Rouge où les lépreux pourront se livrer à la culture et construire des villages.

A défaut de léproseries insulaires, les lépreux seront groupés en colonies, toujours distantes des agglomérations urbaines et entourées d'une clôture effective.

En aucun cas, il ne sera permis de construire une habitation quelconque dans un rayon de 200 mètres autour de la léproserie.

Chaque établissement comprendra des pavillons séparés pour les lépreux non mariés des deux sexes, une infirmerie et une buanderie. Le cimetière des lépreux sera compris dans l'enceinte de la léproserie.

Un quartier à part sera réservé à la détention des prisonniers lépreux de la région.

Les enfants qui naîtront dans l'établissement seront immédiatement séparés de leur mère. Ils seront élevés dans un orphelinat annexé à chaque léproserie et soumis à l'allaitement artificiel. Une observation prolongée prouve, en effet, que jamais un enfant ne naît lépreux.

Les permissions de sortie accordées aux lépreux, les visites des parents à la léproserie, les peines disciplinaires en cas d'insubordination grave ou d'évasion, le régime alimentaire et l'entretien des lépreux feront l'objet de règlements particuliers. La direction de la léproserie pourra être confiée à un missionnaire assisté de religieuses pour panser et soigner les malades.

Le médecin des colonies du poste le plus voisin sera chargé de visiter l'établissement au moins deux fois par mois.

Tout lépreux, vagabond ou indigent, dont la famille n'est pas en état de subvenir à ses besoins, devra être interné dans une *léproserie maritime*. Cet établissement doit remplir les conditions suivantes :

1º Être situé dans une île assez distante des côtes pour que toute évasion soit impossible ;

2º Être susceptible de culture ;

3º Être abondamment pourvu d'eau : les ablutions fréquentes étant la base du traitement hygiénique de la lèpre ;

4º Être peu peuplé : l'île choisie devant être évacuée par la population saine.

Les lépreux encore valides, internés dans une léproserie maritime, recevront des terres sur lesquelles ils pourront construire des villages à leur guise. Ils auront tous les privilèges de la liberté, à la condition expresse qu'ils ne fassent aucune tentative pour sortir de l'île.

Les lépreux dont les mutilations sont trop avancées pour permettre un travail quelconque seront réunis dans des pavillons de construction légère et peu coûteuse.

Les prisonniers lépreux seront détenus dans un quartier à part.

Une infirmerie, une pharmacie avec dispensaire pour la délivrance des médicaments, une buanderie compléteront l'établissement.

Tout lépreux décédé devra être enterré dans l'île. Aucun corps ne pourra être transporté sur la terre ferme.

Aucun produit de culture ; aucun objet fabriqué ne pourra être exporté de l'île ou des léproseries terrestres.

Un bateau exclusivement affecté à l'usage des lépreux, et remorqué par une chaloupe à vapeur, fera le service de la léproserie et effectuera le transport des lépreux.

L'administration de la léproserie maritime pourra être confiée à un missionnaire assisté de sœurs.

Un médecin soustrait au roulement, résidera dans l'île ; il procédera à l'examen de tous les lépreux dès leur arrivée.

Un laboratoire de bactériologie sera mis à sa disposition.

Il suffirait de deux léproseries maritimes pour toute la colonie : l'une située dans l'archipel de Poulo Condor ou toute autre île située dans ces parages, sur laquelle seraient dirigés les lépreux de la Cochinchine, du Cambodge, du Bas-Laos et de la côte d'Annam jusqu'à Hué ; l'autre dans la baie d'Along ou les îles côtières du Haut-Tonkin, qui recevrait les lépreux du Haut-Laos, du Tonkin et de la côte d'Annam depuis Hué.

Les autorités locales seront tenues, et ce sous peine d'amende ou d'emprisonnement, de faire conduire aux léproseries terrestres les lépreux trouvés sur leur territoire. Elles devront en outre déclarer au directeur si le lépreux est indigent ou s'il peut être entretenu à ses frais ou à ceux de leurs parents qui en ont la charge légale. Ces suspects seront réunis dans un pavillon spécial, jusqu'à ce que le médecin chargé de la léproserie les aient examinés. S'ils sont reconnus sains, ils seront immédiatement mis en liberté. S'ils sont reconnus lépreux, ils seront, sur la délivrance d'un certificat par le médecin, soit immatriculés à la léproserie terrestre, soit dirigés sur une léproserie maritime.

Tout lépreux pourra se présenter spontanément à l'examen du médecin de la léproserie. Aucun individu sain, ou atteint d'une maladie autre que la lèpre, ne pourra être admis dans une léproserie.

La série des mesures ci-dessus indiquées sera complétée ainsi qu'il suit :

Interdire le mariage à tout indigène reconnu lépreux ;

Surveiller les foires, marchés et tous autres lieux de rassemblement ;

Recommander aux médecins des postes médicaux et aux médecins en tournée de vaccine de visiter périodiquement et à des époques indéterminées les élèves des écoles, les prisonniers, les miliciens, les agents de la police indigène et les prostituées. Ces médecins dresseront, s'il y a lieu, des certificats, et les autorités locales devront soumettre à l'examen de ces médecins tout indigène soupçonné d'être atteint de la lèpre ;

Défendre de pratiquer la variolisation et la vaccination de bras à bras ;

Porter à la connaissance du public, par voie d'affiches, rédigées en français et en caractères, les signes apparents de la lèpre, les dangers de la contagion et les moyens de s'en prémunir.

Tout médecin des colonies devra faire un stage dans l'une des léproseries maritimes pour s'exercer au diagnostic clinique et bactériologique de la lèpre.

Les léproseries terrestres et maritimes devront être visitées, au moins deux fois par an, par un fonctionnaire délégué par le Gouverneur (résident de la province, etc.).

Les frais de transport et d'entretien des lépreux dans les léproseries maritimes seront à la charge des budgets municipaux et locaux.

Les frais d'installation des léproseries maritimes (personnel médical et administratif, laboratoire, pharmacie, etc.) seront supportés par le budget général de la Colonie.

LE PALUDISME ET SA TOPOGRAPHIE EN INDO-CHINE

PAR

Le Dr E. JEANSELME
Professeur agrégé à la Faculté de médecine de Paris
Médecin des hôpitaux.

Il n'est pas une seule région de l'Indo-Chine qui soit indemne du paludisme, mais l'endémie n'a pas en tout lieu la même gravité. *Si la maladie fait peu de victimes parmi les habitants des deltas, en revanche elle est meurtrière pour qui s'engage dans la montagne couverte de forêts.*
En Europe, la topographie du paludisme est précisément inverse. La fièvre hante le marais et s'y cantonne; il suffit de s'élever sur les premiers contreforts pour se mettre à l'abri de ses coups.

La contradiction, en quelque sorte paradoxale que je viens de signaler, n'est qu'apparente et pour la réduire à néant il n'y a qu'à bien poser la question.

Contrairement aux idées généralement reçues, il n'y a aucun lien nécessaire entre l'altitude et le degré de salubrité d'une région.

L'habitat du paludisme, c'est le sol non défriché, c'est tout aussi bien la forêt vierge située à plusieurs milliers de mètres au dessus de la mer que la jungle assez basse pour être inondée par le flux.

Ce qui chasse le paludisme, c'est la culture; or, dans nos pays le marécage est abandonné parce qu'il est peu productif; aussi est-il fébrigène. Par contre, en Indo-Chine où toute la richesse agricole réside dans la rizière, le limon déposé par l'inondation annuelle est constamment remué et assaini par ce travail incessant.

Quant à la région montagneuse; qu'il s'agisse de la chaîne annamitique, des massifs montagneux Traninh, du Haut Laos ou du Tonkin, elle est couverte de forêts que l'homme n'a guère entamées, aussi est-elle le repaire de la *fièvre des bois*, c'est-à-dire du paludisme à son summum de virulence. Le pays d'Annam, en raison de sa configuration, se prête assez bien à la démonstration des faits que je viens d'avancer. La province du Quang Nam, au point de vue du paludisme peut être divisée en zones qui s'étagent les unes au dessus des autres depuis le littoral jusqu'à la région des hauts plateaux :

Première zone ou *zone côtière*, peuplée exclusivement par des Annamites; le paludisme règne à l'état endémique dans cet échelon mais il y est peu sévère.

Deuxième zone, habitée par des Annamites montagnards dont les rizières escaladent les premiers contreforts de la chaîne annamitique; dans cette région, le paludisme est plus grave que dans la précédente.

Troisième zone, peuplée par des Moïs-Tap, elle est située entre 400 et 800 mètres environ. C'est la région la plus malsaine.

Elle comprend les Moïs des environs de Andiem, de Landon, de Tra Bon, ceux qui campent sur la chaîne qui va de Tramy à Catum et sépare le Song-Cai du Song Tra Bon.

Quatrième zone, peuplée par les Moïs de Travian, de Tramir, de Tu Nac, de Mong Ta, qui sont moins éprouvés par le paludisme que ceux de la région précédente, parce qu'ils établissent leurs campements au milieu de vastes espaces déboisés. Ils pratiquent en effet le *Raï*, c'est-à-dire qu'ils mettent le feu à la forêt et plantent du Riz de montagne sur les cendres.

Pour atteindre les villages moïs de cette zone, en venant de la côte, il faut nécessairement traverser des espaces non défrichés et la forêt vierge où règne la fièvre des bois.

Cinquième zone, occupée par les Moïs Sedangs, c'est la région des hauts plateaux (1.000 mètres d'altitude en moyenne), elle est très salubre, la fièvre y est pour ainsi dire inconnue. En résumé, la zone dangereuse par excellence, c'est la zone *boisée* intermédiaire à la côte et aux sommets. Cette ceinture de fièvres a de tout temps protégé les Moïs montagnards contre les entreprises des conquérants annamites. Les Moïs ou Khas qui vivent sur les plateaux redoutent autant que les indigènes de la plaine de s'aventurer dans cette région, c'est ce qu'ils veulent exprimer dans leur langage imagé par ces dictons : le Kha doit vivre dans les nuages..... le Kha meurt quand il entend le chant de la Grenouille.

Partout, en Indo-Chine, se retrouvent avec plus ou moins de netteté ces échelons successifs qui commandent le pronostic du paludisme. Dans les estuaires du fleuve Rouge et du Mékong, sur la bande côtière de l'Annam, immenses plaines alluviales qui nourissent une population fort dense, le paludisme est endémique, mais il est dégradé et prend volontiers le type intermittent tandis que dans la haute région, encore peu modifiée par le travail humain, la fièvre dépourvue de tout rythme, de toute périodicité, tend à devenir sub-continue. Souvent même la cachexie paludéenne s'installe d'em-blée, dans mainte région elle décime les enfants du premier âge.

Dans les centres situés sur les rives du fleuve Rouge en amont de Yen Bai, tels que Lao Kai, Long Po, Manhao, dans les postes de la haute rivière Noire, depuis Chobo jusqu'à Laichau et sur les rives du Nam Ou, du Nam Ngoun et du Nam Ngona, affluents du Mékong, j'ai vu comme dans la région moïs voisine de Andiem, le paludisme sévir avec violence.

Pour avoir une notion aproximative sur la virulence de l'endé-mie dans un lieu déterminé il faut surtout considérer les enfants, si la face est pâle et bouffie, si le ventre est énorme, asymétrique et proéminent à gauche, si la main passée sur le flanc toujours souple à cet âge permet de délimiter une rate volumineuse descendant jusque dans la fosse iliaque, on peut affirmer, sans risque d'erreurs, que le paludisme frappe à coups redoublés la population tout entière. Les renseignements précis qui m'ont été donnés sur diverses autres parties de l'Indo-Chine concordent avec les précé-dents. La fièvre fait rage dans la haute vallée du Don Naï (Cochin-chine). Elle n'est pas moins sévère dans la région boisée du Traninh, pas un Européen, pas un coolie n'y échappe; mais sur les plateaux découverts qui couronnent ce massif montagneux, les accès sont moins graves (1).

Les missionnaires qui entreprennent de défricher la forêt chez les sauvages Katschines, dans la haute Birmanie, succombent trop souvent après quelques mois de séjour, tandis que les autres membres de la mission résidant à Mandalay, à Rangoon, dans la basse région, fournissent une carrière assez longue.

L'indigène ne possède aucune immunité congénitale ou acquise contre le paludisme. Il acquiert pourtant une sorte d'accoutumance fragile et précaire qui dure tant qu'il reste dans la plaine cul-tivée; mais qu'il gravisse les pentes voisines, et il succombe

____

(1) Dans ces régions, la fièvre bilieuse hémoglobinurique est souvent associée au paludisme, elle n'est pas rare dans le Haut Tonkin et sur la rivière Noire. Sur quatre Européens qui se rendirent par terre de Luang Prabang à Muong Yon, trois d'entre eux eurent des hématuries.

avec une rapidité effrayante. Il connaît si bien le danger qu'il court en se déplaçant, qu'il ne se laisse guère tenter par les promesses les plus séduisantes et qu'il est souvent nécessaire de recourir à la réquisition pour le forcer à travailler dans la haute région.

Contrairement aux prévisions, l'Annamite de la côte est plus sensible au paludisme que le blanc. Dès qu'il entre dans la zone dangereuse, aux manifestations mitigées à type intermittent succèdent presque à coup sûr des accès irréguliers et prolongés. En 1899, pendant les mois de mai et juin, époque de la recrudescence annuelle du paludisme, une mission composée de dix Européens accompagnée de 30 boys provenant du Delta remonta de Hanoï à Yunnansen. Au cours de ce voyage, rendu très pénible par des pluies incessantes, deux Européens seuls eurent des accès francs. Quant aux boys ils furent tous terrassés par la fièvre et plusieurs eurent des accès délirants à forme typhoïde.

Lorsque l'Annamite de la plaine séjourne plusieurs mois dans la montagne, il se cachectise ; s'il redescend à la côte, il ne se remet qu'à la longue ; tous les trois ou quatre jours, la fièvre le rend incapable de tout travail.

L'Annamite qui vit à flanc de coteau, en région défrichée, est moins vulnérable que l'Annamite de la plaine. Il peut séjourner impunément sur la côte, mais s'il pénètre plus haut dans la région moï, il est fortement touché, mais moins gravement toutefois que l'Annamite du littoral.

Il est présumable que les fatigues excessives, jointes aux sautes brusques de température contre lesquelles les habitants des basses régions ne sont pas aguerris, sont des facteurs qui favorisent l'éclosion des formes redoutables du paludisme. Tout récemment, une mission, chargée d'étudier un tracé de chemin de fer passant par la haute vallée du Donaï, emmena avec elle 108 boys ou aides indigènes ; sur ce nombre, il y eut bientôt 89 décès. On recruta pour les gros travaux des coolies chinois, mais la mortalité parmi eux fut effroyable et l'on dut renoncer au projet, faute de main d'œuvre. Je tiens d'un ingénieur, chargé de faire des études pour la construction de la ligne du Yunnan, que sur 38 porteurs chinois partis de Mongtsé pour chercher des bagages à Manhao, centre essentiellement malsain situé sur le haut fleuve Rouge, 36 succombèrent au Chang Ki (paludisme à forme subcontinue et typhoïde), soit rapidement, soit après avoir langui pendant une durée plus ou moins longue.

Quand on envisage ces faits, une question se présente immédiatement à l'esprit : les accidents graves qui éclatent dans la zone boisée sont-ils le résultat d'une nouvelle inoculation, ou bien ne sont-ils que l'exacerbation d'un paludisme antérieur ?

A cette question, l'examen des faits cliniques ne permet pas de répondre ; car tous ceux, indigènes ou blancs, qui sont terrassés par la fièvre dans la montagne ont pu prendre le germe du paludisme sur le littoral. Les recherches bactériologiques pourraient peut-être apporter ici leur appoint. Si l'Hématozoaire qui cause la fièvre des bois en Indo-Chine n'est pas identique à celui qui provoque les accès mitigés en terre basse, le problème sera résolu dans le sens d'une réinoculation (1).

De ce qui précède, il résulte que le paludisme est grave sur les hauteurs boisées, mais il ne s'en suit pas pour cela qu'il soit toujours bénin dans les régions défrichées. On voit même actuellement en Indo-Chine des territoires jusqu'alors réputés salubres, devenir le centre d'une endémie malarienne des plus meurtrières. Près de Qui-Nhon, sur la côte d'Annam, dans les vallées de la Se Done et de la Se Bang Hien, au Bas-Laos, dans maintes localités situées sur les rives du Mékong, la malaria devient offensive sans cause connue et oblige parfois les habitants à déplacer leurs demeures et à délaisser leurs cultures.

Dans ces villages, les enfants à la mamelle sont eux-mêmes touchés. Rabougris, d'aspect chétif et vieillot, ils ont le ventre proéminent, asymétrique et distendu par un énorme gâteau splénique. Beaucoup d'entre eux succombent en bas âge ; parmi ceux qui échappent, la plupart ont une taille au-dessous de la moyenne ; débiles, entachés d'infantilisme, ils n'atteignent pas la puberté ou sont inaptes à se reproduire. Ainsi se dépeuplent bien des contrées naguère florissantes. Quand on traverse la forêt-clairière qui couvre actuellement une grande partie

(1) L'étude microscopique seule peut décider si, dans le groupe mal défini de la fièvre des bois, il n'y a pas des cas relevant du *Leishmania Donovani*, agent d'un type de fièvre rémittente fort répandue dans l'Inde. Récemment ce parasite a été trouvé dans le kala-azar ou fièvre noire de la vallée du Brahmapoutre.

du Laos, on voit, à chaque pas, d'anciens talus de rizières cachés
sous la végétation.

Quand on franchit la frontière de Chine, le paysage change ; aux
montagnes du Haut-Tonkin couvertes d'une épaisse végétation, succèdent des monts chauves. Les rizières s'étagent par degrés sur les
flancs des cirques et remontent aussi haut que possible. Grâce au
déboisement, le paludisme, quoique fort commun au Yunnan, est
en général peu grave, du moins dans les régions que j'ai parcourues
(route de Yunnan Sen à Bahmo, par Tali fu et Teng Yuè).

Cependant il est très violent, pendant la saison des pluies, sur les
bords de la Salouen. A cette époque de l'année, les caravanes sont
suspendues, d'abord à cause des inondations, mais aussi parce que
les mafous ou muletiers chinois redoutent les accès souvent mortels du Chang Ki.

Voyageant en ces régions pendant l'hivernage, j'ai dû, faute de
muletiers, conduire moi-même mon petit convoi composé de
quatre personnes. Malgré des fatigues prolongées et malgré
de fortes atteintes de paludisme antérieur, je n'ai pas été touché
pendant cette traversée de Yunnan ; seul mon boy eut un léger
accès, les deux autres indigènes qui m'accompagnaient restèrent
indemnes.

Les dernières étapes de la route qui aboutit à Bhamo traversent
des régions boisées habitées par de rares tribus katschines, sauvages qui ne défrichent pas le sol. Aussi dans ces forêts, qui con-
finent à celles de la haute Birmanie, le paludisme est-il aussi
violent qu'en Indo-Chine.

Le paludisme occupe le premier rang parmi les causes qui entravent l'accroissement de l'élément indigène dans notre grande colonie Indo-Chinoise. Bien plus, il active la dépopulation de provinces
autrefois prospères. Il est donc urgent d'engager la lutte avec lui.

Dans les pays de plaines jadis cultivées, au Laos, par exemple, et
dans la vaste plaine de Dien Bien phu, il faut encourager la recons-
titution des anciennes rizières. Ces terres ont été et sont encore
fertiles, mais pour les assainir, pour les mettre en valeur, il faudrait des bras. L'immigration seule peut les fournir ; elle s'impose, à mon avis, comme une nécessité inéluctable.

La gravité du paludisme chez l'indigène transplanté hors du sol
natal est une notion qui doit servir de guide dans le choix des

colóns. Il semble donc rationnel de s'adresser tout d'abord aux descendants des Laotiens qui, lors du sac de Vien Tian (1828), furent emmenés en captivité par les Siamois pour peupler la vallée du Ménam. Pour attirer ces familles Laotiennes, qui pour la plupart ne demandent qu'à rentrer dans leur ancienne patrie, on pourrait employer divers moyens : distribution gratuite de terres domaniales ; — travaux d'irrigation ; — fourniture de graines et instruments aratoires ; — exemption de l'impôt foncier jusqu'à la période de rendement des terres concédées, etc. Du reste, l'expérience doit être faite en petit et menée avec une extrême prudence, afin d'éviter des désastres irréparables. Le choix des centres de colonisation devrait être précédé d'une enquête médicale portant sur l'état sanitaire de la région et sur l'existence de Moustiques pathogènes pour l'homme. Un médecin serait chargé de surveiller ces centres et d'y faire appliquer les mesures d'hygiène. Chaque fois qu'il y aurait lieu de créer un nouveau village de-colons indigènes, le médecin serait appelé à donner son avis.

Le défrichement systématique de la région boisée n'est pas à conseiller, d'abord parce qu'il ferait de véritables hécatombes, et aussi parce que la destruction des forêts, qui retiennent les terres et les eaux de surface, aurait pour conséquence des inondations suivies de sécheresse, et partant la famine.

L'effroyable mortalité des coolies est le plus grand obstacle à l'exécution des grands travaux publics. Quand cela est possible, il faut recruter des travailleurs sur place ; grâce à leur accoutumance, ils résistent mieux ; malheureusement, on est contraint, presque toujours, par la nécessité d'importer de la main d'œuvre étrangère à la région. Si l'on a soin de sélectionner les coolies, de les nourrir, de les vêtir et de les loger convenablement, de leur épargner des fatigues excessives, de les pourvoir de moustiquaires et de leur délivrer libéralement la quinine préventive, on verra le nombre des décès et le pourcentage des journées de maladies s'abaisser dans une forte proportion, ce qui, tant au point de vue économique qu'au point de vue humanitaire, peut être considéré comme une victoire.

LE BÉRIBÉRI ET LES PRISONS

PAR

Le Dʳ E. JEANSELME

Professeur agrégé à la Faculté de médecine de Paris
Médecin des hôpitaux.

En Indo-Chine, comme en Birmanie, au Siam et à Java, le béribéri fait de nombreuses victimes (1).

On ignore, à l'heure actuelle, la cause efficiente de cette polyné·vrite endémo-épidémique. L'hypothèse d'une toxi-infection paraît plus vraisemblable que celle d'une intoxication d'origine alimentaire, car les foyers de béribéri ont une certaine *mobilité,* et parfois ils suivent certains groupes humains, pour ainsi dire à la trace, dans tous leurs déplacements. Les convois de détenus formés à Poulo Condor (pénitencier où le béribéri est endémique) et destinés à la Nouvelle-Calédonie ont été décimés par le béribéri pendant tout le cours de la traversée, et jusque dans les mines de nickel vers lesquelles ces prisonniers étaient dirigés.

Les causes secondes, telles que le *confinement,* l'accumulation d'un trop grand nombre d'individus dans un espace étroit et mal aéré, l'absence d'exercice, une *alimentation défectueuse* ont une si grande importance, dans la genèse du béribéri que, sans elles, une épidémie ne pourrait éclater. Pendant la famine qui sévit en Annam en 1899, j'ai vu des faméliques, dont la ration était réduite à une écuelle de riz par jour, succomber en grand nombre au béribéri. En 1890, quand une épidémie de béribéri éclata dans le séminaire de Saïgon, les prêtres français et indigènes furent tous épargnés, tandis que la plupart des élèves étaient atteints. Maîtres et élèves avaient une nourriture identique quand à la qualité, — c'était celle des indigènes de la Cochinchine, — mais la ration des élèves était fort réduite.

---

(1) Tous les symptômes relevés dans le cours de cette maladie : paralysies, abolition des reflexes et amyotrophies, — anesthésie cutanée et hyperesthésie musculaire; — œdème, anasarque et épanchement dans les séreuses, — sont les expressions variées de la névrite béribérique.

Quand celle-ci se limite aux nerfs des membres, la maladie est *curable,* quoique longue et sujette à *récidive.* Mais quand elle atteint les nerfs qui actionnent le cœur et le poumon, le danger est imminent et la mort, subite ou lente, est la terminaison la plus habituelle.

Toutes les conditions adjuvantes qui favorisent l'éclosion du bébibéri, la maladie · de misère par excellence, se trouvent réalisées dans les prisons de l'Indo-Chine. Les détenus asiatiques contractent seuls cette maladie; les détenus européens restent imdemnes, alors même que leur quartier est contigu à celui des indigènes. Cette immunité est due à ce que les prisonniers blancs reçoivent une nourriture plus substantielle, et non pas à une immunité de race. Ce qui le prouve, c'est que les gardiens indigènes qui vivent en plein foyer béribérique, mais qui ont une alimentation plus copieuse sont très rarement atteints, ou ne présentent que des formes légères (1).

Des fautes d'hygiène et de construction, jointes à une alimentation défectueuse, expliquent pourquoi le béribéri fait rage à la prison centrale de Saïgon. C'est à l'hôpital de Choquan, sur lequel sont dirigés les prisonniers malades de toute la Cochinchine, qu'on peut compter les victimes du béribéri. Au cours du dernier semestre de 1899 (exactement du 14 juillet au 29 décembre), 818 malades sont entrés dans cet établissement. Pendant cette période, il y a eu 236 décès dont 213 dus au béribéri. Or sur ces 213 cas mortels, 165 provenaient de la prison centrale de Saïgon.

C'est au bagne de Poulo Condor que le béribéri exerce au plus haut degré son pouvoir d'extermination. Ce pénitencier est situé en pleine mer, à 100 milles du cap Saint-Jacques, dans un petit archipel volcanique comprenant plusieurs îles montagneuses couvertes de forêts très touffues.

Malgré la proximité de l'équateur (8⁰ lat. N.), la chaleur est très supportable dans ces îles et l'air y est vivifiant, grâce à la brise qui souffle presque constamment du large pendant les deux moussons.

La Grande Condor (54 kil. carrés), sur laquelle est établi le pénitencier, est riche en Bananiers, en Manguiers et en Cocotiers. Bien que la surface cultivée soit peu considérable, il y a dans cette île des champs de Patates, de Fèves, de Maïs, et quelques ri-

_____

(1) Le fermier de l'alimentation, pour la nouvelle prison centrale de Hanoï, ne reçoit que 0 piastre 052 cents pour la ration journalière du prisonnier indigène, contre 0 piastres 40 cents pour celle du prisonnier européen. En d'autres termes, si l'on calcule la piastre, au cours moyen de 2 fr. 50 c. ; valeur qu'elle avait en 1899, on voit que la nourriture d'un indigène revient à moins de 15 centimes, tandis que celle du blanc coûte 1 franc, c'est à dire près de sept fois plus cher.

zières. Les côtes sont très poissonneuses, les puits fournissent une eau abondante et d'assez bonne qualité.

Tous ces avantages naturels semblaient devoir assurer au bagne de Poulo Condor une salubrité exceptionnelle. Or, il a suffi d'une hygiène et d'une alimentation irrationnelles pour transformer cet établissement en un véritable charnier. Dire que le béribéri a décimé les prisonniers serait un euphémisme, car en réalité il a *vidé* le pénitencier. En novembre 1899, quand je le visitai, il contenait tout au plus 150 forçats, et l'administration justement émue de ces hécatombes inutiles songeait à le désaffecter. D'après M. Andrieux, médecin des colonies, auquel j'emprunte les détails qui suivent (1), du 1er octobre 1897 au 31 décembre 1898, il est mort 550 détenus au pénitencier dont 405 du béribéri. Pendant cette période, la mortalité du bagne a été de 671 0/00 d'effectif.

Les causes qui ont préparé cette épidémie meurtrière de 1897-1898 sont aisées à saisir. Les bâtiments du pénitencier sont très humides; ils s'élèvent sur un soubassement de 80 centimètres, hauteur insuffisante pendant la saison des pluies. Les latrines, réduites à leur plus simple expression, sont des orifices à ciel ouvert, pratiqués dans le sol même des salles.

Les lits de camp en bambou qui existaient autrefois ont été supprimés et les prisonniers dorment aujourd'hui sur une simple natte qu'ils étendent sur le sol bétonné ou dallé. Comme ils n'ont pas de vêtements de rechange, les jours de pluie ils restent mouillés toute la nuit durant. A cette influence débilitante du froid et de l'humidité, s'est associé un autre facteur béribérigène peut-être encore plus important. La nourriture des prisonniers était, et est probablement encore, notoirement insuffisante tant au point de vue de la qualité que de la quantité. Les détenus reçoivent, chaque jour, 800 grammes de riz et 250 grammes de Poisson sec, remplacé parfois, mais très rarement, par du Poisson frais. En outre, d'après le règlement, il devrait être délivré, deux fois par semaine, 250 grammes de viande de Porc et 100 grammes de légumes. Mais en fait, cette distribution n'a lieu que deux fois par mois. Cette alimentation privée de tout condiments, fort monotone et de mau-

---

(1) ANDRIEUX, Épidémie de béribéri observée à Poulo Condor en 1897-1898. *Annales d'hygiène et de médecine coloniales*, III. p. 183, 1900.

vaise qualité, est si répugnante qu'elle est en partie laissée par les prisonniers. Ainsi donc, la portion qui leur est allouée et qui peut à peine être considérée comme une ration d'entretien, n'est pas même ingérée en totalité.

Sur des hommes si éprouvés par les privations, la moindre atteinte morbide peut servir de cause occasionnelle au béribéri. En 1897-1898, ce sont des accès de fièvre palustre, de diarrhée et de dysenterie qui ont précédé et préparé l'éclosion de l'épidémie.

Une alimentation réparatrice et variée, assaisonnée de condiments, le rétablissement des lits de camp, la cessation des travaux trop pénibles, l'évacuation des bâtiments et la dissémination des prisonniers dans des paillotes a diminué la mortalité dans de très notables proportions. N'est-ce pas là une contre-épreuve qui met bien en évidence la valeur morbigène des causes ci-dessus énumérées?

On ne peut transformer une prison déjà construite qu'au prix de sacrifices considérables, et alors même qu'ils sont consentis, le résultat est toujours médiocre. Il importe donc que, dans l'avenir, les plans de toute prison nouvelle soient établis par une commission contenant parmi ses membres des médecins-hygiénistes. Ceux-ci ne devront jamais perdre de vue le principe suivant :

La prison, comme le vêtement, doit être adaptée au climat. Elle doit être aménagée de manière à lutter avec avantage contre le facteur météorologique le plus défavorable.

En Indo-Chine, surtout dans les latitudes basses, c'est la chaleur humide. Cela étant, l'indication dominante est d'établir un courant d'air constant pour rafraîchir l'atmosphère et assécher les bâtiments. Pour satisfaire à cette indication capitale, la prison doit s'étendre en surface sur un vaste espace libre. Elle doit donc d'une manière générale, être située hors ville. Les règles à suivre pour éviter les vices de construction les plus contraires à l'hygiène se résument en ceci : point de bâtiments agglomérés, point d'étages superposés; point de cours encaissées où stagne un air dormant, un air mort, partout de l'air courant. Donc, si les constructions encadrent une cour, il faut en rompre la continuité par des coupures pour favoriser la ventilation. Chaque fois que cela est possible, il est bon d'adopter les dispositions rayonnante ou en

ordre dispersé qui permettent d'orienter les façades suivant la direction habituelle des vents régnants. Chaque bâtiment doit être établi
sur une plateforme soutenue par des arcades surbaissées afin que
l'air circule librement dans les substructions. Le toit à double
versant, prolongé au delà des façades de manière à protéger l'intérieur contre la pluie et le soleil, sera percé de lacunes pour
laisser échapper l'air chaud. L'espace compris entre les piliers en
maçonnerie sera comblé soit par de minces parois filtrantes en
Bambou tressé, soit par des cloisons plus épaisses.

Le choix des matériaux est en effet subordonné au climat, et tel
modèle de construction qui convient en Cochinchine où les écarts
thermiques sont à peine accusés pendant tout le cours de l'année,
ne peut être utilisé au Tonkin où la température est relativement
basse durant la saison sèche. Le sol bétonné sera légèrement bombé
comme le pont d'un navire, de manière à ce que les eaux de lavage
puissent s'écouler aisément en dehors.

La division des bâtiments en salles de dimension réduite crée
un obstacle à l'extension des maladies contagieuses, il faut donc
s'efforcer de réaliser le sectionnement dans la mesure où il est con-
ciliable avec les nécessités de la surveillance. Mais pour prévenir
ou enrayer les épidémies, l'une des réformes les plus urgentes est
d'attribuer à chaque détenu une couchette en Bambou avec natte
et couverture individuelles. Des hangars pour le repas des prisonniers, un grand bassin pour leurs ablutions, des latrines bien
tenues, une infirmerie disposée de manière à permettre l'isolement
effectif des maladies transmissibles, sont des organes essentiels
dont le fonctionnement régulier contribue à maintenir un bon état
sanitaire parmi les détenus.

La tâche du médecin n'est point facile. Il ne doit pas se borner à
l'examen des prisonniers portés malades. Il doit faire œuvre
d'hygiéniste, ce qui suppose implicitement qu'il possède assez d'autorité pour faire écouter ses avis.

Il vaccinera le personnel et les détenus. Il inspectera les locaux.
Il veillera à ce que les prisonniers soient pourvus de vêtements
de rechange, à ce que l'alimentation soit conforme aux règlements.
A époque fixe, il fera peser indistinctement tous les prisonniers,
comme cela se pratique à Insein, chaque quinzaine. Tout écart considérable, soit en moins, soit en plus, par rapport au poids

antérieur du détenu, doit éveiller l'attention du médecin, dont la constante préoccupation doit être de dépister le béribéri à son début. Or, si dans la forme sèche, le corps diminue de poids, il augmente au contraire notablement dans la forme humide en proportion de l'œdème, et cela bien avant que celui-ci soit apparent.

Toujours en vue d'éteindre une épidémie de béribéri dès son origine, le médecin doit faire une enquête minutieuse sur chaque cas de mort subite. Ayant appris que cet accident soudain était fréquent dans plusieurs prisons de l'Indo-Chine, je cherchai la raison d'être de ce fait. Chaque fois que cet accident m'était signalé, je trouvais en coïncidence avec lui des cas avérés ou latents de béribéri. Poursuivant mes recherches, je suis arrivé à cette conviction que ces cas de mort subite relèvent de la forme foudroyante du béribéri, de celle qui intéresse d'emblée le pneumogastrique ou le phrénique. De là, cette conclusion pratique que la mort subite, survenant en série dans une prison de l'Extrême-Orient, signifie que le béribéri y règne à l'état endémique. Dès que l'existence de la terrible maladie est constatée, le quartier où elle règne doit être évacué, et les prisonniers seront disséminés dans des paillotes pendant que les bâtiments seront désinfectés.

Le médecin a le devoir de rappeler à l'administration que l'amélioration de l'ordinaire est l'un des plus puissants moyens pour chasser le béribéri. En effet, dans la genèse de celui-ci, comme dans celle du scorbut, les vices de l'alimentation ont une part prépondérante. La nourriture doit être suffisante non seulement en quantité mais aussi en qualité, sinon le prisonnier, pris d'un dégoût insurmontable, laisse sa portion presque intacte et s'achemine sûrement vers le béribéri. La monotonie du régime alimentaire, l'abus des salaisons amènent le même résultat. Il faut donc, chaque fois que cela est possible, distribuer des vivres frais, des légumes verts, des condiments, des fruits tels que la Banane dont le prix est fort modique.

Rien n'est plus nuisible au prisonnier que l'oisiveté. Une organisation rationnelle du travail offre des avantages multiples, d'abord au point de vue de l'hygiène, car l'absence d'exercice physique, d'occupations manuelles, exerce une action déprimante sur le prisonnier, ensuite au point de vue de la moralisation, car le détenu qui apprend un métier est en état de gagner sa vie, quand il rentre dans la société, enfin au point de vue de la bonne gestion des deniers publics, car la vente des produits fabriqués dans la prison couvre une partie de ses frais d'entretien et de surveillance. Mais ce résultat n'est possible que si cette main d'œuvre pénale est vigoureuse et bien traitée.

Des hommes nourris au plus juste, malingres et cachectiques, ne produisent aucun travail utile et en définitive coûtent très cher. A l'exemple des Anglais et des Siamois, il nous serait facile de former de bons ouvriers parmi les Cambodgiens, les Annamites et les Chinois, dont les aptitudes artistiques sont bien connues de tous les Européens qui ont vécu en Indo-Chine.

DE LA RÉPARTITION DU PALUDISME EN ALGÉRIE

PAR

L. MOREAU et H. SOULIÉ
Professeurs à l'École de médecine d'Alger.

Comme complément à notre communication sur *la lutte contre le Paludisme en Algérie*, nous nous proposons de dire quelques mots de la *répartition* de ce fléau dans notre colonie nord-africaine.

Ces données que nous allons exposer, nous les avons recueillies au cours des années 1900 et 1901, dans le but de dresser une carte que nous avions été chargés d'établir, par le *Comité d'études algériennes*, fondé à Alger par M. le Professeur Trolard, et que nous avons présentée, pour la première fois, au *Congrès de géographie d'Oran*, le 5 avril 1902. Ce Congrès voulut bien nous accorder ses encouragements et émit un vote favorable à la publication de notre travail.

Depuis, le *Gouvernement général de l'Algérie*, aux bons offices duquel nous avions dû la précieuse collaboration du *Service topographique* et de nos confrères, *médecins communaux et de circonscription*, ne nous a point abandonnés; c'est grâce à lui que nous avons pu éditer notre carte et les documents qui ont servi à l'établir. C'est ce volume que nous avons l'honneur de vous présenter aujourd'hui. Nous saisissons avec empressement cette occasion d'adresser de nouveau et publiquement nos remerciements bien sincères à M. le Gouverneur de l'Algérie et à tous ceux qui nous ont aidés dans notre tâche.

Pour la remplir, voici la marche que nous avons suivie :

Nous avons prié nos collaborateurs de vouloir bien nous indiquer, chacun pour la circonscription où il exerçait :

1º Les foyers paludiques donnant naissance, tous les ans, à une endémie palustre;

2º Les foyers paludiques engendrant le paludisme suivant l'état pluviométrique des années;

3º Les foyers paludiques transitoires, prenant naissance à l'occasion des grands travaux du sol (construction d'une route,

d'une ligne de chemin de fer, défoncements en vue de colonisation, etc.);

4° Les foyers, jadis paludiques et assainis depuis par la culture
ou par des travaux d'art.

En adoptant cette base pour notre carte, nous ne nous sommes
pas dissimulé qu'elle était toute *subjective* et nous exposait en
conséquence à des erreurs dues à la variabilité du point de vue
personnel. Nous dûmes cependant nous en contenter; car les
éléments nous manquaient pour une base objective, plus mathé-
matique, reposant, par exemple, sur le nombre des décès imputables au paludisme, comparé au chiffre de la population.

Une pareille *statistique* n'est pas possible, en ce moment, en
Algérie; car si l'état civil y enregistre les décès, il n'indique pas
les causes de la mort. Nous avons obtenu du Gouvernement des
mesures qui, désormais, rendront possible une telle enquête.
Celle-ci permettra d'établir les proportions respectives des premières atteintes du mal, des rechutes, des réinfections, des cas
de cachexie et des décès. Lorsqu'elle sera terminée, nous pourrons
reconstituer notre carte sur cette nouvelle base, celle-là même
qui a été adoptée pour une carte très estimée de la répartition du
paludisme en Italie.

Mais, à notre avis, et c'est aussi celui de M. le Professeur Laveran,
ce ne sera pas encore là le dernier mot du problème : la vraie
base, capable de donner le plus haut degré d'exactitude possible
à cette carte, c'est l'*index endémique*, c'est-à-dire la proportion
d'enfants impaludés (dans lesquels on trouve l'Hématozoaire caractéristique) au chiffre global de la population. Malheureusement,
pour recueillir cet index dans toutes les localités de la colonie, de
longues et patientes recherches sont nécessaires, et bien du temps
passera avant qu'elles aient pu être effectuées.

Telle qu'elle est, notre carte donne une idée de la répartition
du paludisme en Algérie.

Elle le montre sévissant dans les plaines et le long des cours
d'eau, des chotts, des marais, des routes et des voies ferrées en
construction, partout où la terre est le plus fertile et où elle est,
pour la première fois, profondément remuée, et respectant en
général les montagnes et les hauts-plateaux. De là cette première
constatation, qu'on ne peut renoncer à habiter ces terrains palustres

pour se réfugier en permanence sur les hauteurs moins fertiles ou stériles, comme en des sanatoriums, sous peine de perdre les plus riches joyaux de la Colonie. Et puisqu'il faut y rester, il faut aussi les assainir et s'y défendre.

De cet assainissement et de cette défense, nous avons exposé les principes dans notre précédente communication. Nous ajouterons seulement aujourd'hui que notre carte permet de voir d'un coup d'œil sur quels points doivent porter les premiers et principaux efforts.

En comparant la répartition du paludisme à celle des Anophèles, elle permet une démonstration nouvelle du rôle de ceux-ci dans la propagation de la maladie.

En montrant, à côté des endroits contaminés, les pays restés indemnes, elle dirigera dans le choix de sanatoriums pour les convalescents.

Enfin, en notant les points déjà nombreux d'où le paludisme a disparu, elle suggérera une réflexion consolante et elle inspirera un puissant encouragement et un ferme espoir pour l'avenir.

LE PHAGÉDÉNISME DES PLAIES SOUS LES TROPIQUES

PAR

Le Professeur LE DANTEC

M. Le Dantec commence par éliminer de son exposé les chancres phagédéniques, ainsi que l'ulcère de Vincent, dû à un Staphylocoque, et qui du reste est un cas unique dans la science.

Il ne veut parler que du phagédénisme commun, produit par une fausse membrane diphtéroïde qui dissèque les tissus. C'est une maladie très grave, surtout pendant les expéditions militaires.

M. Le Dantec fait passer des figures coloriées et fait remarquer combien le diagnostic est facile à la vue de la fausse membrane diphtéroïde. Cependant, dans un travail de Reynaud, on trouve une figure peinte, exécutée d'après la pièce n° 2197 du musée de l'hôpital Saint-Louis et qui ne se rapporte certainement pas au phagédénisme. M. Le Dantec pense qu'il y a là une erreur importante à signaler.

En résumé, le phagédénisme des plaies sous les tropiques est caractérisé par la formation d'une fausse membrane diphtéroïde qui dissèque les tissus.

Il faut distinguer trois stades dans l'évolution de l'étude du phagédénisme : dans un premier stade, il a été étudié exclusivement aux colonies; dans un second stade, il a été étudié dans les pays tempérés, sur des malades exotiques; enfin, dans un troisième stade, on l'a observé dans les pays tempérés, sur des malades du pays.

On a donc d'abord décrit des exemples locaux de phagédénisme, sous le nom d'ulcère local : ulcère mozambique à Madagascar, ulcère de la Guyane sur les transportés. Puis les inspecteurs généraux du service de santé ont généralisé et ont donné à toutes ces manifestations le nom d'ulcère phagédénique des pays chauds.

En 1884, M. Le Dantec est envoyé en Guyane, au Maroni, et voit une véritable épidémie de phagédénisme, il observe jusqu'à 18 cas de suite. Des frottis, faits avec des fragments de fausses membranes, montrent un véritable tissu ou feutrage de Bacilles.

A son retour en France, il montre ses préparations au Dr Roux, qui était alors préparateur de Pasteur à la rue d'Ulm. Le Dr Roux confirme les observations de M. Le Dantec, dans une note publiée en 1885. Malheureusement, toutes les tentatives d'inoculations et de culture ont échoué. L'agent pathogène se présentait sous la forme d'un Bacille long de 7 à 12 μ, ne prenant pas le Gram. Dans la suite, il a été retrouvé dans d'autres colonies.

Dix ans plus tard, en 1895, débute le second stade de l'évolution scientifique du phagédénisme. M. Le Dantec émet, au concours d'agrégation, l'hypothèse d'épidémies probables de phagédénisme. D'autre part, Vincent, à Alger, étudie les fausses membranes des plaies phagédéniques et donne à cette maladie le nom de pourriture d'hôpital, dans un travail publié en 1896 dans les *Annales de l'Institut Pasteur*.

Enfin la pourriture d'hôpital a été étudiée à Paris sur des cas autochtones. On y retrouve des nuées de Bacilles, semblables à ceux qui avaient été vus par M. Le Dantec. On peut en trouver la description dans la thèse de Coyon, publiée dans les *Annales de l'Institut Pasteur*. Il était facile d'en conclure l'analogie des deux affections et de penser que les deux noms : phagédénisme des pays chauds et pourriture d'hôpital étaient synonymes.

C'est alors que M. Le Dantec se met à rechercher la cause de la propagation de ces fausses membranes. Il remarque que les cas sont surtout fréquents pendant les expéditions militaires ou au cours des travaux de chemins de fer. Comme les lésions siègent le plus souvent aux membres inférieurs, il suppose qu'elles peuvent être causées par un microbe terrestre. Cependant, au moment du repiquage du Riz, on observe des ulcères des bras. Il faut noter aussi que le cas décrit d'après la pièce du musée de l'hôpital Saint-Louis, et cité plus haut, siégeait au bras.

M. Le Dantec fait donc venir des terres de diverses colonies et les inocule à des animaux. Il introduit dans les tissus la terre seule ou associée à des échardes de Bambou, qui sont accusées de jouer un certain rôle dans la production des plaies phagédéniques.

Au commencement, les animaux mouraient tous du tétanos.

Mais, finalement, une terre provenant de Cochinchine donna à un Cobaye l'ulcère seul, sans complication de tétanos.

M. Le Dantec fait circuler une planche coloriée, représentant le Cobaye porteur de l'ulcère.

L'ulcération expérimentale présentait tous les caractères de l'ulcère phagédénique des pays chauds. La fausse membrane avait le même aspect et renfermait les mêmes Bacilles en nombre considérable. Malheureusement, il fut impossible de réussir aucune culture ni aucune réinoculation. L'identité des deux lésions ne peut donc être affirmée. Il est à désirer que l'on reprenne et continue ces expériences.

La technique est des plus simples. Pour expédier les fausses membranes des colonies en France, il faut éviter l'emploi des pipettes Pasteur. Les microbes secondaires y pullulent en effet et la fausse membrane disparaît ou devient inutilisable. Le mieux est d'étaler ces membranes sur un fragment de verre quelconque, vitre cassée ou vieille plaque photographique, et de les faire sécher. La conservation est alors indéfinie. M. Le Dantec montre en effet à l'assemblée une plaque de verre, recouverte de fausses membranes, qu'il a reçue de Konakry.

Il semble donc que la terre recèle trois microbes pathogènes pour les plaies : le Bacille du tétanos, le Vibrion septique et le Bacille phagédénique.

L'étude de ces faits montre qu'il ne faut pas négliger les maladies tropicales, car elles éclairent souvent la pathologie des pays tempérés. C'est ainsi qu'a régné longtemps l'idée de l'origine équine du tétanos. Cependant on a vu des flèches empoisonnées avec de la terre de marais, provenant de pays sans Chevaux, tels que la Nouvelle-Calédonie, qui donnaient sûrement le tétanos.

NOTE SUR DEUX CAS DE GOUNDOU

PAR

Le Dr CANNAC
Médecin de la Marine (École du service de santé).

Je donne ci-dessous le résumé de deux cas de goundou que j'ai observés à la Côte d'Ivoire.

Observation I. — Goundou bilatéral.

Bournou, fillette de race agni, âgée de six ans (fig. 1). Antécédents héréditaires : les parents ne sont pas atteints de goundou.

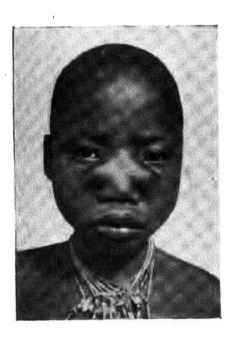

Fig. 1.

Antécédents personnels : a le pian depuis sa naissance.

Le goundou a débuté dès la première année de sa vie par deux petits points situés symétriquement de chaque côté du nez ; on ne peut assigner aucune cause.

Actuellement (juillet 1902), on constate de chaque côté de la base du nez deux tumeurs symétriques, sessiles, de forme ovoïde, dirigées de haut en bas et de dedans en dehors. Consistance dure, osseuse. Aucune mobilité. Sonorité douteuse à la percussion. La peau est normale et mobile sur les deux tumeurs. Aucune douleur spontanée ou à la pression. Globes oculaires mobiles, vision normale. Un peu de larmoiement à droite ; blépharite ciliaire des deux côtés. Rien de particulier dans les fosses nasales ni dans la cavité buccale. Hypertrophie ganglionnaire généralisée, consécutive au pian. Toutes les fonctions sont normales. Diverses déformations siègent aux deux mains et au pied gauche (anky-lose, incurvation, pied en varus, absence d'une phalangette).

Observation II. — Goundou unilatéral.

KANGA, jeune garçon de race agni, âgé de dix ans (fig. 2). Aucun

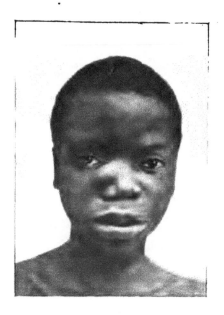

Fig. 2.

de ses parents n'aurait le goundou. Il a toujours joui d'une bonne santé ; a eu des poussées de pian à plusieurs reprises.

Il y a trois ans, Kanga a vu apparaître sans cause connue un petit bouton dur à droite du nez.

Actuellement (août 1902), il existe à droite du nez, au dessous de l'œil droit, une tumeur formant relief dans le sillon naso-génien droit. Elle est sessile, ovoïde, immobile, oblique de haut en bas et de dedans en dehors. L'extrémité interne semble faire corps avec l'apophyse montante du maxillaire supérieur, l'unguis et l'os propre du nez; l'extrémité externe s'avance dans la fosse canine. La consistance de la tumeur est dure, osseuse; la peau est mobile par dessus; aucune douleur spontanée ou à la pression; matité à la percussion. Le nez est dévié vers la gauche; la narine droite est aplatie et écrasée, l'air passe difficilement. Pituitaire normale. L'œil droit n'est pas refoulé; pas de larmoiement. Rien de particulier à signaler par ailleurs.

Je ferai suivre ces deux observations des quelques réflexions suivantes :

1° Le goundou n'est pas toujours bilatéral. Le professeur Pacheco Mendès, de Bahia, a publié déjà un cas de goundou unilatéral en 1901.

2° Il n'est pas héréditaire; il ne paraît pas non plus consécutif à des maladies acquises.

3° Il apparaît dès les premières années, sans cause connue; son développement est continu, sans douleurs.

4° Il n'altère en rien la santé, jusqu'au jour où par son accroissement continu, il aboutit à l'obstruction des fosses nasales et au refoulement des globes oculaires.

5° Son développement peut être rapproché de celui des cavités creuses du crâne. De telle sorte qu'on pourrait considérer le goundou comme le reliquat ancestral de dispositions anatomiques propres à des races disparues.

LA LUTTE CONTRE LE PALUDISME EN ALGÉRIE

PAR

L. MOREAU et H. SOULIÉ
Professeurs à l'École de médecine d'Alger.

C'est chose banale que de proclamer le *paludisme* un des grands
fléaux de nos colonies. A force de l'entendre, on finit par s'y habi-
tuer et n'y plus prendre garde. On se dit qu'après tout, puisque
les colonies ne sont point mortes du paludisme, c'est peut-être qu'on
exagère et que le *paludisme* est, suivant une expression à la mode,
une quantité négligeable.

Ce serait pourtant une erreur, et même une très grave erreur,
de le croire. Évitons, — il le faut, — les exagérations qui, parfois,
ont fait mettre sur le compte du paludisme un certain nombre de
maladies ou d'accidents, mal connus, insuffisamment étudiés et
qu'on n'a rapportés que petit à petit à leur véritable cause. Admettons que ce travail de ségrégation n'est pas achevé et que quelques
manifestations morbides, actuellement encore attribuées au paludisme, viendront se ranger un jour dans d'autres cadres nosolo-
giques. Quand nous aurons fait tout cela, il restera au paludisme un
domaine assez vaste pour qu'il réclame toute la sollicitude de ceux
qui s'intéressent au sort des colonies, et surtout toute la sollicitude de l'hygiéniste et du médecin.

Car, si le problème de la colonisation est extrêmement complexe
et fait appel à toutes les intelligences et à toutes les bonnes volontés,
là, comme ailleurs et même plus qu'ailleurs, le succès dépend d'une
bonne santé et, parmi les causes qui s'attaquent le plus souvent et
le plus gravement à la santé des colons, il faut citer le *paludisme*.

Il s'attaque gravement à la santé des colons par ses manifestations sévères et aussi par sa forme lente et traîtresse, par la
cachexie palustre. Mais on se ferait encore une idée tout à fait
insuffisante du danger, si l'on se bornait à enregistrer ces véritables forfaits du paludisme. A côté d'eux il y a les simples délits,
très nombreux, très importants, bien qu'on soit tenté de les oublier
et d'accepter au moins pour eux l'expression que nous rappellions

tout à l'heure, de quantité négligeable : ce sont les complications et les aggravations qu'il ajoute à toutes les maladies, en ruinant par avance les forces de résistance de notre organisme. Ce sont les entraves qu'il apporte aux manifestations de l'énergie individuelle ou collective, les chômages forcés, le travail insuffisant et la misère consécutive à tout cela.

L'un de nous s'est avisé d'éclairer, par une statistique précise, ce côté de la question, en ce qui regarde l'Algérie. Ne pouvant, par ses seuls moyens, relever tous les cas de paludisme qui se produisent annuellement en Algérie, M. Soulié s'est adressé à des Compagnies puissantes, ayant des services médicaux bien organisés et possédant les éléments d'une statistique éloquente, aux Compagnies de chemin de fer. Il leur a demandé le nombre des journées de chômage de leurs ouvriers pour cause de paludisme, comparé au nombre global des journées de chômage. Or savez-vous ce qu'il a vu? Il a vu qu'à lui tout seul, le paludisme cause autant de journées de chômage que toutes les autres maladies réunies. Peut-on dire, après cela, qu'il est une quantité négligeable?

Aussi bien les esprits sérieux se sont-ils toujours défiés de certains paradoxes et toujours appliqués à rechercher les moyens de prévenir et de guérir le paludisme.

Depuis longtemps, grâce aux efforts opiniâtres des colons, grâce à leur lutte courageuse contre la nature ennemie, grâce aux défrichements, desséchements, drainages, canalisations, cultures, grâce à la quinine, grâce à l'extension de son emploi, par Maillot (1), aux fièvres pseudo-continues ou continues palustres, les ravages du fléau avaient été bien atténués. Et certaines régions où, suivant un vieux dicton, « les seules colonies prospères étaient les cimetières », sont devenues des centres heureux et salubres.

On peut donc et l'on doit dire bien haut que, sans les découvertes récentes dont nous allons parler, sans la quinine même, la colonisation de l'Algérie se serait faite. Il y aurait fallu plus d'hécatombes humaines que celles qui déjà furent nécessaires; mais les héros n'auraient pas manqué à ces sacrifices.

Si nous disons cela, ce n'est pas pour rabaisser le mérite des

---

(1) Cf. R. BLANCHARD, Centenaire de la naissance de Maillot. *La France médicale*, LI, p. 121, 1904 ; *Archives de méd. et de pharmacie militaires*, XLIII, p. 414, 1904.

savants, c'est pour hausser davantage celui des vaillants colons de
la première heure; c'est pour rendre à leur mémoire le juste
hommage qui lui est dû. C'est enfin pour répondre à cette objec
tion qu'on n'a pas manqué de nous faire : « Est ce qu'avant les
découvertes de Laveran et de Ronald Ross, nous n'avions pas
colonisé l'Algérie? Est-ce que, bien antérieurement à la découverte
de la quinine, les Romains, et avant eux d'autres peuples, ne
s'étaient pas solidement implantés dans ce pays? »

Sans doute; mais, outre qu'il est difficile de faire la part exacte
du paludisme dans les causes qui finalement firent obstacle à la
permanence de quelques peuples sur le sol algérien, cela n'in-
firme en rien la valeur des nouveaux procédés que la Science met
à notre portée pour vaincre le fléau; pas plus que les antiques
pataches ne déprécient à nos yeux l'invention des chemins de fer.

Deux découvertes surtout ont, de nos jours, accru dans des proportions énormes nos moyens de défense contre le paludisme, en
même temps qu'éclairé et régularisé les moyens dont nous disposions déjà : celle de l'Hématozoaire de Laveran et celle du rôle des
Anopheles dans la transmission de ce parasite d'Homme à Homme.

Puisque le paludisme est dû à l'invasion du sang humain par
l'Hématozoaire de Laveran, et puisque l'Anophèle paraît l'intermédiaire nécessaire pour que ce même parasite soit transmis d'un
organisme humain déjà infecté à un autre organisme sain, il
devient évident :

1° Qu'il y a un intérêt majeur à guérir, au plus vite, tout individu
atteint de paludisme, ou à l'isoler en attendant sa guérison, afin
qu'il ne soit pas une source où l'Anophèle vienne puiser des
germes morbides pour les répandre autour de lui. Et l'usage de la
quinine, qui a fait ses preuves comme agent curatif, et dont
l'innocuité, lorsqu'on la manie bien, est certaine, s'impose réso-
lument;

2° Que les Moustiques, agents de transmission du paludisme.
doivent être détruits ou écartés de l'Homme par tous les moyens
possibles, sous forme d'Insectes parfaits (moustiquaires, voiles,
toiles métalliques, etc.);

3° Qu'il faut rechercher, détruire ou désinfecter les repaires où
ces parasites passent leurs états de larve et de nymphe (canalisation, desséchement, pétrolage, etc.) ;

4° Que les moyens de fortifier l'organisme humain, de le rendre jusqu'à un certain point réfractaire à l'invasion du paludisme s'imposent, comme mesures complémentaires, trouvées ou à trouver : et c'est ici que l'usage de la quinine, à faibles doses préventives, est particulièrement recommandable, sans parler des changements de climat, des séjours dans les sanatoriums d'altitude, des toniques généraux, de l'aguerrissement peut-être et des vaccinations.

De tout cela, ce qui est immédiatement applicable a été reconnu, préconisé, mis en pratique à l'étranger, notamment en Italie, et en France, notamment en Corse.

En Algérie, les frères Sergent, sur le conseil de M. le professeur Roux, de l'Institut Pasteur de Paris, et avec l'appui de cette puissante institution, ont fait, depuis bientôt deux ans, dans quelques gares de l'Est-Algérien, des essais pareils, pareillement couronnés de succès. Le succès n'est donc pas douteux pour quiconque voudra s'engager résolûment dans cette voie. Mais il importe de ne pas s'y arrêter, de répandre les idées nouvelles, de conquérir les bonnes volontés, de multiplier les efforts, de les faire porter sur tous les points menacés par le paludisme, en commençant par les plus exposés.

De là est née la pensée d'une *Ligue de défense contre le paludisme en Algérie.* C'est l'un de nous, M. le Professeur Soulié, qui en eut, le premier, l'idée et qui sut en prendre l'initiative. Et c'est principalement pour la faire connaître, pour lui susciter de nouveaux adhérents et de nouveaux encouragements que nous avons sollicité la faveur de prendre la parole dans ce *Congrès.*

Encouragé par M. le Professeur Laveran, puis par la *Société de médecine d'Alger,* M. le Professeur Soulié se mit à l'œuvre. Bientôt il groupait un premier noyau d'adhérents, comprenant des membres du Gouvernement, des ingénieurs, des professeurs, des médecins, des agronomes, des industriels, etc. Puis il élaborait les statuts de la nouvelle société, les faisait adopter par nos adhérents et approuver par l'Autorité.

A peine constituée, la *Ligue* organisait des conférences destinées à vulgariser les nouvelles doctrines et à frayer les voies à une propagande de faits. Elle publiait, dans le même but, des brochures, les unes très élémentaires, les autres plus complètes. Elle préparait des planches et des photographies pour projections, destinées à illustrer les conférences.

Bientôt le Gouvernement, l'Université nous prêtaient leur appui. L'un des frères Sergent, sollicité de devenir notre collaborateur. était nommé vice-président de la Ligue et mettait à son service son expérience et son activité.

La *Ligue* compte aujourd'hui de nombreux adhérents, disséminés sur tous les points de l'Algérie; des médecins, pharmaciens, vétérinaires, instituteurs, agriculteurs, administrateurs, et quelques personnes de bon vouloir se sont offertes pour faire des *conférences*. A ces conférences se pressent de nombreux auditeurs. Les conférenciers s'inspirent des idées acquises par la science et vulgarisées par les *brochures* de la Ligue, dont la plus élémentaire a été répandue à 5.000 exemplaires. Ils nous empruntent nos *planches* et *nos clichés photographiques pour projections lumineuses*. Des brochures analogues aux nôtres se publient. L'une d'elles, due à la plume d'un officier distingué, se préoccupe spécialement des *applications particulières des moyens prophylactiques aux armées en campagne.* Bientôt des *notices très simples, en forme d'affiches*, seront mises à la disposition des écoles, des mairies et des autres établissements qui en feront la demande, véritable enseignement par l'aspect.

Nos adhérents nous ont apporté leurs *cotisations*, modestes, utiles pourtant malgré leur modicité, et parce qu'elles contribuent à les intéresser davantage à une œuvre pour laquelle ils ont fait un léger sacrifice pécuniaire, et parce que les sommes provenant de cette source sont employées à notre *active propagande d'idées.*

Ce mouvement ne s'arrêtera pas là, nous l'espérons bien. Nous espérons aussi que des dons volontaires s'ajouteront aux cotisations et permettront de subvenir à l'emploi des moyens de prophylaxie, à ce que nous appelons *la propagande de faits* : distribution de quinine à bon marché; dessèchement, drainage, canalisation ou pétrolage des marais, étangs ou flaques d'eau, repaires habituels des Anophèles; préservation des habitations par les toiles métalliques apposées aux portes et fenêtres; création de sanatoriums pour les convalescents, etc.

Cette propagande de faits est déjà commencée, avons-nous dit, par le Dr Étienne Sergent. Mais il lui faut des *aides*. Nous les trouvons parmi nos adhérents. Un certain nombre d'entre eux, sous le nom de *correspondants*, sont plus spécialement chargés de nous renseigner sur les points à préserver, les mesures à employer, les ressources et les concours locaux sur lesquels il sera permis de compter. Un personnel auxiliaire se créera ainsi, qui se mettra à la disposition de M. Sergent, pour l'organisation de la défense.

De leur côté, le Gouvernement, les grandes administrations, les grandes compagnies, les chefs de chantiers agricoles et industriels, ne nous marchanderont pas leur concours. D'aucuns se sont déjà mis en rapport avec la Ligue, lui demandent des renseignements et se déclarent prêts à effectuer les travaux de préservation qu'elle leur conseillera.

Ces efforts combinés ont déjà porté des fruits. Les résultats sont bons et, de tous points, comparables à ceux obtenus en Italie et en Corse par les mêmes moyens.

Naturellement, il fallait s'y attendre, la Ligue a rencontré quelques adversaires; mais cela n'a fait que rendre la propagande plus intéressante et plus vive, et hâter la mise en pratique des procédés de préservation; car, aux *objections théoriques*, la Ligue s'efforce de répondre par des *faits*.

La plus grosse objection de nos contradicteurs aux arguments tirés des essais de M. Sergent, c'est que ses résultats favorables ont été obtenus au cours de deux années où, sans doute à cause de la grande sécheresse, le paludisme fut rare partout. Il est bien facile de répondre à cette objection : M. Sergent a pris grand soin de ne comparer ces deux années qu'à l'année immédiatement précédente, où la sécheresse et la rareté générale du paludisme n'avaient pas été moindres; et de cette comparaison ressortent à l'évidence les avantages acquis aux endroits préservés par notre collaborateur.

Cette *campagne antipaludique* se continuera et s'étendra cette année, qui fut particulièrement pluvieuse, durant toute la saison endémo-épidémique; et nous ne doutons pas un instant que le succès ne couronne nos efforts en confirmant les résultats acquis.

La Ligue, avons-nous dit, ne s'en tiendra pas là : elle considère comme le complément et le couronnement de son œuvre la *fondation de sanatoriums pour convalescents*, non point d'établissements luxueux, mais d'installations très simples, ce qu'on a appelé d'un mot heureux des *sanatoriums de fortune*; créations

vraiment démocratiques, qui ne sont pas destinées aux heureux
du monde, à ceux que leurs occupations n'exposent que bien
rarement au paludisme et qui peuvent aller se refaire dans la
mère-patrie, mais aux déshérités du sort que de pénibles travaux
rendent trop souvent tributaires du fléau, et que la modicité
de leurs ressources rive au sol algérien. C'est pour ceux ci que
nous rêvons d'installer des sanatoriums dans leur voisinage
même : à Téniet, par exemple, ou à Miliana, pour la région d'Alger;
à Tala-Rama, pour l'oued-Sahel ; à Fort-National, pour la Kabylie;
à Bugeaud, pour la circonscription de Bône; à Batna, pour le sud
de la province de Constantine; à Tlemcen, pour l'Oranie.

En accomplissant cette tâche, la *Ligue* a conscience de travailler
pour le bien de notre chère patrie, la France, mère secourable à
tous ses enfants, sans oublier ses fils d'adoption.

LA TUBERCULOSE HUMAINE
ET CELLE DES ANIMAUX DOMESTIQUES
sont-elles dues à une même espèce microbienne :
le Bacille de Koch?

PAR

J. LIGNIÈRES

Directeur de l'Institut National de Bactériologie de Palerme (Buenos Aires).

Si, au point de vue purement scientifique, la solution du problème de l'identité ou de la non-identité des Bacilles tuberculeux de l'Homme et des animaux ne nous paraît pas présenter de difficultés, nous devons néanmoins nous attendre à de nouvelles et longues discussions, parce que cette question a une énorme importance dans la lutte contre la tuberculose humaine. Au dernier Congrès international d'hygiène de Bruxelles, en 1903, j'ai déjà eu l'honneur de discuter cette question : aujourd'hui, je reprends mes arguments, en m'efforçant de les compléter.

Après Villemin, qui a prouvé expérimentalement l'inoculabilité de la tuberculose humaine et de la tuberculose animale, Chauveau, Kelbs, Bollinger, Gerlach, puis Koch, ont apporté les éléments pour identifier les tuberculoses vraies. Cependant Virchow, Pütz, Fränkel, Baumgarten, Gaiser, Theobald Smith, Frothingham, Dinwiddie, ont indiqué des différences entre les tuberculoses humaine et animales. La tuberculose des Oiseaux a été particulièrement dissociée de celle des Mammifères : qu'il me suffise de rappeler seulement les travaux de Rivolta, Maffuci, Straus et Gamaleia. Malgré ces travaux contradictoires, on se basait surtout sur la découverte du Bacille spécifique, pour admettre l'identité complète des tuberculoses humaine et animales.

Dans ces dernières années, ni l'étude des Bacilles, dits acido-résistants (Petri, Rabinowitch, Möller, etc.) ayant les mêmes qualités histo-chimiques, mais différant du Bacille de Koch par les cultures, et surtout par l'action pathogène, ni l'existence chez les Poissons (Bataillon, Dubard et Terre) d'une tuberculose à Bacilles

---

(1) Rapport présenté au 2ᵉ Congrès médical latin-américain de Buenos Aires, avril 1904.

de Koch, se distinguant par leur culture et leur action pathogène,
n'étaient parvenus à ébranler les bases de l'unicité absolue.

Le 27 juillet 1901, au Congrès d'hygiène de Londres, lorsque
l'illustre Koch fit sa retentissante communication, ce fut une surprise générale et une émotion profonde parmi le corps médical.
En effet, s'appuyant sur ses observations personnelles et sur des
expériences faites en collaboration avec le professeur Schütz, de
l'École vétérinaire de Berlin, le savant allemand faisait connaître
solennellement les deux conclusions suivantes :

1° La tuberculose humaine diffère de la tuberculose bovine et ne
peut être transmise au bétail.

2° La transmission à l'Homme de la tuberculose du bétail, par le
lait ou la viande, est à peine plus fréquente que la tuberculose héréditaire; par conséquent, il n'est pas nécessaire de prendre aucune
mesure contre elle.

La gravité des conséquences pratiques qui découlaient des
conclusions formulées par le savant le plus éminent en matière de
tuberculose, ne pouvait échapper aux assistants. On se souvient
des observations et des contradictions que soulevèrent aussitôt
Lister, Nocard, Thomassen, Crookshand, Mac Faydeau, Ravenel,
puis Arloing, et depuis lors tant d'autres. S'il est vrai que plusieurs expérimentateurs ont reconnu des caractères différentiels
plus ou moins importants entre les Bacilles de la tuberculose de
l'Homme et du Bœuf, presque tous, avec Hueppe, Max Wolff,
Orth, Bang, pensent, contrairement à Koch, que la tuberculose bovine est parfois inoculable à l'Homme. Malgré toutes les objections,
Koch a maintenu catégoriquement ses conclusions, en octobre 1902,
lors de la Conférence internationale de Berlin.

Le 5 septembre 1903, le Congrès international d'hygiène de
Bruxelles discutait à son tour l'identité ou la dualité des Bacilles
dans les tuberculoses humaine et animales, et plus particulièrement
dans les tuberculoses humaine et bovine. Les quatre rapporteurs de
cette question, MM. de Jong, Fibiger, Arloing et Gratia ont conclu,
dans leurs érudits et très instructifs rapports, à l'identité du Bacille de la tuberculose de l'Homme et du Bœuf; M. le Prof. Gratia
va le plus loin dans ses conclusions : il trouve identiques entre
eux les Bacilles de toutes les tuberculoses, y compris celle des
Oiseaux.

Au cours de l'intéressante discussion qui suivit ces rapports, les orateurs se sont surtout attachés à montrer les dangers possibles de contamination de l'Homme par le Bacille de la tuberculose bovine. Seuls, Preisz (Budapest) et Czapleski (Cologne) se sont arrêtés sur les caractères morphologiques et culturaux des Bacilles. Tandis que Fibiger, Chauveau, Arloing, de Jong, Monsarrat, Constant, Bordet soutiennent l'identité des tuberculoses, que Bujwid et Perroncito reconnaissent des types différents; Loëffler, Kossel, Pfeiffer, Wassermann, tout en admettant l'infection possible, mais très rare, de l'Homme par le Bacille bovin, appuient la théorie de leur maître le Prof. Koch.

De tous ces rapports et de toutes ces discussions, il ressort qu'une grande majorité est en faveur de l'identité et surtout en faveur du danger possible pour l'Homme de la tuberculose bovine. Par 25 voix contre 5, les membres présents votaient les conclusions suivantes :

« La tuberculose humaine est particulièrement transmise d'Homme à Homme; néanmoins, dans l'état actuel de nos connaissances, le Congrès estime qu'il y a lieu de prescrire des mesures contre la possibilité de l'infection de l'Homme par les animaux. »

Comme on peut le constater, le Congrès n'a répondu que sur les conséquences de l'identité des Bacilles de la tuberculose humaine et de celle des animaux.

Depuis, un nombre considérable de travaux ont vu le jour dans toutes les parties du monde, et l'on peut dire aujourd'hui qu'on ne discute guère la question de savoir si les Bacilles des tuberculoses humaine et animales sont identiques ou non, mais on affirme généralement les dangers de la tuberculose bovine pour l'Homme. Parmi ces travaux, nous devons mentionner spécialement ceux du Prof. Behring, champion décidé de l'unicité des tuberculoses humaine et bovine, contrairement à l'opinion de Koch.

Si, après tant de travaux importants et autorisés, nous pensons pouvoir traiter ce sujet, c'est que nous avons la conviction de l'examiner d'une façon un peu particulière, et, en tout cas, complètement dégagée de toute idée préconçue. Nous allons appliquer à l'étude des Bacilles tuberculeux, les mêmes lois qui nous ont été si utiles pour différencier d'autres Microbes. Mais auparavant nous devons expliquer comment nous comprenons la question posée :

la tuberculose humaine et celle des animaux domestiques sont-elles dues à une même espèce microbienne : le Bacille de Koch?

Il est indéniable qu'on trouve dans la nature, chez les espèces animales les plus distinctes, des lésions dites de tuberculose vraie à Bacilles de Koch. Ces Bacilles ont des caractères et des propriétés communes, qui permettent de les réunir dans un même groupe et jusque dans la même espèce. D'un autre côté, il est évident aussi qu'en dehors de ce groupe il existe des Bacilles dits pseudo-tuberculeux, déterminant souvent des lésions semblables à celles de la tuberculose, Bacilles dont les propriétés morphologiques, histochimiques, culturales et pathologiques, sont tout à fait différentes de celles des Bacilles de Koch.

Nous n'avons pas à nous occuper des pseudo-tuberculoses. Nous devons nous demander si, comme on le pensait généralement, tous les Bacilles rencontrés dans les tuberculoses vraies de l'Homme et des animaux, peuvent, à part leur degré de virulence, être considérés comme identiques et également redoutables pour l'Homme; ou bien, s'ils présentent parfois des caractères différentiels assez constants et assez importants pour y distinguer des variétés plus ou moins pathogènes pour l'organisme humain.

Ceci posé, nous allons résoudre successivement les deux points suivants : 1º de l'identité ou de la dualité des Bacilles tuberculeux; 2º de la contamination possible de l'Homme par les Bacilles tuberculeux des animaux.

Étude comparée des Bacilles tuberculeux
chez l'Homme et les Animaux domestiques.

TUBERCULOSE HUMAINE ET TUBERCULOSE BOVINE.

Quand on se livre, comme Th. Smith, Mœller et Preisz, à une étude systématique de ces Bacilles, on voit que les Bacilles humains sont généralement plus longs, plus incurvés, plus granuleux en culture sur sérum que les Bacilles bovins, d'ordinaire plus courts et se colorant uniformément. Que les Bacilles bovins se cultivent difficilement; qu'ils s'accoutument moins bien aux changements de milieu que les Bacilles humains, enfin, que le degré de virulence est d'ordinaire plus élevé pour les Bacilles bovins que pour ceux de l'Homme.

Mais ce sont là des caractères différentiels sensibles seulement quand on fait cette étude méthodiquement. De plus, ils ont le tort d'être basés sur une appréciation de plus ou de moins.

Considérons l'action pathogène : elle a surtout été étudiée dans le sens de la possibilité ou de l'impossibilité d'infecter le Bœuf avec des Bacilles tuberculeux de l'Homme. On a essayé de surmonter la résistance évidente du Bœuf aux Bacilles humains en employant les voies d'inoculation les plus graves et en augmentant la quantité de Bacilles injectés. Dans ces conditions, on a eu des succès qui ont été interprétés comme la démonstration la plus évidente de l'identité des Bacilles tuberculeux de l'Homme et du Bœuf.

En procédant ainsi, on risque fort d'identifier une foule de Microbes très certainement différents. Nous savons en effet qu'en diminuant la résistance de l'organisme ou en employant des doses massives et des voies d'inoculation plus favorables, on arrive à infecter et même à tuer des animaux plus ou moins réfractaires. Je citerai encore une fois l'exemple typique du *Bacillus subtilis*, avec lequel j'ai pu tuer un Bœuf par injection massive intra-veineuse. Le Bœuf ainsi tué, présentait des lésions septicémiques très comparables à celles qu'on rencontre dans des cas de charbon. Après cette expérience, peut-on déclarer identiques ce *Bacillus subtilis* et la Bactéridie charbonneuse, si voisins déjà par quelques uns de leurs caractères morphologiques et culturaux? Évidemment non.

Dans l'action pathogène, en outre de la voie d'inoculation employée, il y a lieu de tenir grand compte de la virulence du Microbe. Or nous savons très bien que rien n'est variable comme le degré de virulence et on ne saurait se baser sur un facteur aussi changeant pour identifier ou distinguer deux Microorganismes. On ne doit accepter comme caractères différentiels que ceux qui sont constants, quand on se place toujours dans les mêmes conditions expérimentales. Si donc on trouve constamment une ou plusieurs de ces propriétés différentielles, on ne peut admettre l'identité complète. Eh! bien, comme Koch et Schütz l'ont dit, le Bacille de la tuberculose humaine, injecté sous la peau des Bovidés, ne les rend pas tuberculeux, tandis que les Bacilles tuberculeux du Bœuf déterminent toujours des lésions tuberculeuses. Voilà la règle dont nous vérifions l'exactitude depuis plus de deux ans. Le fait ne résulte pas du degré de virulence plus fort pour le Bacille bovin, mais bien de ce que j'ai appelé déjà, pour d'autres Microbes, la qualité de la virulence, qui est particulière pour chacun des deux Bacilles.

Ainsi, on peut augmenter le degré de virulence du Bacille humain, sa qualité virulente vis-à-vis du Bœuf ne change pas. Il en est de même, notamment, des Streptocoques, des Bacilles du type charbon symptomatique, des *Pasteurella*. Pour ces dernières, on peut faire des expériences entièrement démonstratives. Par exemple, si nous vaccinons fortement des Lapins contre une *Pasteurella ovis,* et qu'ensuite nous leur inoculions le Bacille du choléra des Poules, qui est une *Pasteurella* aviaire, on verra mourir les Lapins vaccinés comme les témoins. Dans ce cas, on peut incriminer le degré de virulence, puisque la *Pasteurella* aviaire est plus virulente pour le Lapin que celle du Mouton. Mais vaccinons nos Lapins avec une *Pasteurella* aviaire, beaucoup plus virulente pour le Lapin que celle du Mouton; puis injectons à ces Lapins vaccinés une dose mortelle de *Pasteurella ovis;* vaccinés et témoins mourront encore. Pourquoi? C'est que ces *Pasteurella,* en dehors de leur degré de virulence, montrent une propriété distincte, la qualité virulente. Nous le répétons, la qualité virulente est constamment différente pour les Bacilles tuberculeux humains et ceux du Bœuf. A ce point de vue, il y a bien un Bacille tuberculeux type humain et un Bacille tuberculeux type bovin.

Parmi les expériences faites dans ce sens avec M. le Dr Joachim Zabala, sous-directeur de notre laboratoire, nous résumons comme suit les plus anciennes (1).

Inoculations de la tuberculose bovine aux Bovidés.

1er CAS. — Le 17 février 1902, une Génisse, métisse Durham, maigre, est tuberculinisée sans réaction. Le 18, elle est inoculée sous la peau du cou avec 4 c.c. d'une émulsion préparée avec le contenu d'un tubercule caséeux du poumon d'un Bœuf saisi à l'abattoir pour tuberculose. Le 28, au point d'inoculation, on observe une tumeur chaude, douloureuse, dure, sur un diamètre de 5 centimètres environ. Le 12 mars, soit 23 jours après l'inocu-

(1) Nous en avons une vingtaine aujourd'hui.

lation, la Génisse ne réagit pas encore à la tuberculine; au point
d'inoculation, un abcès s'est ouvert, nous y rencontrons difficilement des Bacilles de Koch. Le 14 avril 1902, réaction peu
marquée de la tuberculine. A partir du 20 mai, elle réactionne fortement sous l'influence des injections de tuberculine. Le 20 juillet
1902, c'est-à-dire 5 mois après l'inoculation, cette Génisse meurt;
elle est cachectique.

Autopsie. — Au point d'inoculation, il y a une lésion indurée
avec des foyers caséeux tuberculeux. Les ganglions prépectoraux,
bronchiques et médiastinaux sont tuberculeux; il existe une tuberculose généralisée sur les plèvres et le péritoine; dans les poumons,
on observe aussi des foyers tuberculeux caséeux.

Résultat. — Cette inoculation a produit une tuberculose généralisée mortelle.

2ᵉ CAS.— Le 4 février 1902, une belle Génisse Durham, en excellent
état de nutrition est tuberculinisée et ne donne pas de réaction.
Le 5 février 1902, on l'inocule sous la peau du cou avec 1 c.c. d'une
émulsion provenant d'un ganglion bronchique tuberculeux caséeux.
Le 15 février 1902, une injection de tuberculine reste sans effet.
Le 23 février 1902, au point d'inoculation, on voit une tumeur
large de 4 centimètres, longue de 6 centimètres, avec un noyau
central induré, du volume d'une noisette. Le 12 mars 1902, la tuberculine donne une réaction de 1°,3. Le 20 mai 1902, la tuberculine donne une réaction de 2°,3; à partir de ce moment il y a
toujours réaction aux injections. Le 15 novembre 1902, soit 9 mois
1/2 après l'inoculation, l'animal meurt accidentellement du charbon contracté spontanément.

Autopsie. — Au point d'inoculation, on observe un nodule souscutané de 2 centimètres sur un demi centimètre d'épaisseur, du
poids de 7 grammes. A la coupe, on voit qu'il est formé de tubercules isolés, ronds, de différentes grandeurs; les plus grands, de la
grosseur d'un Pois, sont formés d'une paroi fibreuse, résistant à la
coupe, avec un contenu jaunâtre, caséeux, légèrement infiltré de
sels calcaires.

Les ganglions du cou et de la tête sont indemnes en apparence;
les prépectoraux, bronchiques et médiastinaux sont hypertrophiés
et remplis de foyers tuberculeux caséo-calcaires. Dans le poumon droit, on trouve quatre petits foyers caséeux tuberculeux.

Le ganglion hépatique renferme aussi des foyers tuberculeux isolés.

Résultat. — Inoculation positive avec foyers tuberculeux disséminés dans l'organisme.

Nota. — Les produits tuberculeux inoculés à ces deux Bovins avaient été injectés aussi à 2 Lapins et 2 Cobayes, qui sont morts avec des lésions de tuberculose généralisée classique.

3e CAS. — Beau Bœuf, métis Durham, vigoureux et en excellente santé.

Le 5 août 1902, il est tuberculinisé, mais ne présente aucune réaction. Le 23 août 1902, on l'inocule sous la peau avec du pus provenant des poumons d'un Bœuf saisi à l'abattoir pour cause de tuberculose généralisée. Les jours suivants, il se forme une tumeur, puis un abcès au point d'inoculation ; l'abcès s'ouvre au dehors, mais il persiste quand même une tumeur purulente. Le 7 octobre, soit 45 jours après l'inoculation, on tuberculinise le sujet. Température initiale : 39°;12 heures après, 40°,2; 15 heures après : 40°,9; 18 heures après 40°,8. Réaction : 1°,9. Le 23 janvier 1903, nouvelle injection de tuberculine. Température initiale : 39°,2. Après 12 heures, 40°,5; après, 15 heures, 40°,9; après 18 heures, 40°,8; après 21 heures, 41°; après 24 heures, 40°,6 Réaction maxima, 2°,1.

Près de huit mois après l'inoculation, le sujet est abattu.

Autopsie. — Moyen état d'embonpoint. Au point d'inoculation, on trouve une tumeur de la grosseur d'une orange de taille moyenne, avec fluctuation prononcée. Quand on enlève la peau en ce point, elle est adhérente et laisse échapper un liquide muco-purulent jaunâtre. La coupe de la tumeur fait voir un tissu fibreux épais, sclérosé, nacré, avec foyers caséeux. Les ganglions rétropharyngiens, prépectoraux, bronchiques et médiastinaux sont hypertrophiés et parsemés d'îlots jaunâtres, à pus caséo-calcaire tuberculeux. Dans les poumons, on trouve cinq foyers tuberculeux, gros comme une noisette, entourés d'un tissu fibreux dense et contenant un pus caséeux à Bacilles de Koch.

Résultat : positif.

Inoculations de tuberculose humaine aux Bovidés.

1er CAS. — Le 16 avril 1902, un jeune Taureau, métis Durham, est tuberculinisé : il ne réactionne pas. Le 17, on l'inocule sous la peau du cou avec car 4 c.c. de crachats émulsionnés dans un mortier avec de l'eau stérilisée. Ces crachats, qui contenaient de très nombreux Bacilles de Koch, provenaient d'un malade de la salle du Dr Chaves (hôpital de clinique). Le 10 mai 1902, 32 jours après, on le tuberculinise. Température initiale : 39°; après 12 heures, 41° 2; après 15 heures, 40° 4; après 18 heures, 40° 7; après 21 heures, 40° 7; après 24 heures, 40° 6. Réaction maxima : 2^b 2. Le 25 juin, on le tuberculinise à nouveau et déjà il ne réactionne plus. Ces injections, renouvelées les 30 juillet, 7 octobre et 23 janvier, ne donnent pas de réaction. Pendant les premiers jours qui suivirent l'inoculation, on observa, au point d'introduction du virus, la formation d'un abcès chaud, qui, après avoir suppuré un peu au dehors, disparut rapidement, laissant seulement un léger épaississement de la peau. Le 3 mars 1903, c'est-à-dire près de 11 mois après l'inoculation, on sacrifie l'animal.

Autopsie. — Il ne présente plus qu'un épaississement de la peau, du volume d'une pièce de cinquante centimes, au point d'inoculation. Disons tout de suite que cet épaississement est purement conjonctif, sans foyers purulents ni Bacilles. Tous les organes et les ganglions sont examinés, sans qu'on puisse trouver nulle part la moindre trace de lésions tuberculeuses.

Résultat : négatif.

Nota. — Lapin. — Le 17 avril, un Lapin reçoit dans la veine 1/2 c.c. de la même émulsion que le Taureau. Poids : 1812 grammes. Il meurt le 12 mai : poids 1588 grammes.

Autopsie. — Rate très augmentée. Microscopiquement, on n'observe pas de lésions tuberculeuses. Dans le foie, congestionné et gros, on ne voit pas non plus de tubercules.

Les deux poumons montrent des foyers pneumoniques; on observe quelques foyers caséeux et de nombreux tubercules translucides, surtout à la base du poumon droit.

Les préparations faites avec la pulpe de la rate et du foie laissent voir des Bacilles de Koch, relativement nombreux.

Cobaye. — Le même jour, on inocule sous la peau un Cobaye de 510 grammes, avec les mêmes crachats. Le 23 avril, les ganglions de l'aine, du côté de l'inoculation, s'abcèdent. L'animal meurt le 18 octobre.

Autopsie. — Sur la rate très grosse, le foie, les poumons, on observe de nombreux tubercules, petits et blanchâtres, à Bacilles de Koch. Le ganglion sous-lombaire est abcédé.

2ᵉ CAS. — Jeune Taureau métis Durham. Poids 257 kilos. Le 20 juin, on le tuberculinise, il ne réactionne pas. Le 28, on lui inocule sous la peau du cou 6 c.c. d'une émulsion de crachats envoyés par le Dʳ L. Uriarte et provenant de la « Casa de Aislamiento ». Ces crachats sont extrêmement riches en Bacilles de Koch. Après quelques jours, on observe une tumeur du volume d'une demi-orange, chaude, dure, un peu douloureuse, sans fluctuation. Le 23 juillet, même état. Le 30, on le tuberculinise. Température initiale ; 38°, 8, après 12 heures, 41°, 2 ; après 15 heures, 40°, 5 ; après 18 heures, 40°,3 ; après 24 heures, 40° ; après 28 heures, 40°. Réaction maxima, 2°, 4. Le 1ᵉʳ août, on observe un abcès qui perce à l'extérieur. Le pus, jaunâtre avec stries sanguinolentes, laisse voir au microscope de nombreux Bacilles de Koch, accompagnés de Streptocoques et d'autres Microbes. Le 12 septembre, on le tuberculinise. Température initiale 38°, 6. Après 12 heures, 38°, 7 ; après 15 heures, 39°, 2 ; après 18 heures, 39°, 3 ; après 21 heures, 39°, 8 ; après 24 heures, 39°, 5. Réaction thermique maxima, 1°, 2. Le 23 janvier 1903, nouvelle injection de tuberculine qui reste sans réaction. Au point d'inoculation, l'abcès s'est fermé ; le tissu induré qui l'a remplacé disparaît peu à peu. Le 15 février, l'injection de tuberculine ne donne pas non plus de réaction. Le 14 mars, soit près de 9 mois après l'inoculation, le sujet est sacrifié.

Autopsie. — Au point d'inoculation, on observe seulement un épaississement prononcé de la peau, très dure à la coupe, formé d'un tissu fibreux, sclérosé, nacré. On ne trouve pas de pus ni de Bacilles. Dans les tissus, les organes, les ganglions, nous ne voyons pas trace de lésions tuberculeuses.

Résultat : négatif.

NOTA. — Un Lapin, inoculé avec les mêmes crachats, est mort d'infection dans les huit jours. Quant au Cobaye, il a fait une tuberculose généralisée typique.

3ᵉ CAS. — Veau métis Durham en mauvais état d'embonpoint. Il ne réactionne pas du tout à une injection de tuberculine.

Le 7 août 1902, on l'inocule sous la peau du cou avec 4 c.c. d'une émulsion de crachats très riches en Bacilles de Koch et provenant de la clinique du Dʳ Malbran. Les jours suivants, la région est chaude et douloureuse, puis il se forme un abcès qui ne tarde pas à s'ouvrir. Le 12 septembre, le sujet est tuberculinisé. Température initiale, 39°. Après 12 heures, 40°, 6 ; après 15 heures, 40°, 9 ; après 18 heures, 44°, 1 ; après 21 heures, 41°, 2 ; après 24 heures, 41°, 1. Réaction thermique maxima, 2°, 2. Le 24 janvier 1903, on tuberculinise à nouveau le sujet ; il ne réactionne pas. Le 21 février, soit près de sept mois après l'inoculation, on sacrifie l'animal dont l'état général s'était amélioré.

Autopsie. — Au point d'inoculation, on observe un nodule constitué par un tissu fibreux, lardacé, dur, de la grosseur d'une noix, sans foyer purulent. Dans aucune partie de l'organisme, on ne peut trouver de lésion tuberculeuse.

Résultat : négatif.

Nota. — Un Lapin est inoculé dans la veine avec 2 c.c. d'émulsion des mêmes crachats très riches en Bacilles de Koch. Ce Lapin meurt le 10 janvier 1903, sans qu'on puisse trouver aucune lésion tuberculeuse.

Un Cobaye adulte, inoculé en même temps sous la peau avec 1/4 c.c. de l'émulsion des mêmes crachats, meurt le 8 janvier avec des lésions généralisées et énormes de tuberculose : foyers caséeux blanc jaunâtres, et tubercules opaques blancs dans lesquels on trouve relativement peu de Bacilles de Koch.

Depuis ces expériences, nous avons continué nos inoculations en employant des produits pathologiques ou des cultures ; jusqu'ici, nous avons une vingtaine d'inoculations, sans que les résultats que nous venons de faire connaître se soient modifiés. Nous avons pris de préférence, chez l'Homme, des lésions pulmonaires, de façon à éviter autant que possible les cas d'infection par le tube digestif, d'origine bovine, comme celui que nous relaterons plus loin. D'après ce que nous venons de voir, il ne peut y avoir de doute : les Bacilles de la tuberculose humaine et ceux du Bœuf, inoculés sous la peau des Bovidés, se comportent différemment. C'est un caractère constant, ou du moins aussi constant qu'on peut le demander en biologie, et qui fixe les deux variétés : type bovin, type humain. Ces deux types manifestent pour les Bovidés une *qualité virulente* constamment différente. On peut même faire passer ces virus par l'organisme d'espèces distinctes, leur faire augmenter leur degré de virulence et cependant, rapportés sous la peau du Bœuf, ils

manifestent encore leur qualité virulente distincte et spéciale. Voilà donc deux Microbes très voisins par leurs caractères culturaux
et qui se distinguent uniquement par leur qualité pathogène, abstraction faite du degré de virulence; le fait est loin d'être unique.

Les Bacilles de la septicémie de Pasteur ou œdème malin de
Koch ne se différencient suffisamment, ni par leur morphologie,
ni par leurs cultures, des Bacilles du charbon symptomatique et
surtout de la *mancha*; cependant ils s'en séparent complètement
par la qualité de la virulence, notamment vis-à-vis du Bœuf : le
Vibrion septique laissant les Bovidés adultes indemnes et le Bacille
du charbon symptomatique les tuant presque à coup sûr (1). Il y a
plus : on voit souvent des variétés microbiennes distinctes infecter
ou tuer, régulièrement ou exceptionnellement, les mêmes espèces
animales, sans qu'on soit autorisé pour cela à les identifier. Ainsi,
reprenons le microbe du charbon symptomatique : la règle est
qu'il ne tue pas le Cheval, et cependant parfois il le tue; de même
le Vibrion septique, qui d'ordinaire laisse les Bovins presque
indifférents, infecte, et fait même mourir exceptionnellement, de
préférence les Veaux. Il est évident que nous ne saurions arguer
de ces rares succès pour défendre l'unicité de la septicémie et du
charbon symptomatique, parce que, justement, ils constituent une
exception et ne sauraient détruire la distinction des qualités
pathogènes des deux Bacilles. Ces remarques s'appliquent à tous
les Microbes.

En résumé, et pour en revenir à la question qui nous occupe,
l'inoculation des Bacilles tuberculeux sous la peau du Bœuf nous
montre clairement l'existence de deux types distincts : le type
humain et le type bovin, correspondant à deux variétés de la même
espèce, du Bacille de Koch. Contrairement à ce qu'on pense généralement, le fait de rendre un Bovidé malade, et même de le tuer,
avec des Bacilles humains, inoculés par la voie veineuse, par
exemple, n'enlève rien à la distinction des deux types que nous
venons de faire.

TUBERCULOSE DES AUTRES MAMMIFÈRES DOMESTIQUES.

Il faudrait maintenant examiner les qualités virulentes des tuber-

---

(1) On a eu tort de faire des espèces distinctes de ces deux microbes; ce ne sont
que les races d'une même espèce microbienne.

culoses des autres Mammifères domestiques : Porc, Chèvre, Mouton, Cheval, Chien, avant d'aborder celle des Oiseaux et des Poissons. Or cette étude est loin d'être terminée : nous résumerons comme suit ce que nous en savons d'après les différents expérimentateurs et surtout d'après nos propres recherches.

Chez le *Porc*, on rencontre souvent la tuberculose à Bacilles du type bovin ; mais on trouve aussi des lésions dont les Bacilles rentrent plutôt dans le type humain, d'après le résultat négatif des inoculations sous-cutanées aux Bovidés. Ceci est justement en rapport avec le résultat positif des inoculations de tuberculose humaine et bovine au Porc et la contamination fréquente des Porcs qui consomment des lésions fraîches de tuberculose bovine.

Chez la *Chèvre* et le *Mouton*, nous n'avons pas eu l'occasion d'observer, depuis deux ans, aucun cas de tuberculose naturelle ; mais les inoculations expérimentales prouvent qu'on peut rendre ces animaux tuberculeux avec les Bacilles de l'Homme et surtout avec ceux du Bœuf.

Chiens et *Chats* : ces animaux sont rendus tuberculeux avec les Bacilles humains comme avec ceux du Bœuf. Dans deux de nos cas de tuberculose spontanée du Chien, il ne s'agissait pas de tuberculose du type bovin.

Le *Cheval*, sensible aux deux types de tuberculose humaine et bovine, l'est aussi, comme nous le verrons, au Bacille tuberculeux du type aviaire.

Si incomplètes que soient nos connaissances sur la *qualité* de la virulence des, Bacilles tuberculeux trouvés chez les Porcs, les Moutons, les Chèvres, les Chevaux, les Chiens et les Chats, ce que nous en savons nous permet de dire qu'en dehors de l'existence possible de nouveaux types de Bacilles tuberculeux, ces animaux peuvent présenter, même naturellement, les Bacilles du type humain comme ceux du type bovin.

TUBERCULOSE DES OISEAUX

Le Bacille de la tuberculose des Oiseaux a des caractères constants et différents de ceux de l'Homme et du Bœuf, surtout au moment où on le sort de l'organisme naturellement malade. Le Bacille tuberculeux des Oiseaux se cultive facilement sur les milieux solides, en formant rapidement une couche luisante, humide, grasse, s'écrasant bien, tandis que ceux des Mammifères donnent plus lentement une culture sèche, verruqueuse, plus difficile à dissocier. Le premier pousse aussi à une température beaucoup plus élevée que les seconds. Dans les bouillons, les Bacilles des Mammifères poussent en formant un voile à la surface et des grumeaux au fond, tandis que le liquide reste limpide ; le Bacille aviaire, au contraire, trouble davantage le bouillon et forme un dépôt muqueux au fond du vase.

L'action pathogène du Bacille du type aviaire offre une différence très importante vis-à-vis des Bacilles tuberculeux des Mammifères. En effet, tandis que ces derniers ne sont pour ainsi dire pas pathogènes pour les Oiseaux, la Poule en particulier, le premier les infecte aisément. Le Cobaye, si facilement tuberculisable par les Bacilles des Mammifères, même très peu virulents, résiste au Bacille aviaire ; par contre, le Lapin y est relativement plus sensible. Là encore, ce n'est pas une question de degré de virulence, mais bien de qualité de la virulence, puisque nous pouvons augmenter le degré de cette virulence vis-à-vis de la Poule ou des Oiseaux, sans modifier la qualité virulente vis à-vis des Mammifères. D'autre part, alors même que les Bacilles aviaires ont passé par un Mammifère, ils conservent ou laissent très facilement réapparaître les caractères distinctifs du type aviaire.

Les Bacilles tuberculeux des types bovin et humain ne diffèrent guère visiblement entre eux que par leurs qualités virulentes distinctes ; les Bacilles du type aviaire se différencient de ceux des Mammifères, non seulement par des qualités virulentes distinctes et plus accentuées, mais encore par leurs propriétés culturales. Le degré différentiel est donc plus élevé. Nous pouvons donc dire que les Bacilles aviaires forment une race distincte de ceux des Mammifères, mais qu'ils appartiennent tous au même groupe, à la même espèce.

Nous devons faire remarquer que le type aviaire peut, dans certaines circonstances, infecter, même naturellement, des Mammifères ; on aurait en effet trouvé des Bacilles du type aviaire chez l'Homme, le Cheval, le Singe, le Bœuf, la Souris blanche. Pour notre part, nous avons vu notre très regretté maître Nocard retirer de lésions tuberculeuses, chez le Cheval, des Bacilles de Koch du type aviaire. La contre partie est encore vraie, puisque le Perroquet présente souvent des lésions tuberculeuses à Bacilles de Koch type humain. Ceci nous montre le degré d'adaptation possible des différents types de tuberculose ; d'ailleurs, tous ont cette propriété plus ou moins accusée.

TUBERCULOSE DES POISSONS.

En 1897, Bataillon, Dubard et Terre ont fait connaître, dans un très intéressant travail, l'existence, chez des Carpes, de lésions tuberculeuses à Bacilles de Koch. Ces Bacilles sont doués de qualités très différentes de celles des autres Bacilles tuberculeux. En voici les principales : ils végètent à partir de 12° et leur température *optima* est vers 25° ; dans les milieux liquides, il se forme un voile mince, et au fond se précipitent des flocons faciles à dissocier ; le liquide reste limpide. Sur gélose, les colonies sont blanches et crémeuses, le Bacille pousse sur gélatine sans la liquéfier. Les premières cultures sont inoffensives pour le Cobaye, le Lapin et les Oiseaux ; mais elles donnent la tuberculose aux Poissons et aux animaux à sang froid.

Ce sont là, évidemment, des caractères nouveaux, très suffisants pour créer, non seulement une variété, mais bien une race de Bacilles tuberculeux pisciaires, dans le cas où ces caractères différentiels seraient assez fixes. Malheureusement, nos connaissances sont encore peu étendues sur les Bacilles pisciaires et les travaux de Bataillon, Dubard et Terre tendent à faire considérer les Bacilles tuberculeux des Poissons comme des Bacilles humains ingérés par les Carpes. A l'appui de leur hypothèse, ces auteurs citent des expériences dans lesquelles ils ont nourri des Poisssons avec des Bacilles tuberculeux de l'Homme. Après huit jours, ces Bacilles se retrouvent dans le foie, mais ils sont déjà très atténués. Après 11 jours, l'inoculation au Cobaye ne lui donne pas la tuberculose. En injectant des Bacilles humains ou des Bacilles aviaires sous la peau de Grenouilles, ils ont obtenu les mêmes résultats.

D'après ces expériences, il suffirait aux Bacilles tuberculeux, type humain ou type aviaire, de passer quelques jours dans les tissus des Poissons ou des Grenouilles, pour voir s'opérer des changements très importants dans leurs propriétés culturales et pathogènes. Or, les expériences de Nicolas et Lesieur, d'une part, et celles de Auché et Hobbs, de l'autre, sont tout à fait en opposition avec celles de Bataillon, Dubard et Terre.

Nicolas et Lesieur nourrissent pendant sept mois des Carpes et des Cyprins dorés, exclusivement de crachats humains, très riches en Bacilles tuberculeux. Tous ces Poissons meurent, sauf deux qui sont sacrifiés. Chez aucun d'eux on n'a pu rencontrer une trace quelconque de lésion tuberculeuse. Par contre, l'inoculation au Cobaye des muscles ou de l'intestin des Poissons donne une tuberculose généralisée, en tout semblable à celle qui est produite par les Bacilles tuberculeux humains ingérés; ceux-ci n'avaient donc subi aucune modification dans la qualité de leur action pathogène. De leur côté, Auché et Hobbs ont injecté des Bacilles tuberculeux humains dans le péritoine de Grenouilles; vingt et soixante jours après, ils ont trouvé de petits tubercules sur le foie et le mésentère. L'inoculation de ces lésions aux Cobayes leur a communiqué une tuberculose généralisée classique à virulence un peu atténuée.

Si, comme nous sommes très disposé à le croire, d'après les expériences précédemment citées, les caractères des Bacilles tuberculeux des Poissons sont suffisamment stables (1), il n'est pas douteux que nous ayons affaire à une autre véritable race nouvelle de Bacilles de Koch. Quoiqu'il en soit, faisons remarquer avec soin que ces Bacilles pisciaires, qui sont des Bacilles tuberculeux vrais, non seulement par leurs qualités propres, mais aussi par les lésions qu'ils déterminent, dérivent certainement du même type ancestral que les autres types; mais, sous des influences encore inconnues, ils ont modifié leurs qualités et ont pu infecter naturellement des organismes aussi particuliers que ceux des Poissons. Nous avons là, pour le Bacille de Koch, le plus haut degré d'adaptation.

En matière de conclusions pour cette première question de l'identité ou de la dualité des Bacilles de Koch, nous dirons : les tuberculoses vraies, rencontrées chez l'Homme et chez nos animaux

---

(1) Le degré de virulence est essentiellement variable; au contraire, la qualité de la virulence est essentiellement fixe. Cependant, la qualité de la virulence peut parfois, rarement, il est vrai, être substituée. C'est ainsi que le Bacille du rouget du Porc, après plusieurs passages par le Lapin, devient de plus en plus virulent pour ce dernier, comme l'a montré Pasteur, mais il perd sa virulence vis-à-vis du Porcelet. Ajoutons, pour être juste, que ce virus du rouget, retiré des Lapins, tue encore parfois des Porcs adultes et qu'il reprend alors avec la plus grande facilité ses qualités pathogènes primitives.

domestiques, sont dues à des Bacilles appartenant tous au même groupe, à la même espèce, le Bacille de Koch, qui subit la loi générale de la variation des types (1).

A part d'autres variétés possibles et encore inconnues, nous avons déjà les types humain, bovin, aviaire et pisciaire, correspondant à des qualités distinctes et suffisament fixes. Nous pouvons ajouter, pour fixer les idées, en comparant ces différents types entre eux : le Bacille tuberculeux type bovin est une variété du Bacille type humain, ou vice versa ; les Bacilles type aviaire et et type pisciaire sont des races distinctes entre elles, et distinctes aussi des Bacilles type humain et bovin.

LA CONTAMINATION POSSIBLE DE L'HOMME PAR LES BACILLES TUBERCULEUX DES ANIMAUX.

Si nous prenions à la lettre la question, telle qu'elle est posée par le Congrès, nous n'aurions pas à traiter ce paragraphe. Mais nous devons examiner ce point, car il constitue la sanction pratique qui, d'après le Prof. Koch et tout le corps médical, découle de l'identité ou de la dualité des tuberculoses. Immédiatement, nous tenons à bien faire remarquer que, contrairement à ceux qui nous ont précédé dans l'étude du même sujet, nous n'avons pas cru qu'il fût nécessaire d'identifier les Bacilles de Koch pour affirmer la contagion de l'animal à l'Homme, cette contagion étant encore parfaitement possible avec des variétés et même des races distinctes de Bacilles tuberculeux.

C'est à dessein que nous avons, dans le premier paragraphe de cette étude, indiqué la contamination des Mammifères, expérimentalement ou même naturellement : Cheval, Homme, Singe, Bœuf, Souris blanche, par le Bacille tuberculeux type aviaire; des Perroquets, des Poules, par le Bacille tuberculenx type humain;

(1) Cette loi générale, nous l'avons posée le premier dans les termes suivants : « Les parasites microscopiques, appartenant à la même espèce, présentent toujours un certain nombre de caractères immuables, dits spécifiques, qui servent à les grouper, et un faisceau de propriétés morphologiques ou biologiques distinctes, qui créent les races ou les variétés. La gamme des races ou des variétés est plus ou moins riche, suivant les cas. »

Il y a des Bacilles tuberculeux, des Streptocoques, des Coli-Bacilles, des *Pasteurella*, des Bacilles du charbon symptomatique, des *Babesia*, etc.; et non un Bacille tuberculeux, un Streptocoque, un Coli-Bacille, une *Pasteurella*, un Bacille du charbon symptomatique, un *Babesia*, etc.

des Moutons, Porcs, Chevaux, Singes, Chiens, presque indistinctement, mais par des moyens différents suivant l'état de réceptivité, par les Bacilles type humain et type bovin ; enfin que ces deux variétés peuvent aller jusqu'à infecter les Poissons, les Grenouilles et en général les animaux à sang froid.

Il faut avouer que ces seuls faits positifs, car il ne s'agit pas d'hypothèses, rendant déjà invraisemblable l'exception qui ferait l'Homme réfractaire au Bacille tuberculeux type bovin, d'autant plus que celui-ci est si voisin du Bacille type humain.

En d'autres termes, étant donnée la faculté d'infection du Bacille tuberculeux vrai pour les organismes les plus divers et la parenté étroite des types humain et bovin, l'infection de l'Homme par la tuberculose bovine, apparaît comme possible.

Pour le démontrer, il faut que nous ayons de nouveau recours aux observations et surtout à la méthode expérimentale.

On a publié de nombreuses observations de contamination accidentelle de l'Homme par le Bacille bovin : blessures, ingestion de lait infecté, cohabitation etc. S'il en est beaucoup de contestables, d'autres nous paraissent avoir une valeur absolue ; nous citerons seulement les fait suivants. De Jong a publié le cas d'une paysanne tuberculeuse, ayant cohabité fréquemment avec des Bovidés, et chez laquelle il a isolé un Bacille de Koch, qui, injecté sous la peau d'un Veau, le tua en 56 jours d'une tuberculose généralisée. Max Wolf a infecté le Veau par injection sous-cutanée d'une lésion tuberculeuse primitive de l'intestin de l'Homme. Fibiger et Jensen trouvent aussi dans l'intestin de plusieurs individus une tuberculose primitive du type bovin, après l'inoculation sous-cutanée aux Bovidés. Spronck et Koefnagel rencontrent chez un boucher qui s'était inoculé au doigt la tuberculose bovine, en faisant l'autopsie d'une Vache tuberculeuse, des lésions qui, retirées après deux ans de l'organisme de cet Homme, furent inoculées au Cobaye avec succès. Cet animal prit une tuberculose généralisée. Les lésions de ce Cobaye, injectées sous la peau d'un Veau, lui donnèrent une tuberculose généralisée du type bovin. Ce cas prouve qu'après deux ans de séjour dans l'organisme humain, le Bacille bovin avait conservé sa qualité virulente vis-à-vis du Bœuf. De notre côté, nous avons cherché des lésions intestinales chez les enfants nourris au lait de Vache ; sur six cas qui nous ont été fournis, l'un d'eux nous a donné des Bacilles qui, inoculés sous la peau d'un Veau, ont produit les lésions généralisées de la tuberculose bovine.

Avec ces faits, il n'est pas possiblé de nier la possibilité de l'infection de l'Homme par le Bacille du type bovin. Il est vrai que quelques unicistes y ont vu au contraire la preuve de l'identité des tuberculoses bovine et humaine, puisque, disent-ils, les Bacilles humains peuvent aussi infecter le Bœuf par injection sous-cutanée. En réalité, ce ne sont pas des Bacilles type humain, mais bien des Bacilles type bovin rencontrés chez l'Homme. Ce que nous avons rapporté dans ce travail et surtout l'infection possible de la même espèce animale par des Bacilles tuberculeux de types différents prouve parfaitement la possibilité de l'infection de l'Homme par les Bacilles bovins. Nous concluons donc en répondant : oui, sans aucun doute, le Bacille de Koch type bovin peut contaminer l'Homme.

Nous devons nous demander maintenant : avec quelle fréquence la tuberculose bovine s'introduit-elle dans l'organisme humain? Dans l'état actuel de nos connaissances, on ne peut pas encore déterminer rigoureusement cette fréquence, mais ce qui paraît évident, c'est que la tuberculose bovine est beaucoup moins dangereuse pour l'Homme que sa propre tuberculose. Ceci résulte de la qualité virulente distincte des deux types de Bacilles, et aussi de la différence des occasions et du mode d'infection de l'Homme vis-à-vis de sa propre tuberculose et de celle des Bovidés.

Quoiqu'on en ait dit dernièrement, et comme nous l'avons affirmé au Congrès d'hygiène de Bruxelles, à propos de l'intervention des pouvoirs publics dans la lutte contre la tuberculose humaine (*Revue de la tuberculose*, 1903), le mode d'infection de l'Homme se fait surtout par les voies respiratoires, beaucoup plus que par les voies digestives. Or, à part les blessures accidentelles, la tuberculose bovine infecte l'Homme presque exclusivement par le tube digestif, c'est à-dire par l'une des voies les moins favorables. De plus, il n'est pas nécessaire d'insister pour que l'on remarque combien plus nombreuses sont les occasions où l'Homme rencontre sa propre tuberculose plutôt que celle des Bovidés ou des autres animaux.

Enfin, l'aptitude, qualité pathogène, du Bacille bovin à conta-

miner l'Homme est certainement inférieure à celle qu'il a vis-à-vis
du Bœuf, de même que le Bacille humain a son aptitude pathogène
plus développée pour l'Homme que pour le Bœuf. L'expérience du
Dr Garnault, toute incomplète qu'elle puisse paraître, a son importance : elle montre, jusqu'à un certain point, le peu d'aptitude du
Bacille bovin pour l'organisme humain (1). Si cette épreuve avait été
faite avec du virus humain, il est fort probable que les conséquences
en eussent été plus graves. Souvent, dans les circonstances ordinaires de la vie, lors de blessures accidentelles et d'inoculation des
bouchers par la tuberculose bovine, les choses se passent exactement comme dans l'expérience du Dr Garnault. Mais, et c'est le
point capital, quelles que soient les difficultés de la contamination
de l'Homme par le virus bovin et sa fréquence, il reste acquis que
cette contamination est possible.

Dans des conditions particulièrement favorables, probablement
surtout quand l'organisme humain est affaibli ou qu'il oppose une
faible résistance, comme celui des jeunes enfants, ou quand ces
organismes reçoivent une grande quantité de Bacilles bovins, ceux-
ci suivent la grande loi générale de l'adaptation : ils s'établissent,
se multiplient dans l'organisme humain et y produisent les lésions
typiques de la tuberculose. Comment, d'ailleurs, pourrait-il en
être autrement, quand, et il est bon de le répéter, nous voyons
avec quelle facilité les différents types de Bacilles tuberculeux
infectent les diverses espèces animales et comment ils finissent
par s'adapter même à l'organisme des plus réfractaires. La preuve
expérimentale corrobore aussi et complètement cette manière de
voir, puisque, chez l'Homme, nous trouvons des Bacilles tuberculeux qui répondent exactement au type bovin. Dans ce cas, et
comme nous le disions un peu plus haut, il ne faut pas voir là,
comme on l'a fait trop souvent, la preuve de l'inoculation possible
et facile du Bœuf par le Bacille humain en injection sous-cutanée,
ce qui appellerait leur identité; il faut y trouver la preuve de
l'existence chez l'Homme du Bacille tuberculeux type bovin.

Quant à la nécesssité de trouver des lésions intestinales primitives, ou même des ganglions mésentériques tuberculeux, pour
affirmer la contamination par ingestion, elle n'est pas absolue.

_____

(1) Le Docteur GARNAULT et la tuberculose bovine. *Archives de Parasitologie*,
V, p. 160-182, 1902; VI, p. 152-156, 297-317, 510-514, 1903.

L'expérience prouve que les Bacilles tuberculeux peuvent, comme
une foule d'autres Microbes, sinon la totalité, passer à travers la
muqueuse intestinale, traverser les ganglions, en s'y arrêtant ou
non, et aller, charriés par le chyle puis par le sang, se fixer et
pulluler dans un point favorable de l'organisme pour y déterminer
la lésion tuberculeuse. Les lésions tuberculeuses des viscères
digestifs ou de leurs ganglions, surtout les lésions primitives, font ·
seulement supposer très sérieusement une infection par les voies
digestives; leur absence n'exclut pas forcément ce mode d'infection.

De tout ce qui précède, nous devons conclure, pour cette seconde
partie de notre étude, que la tuberculose bovine est dangereuse
pour l'espèce humaine et qu'il faut s'en défendre.

Conclusions générales.

1. — Les tuberculoses vraies, rencontrées chez l'Homme et chez
les animaux domestiques, sont dues à des Bacilles appartenant
tous au même groupe, à la même espèce, le Bacille de Koch, qui
subit la loi générale de la variation des types.

C'est ainsi qu'en dehors de variétés possibles et encore indéter·
minées, nous connaissons déjà plusieurs types différents, à savoir : le
Bacille tuberculeux du type bovin qui n'est qu'une variété du type
humain ou *vice versa;* les Bacilles des types aviaire et pisciaire,
qui sont des races distinctes entre elles et différentes des Bacilles
type humain et type bovin.

2. — Puisque le Bacille tuberculeux du Bœuf peut infecter
l'Homme et surtout les jeunes enfants, et bien que cette contamina·
tion paraisse encore aujourd'hui exceptionnelle, ce serait une faute
grave d'abandonner la lutte si bien réglementée contre la tuberculose bovine. Il faut, au contraire, la poursuivre, la complèter,
l'étendre même aux autres tuberculoses animales, non seulement
pour éviter la possibilité de la contagion pour l'Homme, mais aussi
et on l'oublie trop souvent, pour combattre les tuberculoses
animales, particulièrement la tuberculose bovine, qui tend à se
répandre de plus en plus parmi le bétail.

DU ROLE DES PUCES
DANS LA PROPAGATION DE LA PESTE
ÉTAT ACTUEL DE LA QUESTION

PAR

Le Dr F. NOC

Médecin aide-major de 1re classe des troupes coloniales.

Depuis 1898, époque à laquelle le remarquable travail de Simond a établi la théorie du rôle des Puces dans la propagation de la peste du Rat à l'Homme, de nombreuses attaques ont été dirigées de divers côtés contre cette théorie. La plupart des objections reposent sur tout sur les expériences de Nuttall en Angleterre, sur celles de Kolle en Allemagne, de Galli-Valerio à Lausanne, de Tiraboschi en Italie. Les faits dominants de ces expériences sont que ces savants n'ont jamais vu les Puces des Rats s'attaquer à l'Homme, même après plusieurs jours de jeûne, ou encore qu'ils n'ont jamais obtenu l'infection de Rats sains en portant sur eux des Puces prises sur des Rats infectés.

Les critiques opposées à la théorie de Simond reposent donc sur des faits négatifs. Or, *a priori,* un ensemble de faits négatifs ne peut prévaloir contre un seul fait positif bien observé. C'est là le premier point par lequel pèchent les contradicteurs de Simond. Si l'on voulait cependant suivre pied à pied les reproches faits à l'hypothèse et aux expériences positives, on pourrait rassembler un grand nombre de faits d'ordre clinique et d'observation courante qui, accumulés durant ces dernières années en divers pays, sont venus confirmer la théorie de Simond.

Nous préférons rester, dans cette courte revue, sur le terrain exclusivement scientifique et nous examinerons les deux objections les plus sérieuses faites à la théorie. Ces objections sont les suivantes :

1º Les expériences de Simond n'ont été confirmées par aucun expérimentateur ;

2º Ces expériences n'ont tenu compte ni des espèces de Puces qui parasitent les Rats, ni de l'aptitude de ces espèces à s'attaquer à l'Homme, ni même de leurs affinités pour les espèces qui parasitent l'Homme.

Il y a donc là deux problèmes complémentaires à résoudre. Or, sur ces deux points, satisfaction a été donnée aux adversaires de la théorie de Simond. En effet :

1° Dans un travail plein d'intérêt, Gauthier et Raybaud (1) ont confirmé par des expériences, qui paraissent faites avec les précautions les plus minutieuses, les expériences positives de Simond. La transmission de la peste du Rat au Rat est possible par le seul intermédiaire des Puces, alors que les animaux sains sont matériellement protégés contre tout contact avec les Rats infectés : telle est la conclusion qui se dégage des recherches de Gauthier et Raybaud. Ce même fait avait été pleinement établi par Simond en ces termes :

« On peut déterminer la transmission de la peste à la Souris ou au Rat sains, en les faisant cohabiter avec un Rat atteint de peste spontanée et parasité par des Puces dans des conditions telles qu'ils ne puissent avoir de contact direct avec ce dernier. »

2° Au point de vue de la question des espèces de Puces parasites des Rats, un fait intéressant est à retenir des observations mêmes de Tiraboschi. Cet expérimentateur a observé sur les Rats d'Italie six espèces de Puces différentes, dont quatre espèces sur *Mus decumanus* :

Ceratophyllus fasciatus
Ctenopsylla musculi } qui ne piquent pas l'Homme;
Pulex serraticeps
Pulex irritans } qui piquent l'Homme.

Or, *P. serraticeps* est très fréquent sur *Mus decumanus* en Italie.

Voilà une première observation qui mérite d'être renouvelée en d'autres pays.

En France d'ailleurs, Gauthier et Raybaud ont trouvé :
Sur 52 Rats de terre et Souris examinés,

Pulex fasciatus	45 fois
Puces non pectinées autres que *P. irritans*.	3 fois
Typhlopsylla musculi.	2 fois
Pulex serraticeps	2 fois

(1) *C. R. de la Soc. de biologie*, déc. 1902. — *Revue d'hygiène*, 1903.

Sur 250 Rats de navire examinés,

Pulex irritans type . . . .   2 fois
Autres Puces non pectinées. . . . . 64 fois
Typhlopsylla musculi. . . . . 178 fois
Pulex fasciatus . . . .   6 fois

En dehors du fait que *Pulex irritans*, Puce de l'Homme, s'observe quelquefois dans le pelage des Rats de navire, il est à noter que *Pulex fasciatus* prédomine sur les Rats de terre capturés dans la ville de Marseille. Or, il est du plus haut intérêt de rapprocher de ce dernier fait les observations du D^r Fr. Tidswell, faites à Sydney au cours des épidémies de peste de 1900 et 1902. Sur 100 Rats examinés (*Mus decumanus*), Tidswell a trouvé les espèces de Puces suivantes :

Pulex fasciatus . . . . 10 fois
Typhlopsylla musculi. . . . . 8 fois
Pulex serraticeps. . . . . 1 fois
Pulex pallidus. . . . . 81 fois.

Pulex pallidus, non observé encore en Europe sur le Rat, est un proche parent de *Pulex irritans* de l'Homme. On a constaté, de plus, en Australie, que *Pulex pallidus*, *P. serraticeps* et aussi *P. fasciatus* sont susceptibles de piquer l'Homme. Il y aurait intérêt à répéter ces expériences en France, au moins pour *P. fasciatus*, fréquent sur les Rats de terre.

Voilà donc des faits établis, soit en Italie, soit en France, soit en Australie, qui affirment l'existence dans le pelage des Rats (*Mus decumanus*) de quatre espèces de Puces susceptibles de piquer l'Homme (*P. irritans*, *P. serraticeps*, *P. fasciatus*, *P. pallidus*). Les faits positifs qui sont la base de la théorie de Simond, confirmés par Gauthier et Raybaud, confirmés par les observations faites sur les Puces parasites du Rat et parasites de l'Homme, viennent établir le bien fondé de l'importante hypothèse. Après examen, comme *a priori*, les faits négatifs ne sauraient prévaloir.

Des critiques très vives ont été adressées cependant par Galli-Valerio (1), en septembre 1903, aux expériences et aux faits apportés par Gauthier et Raybaud. Aussi avons-nous tenté à cette

(1) *Centralblatt für Bakteriologie*, 1903.

époque de répéter ces expériences dans des conditions telles que toute voie de propagation de la peste du Rat au Rat, autre que celle des Puces, fut rigoureusement écartée. Ces expériences, interrompues pendant l'hiver, nous ont permis tout au moins de nous rendre compte des conditions difficiles où se place l'expérimentateur dans l'étude de la propagation de la peste par les Puces. Ces conditions, très différentes de celles qu'on trouve dans la nature, expliquent parfaitement les faits négatifs qu'on a voulu opposer à la théorie de Simond.

1° Les Rats infectés au laboratoire par les cultures de peste ne présentent pas toujours une infection pesteuse généralisée et meurent souvent avec des phénomènes d'intoxication et une forte réaction locale, de sorte que les parasites qui les quittent après la mort ne sont pas sûrement porteurs de Coccobacilles pesteux. Au contraire, les Rats trouvés morts de peste dans la nature ont leurs organes et leurs tissus littéralement bourrés de Bacilles pesteux, ce que l'on constate facilement dans les villes où sévit l'épizootie pesteuse : nous en avons fait nous-même l'observation fréquente en Nouvelle-Calédonie.

2° Les Rats sauvages se débarrassent de leurs Puces avec la plus grande facilité et ne présentent souvent plus de parasites lorsqu'ils sont apportés en cage au laboratoire. Il est loin d'en être de même dans la nature : on trouve assez souvent, au cours des épizooties pesteuses, des Rats mourants couverts de centaines de Puces, ou des cadavres de Rats encore parsemés de ces parasites. Il paraît nécessaire de s'adresser, pour une bonne expérimentation, à de vieux Rats (Rats sauvages ou Rats blancs) qui, privés de leurs dents, sont malhabiles à se débarrasser de leurs parasites.

3° Les espèces de Puces qui existent sur les Rats sont très variables suivant les climats et la latitude des villes où on les observe. Il semble donc être d'un grand intérêt d'étudier et de faire connaître les espèces de Puces qui existent en divers pays sur les Rats propagateurs de la peste et de se rendre compte également de l'aptitude de ces différentes espèces à s'attaquer à l'Homme.

En résumé, malgré la pleine confirmation que la théorie de Simond a reçue de l'expérimentation et de la pratique sanitaire, il sera intéressant de répéter, dans les laboratoires de nos colonies où la peste a pu ou peut éclater, les expériences de Simond et celles de Gauthier et Raybaud, en se plaçant dans les meilleures conditions de sécurité au point de vue de la rigueur expérimentale et à celui d'une transmission accidentelle de la peste au cours de ces expériences.

L'étude comparative des espèces de Puces parasites des Rats en divers pays fera comprendre quelques faits encore inexpliqués ou paraissant bizarres dans la propagation de la peste; elle conduira peut-être à mieux connaître le mécanisme intime de la transmission et quel rôle plus ou moins actif jouent les Puces dans la biologie et la parasitologie du Coccobacille pesteux.

NOTES D'HELMINTHOLOGIE BRÉSILIENNE [1]

PAR

P. S. de MAGALHÃES

Professeur à la Faculté de médecine de Rio-de-Janeiro.

12. — LE CYSTICERCOÏDE DU *Tænia cuneata*.

Cysticercoïdes Tæniæ cuneatae.

En 1892, j'ai publié une note (2) constatant l'existence du *Tænia (Dicranotænia) cuneata* Von Linstow, dans le duodénum des Poules domestiques à Rio de Janeiro. Ayant lu les travaux de Grassi et Rovelli (3) affirmant la présence du Cysticercoïde du Ténia en question chez une espèce de Ver de terre, l'*Allolobophora fœtida* Eisen, en Italie et en l'absence de cette espèce d'Oligochète au Brésil, j'eus naturellement l'idée de chercher le *T. cuneata* dans une espèce de Ver de terre commune à Rio, représentant qui pourrait être approprié à remplir le même rôle que l'*Allolobophora fœtida* comme hôte intermédiaire. Guidé par cette idée, j'ai tâché de vérifier l'exactitude de cette hypothèse bien naturelle et bien fondée ; dans ce but j'examinai un grand nombre de Lombrics collectionnés en vue de ces recherches. Malheureusement, tous mes efforts sont restés sans le résultat désiré ; découragé par l'insuccès de mes observations, j'ai dû interrompre mes recherches à ce sujet.

L'hypothèse que le *T. cuneata* aurait trouvé au Brésil un hôte intermédiaire convenant à sa manière de vivre, très probablement dans une espèce d'Oligochète, déjà avancée par le Professeur R. Blanchard, a été également formulée plus tard par le professeur de Königsberg, M. Braun, se rapportant (4) positivement à la constation faite par moi-même. Presque neuf années, plus tard, en procédant, en 1900, à des travaux dans un but bien

---

(1) Septième série. — Pour les séries précédentes, voir :
1re série, *Bulletin de la Soc. zool. de France*, XVII, p. 146 et 219, 1892. — 2e série, *Ibidem*, p. 152, 1894. — 3e série, *Ibidem*, p. 241, 1895. — 4e série, *Archives de Parasitologie*, I, p. 361 et 442, 1898. — 5e série, *Ibidem*, II, p. 258, 1899. — 6e série, *Ibidem*, III, p. 34, 1900.
(2) *Bulletin de la Société zoologique de France*, 1892, p. 145.
(3) *Centralblatt für Bakteriologie*, V, 1889, p. 370-377.
(4) *Bronn's Thierreich*, IV (Würmer), p. 1566.

différent, j'étudiais quelques-uns de nos Oligochètes indigènes,
lorsque j'ai eu l'agréable surprise de rencontrer un Cysticercoïde
dont il m'a été facile d'identifier le scolex avec celui du *T. cuneata*,
que je connaissais depuis si longtemps.

Mes premières observations positives à ce sujet ont été faites
après dissection des animaux hôtes. Plusieurs fois j'ai obtenu le
même résultat après dilacération et dissociation des tissus frais,
provenant des Oligochètes sacrifiés pour mes études. De la sorte,
j'ai très souvent obtenu, et en grand nombre, des Cysticercoïdes
encore vivants. Quelques-uns se présentaient dans mes préparations
encore inclus dans leurs capsules, en complet état d'invagination;
d'autres, moins nombreux, se montraient déjà complètement évagi-
nés. Parfois, les Cysticercoïdes étaient pourvus d'une seconde
capsule cystique à double paroi, dont l'externe était mince et hyaline, l'autre, interne, formée d'une couche unique, continue, de
grosses cellules irrégulièrement cubiques, quelquefois sphéroïdales. Il sera question plus tard de cette capsule.

Une autre série d'observations a eu pour objet l'étude de coupes
transversales du corps de l'Oligochète, laissant voir les Cysticercoïdes en leur situation respective à l'intérieur du corps de leur
hôte. La larve parasite se montrait alors toujours en état d'invagination complète à l'intérieur de sa capsule propre, et en outre
celle-ci se présentait toujours enveloppée par la seconde capsule à
double paroi mentionnée ci-dessus. Il m'a été impossible
d'obtenir des préparations me permettant de suivre l'évolution
graduelle du Cysticercoïde dès sa première phase d'onchosphère
jusqu'à celle de Cysticercoïde complet.

Quelques préparations, faites par dissociation, m'ont fourni
tantôt des onchosphères encore contenues dans leurs enveloppes
ovulaires, tantôt déjà libres de ces enveloppes et présentant les
crochets embryonnaires déjà écartés les uns des autres, dénotant
par leur situation réciproque un certain degré de développement
atteint par l'embryon. Ils provenaient de l'intérieur du canal intestinal de l'Oligochète.

Le Cysticercoïde du *T. cuneata* est dépourvu de prolongement
caudal, comme d'ailleurs Grassi et Rovelli ont pu déjà le constater.
Sous ce rapport, il ressemble au Cysticercoïde du *T. infundibuli-
formis* étudié par les deux savant italiens que je viens de nommer.

au *Cysticercus lumbriculi* décrit et figuré par Ratzel en 1868 (1), rapporté plus tard par Von Linstow au *T. crassirostris* (2), et en général aux Cysticercoïdes parasites des Mollusques, ayant pour type le *Cysticercoïdes arionis* de Siebold, rencontré dans la cavité pulmonaire de l'*Arion empiricorum*. Braun se rapportant aux larves de Ténias parasites des Vers, déjà connues, bien peu nombreuses d'ailleurs, a affirmé qu'elles doivent être considérées en général comme des Cysticercoïdes dépourvus d'appendice caudal.

Ce sont toujours des Vers de terre d'une espèce très commune à

Fig. 1. — Coupe transversale de l'Oligochète montrant la situation des Cysti-cercoïdes et des *Synœcnema*.

Rio de Janeiro, appartenant au genre *Pheritima* Kinb. *emend.* Mehlen. (*Perichæta* Schmarda, Perrier), qui m'ont fourni les Cysticercoïdes du *T. cuneata*. Parfois, chaque Lombric m'a fourni plusieurs dizaines de larves parasites et plusieurs coupes transversales du corps de l'Oligochète laissaient voir 6 Cysticercoïdes sur un même plan (fig. 1). D'après mes observations, le tiers moyen du corps

(1) Ratzel, *Archiv f. Naturgeschichte*, XLI, 1868, I, p. 183-207.
(2) Von Linstow, Beobachtungen an neue und bekannte Helminthen. *Archiv. f. Naturgeschichte*, XLI, 1875, I, p. 183-207,

du Ver était le plus riche en Cysticercoïdes ; ceux-ci siégeaient
dans les parois de l'intestin, apparemment hors de ce canal, dans le
tissu avoisinant et en continuité avec ces parois. Je n'ai jamais rencontré aucune larve libre ni greffée dans la cavité générale de l'Oligochète. J'aurai l'occasion de revenir sur le siège des Cysticercoïdes.

Toutes mes observations me portent à croire que la capsule externe, doublée à son intérieur d'une couche de grosses cellules,
provient des tissus de l'animal hôte. Il se peut qu'elle dérive des parois de l'intestin par occlusion adventice de quelque cul-de-sac, constitué par une dépression entre deux saillies papilliformes voisines.
On voit ces dépressions en fort grand nombre sur la surface épithéliale interne de l'intestin ; elles augmentent considérablement sa
surface d'absorption; dans le cas contraire, on aurait à supposer
l'existence de corpuscules ou de follicules ronds, formés d'une membrane limitante externe et d'une couche celluleuse (épithéliale)
interne, situés au voisinage des parois du *tractus* intestinal des Oligochètes, ce qui serait à vérifier. En admettant l'hypothèse de l'origine
intestinale des capsules en question, on aurait encore besoin de supposer une modification notable des cellules épithéliales, qui originairement cylindriques ou prismatiques seraient devenues cubiques, voire même sphéroïdales, et beaucoup plus volumineuses.
Je dois pourtant noter que j'ai pu constater parfois, dans des préparations obtenues par disssociation et dans les coupes transversales,
l'existence de corpuscules semblables aux capsules, constitués
comme elles par une paroi externe membraneuse et une couche interne de grosses cellules, comme glandulaires; ces corpuscules
étaient complètement clos et privés de Cysticercoïde.

Il y a une particularité bien digne d'être mentionnée : pendant
que les Oligochètes de la même espèce, appartenant au genre
Pheritima (*Perichæta*) hébergeaient régulièrement et en abondance
des Cysticercoïdes parasites, d'autres, appartenant au genre *Pontoscolex* Schmarda (*Urochæta* Ed. Perrier) de l'espèce *P.* (*Lumbricus*)
corethrurus F. Müller, recueillis au même endroit et à la même époque, dans un terrain sur lequel vivaient des Poules abondamment
infestées de *T. cuneata*, se montraient constamment dépourvus de
ces parasites, malgré les nombreuses recherches que j'ai faites. Fort
intéressante, bien qu'inexplicable pour le moment, me semble cette
diversité helminthologique, cette sélection parasitaire des deux es-

pèces d'Oligochètes vivant dans un même milieu, ayant des habitudes alimentaires semblables en apparence, témoignant pourtant de cette façon des aptitudes contraires par rapport à leur susceptibilité à héberger un même parasite. Quelle condition organique, quelle particularité physiologique est la cause d'une telle différence parasitaire? Ce n'étaient pas seulement les Cysticercoïdes qui se présentaient nombreux dans les individus d'une espèce d'Oligochètes et qui étaient absents dans l'autre : la même sélection existait pour un autre parasite Nématode dont il sera question dans cette note.

En passant, je crois devoir ajouter quelques mots, en ce qui concerne les habitudes des deux espèces de Vers de terre indigènes. Les *Pontoscolex corethrurus* sont plus communs et plus nombreux ; ils sont plus faciles à rencontrer ; on les trouve plus constamment dans les couches de terre superficielles, quelquefois même on les voit à découvert sur le sol, surtout après les pluies.

Les Oligochètes de l'espèce appartenant au genre *Pheritima* (*Perichæta* Ed. Perrier), assez abondants et faciles à recueillir pendant certains mois de l'année, doivent être cherchés dans les couches plus profondes du terrain en d'autres époques, pendant lesquelles les pluies sont plus rares. Mes recherches les plus heureuses ont eu lieu pendant les mois de mai et de novembre. Ces Vers de terre, d'une taille bien supérieure à celle des premiers, sont aussi beaucoup plus vigoureux, et doués d'une force très grande. Habitant dans des galeries tortueuses et longues, ils résistent beaucoup aux tractions, même énergiques, faites pour les retirer de leurs gîtes ; ils s'échappent par ces galeries lorsqu'ils se sentent poursuivis. Très souvent on les rompt plutôt que de les extraire de force par traction. De couleur rougeâtre, couleur de chair, ces Oligochètes distendus, peuvent s'allonger jusqu'à 31 centimètres ; lorsqu'ils se contractent, leur longueur se réduit à 15 ou 20 centimètres. Ils se composent ordinairement de 173 à 187 anneaux. Le clitellum, complet, comprend les XIVe, XVe et XVIe segments. L'orifice mâle est situé près du bord antérieur du clitellum. Sur la face ventrale des 2me, 3me, 4me, 5me, 6me, segments postérieurs au clitellum, double orifice glandulaire ; 70 soies de $0^{mm},185$ de longueur forment des ceintures complètes. Aux côtés de la ligne médiane ventrale, dans les segments postérieurs au clitellum, existent deux soies modifiées, grandes, de 0,45 millimètres de longueur.

Les Cysticercoïdes du *T. cuneata*, que j'ai observés à Rio de Janeiro, habitent le corps d'une espèce d'Oligochètes appartenant au genre *Pheritima* Kinb. Ils sont enkystés dans des capsules légè-rement elliptiques (fig. 2), mesurant 300 à 440 μ sur 220 à 370 μ ; la paroi de ces capsules a 41 à 45 μ d'épaisseur et est constituée par une couche externe, mince, membraneuse, hyaline, de 11 à 12μ

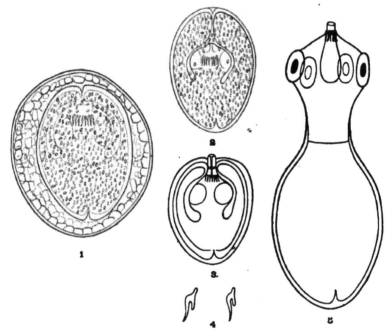

Fig. 2. — *Cysticercoïdes Tæniae cuneatae.* — **1**, Cysticercoïde dans sa double enveloppe kystique ; **2**, le même, débarrassé de son kyste externe ; **3**, le même invaginé ; **4**, crochets du scolex ; **5**, Cysticercoïde évaginé.

d'épaisseur, et par une couche interne formée de grosses cellules disposées en une seule couche. Ces cellules presque cubiques, par fois plus ou moins sphéroïdales, à contenu légèrement granuleux, ont jusqu'à 40 μ de côté.

La couche interne, celluleuse, des capsules kystiques laisse à son centre une cavité intérieure ou centrale dans laquelle se trouve le Cysticercoïde, invaginé dans son kyste propre. Celui-ci, de forme ovoïde, a 270 à 300 μ à son plus grand diamètre et 220 à 270 μ au plus petit diamètre. Un des deux pôles du corps vésiculaire de la larve est sensiblement moins large que l'autre, mais tous les deux présentent une ombilication bien visible; celle existant au plus gros pôle est aussi plus large: elle correspond à l'ouverture par laquelle passe le scolex lorsqu'il s'évagine et communique avec la cavité du kyste dans laquelle se maintient le scolex retracté en état d'invagination. La dépression de l'extrémité opposée, c'est-à-dire l'ombilication située au pôle le plus étroit, représente un pore excréteur du Cysticercoïde.

La couche la plus interne du kyste propre du parasite, d'aspect hyalin, n'a que 100 μ d'épaisseur. Les couches plus internes, constituées par le parenchyme propre, se continuent avec le parenchyme du scolex et du col de la larve. La partie du Cysticercoïde opposée à l'extrémité constituant le scolex, lors de l'invagination de celui-ci, vient l'envelopper en lui formant un sac ou kyste propre. L'invagination du scolex détermine la formation d'une cavité ainsi constituée par l'inversion de la partie distale de la larve se transformant de la sorte en sac ou vésicule dont le centre vient à être occupé par le scolex, lié et se continuant par son col avec la substance propre des parois du sac ou vésicule; celle-ci communique toujours avec l'extérieur par l'ouverture ou orifice situé au pôle antérieur de l'ovoïde, constituant le Cysticercoïde invaginé.

Même invaginé, le Cysticercoïde laisse voir, par transparence, de nombreux corpuscules brunâtres, les uns elliptiques, les autres arrondis, de grosseur variable, les plus gros pouvant présenter 10 à 11 μ de diamètre. Ces corpuscules peuvent être *assimilés* aux corpuscules calcaires si communs chez les Téniadés.

En provoquant l'évagination du scolex par l'addition de quelques gouttes d'eau ou de solution physiologique tiède à la préparation, en profitant de la protrusion spontanée de quelques scolex ou encore en forçant mécaniquement, par des pressions modérées, l'éversion de la larve, on rend facile l'observation directe du scolex, déjà aperçu d'ailleurs à travers les parois de la vésicule propre. La larve peut être en effet observée par transparence, même lorsqu'elle se trouve encore enveloppée de la double couche de la capsule kystique adventice. Quelquefois, bien que rarement, j'ai pu voir des Cysticercoïdes en éversion complète, encore inclus dans cette même capsule.

Le scolex évaginé est long de 300 à 330 μ; l'extrémité céphalique et la trompe à elles seules ont 200 à 220 μ de longueur et 210 à 230 μ à la partie la plus large.

La longueur totale de la trompe est de 108 à 165 μ, et celle de sa partie à découvert de 25 à 27,5 μ; sa plus grande largeur est de 60 à 68 μ; sa largeur au sommet et à la base est de 25 à 27 μ. Les dimensions de la trompe présentent d'abord de très fortes variations selon son état de distention ou de rétraction.

La couronne de crochets, simple, est formée de 12 à 14 crochets, dont la forme caractéristique est bien connue. Chaque crochet a 30 à 33 μ de longueur.

Le col du Cysticercoïde, bien que variant beaucoup selon l'état de distention ou de contraction plus ou moins fortes, est long de 100 à 110 μ et large de 110 à 121 μ, en moyenne.

Les ventouses ont un diamètre longitudinal de 80 à 88 μ et un diamètre transversal de 50 à 55 μ.

Dans quelques spécimens, on peut apercevoir le système des vaisseaux ou canaux aquifères ou excréteurs du scolex, pendant la vie du Cysticercoïde.

Au cours de mes observations, j'ai eu l'occasion de vérifier d'une façon positive l'existence d'un canal central de la trompe et de son orifice au centre de l'extrémité de cet organe.

Les crochets embryonnaires ne sont ordinairement plus visibles sur les Cysticercoïdes complètement formés, tels qu'on les observe généralement; par exception, pourtant, j'ai constaté au moins deux ou trois paires des dits crochets embryonnaires encore implantés sur la substance de la vésicule propre de la larve.

13. — Cysticercoïde d'espèce indéterminée.

Par opposition à la fréquence et à l'abondance des Cysticercoïdes du *T. cuneata*, une autre espèce de Cysticercoïdes se présentait assez rarement à mon observation, associée aux premiers et ayant le même habitat.

Ils étaient également dépourvus d'appendice caudal et se montraient aussi invaginés dans leurs capsules ou vésicules (fig. 3). Beaucoup plus rares, les spécimens examinés provenaient de préparations obtenues par dissection; très exceptionnellement, il m'a été donné de les voir dans des coupes transversales du corps de l'Oligochète. mais alors ils se présentaient à la même place et pareillement inclus dans des capsules adventices à double paroi, constituée par une couche hyaline, externe, et une couche interne celluleuse.

Lorsqu'ils étaient inclus seulement dans leur vésicule propre, en état d'invagination complète, ces Cysticercoïdes présentaient la forme de corps plus régulièrement arrondis ou sphéroïdaux; ils étaient aussi un peu plus volumineux que les Cysticercoïdes du *T. cuneata*. Très pauvres en corpuscules calcaires, ils paraissaient beaucoup plus transparents.

Sorties de leurs sacs propres, ces larves montraient une forme moins simple; outre la partie constituant la vésicule, adhérant et se continuant avec l'extrémité postérieure de la larve, celle-ci possédait une partie large, postérieure, comme un premier segment,

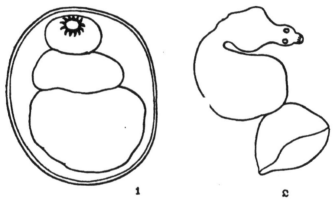

1 **2**

Fig. 3. — 1, Cysticercoïde encore renfermé dans son kyste; 2, le même extrait de son kyste et complètement évaginé.

séparée du scolex par une portion rétrécie formant un col bien distinct.

Le rostre, long et en massue, se terminait par une saillie sphéroïdale, terminale. A la base de celle-ci, sur la ligne ou le sillon de sa réunion à la partie avoisinante du rostre, existait une couronne simple de petits crochets en forme de piquants de Rosier et au nombre de 13. Les quatre ventouses, circulaires, occupaient la moitié supérieure du scolex. A partir de l'extrémité postérieure de la larve, jusqu'à la base du rostre, et de là jusqu'aux ventouses, aussi bien qu'autour de celles-ci, on apercevait un système de canaux ou vaisseaux.

La vésicule, lorsque la larve y était invaginée, avait 350 μ

P. S. DE MAGALHÃES

de diamètre; la cavité, trop petite pour le volume de celle-ci, l'obligeait à s'y maintenir incurvée. La larve avait $2^{mm},44$ de longueur et $2^{mm},34$ de largeur. La partie céphalique 85 μ de long et 110 μ à sa plus forte largeur. Le rostre était long de 70 μ et composé de deux parties distinctes : la première, basale, piriforme, ayant 40 μ de longueur; l'autre, distale, terminale, sphéroïdale, ayant 30 μ de longueur. Les ventouses très larges, circulaires, avaient 50 μ de diamètre.

Les 13 petits crochets, en forme de piquants de Rosier, constituant la couronne située à la limite inférieure de la coupole du rostre, étaient longs de 10 à 10,8 μ.

14. — Synœcnema fragile, novum genus, nova species.

Les mêmes Oligochètes du genre *Pheritima (Perichæta)*, disséqués encore frais, laissent observer un grand nombre de petits Nématodes fort intéressants par leur organisation et principalement par la particularité de se présenter unis par paires, conjugués et fixés par un point de la face ventrale de leurs corps, se conservant accolés et comme enlacés, en dépit des mouvements continuels et incessants qu'ils exécutent lorsqu'ils se trouvent en liberté sur la plaque porte-objet. Chaque paire, constamment constituée par une femelle et un mâle adultes, se maintient de la sorte en union sexuelle permanente. Ce n'est que très exceptionnellement qu'on voit des individus séparés accidentellement, comme il arrive par suite de traumatismes, pendant les procédés de dissection et de dissociation mécaniques ; d'autres fois, des femelles adultes, déjà vidées de tous leurs œufs, isolées, paraissent indiquer une séparation spontanée après la période prolifère de leur vie sexuelle.

L'union permanente de ces Nématodes par couples (fig. 4), non seulement lorsqu'ils sont vivants, mais encore après leur mort, semble indiquer une condition normale et constante pour cette espèce. Les faits analogues sont extrêmement rares. Parmi les Nématodes, nous avons l'exemple bien connu de l'union sexuelle permanente dans le genre *Syngamus*. Parmi les Trématodes, on connaît la jonction par paires d'individus hermaphrodites dans le genre *Diplozoon* et l'accouplement d'individus à sexes séparés dans le genre *Schistosomum*. En conséquence, la rareté des cas analogues suffirait à elle seule à rendre bien digne d'attention l'étude du nouveau genre et de l'espèce nouvelle de Nématode parasite en question.

Comme nous l'avons vu à propos des Cysticercoïdes, les coupes transversales du corps de l'Oligochète, après fixation et durcissement, permettent seules de constater exactement leur situation respective dans l'organisme de l'hôte. On vérifie facilement que les petits Nématodes parasites ont constamment leur habitat dans la cavité générale du corps de l'Oligochète et plus ordinairement dans la moitié inférieure de cette cavité, où ils trouvent un plus grand

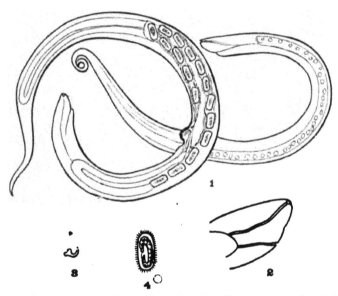

Fig. 4. — *Synœcnema fragile.* — 1, mâle et femelle accouplés; 2, extrémité céphalique; 3, crochet de l'orifice buccal; 4, œuf embryonné.

espace inoccupé; ils y sont libres, *jamais enkystés*. Ces petits Nématodes habitent en plus grand nombre spécialement la moitié postérieure de la cavité générale de l'Oligochète.

Six espèces de Nématodes parasites des Oligochètes ont déjà été décrites; je dois les indiquer et les soumettre à une comparaison avec l'espèce que je fais connaître.

Le *Dionix Lacazei,* parasite du *Pontodrilus Marioni* a été décrit d'une façon très résumée par le Professeur Ed. Perrier dans les *Archives de Zoologie expérimentale*, IX, p. 242-243, 1881. Il est indiqué simplement en passant dans le *Traité de Zoologie* du même auteur, p. 1378. La présence de deux petits crochets à la région buccale rapproche ces Nématodes de ceux dont je m'occupe; mais leur existence dans des kystes siégeant dans la musculature de l'Oligochète, la séparation des individus de chaque sexe, chaque individu isolé dans son kyste; la présence de deux spicules et d'une pièce accessoire de soutien chez le mâle, rendent impossible toute confusion des deux espèces.

B. Friedländer, dans un article sur: « la régénération des parties excisées du système nerveux central des Vers de terre » publié en 1895 (1), y a annexé un appendice à propos des Nématodes parasites rencontrés dans les Vers de terre (2). Deux sortes de Nématodes sont mentionnées par l'auteur; les uns très nombreux, observés dans le tissu de régénération, aussi bien que dans la cavité générale, ont été rencontrés inclus dans un tissu compact et furent rapportés à l'espèce bien connue, *Pelodera pellio;* les autres, vus dans un seul Oligochète, d'espèce indéterminée, habitaient exclusivement le vaisseau sanguin ventral, et n'ont été observés que dans des coupes et en conséquence incomplètement décrits. B. Friedländer les attribue à une espèce nouvelle, les dénommant provisoirement *Lumbricicola vasorum.*

L'enkystement constant du *Dionix Lacazei,* aussi bien que la conformation de ses organes génitaux mâles, décrits par le Prof. Ed. Perrier, la localisation exclusivement intravasculaire du parasite observé par Friedländer, l'épaisseur considérable de la cuticule du *Lumbricicola vasorum,* l'impénétrabilité de celle-ci, même au carmin, vérifiée par l'auteur, à défaut d'une description plus détaillée, les caractères propres au *Pelodera pellio,* suffisent à la différenciation du nouveau genre et de la nouvelle espèce *Synœcnema fragile* et à sa distinction par rapport aux trois autres Nématodes observés en parasites des Oligochètes.

Des trois espèces sus-mentionnées, la *Pelodera pellio* seule, d'après les observations de Schneider et de Bütschli, a été indiquée par Shipley parmi les Nématodes parasites des Vers de terre énumérés dans l'article publié à ce sujet dans ces mêmes *Archives* (VI, p. 619-623), En revanche, Shipley rapporte trois autres espèces:

(1) *Zeitschrift für wiss. Zoologie,* LX, p. 249 - 283.
(2) *Ibidem,* p. 276 - 280.

une forme d'*Ascaris* indéterminée observée par Leuckart ; le *Discelis filaria* rencontré par Dujardin dans les testicules des Vers de terre, à Paris ; enfin le *Spiroptera turdi* Molin, rencontré à un état de développement incomplet dans le *Lumbricus terrestris* par Cori et plus tard identifié spécifiquement par Linstow. Cori a observé ces larves habitant presque tous les gros spécimens de Vers de terre examinés en deux ou trois localités de l'Europe centrale. Elles se trouvaient exclusivement dans le vaisseau ventral, dans toute la longueur de celui-ci. Cette localisation, identique à l'habitat attribué par Friedländer à son *Lumbricicola rasorum*, fait supposer l'identité de ces deux sortes de parasites et dans ce cas cette dernière dénomination tomberait en synonymie.

Les nouveaux Nématodes ont l'extrémité céphalique semblablement conformée chez les deux sexes, elle est amincie, comme tronquée et plus fortement atténuée du côté ventral, où elle semble coupée en biseau. L'orifice buccal présente deux petits crochets, très recourbés, implantés sur son bord supérieur ; ils sont difficiles à bien voir et ont à peu près 3,5 μ. Sur la face ventrale, et au niveau de l'amincissement de l'extrémité céphalique, existe un orifice suivi d'un canal, paraissant représenter un pore excréteur.

Le corps est cylindrique, à partir du niveau de ce pore et dans toute la longueur du reste des deux tiers antérieurs ; le tiers postérieur s'amincit graduellement en pointe ; celle-ci est plus allongée, plus fine, et enroulée chez le mâle ; l'extrémité caudale de la femelle a sa partie amincie plus courte, plus émoussée et elle n'est pas recourbée ou enroulée.

La femelle est sensiblement plus longue et plus large que le mâle ; elle a 1^{mm},15 de longueur et 65 à 80 μ à sa plus grande largeur, au milieu du corps. Le mâle a 600 à 900 μ de longueur et 35 μ dans sa plus forte épaisseur. Chez la femelle, le pore excréteur se trouve à 40 μ en arrière de l'extrémité céphalique, la partie tronquée de celle-ci est de 20 μ. L'anus est situé à 210 μ de la pointe terminale de la queue ; l'orifice copulateur se rencontre à 400 μ en arrière de l'extrémité céphalique.

Le mâle a la portion tronquée de son extrémité céphalique longue de 30 μ ; le pore excréteur siège à 40 μ en arrière de l'extrémité céphalique ; l'ouverture de l'appareil copulateur est à 350 μ en arrière de la tête ; l'anus est situé à 200 μ en avant de l'extrémité

caudale; celle-ci est très effilée sur une étendue de 10 μ et recourbée.

L'organisation des appareils génitaux demande une analyse plus
détaillée et une étude spéciale. La longueur de la queue, à partir
du niveau de l'anus, est à la longueur totale de l'Helminthe mâle
comme 20 : 90 = 1 : 4,5 ; chez la femelle, cette relation est de 21 :
115 = 1 : 5,4. Les œufs, elliptiques, ont 40 $\mu \times$ 280 μ ; leur surface interne semble à première vue comme striée : à une observation plus attentive, les stries se révèlent être des cils ou
bâtonnets très délicats, courts et raides. Le corps de ces Hel-
mintes laisse voir par transparence les organes internes, mais
sa fragilité extrême rend fort difficile une étude approfondie de
leur constitution.

Les matériaux et les données fournis par les observations mentionnées dans cette note datent de plus de quatre ans, mais la rédaction,
toujours ajournée, attendrait longtemps encore l'occasion d'être
réalisée. Il y a déjà des années j'ai eu l'honneur de communiquer
au professeur Braun des spécimens de mes préparations et je dois
profiter de l'occasion pour lui témoigner ici mes remerciements
pour la courtoisie et la bonté qu'il a mis à répondre à mes questions.
Récemment j'avais eu le désir de communiquer ces recherches
et de montrer mes préparations aux membres du Congrès international de Zoologie, réuni à Berne en 1904; des circonstances
occasionnelles m'ont empêché de me rendre au siège de la savante
réunion. Profitant maintenant d'un désœuvrement forcé, pendant
un long voyage, j'ai rédigé à la hâte et bien imparfaitement cette
notice, qui risquait de rester définitivement à écrire.

> A bord du steamer *Orita*, en voyage pour Rio-de-
> Janeiro, octobre 1904.

REVUE BIBLIOGRAPHIQUE

Em. Freiherr von Dungern, *Die Antikörper. Resultate früherer Forschungen und neue Versuche*. Jena, G. Fischer, in-8° de IV-114 p., 1903.

Le phénomène de l'immunité a été, dans ces dernières années, l'objet de nombreuses recherches; les théories n'ont pas manqué pour l'expliquer, mais la question n'a guère gagné en clarté.

L'auteur donne d'abord (p. 1-71) un résumé complet et méthodique des travaux de ses devanciers; on le consultera avec grand intérêt. Il expose ensuite ses recherches personnelles (p. 71-114) sur les Crustacés décapodes (*Maia*) et sur les Céphalopodes (*Octopus*).

Le sérum de ces animaux susdits est étudié d'après la méthode jusqu'alors suivie pour les recherches sur les Vértébrés; les résultats confirment, d'une façon générale, les faits déjà connus. La partie précipitable du sérum est formée d'albuminoïdes, parmi lesquelles figure une grande partie de l'hémocyanine. Les Invertébrés ne produisent pas de précipitines. Celles-ci sont produites, chez les Mammifères, par les globules sanguins.

R. Behla, *Die pflanzenparasitäre Ursache des Krebses und die Krebsprophylaxe*. Berlin, R. Schoetz, in 8° de 50 p. avec 4 pl., 1903. — Prix : 2 mk.

Personne ne doute que le cancer ne soit une maladie parasitaire; on a proposé, au sujet de son étiologie, les interprétations les plus diverses, mais rien de positif n'est encore connu. Behla discute à son tour la question. Partant des tumeurs végétales, et spécialement de celles de la racine du Chou, dont Cienkovski et Podvissotzky ont fait une bonne étude, il expose que le cancer est, dans l'espèce humaine, un néoplasme de même nature, causé par une Chytridiacée. Ce parasite, introduit dans l'organisme avec les aliments, envahirait les cellules épithéliales, à l'intérieur desquelles il serait capable de grossir, de se multiplier et de s'enkyster; les spores, nées dans de vrais « sporanges », envahiraient de proche en proche les cellules, qui se multiplieraient sous l'influence du parasite. La théorie est ingénieuse, mais demande confirmation.

Th. von Wasielewski, *Studien und Mikrophotogramme zur Kenntniss der pathogenen Protozoen*, erstes Heft. Leipzig, A. Barth, in-8° de VIII-118 p. avec 7 planches et 24 fig. dans le texte, 1904. — Prix : 6 mk.

Sous ce titre, l'auteur entreprend la publication d'un important ouvrage, à en juger par le premier fascicule. Celui-ci traite de la structure, du développement et de la signification pathogénique des Coccidies.

Il étudie tout d'abord la coccidiose du foie du Lapin, causée par *Eimeria cuniculi* ; les sporozoïtes, la schizogonie, la sporogonie et la formation des spores sont successivement passés en revue, d'après les recherches personnelles de l'auteur. Il étudie ensuite la coccidiose intestinale des Oiseaux, causée par *Diplospora Lacazei*, chez divers Passereaux d'Allemagne et chez le Serin en captivité. Vient ensuite une bonne étude de *Diplospora bigemina*, qui cause la coccidiose intestinale du Chat, du Chien. L'ouvrage se termine par un court chapitre sur *Pfeifferinella ellipsoides*, de l'intestin de *Planorbis corneus* (que l'auteur appelle *Pl. cornua !*) ; il attire l'attention sur ce parasite, qui est fréquent, facile à observer et peut servir d'objet d'étude pour les commençants.

Les planches et les figures dans le texte sont, pour la plupart, d'excellentes reproductions de microphotographies. L'ouvrage se recommande, non seulement par les observations nouvelles qu'il apporte, mais encore par une très bonne mise au point de la question. Le second fascicule sera consacré aux Hémosporidies.

TENHOLT, *Die Untersuchung auf Anchylostomiasis mit besonderer Berücksichtigung der wurmbehafteten Bergleute.* Bochum, W. Stumpf, 2. Auflage, in-8° de 6 p. avec une planche, 1904.

Brochure essentiellement pratique, destinée à faciliter le diagnostic de l'uncinariose par la reconnaissance des Vers et de leurs œufs dans les déjections. ———

H. GOLDMANN, *Die Hygiene des Bergmannes, seine Berufskrankheiten, erste Hilfeleistung und die Wurmkrankheit (Ankylostomiasis).* Halle a. S., W. Knapp, in-8° de IV-102, avec une planche, 1903. — Prix : 3 mk.

L'auteur est médecin des mines de Brennberg près Odenburg (Hongrie), depuis nombre d'années. Il était donc bien qualifié pour écrire un ouvrage sur l'hygiène du mineur et sur ses maladies professionnelles. L'uncinariose est, parmi ces dernières, la seule qui relève de la parasitologie. L'auteur en fait une bonne étude (p. 60 - 102), en grande partie basée sur son expérience personnelle ; on la consultera avec intérêt, en ce qui concerne la pathogénie et l'épidémiologie. Il dénomme le parasite *Ankylostoma hominis*, contrairement à la loi de priorité.

G. M. GILES, *A revision of the* Anophelinae *being a first supplement to the second edition of « A Handbook of the Gnats or Mosquitoes ».* London, J. Bale, sons and Danielsson, in-8° de 47 p., 1904.

C'est parmi les *Anophelinae* que se rencontrent les Moustiques qui transmettent le paludisme ; leur étude est donc particulièrement urgente ; aussi fait-elle des progrès importants, d'une année à l'autre. Giles a eu l'heureuse pensée de résumer dans ce très utile fascicule tous les travaux descriptifs récents et de publier ainsi une révision du groupe. Un tel ouvrage est appelé à rendre les plus grands services.

G. M. Giles, *Climate and health in hot countries and the outlines of tropical climatology. A popular Treatise on personal hygiene in the hotter parts of the world, and on the climates that will be met with within them.* London, John Bale, sons and Danielsson, in-8° de XIX-186-109 p., 1904. — Prix, cartonné : 7 sh. 6 d. = 9 fr. 50.

Le lieutenant-colonel (médecin) G. M. Giles, bien connu pour son *Handbook of the Gnats or Mosquitoes,* doit à sa longue pratique de la médecine aux Indes d'avoir pu écrire un excellent ouvrage sur le climat et la santé dans les pays chauds. Il prend pour base les plus récentes acquisitions de la pathologie et de l'épidémiologie tropicales et passe en revue, avec une compétence supérieure et une science approfondie, conséquence d'une longue expérience personnelle, les différents problèmes qui touchent au bien-être, à l'acclimatement et à la conservation de la santé des européens.

Dans une première partie, l'auteur donne les meilleurs renseignements sur les conditions que doivent réaliser les maisons et autres constructions coloniales; sur le vêtement, la nourriture et la boisson, la répartition du travail entre les différentes heures de la journée, sur l'art d'élever les enfants, de dresser les tentes et les camps. Il s'étend très longuement, comme il convient, sur la prophylaxie du paludisme; il est plus bref, mais non moins précis, sur la prévention et le traitement de certaines autres maladies tropicales, choléra, dysenterie, diarrhée, peste, variole, maladie du sommeil, coup de chaleur. Il consacre aussi quelques pages, trop courtes, à notre avis, aux principaux Helminthes.

La seconde partie de cet important ouvrage est un excellent traité de climatologie tropicale. Le régime des pluies, les variations de la température et l'état hygrométrique de l'air sont l'objet d'une étude approfondie. Un très grand nombre de tableaux montrent les variations mensuelles de ces divers phénomènes, dans les régions les plus variées de la zone intertropicale.

L'ouvrage ne peut manquer d'être très utile à tous ceux qui vivent dans les pays chauds, médecins, voyageurs ou colons. Il est écrit avec humour, ce qui en rend la lecture très attrayante. Signalons, pour finir, une innovation qui mérite d'être approuvée : c'est l'adoption du système métrique concurremment avec le système duodécimal.

NOTES ET INFORMATIONS

Trichocéphales chez les typhiques. — Depuis que le Professeur R. BLANCHARD a développé devant l'Académie, à propos d'un travail du D' J. GUIART, l'importance du parasitisme vermineux dans la fièvre typhoïde, j'ai eu l'occasion de pratiquer deux autopsies de vérification. Un pneumonique, mort trois mois après toute évolution typhoïdique terminée, n'a fourni que des résultats négatifs; en revanche, les deux observations suivantes méritent de fixer l'attention à certains égards.

Le premier cas concerne un soldat, canonnier à Oran et ayant déjà deux ans de service. Il était coiffeur avant son incorporation et originaire de Jonzac (Charente-Inférieure). Son histoire clinique est simple et schématique.

Sans antécédents particuliers, il est pris de malaises dans les derniers jours d'octobre. Le 1ᵉʳ novembre, sa température dépasse 40°; le 3, il entre à l'hôpital, avec tous les symptômes classiques d'une fièvre typhoïde d'intensité moyenne. On l'isole, le 7, au service spécial; on le traite, surtout par la balnéation froide. Il présente une albuminurie assez marquée, sans autre complication. Le 12, la température fléchit, sans bénéfice pour le malade; le collapsus cardiaque s'établit progressivement, malgré tous les essais thérapeutiques, et la mort survient le 14.

L'autopsie confirme les prévisions de la clinique; il convient de n'en retenir que les données positives. Au cœur droit, ventricule, oreillette et infundibulum, pleins de sang, mous, à paroi décolorée, amincie, comme papyracée, et extrêmement dilatés. Le cœur gauche participe de loin aux mêmes altérations. Poumons congestifs, œdémateux et fortement hypostasiés. Rien de spécial au foie. Rate très grosse, diffluente. Ganglions mésentériques tuméfiés. Reins volumineux, à substance corticale très pâle.

L'ouverture de l'intestin grêle est faite avec soin, après des ligatures préalables. On y trouve des ulcérations assez rares, occupant les plaques de Peyer et les follicules clos des parties inférieures de l'iléon; plus haut, les lésions sont moins avancées. Un liquide sanguinolent baigne les ulcérations vers la valvule de Bauhin, mais il n'existe pas de parasites à cet endroit. Par contre, l'ouverture du cæcum offre à la vue d'autres ulcérations, remontant à plus d'un travers de main dans le gros intestin, non confluentes, séparées par plusieurs centimètres de muqueuse saine, de profondeur et de dimensions variables. Six Trichocéphales sont immédiatement reconnaissables.

La pièce, emportée au laboratoire, à plat, a été lavée sous un très mince filet d'eau, mais les parasites se sont tous détachés avec les matières fécales. Comme, avant cette opération, l'on n'apercevait que la partie volumineuse du Ver, il a été impossible de reconnaître les rapports de l'extrémité effilée avec la muqueuse, rapports que j'espérais étudier sur des coupes. L'un des Vers gisait cependant au fond d'une ulcération. Les trois individus recueillis étaient des femelles.

La deuxième observation est cliniquement comparable à la précédente. Soldat atteint de fièvre typhoïde de forme adynamique, mort d'infection progressive. A l'autopsie, ganglions mésentériques énormes, abcédés par places; lésions de l'intestin grêle profondes et étendues, celles du cæcum et du colon beaucoup plus discrètes, remontant néanmoins jusqu'à vingt centimètres de la valvule. Quatre Trichocéphales, tous femelles, sont trouvés dans le cæcum; l'un d'eux, au niveau d'une ulcération, traversait un pont de muqueuse et se pendait au-delà de l'ulcération.

Deux des Vers de la première observation et les quatre de la seconde observation ont été envoyés au Laboratoire de parasitologie de la Faculté de médecine de Paris, où l'exactitude de mes déterminations a été confirmée. Ils ont été incorporés à la collection de parasites (collection R. BLANCHARD, n° 861). — D' NICLOT, Médecin-major de 1re classe, chargé du Laboratoire de bactériologie de l'hôpital militaire d'Oran.

Troisième session de l'Institut de Médecine coloniale. — La troisième session de cours de l'Institut de médecine coloniale s'est ouverte le 17 octobre 1904 et s'est close le 24 décembre suivant. Vingt-six élèves ont été admis à suivre les cours. Ces vingt-six élèves se répartissent ainsi :

1° Répartition des élèves suivant leur situation médicale :

Professeur d'Université Colombie (Prof. Obregon, de Carthagène.   1
Docteurs en médecine (non compris M. le Prof. Obregon.)   20
Officier de santé colonial   1
Interne des hôpitaux de Paris.   1
Étudiants de 5e année à la Faculté de Paris.   3

2° Répartition des docteurs suivant l'origine de leur diplôme :

Docteurs français pourvus du diplôme français.   8
Docteurs étrangers pourvus du diplôme français   2
Docteurs étrangers pourvus d'un diplôme étranger (y compris le
    Prof. Obregon).   11

3° Répartition des élèves suivant leur nationalité :

Français de la métropole 11
Français des colonies (Martinique). 1
Belgique. 1
Colombie. 4
Costa Rica. 1
Grèce 1
Italie 1
Maurice 1
Paraguay. 1

Pérou 1

Portugais 1

Venézuela 2

Les étrangers représentent donc près de 54 0/0 des élèves de l'Institut, chiffre à peu près égal à celui des sessions précédentes. Les docteurs sont en progression très marquée : ils passent de 60 à 80 0/0 ; parmi eux figure un professeur de clinique chirurgicale de l'Université de Carthagène (Colombie).

A la suite des examens finaux, vingt-quatre élèves ont obtenu avec distinction le diplôme de Médecin colonial de l'Université de Paris, savoir :

MM. Berté, français, officier de santé à la Martinique ; D⁺ Bignami, italien ; D⁺ Bouchet, français ; D⁺ Brito, vénézuélien ; D⁺ Collard, français ; D⁺ Crededio, vénézuélien ; M. Guénot, interne des hôpitaux de Paris ; M. Hennon, étudiant à la Faculté de Paris ; M. Hernandez, de Costa-Rica, étudiant à la Faculté de Paris ; M. de la Hoz, colombien, docteur de la Faculté de Carthagène, étudiant à la Faculté de Paris ; D⁺ Irujo, péruvien ; D⁺ Javaux, belge ; D⁺ Kyrtsonis, grec ; D⁺ Laborde, français ; D⁺ Laurent, français ; D⁺ Lorcin, français ; D⁺ Michel, français ; D⁺ Némorin, île Maurice ; Prof. Obregon, colombien ; D⁺ Orion, français ; D⁺ Perdomo, colombien ; D⁺ Poncetton, français ; D⁺ Posada, colombien ; D⁺ Romero, du Paraguay.

M. Hernandez a été classé premier, avec la note *extrêmement satisfait*. MM. Javaux et Lorcin viennent ensuite, *ex æquo*, avec la note *très satisfait*.

La distribution des diplômes a eu lieu le 25 décembre, à l'hôpital de l'Association des Dames Françaises, sous la présidence de M. Liard, recteur de l'Université de Paris.

MM. les D⁺ˢ Bouchet, Collard, Laborde, Laurent et Némorin ont été engagés par le Gouverneur de la colonie du Soudan pour occuper des postes de médecin civil créés pour eux. Leur traitement est de 12.000 francs par an, avec interdiction de faire de la clientèle payante.

M. Berté et M. le D⁺ Lorcin ont été engagés au même titre par le Gouverneur de la Nouvelle-Calédonie, au traitement de 7,000 francs par an, mais avec faculté de faire de la clientèle payante.

MM. les D⁺ˢ Perdomo, Poncetton et Posada sont sur le point de contracter un engagement envers la Société des Chemins de fer de l'Indo-Chine, au traitement de 10.000 francs par an.

C'est la première fois que les Gouvernements coloniaux et les Compagnies particulières s'adressent à l'Institut de médecine coloniale pour recruter leur personnel médical. Un tel fait est assez significatif : il dit assez haut en quelle estime est tenu le diplôme de Médecin colonial de l'Université de Paris.

OUVRAGES REÇUS

Tous les ouvrages reçus sont annoncés.

Généralités.

E. Brumpt, Statistique médicale faite dans un voyage à travers l'Afrique tropicale (note préliminaire). *C. R. Assoc. franc. pour l'avanc. des sciences, Angers,* p. 1025-1035, 1903.

A. Castellani, Kora-gedi in Cattle. *Ceylon Adminis. Reports, Veterinary,* p. 14, 1903.

J. Guiart, Action pathogène des parasites de l'intestin. *C. R. du Congrès colonial français, section de méd. et d'hyg. colon.,* p. 217-228, 1904.

H. Ziemann, Zur Bevölkerungs- und Viehfrage in Kamerun. *Mitteil. aus den deutschen Schutzgebieten,* XVII, p. 136-174, 1 carte, 1904.

Protozoaires.

A. Castellani, Dysentery in Ceylon. *Journal of the Ceylan Branch of the British medical Association,* in-8° de 14 p., 1904.

L. Léger, Sur la sporulation du *Triactinomyxon. C. R. Soc. biol.,* LVI, p. 844-846, 1904.

L. Léger, Considérations sur le genre *Triactinomyxon* et les Actinomyxidies. *C. R. Soc. biol.,* LVI, p. 846-847, 1904.

L. Léger et O. Duboscq, Nouvelles recherches sur les Grégarines et l'épithélium intestinal des Trachéates. *Archiv für Protistenkunde,* IV, p. 335-383, taf. XIII-XIV, 11 fig., 1904.

L. Léger et O. Duboscq, Notes sur les Infusoires endoparasites. *Arch. de zool. exp. et gén.,* (4), II, p. 337-356, pl. XIV, 1904.

M. Lühe, Bau und Entwicklung der Gregarinen. I. — Die Sporozoiten, die Wachstumsperiode und die ausgebildeten Gregarinen. *Archiv für Protistenkunde,* IV, p. 88-198, 1904.

M. Lühe, Die Coccidien-Literatur der letzten vier Jahre. *Zoolog. Zentralblatt,* X, n°° 18-19, in-8° de 45 p., 1903.

Hémosporidies et Moustiques.

A. Castellani and A. Willey, Observations on the Hæmatozoa of Vertebrates in Ceylon. A preliminary note. *Spolia Zeylanica,* II, part 4, p. 78-92, pl. VI, 1904.

G. Futterer, Experimentally produced genuine epithelial metaplasia in the stomach and the relations of epithelial metaplasia to carcinoma as demonstrated by cases reported in the literature. *Journal of the amer. med. Assoc., Chicago,* in-4° de 12 p., 1904.

B. Galli-Valerio und J. Rochaz de Jongh, Ueber Vernichtung der Larven und Nymphen der Culiciden und über einen Apparat zur Petrolierung der Sümpfe. *Therapeutische Monatshefte,* in-8° de 4 p., septembre 1904.

M. Lühe, Zur Frage der Parthenogenese bei Culiciden. *Allgemeine Zeitschrift für Entomologie,* VIII, p. 372-373, 1903.

MARCHOUX, SALIMBENI et SIMOND, La fièvre jaune. Rapport de la mission française. *Annales de l'Institut Pasteur*, XVII, p. 665-731, 1 pl., 1904.

A. PRESSAT, Prophylaxie du paludisme dans l'Isthme de Suez. *Presse médicale*, n° 61, in-8° de 20 p., 1904.

L. VERNEY, La maturazione dei gameti nei parassiti della malaria umana. *La medicina italiana*, II, in-8° de 8 p., Napoli, 1904.

L. VINCENT et SALANOUE-IPIN, La fièvre jaune, son étiologie et sa prophylaxie. *Revue d'hyg. et de police sanitaire*, XXV, in-8° de 17 p., n° 6, 20 juin 1903.

H. ZIEMANN, Ueber ein neues *Halleridium* und ein *Trypanosoma* bei einer kleinen weissen Eule in Kamerun. *Archiv für Schiffs- und Tropen-Hygiene*, VI, 1902.

Flagellés.

R. BLANCHARD, Sur un travail de M. le D' Brumpt intitulé : Quelques faits relatifs à la transmission de la maladie du sommeil par les Mouches Tsétsé. *Archives de Parasitologie*, VIII, p. 573-589, 1904.

E. BRUMPT et C. LEBAILLY, Description de quelques nouvelles espèces de Trypanosomes et d'Hémogrégarines parasites des Téléostéens marins. *C. R. Acad. des sciences*, 17 octobre 1904.

A. CASTELLANI, Sleeping sickness. *Ceylon Branch of the Brit. med. Assoc.*, in-8° de 3 p., 2 pl., 19th feb. 1904.

C. LEBAILLY, Sur quelques Hémoflagellés des Téléostéens marins. *C. R. Acad. des sciences*, 10 octobre 1904.

G. C. Low and F. W. MOTT, The examination of the tissues of the case of sleeping sickness in a European. *British medical Journal*, in-8° de 9 p., april 30th, 1904.

H. ROUJAS, *La maladie du sommeil*. Thèse de Paris, in-8° de 79 p., 1904.

M. THIROUX, Sur un nouveau Trypanosome des Oiseaux. *C. R. Acad. des sciences*, in-8° de 3 p., 11 juillet 1904.

H. ZIEMANN, Tse-tse-Krankheit in Togo (West-Afrika). *Berliner klin. Wochenschift*, n° 40, in-8° de 18 p., 1902.

Helminthes en général.

L. JAMMES et H. MANDOUL, Sur l'action toxique des Vers intestinaux. *C. R. Acad. des sciences*, 27 juin 1904.

L. JAMMES et H. MANDOUL, Sur les propriétés bactéricides des sucs helminthiques. *C. R. Acad. des sciences*, 25 juillet 1904.

O. VON LINSTOW, Ueber zwei neue Entozoa aus Acipenseriden. *Annuaire du Musée zool. de l'Acad. imp. des sciences de Saint-Pétersbourg*, IX, p. 17-19, 1904.

O. VON LINSTOW, Neue Helminthen aus West-Afrika. *Centralblatt für Bakt.*, Orig., XXXVI, p. 379-383, 1 pl., 1904.

O. VON LINSTOW, Beobachtungen an Nematoden und Cestoden. *Archiv für Naturgeschichte*, I, p. 297-309, taf. XIII, 1904.

O. VON LINSTOW, Neue Beobachtungen an Helminthen. *Archiv für mikrosk. Anatomie*, LXIV, p. 484-497, pl. XXVIII, 1904.

A. E. SHIPLEY and J. HORNELL, The parasites of the pearl Oyster. *Report to the Govern. of Ceylon on the Pearl Oyster Fisheries of the gulf of Manaar*, I, p. 77-106, 4 pl., 1904.

Cestodes.

F. DÉVÉ, Prophylaxie de l'échinococcose. *C. R. de la Soc. biologie*, LVII, p. 261-262, 1904.

F. Dévé, Le Chat domestique, hôte éventuel du Tænia échinocoque. *C. R. Soc. de biol.*, LVII, p. 262-263, 1904. ·

C. von Janicki, Bemerkung über Cestoden ohne Genitalporus. *Centralblatt für Bakteriol.*, *Originale*, XXXVI, p. 222-223, 1904.

C. von Janicki, Zur Kenntnis einiger Säugetiercestoden. *Zoologischer Anzeiger*, XXVII, p. 770-782, 1904.

N. Leon, Note sur la fréquence des Bothriocéphales en Roumanie. *Bull. de la Soc. des sciences de Bucarest*, XIII, p. 286-287, 1904.

A. Martin et F. Dévé, Contribution à la prophylaxie de la récidive hydatique post-opératoire. *Revue de gynécologie*, p. 811-820, 1904.

D. Riesman, A specimen of *Bothriocephalus latus*. *Medicine*, in-8° de 5 p., feb. 1902.

C. Stevenson, Variation in the hooks of the Dog-Tapeworms, *Tænia serrata* and *Tænia serialis*. *Studies from the Zoolog. Laboratory of University of Nebraska*, n° 59, p. 409-448, 1904.

Trématodes.

K. Engler, Abnormer Darmverlauf bei *Opisthorchis felineus*. *Zoologischer Anzeiger*, XXVIII, p. 186-188, 1904.

F. Fischoeder, Beschreibung dreier Paramphistomidenarten aus Säugethieren. *Zoologische Jahrbücher*, *Abth. für Systematik*, XX, p. 453-470, taf. XV-XVI 1904.

Cl. H. Lander, The anatomy of *Hemiurus crenatus* (Rud.) Lühe, an appendiculate Trematode. *Contributions from the Zoolog. Labor. of the Museum of Compar. zöol. at Harrard College*, n° 148, in-8° de 28 p., 4 pl., january 1904.

I. G. Martinez, *La bilharziosis en Puerto Rico*. Puerto Rico, in-8° de 32 p., 3 abril de 1904.

F. M. Sandwith, Bilharziosis. *The Practitioner*, in-8° de 20 p., october 1904.

M. Stossich, Alcuni Distomi della collezione elmintologica del Museo zoologico di Napoli. *Annuario del Museo zoologico della R. Univ. di Napoli, n. s.*, in-8° de 14 p., n° 23, tav. II, 1904.

Némathelminthes.

R. Blanchard, Sur un travail de M. le Dr J. Guiart intitulé : Rôle du Trichocéphale dans l'étiologie de la fièvre typhoïde. *Bull. de l'Acad. de méd.*, in-8° de 7 p., 18 octobre 1904-

F. Cima, Un caso di anemia da anchilostomiasi ed *Anguillula intestinalis*. *La Pediatria*, Napoli, in-8° de 12 p., 1904.

A. Looss, Zur Kenntniss des Baues der *Filaria loa* Guyot. *Zoolog. Jahrb.*, XX, p. 549-574, pl. XIX, 1904.

L. de Marval, Sur les Acanthocéphales d'Oiseaux. *Revue suisse de Zoologie*, XII, p. 573-583, 1904.

B. Grassi e G. Noé, Propagazione delle Filarie del sangue esclusivamente per mezzo della puntura di peculiari Zanzare. *Rendic. della R. Accad. dei Lincei*, IX, 2e sem., (5), p. 157-162, Roma, 2 settembre 1900.

G. Noé, même titre, p. 358-362, 16 décembre 1900.

R. Penel, *Les Filaires du sang de l'Homme*. Paris, F. R. de Rudeval, in-8° de 157 p., 1904.

F. Schaudinn, Ueber die Einwanderung der Ankylostomumlarven von der Haut aus. *Deutsche med. Wochenschrift*, n° 37, in-8° de 3 p., 1904.

A. Schubero und O. Schröder, *Myenchus bothryophorus*, ein in den Muskelzellen von *Nephelis* schmarotzender neuer Nematode. *Zeitschrift für wiss. Zoologie*, LXXVI, p. 509-521,, pl. XXX, 1904.

C. Stevenson, A new parasite (*Strongylus quadriradiatus*, n. sp.) found in the Pigeon. Preliminary report. *Bureau of animal industry, circular* n° 47, in-8° de 6 p., june 30, 1904.

Myzostomes.

Rudolf Ritter von Stummer-Traunfels, Beiträge zur Anatomie und Histologie der Myzostomen. I. *Myzostoma asteriae* Marenz. *Zeitschrift für wiss. Zoologie*, LXXV, p. 263-363, pl. XXXIV-XXXVIII, 1904.

Arthropodes.

C. Tiraboschi, Les Rats, les Souris et leurs parasites cutanés (note rectificative). *Archives de Parasitologie*, VIII, p. 623-627, 1904.

E. Trouessart, *Leiognathus Blanchardi* n. sp., Acarien parasite de la Marmotte des Alpes. *Archives de Parasitologie*, VIII, p. 558-561, 1904.

Batraciens.

C. O. Esterly, The structure and regeneration of the poison glands of *Plethodon*. *Publications of the University of California, Zoology*, I, p. 227-268, pl. XX-XXIII, 1904.

Bactériologie.

Sv. Arrhénius et Th. Madsen, Toxines et antitoxines. Le poison diphtérique. *Bull. de l'Acad. roy. des sciences de Danemark*, p. 269-305, 1904.

A. Castellani, Diphtheria in the tropics. *Journal of trop. med..*, may 2, 1904.

B. Galli-Valerio, *Corynebacterium vaccinae. — Bacterium diphtheriae avium. — Bacterium candidus. Centralblatt für Bakteriologie, Originale*, XXXVI, p. 465-471, 1904.

B. Galli-Valerio, Influence de l'agitation sur le développement des cultures. *Centralblatt für Bakteriologie, Originale*, XXXVII, p. 151-153, 1904.

Th. Madsen et L. Walbum, Toxines et antitoxines de la ricine et de l'antiricine. *Bull. de l'Acad. roy. des sciences de Danemark*, p. 81-103, 1904.

J. Perquis, *Contribution à l'étude de la présence du Bacille d'Eberth dans le sang des typhiques (Recherche par le procédé de Castellani modifié)*. Thèse de Paris, in-8° de 80 p., 1904.

L. Verney, I germi patogeni ultramicroscopici. *Il Policlinico, pratica*, in-8° de 18 p., 1904.

Mycologie.

F. Guéguen, *Les Champignons parasites de l'Homme et des animaux*. Paris, in-8° de XVII-299 p., 1904.

H. Haffringue, *Recherches expérimentales sur les principes toxiques contenus dans les Champignons*. Thèse de Paris, in-8° de 56 p., 1904.

F. Halgand, Études sur les trichophyties de la barbe. *Archives de Parasitologie*, VIII, p. 590-622, 1904.

A. Poncet et L. Bérard, A propos du diagnostic clinique de l'actinomycose humaine. *Archives de Parasitologie*, VIII, p. 548-557, 1904.

P. Vuillemin, L'*Aspergillus fumigatus* est-il connu à l'état ascosporé? *Archives de Parasitologie*, VIII, p. 540-542, 1904.

P. Vuillemin, Le *Lichtheimia ramosa* (*Mucor ramosus* Lindt). Champignon pathogène distinct du *L. corymbifera*. *Archives de Parasitologie*, VIII, p. 562-572, 1904.

L'Éditeur-Gérant : F. R. de Rudeval.

École Professionnelle d'Imprimerie, à Noisy-le-Grand (Seine-et-Oise).

BILHARZIOSE INTESTINALE

PAR

le Dr Maurice LETULLE

Professeur agrégé à la Faculté de Médecine de Paris
Médecin des hôpitaux de Paris.

(Planches I et II)

Parmi les maladies exotiques causées par des parasites, la
bilharziose, décrite depuis plus d'un demi-siècle, compte au premier
rang, non seulement à cause de son extrême fréquence sur le continent africain et ses dépendances, mais encore en égard aux
nombreux travaux suscités par le *Schistosomum hæmatobium* depuis
la mémorable découverte de Bilharz.

Les recherches contemporaines ont établi que le domaine de la
maladie bilharzienne dépasse de beaucoup la circonscription que
lui assignaient les premiers observateurs. L'Inde, le Japon, les
Antilles, tout au moins les Antilles françaises, lui payent un tribut
plus considérable peut-être qu'on ne le soupçonnait, et qui ne fera
que s'accroître encore lorsque les formes cliniques de la maladie
seront, je n'ose dire mieux connues, mais recherchées d'une façon
plus rigoureuse. En outre, la bilharziose, qui constitue une affection
pathologique de longue durée, peut être transportée en Europe tant
par des immigrés que par des Européens l'ayant contractée à leur
passage dans les régions où elle règne à l'état endémique. Pour ne
citer que la France, la remarquable observation de Lortet et de
Vialleton (1) recueillie à Lyon, a servi de point de départ à une étude
très soignée du parasite et de ses produits. De mon côté, je viens
d'avoir la bonne fortune de suivre, à Paris, un cas de bilharziose
à forme intestinale pure et de le compléter par une autopsie
détaillée. Comme il me semblait utile de publier cette observation,
la bienveillante amitié du Professeur R. Blanchard m'a ouvert les

---

(1) LORTET et VIALLETON, Étude sur le *Bilharzia hæmatobia* et la bilharziose.
Annales de l'Université de Lyon, IX, 1ᵉʳ fascicule, avec 8 pl. et fig. dans le texte.
Paris, Masson, 1894.

Archives de Parasitologie avec une généreuse sollicitude dont je ne saurais trop le remercier.

En ne tenant compte que des deux formes cliniques les mieux étudiées de la bilharziose, la forme hématurique, ou urinaire, et la forme diarrhéique ou mieux intestinale, il est évident que nombre de cas ont dû passer et passeraient encore inaperçus ; on doit prendre soin d'examiner au microscope les urines et les selles de tout malade ayant vécu dans les pays contaminés par le *Schistosomum hæmatobium* et présentant quelque manifestation pathologique, même bénigne, relevant soit des voies urinaires, soit du tube intestinal.

Autant l'hématurie bilharzienne est commune et bien dépistée. dans les pays infestés, autant la diarrhée chronique produite par l'infestation de la muqueuse du rectum et du côlon iliaque risque de demeurer méconnue, dans les contrées où les diverses formes de la dysenterie s'observent à l'état permanent et dans celles où la bilharziose n'a pas encore couramment droit de cité. De même, en se plaçant au point de vue anatomo-pathologique, on ne peut douter que la bilharziose intestinale, si fouillées qu'en aient été les lésions microscopiques, ne permette encore aux histologistes de glaner quelques détails intéressants. Pour ne citer qu'un point, d'une réelle importance en vue de l'étude pathogénique des désordres produits par les Vers adultes et par leurs œufs, il m'a semblé que les lésions des veines de l'abdomen, en particulier des réseaux de la petite mésaraïque, n'avaient peut-être pas encore été analysées avec tous les détails nécessaires. La description méthodique des endophlébites bilharziennes doit apporter une contribution fructueuse à la pathogénie, encore obscure sur bien des points, de la maladie causale. De même pour l'histologie pathologique de l'entérite spéciale, spécifique au sens propre, causée par les œufs du *Schistosomum* : les effractions des tissus et l'irritation hypernutritive des organes qui en résulte méritent, si j'en juge d'après mes recherches, une enquête plus attentive. Les détails les moins importants, en apparence, peuvent revêtir un intérêt de premier ordre, au cours de ces sortes de révisions. Aussi, n'ai-je pas craint de les accumuler dans les chapitres spéciaux qui vont suivre, avec l'espoir de servir utilement aux autres observateurs, lors des moissons futures. Là sera, je l'espère, l'excuse des longs développements dans lesquels nous allons entrer.

OBSERVATION CLINIQUE.

Avant tout, il est bon de rapporter le fait clinique qui servira de base au présent travail. Un vieillard, né à la Martinique et y ayant passé toute sa vie, arrive à Paris, chassé par les terribles événements de Saint-Pierre, qui l'ont ruiné. Il est atteint d'une affection chronique du gros intestin, réputée incurable et considérée comme de nature cancéreuse. La tuberculose pulmonaire vient mettre un terme à sa misère et l'autopsie nous révèle, outre une infection circonscrite du poumon par le Bacille de Koch, (broncho-pneumonie caséeuse compliquée d'endocardite tuberculeuse bacillaire aiguë), l'existence, insoupçonnée durant la vie, d'une bilharziose intestinale pure, exactement circonscrite à la portion pelvienne du gros intestin.

Voici l'observation, résumée dans ses grandes lignes.

OBSERVATION. — *Diarrhée chronique dysentériforme, tuberculose pulmonaire. A l'autopsie, bilharziose intestinale recto-colique; caséification bacillaire du parenchyme pulmonaire; endocardite tuberculeuse.*

Le 22 décembre 1903, entrait dans mon service à l'hôpital Boucicaut, sur la recommandation de mon collègue et ami le Dr Morestin, le nommé Dev... Adolphe, 68 ans. Ce malade, ancien pharmacien à Saint-Pierre (Martinique), ruiné par les désastres causés par les éruptions récentes du Mont Pelé, s'était réfugié depuis quelques mois à Paris. Depuis plusieurs années, malade de l'intestin, jugé inopérable par les divers chirurgiens qui l'avaient vu et le considéraient comme atteint de rectite dysentérique, peut-être même cancéreuse, il n'avait pas tardé à contracter chez nous la maladie qui décime les faibles et les malheureux, la tuberculose pulmonaire.

Épuisé par les chagrins, la misère et la diarrhée, il m'arrivait dans un état de cachexie profonde. Sa maigreur extrême, la décoloration de sa peau, des selles innombrables, d'une extrême fétidité, souvent sanguinolentes, révélaient la déchéance organique avancée de ce pauvre homme, d'ailleurs fort intelligent.

L'examen des poumons ne laissait aucun doute sur l'existence d'une tuberculose circonscrite au sommet droit, où la toux faisait éclater quelques râles sous-crépitants déjà plutôt humides;

l'examen des crachats, assez rares, mais puriformes, montrait des Bacilles de Koch en abondance.

Restait l'intestin. Le malade affirmait que les médecins de la Martinique avaient examiné maintes fois son rectum et qu'ils y avaient reconnu une inflammation chronique, une rectite, pour laquelle on avait ordonné de nombreux topiques et une foule de lavements, tous plus inefficaces les uns que les autres. Bref, on avait trouvé cette lésion inaccessible à une intervention opératoire. L'anus apparaissait lâche, flasque ; un suintement d'odeur putride, presque gangréneuse, s'y produisait, incessant. Le toucher rectal révélait une coarctation cylindrique générale, uniforme, avec induration profonde, remontant aussi haut que le doigt pouvait atteindre. Aucune adénopathie inguinale, crurale, axillaire ni cervicale. L'abdomen paraissait normal ; le foie, en particulier, et la rate n'offraient aucune altération appréciable. Les urines étaient rares, mais saines.

Malgré ces désordres graves de l'intestin, l'appétit était encore à peu près satisfaisant et la température rectale, d'abord normale, devint bientôt hypothermique pendant toute la durée du séjour à l'hôpital. Au bout de quelques jours, les forces s'affaiblirent davantage, la maigreur se fit squelettique, rien ne pouvant arrêter la lientérie, rebelle. Le malade succomba dans le marasme un mois après son entrée.

La faute commise par moi et par mes élèves fut de n'avoir pas hésité d'une manière suffisante dans notre diagnostic. J'étais arrivé trop vite à la conviction qu'il s'agissait d'un cancer du rectum proclamé inopérable. L'autopsie, en me révélant un cas de bilharziose intestinale, devait me faire amèrement regretter de n'avoir pas pris le soin de pratiquer l'examen microscopique des selles du malade, manœuvre que j'exige cependant et que je pratique d'une façon méthodique, dans mon service, toutes les fois que la diarrhée s'installe chez l'un quelconque de mes malades. J'ajoute, pour confesser pleinement mon erreur, que j'ignorais alors l'existence de la bilharziose à la Martinique et que, pas un instant, je ne songeai à cette infection parasitaire. Les urines étaient, du reste, demeurées normales jusqu'à la fin et le malade insistait volontiers sur l'intégrité parfaite de ses voies urinaires, tant uréthrales que vésicales, fier qu'il était d'avoir pu, jadis, mettre sa jeunesse, quelque peu fougueuse, à l'abri de la blennorrhagie et de la syphilis.

AUTOPSIE MACROSCOPIQUE ET MICROSCOPIQUE.

L'autopsie me ménageait des surprises multiples autant qu'inté-ressantes. Les détails dans lesquels je vais entrer me semblent indispensables; ils mettront en lumière une observation, rare en somme, de l'aveu de tous les auteurs compétents, et dans laquelle la bilharziose s'est circonscrite d'une façon rigoureuse, en tant que lésions viscérales, à la portion terminale du gros intestin.

Suivons donc l'autopsie telle que le protocole, dicté par moi-même, s'en poursuit. J'ai l'habitude de pratiquer toujours, sur les cadavres que j'ouvre, la manœuvre opératoire appelée (1) *éviscération totale d'emblée.* Grâce à ce procédé d'extraction des viscères, l'ensemble de la masse contenue dans les cavités antérieures du corps, depuis le pharynx jusqu'à l'anus inclusivement, est enlevé en bloc; on évacue ainsi, sans les mutiler, la totalité des parties molles, tous les organes et tous les vaisseaux, nerfs et ganglions qui leur correspondent.

Pour ce qui est de l'excavation pelvienne, en particulier, le dé-collement du péritoine pariétal et la mobilisation des vaisseaux et nerfs qui doublent sa surface externe permettent d'amener, sans le moindre traumatisme et en maintenant leurs rapports réciproques, l'ensemble des organes digestifs et génito-urinaires accompagnés de leurs vaisseaux respectifs, non entamés. Les veines hémorrhoï-dales et tout le jeu des mésaraïques, jusqu'à la veine porte inclusi-vement, suivent, sans exception, le paquet pelvien sur la table d'autopsie, sans avoir même été touchées par le couteau. Dans le cas actuel, cette manœuvre était, pourrait-on dire, la manœuvre idéale.

Un premier détail nous arrêtera. Pendant le temps opératoire qui consiste à décoller de l'excavation pelvienne le péritoine pariétal et à former, de la sorte, ce que j'appelle le *pédicule pelvien* (dans lequel sont compris le rectum, les organes génitaux internes avec les uretères et la vessie), j'éprouvai et fis noter une extrême difficulté à séparer le rectum de la face antérieure du sacrum. Le

(1) M. LETULLE, *La pratique des autopsies.* Paris, Masson, avec 136 figures.

tissu cellulo-adipeux rétro-rectal, lâche à l'ordinaire, était, dans
ce cas, dur, sclérosé, fort adhérent aussi bien à la face postérieure
du rectum qu'au bassin. Il n'existait en ce point cependant aucune
infiltration carcinomateuse, aucun foyer de suppuration chronique
et les ganglions sous-péritonéaux logés dans l'excavation pelvienne,
faciles à reconnaître, ne semblaient atteints d'aucune altération
spéciale. Le rectum lui-même était dur, serré, plutôt petit.

Un tel contraste entre l'adhérence intime du rectum aux parois
osseuses et l'absence apparente d'une altération cancéreuse me
frappa dès l'abord et éveilla mes premiers doutes. On termina
l'éviscération totale en isolant les téguments péri-anaux et l'autopsie
détaillée de la masse viscérale mise en place sur la table commença,
dans l'ordre habituel.

Il me paraît utile, dans l'intérêt même de l'observation, de ne pas
suivre ici, pour la relation des désordres anatomo-pathologiques,
l'ordre méthodique, mais de commencer par les points qui nous
intéressent d'une façon spéciale, c'est-à-dire par la fin du gros
intestin, quitte à rapporter ensuite le reste des altérations viscérales, afin de compléter d'une manière saisissante ce cas remarquable. Il me semble, de même, avantageux de poursuivre à fond
les lésions du tube digestif et de donner aussitôt après l'examen
macroscopique les résultats de l'étude microscopique, ce qui permettra de grouper et de coordonner les éléments du problème.

Le cadavre, émacié d'une façon extrême, mesure, comme taille,
1m68 et ne pèse que *28 kilogrammes, 100 grammes.*

AUTOPSIE DU TUBE DIGESTIF. — Commençons par le tube digestif,
en procédant de bas en haut. L'anus est sain; quelques saillies
hémorrhoïdaires, peu volumineuses s'y montrent, très communes
chez le vieillard.

Le *rectum* (pl. I), dès son origine, et dans toute son étendue,
est le siège de lésions chroniques, très remarquables et, à vrai dire,
tout à fait particulières, car elles ne ressemblent, à première vue,
à aucune des altérations habituellement observées, au cours d'une
autopsie, du moins dans nos climats.

Tout d'abord, avant incision, le rectum et la partie terminale du
colon iliaque, sur une longueur totale de 0m45 centimètres environ,
apparaissent contractés, durs, blanchâtres; le cylindre coarcté qui

en résulte est ferme, surtout dans ses 15 ou 20 derniers centimètres et presque rigide. Le volume général de cette portion terminale du tube intestinal est réduit, sa forme étant régulièrement cylindrique, plus serrée cependant au niveau du rectum et de plus en plus lâche à mesure que l'on remonte le long du colon iliaque. Plus haut, le gros intestin reprend sa mollesse, sa laxité et sa consistance ordinaires.

On incise le gros intestin, le long de la face postérieure du rectum et en allant de l'anus vers le cæcum. Les parois, dans toute la région coarctée, sont dures, fibroïdes et résistent fort aux ciseaux. On sent que l'on coupe des couches denses et épaissies ; aucun suc ne s'échappe sur la coupe, qui reste remarquablement sèche.

Le rectum et le colon ouverts (planche I) mettent à jour la surface de la muqueuse et dégagent la cavité intestinale. Cette cavité est vide, ou à peu près. A peine quelques îlots de mucus grisâtre sont-ils adhérents à la face interne de l'organe ; ils ne peuvent modifier l'aspect général de la muqueuse. La surface muqueuse offre, d'une façon très nette, une coloration gris-noirâtre, presque ardoisée surtout au niveau du colon. Sur ce fond terne, lisse, au moins en apparence, dépourvu de plicatures ou de pertes de substance visibles à l'œil nu, apparaissent une trentaine de saillies verruqueuses, d'un rouge brunâtre vif, dont la couleur et le relief tranchent violemment. Ces saillies, qui rappellent d'une manière saisissante les adénomes sessiles du rectum, sont peu volumineuses, ne dépassant guère la grosseur d'un pois. Quelques-unes d'entre elles, les plus apparentes, sont pédiculées et ont une forme régulièrement sphérique ; elles sont toutes bien isolées, sans qu'autour d'elles la muqueuse offre la moindre trace de pertes de substance quelconques, ulcérations, escharres, ou décollements en voie de suppuration.

Hormis ces saillies verruqueuses, la muqueuse, dans toute son étendue, apparaît unie, lisse, plane ; à peine, sur quelques points, semble-t-elle quelque peu tomenteuse et veloutée. Nous verrons, sur les coupes microscopiques, combien l'œil nu peut tromper dans cette interprétation de l'état d'une muqueuse chroniquement enflammée.

Au palper, on contaste cependant l'adhérence intime de la surface interne de l'intestin aux couches sous-jacentes. La muqueuse ne glisse plus sur les plans qui la supportent, indice certain d'une lésion chronique de l'intestin, d'une symphyse entre la muqueuse et les couches musculeuses. D'ailleurs, s'il est difficile, par suite de cette adhérence, de noter l'épaisseur de la muqueuse, on reconnaît sans peine, sur la tranche, que les couches sous-jacentes, en particulier les couches musculeuses du rectum, sont fort épaissies et très nettement reconnaissables; cette hypertrophie des couches musculaires est tout à fait comparable à celle qui accompagne leur infiltration diffuse par les cellules cancéreuses dans le carcinome du rectum; nouvelle source d'hésitation et d'embarras, qui nous empêche de nous prononcer, avant l'examen microscopique des parties jugées à bon droit suspectes.

On s'empresse d'étudier la surface du rectum et tout le péritoine pelvien, réceptacle habituel de tant de lésions infectieuses ou cancéreuses. Le péritoine pelvien est de toutes façons sain; aucune adhérence, aucune tumeur, aucun infiltrat n'altère la surface de la séreuse. Tous les glanglions pelviens péri-rectaux, péri-vésicaux, péri-prostatiques sont recherchés, palpés, coupés avec soin; ils sont intacts, à l'inverse de ce qui a lieu dans les affections cancéreuses de l'excavation pelvienne, ayant duré quelque temps.

A coup sûr, il s'agit d'une affection peu ordinaire, *aussi différente de la dysenterie chronique, d'ailleurs, que du cancer.* La dysenterie chronique, même circonscrite au rectum, accident rare, n'infiltre pas de cette façon la totalité des couches constitutives de l'organe par une sclérose diffuse, hyperplasique, à ce point; sinon, elle occasionne des sténoses étroites, partielles, annulaires, mais ne transforme jamais en un cylindre fibreux régulier trente à quarante centimètres du gros intestin.

En examinant le reste des organes contenus dans l'excavation pelvienne, afin de dégager sur le champ les données du problème anatomo-pathologique qui se présentait à nous, nous trouvons quelques détails dont l'importance deviendra capitale par la suite.

La *vessie*, dont les lésions auraient pu retentir sur le rectum, est petite, ferme, contractée; sa muqueuse, plissée et assez molle, est intacte.

La *prostate* fait au niveau du col vésical une saillie notable et y dessine une esquisse de lobe moyen bilobé, de consistance modérée, semblable à celle des deux lobes latéraux légèrement augmentés de volume, mais indemnes quant à l'existence d'une lésion tumorale.

Les *uretères,* faciles à dégager dans leur partie supérieure iliaque et lombaire, sont au contraire épaissis et tuméfiés dans leur portion pelvienne, à partir de 12 centimètres au dessous du bassinet. Leur consistance est augmentée, d'une façon très manifeste, et leur couleur blanchâtre, comme nacrée, est des plus significatives; à mesure qu'ils s'enfoncent derrière la vessie, il faut les sculpter à proprement parler au milieu des tissus fortement sclérosés. L'incision des uretères montre, toutefois, l'intégrité parfaite de leur muqueuse.

Les *reins* sont petits, atteints de néphrite chronique atrophique, avec quelques petits kystes à leur surface.

Le dégagement des *canaux déférents* et la mise à nu des deux *vésicules séminales* est malaisé, pour la même cause, qui est l'épaississement fibroïde des tissus constituant le plancher pelvien. A l'œil nu, cependant, rien ne donne l'impression d'une infiltration tumorale, sarcomateuse ou cancéreuse : il semble bien qu'il s'agisse uniquement d'une inflammation chronique bizarre, fibreuse, tout à fait exceptionnelle et exempte de toute suppuration.

Des deux *testicules,* le droit est sain et le gauche atteint d'hydrocèle vaginale très légère, ancienne.

Les *os du bassin,* le sacrum et le coccyx, en particulier, sont examinés avec toute l'attention nécessaire et ne montrent aucune lésion, soit tuberculeuse, soit actinomycosique; le périoste qui les recouvre est d'ailleurs de consistance normale et a résisté au processus inflammatoire sclérosant du voisinage.

Terminant l'étude du tube digestif, on note les détails suivants: le reste des *colons* est normal et la muqueuse y montre ses caractères habituels de mollesse de laxité; elle glisse bien sur les tissus sous-jacents.

Le *cæcum* est libre et ne contient pas de Trichocéphales. L'*appendice* vermiforme, long de 0,05 centimètres, est entouré d'anciennes adhérences fibroïdes peu étendues. Son extrémité libre se rétrécit brusquement à un centimètre environ du bout de l'organe et la cavité de l'appendice, normale par en haut, est oblitérée sur ce dernier centimètre. Cette lésion, minime, révèle l'existence d'une ancienne appendicite oblitérante, très commune chez tout individu

ayant dépassé 50 ans (30 à 33 pour 100, d'après mes observations).

L'*intestin grêle* est normal dans toute son étendue, et l'*estomac*,
sain, ne présente, vers la partie moyenne de sa petite courbure,
qu'une petite saillie blanchâtre, produite par une masse logée dans
la sous-muqueuse, de la grosseur d'un pois, et que l'examen microscopique a démontré être un ganglion lymphatique sous-muqueux, normal.

EXAMEN MICROSCOPIQUE DU TUBE DIGESTIF. BILHARZIOSE
DU RECTUM ET DU COLON ILIAQUE.

Pour être complète et utile, l'étude des lésions intestinales
demande à être poursuivie d'une façon méthodique. Elle doit porter
successivement sur les différentes couches et sur les multiples tissus
dont le groupement constitue l'organe digestif.

Tout d'abord, il est utile de constater que, sitôt les préparations
microscopiques obtenues, le diagnostic anatomo-pathologique de
la maladie causale allait s'imposer : il s'agissait d'une infection par
le *Schistosomum hæmatobium,* aussi facile à reconnaître sur les coupes
histologiques du rectum que l'étude séméiotique des altérations
macroscopiques avait été, comme on vient de le voir, ardue et
hasardeuse. On peut même avancer qu'à peine les fragments durcis
du rectum eurent été mis en coupe, le diagnostic aurait pu déjà,
sans le secours du microscope, se formuler presqu'à coup sûr. En
effet, on sentait le rasoir passer à chaque instant sur des fragments
calcifiés, microscopiques ou inappréciables à l'œil nu pour la plupart
et, s'y ébréchant, donner, de la sorte, à prévoir qu'il s'agissait d'une
affection chronique parasitaire. En l'espèce, la bilharziose devenait
donc des plus probables. Les préparations microscopiques four-
nirent aussitôt des renseignements formels.

D'une façon générale, la totalité du rectum et du colon adjacent
est envahie par une inflammation chronique diffuse, prédominante
au niveau des couches muqueuse et sous-muqueuse. Cette entérite
chronique s'est installée, de la sorte, à la face interne de l'organe
et n'en a respecté presqu'aucune partie. A peine si, de place en
place, par îlots, la muqueuse rectale présente encore ses caractères
normaux; nous verrons bientôt que, même dans la zone réputée
saine, des lésions existent, aisées à reconnaître.

MUQUEUSE INTESTINALE.

Suivant les points examinés, la muqueuse montre tantôt les signes d'une inflammation chronique diffuse, à tendance ulcérative, tantôt les caractères d'une hyperplasie générale de ses tissus fondamentaux, hyperplasie telle, surtout au niveau des saillies verruqueuses décrites au début de l'autopsie, que l'ensemble des lésions correspond à un véritable adénome glandulaire.

Étudions sucessivement ces différents aspects.

Lésions ulcératives. La muqueuse (fig. 1), sur les points ulcérés, montre ses glandes en tube en voie d'atrophie, réduites de nombre, raccourcies; souvent même elles ont totalement disparu sur une large surface (pl. II, fig. 1). La persistance de quelques rares culs-de-sac glandulaires, ou, suivant l'obliquité plus ou moins grande de la coupe, de quelques goulots des glandes de Lieberkühn permet cependant de différencier la couche de tissu conjonctif immédiatement en rapport avec le contenu intestinal et d'apprécier l'épaisseur de la muqueuse. Partout où le processus ulcératif est en évolution, on peut constater la transformation de la muqueuse en une sorte de tissu de bourgeons charnus, couche de tissu conjonctivo-vasculaire chroniquement enflammé, qui affecte, en maints endroits, une épaisseur égale, sinon même supérieure à celle de la muqueuse normale. C'est qu'en effet, le travail inflammatoire qui a envahi la muqueuse rectale n'est, en aucune façon, comparable aux lésions dysentériques ou dysentériformes de l'intestin. Avant même de découvrir dans la charpente interstitielle de la muqueuse la *cause spécifique* de ses souffrances, on peut établir la marche des lésions.

Sous l'influence d'une irritation chronique persistante ou tout au moins durable, la gangue interstitielle s'est laissée envahir par deux sortes de désordres trophiques. Le premier peut-être en date a consisté en une infiltration des espaces conjonctifs par un grand nombre d'éléments cellulaires, mononucléaires; de ces éléments, les uns sont, à n'en pas douter, des cellules fixes interstitielles tuméfiées, gorgées de sucs; elles ont proliféré et se sont accumulées dans les fentes inter-fibrillaires du squelette conjonctif; d'autres sont des éléments provenant du sang et ayant franchi, par diapédèse, les parois des vaisseaux capillaires et des veinules de la région. Sur nombre de points, en effet, il est facile de reconnaître une large palissade d'éléments cellulaires groupés autour des vaisseaux sanguins dilatés, remplis de sang et de leucocytes (fig. 1).

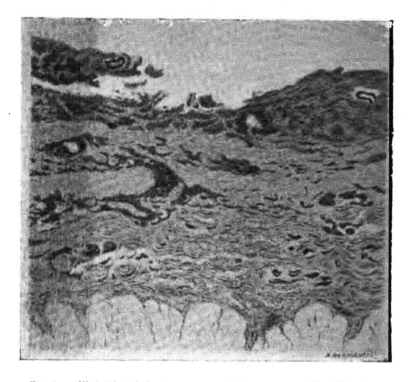

Fig. 1. — L'icération de la muqueuse rectale, au cours de la bilharziose intestinale. × 32.

La coupe passe par une région en voie d'ulcération ; la muqueuse n'est cependant pas tout à fait détruite ; on reconnaît encore trois coupes de glandes de Lieberkühn au milieu des restes d'un squelette interstitiel infiltré d'éléments inflammatoires.

La couche sous-muqueuse, très épaissie, fibroïde, permet de différencier encore la *muscularis mucosae* sous forme d'une bande parallèle à la surface et envahie par de nombreux îlots de cellules embryonnaires. En plusieurs points, on reconnaît des vaisseaux lymphatiques remplis de leucocytes.

Au bas de la préparation, la zone interne de la couche musculeuse interne du rectum se dessine, saine quant à ses faisceaux musculaires.

En même temps, ou peu de temps après ce travail désorganisateur, les fibrilles connectives ont ressenti pour leur part les conséquences de l'irritation phlogogénique subie par l'ensemble de la muqueuse : elles se sont épaissies, se sont durcies, ont resserré les travées formées par leurs faisceaux, tant autour des vaisseaux ou des nerfs qu'au niveau des culs-de-sac glandulaires. Une sclérose diffuse, désordonnée, en est résultée, transformant en un tissu dur, lardacé, fibroïde, la muqueuse, molle et souple à l'état normal.

Sous la même cause et subissant, sans doute, à distance, les mêmes intoxications destructives, les glandes de Lieberkühn se désagrégeaient (fig. 2). La façon dont s'altèrent les glandes en tube de l'intestin, dans cette variété si remarquable d'entérite chronique, n'est pas unique, ainsi que nous le verrons par la suite. Le procédé commun, celui qui accompagne l'inflammation dystrophique dont l'expression ultime est la formation d'une ulcération, est fort simple. Sous l'influence du processus décrit plus haut et, autant qu'on en peut juger, en même temps que la gangue interstitielle s'infiltre d'éléments inflammatoires, la glande de Lieberkühn se resserre, se tasse et se laisse envahir, de dehors en dedans, par de nombreuses cellules lymphatiques, mono et polynucléaires (fig. 2). Les épithéliums sécréteurs perdent leurs caractères spécifiques; de cylindriques et clairs qu'ils étaient à l'état normal ils deviennent cubiques; leur protoplasma s'assombrit et perd la faculté de sécréter du mucus. Bientôt même, la forme générale de la glande se modifie, au point qu'avec les techniques colorantes ordinaires, les épithéliums sont difficilement reconnaissables à un faible grossissement. Enfin, toute trace d'un organe glandulaire disparaît et le tissu conjonctivo-vasculaire de la muqueuse semble dépourvu tout à fait des cavités épithéliales normalement réparties dans son épaisseur.

Lorsque la mortification ulcérative de la surface de la muqueuse ainsi altérée survient, il est possible de saisir sur le fait l'élimination dans la cavité intestinale des épithéliums et des glandes qu'ils constituaient (fig. 2). Les cellules secrétoires sont disloquées, infiltrées de microbes, entourées de nombreux leucocytes, surtout polynucléaires, et quittent le territoire qui leur donnait asile.

L'ulcération de la muqueuse se poursuit et se complique inévitablement de lésions infectieuses aiguës ou subaiguës qui activent, si elles ne l'ont pas déterminée primordialement, la mortification parcellaire, sinon élémentaire, de la surface de la membrane adultérée. Les vaisseaux lymphatiques de la région se montrent, çà et

là, bourrés de cellules embryonnaires. Toute trace des follicules
lymphatiques muco-sous-muqueux, normalement répartis par
larges espaces dans l'organe, s'est fondue dans l'infiltration embryonnaire du squelette interstitiel; à vrai dire, les follicules

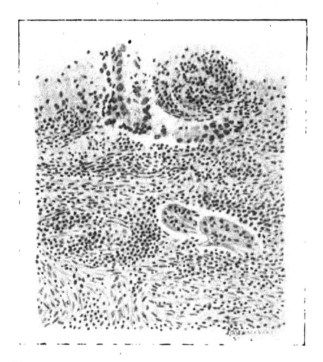

Fig. 2. — Ulcération de la muqueuse par les lésions bilharziennes. Une glande en
voie de destruction à la surface de la perte de substance. × 150.

Détail, à un fort grossissement, de la figure précédente (partie moyenne de la
surface ulcérée). On aperçoit, au milieu des tissus mortifiés qui limitent le haut
de la figure, une glande en tube, reconnaissable à ses quelques épithéliums
encore cylindriques. Les cellules glandulaires, infiltrées de leucocytes et de
microbes, sont en train de se dissocier.

Toute la gangue conjonctivo-vasculaire interstitielle, reliquat du squelette de la
muqueuse, est infiltrée d'innombrables éléments embryonnaires qui forment, çà
et là, des placards vivement teintés. Les vaisseaux y sont difficiles à reconnaître,
gorgés de leucocytes et entourés de cellules diapédésées.

Au-dessous du tronçon de la glande de Lieberkühn en voie de destruction et non
loin d'elle, apparaissent deux œufs de Bilharzie, caractéristiques, vidés de leur
embryon, et infiltrés de leucocytes en karyolyse pour la plupart.

lymphatiques y sont devenus méconnaissables. En tout cas, jamais
ils ne donnent lieu à un abcès circonscrit; jamais ils ne s'avancent
à la surface de l'ulcération, jamais non plus on ne trouve à leur

place quelque cavité, mise en communication avec la surface intestinale, et tapissée d'un revêtement épithélial cylindrique, lésion commune et pour ainsi dire pathognomonique, au cours de la dysenterie vraie.

L'ulcération de la muqueuse n'en atteint, d'ailleurs, nulle part les couches les plus profondes; aussi la *muscularis mucosae* n'affleure-t-elle pas au fond des pertes de substance. On peut donc, à coup sûr, affirmer ici que cette lésion entéritique diffère profondément des altérations propres à la dysenterie chronique. Au reste, la cause déterminante de l'affection présente s'inscrit d'une façon tellement saisissante, dans les couches mêmes de la muqueuse, au voisinage de toute ulcération, que le doute est impossible. Tout au plus pourrait-on se demander si, aux lésions bilharziennes du rectum et du colon iliaque, la dysenterie ne serait venue se surajouter. Les détails dans lesquels nous venons d'entrer, ceux qui vont suivre, permettront d'éliminer l'hypothèse d'une combinaison de deux affections intestinales si distinctes, et, à coup sûr, si dissemblables.

Dans l'épaisseur de la muqueuse en voie d'ulcération, on aperçoit fréquemment sur les coupes (fig. 2 et pl. II, fig. 1) la cause de la lésion représentée par un certain nombre d'œufs de Bilharzie. Ces œufs, sur lesquels nous aurons à revenir à propos des détails histologiques auxquels ils donneront lieu, se montrent, dans l'épaisseur de la muqueuse ulcérée, sous deux aspects différents : tantôt, il s'agit d'œufs remplis par un embryon caractéristique, ovoïdes, munis pour la plupart d'un éperon, soit latéral, soit polaire, (pl. II, fig. 4 et 5); tantôt, l'œuf s'est évacué, l'embryon a disparu, la coque est rompue (pl. II, fig. 6 et 7); elle risquerait d'être méconnaissable, même à un fort grossissement, si la technique colorante n'intervenait pour la déceler à coup sûr dans l'intimité des tissus (1).

LÉSIONS HYPERPLASIQUES. — La seconde série des altérations subies par la muqueuse du gros intestin consiste, à l'inverse des précédentes, en un travail d'hypertrophie excessive, en une hyperplasie

(1) La technique colorante usitée et la plus commode consiste en l'action successive de l'hématoxyline et de l'éosine. Les œufs sont vivement teintés (pl. II). Les œufs vidés sont très faciles à reconnaître sur les coupes colorées à l'hématoxyline-orcéine : ils ont un ton jaunâtre sale qui tranche vivement sur le ton bleu ou violâtre des éléments cellulaires avoisinants.

considérable, souvent même désordonnée, des deux plus importantes des parties constitutives de la muqueuse : la gangue conjonctivo-vasculaire et le tissu glandulaire épithélial.

Pour étudier comme il faut ces désordres d'origine inflammatoire
et dont la cause, spécifique à n'en pas douter, est toujours facile à
reconnaître, le mieux est de commencer par les points où ils sont

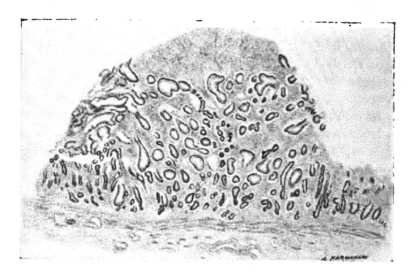

Fig. 3. — Un îlot de la muqueuse du rectum en état d'hyperplasie glandulaire et
interstitielle. × 15.

Détail d'une des saillies adénomateuses décrites à la surface de la muqueuse
rectale. Toutes les glandes de Lieberkühn, proliférées dans une proportion considérable, sont déformées, allongées, souvent dilatées, surtout au voisinage de leur
embouchure à la surface de la muqueuse. L'orientation de ces glandes hyperplasiées est irrégulière ; leur parallélisme habituel a disparu ; elles s'enfoncent sans
ordre dans la muqueuse hyperplasiée. Leurs dimensions sont, de même, aussi
irrégulières que désordonnées. A cet égard, l'aspect de la coupe rappelle d'une
manière saisissante celui d'un adénome ordinaire du rectum. Il faut noter l'intégrité parfaite de la *muscularis mucosae* qui limite, par en bas, la muqueuse et
n'a, sur aucun point, été entamée par les proliférations glandulaires.

Au sommet de la masse, le tissu interstitiel, hyperplasié, très vasculaire, couronne la coupe à la façon d'un énorme bourgeon charnu, en forme de cône.

développés au maximum, par les *îlots adénomateux* décrits au
moment de l'autopsie (pl. I) sous le nom de « saillies verruqueuses »
de la muqueuse.

Sur les coupes passant par ces saillies (pl. II, fig. 1, 2 et 3), rien
n'est plus facile que d'établir la part revenant à la gangue et celle

ressortissant aux appareils glandulaires, aux glandes de Lieber--
kühn.

LA GANGUE CONJONCTIVO-VASCULAIRE. — Partout où la muqueuse est
épaisse, et surtout dans les points où la saillie devient adénomateuse et forme un relief tumoral, à proprement parler, le tissu conjonctif s'élève, s'étale et prend des proportions anormales; il s'hyperplasie jusqu'à atteindre et dépasser parfois un centimètre, un
centimètre et demi d'épaisseur. Les travées connectives sont plus
larges et plus denses qu'à l'état normal (fig. 3 et fig. 4); elles s'en-
trecroisent dans tous les sens, cloisonnant la coupe de nombreux
tractus fibreux et de vaisseaux capillaires dilatés, et prenant en
maints endroits la place des glandes de Lieberkühn atrophiées
(pl. II, fig. 2), pendant que les œufs de Bilharzie s'incrustent, en
proportions variables, dans les espaces interstitiels élargis.

Lorsque, comme nous allons le dire, les glandes muqueuses subissent un processus analogue, se développent et s'hyperplasient, le
squelette connectif qui les entoure suit l'évolution hypernutritive
qui entraîne tout l'organe intestinal et s'hypertrophie, de son côté,
proportionnellement au *molimen* hyperglandulaire du voisinage.
Souvent alors, il arrive (on peut l'observer fig. 3 et 4) que le sommet
du relief adénomateux qui a bourgeonné au-dessus de la muqueuse,
se couronne pour ainsi dire d'un vaste *dôme conjonctivo-vasculaire*
privé entièrement de glandes de Lieberkühn et monstrueusement hyperplasié. La surface même de la muqueuse intestinale
dépourvue de revêtement épithélial (par suite des altérations cada-
vériques) n'est point ulcérée: les dernières strates connectives et
les anses capillaires qui les accompagnent ne présentent, en effet,
aucune trace d'un processus de nécrobiose quelconque. Il est donc
probable que, durant la vie, ces bourgeons énormes qui coiffent la
saillie de l'adénome, étaient recouverts de la couche d'épithélium
cylindrique appartenant en propre à l'intestin. J'ai pu, pour ma
part, retrouver sur quelques coupes ce revêtement épithélial (à une
seule couche) à la base de plusieurs adénomes, au niveau du pédicule qui les reliait à la muqueuse intestinale.

Quoiqu'il en soit de ce détail, la saillie bourgeonnante de l'adénome est constituée (fig. 4) par un énorme amas de tissu conjonctivo-vasculaire extraordinairement riche en vaisseaux capillaires.
Le squelette interstitiel s'y montre sous forme de tractus fibroïdes,

fort denses, comme creusés d'innombrables rigoles occupées par
autant de vaisseaux sanguins très dilatés. Les parois de ces vaisseaux capillaires sont elles-mêmes très denses, épaissies, nettement

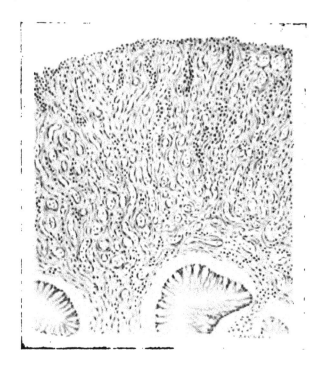

Fig. 4. — Hyperplasie conjonctivo-vasculaire de la surface
de la muqueuse rectale. × 70.

Détail de la figure précédente. Un fragment du sommet de la saillie adénomateuse. La coupe entame peu, en ce point, les glandes de Lieberkühn hyperplasiées
et montre qu'à la surface même de la muqueuse un amas de tissu conjonctivo-
vasculaire extrêmement végétant faisait saillie; il y devait être l'une des sources
des hémorrhagies fréquentes, signalées pendant la vie. La surface même de cet
énorme tissu de bourgeon charnu est peu irritée; les leucocytes s'y montrent peu
nombreux, preuve d'un état atonique permanent de cette région en contact direct
avec les matières intestinales.

La gangue conjonctive est fibroïde, dense, comme creusée d'innombrables
canaux capillaires sanguins. Les parois de ces vaisseaux sont elles-mêmes denses,
bien dessinées, bordées par une couche endothéliale saillante, vivement colorée.

Au bas de la préparation, trois glandes de Lieberkühn hyperplasiées à l'extrême
et gorgées de mucus.

dessinées. Les endothéliums qui forment la lumière de ces vaisseaux
y font saillie et les réactifs colorants les mettent bien en valeur.

La direction générale de ces houppes vasculaires est, d'une façon assez régulière, perpendiculaire à la surface de la muqueuse intestinale, détail qui cadre bien avec la notion première d'un énorme cône de bourgeons charnus, exubérants, ayant débordé le travail hyperplasique subi par les glandes de Lieberkühn.

Enfin, le tissu en question était, semble-t-il, bien peu sollicité par les causes irritatives secondaires qui devaient, cependant, menacer sans cesse la masse verruqueuse faisant saillie dans l'intestin ; car on ne trouve pour ainsi dire pas de cellules lymphatiques dans les espaces inter-capillaires et en particulier à la surface même du bourgeon charnu ; tout y est silencieux, rien n'est nécrosé, aucun microbe colorable par les moyens ordinaires ne semble s'être infiltré dans les fentes interstitielles.

Par contre, dans la profondeur des dits bourgeons charnus, il m'a été souvent donné de trouver des œufs de Bilharzie, soit à l'état isolé, soit réunis en amas copieux (pl. II, fig. 2). Quelquefois même, mais plus rarement, un œuf encore plein affleure à la surface de la masse bourgeonnante, tout prêt à tomber dans la cavité intestinale.

Jamais je n'ai pu observer d'îlots calcifiés (œufs morts) dans l'épaisseur de ces gros bourgeons conjonctivo-vasculaires ; jamais non plus, et ce point méritera quelques remarques plus tard, aucune trace de la plus minime hémorrhagie interstitielle, tant ancienne (pigments), que récente (hématies) n'a pu être trouvée dans ces îlots d'« entérite végétante subaigüe », pas plus, d'ailleurs, que dans aucun endroit d'une partie quelconque des parois de l'intestin malade. *La bilharziose intestinale n'occasionne jamais d'hémorrhagies interstitielles.* Inversement, il paraît très admissible que ces saillies, vascularisées au maximum, ont été l'origine des selles sanglantes si communément observées dans la bilharziose intestinale.

LES GLANDES DE LIEBERKÜHN. — En principe, on peut avancer que, dans les zones hyperplasiées de la muqueuse rectale ou colique, les glandes de Lieberkühn, partie fondamentale et pour ainsi dire spécifique de la muqueuse intestinale, sont altérées. Quelques-unes, et c'en est à vrai dire, en apparence, le plus petit nombre, se montrent en voie d'atrophie, réduites, sectionnées peut-être par les végétations de la gangue interstitielle ; sur de larges espaces même, toute trace de glande muqueuse peut avoir disparu (pl. II, fig. 2, partie droite de la préparation). Ailleurs, les glandes

en voie d'atrophie alternent d'une façon toute irrégulière, avec
d'autres glandes en évolution hyperplasique manifeste et devenant
de véritables adénomes.

La caractéristique des îlots adénomateux est donnée par deux
sortes de lésions hypernutritives frappant les glandes en tube simple de l'intestin : l'*hypertrophie* et l'*hyperplasie glandulaires*. Si l'on
examine les coupes passant par une des régions adénomateuses
(fig. 3, 4 et 5 ; pl. ll, fig. 1, 2 et 3), on distingue sans peine et l'on
différencie l'un de l'autre ces deux processus, souvent combinés
d'ailleurs d'une façon saisissante. Sur les points où la muqueuse
apparaît considérablement épaissie (pl. ll, fig. 2), les glandes de
Lieberkühn suivent l'évolution hypernutritive de la membrane et
s'allongent en proportion. C'est ainsi que la glande de Lieberkühn
qui mesure, en moyenne, 160 à 165 μ de long et 65 à 72 μ de large.
sur une muqueuse normale, peut atteindre 600 μ, 780 μ et même.
dépassant ces dimensions déjà énormes, se prolonger avec tous les
caractères normaux d'une glande en tube simple. non ramifiée.
jusqu'à 1000 et 1050 μ, c'est-à-dire dépasser un millimètre de
hauteur. Le diamètre de la glande hypertrophiée peut atteindre
(quand les épithéliums sont aussi très allongés) jusqu'à 150 μ et 180 μ.
Cette hypertrophie simple de la glande de Lieberkühn. très commune
dans les cas où la muqueuse irritée subit un épaississement considérable, s'accompagne soit d'un état parfaitement normal de sa
couche unique d'épithéliums glandulaires cylindriques, soit de
leur hypertrophie corrélative.

L'épithélium normal, mucigène. de la glande de Lieberkühn
saine mesure, en moyenne. 19 μ, 6 à 24 μ, l'épithélium cylindrique de
revêtement de la muqueuse ayant, en moyenne, 20 μ, 8 = à 22 μ. Dans
les glandes simplement hypertrophiées. allongées à l'extrême ainsi
qu'on vient de le voir. l'épithélium sécrétoire, mucigène comme à
l'état normal, atteint d'ordinaire 25 et 32 μ,8, se mettant, lui aussi.
en voie d'hypertrophie. Souvent, surtout lorsque l'hypertrophie de
la glande est devenue excessive, l'épithélium qui la tapisse, tout en
restant typique, c'est-à-dire cylindrique. avec un noyau unique et un
protoplasma gorgé de mucine, s'hypertrophie de même et s'accroît
jusqu'à 50 μ et même 59 μ, 5, c'est-à-dire plus du double de sa
longueur normale, sa largeur n'augmentant pas en proportion.
D'ordinaire alors, la glande s'est fort élargie, et sa cavité. demeu-

rant étroite proportionnellement à l'épaisseur de la paroi, l'épithélium cylindrique secrétoire subit une modification de structure très apparente, presque constante, qui est la suivante : à la limite interne du protoplasma (fig. 5) et le séparant de la cavité glandulaire, le *plateau finement strié* s'accuse dans toutes les glandes qui ne sont pas encore détruites par la suppuration ou par un processus anévrysmatique dont nous aurons plus loin à étudier les détails.

Ce plateau strié affecte une épaisseur à peu près constante de 4 μ, 75 à 5 μ. Les fines hachures qui le parcourent sont toutes perpendiculaires à la surface libre de la cellule et par conséquent parallèles à son grand axe longitudinal. Elles s'arrêtent exactement à la base du plateau sur la ligne de contact qui le sépare du reste du protoplasma, clair, granuleux et souvent gorgé de mucus. Jamais on ne trouve enclavés dans les interstices de ces stries du plateau ni microbes, ni cellules lymphatiques.

La lumière glandulaire, dans ces cas d'hypertrophie simple, reste souvent étroite et n'est remplie que d'une petite quantité de mucus, en tout semblable au mucus intestinal ordinaire. Mais il arrive fréquemment, surtout dans les îlots adénomateux très irrités, que la lumière s'élargisse et que le mucus s'accumule en larges flocons dans la cavité dilatée. En ce cas, l'infection secondaire de la glande est la règle et ne diffère en aucune façon de celle qui ne fait jamais défaut au niveau des glandes de Lieberkühn hyperplasiées, adénomateuses, ainsi que nous le verrons bientôt.

Etudions d'abord les *hyperplasies glandulaires*. Lorsque le processus irritatif qui entretient la glande dans un état de nutrition exagérée se prolonge à l'excès, et lorsque le *molimen* inflammatoire est tel que l'organe entier subit une exacerbation générale dans son développement, une lésion nouvelle se surajoute à l'hypertrophie simple : c'est l'hyperplasie.

Sous la poussée qu'entretiennent non loin d'elle les œufs de Bilharzie (pl. II, fig. 6 et 7), la glande force ses limites et rompt ses entraves héréditaires, qui avaient fait d'elle un simple tube cylindrique : elle se ramifie (fig. 6). Les épithéliums cylindriques, qui tapissent sur une seule couche sa face interne, se tuméfient, s'allongent et prolifèrent ; leurs noyaux subissent, à l'envi, la multiplication karyokinétique, au fur et à mesure que 'des culs-de-sac

nouveaux font saillie à la surface externe de la glande ainsi soumise à une hypertrophie monstrueuse. Le tissu conjonctivo vasculaire qui entoure la glande, vaincu par cet effort incessant exercé

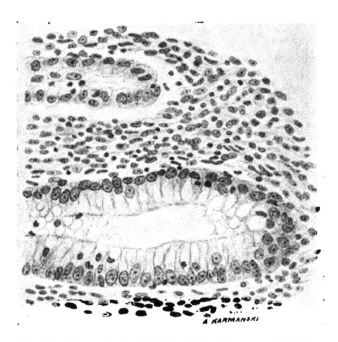

FIG. 5. — Deux glandes de Lieberkühn diversement altérées.
Lésions des épithéliums glandulaires. × 300.

La coupe de la glande la plus inférieure montre l'*hypertrophie* excessive des
cellules épithéliales cylindriques qui tapissent la lumière de la glande considérablement agrandie (*hyperplasie glandulaire*). La plupart des épithéliums gigantesques, bien placés sur la coupe, ont leur protoplasma gorgé de gouttelettes de
mucus, et sont limités, du côté de la cavité de la glande, par un plateau finement
strié, prouvant que la glande n'est pas détruite, soit par suppuration endogène,
soit par ulcération des couches constitutives de la muqueuse.
Nombre de cellules migratrices, phagocytes, se sont infiltrées dans les interstices qui séparent les épithéliums ; quelques-uns ont atteint la cavité glandulaire.
La glande supérieure est en voie d'atrophie ; ses épithéliums ont perdu leur
forme cylindrique et sont devenus irrégulièrement cubiques ; leurs noyaux ont
proliféré, les leucocytes envahissent la couche épithéliale et préparent la désorganisation terminale du cul-de-sac glandulaire.

sur lui par le tissu épithélial, cède, recule, tout en s'hyperpla
siant lui aussi ; mais jamais, du moins dans les innombrables
coupes examinées par moi à ce point de vue. l'évolution adénomateuse, tumorale au sens absolu du mot, qui entraîne hors de leur

volume et de leur forme ancestrale les glandes de Lieberkühn, ne les a menées jusqu'à l'épithélioma glandulaire, jusqu'au cancer. La règle anatomo-physiologique qui imposa aux épithéliums glandulaires de la muqueuse intestinale une barrière conjonctive n'a été, sur aucun point, violée. La *lésion* si curieuse décrite ici *est en rapport immédiat avec la présence des œufs de* Bilharzie ainsi qu'on va voir; elle ne relève que d'une irritation inflammatoire, hypertrophique au sens le plus élevé du terme; elle n'a pu parvenir à créer de toutes pièces, *in situ*, une dégénérescence carcinomateuse.

Devenues adénomateuses, les glandes affectent donc une forme, une direction et un volume des plus inattendus. Sur les coupes les plus heureuses, on en voit qui, perpendiculaires à la surface de l'intestin, s'enfoncent dans l'intérieur de la muqueuse sous forme de vastes canaux bifides, dont les deux branches, à peine divergentes, ont chacune une longueur égale, démesurée, et se rejoignent en un conduit commun, plus long lui-même qu'une glande de Lieberkühn normale. D'autres, et ces dernières sont surtout nombreuses dans les points les plus saillants des bourrelets adénomateux de la muqueuse rectale, se montrent déformées de fond en comble : il ne s'agit plus de glande en tube, mais d'une énorme cavité multifide, enfonçant dans la gangue interstitielle 3, 4, 5 prolongements digitiformes (fig. 6) plus ou moins allongés, selon l'orientation de la coupe. La face interne de ce cloaque est tapissée, sur toute son étendue, par une couche unique de volumineuses cellules épithéliales cylindriques.

Ces épithéliums sont gigantesques, munis d'un énorme noyau, qui présente très souvent les signes d'une division karyokinétique. Les dimensions de ces épithéliums sont extraordinaires. C'est ainsi que j'en ai pu mesurer qui atteignaient, dans toute l'étendue de la glande 60 μ, et 79 μ, 2. Il m'a été même donné d'en trouver, dans des culs-de-sac énormes, qui atteignaient jusqu'à 95 μ, 2, leur plateau constamment strié n'ayant que 5 μ de haut et leur noyau 15 μ. Le protoplasma de la cellule recouvert d'un plateau strié est clair, peu granuleux, gorgé à l'ordinaire de boules de mucus, sauf lorsque *l'épithélium* est en état de division. De nombreuses figures montrant ⋅les diverses phases de la division indirecte (fig. 6) s'observent sur tous les points de la couche épithéliale de ces glandes monstrueusement développées.

Les hasards de la coupe mettent à même d'étudier les déforma-

Fig. 6. — Une glande de Lieberkühn adénomateuse ;
proliférations épithéliales. × 500.

Coupe passant parallèlement à l'axe d'une glande de Lieberkühn proliférée d'une façon monstrueuse. La cavité glandulaire, élargie d'une manière excessive, est circonscrite par plusieurs replis bourgeonnants ; on en reconnaît au moins trois sur le côté droit.

Les épithéliums qui limitent cette cavité de la glande sont cylindriques, énormes, accumulés souvent sur deux ou plusieurs couches. De nombreux éléments épithéliaux montrent leur noyau en multiplication karyokinétique, désordonnée. Les autres cellules épithéliales ont des noyaux souvent déformés, vésiculeux, avec une substance chromatique plus ou moins pâle, indice d'un état de souffrance subi par l'élément. Le mucus s'est accumulé en abondance dans la cavité glandulaire.

tions et le volume de ces glandes géantes. Pour quelques unes qui, sur les points où elles ont la plus grande largeur, ne dépassent guère 180μ, et 200μ, une foule d'autres, à côté, apparaissent dilatées à l'extrême; cette dilatation est tantôt régulière, la glande ectasiée conservant partout une forme cylindrique, et tantôt irrégulière, dessinant ainsi sur les coupes transversales les contours les plus sinueux qu'on puisse imaginer. Il en résulte que la mensuration *transversale* (permettant d'apprécier le volume exact d'une glande hyperplasiée) est presque toujours impraticable. J'ai pu, sur de bonnes coupes, obtenir les chiffres extrêmes suivants : 400 μ est la dimension transversale la plus commune dans les glandes dilatées et hyperplasiées. Souvent aussi, j'ai obtenu 465 μ pour un diamètre, et 345 μ à 350 μ pour le diamètre perpendiculaire au précédent. Sur des glandes déformées, irrégulières, j'ai trouvé plus d'une fois un grand diamètre transversal de 750 μ, le diamètre perpendiculaire au précédant atteignant et même dépassant 450 μ. Ces chiffres montrent, d'une façon saisissante, le volume invraisemblable atteint par les glandes de Lieberkühn en voie d'hyperplasie, si l'on se rappelle que la longueur d'une glande normale étant de 162 μ, en moyenne, son diamètre transversal ne dépasse guère 65 à 72 μ. Il résulte des chiffres précédents que les glandes les plus hyperplasiées sont visibles à l'œil nu ; sur les coupes bien préparées, en effet, la muqueuse apparaît trouée d'espaces clairs qui ne sont autres que les glandes monstrueuses en question. Il est à noter que le maximum de ces désordres glandulaires (hyperplasies et dilatations désordonnées) correspond d'ordinaire aux parties les plus saillantes, par conséquent les plus anciennes, des bourrelets verruqueux décrits à la surface de la muqueuse rectale.

DÉCHÉANCES GLANDULAIRES. — Si, comme on ne saurait trop le redire, les signes d'une transformation cancéreuse font toujours et régulièrement défaut dans les glandes adénomateuses, il n'en est pas moins certain que la plupart, sinon la totalité de celles qui ont subi au plus haut point le travail hyperplasique ci-dessus décrit, ne tardent pas à être envahies par des lésions dégénératives. L'ectasie, la dilatation chronique de la cavité glandulaire accumule à l'intérieur de l'organe des paquets énormes de mucus; elle y appelle les ennemis du dehors, les cellules lymphatiques et leurs satellites, les germes microbiens qui font partie de la flore intestinale. Les globules blancs franchissent la paroi épithéliale (fig. 5 et

pl. 11, fig. 7); ils s'infiltrent dans les espaces inter-cellulaires et
tombent dans la cavité glandulaire; ils s'y rencontrent avec des
détritus variés, parmi lesquels on peut reconnaître en même temps
de nombreux microbes et des épithéliums désquamés, altérés.

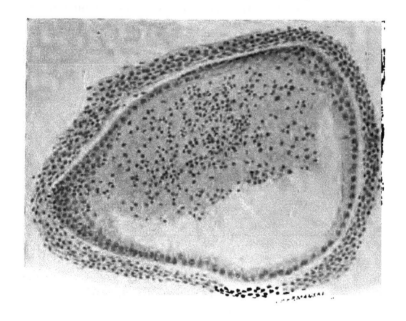

FIG. 7. — Une glande de Lieberkühn kystique et envahie
par la suppuration. × 130.

La cavité glandulaire, considérablement élargie, est encore tapissée par une
couche de cellules épithéliales. Tous ces épithéliums sont altérés, même ceux qui,
a droite et en bas de la lumière glandulaire, ont conservé la disposition finement
striée de leur plateau, mais sont cubiques et non plus cylindriques. Au haut de la
cavité, les épithéliums se sont couchés obliquement et leurs noyaux paraissent
écrasés. A gauche, enfin, la couche épithéliale très déformée est infiltrée de nombreux leucocytes qui la traversent de dehors en dedans et viennent se joindre aux
phagocytes déjà inclus dans la cavité de la glande.
Le muco-pus qui remplit d'une manière incomplète la cavité glandulaire est
caractéristique, grâce à ses filaments sinueux, à la proportion considérable de leu
cocytes polynucléaires qu'il contient et à l'adhérence intime qu'il affecte avec la
couche épithéliale. Quelques boules claires se détachent de la surface des épithéliums encore striés.
Le tissu conjonctif péri-glandulaire est tassé, fibroïde, incrusté de leucocytes.

Lorsque la dilatation de la glande est devenue extrême (fig. 7),
la lumière se remplit de muco-pus : au milieu des filaments fibril
laires de mucine et de fibrine, flottent d'innombrables cellules
lymphatiques, parmi lesquelles prédominent les leucocytes poly-

nucléaires. Le mucus adhère intimement à la plus grande partie de la surface épithéliale. Les épithéliums eux-mêmes s'altèrent profondément. Ils perdent leur forme cylindrique et deviennent cubiques. Bientôt, leur plateau finement strié disparaît (fig. 7). Sous la pression centrifuge exercée sur elles par le contenu de plus en plus abondant, certaines zones épithéliales se couchent obliquement, ou, s'aplatissant, reviennent à leur épaisseur normale, 21μ,4 par exemple, pour, peu à peu, s'amincir à l'état de lambeaux flottants, de 14, de 12 et même de 8 μ d'épaisseur, en perdant leurs noyaux cellulaires jusqu'au point de disparaître tout à fait. La cavité glandulaire se transforme en un abcès; communiquant avec l'extérieur par le goulot glandulaire habituellement très évasé, l'abcès ainsi formé n'est jamais distendu par le pus; au contraire, il paraît très accessible aux matières intestinales. Jamais, sur aucune coupe, on ne peut observer, à l'intérieur de ces cavités abcédées, d'œufs de Bilharzie, alors qu'autour des glandes hyperplasiées la présence de ces œufs est très fréquemment notée (pl. II, fig. 6 et 7).

La cause de ce processus hyperplasique général est aussi facile à déterminer à propos des appareils glandulaires qu'elle l'était pour le tissu interstitiel. Ici encore, ce sont les parasites infiltrés, dans l'épaisseur de la muqueuse, les *œufs* de Bilharzie, qui sont, à n'en pas douter, *l'élément pathogénique des hyperplasies glandulaires* que nous venons de décrire. Sur les coupes bien colorées à ce point de vue, on reconnaît à chaque pas, tout près des culs-de-sac glandulaires, ou le long de la paroi de la glande, dans l'espace inter-glandulaire élargi, quelque coquille d'œuf, rompue, évacuée, mais aussi caractéristique que possible, grâce à sa couleur jaunâtre sale, à sa transparence, et à l'éperon acéré, d'ordinaire latéral, qu'elle enfonce dans le tissu conjonctivo-vasculaire péri-glandulaire (pl. II, fig. 6 et 7).

Il y a mieux. Sur les coupes les plus heureuses, il m'a été donné de constater, assez rarement à la vérité, la preuve de l'élimination possible, sinon certaine, de l'embryon bilharzien à travers la cavité des glandes de Lieberkühn hyperplasiées (pl. II, fig. 7). Dans ces cas, en effet, la déhiscence de l'œuf s'étant effectuée aux dépens de la région du pôle le plus ténu (sommet de l'œuf), on aperçoit la coquille ouverte largement; son ouverture affleure de plus ou

moins près la paroi d'une glande hyperplasiée. La rupture est,
certes, déjà ancienne, car la cavité de l'œuf est presque toujours,en
partie occupée par des leucocytes mono ou polynucléaires en état
de méiopragie évidente, sinon même en karyolyse avancée (fig 16). La
pénétration de l'embryon, par voie d'effraction, dans la cavité glandulaire élargie ne peut être prouvée ; pour cela il faudrait, ce que je
n'ai jamais observé, trouver trace d'un embryon dans une cavité glandulaire. Les embryons font défaut dans les interstices du squelette
de la muqueuse, aussi bien qu'à la surface de l'organe, au milieu
des détritus accolés aux ulcérations. Toutefois, ce mode d'évacuation est des plus vraisemblables et résulte des constatations précédentes. *La glande de Lieberkühn hypertrophiée et dilatée est une voie
d'évacuation pour les œufs et pour les embryons de Bilharzie.* Cette
constatation avait d'ailleurs été faite par mon maître le professeur
Damaschino (1).

MUSCULARIS MUCOSAE.

La *muscularis mucosae*, qui joue, à l'état normal comme à l'état
pathologique, un rôle capital dans la vitalité et dans le fonctionnement de la muqueuse, mérite d'attirer l'attention. Bien qu'elle
fasse partie intégrante du squelette de la membrane interne
de l'intestin, elle ne participe pas, dans l'observation actuelle, à
toutes ses altérations. C'est ainsi, pour procéder selon l'ordre suivi
jusqu'à présent, que les lésions ulcératives, atrophiques, l'ont
partout respectée. Sur aucun des nombreux points examinés au
microscope, on n'observe jamais qu'une seule ulcération ait mordu
sur elle ; partout et toujours, la *muscularis* reste à l'abri du processus
destructif, alors même qu'il a détruit une partie plus ou moins considérable du squelette conjonctivo vasculaire de la muqueuse ; bien
plus, les couches les plus superficielles des bandes de fibres musculaires lisses qui constituent « le muscle de la muqueuse » ne sont
pas côtoyées par le fond de l'ulcère : constamment, une bande de
tissu fibreux persiste assez épaisse pour tapisser le fond de la perte
de substance ; elle protège contre les germes et les poisons de la
cavité intestinale les cellules musculaires couchées parallèlement
à la surface. Tout au plus, les faisceaux contractiles de la *muscularis*

(1) DAMASCHINO. *Bulletins et mémoires de la Société médicale des hôpitaux de
Paris*, p. 150 et suivantes, 1882.

mucosae sont-ils plus denses, à ce niveau, plus serrés qu'à l'état normal. Souvent enfin, les bandes musculaires toujours bien reconnaissables, paraissent mieux enchâssées dans les tractus de tissu élastique (mis en lumière par l'orcéine) qui les soutiennent; d'ordinaire aussi, les fascicules des muscles lisses y sont plus épais que normalement et semblent en voie d'hyperplasie manifeste.

Lorsque l'ulcération s'est infectée à fond, les bandes musculaires (fig. 1) se laissent envahir par des îlots de cellules embryonnaires. Sur toute l'étendue du rectum et de la région du côlon iliaque devenue pathologique, la *muscularis mucosae* tend à s'hypertrophier d'une façon plus ou moins considérable. Cet épaississement hypernutritif se caractérise surtout par une prolifération très marquée des bandes musculaires, les éléments contractiles n'augmentant, chacun, que d'une faible et peu appréciable manière. Sur un rectum normal, la musculaire de la muqueuse atteint, d'ordinaire, une épaisseur variant entre 65 μ, 72 μ et 90 μ, ce dernier chiffre représentant un maximum relatif, en rapport, semble-t-il, avec l'état de « mort en contraction » des fibres musculaires lisses de l'organe (fig. 1 et pl. II, fig. 1).

Sur notre rectum bilharzien, même au niveau des régions ulcératives et dans les points où la muqueuse est simplement épaissie, sans transformation adénomateuse, la musculaire de la muqueuse atteint souvent 120 μ; il n'est pas rare de lui trouver 155 μ et 180 μ, le double du chiffre fort noté à l'état normal.

Mais quand l'irritation subie par la muqueuse intestinale a donné libre cours aux travaux hypernutritifs des couches qui la constituent, au dessous et au voisinage des verrues adénomateuses précédemment décrites, l'épaisseur des couches musculeuses devient excessive : elles y atteignent 440 μ, par exemple, 468 μ et vont, maintes fois, jusqu'à 504 μ, un demi millimètre, qu'elles peuvent dépasser encore, pour arriver à 756 et même 825 μ, comme j'ai pu m'en assurer sur quelques bonnes préparations. Dans ces cas, lorsque l'hyperplasie est devenue très marquée, et à plus forte raison, lorsqu'elle est poussée au maximum, la structure générale de la membrane musculeuse se transforme. Au lieu d'une seule couche, bien limitée, de fibres musculaires lisses réunies en faisceaux minces, toujours parallèles à la surface de l'intestin, le muscle de la muqueuse se décompose en plusieurs couches plus ou moins marquées, dans lesquelles l'allure générale des faisceaux contractiles, tout en demeurant parallèles, tend à se disloquer. Souvent alors, on peut y compter trois couches distinctes : l'une, interne, plus ou moins rapprochée des culs-de-sac glandulaires de Lieberkühn, reste assez bien dessinée, n'envoie que quelques rares faisceaux musculaires du côté des espaces inter-glandulaires et, pour tout dire, conserve partout des tendances à peu près normales. L'autre, la seconde, sous-jacente à la première, est presque toujours bouleversée, composée de faisceaux contractiles irréguliers comme forme et comme direction ; un grand nombre de placards fibroïdes ou d'amas vasculaires s'intercalent aux fibres musculaires et rendraient cette zone méconnaissable, n'était la troisième et dernière couche de la musculaire ; celle-ci limite la membrane par en bas, du côté de la couche sous-muqueuse, et y maintient nettement, à l'ordinaire du moins, les distinctions morphologiques, comme elle y réglait les séparations fonctionnelles (fig. 3, 8 et 9 et pl. II, fig. 2). Là, les cellules musculaires dessinent une ligne horizontale très nette, continue, sauf aux points où passent les follicules lymphatiques et les vaisseaux nourriciers de la muqueuse.

Quelle que soit l'épaisseur de la musculaire de la muqueuse, sa résistance apparaît toujours remarquable, les cellules contractiles qui la composent pour la plus grande partie sont normales et n'offrent pas traces de lésions dégénératives, preuve que, pendant la vie, le tissu musculaire a lutté vigoureusement contre tous les obstacles semés dans l'épaisseur de la muqueuse qu'il supportait. Partout où les faisceaux musculaires se dessinent, on les voit accompagnés par une gangue de fibres élastiques, fines, sinueuses, onduleuses, peu épaisses, bien mises en valeur par l'orcéine. L'hypergenèse élastique est corrélative de l'hypergenèse musculaire, et lui est proportionnée. Le tissu élastique sert ainsi à spécifier la *muscularis mucosae* car il fait régulièrement défaut dans l'épaisseur de la muqueuse proprement dite, si étendue et désordonnée qu'y soit l'hyperplasie du tissu conjonctivo-vasculaire.

Sur un grand nombre de points, surtout dans les zones ulcératives, la membrane musculaire présente des sectionnements qui coupent, sans transition, la continuité de ses faisceaux contractiles. Ces sectionnements sont, d'une façon générale, de deux ordres : les uns, les plus fréquents et les plus régulièrement répartis, sont dus

au passage des vaisseaux sanguins ou lymphatiques desservant la
membrane muqueuse proprement dite. Il est bon de remarquer
que ces vaisseaux sont, pour le plus grand nombre, des artérioles,
des veinules plus ou moins dilatées, sans cependant que leurs
dimensions dépassent de beaucoup celles ordinairement notées à
l'état normal dans la même région. La plupart mesurent de 36 μ à
72 μ et 80 μ. S'il est fréquent de noter, dans les régions correspondant aux ulcérations de la muqueuse, la présence de vaisseaux
lymphatiques distendus, remplis de cellules rondes (fig. 1), la
plupart des vaisseaux, en particulier les veines de la *muscularis* ne
sont pas malades; leurs parois semblent régulièrement intactes, à
l'inverse de ce que nous constaterons dans la sous-muqueuse.

Les autres échancrures de la *muscularis* sont formées par des
amas de cellules rondes, amas eux-mêmes arrondis ou ovalaires
et placés, le plus souvent, à cheval sur la *muscularis*, et remontant
dans la muqueuse autant, plus même qu'ils ne descendent dans la
zone la plus superficielle de la couche sous-muqueuse. Un examen
attentif permet de reconnaître parmi ces îlots cellulaires, rares à la
vérité dans les régions non ulcérées, des follicules lymphatiques,
petits ganglions lymphatiques microscopiques appendus normalement à la muqueuse intestinale. Ces organes sont peut-être aussi
souvent hyperplasiés; jamais cependant ils n'atteignent des dimensions excessives, comparables à celles signalées plus haut à propos
de l'épaisseur totale de la *muscularis* hyperplasiée. Sur aucune
des nombreuses coupes examinées, je n'ai pu, non plus, constater
à leur niveau le moindre signe d'une inflammation aiguë destructive; jamais un seul de ces follicules ne s'était rompu dans la
cavité de l'intestin; aucun d'eux ne contenait de gros parasites
(œufs de Bilharzie). Une seule fois, sur une coupe quelque peu
oblique (pl. II, fig. 3), j'ai trouvé un œuf de Bilharzie vivant encore,
infiltré dans un îlot folliculaire lymphatique, mais ce follicule
siégeait manifestement *au dessous* de la *muscularis mucosae*, dans
l'épaisseur de la couche sous-muqueuse.

On peut conclure de ce qui précède que *les œufs de Bilharzie
n'usent pas de la voie lymphatique, en particulier du tissu réticulé, rare
en ces régions, pour passer de la sous-muqueuse dans la muqueuse.*

Par contre, il est fréquent de découvrir quelques œufs de Bilharzie
en plein tissu musculaire, au milieu des faisceaux lisses. La règle,

pour ainsi dire constante, dans ce cas, est la suivante : *les œufs de Bilharzie s'infiltrent toujours entre les faisceaux de fibres contractiles et s'y montrent couchés parallèlement à la surface de la muqueuse*, jusqu'à ce qu'ils en soient sortis par un mouvement oblique (dont je n'ai pu constater les manifestations) pour gagner de proche en proche les autres couches de la membrane muqueuse proprement dite.

COUCHE SOUS-MUQUEUSE.

La couche sous-muqueuse se montre, sur toute l'étendue du segment recto-colique infecté par la bilharziose, profondément altérée. Elle y perd, partout, d'une façon continue, ses caractères normaux. Au lieu de trouver entre la muqueuse et les muscles de l'intestin un tissu cellulaire lâche, parsemé de nombreux îlots de cellules adipeuses et parcouru par des vaisseaux artériels, veineux et lymphatiques flottant comme à l'aise au milieu de fibrilles connectives ténues (et donnant bien l'impression de la souplesse et de la laxité si nécessaires au bon fonctionnement des parties), on voit la muqueuse doublée par un cylindre fibreux dont la rigidité et la dureté apparaissent des plus caractéristiques. La muqueuse, en effet, quelles que soient ses lésions, s'est soudée d'une manière intime à la sous muqueuse et, par son intermédiaire, aux couches musculeuses de l'intestin. Cette sorte de symphyse qui fixe et rend adhérentes les unes aux autres toutes les couches de l'organe est particulièrement intéressante et pour ainsi dire pathognomonique.

L'épaisseur de la sous-muqueuse, très variable à l'état normal, (selon la technique suivie pour la préparation des couches de l'intestin et étant donné la laxité extrême de ses travées connectives), se révèle dans le cas présent notoirement excessive; la nature des altérations subies par la muqueuse n'influe pas d'une façon notable sur le degré de l'hyperplasie fibreuse de la sous-muqueuse. L'intestin, à la vérité, s'est resserré, coarcté, comme nous l'avons dit au début de ce mémoire, et cette réduction de volume s'est accompagnée nécessairement d'une sorte de tassement de la muqueuse et surtout de la sous-muqueuse. Néanmoins, l'épaississement de la sous-muqueuse est pathologique, à n'en pas douter, et, sa sclérose aidant, le travail subi par les lames connectives de la région est d'autant plus frappant qu'il peut être apprécié d'une façon rigoureuse.

Sur tout son parcours, la sous-muqueuse s'est transformée en un large placard fibreux. Elle mesure presque partout la même épaisseur, qui atteint en maints endroits 800 µ et 900 µ, chiffres qu'elle ne tarde pas à dépasser en certains points, qu'il s'agisse des zones ulcérées aussi bien que des régions adénomateuses. C'est ainsi que j'ai pu lui trouver 1000 µ et 1100 µ, autrement dit un millimètre au moins, sur un grand nombre de coupes passant par quelqu'une des régions ulcérées (fig. 1).

Au niveau des bourgeonnements adénomateux décrits à propos de la muqueuse, la sous-muqueuse offre une disposition intéressante. On voit souvent se détacher de sa surface interne un énorme bourgeon fibreux, conique, dont la base part de la sous-muqueuse et le sommet s'élève perpendiculaire en traversant la *muscularis mucosae* ou l'entraînant avec lui; il semble se coiffer d'un énorme champignon, évasé ou sphérique, selon les cas, et formé par la muqueuse hypertrophiée, remplie de glandes de Lieberkühn adénomateuses. De gros vaisseaux sanguins accompagnent cette poussée végétante de tissu fibreux et se détachent, en même temps que la masse bourgeonnante, de la surface du bloc formé par la sous-muqueuse hyperplasiée et sclérosée.

La structure microscopique de la sous-muqueuse mérite une sérieuse attention. C'est dans cette couche que s'est déroulé, en effet, (fig. 1, 8 et 9) le drame pathogénique qui constitue l'un des chapitres les plus intéressants de la bilharziose intestinale. C'est là que les œufs ont été apportés par le Ver femelle et de là, semble-t-il, qu'ils sont passés dans la couche muqueuse, où nous les avons vus à l'œuvre. Par ses canaux vasculaires veineux, la sous-muqueuse a donné accès à la Bilharzie femelle qui n'a pu aller plus loin, incapable qu'elle est de franchir la *muscularis mucosae* (dont les vaisseaux sont trop étroits pour elle). Le Ver, ainsi, s'est trouvé obligé de pondre loin encore de la surface de l'intestin, où ses embryons trouveraient une issue vers l'extérieur, c'est-à-dire le salut. Nous verrons plus tard évoluer le parasite; étudions, pour le moment, les lésions matérielles produites par sa présence, soit d'une manière directe, soit grâce à un procédé plus compliqué, secondaire, deutéropathique selon l'expression consacrée.

Lésions scléreuses de la sous-muqueuse. — Sur les coupes microscopiques, la couche sous-muqueuse apparaît transformée en une

large plaque de tissu fibreux condensé, ayant un aspect souvent
comme lamellaire. Les trousseaux de fibres conjonctives qui, à
l'état normal, sillonnaient l'espace réparti entre la *muscularis mucosae*
et la couche musculeuse interne de l'intestin, et qui, d'une façon
générale, affectaient une disposition plus ou moins parallèle à la
surface de la muqueuse, se sont accolés, tassés, tout en s'hyperpla-
siant d'une façon extrême. Le travail pathologique qui s'est passé
dans cette couche sous-muqueuse est assurément de date ancienne.
Que l'on examine, en effet, des zones correspondant aux régions où
la muqueuse n'est pas ulcérée : on n'y trouve que des bandes fibreuses
pauvres en éléments cellulaires, très densifiées, et n'offrant aucun
des caractères habituels à une inflammation subaiguë, végétante.
Tout s'est éteint, si tant est que les désordres aient été quelque peu
aigus, aussi bien dans la gangue interstitielle que dans les vaisseaux, les veines en particulier (fig. 8 et 9). Les espaces interstitiels
sont étroits, plats, pauvres en cellules fixes ; ce sont des sortes de
fentes linéaires, à moins qu'un vaisseau sanguin ou lymphatique
n'y marque son passage.

Nulle part, on n'observe traces de pelotons adipeux, ou même de
quelque cellule graisseuse, isolée, respectée par le processus sclérosant diffus, qui règne ici d'une façon uniforme et généralisée. En
certains points cependant, les lames fibroïdes qui côtoyent la face
interne de la couche musculeuse interne semblent plus denses
encore que partout ailleurs.

Quelques rares *follicules lymphatiques* parsèment de loin en loin
les coupes et tranchent, grâce à leurs éléments nucléaires réunis en
amas, sur l'aspect uniforme, semi-aponévrotique, de la sous-muqueuse. Ces ganglions lymphatiques, microscopiques, peu nombreux d'ordinaire à la face profonde de la muqueuse rectale, semblent
ici encore réduits de nombre. Ils forment une petite tache ovalaire,
fusiforme ou arrondie, très peu saillante au dessous de la *muscularis mucosae* qu'ils traversent de part en part. La gangue connective qui les entoure ne diffère pas du reste des placards fibroïdes
propres à la sous-muqueuse transformée.

Les *artères* qui traversent les différentes couches de cette région
pathologique sont remarquables par leur état normal. Elles semblent
incrustées, comme sculptées, dans cette gangue fibreuse qui sépare
les couches musculeuses de la région muqueuse. A part un petit

nombre d'artérioles, de moyen calibre, dont la membrane interne apparaît, par places, atteinte de dégénérescence hyaline (lésion très fréquente chez le vieillard) tout le système artériel du rectum et, en particulier, les bandes conjonctives péri-vasculaires qui constituent ce qu'on est convenu d'appeler la périartère, sont intactes ; tout au plus peut-on reconnaître que la périartère est dense et fibroïde, à l'instar de tout le tissu conjonctif de la couche sous-muqueuse.

Pour ce qui est des *veines*, l'aspect est tout autre et mérite d'être étudié avec soin. Tout d'abord un grand nombre des veines de la couche sous-muqueuse sont altérées. Il n'est pas une coupe de l'intestin où l'on ne puisse, en y prêtant quelqu'attention, reconnaître une ou plusieurs coupes de veines pathologiques. Ajoutons que toutes les régions de l'intestin, quelles qu'en soient les lésions, ulcératives, hypertrophiques ou adénomateuses, portent de même ainsi la signature de lésions veineuses remarquables. Et disons, en plus, que les veines les plus grosses, comme les veines moyennes à l'exception des plus ténues, ainsi que les capillaires veineux payent indifféremment le même tribut à cette affection.

En quoi consistent les *lésions des parois veineuses* ? Il s'agit, incontestablement, d'une inflammation de la veine ; mais cette lésion inflammatoire présente des caractères si tranchés, si différents de celles que nous sommes accoutumés à étudier en pathologie humaine *non exotique*, qu'on pourrait, sans paradoxe aucun, les considérer comme spécifiques, c'est-à-dire propres à la bilharziose humaine. Nous aurons, d'ailleurs, l'occasion d'insister sur ces détails dont l'intérêt est capital. Pour le moment, qu'il nous suffise de signaler les traits principaux de la lésion. La paroi interne de la veine, l'endo-veine, est le siège à peu près exclusif de l'altération inflammatoire. Il s'agit, en somme, bien plus d'une *endophlébite* que d'une phlébite générale, car la couche musculeuse ou moyenne (musculo-élastique devrait-on dire) de la veine est fort peu atteinte, le plus souvent même normale. La couche externe ou péri-veine, composée de tissu conjonctivo-élastique et des vaisseaux satellites du conduit musculo séreux, se montre aussi fibrosée que le reste de la sous-muqueuse, mais pas davantage et nulle part d'une façon prédominante.

L'*endophlébite* qui constitue, par dessus tout, la lésion veineuse est

caractérisée en première ligne par ses signes de chronicité patente :
c'est une endophlébite ancienne, fibroïde, elle aussi, à l'instar de la
fibrose qui a tranformé en totalité le tissu conjonctif compo-

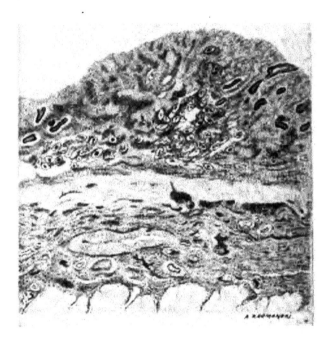

FIG. 8. — Lésions des veines sous-muqueuses
dans la bilharziose intestinale. × 24.

Une colonie importante d'œufs de Bilharzie occupent le tissu interstitiel de la
muqueuse intestinale (on en compte plus de soixante sur la coupe) ; la plupart
des glandes en tube ont disparu, atrophiées par l'inflammation végétante (nettement parasitaire), qui accompagne les œufs dans leur évolution vers la cavité de
l'intestin.
  La *muscularis mucosae* est hyperplasiée et infectée, comme le montrent plusieurs placards de cellules embryonnaires, logées, pour quelques-unes au moins,
dans des vaisseaux lymphatiques.
  La sous-muqueuse est chroniquement enflammée, transformée en une bande de
tissus fibreux, dépourvue de tout îlot de cellules adipeuses et parcourue par de
nombreux vaisseaux sanguins et lymphatiques.
  A gauche, vers la partie moyenne, la sous-muqueuse contient une veine importante, couchée transversalement, aplatie, et dont la lumière est rétrécie par suite
de l'épaississement notable de l'endoveine. L'épaisseur des parois est disproportionnée par rapport au volume de la veine.

sant la sous-muqueuse du rectum. Toutefois, ici, à l'intérieur de
la veine, les désordres subis ont une allure plus exubérante encore,
sinon plus néo-formative : en effet, sur les coupes bien orientées,

c'est-à-dire assez régulièrement perpendiculaires à l'axe du vaisseau veineux, la technique colorante montre la membrane interne déformée d'une façon irrégulière, et faisant dans la lumière vasculaire une saillie très marquée, parfois même extraordinaire. D'une façon générale, l'endophlébite rétrécit la cavité veineuse dans une proportion plus ou moins considérable (fig. 8, 9, 10, 11, 12, 13 et 14.) Sur quelques coupes même, j'ai pu trouver sans peine (grâce à la méthode de coloration par l'orcéine) des veines complètement oblitérées. Et dans ces cas, il ne s'agissait pas seulement de veinules ténues, mais de veines de moyennes dimensions, mesurant par exemple 370 μ sur 270 μ.

Donc, à un moment donné, au début des désordres occasionnés par la présence des parasites dans le sang veineux, il s'est produit une inflammation végétante de la membrane interne, une endophlébite végétante, identique dans son évolution aux bourgeonnements déjà étudiés à la surface de la muqueuse intestinale hyperplasiée ; avec cette différence toutefois, (tenant à la structure invasculaire de la membrane interne de la veine), que le développement hyperplasique du tissu connectif composant, à l'état normal, la couche sous-endothéliale, s'est produit sans ou presque sans néoformations vasculaires.

Sous l'influence de l'irritation locale résultant de la présence de la Bilharzie, accrochée, sans doute, à l'endothélium veineux au moyen de ses deux ventouses, la couche sous-endothéliale a proliféré et les bourgeonnements de la membrane interne sont devenus plus ou moins saillants dans la cavité sanguine.

Diverses déformations résultent de ce processus inflammatoire essentiellement parasitaire. Souvent, le rétrécissement de la lumière vasculaire est concentrique à l'axe du vaisseau et occasionne une *sténose veineuse* des plus remarquables. C'est ainsi, pour donner un exemple de ce type de déformation, que, sur une veine de moyen calibre, très rétrécie et dont la coupe, bien arrondie, avait 178 μ,5 de diamètre, j'ai trouvé les dispositions suivantes : la membrane interne prenait, à elle seule, 130 μ (sur ce diamètre de 178 μ, 5) et la lumière vasculaire était réduite à 23 μ,8, les 24 μ, 7 de différence appartenant à la couche musculaire de la veine.

Le rétrécissement de la lumière du vaisseau veineux est rarement régulier ; presque toujours il apparaît ou sinueux, grâce aux îlots d'endophlébite partielle qui bombent dans la cavité vasculaire, ou ovalaire; plus souvent encore, l'endophlébite semble avoir pris naissance sur deux points diamétralement opposés de la paroi veineuse et avoir végété ses bourgeons à la rencontre l'un de l'autre. De ces dispositions curieuses résultent toutes sortes de figures microscopiques, fort utiles, du reste, pour la recherche des lésions veineuses, les fentes irrégulières que présentent ces vaisseaux ainsi altérés ne pouvant passer inaperçues. Deux aspects méritent d'être signalés, à cet égard, car ils se montrent très fréquents sur les nombreuses coupes du rectum, et même sur celles du côlon ilia que. L'endophlébite, dans le premier cas, a bourgeonné sur quatre points diamétralement opposés et, ses saillies mamelonnées s'avan çant les unes vers les autres, la lumière vasculaire prend une forme cruciale des plus singulières. Dans le second cas, l'endophlébite végétante occupe les trois quarts ou les quatre cinquièmes du pourtour du vaisseau; elle s'avance, en demi-cercle, vers la cavité vasculaire qu'elle comble latéralement à la façon d'un écran, une petite portion de la membrane interne demeurant intacte et assu· rant la perméabilité, fort réduite, de la veine. C'est ainsi que, sur une grosse veine sous-muqueuse de 1750 μ, (ayant donc près de deux millimètres dans son grand diamètre), j'ai pu constater que le bourgeonnement latéral oblitérait la lumière vasculaire sur une étendue de 600 μ, c'est-à-dire de plus du tiers. Une autre veine. ayant 440 μ dans un grand diamètre, montrait sa lumière oblitérée latéralement sur près de 300 μ, les deux tiers de l'endoveine ayant ainsi bourgeonné et s'étant soudés face à face.

Un point intéressant au sujet de la pathogénie, consistera à recher cher la *répartition topographique des veines atteintes d'endophlébite bilharzienne*. D'une façon générale, toutes les veines de la sous-muqueuse, aussi bien celles qui correspondent à sa région profonde, prémusculeuse, qu'à sa surface (au-dessous de la *muscularis mucosae*). sont indifféremment envahies par l'endophlébite. Détail curieux. cependant, les veines qui vont pénétrer dans la *muscularis*, ou pour mieux dire les *veines efférentes de la couche profonde de la muqueuse*, celles en somme qui sont le plus rapprochées possible de la *muscularis mucosae*, *sont le moins atteintes;* du moins, si je m'en rapporte à mes nombreuses préparations, elles m'ont paru le plus ordinairement normales, dilatées, largement béantes et non pas rétrécies. Il faut noter d'ailleurs le petit volume relatif de ces canaux veineux, si on les compare aux énormes vaisseaux de déversement qui sillonnent la couche sous-muqueuse et dont les dimensions les rendent souvent visibles à l'œil nu.

Dans le même ordre d'idées, il est important d'établir jusqu'à quelles limites inférieures l'endophlébite végétante a pu pénétrer *le long des ramifications de plus en plus ténues du système veineux sous-muqueux.* A cet égard, les chiffres micrométriques, malgré leur valeur, ne peuvent répondre aussi bien que les figures microscopiques. Les veines, en effet, se montrent, sur les coupes, diversement sectionnées, d'une part, et de l'autre ces organes sont toujours aplatis, déformés par la mort, vides de sang, alors que les artères, plus richement élastiques à l'état normal, restent béantes et conservent à peu près leurs proportions physiologiques. Lorsqu'il s'agit de mesurer une coupe d'une veine, il est important de prendre les deux diamètres opposés, de noter le plus grand diamètre d'abord, puis de choisir le diamètre qui lui est perpendiculaire, ce que l'on pourrait appeler le petit diamètre.

Muni de ces chiffres approximatifs, on peut répondre assez bien à la question posée : *quelles sont les plus petites des veines atteintes par l'endophlébite?* car, pour les grosses veines, il n'y a pas de limites : les plus volumineuses sont très souvent touchées. Et cette observation sera de plus en plus vraie, à mesure que nous passerons par des régions où le système des veines mésaraïques suivra son évolution progressive vers la veine porte. On peut accepter, à cet égard, qu'une veine de 300 à 250 μ est une veine de faibles dimensions ; au dessous de 250 μ on pénètre dans le système des veinules. En cherchant avec soin, j'ai maintes fois reconnu malades et mesuré des veinules de 230 μ, de 219 μ, de 198 μ et même de 178 μ, (je parle des mesures obtenues sur le grand diamètre de ces vaisseaux aplatis, le petit diamètre étant, par exemple, de 108 μ (pour une veine de 230), de 72 μ (pour une veine de 219) et de 46 μ (pour une veine de 198 μ). Plusieurs de mes veines de 180 et de 178 μ étaient parfaitement arrondies, distendues par suite précisément de leur bourgeonnement endophlébitique énorme, concentrique à la lumière du vaisseau.

Au dessous de ce chiffre minimum de 178 μ, je n'ai plus pu trouver de veinules atteintes d'endophlébite. Ce détail a sa valeur, comme

nous le verrons plus tard, à propos de la pathogénie des lésions
bilharziennes. Le maximum des lésions, s'accompagnant d'oblitération totale de la lumière vasculaire, atteint des veines de calibre
moyen 468 μ sur 324 μ, 370 μ sur 270 μ et même 288 μ sur 126 μ,
le dernier de ces chiffres étant exceptionnel.

On ne saurait trop insister sur les détails, dans ces lésions
si remarquables à plus d'un titre. Je signalerai donc, en terminant,
l'état du tissu élastique. Celui-ci, à l'état normal, dessine autour des
veines de l'intestin un réseau élégant et discret qui, doublant la
couche cellulo-vasculaire de la péri-veine, s'insinue au milieu des
bandes musculaires de la couche moyenne et vient, enfin, se terminer
à la surface externe de la couche sous-endothéliale où il forme une
« lame élastique interne » beaucoup plus mince que sur les
artères. Dans toutes les veines atteintes d'endophlébite bourgeonnante chronique, le tissu élastique s'est hyperplasié d'une façon
extrême. Ses trousseaux anastomotiques enserrent la couche péri
veineuse de bandes très denses; les fibres musculaires de la membrane moyenne sont littéralement disséquées par des fibres
élastiques intercalaires très épaisses. Enfin, la membrane interne
ne résiste pas, d'ordinaire, à l'envahissement du tissu élastique: la
lame élastique interne, hyperplasiée d'une façon extraordinaire,
envoie, dans l'épaisseur des bandes fibroïdes de la couche sous-
endothéliale, d'innombrables filaments élastiques fortement colorés
par l'orcéine et gagnant jusqu'aux confins de la surface endothéliale. Cette *hypergenèse élastique dans l'endophlébite bilharzienne*
constitue un caractère particulier, exceptionnel.

Pour finir l'étude des veines de la sous-muqueuse, signalons
l'absence, constante à l'intérieur de toutes les veines, non seulement
de la Bilharzie femelle, mais même d'un œuf. La membrane interne
altérée n'est jamais infiltrée d'œufs, et ne contient non plus jamais
de grains de pigment ocre, reliquat habituel des processus inflammatoires hémorrhagiques ou thrombosiques, qu'on est habitué à
rencontrer sur les coupes d'une phlébite ordinaire.

Il faut encore noter que les capillaires de nouvelle formation
sont exceptionnellement rares dans l'intérieur des bourgeons endophlébitiques; de plus, *l'intégrité de l'endothélium qui tapisse les
surfaces atteintes d'endophlébite est la règle, constante et absolue.* Jamais,
en effet, sur aucune des innombrables veines examinées à ce point

de vue, je n'ai pu constater la trace d'une thrombose ancienne ou récente, même partielle. Toujours, la couche unique des endothéliums vasculaires s'est offerte à nous absolument saine. On peut en conclure que *les altérations déterminées par la présence du Ver ne sont pas susceptibles de provoquer la coagulation du sang dans les veines*, et que *la phlébite bilharzienne ne peut pas reconnaître une origine thrombosique.*

Le reste des parties constitutives de la sous-muqueuse ne présente pas de lésions bien notables, dans les zones ne correspondant pas aux régions ulcérées de la muqueuse intestinale. Les *vaisseaux lymphatiques* s'y montrent souvent remplis de leucocytes ; quelques-uns d'entre eux m'ont paru parfois atteints, eux aussi, d'inflammation chronique, d'*endolymphangite végétante*, mais ces cas demeurent exceptionnels, et n'ont pas la valeur primordiale des lésions veineuses.

Quant aux *ganglions nerveux* et aux *plexus nerveux* qui sillonnent dans tous les sens la sous-muqueuse, ils semblent intacts, tout encastrés qu'ils soient au milieu des bandes de tissu fibreux qui les enserrent.

Toutes les lésions que nous venons de passer en revue se compliquent, *au niveau des régions ulcérées*, d'une série d'ulcérations secondaires, aiguës ou subaiguës, que l'on peut caractériser d'un seul mot : la sous-muqueuse est infectée au-dessous de la muqueuse ulcérée (fig. 1). La pénétration des substances toxiques et des germes pathogènes à la surface de l'ulcération a été reconnue précédemment, à propos de l'étude de la muqueuse intestinale. Arrivés à la sous-muqueuse. qu'ils pénètrent verticalement, les éléments infectieux marquent la trace de leur passage : on voit un nombre souvent considérable de cellules embryonnaires, mononucléaires pour le plus grand nombre, s'accumuler en amas irréguliers dans les intervalles que leur laissent les travées fibreuses condensées qui constituent le squelette de la sous-muqueuse. Les couches les plus superficielles de la sous-muqueuse sont toujours plus largement infiltrées de globules blancs que les couches profondes. Sur certains points, souvent fort éloignés de la muqueuse, la réunion de ces éléments migrateurs est telle qu'on pourrait croire à la formation d'un petit abcès microscopique, n'étaient les signes de vitalité fournis par tous ces éléments leucocytaires conglomérés,

Maintes fois, d'ailleurs, la forme régulièrement arrondie ou les

Fig. 9. — Lésion des veines sous-muqueuses. × 32.

La muqueuse (dont on ne voit que la partie profonde) montre les signes d'une irritation chronique. Les glandes de Lieberkühn conservées sont en voie d'hyperplasie évidente : à gauche, par exemple, une glande apparaît nettement bifide ; d'autres sont dilatées, avec leurs épithéliums cylindriques hypertrophiés. Beaucoup de glandes ont disparu, la gangue interstitielle étant chroniquement enflammée.

La sous-muqueuse est hypertrophiée, fibroïde, lamellaire par endroits et totalement dépourvue de pelotons adipeux. Au bas de cette couche, au-dessus de la couche musculeuse interne (dont on n'aperçoit que la surface), plusieurs vaisseaux groupés en îlots se montrent. On y reconnaît une grosse veine couchée transversalement et atteinte d'endophlébite très accusée : la lumière du vaisseau est réduite à une fente étroite, en disproportion excessive avec l'épaisseur des parois.

Plus bas, et à droite, sur les confins de la couche musculeuse, une autre veinule, beaucoup plus fine, est également épaissie ; sa lumière dessine un croissant dont la concavité regarde en haut.

limites précises de la collection de cellules blanches permettent de reconnaître qu'il s'agit de *vaisseaux lymphatiques distendus* à l'excès et gorgés de cellules lymphatiques, dont la masse refoule d'une manière excentrique la paroi vasculaire, mince et nettement élastique. Parfois cependant, les éléments diapédésés et tassés en un amas mal circonscrit, sont parvenus à disloquer nombre de fibres connectives ou quelques tronçons élastiques et, par conséquent, à détruire, sur un point très circonscrit à la vérité, le squelette de la sous-muqueuse. Jamais, en aucun de ces îlots infectieux, je n'ai pu découvrir trace d'un œuf, normal ou rompu, de Bilharzie; jamais, non plus, je n'ai pu y colorer de microbes prenant ou non le Gram.

Les vaisseaux sanguins, les veines en particulier, qui sillonnent la sous-muqueuse au niveau de ces régions infectées, ne subissent pas d'atteintes inflammatoires aiguës secondaires. Plus d'une fois cependant, les espaces interstitiels qui sectionnent la péri-veine sont bourrés d'éléments cellulaires lymphatiques, beaucoup plus abondants que dans les zones non infectées de la sous-muqueuse. Les vaisseaux lymphatiques s'y montrent, de même, très habituellement distendus, faciles à reconnaître; leur lumière est remplie de cellules blanches, parmi lesquelles on distingue une forte proportion de polynucléaires et de gros mononucléaires ; il n'est pas rare d'y trouver, mélangés au flot des leucocytes, des éléments en désintégration manifeste, dont le noyau est en karyolyse souvent avancée. Jamais non plus, on ne trouve d'œufs de Bilharzie dans ces gros vaisseaux lymphatiques.

Quant aux ganglions nerveux et aux troncs nerveux répartis en grand nombre parmi ces zones infectées de la sous-muqueuse, les cellules migratrices s'accumulent en couronnes plus ou moins épaisses autour d'eux, sans cependant altérer d'une façon apparente leur intégrité. La palissade lymphocytaire formée autour d'organes aussi puissamment défendus par leur tissu fibreux périphérique reste partout modérément active.

La cause de tant de désordres chroniques, l'infection bilharzienne, est, dans l'épaisseur de la sous-muqueuse, assurément présente et se manifeste par les éléments pathogènes qu'elle y a semés : les œufs s'y montrent, mais en proportion aussi peu considérable ici, qu'on la trouvait extrême dans la muqueuse proprement dite. Les œufs, normaux encore ou déjà morts, et dans ce dernier cas, rompus, ou entiers encore et calcifiés, se placent un peu partout, de préférence toutefois non loin de la *muscularis mucosae.* Ces petits corps étrangers s'opposent, lorsqu'ils sont calcaires, au passage du rasoir et en ébrèchent plus d'une fois la lame. La région profonde, qu'on peut appeler pré-musculeuse, de la couche sous-muqueuse offre rarement asile aux œufs du parasite. J'ai pu, une seule fois, en observer un, bien vivant encore, presqu'au contact des cellules musculaires lisses les plus superficielles de la couche musculaire interne, tout contre un grand espace conjonctivo-vasculaire inter-musculaire.

En résumé, les lésions chroniques de la sous-muqueuse, révélatrices d'un processus inflammatoire ancien très marqué, paraîtraient disproportionnées, si l'on ne tenait compte que du petit nombre d'œufs de Bilharzie présents dans cette région. Il est indiscutable qu'il faudra arguer, à propos de la pathogénie, du passage réitéré d'une foule incalculable d'œufs de Bilharzie à travers les couches de la sous-muqueuse, dès le début de la maladie. Ces innombrables traumatismes, qui sont autant de blessures ainsi subies, ont dû jouer un rôle décisif dans la genèse de la sclérose diffuse de la couche sous-muqueuse. A ce point de vue, on ne saurait trop insister sur *l'absence*, constamment constatée, *de la moindre trace de foyers hémorrhagiques anciens* et de granulations pigmentaires ocreuses dans les différentes strates de la sous-muqueuse. La progression des œufs n'y a jamais, sur aucun point, occasionné de ruptures vasculaires ni d'épanchements sanguins. Ici, comme nous l'avons déjà noté pour la muqueuse, le fait est patent et entrera, de droit, en ligne dans l'étude générale de la maladie parasitaire qui nous occupe.

COUCHES MUSCULEUSES.

L'état des couches musculeuses du rectum et du côlon est remarquable par son intégrité manifeste; toute trace de sclérose inflammatoire y fait défaut; la gangue interstitielle, les travées inter-musculaires et péri-musculaires, les espaces conjonctivo-vasculaires de tous ordres n'y offrent aucune lésion appréciable. Les faisceaux de fibres musculaires lisses se montrent, sur toutes les coupes, avec leur aspect le mieux ordonné. Chaque cellule contractile, quand la coupe est bien perpendiculaire au faisceau auquel elle appartient, se dessine, nette et pleine, avec, au centre du tissu contractile non strié, un noyau étroit, allongé, normal. *Le*

volume des couches musculaires est toutefois considérable; il
est impossible, vu l'état de coarctation de l'intestin, d'établir s'il y
a eu vraiment hyperplasie des couches musculeuses, ou s'il ne s'est
agi que d'un état de contracture permanente de ces mêmes masses :
attirées d'abord puis immobilisées d'une manière concentrique,
elles ont été réduites à former un cylindre rigide tout autour de la
muqueuse intestinale sclérosée.

Sur les bonnes coupes du rectum, l'épaisseur des deux couches
constitutives de la couche musculeuse est facile à déterminer. On
trouve en moyenne, pour la couche interne 1.550 μ, c'est-à-dire un
millimètre et demi passé, et pour la couche externe 350μ, ce qui
donne un total de 1.900 μ, près de deux millimètres, pour la
totalité des blocs musculaires engaînant la muqueuse rectale.
Remarquons, à ce sujet, que la musculeuse interne s'est fortement
soudée à la sous-muqueuse et qu'elle a dû en subir une gêne fonctionnelle, origine possible de son hypertrophie extrême, signalée
plus haut.

Les vaisseaux sanguins et lymphatiques, les plexus nerveux et
leurs ganglions satellites sont absolument intacts, quelle que soit
la région observée. On ne saurait trop attirer l'attention sur le
contraste saisissant qui existe entre les muscles et la muqueuse
et, tout particulièrement sur l'*état normal de tous les conduits veineux
sillonnant les espaces intermusculaires.* Ils charriaient le sang veineux
provenant de la muqueuse et de la sous-muqueuse vers la couche
sous-péritonéale, voie normale pour le passage des ramifications
de plus en plus larges du système des veines mésaraïques.
Comment expliquer cette *intégrité constante des veines musculaires,*
surtout si l'on tient compte de l'existence, comme nous allons
voir, de lésions graves dans les veines sous-séreuses de l'intestin ? Semblable constatation a, du reste, été faite, par Lortet
et Vialletton, pour les couches musculeuses de la vessie, dans la
bilharziose des voies urinaires (1), où ces auteurs signalaient déjà et
l'absence d'œufs et l'intégrité des ramifications veineuses dans toute
l'épaisseur des couches musculaires de la vessie. Or, le Ver femelle a
pénétré, on le sait, dans la sous-muqueuse intestinale où il dépose
ses œufs. Force est donc d'émettre une hypothèse grâce à laquelle

(1) Lortet et Vialleton, *loco citato,* p. 105.

les contractions vermiculaires incessantes de la couche musculeuse
de l'intestin s'opposent, pour ainsi dire, à la stagnation des parasites femelles dans l'épaisseur des interstices musculaires. La mo-

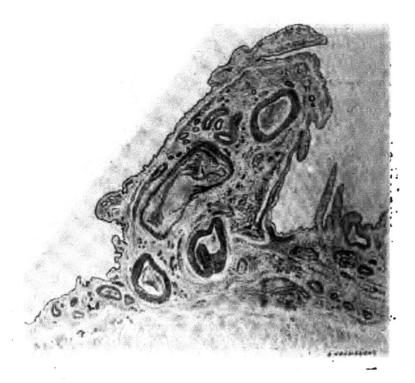

Fig. 10. — Lésion des veines sous-péritonéales dans la bilharziose
intestinale. ✕ 24.

La coupe montre une série de franges péritonéales annexées à la surface du
gros intestin (portion originale du rectum). Au milieu de la frange la plus saillante, il est facile de reconnaître la coupe d'une grosse veine mésaraïque, de
forme vaguement quadrangulaire. La lumière de la veine est longitudinale et
comblée par le sang. Les reliefs formés à l'intérieur de la couche musculaire de la
veine par sa membrane interne sont extrêmement accusés (endophlébite chronique
végétante). Par leur régularité de forme et par l'intégrité de leur membrane
interne, les artères voisines font contraste.

Une veine moins volumineuse se trouve couchée presqu'au contact de la couche
musculeuse externe de l'intestin (on n'en voit que la surface); sa lumière est
triangulaire et permet de constater de même l'épaississement, par îlots, de sa
membrane interne chroniquement enflammée.

bilité de la région hâte, sans doute, leur évolution en sens inverse
du sang veineux, jusqu'aux approches de la muqueuse intestinale.

Couche sous-séreuse.

Au sortir de la couche musculeuse externe, toujours saine, les lésions reparaissent aussi appréciables que généralisées dans la sous-séreuse, comme si les bandes musculaires intercalées entre la sous-muqueuse et la sous-séreuse, n'avaient eu à subir aucune action morbide, aucun contre-coup des désordres inflammatoires circonvoisins.

Le tissu cellulo-adipeux, très abondant en certains points de la surface de l'intestin, notamment au niveau du méso et des franges épiploïques, est manifestement altéré. Les altérations sont, comme pour la sous-muqueuse, caractérisées par la transformation scléreuse des lames connectives ; mais le degré de ces lésions est beaucoup moins accusé qu'au dessous de la muqueuse. Les bandes fibreuses sont étroites, espacées ; dans leurs intervalles se reconnaissent encore de nombreux îlots adipeux caractéristiques. Toutefois, les cellules graisseuses y sont tassées, petites, réduites assurément de volume et même de nombre, les globules de graisse qu'elles contiennent étant en grande partie résorbés. Souvent même, sur quelques points plus atteints, les paquets adipeux sont émaciés, et des cellules fixes occupent leur place, à mesure que la graisse tend à disparaître.

La lésion capitale est représentée, dans cette couche sous-séreuse, (qui est la voie de passage des vaisseaux et nerfs nourriciers de l'intestin), par les nombreuses veines mésaraïques atteintes d'endophlébite chronique végétante (fig. 10 et 11).

Cette endophlébite est identique à celle décrite pour les veines de la sous-muqueuse ; la seule différence réside dans le volume, souvent considérable, des veines atteintes. C'est ainsi que j'ai pu mesurer ici des troncs veineux de 1875 μ et de 1950 μ dont la lumière était considérablement rétrécie par un énorme bourgeon endophlébitique, pour ainsi dire visible à l'œil nu.

Couche péritonéale.

La membrane séreuse qui constitue le revêtement externe de l'intestin est, elle aussi, le siège d'une sclérose aisément reconnaissable, du moins du niveau des reliefs épiploïques qui font saillie à la surface du rectum et du colon iliaque. Là (fig. 11), les replis du

péritoine sont plus apparents, plus nombreux aussi qu'à l'état
normal. La gangue qui les constitue est fibroïde, et l'endothélium

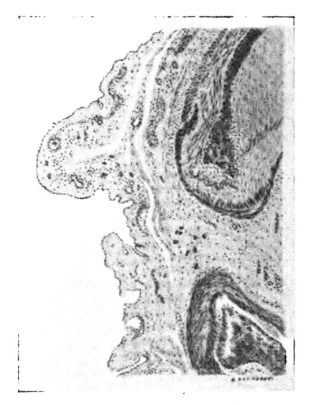

Fig. 11. — Lésions des veines sous séreuses et du péritoine viscéral
dans la bilharziose intestinale. × 65.

Détail de la figure précédente destiné à montrer l'endophlébite et l'irritation
péritonéale.

La veine (dont on n'aperçoit que la partie inférieure) est le siège d'une inflammation chronique ancienne, prédominante au niveau de la membrane interne.
L'endophlébite chronique se caractérise par la tuméfaction excessive de la membrane interne et par la prolifération hyperplasique des travées connectives et
invasculaires de la couche sous-endothéliale.

L'endothélium veineux est intact et aucune trace de thrombo-phlébite n'y peut
être décelée, conformément à la règle. On voit une artère normale à la partie
inférieure de la préparation.

Le péritoine s'est tuméfié ; ses franges sont épaissies, denses, fibroïdes. L'endothélium qui les recouvre est remarquablement conservé.

qui les recouvre forme une couche unique, continue, de cellules
arrondies on cuboïdes, remarquablement conservées malgré l'heure
tardive à laquelle fut pratiquée l'autopsie du cadavre.

Nulle trace, dans l'épaisseur de la séreuse et de la sous-séreuse, de dépôts parasitaires, calcifiés, comme on en a signalé maints exemples dans des observations antérieures. Aucune adhérence péritonitique entre le rectum et les organes voisins.

CÔLON ILIAQUE ET MÉSO-CÔLON.

Le segment inférieur du côlon iliaque atteint de la maladie bilharzienne montre les mêmes lésions que celles étudiées au niveau du rectum. Les seules différences, bien légères à la vérité, consistent en un moins grand nombre de bourgeonnements hyper plasiques de la muqueuse (pl. 1). Le travail ulcératif, dans les zones intermédiaires, est plus discret, plus circonscrit que dans le segment rectal. Enfin, il m'a semblé que les îlots parasitaires (œufs) logés dans l'épaisseur de la muqueuse étaient moins nombreux sur le côlon que sur le rectum. Quant au système veineux, les détails des lésions de l'endoveine sont identiques à ceux que nous avons relatés plus haut, à propos du rectum.

Le *méso-côlon* qui, au moment de l'autopsie, avait paru plus dur et plus épais qu'à l'état normal a fourni des coupes microscopiques fort intéressantes. Le feuillet péritonéal, aux deux extrêmes limites de la coupe, est intact et recouvert d'une couche endothéliale bien conservée. Toute la gangue conjonctive qui comble l'espace compris entre les deux feuillets péritonéaux est dense et fibroïde; elle dessine des lacunes irrégulières remplies de pelotons adipeux en voie d'atrophie scléreuse. Les vaisseaux artériels sont intacts, à part quelques placards de dégénérescence hyaline parsemés dans l'épaisseur de l'endartère de diverses branches artérielles peu volumineuses. Les lymphatiques qui courent assez nombreux dans l'épaisseur du tissu péritonéal sont aisés à reconnaître, par ce fait qu'un grand nombre d'entre eux sont remplis de cellules lymphatiques et forment une tache violette très circonscrite, au milieu des pelotons adipeux. Les nerfs sont sains.

Seules, les veines mésaraïques dont les coupes parsèment le tissu fibro-adipeux, sont le siège de lésions très fréquentes, bien marquées et pour ainsi dire spécifiques (fig. 12). Ce sont en particulier les canaux veineux de fort calibre, ceux qui représentent,

dans la texture générale du méso-côlon iliaque, les grandes voies
d'élimination du sang veineux provenant du segment le plus

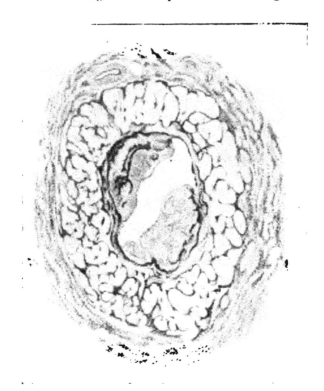

Fig. 12. — Lésions des veines mésaraïques dans la bilharziose intestinale. × 32.
Coupe d'une veine mésaraïque importante logée au milieu du méso-côlon iliaque.
Coloration à l'orcéine-hématoxyline. × 32.

La technique suivie a permis de mettre en relief, d'une façon saisissante,
l'hyperplasie considérable des fibres élastiques constitutives du cylindre vasculaire. La figure (rendue en noir) en a pris un aspect particulier.

A la périphérie, la couche externe, conjonctive, de la veine est nette, avec
ses vaisseaux nourriciers.

La couche moyenne, musculo-élastique, apparaît vivement dessinée et les
faisceaux musculaires y forment des reliefs marqués, enserrés dans les lignes
noirâtres, sinueuses, des fibres élastiques hyperplasiées.

La membrane interne est le siège de deux placards d'endophlébite végétante
qui rétrécissent, chacun de son côté, la lumière vasculaire. Le tissu conjonctif y
est dense, parcouru par des vaisseaux néo-formés et couturé de taches élastiques
(en noir fort) qui y dessinent des renforcements parallèles à la surface du
vaisseau.

inférieur du tube digestif, qui ont le plus souffert. Les grosses
veines, qui tranchent vivement sur le reste des tissus, s'y montrent

serties d'un anneau peu épais, mais très dense, de tissu connectif fibrosé; la péri-veine enserre, de la sorte, le canal vasculaire dans une gangue bien isolée, pauvre en îlots adipeux. La membrane moyenne, ou méso-veine, dessine un fort anneau musculo-élastique concentrique à la lumière du vaisseau. Les faisceaux musculaires y sont nombreux, riches en cellules contractiles bien groupées par pelotons à peu près égaux, séparés les uns des autres par des trousseaux de fibres élastiques extrêmement nombreux et épais. L'hypergenèse du tissu musculaire (1) et du tissu élastique se montre très évidente, dans cette zone moyenne de la veine, et ressortit, on n'en peut douter, à un processus de réaction, d'irritation formative en rapport avec les désordres intimes subis par le conduit vasculaire.

L'état de la membrane interne de la veine, de l'endo-veine, vient confirmer cette notion et l'éclairer d'un jour nouveau. La lumière du vaisseau se trouve, en effet, réduite dans une proportion extrême par suite du développement exubérant de la couche sous-endothéliale de la membrane interne. De part et d'autre, sur les quatre-cinquièmes environ du pourtour de la cavité, une endophlébite végétante a pris naissance, poussant en face l'une de l'autre deux masses bourgeonnantes énormes, constituées par du tissu conjonctivo-vasculaire et par des trousseaux puissants de fibres élastiques. Irrégulièrement réparties, surtout à la base des bourgeons endophlébitiques, ces fibres élastiques forment, par endroits, des strates on bandes parallèles à la lame élastique interne, elle-même fort épaissie et circonscrivant d'une manière très accusée la limite externe de l'endoveine.

Un tel échafaudage conjonctivo-élastique et néo-vasculaire, formé aux dépens de la couche invasculaire et non élastique de la veine, révèle un processus inflammatoire très prolongé, très lent, et tout à fait particulier, puisque, sur aucune des nombreuses coupes étudiées à ce sujet, la moindre trace d'une coagulation sanguine n'a pu être relevée. L'endothélium de ces veines enflammées est,

---

(1) Il est peut-être bon de rapprocher de cette production hyperplasique de fibres musculaires la présence, souvent constatée par moi, d'îlots musculaires lisses aberrants au milieu des couches du méso-côlon. Ces fibres, éloignées de tout vaisseau, forment des paquets contractiles assez volumineux et irrégulièrement répartis dans la masse des pelotons scléro-adipeux de l'organe.

au contraire, partout et toujours intact, bien accolé à la surface des bourgeons endo-vasculaires. Ici, comme pour l'intestin proprement dit, *la phlébite est végétante et ne peut pas avoir été thrombosique.*

La Bilharzie vivant dans le sang veineux porte enflamme les parois vasculaires et *s'oppose à la coagulation du fibrinogène*, à l'inverse de la plupart des microbes pathogènes qui, lorsqu'ils deviennent les hôtes immobiles des cavités vasculaires sanguines, veineuses ou artérielles, y déterminent d'ordinaire une inflammation d'abord thrombosique et secondairement végétante.

Les *ganglions lymphatiques* logés dans l'épaisseur des replis du rectum et du côlon sont remarquables par leur état pour ainsi dire normal. Sur un très petit nombre de coupes, quelques rares œufs de Bilharzie se montrent incrustés dans l'épaisseur du tissu réticulé, sans aucun phénomène réactionnel autour d'eux.

EXCAVATION PELVIENNE.

L'ordre naturel des faits devrait nous amener à terminer l'étude du tube digestif en remontant le long de l'intestin. Toutefois, la connaissance méthodique de l'état des organes pelviens a, dans le cas actuel, une haute importance. L'enquête sur les vaisseaux veineux de la cavité du petit bassin (dont les connexions anatomiques avec les veines mésaraïques sont connues) demande à être réglée. Enfin, la fréquence des lésions bilharziennes des organes génito-urinaires est si grande qu'elle est comme la suite attendue de la bilharziose de l'intestin. Terminons donc l'examen des organes et tissus de l'excavation pelvienne, afin de bien établir la forme anatomo-pathologique de l'observation qui fait la base du présent mémoire.

La *vessie*, la *prostate* et l'*urèthre* sont tout à fait sains. Tout au plus peut-on noter un épaississement fibro-musculaire du squelette de la glande prostatique, surtout accusé vers la partie moyenne, au-dessous du col vésical ; mais ces désordres séniles n'ont rien à voir avec l'affection parasitaire qui nous occupe.

Les *canaux déférents* et les *uretères* sont normaux ; le tissu conjonctivo-vasculaire entourant ces derniers est épaissi, fibroïde, et les vaisseaux veineux qui le parcourent sont dilatés, sinueux, surtout dans la partie correspondant à la région du bas fond vésical, au voisinage de la prostate.

Sur les coupes microscopiques qui embrassent en même temps

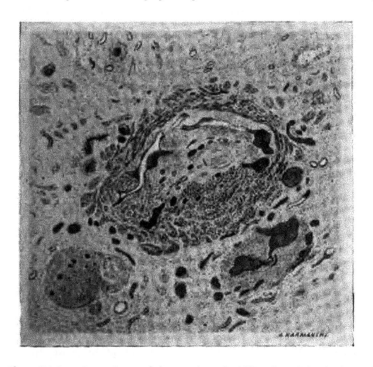

Fig. 13. — Lésions des veines pelviennes dans la bilharziose intestinale. × 40.
Coupe d'une veine de l'excavation pelvienne, au voisinage de l'uretère droit, non loin de la prostate.

La cavité de la veine est presque totalement comblée par des végétations endophlébitiques anciennes. On peut toutefois reconnaître trace de la lumière vasculaire, tout d'abord aux deux grandes fentes remplies de sang qui occupent la région supérieure du vaisseau, en dedans de sa couche musculaire bien conservée ; ensuite au placard fibroïde blanchâtre, parsemé de cavités vasculaires (néo-formations vasculaires), qui s'étend au-dessous de ces deux fentes et rejoint, par en bas, la couche musculaire de la veine, fort épaisse à ce niveau.

L'endophlébite végétante a gêné le cours du sang dans la veine, au point d'avoir forcé ses vaisseaux nourriciers ; de nombreux vaisseaux gorgés de sang sillonnent en effet, la couche musculaire.

Au-dessous et à droite de ce vaisseau veineux se trouve une autre veinule, également rétrécie ; à gauche, un petit ganglion nerveux, sain.

une partie de la prostate, la vésicule séminale, le canal déférent et l'uretère, on trouve un assez grand nombre de veines pelviennes gravement altérées.

Je parle de veines importantes, mesurant par exemple 1500 μ à 1800 μ; mais bien des veinules aussi sont atteintes, qui ont 700 μ à 750 μ (fig. 13).

Il n'est pas rare d'observer sur tous ces canaux veineux des signes manifestes d'une endophlébite végétante ancienne, en tout identique à celle décrite à propos des vaisseaux sanguins d'origine mésaraïque : même hyperplasie musculaire et élastique, mêmes bourgeonnements de la couche sous-endothéliale de la membrane interne, même absence de lésions thrombosiques. En plus, cependant, il m'a été donné de trouver, non loin de l'uretère droit, plusieurs veines touchées au maximum, au point que la lumière vasculaire avait pour ainsi dire totalement disparu (fig. 13). Les végétations conjonctivo-vasculaires de la membrane interne ont été si loin dans ces cas qu'on n'aperçoit plus guère que quelques fentes perméables au sang et comme perdues au milieu des blocs fibroïdes formés aux dépens de l'endoveine; si bien, qu'il devient à peu près impossible de savoir si telle fente remplie de sang appartient encore à l'ancienne lumière vasculaire, considérablement sténosée, ou si, au contraire, il s'agit d'un vaisseau de nouvelle formation ectasié et *forcé* par le torrent circulatoire, par la *vis a tergo*.

Dans ces lésions, du reste, les *vaso-vasorum* répartis parmi les couches musculaires de la veine sont dilatés et rétablissent, du mieux qu'ils peuvent, la circulation entravée à l'intérieur de la veine oblitérée. Ici, encore, on ne saurait trop le répéter, aucune thrombose inflammatoire n'a existé et l'obstruction de la lumière vasculaire résulte, à coup sûr, d'une végétation luxuriante de la membrane interne, et non de la nécrose coagulante de sa couche endothéliale. Pour le démontrer, il suffit de constater que les bourgeons fibreux qui comblent la veine ne portent, dans les interstices de leurs trousseaux connectivo-vasculaires, aucune trace de la moindre granulation pigmentaire, reliquat d'un caillot sanguin résorbé.

La *vésicule séminale* est remarquable par son état normal. Sur une seule coupe, une dépression de la muqueuse montrait un petit corps étranger, oviforme, logé immédiatement au dessous de l'épithélium : la couche épithéliale, unique, était quelque peu soulevée par cette masse. Mais les dimensions de ce petit calcul, qui ne dépassait pas 32 μ, 4 sur 25 μ, 2, me permirent d'affirmer qu'il ne s'agissait que d'un simple calcul génital (sympexion). Les œufs de Bilharzie sont toujours, même calcifiés, beaucoup plus volumineux : pleins, ils n'ont pas moins de 133 à 140 μ, et, vidés ou calcifiés, ils mesurent encore, le plus souvent, 95 à 100 μ de longueur, sur 40 à 45 μ de largeur.

La vésicule séminale était, par le fait, exempte d'infection bilharzienne, à l'instar de tous les organes pelviens autres que le rectum.

Toutefois, les veines qui sillonnent le tissu conjonctivo-vasculaire de l'excavation pelvienne épaissi et fibroïde sont elles-mêmes souvent malades au pourtour des vésicules séminales, comme elles l'étaient autour de la portion pelvienne des uretères. Là, les veines de 1500 μ à 1900 μ sont, pour un assez grand nombre d'entre elles, atteintes des lésions décrites plus haut. L'endophlébite les a touchées et, cela, depuis longtemps, si l'on en juge par le degré des altérations qu'on y observe (fig. 14). C'est ainsi que sur plusieurs coupes, j'ai pu relever la présence de vastes bourgeonnements endophlébitiques, et, de plus, y constater des *lésions régressives* ou *dégénératives* installées au sein de ces mêmes masses bourgeonnantes. Alors, en effet, qu'on voit la lumière du vaisseau réduite par exemple, à une fente linéaire, tapissée sur toute son étendue par un endothélium intact, le placard fibreux qui obture le vaisseau apparaît lâche, mucoïde par endroits. Bien qu'on y puisse encore découvrir des vaisseaux capillaires néoformés, béants, de nombreuses fibrilles, connectives ou élastiques, et même quelques cellules musculaires aberrantes, on remarque en son centre, non loin de la couche endothéliale, un placard invasculaire, très pauvre en éléments cellulaires. Les noyaux (fig. 14) s'y montrent rares, petits, pâles; au-dessous s'étale une large bande de tissu conjonctif en involution mucoïde; cette bande double le placard sclérosé et montre les signes d'une sénilité partielle déjà avancée, peut-être ancienne, subie par le bourgeonnement parasitaire de l'endoveine. Nul doute que, là, les altérations veineuses ne diffèrent du tout au tout de celles que nous avons étudiées précédemment. Il est à noter que les veines de l'intestin ne m'ont jamais montré, sur aucune coupe, de lésions aussi manifestement involutives; d'où, la conclusion, acceptable sinon certaine, que l'endophlébite

est plus ancienne dans les veines pelviennes et qu'elle a précédé
l'inflammation des veines de l'intestin.

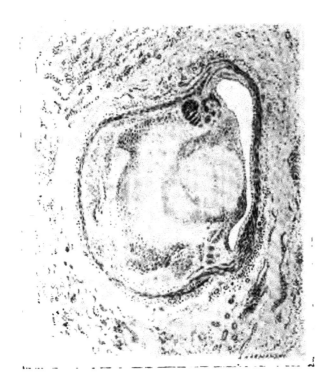

Fig. 14. — Lésions des veines pelviennes dans la bilharziose intestinale. × 40.
Coupe d'une veine de l'excavation pelvienne, au voisinage de la vésicule séminale gauche.

La lumière du vaisseau est réduite à une fente verticale, limitée par un endothélium intact. Toute la cavité de la veine est, pour ainsi dire, remplie par un
énorme bourgeonnement de la membrane interne, bourgeonnement provenant
de la partie gauche de la paroi.

La mince bande musculeuse de la veine, bien coupée, montre ce qu'était le
cylindre vasculaire avant d'être atteint d'endophlébite végétante.

Dans le placard fibreux qui a comblé de la sorte la lumière du vaisseau, on
reconnaît un vaisseau néo-formé ; le tissu conjonctif exubérant est sillonné de
fibres musculaires lisses, de cellules conjonctives fusiformes. Il commence à
souffrir, car on le voit, de place en place, lâche, mucoïde, presque totalement
dépourvu d'éléments cellulaires, indice de l'ancienneté des lésions endophlébitiques.

Le tissu cellulaire qui entoure la veine est densifié, fibroïde, chroniquement
enflammé.

L'autopsie partielle qui précède a rassemblé toutes les lésions

directement imputables à la maladie bilharzienne. Plus haut, en
remontant le long de l'intestin, comme en parcourant le reste
des organes du corps, nous n'allons plus constater la même
signature anatomo-pathologique. Il nous faut cependant étudier
le reste de cette observation, afin de la compléter autant que
possible.

FIN DE L'AUTOPSIE DU TUBE DIGESTIF.

Tout d'abord, il est nécessaire de signaler qu'après la constatation de la nature bilharzienne des'altérations du rectum, je
m'empressai de revenir sur l'examen des veines constituant le
système porte. Au moment de l'autopsie macroscopique, j'avais,
d'ailleurs, conformément à mon habitude de la pratique des autopsies (1), pris soin d'ouvrir la veine porte encore en place et sur
toute sa longueur, y compris ses trois branches d'origine, la veine
splénique, la grande et la petite mésaraïques. Ces vaisseaux avaient
été notés comme sains; par malheur, notre attention n'était pas
attirée, à ce moment, sur leur contenu et il peut se faire que la
présence des Vers parasites intra-veineux ait passé inaperçue. Le
diagnostic des lésions intestinales une fois porté, je repris les rameaux inférieurs de la mésaraïque, le long du côlon iliaque et ne
pus parvenir à y déceler une seule Bilharzie. Tout ce que je puis
affirmer c'est que le nombre des Vers hématobies ne devait pas
être considérable dans les diverses branches d'origine de la veine
porte, non plus que dans la portion sous-hépatique de ce volumineux canal qui furent examinées avec la plus scrupuleuse attention.

Pour en revenir à l'étude microscopique du tube digestif, il me
suffira de signaler l'intégrité complète de la muqueuse du reste du
gros intestin, en particulier du côlon descendant, au dessus de
l'anse oméga.

L'*appendice vermiforme*, dans sa portion oblitérée, montre les
signes indélébiles d'une inflammation ulcérative ancienne, terminée par soudure des régions sous-muqueuses mises à nu. Toute
la muqueuse a disparu, et le tissu cicatriciel, qui comble la cavité
appendiculaire, s'étale à la façon d'un bloc cylindrique, concentrique
à l'axe de l'organe. Toute trace de Bilharzie, en particulier de

---

(1) MAURICE LETULLE, *Pratique des autopsies*, p. 152 et fig. 24 et 24 *bis*.

coquilles d'œufs, fait défaut au milieu des tractus cicatriciels; les
veinules qui sillonnent le tissu sous-muqueux symphysé sont
exemptes d'endophlébite végétante. Ces constatations permettent,
d'une part, d'affirmer l'ancienneté des lésions inflammatoires subies
par l'extrémité libre de l'appendice (appendicite oblitérante) et,
d'autre part, de repousser toute relation entre ces désordres invé-
térés et la bilharziose recto colique.

L'*intestin grêle* est normal et l'*estomac* ne montre, au dessous des
coupes de sa muqueuse à peu près saine, que la présence d'une
petite tumeur sous muqueuse composée presqu'uniquement de
longues cellules fusiformes qui contiennent, chacune en leur centre,
un noyau cylindrique mince, allongé. Ces détails de structure sont
suffisants pour faire reconnaître la nature musculaire des éléments
tumoraux. Ce myome sous-muqueux n'attaque en aucun point la
muqueuse gastrique et reste, par ailleurs, indépendant des couches
musculeuses de l'estomac.

FIN DE L'AUTOPSIE MACROSCOPIQUE ET MICROSCOPIQUE DES ORGANES.

Le reste de l'autopsie mérite d'être rapidement rapporté, afin de
réunir les données du problème pathogénique que nous pourrons
bientôt aborder.

Le *canal thoracique* est normal, dans toute son étendue. L'une des
branches qui constituent par leur confluence la citerne de Pecquet, et qui
provient de l'intestin, au milieu des masses adipeuses accumulées en
avant de la colonne vertébrale, est blanchâtre, plus épaisse et moins
souple que les autres et que le canal thoracique lui-même; elle est cependant bien perméable et ne paraît pas autrement atteinte.

L'*aorte*, dans son ensemble, depuis son origine intra-péricardique,
jusqu'à sa bifurcation en deux iliaques primitives, est légèrement épaissie,
quelque peu athéromateuse. Son poids total est de 90 grammes. Les
iliaques et leurs ramifications sont, au contraire, envahies par un athé-
rome bien accusé.

La *veine cave inférieure* est saine dans tout son trajet.

Le *pharynx*, le *voile du palais*, les *amygdales* et la *langue* n'offrent rien
à noter.

Les *glandes surrénales*, dont le poids total n'est que de 9 grammes, sont
remarquablement peu graisseuses, à l'inverse de ce qu'on observe,
d'ordinaire, sur le vieillard.

Le *foie*, qui pèse 980 grammes, est petit, arrondi, presque hémisphérique; il est congestionné; de plus, son parenchyme paraît d'un rouge

brun foncé; il n'est pas dur, et semble sain, ainsi que la vésicule biliaire.

Les *ganglions* de hile du foie sont assez gros, et colorés en jaune brunâtre, aspect qui donne à penser que la glande hépatique est probablement
surchargée de pigments d'origine hématique. Les coupes microscopiques
de foie montrent quelques espaces portes un peu élargis, et en voie de
sclérose discrète : les néo-canalicules biliaires parsèment, ça et là, les
travées fibreuses. Dans la plupart des espaces portes, les artérioles sont
rétrécies d'une façon très apparente, par suite de la dégénérescence
hyaline d'une zone plus ou moins étendue de leur membrane interne.

Les cellules hépatiques groupées en trabécules régulières à l'intérieur
des lobules sont modérément graisseuses.

La *rate*, petite, ferme, pèse 55 grammes. Sauf l'état hyalin de la membrane
interne d'un grand nombre d'artères, les coupes microscopiques n'y montrent rien d'important.

L'*encéphale* et la *moelle* sont recueillis. La masse encéphalique pèse
1.220 grammes, et les artères de la base sont peu athéromateuses. La
cavité du ventricule latéral gauche est quelque peu dilatée, sans qu'on
trouve trace de lésions des noyaux de la base non plus que des circonvolutions cérébrales.

Les coupes de la *moelle* permettent de constater son état normal.

L'*arbre respiratoire* présente des lésions importantes. Le larynx et la
trachée sont sains. Les *poumons*, atteints d'emphysème chronique,
n'adhéraient que peu à la paroi thoracique, surtout au sommet droit, et
à la face diaphragmatique du lobe inférieur gauche. Ces vieilles adhérences se rattachaient à une tuberculose ancienne du sommet droit, où
l'on trouvait, au milieu d'un placard de pneumonie ardoisée, un nodule
calcifié, de la grosseur d'un noyau de cerise, et entouré d'une zone
anthracosique peu étendue. Le poumon droit pesait 280 grammes, et le
gauche 245 grammes. Ce dernier, atteint d'emphysème atrophique très
marqué, portait, de plus, un foyer tuberculeux récent, logé au haut du
bord antérieur du lobe supérieur. Là, en effet, existe un noyau de broncho-pneumonie tuberculeuse, de la grosseur d'une forte noix ; il est formé
par la confluence de nodules tuberculeux caséeux, blanchâtres, friables,
ramollis, pour quelques uns du moins, à leur centre. A la périphérie de
ce bloc de pneumonie lobulaire caséeuse, une couche fibreuse s'est formée,
encore discrète et très peu envahie par l'anthracose pulmonaire.

Le sommet de ce poumon gauche est, comme le droit, atteint de
pneumonie fibreuse ardoisée, à peine tatouée d'anthracose. Les ganglions
du hile sont, de même, fort peu incrustés de charbon, preuve que le
malade séjournait à Paris depuis peu de temps.

L'examen microscopique des zones tuberculisées du poumon montre
toutes les lésions classiques de la tuberculose caséeuse lobulaire con-
glomérée ; de plus, sur de nombreuses coupes, on peut trouver, outre les
alvéoles remplis de matière caséeuse gorgée de Bacilles de Koch, des

bronchioles cartilagineuses en voie de tuberculisation pariétale avancée. La plupart des bronchioles intra-lobulaires sont même, soit oblitérées par le caséum bacillifère, soit ulcérées et en voie de cavernulisation très apparente.

Enfin, sur plusieurs coupes, on reconnaît sans peine, grâce aux colorations à l'orcéine, des veinules pulmonaires péri-lobulaires, en train de se tuberculiser sur une partie plus ou moins étendue de leur circonférence. La *phlébite tuberculeuse pulmonaire* qui en est la conséquence est d'autant plus intéressante ici qu'elle a eu, sur le cœur, des résultats éloignés remarquables.

Le *cœur*, en effet, qui pèse 250 grammes, montre l'orifice aortique serti de trois valvules quelque peu épaissies ; l'origine même de l'aorte, au fond des nids valvulaires, est le siège de plusieurs placards athéromateux. Les deux coronaires, larges, béantes, dilatées, sont incrustées de plaques calcaires. L'orifice aortique est cependant suffisant.

L'orifice mitral montre sur sa grande valve, à quelque distance de son bord libre, le long de la facette de Firket, une *culture récente d'endocardite fibrineuse*, discrète, mais formelle, et des plus caractéristiques. L'exsudat endocarditique est grisâtre, ferme, un peu saillant à la surface de la valvule, sans y dessiner cependant de bourgeons ou de papules très marquées.

L'examen microscopique de cette région valvulaire permet d'y reconnaître des lésions aiguës exsudatives et régressives très remarquables : à la surface de l'endocarde privé de sa couche endothéliale et se confondant intimement avec les strates fibroïdes du squelette de la valvule, s'élèvent des blocs de fibrine amorphe, au milieu desquels il est presqu'impossible de trouver d'éléments cellulaires encore colorables. Toutefois, à l'union de l'endocarde et de l'exsudat inflammatoire, on observe, sur quelques coupes, la présence de rares *cellules géantes*, volumineuses, anguleuses, peu riches en noyaux. Sur les confins même du bloc fibrineux, non loin des parties où les cellules fixes interstitielles du squelette fibreux sont encore en place et colorables, on découvre aussi, parfois, une cellule géante, enclavée entre les travées fibroïdes et formée, selon toute probabilité, aux dépens d'une des cellules fixes de la région.

La multiplicité de ces cellules géantes autour et à l'intérieur des exsudats endocarditiques, l'existence de la tuberculose pulmonaire ayant infecté les veinules péri-lobulaires, nous ont amené à soupçonner la *nature tuberculeuse de l'endocardite aiguë* en question. La recherche des Bacilles de Koch et leur coloration par le Ziehl a confirmé nos prévisions en nous permettant de déceler, sur plusieurs coupes, quelques Bacilles caractéristiques, au milieu de l'exsudat fibrinoïde.

ÉTUDE PATHOGÉNIQUE

Les détails circonstanciés dans lesquels nous venons d'entrer à propos d'une observation anatomo-pathologique à peu près complète de bilharziose intestinale vont nous permettre d'aborder l'étude pathogénique de cette variété, assez rare en somme, d'infection produite par le *Schistosomum hæmatobium*. Nous essayerons de résoudre à ce sujet, d'une façon un peu plus précise, différents problèmes laissés en suspens par les auteurs.

En comparant les travaux antérieurs aux documents positifs que nos préparations microscopiques nous ont fournis, nous arriverons à plusieurs conclusions différentes de celles ayant habituellement cours. De toute façon, les éléments d'appréciation seront livrés au lecteur et lui permettront de juger en connaissance de cause.

La circonscription précise de l'infection bilharzienne au segment inférieur du tube digestif est connue; mais les faits aussi formels que le nôtre sont plutôt exceptionnels. La pénurie des détails anatomo-pathologiques publiés par la plupart des auteurs ne saurait nous autoriser cependant à croire que les lésions décrites par nous diffèrent en quoi que ce soit de celles relatées dans les observations antérieures. La bilharziose intestinale produit donc, selon toute vraisemblance, les mêmes désordres dans tous les cas. Seul, le degré de ces altérations, à vraiment dire spécifiques, varie selon les individus et proportionnellement aussi, sans doute, aux complications qui se sont surajoutées à la maladie primitive. C'est ainsi que la dysenterie accompagne maintes fois l'entérite bilharzienne (1) et risque de la rendre méconnaissable pendant la vie comme après la mort.

Pour mettre quelque ordre dans l'examen critique et dans l'étude de la genèse des lésions bilharziennes proprement dites, nous considérerons tout d'abord le *Schistosomum hæmatobium et les désordres qu'il cause :* 1º *dans les veines* qui lui servent d'habitat, 2º *dans les tissus environnants.* Après quoi, nous passerons en revue les *œufs* du Distome, dont le rôle est capital dans la marche de la maladie, et nous verrons tour à tour : 1º *les détails histologiques* intéressants qui les concernent; 2º *leurs modes d'évolution* et *leurs péré-*

(1) DAMASCHINO, *loco citato*, p. 153.

grinations à travers les tissus ; 3° *les lésions matérielles* qui en ont résulté. Il nous sera sans doute loisible de rechercher, pour finir, le déterminisme de la circonscription au seul gros intestin pelvien des lésions viscérales occasionnées par la Bilharzie.

I. — LA BILHARZIE ET LES LÉSIONS VEINEUSES.

Quel que soit l'état morphologique dans lequel le *Schistosomum hæmatobium* a pénétré dans l'organisme humain, quelle que soit la voie suivie par lui pour atteindre les cavités veineuses abdominales, qui vont être son habitat normal, questions ardues encore à l'étude, la donnée du problème commence pour nous au moment où les Distomes mâles et femelles, installés dans le sang veineux, se mettent en voie d'assurer leur évolution biologique.

De l'aveu des auteurs les plus compétents, la veine porte et les veines mésaraïques qui lui donnent naissance sont le siège de prédilection des Bilharzies, la veine splénique étant plus rarement infestée que les deux autres et ne contenant jamais de Vers femelles. L'habitat habituel de la Bilharzie est, d'une façon générale, le système veineux pelvien. Les veines du petit bassin, celles qui, comme les hémorrhoïdales, ressortissent aux deux systèmes, cave inférieur d'une part, et mésaraïque d'autre part, aussi bien que les plexus veineux entourant les organes génitaux et urinaires internes, (vessie, prostate, vesicules séminales, canaux déférents, uretères, utérus, vagin, etc.) en un mot toutes les veines de la cavité pelvienne, anastomosées si largement les unes avec les autres, peuvent être et sont, de fait, fréquemment le domaine des Bilharzies mâles et femelles.

La question n'est donc pas tant de savoir quelles sont les veines de l'abdomen atteintes par l'infection bilharzienne (1), mais bien plutôt de déterminer si le séjour des parasites s'y effectue partout d'une manière particulière, intermittente ou continue, et, par

(1) Dans un récent travail, KARTULIS (*Virchow's Archiv für pathol. Anatomie u. für klin. Medicin*, 152, p. 474, 1898) donne le tableau suivant, pour le siège habituel du *Distoma hæmatobium* (sur 33 cas) :

Veine porte	27 cas		Veine pancréatique . . .	1 cas
V. mésentérique super. .	3 —		V. hépatique	1 —
« inférieure .	2 —		V. cave inférieure	6 —
V. splénique.	3		V. gastro-épiploïque . . .	1 —
Réseaux plexiformes de			V. iliaque commune droite	1 —
la vessie et du rectum	3 —		Autres veines	6 —

l'étude des désordres matériels qu'ils y occasionnent, de connaître si possible, leur évolution.

A cet égard, et pour répondre à la première question, il m'est possible d'affirmer, pour mon cas, l'absence dûment constatée de Bilharzies adultes dans toute l'étendue des rameaux veineux, même les plus volumineux, du méso-côlon iliaque, du méso-rectum et des plexus veineux du plancher pelvien. Cette absence de parasites adultes, signalée par un grand nombre d'auteurs, contraste fort avec le nombre, l'étendue et l'âge des lésions veineuses relevées et décrites dans le chapitre précédent du présent mémoire (fig. 12, 13 et 14).

Une première conclusion découle de ces courtes remarques : la *Bilharzie* (mâle ou femelle) *ne séjourne pas volontiers dans les veines de l'excavation pelvienne.*

Il y a plus, du moins à mon humble avis. Les dimensions des veines atteintes d'endophlébite bilharzienne permettent de poursuivre de plus près encore les conditions biologiques de l'habitat du parasite.

Si l'on tient compte, en effet, des dimensions habituelles de l'un et de l'autre individu, et si l'on accepte que le diamètre moyen du Ver mâle est de 1000 μ (un millimètre), le diamètre de la femelle variant de 70 à 100μ seulement, au niveau de l'extrémité antérieure, près de la ventouse ventrale, pour atteindre 280μ au niveau du segment postérieur, on saisit la donnée du problème. Il est possible, en effet, au moyen de mensurations méthodiques portant sur les veines atteintes d'endophlébite végétante, de reconnaître jusqu'à quelles limites le parasite peut parvenir, en remontant à l'intérieur des canaux veineux, vers leurs origines capillaires.

Pour ce qui est des gros canaux veineux, nous avons constaté très souvent que les vaisseaux de 1000 μ 1500 μ et 1800 μ, logés dans l'excavation pelvienne et même dans la couche sous-séreuse de l'intestin, étaient tributaires de l'endophlébite. Partout où l'endophlébite existe, elle marque la trace du passage du parasite. Jusqu'à 1000μ et 1050μ, les veines lésées ont supporté les attaques de la Bilharzie, mâle ou femelle. Au-dessous de ce diamètre de 1000 μ, les vaisseaux sanguins malades ne peuvent guère l'être du fait du parasite mâle; la femelle, seule, semble-t-il, doit dès lors inter-

venir. Or, si l'on considère l'étendue des altérations endophlébitiques développées le long des grosses veines et la surface qu'elles
couvrent, il est logique de mettre en cause, pour les gros canaux,
surtout le gros parasite, le mâle, agent vecteur de la femelle. Ses
succions répétées à la surface de l'endothélium irritent et font se
tuméfier la membrane interne du vaisseau.

Pour ce qui est des gros canaux veineux pelviens péri-viscéraux
et même des réseaux plexiformes sillonnant les méso et la couche
sous-péritonéale du segment intestinal malade, l'explication précédente est plausible. Mais quand on arrive aux *réseaux veineux sous-muqueux,* parmi lesquels il est facile de rencontrer de
gros canaux de 1500 μ et de 1600 μ atteints d'endophlébite bilharzienne, les difficultés surgissent. Peut-on accepter, en effet, que
les gros parasites mâles soient arrivés à traverser, de la couche
sous-séreuse vers la couche sous-muqueuse de l'intestin, les
réseaux rares, plutôt étroits, très espacés en tout cas, qui se
succèdent dans l'épaisseur des deux couches musculeuses de
l'intestin, *sans y produire la moindre altération inflammatoire
veineuse?*

S'il est un fait bien établi, irréfutable pour l'intestin (on l'a dit
aussi pour la vessie), c'est que les *couches musculeuses du gros intestin
sont indemnes de lésions endophlébitiques.* Ne peut-on pas en conclure
que les faits observés par Bilharz, qui a vu le Ver à demi sorti hors de
la muqueuse du gros intestin, sont exceptionnels et que la Bilharzie,
*du moins le mâle, ne franchit pas d'ordinaire les couches musculeuses
des viscères pelviens?*

Il laisse ce travail à la femelle une fois fécondée, une fois l'heure
de la ponte arrivée. La femelle, même fécondée, est beaucoup plus
mince que le mâle; elle s'enfonce, pas à pas, à l'aide de ses ventouses, contre le courant sanguin, dans la profondeur des couches
musculeuses de l'intestin, à la recherche des régions les plus
favorables sinon à l'éclosion, du moins à l'expulsion de ses œufs
hors de l'organisme. Dans le cas actuel, la muqueuse intestinale
constitue pour le Ver le but final à atteindre, en vue de sauver ses
rejetons et d'assurer la perpétuité de l'espèce.

Les innombrables altérations subies par les réseaux veineux de
la couche sous-muqueuse sont connues. Il est peu de ces vaisseaux
qui aient échappé aux désordres inflammatoires résultant du

passage des parasites, preuve démonstrative des multiples pérégrinations des femelles dont le petit nombre, comparativement à la
multiplicité des mâles, est signalé par tous les auteurs. Il est bon
de remarquer, à cet égard, que nulle part dans les couches profondes
de l'excavation pelvienne, non plus que dans les régions superficielles, péritonéales pourrait-on-dire, de l'intestin, les femelles
pleines n'ont, dans mon observation, déposé leurs œufs. Sur aucune
de mes nombreuses coupes, jamais cet accident n'a pu être signalé ;
dans d'autres faits, rares à la vérité, on a trouvé des œufs de
Bilharzie incrustés au dessous du péritoine viscéral, voire même
dans la cavité péritonéale. Encore, en ces cas, faudrait-il établir le
départ de ce qui ressortissait peut-être à des désordres emboliques,
toujours possibles quand il s'agit de corps étrangers vivants semés
à profusion au milieu des tissus, peut être aussi dans les cavités
vasculaires, sanguines ou lymphatiques.

Ici donc, tout est conforme aux données physiologiques de la
ponte des Bilharzies femelles, et l'on peut, sans se trop hasarder,
esquisser leur évolution et leur progression dans l'acte capital qui
va s'effectuer. Le fait positif, qui domine toute la situation, est le
suivant : l'état des veines sous-muqueuses démontre que *la femelle
pleine s'approche aussi près que possible de la muqueuse intestinale.*
Deux preuves saisissantes peuvent en être, sur le champ, fournies :
le nombre exceptionnellement rare d'œufs retrouvés dans l'épaisseur de la sous-muqueuse proprement dite et les dimensions
remarquablement petites des veinules sous-muqueuses atteintes
d'endophlébite végétante, ou même oblitérante.

Si les œufs étaient largement pondus dans toutes les couches de
la sous-muqueuse, une foule de ces parasites, bien qu'animés de
mouvements, auraient stationné, auraient souffert, seraient morts
dans l'épaisseur de la sous-muqueuse sans pouvoir aller plus loin :
or, de même qu'on en retrouve un grand nombre calcifiés dans la
muqueuse, de même leur présence est relativement très rare dans
la sous-muqueuse. Il faut admettre que *la femelle pond surtout ses
œufs au voisinage de la muscularis mucosae,* comme nous l'avons
précisément noté plus haut, à propos de l'anatomie pathologique
des lésions bilharziennes.

Enfin, ce n'est pas par hasard que l'endophlébite bilharzienne
sévit aussi fortement parmi les veinules de la sous-muqueuse.

Les veines de 250 μ, de 200 μ, de 170 μ même, chiffre minimum, se succèdent sur les coupes, montrant à l'envi leurs placards d'endo phlébite sténosante ou oblitérante. Au dessous de cette dimension minima de 178 μ, on ne trouve plus de trace de lésions inflammatoires dans les veinules de la sous-muqueuse; en outre, détail qui a sa valeur, *jamais les veinules qui traversent la* muscularis mucosae, *non plus que les ramifications veineuses, d'ailleurs ténues, parcourant la muqueuse proprement dite ne montrent les moindres signes d'endophlébite végétante.*

Que conclure de ce qui précède? sinon, qu'il doit y avoir une région limite, dans les réseaux veineux de l'intestin, une *zone d'arrêt* que la femelle pleine ne saurait franchir? est-ce à cause de son volume supérieur au diamètre, même forcé, de la veinule? est-ce à cause de certaines conditions fondamentales qui président, en dernier ressort, à la ponte et à l'expulsion méthodique des œufs de Bilharzie?

La ponte dans les veines sous-muqueuses. — A l'aide de ces quelques données, esquissons la lutte qui s'établit au dessous de la *muscularis mucosae* entre la femelle qui va pondre et les vaisseaux veineux qui l'avoisinent. La femelle s'est avancée, au moyen de ses ventouses, à travers les méandres des couches inter-musculaires de l'intestin. Les contractions des muscles de l'intestin l'ont, sans doute, aidée à aborder la sous-muqueuse. Les ventouses, en s'incrustant sur la paroi de la veine, permettent au parasite d'atteindre, selon sa corpulence, jusqu'au vaisseau le plus étroit (200 μ, 178 μ). Au delà, il y aurait danger pour l'animal *qui courrait le risque de ne plus pouvoir rétrograder.*

Dans la genèse des lésions, il faut, en particulier, tenir compte de ce fait que, sur aucune des coupes, on ne peut trouver trace d'un cadavre de Bilharzie femelle immobilisé à l'intérieur d'une veinule enflammée, si étendue qu'ait été l'oblitération végétante de la membrane interne. La femelle pleine se réserve donc toujours une issue, un moyen de fuite vers les grands canaux, vers la mésaraïque, où le torrent sanguin la ramènera vite aux mâles.

Ce point admis, comment expliquer la ponte d'innombrables œufs et leur issue rapide, à peu peu près invariable, hors des parois des vaisseaux veineux, dans les espaces interstitiels de la sous-

muqueuse, et de la *muscularis mucosae?* Ici, le problème devient
ardu, surtout si l'on tient compte de ce que l'effraction des œufs,
au moment de la ponte, ne s'accompagne jamais de thromboses
veineuses, ni d'hémorrhagies interstitielles. Il existe, à première
vue, une sorte de contradiction entre : 1º la nécessité, pour la femelle
de ne pondre qu'en un endroit stagnant, à l'abri, pour un temps
notable, des remous violents du torrent circulatoire veineux (autrement, les œufs pondus dans la cavité veineuse s'emboliseraient
aussitôt vers le foie, accident plutôt rare) ; et 2º l'intégrité des tissus
situés en amont de la veine rétrécie, sinon oblitérée, par le corps
même de la femelle. Le réseau anastomotique, d'une richesse inouïe,
que forment les plexus veineux sous-muqueux s'opposerait, du
reste, à toute stase sanguine capable de troubler la nutrition
de la muqueuse intestinale.

Force est donc d'admettre que *les lésions inflammatoires sténosantes
et surtout oblitérantes des veinules sous-muqueuses assurent la stagnation nécessaire à la parfaite éclosion des œufs de Bilharzie.* La
multiplicité extrême des lésions endophlébitiques se justifierait
ainsi. Peut-être, la femelle, en se fixant entre les bourgeonnements
de la membrane interne, arrive-t-elle à choisir pour ainsi dire son
nid, en tirant profit des obstacles apportés par l'endophlébite
oblitérante au cours du sang dans les canaux anastomotiques voisins. Peut-être aussi les mères nouvelles venues bénéficient-elles
des premières attaques exercées au cours des pérégrinations
précédentes. Peut-être enfin les épines qui sillonnent la face dorsale de la femelle l'aident-elles à s'arc-bouter contre la paroi de la
veine, opposée à celle où le parasite a fixé ses deux ventouses, et
lui donnent-elles le moyen de maintenir obstruée un temps suffisant la cavité veineuse, en aval de la région où la ponte va se produire.

Que l'obstacle apporté par son propre corps et par les lésions
endophlébitiques sténosantes consécutives à ses succions suffise
pour donner à la femelle le temps de pondre à loisir et sans crainte
de voir ses œufs s'échapper en sens rétrograde, (c'est-à-dire du
côté de la veine mésaraïque), et voilà réalisée une première donnée
du problème. La mère aura accompli le mieux possible son œuvre.
Elle aura fait, en faveur de sa descendance, le maximum d'efforts,
singulièrement conscients, en vue d'apporter aussi près que possi-

ble, dans la mesure de ses moyens, sa progéniture vers la liberté,
c'est-à-dire vers la cavité intestinale. A ses embryons, logés dans
leur carapace armée pour la lutte, de parfaire le travail de libération que la mère n'a pu, matériellement, mener plus avant.

Les pérégrinations réitérées des parasites mâles et femelles dans
les réseaux veineux profonds de l'excavation pelvienne, les nombreux pélérinages effectués au moment de la ponte par les femelles
dans l'intérieur des viscères pelviens, pour le cas qui nous occupe
dans l'épaisseur des couches intestinales, ne produisent pas seulement les désastres signalés à propos de la membrane interne des
vaisseaux veineux qui leur donnent un asile aussi prolongé : les
tissus constitutifs en souffrent à leur tour. Les couches multiples,
diversement intriquées, de tissu cellulo-adipeux qui matelassent
les replis et les fentes séparant et tour à tour unissant les organes
de la cavité pelvienne ne tardent pas à ressentir, à distance, les
effets de la présence des parasites bilharziens. Une inflammation
chronique fibroïde, diffuse, sans rapport direct avec les altérations
des veines et sans contiguité manifeste des tissus, se développe
dans l'excavation pelvienne, tout en respectant la séreuse péritonéale proprement dite. Et, bien que l'on ne puisse trouver dans
les différentes zones constituant les étages des viscères pelviens
aucune trace de pontes d'œufs, aucune colonie de Vers mâles ou
femelles, peu à peu la sclérose s'y installe et arrive à transformer
toutes les parties molles péri-viscérales en un tissu de cicatrice
constamment exempt de lésions suppuratives.

L'explication la plus plausible de tels désordres inflammatoires
ne peut guère être fournie qu'en admettant la *transsudation, hors
des parois vasculaires enflammées, de substances irritatives, de toxines
sécrétées par les parasites eux-mêmes.*

L'examen méthodique des tissus indurés ne saurait, comme nous
l'avons vu plus haut, mettre ces altérations fibreuses sur le compte
de perturbations sanguines, de stase veineuse chronique, qui
auraient résulté des oblitérations vasculaires signalées à propos de
l'anatomie pathologique. On n'y observe ni œdème chronique, ni
cyanose persistante capable d'avoir induré lentement les tissus
interstitiels. De semblables lésions pelviennes existent aussi, dans
l'actinomycose par exemple, à distance, loin des foyers parasitaires
déposés par le Champignon rayonné le long des parois osseuses du

bassin. Quelle que soit la nature du parasite animé qui trouble le fonctionnement des parties molles pelviennes, le résultat est identique : certaines substances toxiques, émanant du parasite, sont « phlogènes » et parviennent sans doute à transformer le tissu cellulo-adipeux en un tissu cicatriciel. Ainsi se crée, de toutes pièces, une *sclérose diffuse chronique*, symptomatique, d'origine toxinhémique. Une partie, impossible à déterminer, des placards d'endophlébite développés le long des veines de l'excavation pelvienne et dans quelques veines de l'intestin ressortit, selon toute probabilité, au même procédé pathogénique.

La succion opérée par les ventouses sur la membrane interne de la veine et les érosions simultanées produites en elle par les épines de la Bilharzie femelle trouveraient dans la substance toxique, émanée du parasite, une aide incomparable. Le poison sécrété activerait le développement phlogogénique exubérant des couches sous-endothéliales de la membrane interne, surtout dans les points où la veine se serait trouvée exposée au contact du *Schistosomum hæmatobium* adulte. Nous aurons bientôt à invoquer en faveur des œufs la même action délétère sur les tissus traumatisés par eux, pendant leur passage au travers de l'intestin.

II. — LES ŒUFS DE BILHARZIE ET LEUR STRUCTURE.

L'histologie des œufs de Bilharzie est un sujet d'étude poussé à fond. Les travaux de Bilharz, de Cobbold, de Griesinger, de Leuckart, ceux, modernes, de Damaschino et Zancarol (1), de R. Blanchard (2), de Chatin (3), de Fritsch (4), de Mohammed Chaker (5), de Lortet et Vialleton (6), de Rütimeyer (7), de Looss (8), sont trop

(1) DAMASCHINO et ZANCAROL, *Mém. Soc. med. des hôpitaux de Paris*, 1882 p. 144 et 150.

(2) R. BLANCHARD, *Traité de Zoologie médicale*, II et *Pathologie générale de Bouchard*, II.

(3) CHATIN, Anat. de la *Bilharzia. C. R. Acad, des sciences*, 1887, p. 1004.

(4) FRITSCH, Zur. Anat. der *Bilharzia haematobia. Archiv. f. mikrosk. Anat.*, 1888.

(5) MOHAMED CHAKER, *Étude sur l'hématurie d'Égypte*, Thèse de Paris, 1890.

(6) LORTET et VIALLETON, Etude sur la *Bilharzia* et la Bilharziose. *Annales de l'Université de Lyon*, 1894.

(7) L. RÜTIMEYER, Ueber Bilharzia-Krankheit. *Annales suisses des sciences médicales*, p, 871.

(8) Looss, Zur Anatomie und Histologie der *Bilharzia haematobia* Cobbold. *Archiv. f. mikroskop. Anatomie.*, XXXXVI, 1895.

universellement connus pour qu'on puisse espérer découvrir encore
d'importants détails de structure, la moisson étant terminée, ou peu
s'en faut. Tout au plus reste-t-il à noter certains points utiles à
l'observation que nous rapportons et utilisables en vue d'une
esquisse pathogénique terminale.

Tout d'abord, rappelons que la forme des œufs de Bilharzie n'est
pas constante, pour tous les exemplaires que l'on observera réunis
sur un même point. A côté d'individus présentant un contour
ovoïde ou ellipsoïdal d'une façon presque géométrique, ce qui est
l'exception (pl. II, fig 4 et 5), que d'exemples d'œufs irréguliers,
que de formes défiant toute description! Sans parler des œufs dont
les deux extrémités, dépourvues d'épines, semblent se dévier en
sens inverse avant leur point ultime (pl. II, fig. 4, l'avant dernier
œuf à gauche, au bas de la figure), j'ai pu retrouver à plusieurs
reprises des œufs dont l'extrémité la moins grosse se recourbait
fortement sur l'axe longitudinal du corps de l'organe, au point de
décrire avec lui un angle obtus très accusé (disposition en virgule).

L'*éperon* appendu à la surface de la coquille de l'œuf et dont la
présence, sans être absolument constante, est presque la règle
(pl. II, fig. 4, 5, 6 et 7; voy. aussi la fig. 15, ci-contre) contribue
pour une part importante aux formations irrégulières de l'organe.

Cet appendice est très diversement placé : tantôt, on le voit à l'un
des pôles, sur le prolongement axial de l'œuf, ou légèrement parallèle, plus souvent au bout de la petite extrémité (éperon polaire):
tantôt il se place sur l'un des bords de l'organe, en un point variable (éperon latéral). Latéral, l'éperon est presque toujours plus
rapproché de la grosse tubérosité de l'œuf que de sa petite extrémité. La saillie de l'éperon est d'ordinaire modérée ; fréquemment,
sur les coupes les mieux préparées, elle apparaît rompue, séparée
de l'œuf comme par une sorte de ligne de fracture (pl. II, fig. 4).

Le nombre d'éperons, pour un œuf donné, est assez variable : un
seul éperon par coquille, telle est la règle ordinaire. Toutefois, il
n'est pas rare de constater la présence de deux éperons (fig. 15),
placés chacun à l'une des extrémités polaires (éperons bi-polaires).
Il m'est arrivé enfin de compter trois éperons, deux polaires et un
latéral, pour un seul et même œuf; mais cette disposition morphologique est exceptionnelle. La direction générale de l'éperon latéral,
par rapport à la coquille, est fort variable : souvent l'éperon trace

une saillie régulière, perpendiculaire à l'axe général de l'œuf ; par·
fois aussi, l'axe de l'éperon dessine un angle, obtus par rapport à
l'axe de l'œuf et dont le sinus est ouvert, soit vers la grosse, soit
vers la petite extrémité.

La forme de l'éperon est, d'habitude, cylindro-conique ; elle demeure, soit régulière jusqu'au bout de son extrémité saillante (d'as·

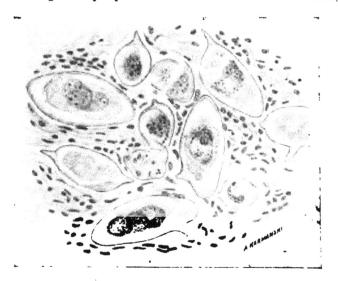

Fig. 15. — Onze œufs de Bilharzie incrustés dans la muqueuse intestinale. × 200.

Préparation destinée à montrer les différents aspects présentés par un îlot
d'œufs trouvé sur une coupe microscopique, et logé dans la muqueuse épaissie.
Six de ces œufs sont munis d'un éperon latéral, diversement placé selon l'orientation de l'œuf par rapport au plan de la coupe. L'un d'eux, à droite, sur le bord
même de la figure, montre deux éperons, l'un latéral, l'autre polaire. Un autre
œuf, à gauche, au bas de la figure, possède deux éperons polaires, l'un et l'autre
placés suivant le grand axe de l'œuf.
L'œuf le plus volumineux, (à gauche, partie supérieure), contient un embryon
composé de deux masses protoplasmiques claires, munies l'une et l'autre d'un
volumineux noyau.
La forme, la saillie, la direction et l'épaisseur des éperons peuvent être étudiées
ici à loisir, par comparaison.

pect aciculé), soit quelque peu infléchie, suivant le plan équatorial
de l'œuf, ou suivant le plan axial, selon les cas (fig. 15, et pl. II, fig. 4).

On ne saurait manquer de signaler, en terminant, la grande fréquence des éperons latéraux saillants à la surface des œufs de Bilharzie logés dans l'épaisseur des couches les plus internes de l'in·
testin. On l'opposera à l'absence ordinaire, sinon constante, d'épe·

rons latéraux sur les œufs incrustés dans les parois de la vessie, de la prostate et des vésicules séminales; ce détail, sur lequel insistent à juste titre la plupart des auteurs, ne peut-être dû au seul hasard. Nous aurons à le retrouver, au cours de ces études.

Il nous suffit de reconnaître que ces « appendices spiniformes », véritables épieux, s'enfonçant dans les tissus, jouent, à n'en pas douter, un rôle décisif dans la progression des œufs à travers les couches de l'intestin.

Le *volume* des œufs est diversement indiqué par les auteurs, peut-être à cause d'un manque d'entente préalable et sans doute aussi à cause des conditions différentes dans lesquelles ils se sont placés : la mensuration d'un œuf libre dans l'urine ou les fèces n'est pas comparable aux mensurations faites sur coupes microscopiques, après durcissement des pièces. Il importe, par exemple, d'éviter de compter la saillie de l'éperon dans l'estimation de la grosseur d'un œuf proprement dit. Cette réserve acceptée, notons que les chiffres fournis par certains auteurs sont plutôt des données schématiques que des mensurations précises. Énoncer, par exemple, que la *longueur*, autrement dit le diamètre longitudinal, pris suivant le grand axe de la coquille, défalcation faite de l'éperon, oscille entre 135 μ et 160 μ ou encore entre 159 μ et 171 μ ou même 210 μ, c'est donner une estimation par trop approximative. J'ai, pour ma part, pris soin de mesurer le plus grand nombre possible d'œufs pleins et vivants, c'est-à-dire ne présentant aucun signe d'altérations régressives. J'ai constaté que la longueur la plus habituelle de l'œuf n'oscille guère qu'entre 130 μ 9, 133 μ 2, 136 μ 8, 138 μ, 140 μ 4, 150 μ, 154 μ 7, et 159 μ 4 (ce dernier chiffre fort rare), mensurations inférieures, d'une façon notable, aux chiffres rapportés par la plupart des auteurs.

De même pour la *largeur* de l'œuf mesuré suivant son plus grand diamètre transversal, perpendiculairement à l'axe longitudinal, et passant bien par la partie la plus saillante du corps de la coquille, autrement dit par la ligne équatoriale de l'œuf. Les chiffres publiés par les auteurs oscillent de 55 μ à 66 μ, ou encore de 54 μ à 60 μ. Mes mensurations furent toutes prises conformément à l'indication précédente; elles m'ont fourni des chiffres régulièrement inférieurs à ceux qui précèdent. C'est ainsi que les plus petits œufs, *encore sains*, donnaient 47 μ 6 et 50 μ 4 de diamètre, les plus gros ne dépassant pas **54** μ **7, 57** μ**, 59** μ **5** et **61** μ **8**.Une exception doit être faite cependant pour certains œufs beaucoup plus gros, très rares à la vérité, que j'ai trouvés à plusieurs reprises (v. fig. 15, l'œuf le plus élevé à gauche, sur le bord de la préparation); ces œufs, énormes par comparaison avec la foule des autres, sont remarquables moins à cause de leur longueur (qui ne dépasse pas **159** μ) que par leur grosseur anormale qui atteignait, sur quelques exemplaires, jusqu'à **64** et **70** μ. Ces gros œufs étaient, tous, remplis par un embryon en voie de développement avancé (fig. 15), sans cependant qu'il m'ait été possible d'y découvrir les détails microscopiques correspondant à un embryon cilié déjà formé.

Morts, et en plein état de calcification, ou seulement incrustés de quelques granulations calcaires, les œufs se montrent petits, rétractés; tout en ayant conservé leur forme, ils ne dépassent pas **123** μ**,7** à **122** μ de long, sur **47** μ à **49** μ de large.

Une fois l'embryon arrivé à terme, l'œuf éclate, par déhiscence lon gitudinale; évacué, il se raccourcit et d'ordinaire alors la coquille, bien reconnaissable, ne mesure plus que **111** μ**, 8** à **97** μ**,2** de long; elle n'offre plus, comme diamètre transversal, que **42** μ**,8** à **35** μ**,7**, vers le fond de l'œuf; cette grosse extrémité, respectée par la ligne de rupture, conserve souvent appendu à elle l'éperon en bon état, ou à peine modifié dans sa structure.

Les mensurations de l'éperon, fournies par les observateurs déjà cités, lui attribuent **27** μ, **30** μ et même **33** μ de long. Mes chiffres sont régulièrement moindres, car ils n'ont jamais dépassé **14**μ**, 8 16** μ **6, 21** μ **4** et **23** μ **8** au maximum.

La *structure* de l'œuf de Bilharzie comporte l'étude de l'enveloppe, ou coque, puis de son contenu. Ces deux points ont été réglés par trop d'observateurs compétents pour nous retenir longtemps. Il est important toutefois de signaler certaines particularités utiles à la pathogénie, étude qu'on ne saurait entourer d'un trop grand luxe de détails positifs.

La *coquille* de l'œuf est, comme on sait, composée d'une matière anhiste, translucide, douée d'un certain degré d'élasticité, mais cependant friable, et susceptible de maintenir à peu près sa forme générale après le départ de l'embryon.

Sauf au niveau de l'éperon, la paroi de la coque est d'une minceur très grande, uniforme autant qu'on en peut juger (pl. ll, fig. 4, 5, 6 et 7) sur les coupes.

L'embryon, contenu dans la coquille encore intacte, se présente (dans l'immense majorité des œufs innombrables qu'il m'a été donné d'étudier sur coupes), comme une masse ovalaire informe dans laquelle il était impossible de reconnaître les figures classiques caractéristiques de l'embryon décrites par les auteurs. Dans le plus grand nombre des cas, on compte, à l'intérieur de l'œuf, deux,, trois, rarement quatre gros éléments cellulaires, arrondis, formés, semble-t-il, d'un protoplasma granuleux, sombre, au milieu duquel sont répandus quelque clairs noyaux faiblement colorés. Les exemplaires semblables à celui représenté dans le gros œuf de gauche (fig. 15) où l'on aperçoit un organisme mieux conformé et auquel on décrirait, au besoin, une extrémité céphalique avec un rostre en voie de formation, ces exemplaires étaient d'une excessive rareté dans l'observation servant de base au présent mémoire,

Bien plus communs sont les cas où l'embryon, bien isolé encore de la face interne de la coquille qui l'enserre, commence à montrer des signes de souffrance, voire même de désintégration granuleuse, sinon déjà d'incrustation calcaire. Sur les coupes bien colorées à l'hématoxyline, l'embryon se présente alors teinté en violet plus ou moins trouble et ce ton violet, qui laque pour ainsi dire le protoplasma du parasite, n'affecte en aucune façon la pellucidité de la coquille qui l'engaîne. Des granulations petites, irrégulières, colorées en violet foncé, ou même en violet noir, s'accumulent autour des masses protoplasmiques. Elles respectent longtemps, semble-t-il, les noyaux, qui tranchent par leur lilas pâle sur les masses de poussières violettes incrustées dans les blocs du parenchyme.

Si les désordres régressifs s'accusent davantage, la masse protoplasmique de l'embryon se hérisse de granulations sombres, calcaires à n'en pas douter. Arrive même un moment où l'habitant de l'œuf se transforme en un bloc d'abord granuleux, puis uniforme, qui perd bientôt toute forme organique (pl. ll, fig. 4). En ce cas, le terme ultime de la dégénérescence calcaire de l'œuf est représenté par un calcul oviforme (pl. II, fig. 5) d'un violet rougeâtre diffus, constitué par la fusion intime de l'œuf et de son enveloppe, également envahis par l'infiltration de sels de chaux.

Sur ces points du moins, la bilharziose est vaincue par la mort du parasite, réduit à l'état de corps étranger irréductible.

Maintes fois aussi, les œufs de Bilharzie,se montrent, sur les coupes,vidés de leur contenu. L'embryon a disparu, laissant un vide diversement comblé selon les cas. Il est facile de distinguer un œuf brisé par suite d'un accident de technique (voy. fig. 15, le deuxième œuf de droite, premier rang, coupé transversalement et rompu par le montage dans le baume) et d'en différencier l'aspect, comparativement avec la *déhiscence*, qu'on pourrait dénommer physiologique, de l'œuf arrivé à complète maturité.

L'œuf rompu par évacuation normale de l'embryon s'observe fréquemment sur toutes les coupes de la muqueuse intestinale. On le reconnaît à trois caractères principaux, qui ne manquent pour ainsi dire jamais : 1° *l'affaissement incomplet de la coquille*, 2° la *direction*, généralement longitudinale (axiale), *du trait principal de la rupture*, et 3° *l'invasion de la cavité de l'œuf* par des cellules migratrices.

N'était la technique colorante employée, en particulier l'orcéine jointe à l'hématoxyline, une foule de coquilles brisées et évacuées échapperaient à l'observateur (pl. II, fig. 5). Pour ne citer que cette méthode colorante, la coque affaissée apparaît alors mise en valeur grâce à son ton jaune brun sale qui la fait vite apercevoir, avec un grossissement moyen, au milieu des travées connectives et des éléments cellulaires accumulés dans leurs interstices. Lorsque l'œuf rompu et évacué est. sur une bonne coupe, couché parallèlement à la surface de section (pl. II, fig. 4, 6 et 7), les détails sont plus démonstratifs encore et entraînent la conviction, en montrant sur le fait la façon dont s'est accomplie la déhiscence de la coquille. Maintes fois, en effet, l'aspect de la coquille évacuée est le suivant : de la grosse tubérosité, ou gros bout de l'œuf, se détache verticalement, suivant le grand axe de l'organe, une ligne de fracture dont les lèvres plus ou moins écartées laissent voir l'intérieur de la loge ovulaire vide, ou du moins dépourvue d'embryon. Le sommet ou petite extrémité de l'œuf est méconnaissable, déchiré, peut-être redressé, de toute façon fort déformé. L'éperon latéral persiste intact, accroché aux parties latérales du bout de l'œuf et ayant échappé dans ce cas à la déhiscence de la coquille. Règle générale, le trou béant qui résulte de la déchirure de l'enveloppe de l'œuf regarde vers la muqueuse intestinale: l'embryon s'est précipité vers la surface interne de l'intestin.

Nous aurons l'occasion de revenir sur l'invasion constante de la co-quille (une fois évacuée) par les leucocytes du voisinage. Un examen attentif permet, malgré la minceur et la translucidité inaltérables de la paroi coquillère, de constater cette infection de la cavité de l'œuf (fig. 16).

Quelques courtes remarques à ce sujet: tant que l'œuf est vivant, il semble s'opposer à tout appel hyperdiapédétique autour de lui; on ne trouve jamais dans son entourage ces couronnes de nombreux leucocytes (phagocytes) de divers ordres qui s'accumulent, comme à l'envi, autour de tous les corps étrangers ou des parasites dits phlogogéniques ou pyogéniques. Vivant, l'œuf de Bilharzie possède, à n'en pas douter, un chimiotactisme négatif. Mais sitôt mort, ou simplement dépouillé de son embryon cilié, l'œuf, soit calcifié, soit rompu, redevient un corps étranger banal et les phagocytes s'avan-cent autour de lui, à l'assaut. On les voit surtout se déposer autour des angles formés par la saillie de l'éperon (fig. 16). Parfois même, le nombre des phagocytes mononucléaires s'y manifeste si grand qu'ils dessinent, à la base de la saillie spiniforme en question, une sorte de vaste *cellule géante* à noyaux multiples, à laquelle il ne manque guère, pour être complète, que quelques bribes de subs-tance protoplasmique diffuse, intercalaire, difficile à colorer. La surface de la coquille se recouvre ainsi, de place en place, de beaux placards phagocytaires, parmi lesquels, d'ordinaire, on ne peut observer le moindre polynucléaire.

Pendant ce temps l'intérieur de l'œuf est, comme nous l'avons montré, envahi par des phagocytes mono ou polynucléaires. Toute-fois, ces éléments vont s'y trouver exposés, pendant encore un temps indéterminé, à des dangers redoutables: ils y éprouvent des troubles, dûs sans doute à la difficulté qu'ils ont de se nourrir et de respirer à l'intérieur de cette vaste carapace affaissée. Aussi les voit-on (fig. 16 et pl. II, fig. 6) s'y morceler en grand nombre, y fragmenter leurs noyaux en proie à une karyolyse des plus mani-festes, indice de la dégénérescence irrémédiable de la cellule mi-gratrice, victime de sa propre victoire.

La technique colorante qui met en lumière tous les détails pré-cédents est des plus simples. Il me suffira de la signaler ·en quelques lignes, sans citer tous les procédés habituels, bien connus, tels que le picro-carmin et le carmin à l'alun.

L'action de l'*éosine-hématoxyline* donne aux œufs un aspect général allant du rose au brun-rosâtre, qui tient à ce que l'enveloppe coquillière prend un ton rose-thé sur lequel les masses de l'embryon tranchent plus ou moins vivement, selon leur état. Normal,

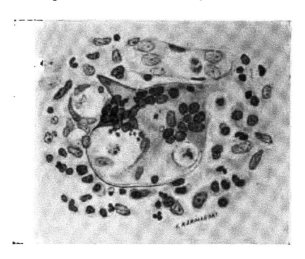

Fig. 16. — Une coquille d'œuf rompue, évacuée,
envahie par les phagocytes. × 500.

L'œuf rompu, comme on peut le voir à sa partie inférieure, ne dessine plus bien le double contour de sa paroi (sauf en bas et à gauche de la figure).

La saillie formée par l'éperon latéral (en haut et à gauche) montre le tissu de l'enveloppe infiltré de petites granulations noires (calcaires ?) Tout autour de la base de l'éperon, les leucocytes se sont accumulés en grand nombre, bien vivants, tous mononucléaires, groupés à la façon d'une « cellule géante » en voie de formation.

Par transparence, il est facile de reconnaître, à l'intérieur même de la coquille, la présence de plusieurs phagocytes inclus. Tous montrent leur noyau en voie d'altération profonde ; certains même ont déjà subi une karyolyse évidente : les poussières nucléaires accumulées en amas le démontrent surabondamment.

Autour de l'œuf, on reconnaît trois vaisseaux capillaires dont les noyaux endothéliaux semblent quelque peu irrités, et de nombreux leucocytes mono ou polynucléaires en état de diapédèse.

vivant encore, l'embryon se teinte de nuances lilas, violâtres qui, une fois la calcification développée, tournent au violet rougeâtre ou brun très accusé.

Les coupes colorées à l'*orcéine-hématoxyline* donnent à la coquille une couleur jaune brun fort caractéristique, qui facilite grandement les recherches dans les tissus. Les éléments cellulaires, avec

leurs noyaux violet clair, les grains calcaires avec leurs tons
sombres, d'un violet presque noir, enfin les masses calcaires intra-
ovulaires avec leur reflet violet terne ou violet-brun diffus, imposent aux parties un aspect saisissant et suffisamment différencié.

La *thionine*, qui met si bien en valeur les détails élémentaires
d'une coupe de l'intestin, n'est guère favorable à l'étude des œufs
de Bilharzie ; elle les couvre d'un ton bleu noirâtre, trop opaque,
trop lourd, qui compromet les détails de la structure de l'embryon.
Seul, l'éperon offre souvent, au milieu des tissus, un reflet brun
noir très frappant.

Le *bleu polychrome de Unna* prend mal sur les œufs, mais les laisse
brillants et incolores, au milieu des tissus finement différenciés.

Les coupes qui ont passé par la *méthode de Gram*, après emploi
de l'hématéine et du carmin (pl. II, fig. 2) donnent aux œufs un
coloris des plus remarquables : ils se détachent en jaune-verdâtre
brillant sur le fond rose de la coupe. Les individus vivants permettent d'étudier, grâce au colorant des noyaux, leur structure intime
tandis que les exemplaires mortifiés, calcifiés, font une tache
rouge-brun vif entourée de sa coque jaunâtre, qui produit le plus
bel effet. Cette technique permet donc de différencier sans peine
les œufs morts des vivants.

Pour résumer, disons que les deux méthodes de coloration les
plus recommandables sont l'hématoxyline-éosine et l'orcéine hématoxyline, qui répondent à tous les desiderata.

II SITUATION TOPOGRAPHIQUE DES ŒUFS. — Il est facile de résumer
en quelques mots l'ensemble des détails recueillis dans les chapitres
précédents, à propos de la distribution topographique des œufs
parmi les couches de l'intestin et par rapport aux divers organes
qui s'y accumulent.

Un premier fait, capital, se dégage de l'examen des coupes : *les
œufs s'amassent dans l'épaisseur de la muqueuse*. Là est leur habitat, au
moins en apparence; car nous verrons bientôt que, selon toute raison, la membrane muqueuse ne doit être considérée que comme
leur dernière étape, leur effraction terminale dans la cavité même
de l'intestin étant le but suprême de tous leurs efforts.

Autant les espaces interstitiels de la muqueuse épaissie sont gorgés, en certaines zones, de ces colonies d'œufs de Bilharzie, autant

les autres couches de l'intestin en sont, à l'ordinaire, dépourvues:
Seule, la *muscularis mucosae*, bande contractile, mince et souple,
qui représente la limite de protection profonde de la muqueuse, en
présente encore, par places, quelques exemplaires, mais toujours
en nombre restreint. Encore faut-il considérer que, parmi ces faisceaux musculaires couchés parallèles à la surface de la muqueuse,
les œufs ne se disposent, qu'à l'état isolé : solitaires, ils semblent
pressés d'aborder au plus tôt les couches celluleuses, plus lâches,
de la partie profonde de la muqueuse, qui tient à la *muscularis* par
tant de liens, y compris les follicules lymphatiques muco-sous-
muqueux, fort clairsemés en cette région terminale du gros intestin.

Détail qui a grand intérêt et qui sollicite l'attention de tous les
micrographes, chaque œuf trouvé dans l'épaisseur de la musculaire
de la muqueuse, y affecte, sans exception, une attitude constante :
il est toujours *couché parallèlement à l'axe des faisceaux musculaires* et à la surface de la muqueuse, par conséquent. On peut
admettre cependant que les œufs, en traversant cette filière musculaire lisse, doivent se relever, à un moment donné, pour aborder la
muqueuse. Le fait histologique est tel; à la pathogénie de s'en servir, surtout si l'on arrivait à établir que les éperons conservent
aussi une direction constante pendant cette traversée, plutôt
pénible, à travers un rideau dense de fibres-cellules sans cesse en
mouvement.

A ne considérer les faits qu'au point de vue microscopique, la
sous-muqueuse est presque toujours pauvre en œufs et l'infection
bilharzienne ovulaire y est plutôt l'exception. On n'y trouve presque
jamais d'œufs vivants; ce ne sont que quelques rares exemplaires
isolés, comme perdus au milieu des travées connectives fibrosées,
et *toujours en dehors des vaisseaux sanguins, qui ne peuvent plus leur
servir d'asile.* On n'observe jamais là de coquilles vidées, non plus
d'ailleurs que dans la *muscularis mucosae.* D'ordinaire même, les
œufs s'y montrent tout proches de la face profonde de la
muscularis mucosae, comme pour démontrer qu'ils ont été saisis
au moment où ils allaient s'enfoncer à la conquête de la muqueuse;
à moins que leur présence ne corresponde à un accident, à un
manque, dans la progression normale des œufs.

Une seule fois, il m'a été donné d'y rencontrer un œuf, un seul, au voisinage de la couche musculeuse interne, dans la zone, très densifiée, la plus profonde de la sous-muqueuse. Cette exception me semble confirmer la règle.

Il est inutile de rappeler ici que jamais aucun œuf n'a pu être signalé, dans mon observation, parmi les autres couches de l'intestin.

Telle est donc la topographie générale des œufs, par rapport aux couches de l'organe. Rappelons, en peu de mots, leurs rapports avec les *organes* et les *tissus* importants de la muqueuse.

A *l'intérieur de la muqueuse*, les œufs se présentent tantôt à l'état de colonies plus ou moins riches, tantôt à l'état isolé : l'invasion bilharzienne paraît s'être faite soit par masses profondes, soit par marche individuelle. Le premier de ces procédés semble le plus habituel, le plus conforme, sans doute, à la technique d'infestation, que nous aurons à considérer bientôt dans ses détails.

Les infiltrats multiples d'œufs s'accumulent, sur nos coupes, de préférence au niveau des portions de la muqueuse encore entière, ou pour mieux dire, dans les zones de la muqueuse en voie d'hyperplasie végétante et non encore ulcérées (fig. 8 et pl. II, fig. 1 et 2). Là, au milieu des travées conjonctives hyperplasiées, entourés d'un nombre plutôt restreint de cellules migratrices diapédésées, et sans jamais produire d'inflammation réactionnelle suppurative autour d'eux, les œufs s'avancent vers la lumière, vers la cavité intestinale. Ils sont, tous, ou presque tous, les vivants aussi bien que les morts, obliquement dirigés, sinon verticalement, vers le but que leur destinée était d'atteindre. Bien d'autres ont dû passer par là, avant ces dernières colonnes d'attaque et, par le même chemin, détruire les glandes, dont un grand nombre a disparu. Grâce à ces multiples traumatismes et, sans doute aussi, aux toxines qu'ils sèment autour d'eux, les œufs ont transformé la muqueuse en un tissu conjonctivo-vasculaire *cicatriciel*, de plus en plus induré. Ailleurs, la muqueuse aura réagi, comme nous le verrons, non plus seulement par sa gangue interstitielle, mais aussi au moyen de ses glandes, dont les œufs nouveaux-venus auront à franchir les couches anormalement hyperplasiées. Ailleurs enfin, ce sera contre une muqueuse ulcérée, fibroïde, que les derniers efforts des œufs, devront s'exercer (pl. I, fig. 1). En résumé, quel que soit l'état de la muqueuse au point infesté par les dernières colonies d'œufs, leur situation est partout la même : ils s'enfoncent dans le tissu interstitiel, normalement si l'on considère la voie veineuse sous-muqueuse où ils ont trouvé le jour. Ils s'efforcent individuellement, de quitter la muqueuse, et *évitent avec soin les vaisseaux sanguins de la région*, trop étroits, en général, d'ailleurs pour leur fournir l'hospitalité. *Jamais aucun des œufs incrustés dans la muqueuse ne vient se placer à l'intérieur d'un vaisseau sanguin.* La légende, suivant laquelle les œufs embolisés, par leurs propres forces, à l'intérieur des vaisseaux de la muqueuse y produiraient des stases sanguines, des hémorrhagies interstitielles sources de tous les désordres anatomo-pathologiques, mérite donc d'être détruite, sans retour. *Il n'y a jamais d'hémorrhagies récentes, ni traces d'hémorrhagies anciennes dans l'épaisseur de la muqueuse intestinale aux points infestés par la bilharziose.* Tout se passe, au point de vue anatomo-pathologique, beaucoup plus simplement, ainsi que nous l'allons voir.

Enfin, pendant sa progression, l'œuf a côtoyé d'autres organes, des nerfs qu'il a respectés, des follicules lymphatiques, pour lesquels il n'a qu'un rare attrait (pl. II, fig. 3) et enfin des glandes en tube, normales ou hyperplasiées. Ces dernières lui servent, je crois l'avoir démontré, de voie d'accès, d'issue aussi parfaite que possible (pl. II, fig. 7). La fréquence réelle des figures semblables à celle représentée planche II, fig. 7, me fait croire que, tant qu'elles existent et qu'elles demeurent en communication directe avec la cavité intestinale, les glandes de Lieberkühn hypertrophiées sont un chemin de prédilection pour l'embryon : il brise sa coquille aussi près que possible de la paroi de la glande, en parti-culier contre l'un de ses culs-de-sac terminaux. Le travail hyper-diapédétique que l'on constate en ce point est trop manifeste, trop circonscrit au pourtour de la coquille évacuée, pour permettre le moindre doute à cet égard.

Bien d'autres œufs évacués parsèment encore nos coupes, loin des glandes et dans les tissus chroniquement enflammés : ils donnent ainsi la preuve de la vigueur et de la force de pénétration de l'embryon cilié né à terme. Les coquilles rompues se rencontrent aussi de préférence à la surface de la muqueuse, quand celle-ci apparaît dépourvue de glandes en tube et est transformée en un riche tissu de bourgeons charnus. Si j'en juge d'après mes coupes, la ligne de déhiscence de la coquille est toujours tournée vers la surface interne de l'intestin, et l'œuf éclate aux dépens de la petite extrémité.

En résumé, au niveau de la muqueuse, les œufs se placent, individuellement, de la façon la plus favorable à l'éclosion de l'embryon cilié, sinon même à l'issue en masse de l'œuf vivant, dans l'intérieur de la cavité intestinale. Les lésions chroniques inflammatoires qui, au bout d'un certain temps, sillonnent la muqueuse, gênent à coup sûr l'évolution complète des œufs et contribuent à en retenir prisonniers une partie, sur lesquels il est aisé de constater les signes d'une mort plus ou moins récente.

III. — MODES D'ÉVOLUTION, PÉRÉGRINATIONS DES ŒUFS.

L'infection bilharzienne des parois de l'intestin ne peut s'expliquer qu'au moyen des données anatomo-pathologiques, et la théorie pathogénique qu'on en voudra fournir devra tenir compte de tous les faits énoncés plus haut.

Nous avons démontré, grâce à l'étude des veines sous-muqueuses altérées, que le Ver femelle devait parvenir jusqu'au voisinage des canaux veineux de 178 à 180μ de diamètre; nos préparations les plus heureuses nous permettent d'affirmer que les parasites adultes ne peuvent pas aller au delà, vers les racines de plus en plus ténues du système veineux. L'absence de lésions dans les veinules de la muqueuse confirme d'ailleurs ces données basées sur la mensuration des parasites d'une part, et de leurs œufs, d'autre part.

La ponte intra-vasculaire. — Après des efforts qui pourraient sembler inimaginables si l'on ne connaissait d'autres exemples de l'instinct et de l'énergie extraordinaires développés par les animaux parasites de l'Homme, la femelle pleine en est donc arrivée à son point terminus, dans la couche sous-muqueuse de l'intestin. Elle a fixé ses ventouses, ou sa seule ventouse ventrale (large de 80μ), solidement, contre la membrane interne d'une petite veine, que l'extrémité postérieure de son corps remplit en entier, à quelque 1000μ ou 1500μ plus bas, du côté des couches musculeuses de l'intestin. L'extrémité céphalique est tournée vers la muqueuse qui, pour les œufs à naître, est comme la terre promise.

Comment expliquer en même temps et la localisation de *la ponte intra-vasculaire* des œufs et leur rapide *issue hors de la cavité sanguine*, actes biologiques indéniables autant que réitérés?

Le corps de la femelle s'enfonce, selon toute probabilité, de force, à frottement dur pourrait-on dire, dans le canal vasculaire qu'il va tenir oblitéré un certain temps, sans cependant compromettre l'avenir du parasite adulte ; car, sans contestation, ce dernier ne s'y incruste jamais de façon à ne pouvoir s'enfuir, une fois sa ponte terminée. Pour pondre en toute sécurité, la femelle a donc choisi, sinon fait son nid. D'autre part, il est nécessaire, semble-t-il, que l'émission des œufs puisse s'effectuer en un endroit stagnant, à l'abri du torrent circulatoire ; autrement, les œufs aussitôt pondus, s'emboliseraient dans les ramifications de plus en plus larges du système veineux mésaraïque, accident qui n'est, comme tous les auteurs se plaisent à le reconnaître, qu'une infime exception, en égard au nombre colossal d'œufs émis par une seule femelle.

Admettons que la mère ponde à loisir, dans ce lac veineux *où le sang ne se coagulera jamais*, sa série innombrable d'œufs aciculés. Il sera logique d'accepter que, l'un repoussant l'autre, les œufs s'accumulent en sens inverse du courant sanguin à l'intérieur de la veinule infestée. Le corps maternel oblitère la cavité veineuse en aval du nid et y demeure assez lontemps, tout le temps nécessaire pour permettre à tous ses œufs de quitter la veine qui les a vus naître.

Cependant, à mesure que la ponte s'effectue, le volume du corps maternel diminue et les chances d'embolies ovulaires vers la veine porte augmenteraient si un nouvel élément de protection ne leur était fourni, selon toute vraisemblance, par les tuméfactions bourgeonnantes de la membrane interne de la veine. L'endophlébite intervient ici, pour ce qui est des blessures produites à la paroi veineuse tant par les ventouses que par les épines cylindriques développées surtout vers la région caudale du corps de la femelle. La lumière du vaisseau se resserre au dessous du segment réceptacle des œufs frais pondus. Peut-être aussi, la femelle, à mesure qu'elle diminue de volume gagne-t-elle de proche en proche des

rameaux veineux plus ténus, sans dépasser bien entendu le diamètre de 178μ, terme ultime des désordres endophlébitiques.

On n'oubliera pas que les œufs les moins volumineux ont
encore de 40 à 50 μ de diamètre, non compris l'épine latérale,
dont nous avons signalé l'extrême fréquence sur les œufs logés
dans l'intestin. Tout le drame de la ponte et de l'issue des œufs
hors des veines se concentre, en fait, à l'intérieur des veinules
sous-muqueuses de 180 à 200 et 250 μ.

Peut-être serait-il bon, à cause de cela, de faire entrer en ligne
de compte l'attitude imposée à la femelle pendant sa ponte, ou déjà
pendant la fin de la maturation des œufs, et soupçonner dans la gêne
particulière éprouvée par la mère fixée au dessous de la muqueuse
intestinale la formation d'éperons latéraux sur la coquille.

Les points d'appui intra-vasculaires. — Quoiqu'il en soit, l'œuf ou
pour mieux dire les œufs sont pondus. La mère s'est enfuie, car on ne
trouve jamais trace d'un cadavre de Ver adulte dans les veines
oblitérées. Les œufs sont libérés et, on a tout lieu de le croire, ils
ont déjà quitté les cavités de la veine quand la mère abandonne la
veinule. L'endophlébite va contribuer, pour une part difficile à
apprécier, à leur pérégrination. On sait seulement qu'ils traversent
la veine et la quittent, en laissant des traces indélébiles de leur
effraction.

Comment les œufs parviennent-ils à traverser les parois veineuses? et comment ce traumatisme, effectué par des corps étrangers
volumineux, peut-il ne s'accompagner d'aucune hémorrhagie? Problème délicat, dont la solution est cependant possible, si l'on tient
compte des indications anatomo-pathologiques. L'œuf sort, armé
d'un épieu latéral ou axial, parfois de deux, voire de trois épieux.
Comme tel, il représente un corps étranger aciculé, qui, muni d'un
ou plusieurs perforateurs cylindro coniques, est animé de mouvements d'autant plus marqués que l'embryon y inclus est plus avancé
dans son développement.

L'effort exercé contre la membrane interne par l'œuf, ou par la
masse des œufs réunis en colonie intra-vasculaire, permet sans
doute bientôt à quelques uns d'entr'eux d'enfoncer leur aiguille
dans la membrane interne. La pression totale subie par la masse
vivant à l'intérieur de la veine toujours pleine de sang peut expliquer cette pénétration, cette « diapédèse » à travers les couches de la

veine, fort minces en égard au volume d'un œuf. La forme ovalaire, oviforme du parasite vivant favorise, à coup sûr, son issue
sitôt que la masse est parvenue à faire dépasser hors de la couche
externe du vaisseau sa portion équatoriale. Le reste va de soi, et la
plaie faite à la veine est trop minime, trop rapide pour laisser au
sang l'occasion de suivre le corps étranger. Perforée, la paroi du
vaisseau se referme aussitôt derrière l'œuf.

Si l'on veut étudier de près le mécanisme de l'effraction de la
veine par l'œuf de Bilharzie, on peut admettre que chaque individu trouve, pour franchir l'obstacle, un triple *point d'appui* qui
lui est indispensable, toutes choses égales d'ailleurs : un premier
obstacle opposé, en aval, au courant sanguin est formé par le corps
de la mère; une deuxième cause de stase sanguine est représentée
par les bourgeons endophlébitiques; troisièmement, la pression sanguine, la *vis a tergo,* en augmentant la tension intra-veineuse
au point infesté, contribue à enfoncer l'œuf entre les parois de la
veine, pour peu que celui-ci ait pu entamer, de son épieu latéral
ou axial, la membrane interne exempte jusqu'à la fin de toute
thrombose sanguine.

De ces trois moyens mécaniques, deux, la pression sanguine
intra-veineuse et la sténose oblitérante du vaisseau ne sauraient
être mises en doute. Toutefois, le second, résultat de l'inflammation
végétante de l'endoveine est peut-être, tout patent qu'il soit, le
moins sûr, le plus discutable; car l'endophlébite ne paraît pas
avoir présenté, au début, les signes d'une inflammation très
aiguë. Les strates conjonctives et néo-vasculaires qu'elle a éla-
borées ne semblent pas, autant qu'on en peut juger après un temps
aussi long, avoir dù combler la lumière de la veine en quelques
heures. Aucun thrombus sanguin n'est venu se concréter à la surface de ces reliefs exubérants. Bref, le point d'appui offert par les
îlots d'endophlébite aux œufs arrêtés dans la cavité veineuse est, à
tout prendre, incomplet, tardif, insuffisant. Tout au contraire,
l'obstacle imposé par le corps même de la mère au courant
sanguin, en aval, au dessous de la colonie d'œufs évacués près
de ses deux ventouses, ce point d'appui est vivant, puissant,
irréductible tant qu'il demeure fixé en un endroit précis. C'est
à lui, en fin de compte, que me paraît devoir être demandée la
solution du problème. La *vis a tergo* s'exerce contre lui avec toute

sa force et ces deux moyens réunis parfont l'œuvre; on est du
moins en droit de le penser.

Progression vers la muqueuse. — Quelque discutable que puisse
paraître l'esquisse pathogénique précédente, il est un fait qui domine toute explication : les œufs, tous les œufs pondus sortent de
la veine qui les a vus naître; aucun d'eux ne demeure dans la
cavité vasculaire; aucun d'eux, plus tard, ne réintègrera l'un
quelconque des vaisseaux sanguins de l'intestin. Une fois libéré de
la veine, une fois lancé dans les mailles du tissu conjonctif sous-
muqueux, l'œuf ne séjourne pas dans la couche sous-muqueuse:
plein de force, il s'avance aussitôt à l'assaut de la *muscularis mucosae*. Cette couche représente, à mon avis, après la paroi veineuse,
l'obstacle le plus sérieux qui lui soit opposé. Ici, en effet, l'œuf n'a
plus d'aide; il doit travailler avec ses seules ressources et la « musculaire de la muqueuse » si elle est mince, est dense et bien
feutrée de fibres cellules contractiles. Peut-être, l'œuf en route vers
cette mince membrane contractile se glisse-t-il le long de sa face
profonde jusqu'au prochain espace péri-vasculaire donnant passage
à quelque artère, veinule, ou vaisseau lymphatique destiné à la
muqueuse ou provenant d'elle. Toujours est-il que la traversée
de la *muscularis* se fait, elle aussi, assez vite et assez bien pour que
le microscope n'y montre, rangés entre les faisceaux parallèles à la
surface interne de l'intestin, qu'un très petit nombre d'œufs vivants.
A l'ordinaire, tous les œufs saisis au moment de leur passage dans
la *muscularis* s'y trouvent couchés, régulièrement parallèles à la
surface de l'intestin et à l'état isolé. J'y vois l'indice du mécanisme qui préside à leur progression et les fait s'enfoncer peu à
peu dans les masses musculaires, en s'insinuant parmi les interstices inter-fasciculaires.

La pérégrination de l'œuf se produit suivant un sens constant :
vers la cavité intestinale, grâce, sans doute, aux secousses contractiles de l'embryon en voie de développement. La progression
s'effectue toujours dans l'ordre que nous esquissons : l'œuf, quit-
tant la *muscularis*, se hâte au milieu des tissus lâches ou déjà
sclérosés du squelette interstitiel de la muqueuse intestinale.
Nous avons vu le chemin parcouru par les œufs entre les glandes et
leur effraction, soit à la surface de la muqueuse encore saine ou
déjà dénudée, soit à l'intérieur des cavités glandulaires plus ou

moins ectasiées et adénomateuses.

Dans l'épaisseur de la muqueuse, les œufs progressent indivi-duellement; ils ne s'avancent plus par masses, mais peuvent s'ac-cumuler successivement dans des zones privilégiées. L'embryon s'agite de plus en plus et grossit ; l'éclosion est proche et il lui faut se hâter. Il ne semble pas, à en juger par le nombre relati-vement restreint d'œufs rompus et vidés, que la déhiscence de l'œuf à l'état de maturité se produise physiologiquement à l'inté-rieur de la gangue inter-glandulaire de la muqueuse ou même dans les cavités glandulaires dilatées : *L'œuf tend à sortir entier hors de la muqueuse, avant l'éclosion de l'embryon*. L'issue de l'œuf entier et sa chute dans la cavité intestinale me paraissent représenter l'évo-lution parfaite, typique, de l'affection parasitaire qui nous occupe.

La déhiscence de l'œuf dans l'épaisseur de la muqueuse est un accident, tout au détriment du jeune être. Celui-ci, cepen-dant, possède à son extrémité céphalique, ainsi que CHATIN et RAILLIET l'ont montré, une arme, sorte de rostre qui lui permet de perforer sans grande peine le reste des couches de la muqueuse et de faire irruption dans la cavité intestinale d'où il s'échappera avec les fèces. La voie glandulaire est assurément un chemin de prédilection pour l'embryon, nous en avons signalé les preuves démonstratives. L'embryon, à l'inverse de l'œuf entier, ne séjourne jamais dans la muqueuse intestinale ; il la quitte et rien ne peut l'y retenir.

Déchets et victimes. — La rétention de l'œuf dans l'épaisseur de la muqueuse est, à vrai dire, une complication, un stade pathologique dans la vie du parasite bilharzien. La mort par calcification en est vite et normalement la conséquence. Les causes de ces désastres qui occasionnent la perte de très nombreux descendants du Ver adulte sont multiples. Quelques-unes peuvent être soupçonnées : par exemple, la très grande épaisseur de la muqueuse intestinale sur des points déjà antérieurement infectés. Les amas abondants, les « co-lonies » d'œufs accumulés dans l'épaisseur des gros replis, des zones adénomateuses, ou des bourgeons hyperplasiques de la muqueuse s'observent si souvent qu'on en peut tirer une indication séméiolo-gique : c'est au niveau des points saillants, des saillies papillaires et des placards adénomateux qu'il faut, de préférence, porter ses recherches quand on a lieu de soupçonner, sur un gros intestin,

l'existence de la bilharziose. La proportion considérable d'œufs
calcifiés au milieu de ces colonies abondantes intra-muqueuses
semble bien démontrer les souffrances éprouvées, en ces points.
par les individus en voie de progression.

Très fréquemment, il n'est pas rare de trouver quelques œufs
isolés et calcifiés au milieu des bandes fibreuses développées dans
l'épaisseur de la muqueuse. Si, en telle occurrence, il est sage de
penser à une sclérose secondaire à la présence de corps étrangers
enchâtonnés, l'inverse est souvent vrai : les œufs sont venus se
heurter contre des travées fibreuses inflammatoires préexistantes
et, ne pouvant franchir l'obstacle à temps, y ont trouvé la mort.

La clinique, en signalant des individus qui émettent chaque
jour, par l'intestin ou par la vessie, des quantités énormes d'œufs
et d'embryons ciliés, confirme l'idée que l'évolution et les pérégrinations de l'œuf une fois pondu doivent être très rapides. *Tout
obstacle*, si minime soit-il, *est une occasion de mort pour l'œuf en voie de
maturation.*

La proportion des œufs incrustés, de ceux qui restent en route,
n'est pas sujette à une appréciation possible. Combien, dans un
cas donné, mourront avant d'arriver au but ? Voilà qui échappe à
toute l'enquête. Ce que l'on peut dire c'est que, plus longue sera la
durée de la maladie, et plus les incrustations de la muqueuse par
des œufs mortifiés deviendront importantes, preuve nouvelle à
ajouter aux précédentes en faveur du *rôle pathogène secondaire
excercé par les lésions inflammatoires chroniques de la muqueuse sur
l'évolution des pontes ultérieures.* Ce cercle vicieux redoutable ouvre
la voie aux désordres anatomo-pathologiques les plus variés.

Rappelons, en terminant, que le volume des œufs vivants aussi
bien que des morts est toujours supérieur à celui des capillaires sanguins et qu'on ne constate jamais ni un œuf dans un état quelconque, ni à plus forte raison un embryon cilié logé à l'intérieur
d'une veinule ou d'un capillaire : œufs et embryons ont besoin
d'oxygène ; ils courent vers la liberté, en véritables aérobies qu'ils
sont. Ils évitent avec soin les canaux vasculaires sanguins et les
observations d'œufs embolisés jusqu'aux ganglions lymphatiques
du méso-côlon, par la voie des vaisseaux lymphatiques, ne sont que
des exemples d'aberrations évolutives.

IV. — Lésions anatomo-pathologiques causées
par les Vers et leurs œufs.

L'ensemble des lésions anatomo-pathologiques produites par
la maladie parasitaire qui nous occupe montre que les Vers
adultes et leurs œufs agissent sur les éléments cellulaires, les
tissus et les organes par un double mécanisme : par traumatisme,
d'une part, et de l'autre par la production d'une substance irritante,
indéterminée, toxique à proprement parler, et capable de produire
dans un rayon assez restreint, autour des parasites, des désordres
chroniques réactionnels variés, dont les deux types extrêmes
sont les *hyperplasies* et la *sclérose*.

Les lésions d'ordre traumatique sont trop connues et elles ont
été notées et décrites dans les pages qui précèdent d'une façon trop
détaillée pour qu'il y ait lieu de revenir sur elles. Les placards
énormes d'endophlébite chronique végétante décrits à propos des
veines pelviennes et des rameaux sous-péritonéaux de la petite
mésaraïque sont démonstratifs au plus haut point. On peut même
surprendre, pour ainsi dire sur le vif, le mécanisme intime
de ces lésions, dans les points où, par exemple, nous observons, face à face, et diamétralement opposés, deux îlots d'endophlébite végétante, énormes, saillants dans la lumière vasculaire.
La forte ventouse ventrale du mâle (elle mesure 260 μ de diamètre)
entre vraisemblablement en cause sur un point de l'endoveine, le
côté opposé étant, sans doute, le siège de frottements rugueux,
d'éraillures, occasionnés par les téguments dorsaux du volumineux
animal. Peut-être aussi la ventouse ventrale de la femelle (pendant
que son corps est uni au mâle, avec l'énergie tenace que l'on sait),
s'est-elle fixée à l'endoveine non loin de la ventouse du mâle.

Les traumatismes exercés par les œufs en traversant les veinules
de la couche sous-muqueuse et pendant toutes leurs pérégrinations
à travers les strates de la muqueuse elle-même ne sont pas plus
discutables que les précédents et contribuent pour une part importante, prédominante même, à la genèse des lésions inflammatoires.

Encore est-il qu'il faut reconnaître, dans le mécanisme des diverses altérations subséquentes, certaines particularités d'une haute
importance. Sans parler, par exemple, de l'absence constante

d'hémorrhagies interstitielles (que le passage de tant de corps étrangers vivants, de tant de milliers d'œufs aciculés serait en droit d'occasionner), il est bon de signaler l'absence ou, pour être plus exact, le degré minime, presque nul, de réaction phagocytaire autour des œufs en évolution.

Tant que l'œuf vit et s'insinue dans les tissus, la phagocytose ne s'exerce pas sur lui. N'est-il pas logique, en conséquence, de croire qu'il dispose d'une sorte de pouvoir chimiotactique négatif ? Les veinules, les capillaires qui l'entourent, ne sont jamais, même une fois l'œuf mort, gorgés de leucocytes. Les polynucléaires de toute espèce se montrent excessivement rares dans les zones de la muqueuse bilharziée, mais non encore infectée par les germes pathogènes de l'intestin. On ne peut pas colorer de Mastzellen autour des œufs; et si, parfois, l'éperon qui s'avance dans les tissus semble encerclé par des leucocytes, c'est à distance, en dehors d'une sorte de halo vide, et par quelques rares lymphocytes. De là à estimer que le Ver et ses œufs possèdent la propriété de sécréter autour d'eux une substance toxique, pathogène, la transition est inévitable et les faits matériels s'accumulent en foule pour justifier cette notion nouvelle.

Passons-les rapidement en revue. Ces données se sont, on l'a vu, succédé dans les différents chapitres qui précèdent, à propos des détails microscopiques.

Les lésions bilharziennes de l'intestin se rangent en deux groupes distincts : les *hyperplasies* c'est-à-dire les élaborations de défense, les « végétations réactionnelles » et les *ulcérations*, preuves des défaites irréparables subies par l'organe et conséquences des infections secondaires qui l'ont atteint.

HYPERPLASIES. — Les *hyperplasies*, qu'elles portent sur les glandes en tube ou sur les fibres musculaires lisses de la *muscularis mucosae*, montrent combien les tissus soumis au contact du parasite (dans le cas actuel, ce ne sont que ses œufs), souffrent, s'irritent et sont entraînés à se défendre. Doit-on accepter que, nombreux, accumulés dans la sous-muqueuse, les œufs de Bilharzie ont pu par leur simple présence déterminer des hypertrophies et des néo-formations aussi formidables que celles étudiées par nous au début de ce travail? Au cours des maladies de l'Homme, les lésions hyper-

trophiques ne sont pas rares dans l'intestin, en particulier le long
du rectum et du côlon. La dysentérie grave, pour n'en citer qu'une,
s'accompagne maintes fois d'hypertrophies ou d'hyperplasies glandulaires, surtout quand les pertes de substance occasionnées par
les Amibes ou par les Bacilles dysentériques ont rétréci le calibre
de l'intestin. La lutte exercée contre un obstacle permanent par
le segment d'intestin situé en amont détermine, dans la totalité
des couches logées au-dessus de l'obstacle, un travail hypertrophique des plus remarquables. Jamais cependant, à ma connaissance, l'exubérante vitalité des tissus, des glandes en particulier,
ne se manifeste aussi intense, aussi diffuse que dans l'intestin bilharzié.

Ici, les glandes de Lieberkühn acquièrent, dans tous les sens, des
proportions gigantesques, déjà signalées par Damaschino (1).
Le tube, unique à l'état normal, se multiplie, et la glande se ramifie; ses épithéliums s'allongent et s'étalent, démesurément
accrus; les signes de multiplication karyokinétique s'y succèdent
en proportions invraisemblables. Bref, l'hyperplasie réactionnelle
des glandes est ici portée à son comble : un *adénome*, mille et
mille fois répété, se développe dans l'épaisseur de la muqueuse
aux dépens des individualités glandulaires avoisinant les œufs
fichés dans la sous-muqueuse, souvent même infiltrés dans les
espaces inter-glandulaires. Le volume des œufs, leur nombre,
leurs saillies aciculées, leur contractilité peuvent-ils suffire pour
expliquer un tel travail, aussi désordonné que réactionnel? Les
produits de la vitalité de l'œuf et de l'embryon qu'il contient ne
doivent-ils pas peser d'un certain poids dans ce drame pathogénique complexe où l'organe irrité va pouvoir réagir jusqu'au point
de créer de toutes pièces une production monstrueuse, une *tumeur*,
un adénome?

Mais laissons là ce problème, puisqu'à vrai dire, il ne saurait
être résolu par de simples affirmations, par le raisonnement, et
voyons les lésions de *sclérose* hyperplasique qui dominent la scène,
dans la totalité des régions touchées par la bilharziose.

Scléroses hypertrophiques. — Pour la muqueuse, dilacérée par les
invasions et les passages successifs d'œufs fraîchement éclos, la

(1) DAMASCHINO, *loco citato*, p. 133.

question demeure insoluble de savoir la part revenant au *traumatisme simple* et celle afférente à l'irritation produite par les *poisons
émanés des parasites*. Pour la sous-muqueuse, la question devient
plus ardue, car les œufs passent, de la cavité des veines, dans les
mailles interstitielles de la couche sous-jacente à la *muscularis
mucosae*. Admettons même, pour ne laisser aucune des difficultés
dans l'ombre, que cette ponte s'effectue non seulement au voisinage
de la muqueuse (je crois l'avoir établi), mais aussi dans toute
l'épaisseur de la sous-muqueuse. Acceptons, en un mot, l'infestation diffuse de la sous-muqueuse par les Vers femelles et par les
œufs, leurs produits. Il n'en demeurera pas moins établi que les
œufs (pour mon observation au moins), séjournent peu dans la
sous-muqueuse, gagnent au plus vite la muqueuse et que,
comparativement au nombre, si grand qu'il ait pu être, des
œufs, la sclérose de la sous-muqueuse semble absolument disproportionnée. Les pelotons adipeux ont partout disparu, preuve d'un
processus inflammatoire chronique généralisé, tenace. Les bandes
scléreuses ne se localisent pas de préférence autour des veines
altérées : toutes les couches de la région sont fortement fibrosées et
d'une façon qu'on pourrait qualifier d'uniforme. Une symphyse
véritable en est résultée : elle fixe avec force la muqueuse, elle-
même sclérosée, aux couches musculeuses de l'intestin, normales ;
mais ces muscles sont enserrés, d'autre part, par la couche sous-
péritonéale envahie, elle aussi, par la sclérose. Bref, une *sclérose
diffuse de l'intestin* est née.

Une altération aussi étendue, qui parvient à transformer en
un tissu fibreux épais l'ensemble du tissu conjonctivo-vasculaire et cellulo-adipeux, si lâche, de l'intestin, sans avoir jamais
recours ni aux thromboses sanguines veineuses ni aux hémorrhagies interstitielles, ne saurait, il me semble, relever du seul et
unique traumatisme. Les Vers, la femelle surtout, auront eu beau
passer et repasser dans les veines de plus en plus ténues de l'intestin ; celles-ci pourront, par suite, voir leur membrane interne
s'enflammer, végéter et se scléroser ; les œufs auront beau circuler
librement et (ce qui me paraît douteux) dans tous les sens parmi les
couches de la sous-muqueuse et de la muqueuse ; ils s'accumuleront
à l'envi dans les replis bientôt épaissis et tomenteux que leur offrira
la gangue interstitielle de la muqueuse : il y mourront, en propor-

tions variées; devenus corps étrangers inertes, ils pourront continuer à irriter les bandes déjà sclérosées qui les circonscrivent;
l'inflammation pourra respecter indéfiniment les artères, les nerfs,
les ganglions nerveux de l'intestin; à la théorie simplement mécanique, il manquera toujours une donnée suffisante pour expliquer
la combinaison de la sclérose hypertrophique diffuse de l'intestin
avec l'inflammation chronique du tissu cellulo-adipeux de l'excavation pelvienne, cette complication constante de la bilharziose
intestinale. On ne saurait trop le rappeler, la fibrose qui nous intéresse ne se circonscrit pas à l'intestin : elle envahit en outre les
franges, les replis et les méso, le tissu cellulaire rétro-rectal et
tous les paquets conjonctivo-vasculaires qui enserrent les vésicules
séminales, les canaux déférents, la prostate et les deux uretères.
Dans mon cas au moins, tous les organes pelviens sont indemnes
et n'ont payé aucun tribut à la bilharziose (hormis, bien entendu,
le rectum). Comment accepter que, par leur simple action de présence, les Vers mâles et femelles, quel qu'ait été leur nombre, soient
capables de déterminer autour des veines une radiation sclérosante
diffuse de pareille envergure? N'est-il pas plus rationnel de penser
que les parasites émettent autour d'eux une substance toxique,
sclérogène, à la façon d'autres êtres vivants pathogènes pour
l'Homme, comme le Bacille tuberculeux, celui de la lèpre ét l'Ac-
tinomycète, pour ne citer que les mieux connus?

ULCÉRATIONS SPÉCIFIQUES. — Les *ulcérations* occasionnées, sinon
déterminées par les œufs de Bilharzie, bien que d'une explication plus
aisée au point de vue pathogénique, ne laissent pas de soulever
encore quelques difficultés. Peut-on admettre, par exemple, sans
contestation que la bilharziose produise à la surface de la
muqueuse intestinale une *dysentérie spéciale,* je dirai *spécifique,* où
les œufs et leurs coquilles entrent directement en jeu? Faut-il recon
naître, avec certains auteurs, depuis Bilharz, la coïncidence de la
dysentérie vraie (amibienne ou microbienne) avec une infestation
bilharzienne du gros intestin?

Pour les faits, comme celui rapporté par Damaschino, où la
dysentérie vraie coexistait sans conteste, nulle hésitation n'est
possible. La coïncidence des deux affections est indéniable. Resterait
à fixer sa fréquence ou sa rareté. Mais pour les cas, comme celui
qui sert de base au présent mémoire, où les lésions microscopiques

de l'intestin révèlent un processus ulcératif fort différent de
la dysentérie ordinaire, la question se pose : existe-t-il une
dysentérie bilharzienne, selon l'expression de Firket (1)? ou mieux,
peut-on démontrer que *la bilharziose détermine, soit des lésions
dysentériformes, soit une entéro-côlite spécifique?*

Les altérations dysentériformes du gros intestin sont bien
connues aujourd'hui ; elles consistent essentiellement en des pertes
de substance plus ou moins étendues et profondes, différant de la
dysentérie vraie par les causes qui les produisent (rétrécissement
de l'intestin, tuberculose, cancer annulaire, dothiénentérie, etc.)
mais présentant des caractères microscopiques comparables, sinon
même identiques aux lésions de la dysentérie.

Dans le cas présent, au contraire, nous avons vu (pl. II, fig. 1)
que les pertes de substance subies par la muqueuse intestinale
diffèrent radicalement des ulcérations dysentériques. Celles-ci
sont beaucoup plus aiguës et profondes, plus térébrantes pourrait-
on dire, que les ulcérations bilharziennes. La *muscularis mucosae*
toujours plus ou moins détruite dans la dysentérie est toujours
respectée dans la bilharziose, ainsi que les couches adjacentes de
la muqueuse proprement dite. De plus, au cours de la bilharziose,
les destructions des glandes de Lieberkühn se font individuellement, par un processus de désorganisation élémentaire qui dissèque,
tube par tube, épithéliums par épithéliums, les appareils glandulaires d'une région souvent fort étendue. En un mot, et pour
résumer les caractères différentiels propres à la colite et à la rectite
bilharziennes, l'ulcération y vient compliquer une inflammation
subaiguë diffuse interstitielle de la muqueuse, combinée avec
l'atrophie élémentaire de ses glandes en tube. La dysentérie est
une infection térébrante et centrifuge de la muqueuse, qu'elle
entame de la surface épithéliale vers la profondeur. La bilharziose intestinale procède de la profondeur vers la surface de la
muqueuse et ne l'ulcère qu'après l'avoir infiltrée, sclérosée en
nappe et après avoir désagrégé ses parties fondamentales constitutives. Elle laisse, au milieu des travées fibroïdes du squelette
épaissi les traces pathognomoniques de la cause pathogène, sous
forme d'œufs ou de coquilles rompues, caractéristiques. Là aussi,

(1) FIRKET, *Bulletin Acad. de médecine de Belgique,* 1897.

l'action mécanique, traumatique des œufs, ne paraît pas suffisante pour parfaire de tels désordres, et l'idée de l'influence exercée par les toxines émanées de ces œufs s'impose encore à l'observateur Resterait à démontrer par l'expérimentation le bien fondé de cette hypothèse.

ZONES ADÉNOMATEUSES ET ZONES ULCÉRÉES. — Sans revenir sur les nombreux détails d'anatomie pathologique consignés à propos des premiers chapitres de ce mémoire, il est un point qui me paraît mériter cependant quelques courtes remarques à propos de l'étude pathogénique des lésions. Nous avons, dès le début, insisté sur les deux ordres d'altérations matérielles dont la muqueuse de l'intestin est atteinte, altérations qui se groupent par zones distinctes et non confondues : les *zones adénomateuses,* dans lesquelles l'hyperplasie des glandes de Lieberkühn s'est donnée libre carrière, et les *zones ulcératives,* pour lesquelles les hyperplasies interstitielles et musculaires *(muscularis mucosae)* sont plus ou moins marquées. L'ulcération superficielle de la muqueuse prédomine là où l'absence de la moindre trace d'évolution adénomateuse des glandes en tube est notoire et constante.

Il m'a paru qu'il y avait dans cette circonscription si remarquable plus qu'une coïncidence : un antagonisme entre deux ordres des lésions dissemblables. Je crois être parvenu à le démontrer. Que les zones adénomateuses soient restées pour ainsi dire à l'état pur, à l'abri des infections secondaires, que nous avons vues constantes sur toute l'étendue des zones ulcérées, il n'y a là rien de bien extraordinaire. Encore existe-t-il cependant des cas, fréquents, où la surface de la masse adénomateuse, gorgée de glandes muqueuses en voie de prolifération, montre par places un bourgeonnement exubérant de son tissu interstitiel et y dessine un énorme placard de bourgeons charnus saillants à la surface de l'intestin et accessibles à la pénétration des germes pathogènes (fig. 3 et 4, et pl. II, fig. 2). Même dans ces régions où la végétation des glandes cède le pas à la végétation du tissu conjonctivo-vasculaire, l'infection est l'exception et les vaisseaux lymphatiques semblent indemnes. Une démonstration saisissante en découle du *rôle exclusif des œufs et de leurs toxines dans la formation des tumeurs adénomateuses de l'intestin bilharzié.*

L'intérêt devient plus grand encore quand on étudie, comme

nous l'avons fait, les zones ulcérées, par comparaison avec les
zones adénomateuses. Partout où la muqueuse se montre ulcérée, elle est, bien qu'hyperplasiée et fibroïde, indemne de toute
transformation adénomateuse. Là où les glandes en tube ont disparu sans laisser traces, on aurait, à tout prendre, le droit de
formuler une objection : les glandes adénomateuses pourraient
avoir disparu comme les autres, entraînées par le processus
destructif élémentaire qui a réduit la muqueuse à ses couches
profondes. Il me serait facile de démontrer le mal fondé de cette
objection : les glandes adénomateuses se développent, en effet,
dans la profondeur du chorion de la muqueuse aussi bien et mieux
encore que latéralement; elles *côtoyent la surface de la* muscularis
mucosae, *qu'elles ne traversent d'ailleurs jamais* (signe distinctif qui
sépare tout adénome de toutes les variétés de cancer). Or, les régions
ulcérées de la muqueuse ne présentent nulle trace de la moindre
formation adénomateuse dans leurs couches profondes, infectées,
sus-jacentes à la *muscularis*.

Le contraste, je n'hésite pas à dire l'antagonisme, entre l'ulcération et l'adénome est donc formel et ne souffre, dans mon observation du moins, aucune exception. Il serait intéressant de chercher
l'explication de ces faits. On la pourrait, à mon avis, trouver dans
le mécanisme de l'effraction des œufs à travers la muqueuse intestinale. Les régions ulcérées sont pauvres en œufs ; les zones
adénomateuses en sont généralement gorgées. On en jugera que
les colonies de parasites qui ont franchi en grand nombre la
muqueuse l'attaquent vite et en déterminent l'ulcération. Lorsqu'au contraire et pour une raison qui demanderait à être étudiée, les œufs stagnent dans la sous-muqueuse, lorsqu'ils cherchent leur voie à travers les couches de la *muscularis mucosae* et
parmi les méandres des glandes en tube, ils perdent l'occasion
propice, s'accumulent, s'attardent et exercent, de seconde main,
une influence néfaste et prolongée sur la vitalité des glandes. Le
tissu glandulaire surexcité par les œufs et leurs toxines subit une
série de désordres trophiques, hypertrophiants d'abord, dystro-
phiants ensuite, dont la résultante est une hyperplasie déformante,
désordonnée, tumorale en un mot, de l'appareil glandulaire. Les
élaborations qui en sont la conséquence bouleversent les limites
imposées par la nature à l'organe complet et simple constituant

une glande en tube. L'hypertrophie des éléments, leur hypergenèse karyokinétique, l'allongement de l'organe, ses développements latéraux sous forme de culs-de-sac exubérants, l'ectasie générale de la cavité glandulaire, puis, plus tard, son infection et ses lésions atrophiques, dégénératives simples, tel est le cycle imposé avec le temps à chaque glande de Lieberkühn soumise à l'influence des œufs incrustés dans son voisinage.

Le tissu interstitiel, périglandulaire et interglandulaire suit simplement l'évolution hyperplasique sollicitée par la vitalité de la région. Cette exubérante vitalité, tout artificielle qu'elle soit, puisqu'elle est entretenue par des corps étrangers, permet à la muqueuse de lutter contre les causes de désintégration qui frappent les régions voisines et les livreront, après ulcération, aux infections habituelles du tube digestif.

Pour résumer, on peut avancer que les régions adénomateuses ne s'ulcèrent pas et que les zones ulcérées échappent au processus adénomateux.

Telle est, tracée à grands traits, l'explication de l'antinomie qui m'a paru exister entre les régions tumorales et les régions ulcératives de l'intestin bilharzien.

BILHARZIOSE ET TUMEURS DE L'INTESTIN. — En présence d'un cas aussi complet de bilharziose du gros intestin, compliquée de multiples foyers d'évolution adénomateuse des glandes muqueuses, il est difficile de résister à l'occasion qui s'offre de discuter brièvement les rapports pouvant exister entre l'infestation bilharzienne et le développement de tumeurs dans le rectum et dans le côlon iliaque.

Peu de problèmes pathogéniques auront autant passionné les anatomo-pathologistes. Peu de lésions auront, aussi bien que la bilharziose, servi d'argument aux auteurs qui s'efforcent de démontrer la nature parasitaire du cancer, en général, et du carcinome de la vessie ou du rectum, en particulier. Les observations de Sonsino (1), de Harrison (2), de Virchow, d'Albarran et Léon Bernard (3),

(1) SONSINO, La *Bilharzia hæmatobia*. *Archives générales de médecine*, 1876, p. 652.

(2) HARRISON, Specimens of *Bilharzia* affecting the urinary organs. *Lancet*, 1889.

(3) ALBARRAN et L. BERNARD, *Tumeur épithéliale due à* Bilharzia. *Arch. méd. expérim.* novembre 1897.

de Kartulis (1) pour la vessie, celles de Kartulis, de Belleli (2), de Zancarol (3) et de Damaschino pour le rectum servent, de nos jours encore, de base à toutes les controverses.

Sans parler des papillomes et des polypes, des fibromes, des sar-comes et des carcinomes décrits par maints auteurs dans les vessies bilharziennes (sujet que je me garderai bien d'aborder ici, faute de pièces anatomiques), je pense que le problème, en égard à l'intestin, se pose de la façon suivante : la bilharziose intestinale peut-elle produire, de toutes pièces, une *tumeur vraie* du rectum ou du côlon? Dans la hiérarchie des tumeurs proprement dites, le néo-plasme ainsi créé par les œufs de *Schistosomum* peut-il arriver jusqu'à réaliser le *cancer* (épithélioma ou carcinome)?

Ainsi précisée, la question se trouve être double : 1° y a-t-il des *tumeurs bilharziennes?* et 2° le cancer est-il du ressort de la bilhar-ziose?

Sur le premier point, la réponse est formelle. Les détails anato-mo-pathologiques dans lesquels je suis entré me permettent d'être aussi affirmatif que possible. Aucune confusion ne saurait se pro-duire entre les simples *hyperplasies* des éléments et tissus occasion-nées par la bilharziose et les *tumeurs* proprement dites; on peut donc sans hésiter répondre : les œufs du *Schistosomum hæmatobium* produisent, et sans doute assez fréquemment, des *adénomes* du rectum et du côlon. Il va de soi que, sous ce terme, on ne compren-dra que les productions microscopiquement reconnaissables, dans lesquelles les hyperplasies des glandes de Lieberkühn, si exubé-rantes qu'elles aient été, n'infiltrent jamais de colonies épithéliales aberrantes le tissu conjonctif interstitiel. Pour tout dire en un mot, les adénomes en question sont toujours des *tumeurs bénignes*, non infectantes; elles sont strictement limitées, tant par la *muscularis mucosae*, vers la profondeur de la muqueuse, que par les travées connectives péri-glandulaires, pour les parties latérales de la pro-

---

(1) KARTULIS, Un cas d'épithélioma du pied et de la jambe contenant des œufs de *Bilharzia. Virchow's Archiv*, CLII, 1898, p. 474 et suiv.

(2) BELLELI, Du rôle des parasites dans le développement de certaines tumeurs. Fibro-adénome du rectum produit par les œufs de *Distomum hæmatobium. Pro-grès médical*, II, 1885, p. 54.

(3) ZANCAROL, Des altérations occasionnées par le *Distoma hæmatobium* dans les voies urinaires et le gros intestin. *Soc. méd. des hôp. de Paris*, 1882.

duction tumorale. Et cette loi biologique, qui arrête net, sur les frontières du tissu conjonctif, les hyperplasies épithéliales de la glande en tube, demeurait, dans mon cas, inviolable et respectée, quelque volumineuses que fussent les végétations, pédiculées ou non, développées aux dépens de la muqueuse intestinale.

Telle se conçoit l'évolution irritative hyperplasique glandulaire du gros intestin bilharzié, tel est l'adénome bilharzien.

Les circonstances qui, dans l'intimité des différents organes du corps pourvus d'épithéliums secréteurs, rattachent la formation d'un adénome glandulaire aux procédés inflammatoires subaigus, sont, aujourd'hui, bien étudiées. Considéré au point de vue de l'anatomie pathologique générale, l'adénome représente l'une des plus extrêmes limites assignées à *l'inflammation végétante*, aux hyperplasies inflammatoires (1). Sans quitter le tube digestif, rappelons que les adénomes se développent maintes fois autour des vieux foyers d'entérite ou d'entéro-colite chronique causés par la dysentérie ou la tuberculose, parfois aussi au contact d'un cancer du cæcum ou du côlon. Pour l'estomac, la gastrite chronique d'origine alcoolique se complique fréquemment de polyadénomes, inflammatoires par leur origine, tumoraux quant à leur évolution. Enfin l'hépatite chronique fibreuse, la cirrhose du foie, dans ses diverses formes, s'accompagne plus souvent qu'on ne saurait croire d'hyperplasies nodulaires, dont les adénomes sont comme l'expression ultime : développés aux dépens des trabécules hépatiques, ils apparaissent enserrés au milieu des bandes du tissu cirrhotique.

Au point de vue de l'origine subinflammatoire, ou bilharzienne, des adénomes du rectum et du côlon iliaque, nulle difficulté par conséquent : la lésion rentre dans l'ordre pathogénique accoutumé, si l'on peut ainsi s'exprimer.

Autrement difficile et discutable serait la question de l'origine bilharzienne d'un cancer, lorsque, à l'autopsie d'un cas de bilharziose intestinale, on découvre sur un même point les altérations parasitaires pathognomoniques de la muqueuse et les colonies dé-

(1) Maurice Letulle, *L'Inflammation.* Paris, Masson, p. 330, fig. 10 et 11 et pl. X, fig. 3.

Anatomie pathologique générale de l'inflammation. *Traité de Pathologie géné*° *rale* de Bouchard. Paris, Masson.

sordonnées de monstrueux épithéliums infiltrés au milieu des couches connectives. Tout d'abord, il est certain qu'un cancer de l'intestin peut toujours *coïncider* avec une maladie bilharzienne du rectum. Le carcinome du rectum, l'épithélioma de la vessie dans ses différentes formes, le cancer de la prostate figurent plus d'une fois sur les protocoles d'autopsies pratiquées dans les pays où la bilharziose règne à l'état endémique. La coïncidence est donc possible, le cancer de ces organes étant, au même titre que la bilharziose, une maladie commune. Pour le rectum, en particulier, la fréquence de son cancer est universelle, on ne saurait le méconnaitre.

Quant à démontrer, à l'aide de preuves indiscutables, que les œufs de Bilharzie seraient les éléments pathogéniques du cancer du rectum, sous prétexte qu'ils sont, ce qu'on ne saurait contester, la cause de certains adénomes de la muqueuse intestinale, j'avoue, pour ma part, qu'un tel effort me paraît impraticable. L'adénome et le cancer sont deux sortes de lésions, très distinctes ; partout où cette première altération est parvenue à se développer, le carcinome, à la vérité, arrive parfois sans difficulté à la compliquer. A cet égard, l'adéno-carcinome peut, par un certain côté, et doit même se rattacher à des procédés irritatifs d'origine inflammatoire. Mais de là à considérer l'œuf de Bilharzie comme la *cause efficiente du cancer,* il y a loin.

Il y aurait à faire intervenir, au préalable, la longue série des considérations anatomo-pathologiques et pathogéniques nécessaires à l'étude analytique des lésions spécifiques dont se compose l'épithélioma ou le carcinome et à les coapter aux altérations bilharziennes, ce qui nous entraînerait trop loin du sujet que nous nous sommes proposé. Les rapports du cancer et de l'inflammation représentent le problème le plus ardu, peut-être de la pathologie générale et l'origine infectieuse du cancer n'est plus une question qu'on puisse aborder avec de simples affirmations théoriques. Qu'il me suffise de terminer en remarquant qu'aucune des observations, relativement encore peu nombreuses, publiées de bilharziose compliquée de cancer ne paraît suffisamment démonstrative, même entre les mains des partisans les plus irréductibles de la nature parasitaire du cancer. Les poisons bilharziens, pas plus que les innombrables variétés de parasites incriminés jusqu'à ce jour, ne possèdent la puissance monstrueusement élaboratrice qui engendre, de toutes pièces (1), le *molimen cancéreux*. A cet égard, un mystère plane encore sur la genèse du cancer épithélial. En tout cas, mon observation, de même que celles de Zancarol, Damaschino et Belleli, est impuissante à combler ce desideratum. Les adénomes bilharziens, pour ce qui est des faits publiés, ne s'étant pas compliqués de cancer, appartiennent de droit aux procédés inflammatoires connus et classés. On peut même les opposer aux productions épithéliomateuses et avancer, jusqu'à nouvel ordre, que *l'œuf de Bilharzie, qui crée l'adénome, n'est pas générateur du cancer intestinal.*

V. — CIRCONSCRIPTION INTESTINALE DE LA BILHARZIOSE.

La circonscription exacte de l'infestation bilharzienne au segment terminal du gros intestin, sa rigoureuse localisation à la portion pelvienne (en fait, la plus déclive) du gros intestin sollicitent une courte explication pathogénique.

Tout d'abord, et avant de poursuivre dans ses détails cette maladie du rectum et de la fin de l'anse omega du côlon, on pourrait se demander en quoi, par exemple, intervient *la déclivité* de l'intestin. Bien des anses de l'intestin grêle sont autant sinon plus déclives, logées qu'elles sont dans le fond de l'excavation pelvienne. Si donc il est démontré que les embryons de Bilharzie

(1) Dans la genèse du cancer épithélial, il n'y a pas tant à expliquer l'effraction de la barrière connective qui l'entoure par la cellule épithéliale devenue néoplasique. Il faut, de plus (là est la clef du problème), montrer comment et pourquoi ces épithéliums proliférés vivent à l'aise dans les espaces interstitiels, y pullulent d'une façon désordonnée et s'y reproduisent à l'infini, en tous lieux, dans tous les organes, non seulement avec leurs caractères anatomiques amplifiés, souvent métatypiques, mais encore avec leurs fonctions organogéniques héréditaires, même les plus compliquées. Comment, par exemple, se rendre compte, non pas tant de la vitalité exubérante, à vrai dire, monstrueuse d'un épithélium de l'intestin ou de l'estomac généralisé dans l'intimité du foie, mais encore des élaborations glandulaires, parfois parfaites, qu'y effectuent les épithéliums secréteurs embolisés? L'œuf de Bilharzie et ses toxines ne suffisent pas, à mon humble avis, pour mettre en mouvement un tel bouleversement anarchique doublé d'une aussi puissante faculté organogénique.

Les épithéliomas glandulaires, pour ne citer qu'eux, perturbent de fond en comble la vie fonctionnelle de la glande qui fut leur berceau et troublent, du même coup, l'équilibre de tout l'organisme. Devenant cancéreux, l'épithélium acquiert la force de rompre toutes entraves, de vivre et de s'organiser partout où il pourra passer : dans le sang, la lymphe, à la surface des séreuses, en pleine matière cérébrale. Il va pouvoir y fonder des *organes nouveaux*, atypiques, certes, incomplets, mais *spécifiques* quant à leur structure et quant à leurs fonctions sécrétoires. Aucune lésion inflammatoire connue n'est ou ne parait susceptible d'une pareille énergie formative.

pénètrent par le tube digestif avec l'eau de boisson, l'intégrité constante de l'intestin grêle et des premières portions du gros intestin échappe à une justification purement mécanique de la présence des Vers femelles dans le rectum et la fin du côlon. Il y a une autre raison, difficile à trouver, qui fait éviter aux Vers femelles les réseaux anastomotiques si larges, si perméables de la petite mésaraïque, dans son département correspondant au cæcum et au côlon ascendant, et ceux, également accessibles, de la grande mésaraïque qui ouvre toutes larges, pourrait-on dire, les portes de l'intestin grêle. Le calibre des réseaux de la grande mésaraïque ne paraît, certes, pas assez inférieur à celui de la petite mésaraïque pour rendre compte de la répulsion des Vers femelles à l'égard de la muqueuse du jéjunum ou de l'iléon. Invoquer, pour ces portions du grêle, la mobilité constante des anses intestinales ne réglerait pas la question ; car le duodénum est immobile et sa muqueuse se rapproche, autrement que le rectum, de la veine porte et de ses gros canaux d'origine, habitat habituel des Vers adultes.

Le problème pathogénique se complique encore, si l'on veut le pénétrer davantage et si l'on se demande non pas seulement pourquoi le Ver femelle réserve en certains cas, comme ici, sa ponte à la fin du tube digestif, mais aussi pourquoi la maladie parasitaire demeure uniquement intestinale. A en juger, en effet, d'après les mémoires nombreux qui ont vu le jour depuis les admirables travaux de Bilharz, la bilharziose est surtout une affection des voies urinaires. L'hématurie d'Égypte en est le type consacré : la vessie, les uretères, le bassinet, le rein, voire l'urèthre et le périnée composent, de l'aveu unanime, le territoire privilégié de la maladie bilharzienne. L'intestin ne vient qu'ensuite, et généralement coopère au processus parasitaire, plutôt qu'il n'en est, en apparence du moins, le berceau. Toutefois, ici comme en toute question de pathologie révisée, des réserves sont nécessaires. La bilharziose intestinale est peut-être plus commune qu'on ne l'imagine. L'*hématurie* bilharzienne est autrement remarquable que la simple *diarrhée* chronique causée par cette entérite parasitaire.

La dysenterie vraie règne, endémique, dans les contrées bilharziées : le diagnostic différentiel entre ces deux maladies du rectum, facile grâce à l'examen microscopique des selles, n'est peut être pas, de nos jours encore, assez constamment recherché par les cliniciens. Il est donc nécessaire de faire une enquête méthodique sur le degré de fréquence de la diarrhée bilharzienne dans les pays contaminés.

A ce point de vue, les inconnues qui règnent encore sur le mode de pénétration du parasite dans l'organisme humain laissent en suspens tout le mécanisme de l'infestation bilharzienne. On ne sait pas l'état biologique dans lequel le parasite aborde le corps humain et l'on ne peut démontrer, sur des preuves irrécusables, la voie suivie par lui pour atteindre le système veineux porte. S'il semble bien probable que le parasite arrive en nous surtout par la voie digestive supérieure, certains observateurs estiment que l'urèthre, pendant les bains, peut devenir, de même que le vagin, la porte d'entrée de la Bilharzie. Sera-t-on autorisé un jour à admettre des formes cliniques de bilharziose différentes, en rapport avec des modes d'infestation différents? et la bilharziose intestinale se séparera-t-elle de la bilharziose urinaire? C'est ce que l'avenir, seul, pourra décider.

Théoriquement donc, et en demeurant fidèle aux conceptions pathogéniques actuelles, on pourrait avancer que la bilharziose intestinale est la forme type, idéale, de la maladie, le parasite s'efforçant de rejeter à la lumière ses descendants par la voie déjà suivie par leurs générateurs. L'historique de la bilharziose ne confirme pas, jusqu'à présent du moins, cette vue théorique.

Dans un grand nombre de faits publiés, les lésions bilharziennes affectent simultanément les voies urinaires et le rectum, avec une prédominance générale marquée pour la vessie. Lorsque l'intestin seul est en cause, faut-il faire intervenir le *nombre,* fréquemment restreint, des Vers femelles? La circonscription de leurs pontes à l'intestin seul correspondrait, en ce cas, à un minimum de désordres produits, la vessie et les autres organes pelviens n'étant appelés à souffrir qu'au cours des infestations surabondantes, telles qu'on en a cité des exemples parfois extraordinaires. Il est certain que le champ offert par la muqueuse de l'intestin à l'issue des œufs et des embryons se rétrécit au fur et à mesure des apports nouveaux. La muqueuse du rectum et celle de côlon, étant altérées par la sclérose et les ulcérations qui en découlent, les œufs et par conséquent les mères ont de moins en moins beau jeu pour achever leur œuvre. Peut-être la cavité vésicale, les vésicules séminales, les uretères, et la prostate ne sont-ils que des pis aller pour les Vers femelles, obligés de porter leurs descendants aussi près que possible de l'extérieur du corps humain.

Le nombre des Vers femelles semble jouer un rôle dans la forme clinique de la maladie bilharzienne; il y aurait donc à tenir compte des *affinités* possibles des parasites pour tel ou tel organe, et aussi de leurs errements, des *déviations* dans la route qu'il sont appelés à parcourir à l'intérieur du sang veineux. La présence constatée à maintes reprises de parasites adultes dans la veine cave inférieure, la rénale, la veine iliaque droite, ailleurs encore, (1) est une preuve indiscutable d'un certain degré de liberté laissée au parasite adulte dans le choix de son habitat; cette liberté s'accroit d'ailleurs des diverses conditions anatomiques normales ou anomales qui règlent les communications anastomotiques entre le système porte et le système cave inférieur.

Il est enfin un dernier point qu'une étude pathogénique de la bilharziose ne peut pas ne pas faire entrer en ligne, c'est l'existence, toujours possible en matière de maladie parasitaire, de *points d'appel* pour la fixation des lésions. Ne pourrait-on pas trouver, à l'origine des diverses localisations de la bilharziose, certaines régions privilé-giées vouées pour ainsi dire aux coups de l'affection parasitaire par le fait même d'une altération organique préexistante? Une cystite ancienne, la lithiase rénale, la dysentérie, une tumeur de la vessie, de la prostate ou du rectum, ne constituerait-elle pas un *locus mino-ris resistentiae* de premier ordre, bien capable en effet d'attirer les parasites adultes à la recherche d'un asile et d'un débouché pour leurs embryons?

Telles sont, en résumé, les remarques qu'impose l'étude de la localisation intestinale de la « maladie bilharzienne ». La solution du problème se trouvera facilitée par la publication d'observations nouvelles, complètes et détaillées. A cet égard, le fait qui a été la la base du présent mémoire sera peut-être de quelque utilité pour les travaux ultérieurs.

(1. KARTULIS, *loco citato*, p. 477.

CONCLUSIONS

Arrivé à la fin de ce travail, il me paraît bon d'en dégager les points les plus intéressants et de les présenter sous forme de conclusions, qui en formeront le résumé.

I. — La bilharziose, endémique en Égypte et dans la plupart des colonies françaises du continent africain ou de ses dépendances, existe aux Antilles françaises, en particulier à la Martinique. Pouvant être observée en France sur les immigrés, elle doit être soupçonnée dans tous les cas d'hématurie à répétition ou de diarrhée chronique.

II. — Des différentes formes cliniques que revêt la « maladie bilharzienne », la forme intestinale est à la fois la plus insidieuse, la plus méconnue et l'une de celles dont le diagnostic est le plus aisé sur le vivant, grâce à l'examen microscopique des selles.

III. — Après la mort, la bilharziose intestinale offre des signes anatomo-pathologiques macroscopiques presque pathognomoniques, permettant de la différencier, à coup sûr, de la dysentérie chronique, tant amibienne que microbienne.

IV. — Ses lésions microscopiques se caractérisent, avant tout, par une hyperplasie générale des parois du rectum et de la fin du côlon iliaque.

V. — Sous l'influence directe des œufs de Bilharzie, les lésions hyperplasiques de la muqueuse intestinale se compliquent de deux ordres d'altérations distinctes, non subordonnées et, pour ainsi dire, antagonistes : les *ulcérations* et les *adénomes glandulaires*.

VI. — Les « adénomes bilharziens » du gros intestin ne sont que des manifestations réactionnelles, de cause purement inflammatoire, qui ne permettent, en aucune façon, de préjuger de l'origine parasitaire des cancers de l'intestin.

VII. — Par ses pontes réitérées à l'intérieur des veinules de la couche sous-muqueuse, le Ver femelle, aidé de ses œufs innombrables, détermine une endophlébite végétante simple, en aucun cas thrombosique, mais pathognomonique de la maladie bilharzienne.

Les mêmes désordres inflammatoires se retrouvent dans les riches plexus veineux de l'excavation pelvienne.

VIII. — Sur les coupes microscopiques, les œufs ne siègent jamais à l'intérieur d'un vaisseau.

IX. — La sclérose diffuse généralisée à toute la région pel-vienne du gros intestin, ainsi qu'aux couches cellulo-adipeuses tapissant les organes et la cavité du petit bassin, ressortit moins au traumatisme exercé par les parasites adultes et leurs œufs qu'aux toxines émanées d'eux.

X. — La circonscription rigoureuse de la bilharziose au segment terminal de l'intestin peut servir de guide dans l'étude pathogénique de cette maladie parasitaire.

EXPLICATION DES PLANCHES

PLANCHE I.

Rectum ouvert dans sa longueur et sur sa face postérieure (grandeur naturelle).

L'infection bilharzienne a produit dans toute la hauteur de l'organe deux sortes de lésions caractéristiques : 1° épaississement général des tissus de l'organe, avec sténose rigide de ses parois, 2° ulcérations de la muqueuse dans les régions intermédiaires aux hyperplasies adénoma-teuses.

Les saillies adénomateuses sont arrondies, sessiles, rougeâtres, et con-trastent par leur couleur, leur relief bombé assez régulier, avec l'aspect lisse, déprimé, gris sale des vastes surfaces intercalaires (où l'examen microscopique montrera la muqueuse plus ou moins ulcérée).

PLANCHE II.

FIGURE 1. — *Les lésions bilharziennes de la muqueuse rectale.*

Coupe portant à la fois sur une saillie adénomateuse de la muqueuse hyperplasiée et sur une région déprimée adjacente, ulcérée largement. × 5. Coloration à l'hématoxyline-éosine.

Les trois quarts de gauche de la figure sont occupés par des lésions ulcératives. La presque totalité des culs-de-sac des glandes de Lieber-kühn y ont disparu. La *muscularis mucosae*, bien reconnaissable à la mince bande rosée qui soutient la portion encore conservée de la mu-queuse enflammée, délimite à souhait la couche sous-muqueuse, elle-même fort altérée.

Un œuf de Bilharzie se reconnaît juste au dessus de la *muscularis*, à droite, presqu'au milieu de la préparation; il est d'un jaune orangé, et couché parallèlement à la surface de l'ulcération.

Les veines et les artères de la sous-muqueuse sont bien apparentes. Au bas de la préparation, la portion la plus interne de la couche musculeuse se montre normale et délimite ainsi la couche sous-muqueuse. Il est facile de constater, de la sorte, l'état inflammatoire de la sous-muqueuse, infiltrée d'éléments embryonnaires (colorés en violet).

A droite de la préparation, le relief est formé par la muqueuse hyperplasiée d'une manière excessive. Les coupes des glandes de Lieberkühn y forment un demi cercle, à concavité tournée à droite, en bordure autour d'une bande de tissu conjonctif (tissu sous-muqueux hyperplasié) vivement enflammé, et infiltré d'œufs de Bilharzie.

Non loin de la pointe, dessinée sur la gauche par le bourrelet adénomateux glandulaire, apparaît un paquet de 8 *œufs* de Bilharzie. Ces œufs sont fortement teintés (en rouge-orangé); quelques-uns sont cerclés d'une auréole d'éléments embryonnaires (en violet foncé). La cause de l'hyperplasie totale de la muqueuse et de la couche nutritive sous-jacente est ainsi appréciable.

Les glandes de Lieberkühn sont, pour le plus grand nombre, en voie de prolifération hyperplasique manifeste; leurs culs de-sac ont végété; la lumière glandulaire est, sur plusieurs points, très dilatée.

FIGURE 2. — *Coupe passant par un relief bourgeonnant de la muqueuse rectale et montrant en même temps l'atrophie de la presque totalité des glandes de Lieberkühn, l'hyperplasie de quelques-unes d'entre elles, la prolifération conjonctivo-vasculaire du derme de la muqueuse et l'infiltration d'œufs de Bilharzie à la base de toutes ces lésions.* × 24.

Coloration : éosine-hématoxyline-Gram.

La saillie papuleuse dessinée par la muqueuse enflammée est composée de nombreux vaisseaux capillaires dilatés sertis au milieu de travées conjonctives riches en éléments embryonnaires. A gauche et à droite de cette papule, on voit trois culs-de-sac glandulaires diversement sectionnés, mais manifestement hyperplasiés, pour deux d'entre eux au moins.

La partie profonde du derme de la muqueuse est occupée par une soixantaine d'œufs, colorés en jaune-vert sale par la technique, et bien reconnaissables. Quelques-uns, mouchetés de rose orangé, sont envahis par la calcification; le plus grand nombre sont munis d'un éperon latéral.

La *muscularis mucosae* trace à la base de la muqueuse une bande rose-vif, épaisse. Elle est traversée, vers la partie moyenne de la préparation, par un îlot inflammatoire, reliquat d'un follicule lymphatique atrophié.

FIGURE 3. — *Les œufs de Bilharzie dans la muqueuse rectale.*

Coupe de la muqueuse atteinte d'hyperplasies interstitielles et glandulaires. × 28.

Coloration : orcéine-hématoxyline.

La coupe porte sur une partie voisine du sommet d'un bourgeonnement adénomateux de la muqueuse rectale. L'orcéine n'a pu mettre en relief aucune fibre élastique, tant dans la muqueuse épaissie et bourgeonnante que dans la portion la plus élevée de la couche sous-muqueuse fortement enflammée et sclérosée.

Les travées de la sous-muqueuse occupent l'angle inférieur et gauche de la figure. On y reconnaît quelques tractus de fibres musculaires lisses, d'un ton rosâtre, dissociés et épaissis, entre les mailles desquels se sont infiltrés des placards d'éléments lymphatiques (en violet).

Vers le milieu de la préparation, un œuf de Bilharzie se montre, bien reconnaissable à sa forme et à son éclat. *Il s'est logé*, fait exceptionnel, *au milieu d'un follicule lymphatique*; c'est le seul exemple observé dans le cas actuel, sur plusieurs milliers d'œufs reconnus et topographiés tant dans la muqueuse que dans la sous-muqueuse.

Ce follicule lymphatique, logé à la base même de la muqueuse, se reconnaît à sa circonscription exacte et à sa topographie précise. Il correspond à une partie de la muqueuse où les glandes de Lieberkühn sont plutôt rares et font même, en un point, complètement défaut.

La muqueuse est, dans cette région, le siège d'une inflammation chronique intense, végétante et hyperplasique. Tous les interstices qui séparent les tuyaux glandulaires sont élargis, sillonnés de vaisseaux sanguins dont les ondulations affectent, d'une manière générale, une direction perpendiculaire à la surface de l'intestin. Les éléments lymphatiques se montrent, dans tous ces espaces interstitiels, nombreux et vivement colorés (en violet).

Les glandes qui persistent ont subi un double processus hyperplasique : tout d'abord, elles se sont allongées, d'une façon excessive; les parties les plus heureuses de la coupe permettent de suivre, sur presque toute la hauteur de la muqueuse (quatre ou cinq fois plus épaisse que normalement) une ou plusieurs glandes en tube hyperplasiées en long, proportionnellement à l'épaississement de la muqueuse. D'autres glandes ont subi, en même temps, un travail d'hyperformation plus complexe : elles ont bourgeonné et, de glandes en tube simple qu'elles étaient, elles sont devenues glandes ramifiées. Ces proliférations exubérantes des glandes muqueuses du gros intestin s'accompagnent, à l'ordinaire, de dilatations partielles de la lumière glandulaire, ainsi que le montre le haut de la préparation. On y aperçoit quatre ou cinq coupes de glandes dans lesquelles les épithéliums, hypertrophiés à l'extrême, sont beaucoup plus hauts et beaucoup plus clairs, par exemple, que dans les tubes simples figurés au voisinage du follicule lymphatique décrit précédemment.

Les glandes adénomateuses offrent les formes les plus diverses, les moins réglées. D'une façon absolue cependant, jamais les culs-de-sac les plus profonds ne dépassent la couche de la *muscularis mucosae*, qui demeure la barrière anatomique au dessous de laquelle l'adénome cesse et où commencerait l'évolution cancéreuse.

L'obliquité de la coupe par rapport aux glandes adénomateuses met en relief l'hyperplasie excessive du tissu conjonctivo-vasculaire intercalaire, qui bourgeonne à la surface interne de l'organe. Grâce à cette préparation, il est facile d'expliquer le mécanisme des hémorrhagies intestinales, habituelles au cours de la bilharziose recto-côlique.

FIGURE 4. — *Un paquet d'œufs de Bilharzie incrustés dans la muqueuse.* × 200.

Coloration : orcéine-hématoxyline.

Huit œufs de Bilharzie, avec les différents aspects qu'ils montrent sur les coupes microscopiques.

La technique par l'orcéine (agissant avant l'hématoxyline) offre l'avantage incomparable de donner à la membrane de l'œuf) à la coquille, un ton jaunâtre, fixe, fort utile quand il s'agit de reconnaître (comme au haut de la préparation) quelque fragment d'œuf isolé au milieu des tissus.

Le double contour dessiné par la coquille est mis en valeur et permet de suivre tous les détails de la membrane anhiste.

Le plus grand nombre de ces œufs est muni de prolongements acérés, de véritables épines, dont la pointe s'enfonce dans les tissus environnants. Deux œufs ont leur épine rompue, mais demeurée dans le prolongement de leur axe; la technique suivie est probablement en cause et donne la preuve de la condensation, de la dureté et de la friabilité de cette partie de l'enveloppe chitineuse de l'œuf.

Les épines sont, ici, toutes latérales par rapport au grand axe de l'œuf. Sur d'autres préparations, nous les trouverons placées dans l'axe même de l'œuf, en prolongement plus ou moins exact de l'un des deux pôles, parfois aussi de l'un et de l'autre des deux pôles.

Un certain nombre de ces œufs montrent, mélangées au tissu de l'embryon, de petites granulations vivement colorées en violet et trop ténues pour pouvoir être considérées comme des noyaux de cellules appartenant à l'embryon. Il s'agit de granulations calcaires, indice de la mort de l'embryon, plutôt que de poussières nucléaires en voie de karyolyse.

Plusieurs des œufs sont manifestement rompus, soit par suite de traumatisme exercé par le rasoir, soit spontanément. Les éléments lymphatiques accumulés autour de cette colonie d'œufs de Bilharzie sont en rapport avec les altérations organiques subies par l'embryon.

FIGURE 5. — *Trois œufs logés dans la sous-muqueuse, avec les différents aspects de lésions qui les atteignent.* × 200.

Coloration: orcéine-hématoxyline.

L'œuf de gauche montre son embryon formé de deux masses ovalaires superposées et mouchetées de granulations petites (fortement teintées par l'hématoxyline). L'embryon est mort et commence à être envahi par la calcification.

L'œuf du milieu (un peu placé hors de sa loge, par suite de la technique) est totalement calcifié. Les parties organisées qu'il contenait du vivant de

l'embryon se sont toutes fondues en un bloc calcaire, d'un ton rose violet
par endroits; la coque elle-même prend part à la dégénérescence calcaire;
du moins, elle ne garde qu'à peine visible, par endroits, son ton jaunâtre et
son double contour. Quelques leucocytes sont accrochés à la surface de ce
calcul d'origine parasitaire. Les éléments embryonnaires (phagocytes) se
sont accumulés au pourtour de l'œuf mortifié.

A droite, un œuf vidé par suite de l'expulsion de l'embryon apparaît
sous forme d'une fente limitée, de part et d'autre, par une enveloppe chitineuse saine encore, fichée dans le tissu conjonctif intestinal.

Plusieurs vaisseaux capillaires normaux se montrent au voisinage de
ces trois œufs; la plupart sont remplis de leucocytes. Par comparaison, on
comprend l'impossibilité matérielle pour un œuf de Bilharzie de se loger
à l'intérieur d'un vaisseau capillaire sanguin ; les dimensions de ces vaisseaux sont toujours extrêmement inférieures au diamètre moyen d'un œuf
de Bilharzie vivant ou mort, encore plein ou déjà évacué.

FIGURE 6. — *Deux coquilles évacuées, au voisinage de glandes de Lieberkühn.* × 200. *Déhiscence des œufs. Évacuation des embryons.*

Coloration : orcéine-hématoxyline.

Deux œufs rompus et vides, bien reconnaissables à leur couleur jaunâtre, sont logés au milieu du tissu conjonctif, entre deux glandes de
Lieberkühn.

La coque située à droite, tout contre la glande, montre, de face, l'ouverture par où s'est évacué l'embryon. Les lèvres de la rupture sont
nettes; elles laissent voir l'intérieur de la coque dans laquelle se sont
logés quelques lymphocytes. reconnaissables à leur noyau foncé, vivement
coloré en violet-noir; plusieurs noyaux en karyolyse les accompagnent et
forment des petits amas de matière nucléaire incrustés à la face interne
de la paroi de l'œuf.

La coque, à gauche, montre deux orifices diamétralement opposés; l'un
est superficiel, tangentiel à la surface de la coupe et paraît avoir été,
sinon fait entier, du moins élargi par le rasoir; l'autre est placé sur
un plan profond, peut-être tangentiel, lui aussi, à la surface inférieure
de la coupe microscopique. De toute façon, il est facile d'établir que
l'œuf en question était rompu avant tout traumatisme résultant de la préparation : les leucocytes mono-nucléaires logés à la face interne de la
coque, dans l'intervalle qui sépare les deux orifices, suffisent à cette démonstration. Plusieurs noyaux de ces phagocytes y sont également en
karyolyse et ont formé des poussières nucléaires, ténues, inégales, polymorphes. La surface de la coque montre un éperon latéral contre lequel
de nombreux phagocytes se sont groupés.

Le tissu interstitiel (zone inter-glandulaire) qui loge ces deux œufs
rompus et évacués est parsemé de nombreux vaisseaux capillaires, sinueux et dont les parois sont souvent épaissies. Les phagocytes se sont
infiltrés dans les mailles du tissu conjonctif sclérosé; on en voit surtout un
amas abondant au-dessus de la glande située à gauche de la préparation.

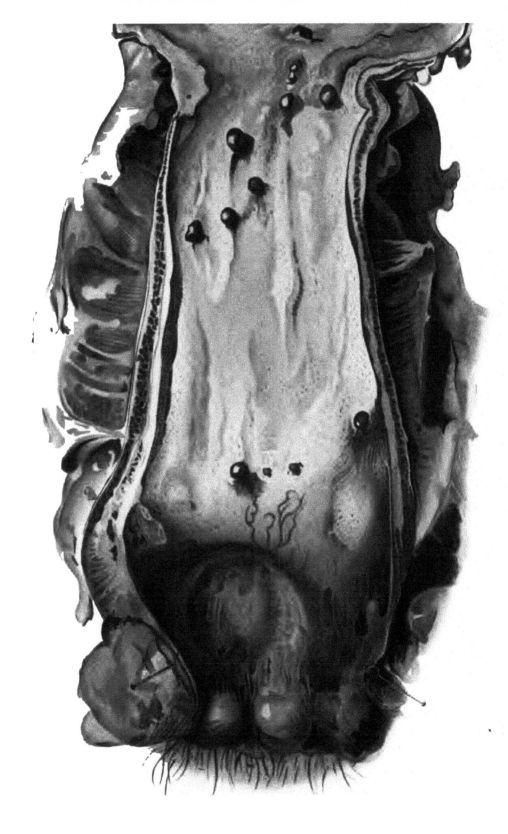

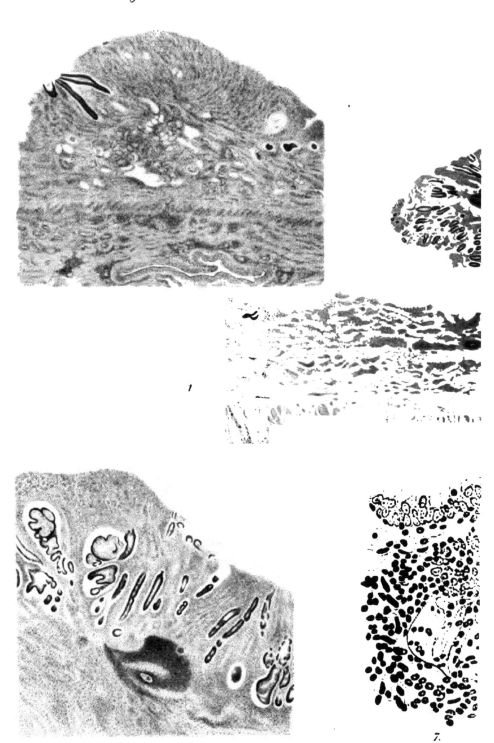

1.

7.

Lésions du Rectum

Pl. II

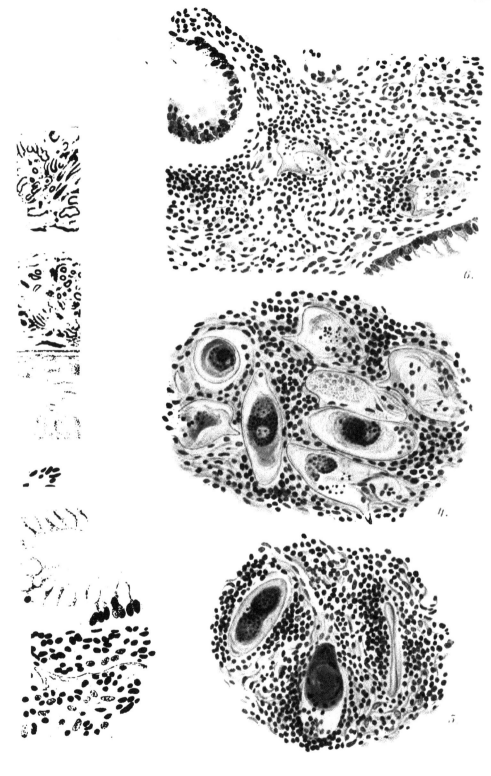

6.

4.

5.

Il faut noter l'absence constante, sur toutes nos préparations, de la moindre hémorrhagie interstitielle soit ancienne, soit récente. Le sang n'a déposé aucun pigment dans ces mailles conjonctivo-vasculaires chroniquement irritées. L'œuf de Bilharzie est un corps étranger vivant, qui progresse à travers les tissus sans produire jamais autour de lui aucune thrombose intra-vasculaire ni aucune hémorrhagie interstitielle.

Les épithéliums glandulaires, cylindriques, très hypertrophiés, ont été envahis par un grand nombre de leucocytes qui se sont infiltrés dans les interstices intercellulaires.

FIGURE 7. — *Déhiscence et évacuation des œufs.* × 300.

Coloration : orcéine-hématoxyline.

Trois coques, vides de leur embryon, se sont fixées au contact d'une glande de Lieberkühn. Les deux coques les plus rapprochées de la glande affectent une forme et une disposition des plus remarquables. La rupture de l'œuf s'est produite au niveau du pôle supérieur, vers le sommet de l'ovoïde. Il semble que ce sommet ait été détronqué par une section transversale. Un tel aspect est très fréquent sur les coupes.

La coquille de droite, couchée le long de la préparation montre sa ligne de déhiscence au voisinage d'un éperon latéral, bien visible.

L'évacuation de l'embryon s'est produite dans le tissu interstitiel; peut-être a-t-elle eu lieu dans la cavité même de la glande de Lieberkühn adjacente, comme le donne à supposer la figure présente. En tout cas, jamais on n'a trouvé trace d'un embryon, soit dans le tissu interstitiel, soit dans une des nombreuses cavités glandulaires surdistendues qui sillonnent les coupes de la muqueuse, parmi les zones hyperplasiées.

La glande visible sur la figure est le siège d'une irritation inflammatoire chronique certaine; sa cavité est dilatée; ses épithéliums cylindriques hypertrophiés sont gorgés, pour leur presque totalité, d'énormes gouttes de mucus. Au contact des deux coquilles rompues, le tissu glandulaire et les couches cellulaires sous-jacentes présentent tous les signes d'une irritation hyperdiapédétique et hyperplasique intense.

De nombreux leucocytes ont pénétré à l'intérieur des œufs rompus.

REVUE BIBLIOGRAPHIQUE

W. Kolle und A. Wassermann, *Handbuch der pathogenen Mikroorganismen*. Iena, G. Fischer, 4 vol. et atlas, 1902-1904. — Prix : broché, 112 mk; relié, 127 mk.

Nous avons déjà apprécié cette œuvre capitale (V, 609; VI, 507); elle est maintenant achevée : elle s'est soutenue jusqu'au bout et mérite de tous points les éloges que nous lui avons décernés. Avec l'aide d'une cinquantaine de collaborateurs des plus qualifiés, tant allemands qu'étrangers, les professeurs Kolle et Wassermann ont rédigé l'encyclopédie microbiologique la plus complète et la plus précise que nous ayons à l'heure présente. L'ouvrage est volumineux, puisqu'il représente cinq tomes en quatre volumes, plus un bel atlas; aussi envisage-t-il sous toutes leurs faces les multiples questions relatives à la biologie et au rôle pathogène des microorganismes; il donne un tableau fidèle de la science actuelle.

Sous le nom de microorganismes, les auteurs englobent les Bactéries, les Champignons parasites et les Protozoaires parasites. Il s'agit principalement de médecine humaine, mais la médecine des animaux n'est pas laissée dans l'ombre; les chapitres consacrés à l'hémoglobinurie du Bœuf (fièvre du Texas), au rouget du Porc, à la peste bovine, etc., sont là pour témoigner de la part faite à la pathologie comparée, en tant qu'elle éclaire et guide la médecine humaine. Un tel ouvrage ne fait donc, à aucun degré, double emploi avec le livre de Nocard et Leclainche.

J. Darricarrère, *Au pays de la fièvre. Impressions de la campagne de Madagascar*. Paris, P. V. Stock, in-16° de xviii-387 p., 1904. Prix : 3 fr. 50.

Ce livre se présente dans le format et sous l'aspect d'un roman, mais combien il diffère des œuvres d'imagination que les écrivains à la mode offrent chaque jour à leurs belles lectrices! L'auteur a fait, en qualité d'aide-major du régiment d'Algérie, toute la campagne de Madagascar, du 5 février au 19 octobre 1895; il a pris, du premier au dernier jour, des notes détaillées, dont ce livre n'est que la transcription.

Rien n'est plus poignant, rien n'est plus intéressant que ces pages où l'on assiste à la lutte incessante et malheureuse des troupes françaises, non contre les Hovas, mais contre les Moustiques, contre le soleil, contre l'ennemi le plus terrible, parce que le plus insidieux et le plus déprimant: la fièvre. Sans prétention littéraire, mais avec un accent de sincérité troublante, l'auteur nous retrace le tableau fidèle et navrant de cette campagne désastreuse, qui a coûté à notre armée 14 tués, 97 blessés et au moins 8000 morts de fièvre. Ce livre doit être lu, relu et médité par tous ceux qui affrontent les régions intertropicales et qui, médecins ou colons, sont destinés à vivre dans les pays palustres.

CULICIDES NOUVEAUX DE MADAGASCAR

E. VENTRILLON

Pharmacien-major des troupes coloniales

Stegomyia Lamberti n. sp.

Diagnose du mâle. — *Tête.* — La tête est noire. De chaque côté
de l'occiput, se trouvent des écailles noires plates ; au milieu sont
des écailles blanches. Toutes ces écailles sont plates et larges. La
base des antennes et le bord des yeux, aussi bien en dessus qu'en
dessous, sont bordés d'écailles blanches. Sur la nuque, on voit des
écailles en fourchette noires. *Clypeus* noir et couvert d'écailles
blanches plates. *Antennes* : articles légèrement jaunâtres avec de
longs poils noirs. L'article apical possède quelques poils jaunâtres.
Palpes noirs et composés de 5 articles. Les articles sont recouverts
d'écailles noires plates, mais leur base porte une tache d'écailles
blanches. Cette tache ne fait pas le tour des deux derniers articles
de l'extrémité apicale. *Trompe* presque aussi longue que les palpes,
non rayée, couverte d'écailles noires, plates, denses. Quelques
écailles paraissent moins noires que les autres.

Thorax. — Les lobes du *prothorax* portent des écailles noires et
des écailles blanches plates. Le *mésothorax* est noir avec une ligne
médiane d'écailles blanches fusiformes et une petite tache blanche
en face du scutellum. Le *scutellum* porte sur son lobe central une
forte plaque d'écailles blanches plates. Les lobes latéraux ont aussi
des écailles blanches plates mais en petit nombre. Les flancs
portent de nombreuses écailles blanches, formant de petites taches,
au nombre de 10 à 12. Le *metanotum* est jaunâtre et nu.

Abdomen. — Les segments, vus *en dessous*, présentent à leur base
une ligne transversale d'écailles blanches plates. Tout le reste du
segment est recouvert d'écailles noires plates. La partie apicale
des segments porte quelques poils fauves. La ligne blanche du
1er segment, du côté de la base, est très large et forme comme une

grosse touffe d'écailles blanches. Vues de côté, les lignes blanches
des segments forment comme une grosse touffe.

Vus *en dessus*, les segments ont à leur base une ligne d'écailles
blanches plates, mais cette ligne ne va pas d'un bord à l'autre.
Les deux derniers segments n'ont pas cette ligne blanche. Chaque
segment possède en outre une tache blanche latérale à sa base.
Cette tache s'étend jusqu'au milieu des bords des segments ; tout
le reste est recouvert d'écailles noires plates. Les *balanciers* sont
jaunâtres, avec quelques écailles blanches plates. La vrille des
organes génitaux est moins large à la base qu'au sommet et ressemble à un yatagan.

Ailes. — Les ailes sont noires. Les écailles des nervures sont
toutes noires et de deux sortes : plates-tordues et longues-étroites.
L'extrémité de la sous-costale se trouve à la hauteur de la nervure
transversale médiane. Les cellules en fourchette : 1re sous-marginale et 2e postérieure sont presque de même longueur, néanmoins
la base de la 1re est plus près de la base de l'aile que celle de la 2e.
La 1re est un peu plus étroite que la seconde. Le tronc de ces deux
cellules et presque égal à leur longueur. La nervure transversale
surnuméraire est plus près de la base de l'aile que la nervure
transversale médiane. La nervure transversale postérieure est la
plus longue des trois et est distante de la médiane de près de deux
fois sa propre longueur. Les franges ne sont constituées que par
deux étages d'écailles.

Pattes. — Dans la patte antérieure, la hanche possède une forte
ligne d'écailles blanches dans le sens de sa longueur. Le fémur est
recouvert d'écailles noires plates avec une ligne d'écailles blanches
tout le long du fémur. Il y a une petite tache blanche à l'extrémité.
Le tibia est tout noir avec une petite teinte jaune à l'extrémité. Le
métatarse et le premier article du tarse sont noirs avec une tache
blanche à la base. Les autres articles du tarse sont noirs. Il y a
deux ongles très longs et inégaux dont un est denté.

La patte moyenne est entièrement semblable à l'antérieure, sauf
pour les 3e et 4e articles du tarse qui ont des écailles jaune sale.
Il y a aussi deux ongles très longs et inégaux dont l'un est
denté.

Dans la patte postérieure, la hanche porte les mêmes écailles
blanches que plus haut. Le fémur est couvert d'écailles blanches

sur toute la moitié du côté de la base et d'écailles noires sur la moitié apicale. Cependant cette dernière moitié est partagée en deux par une ligne d'écailles blanches. L'extrémité porte une petite plaque blanche. Le tibia est noir. Le métatarse est noir avec une belle bande blanche à la base. Le 1ᵉʳ et le 2ᵉ article du tarse sont semblables au métatarse, mais la bande blanche est plus petite. Le 3ᵉ article du tarse est blanc avec une petite tache noire à l'extrémité. Le 4ᵉ article est blanc. Il y a deux ongles courts, égaux et non dentés. *Formule unguéale :* 1.0-1.0-0.0.

DIAGNOSE DE LA FEMELLE. — *Tête.* — Semblable à celle du mâle. Les *antennes* ont 14 articles et celui de l'extrémité apicale est étranglé au milieu. Les articles sont blanc sale et portent des poils noirs. L'article basal est entouré d'écailles blanches plates. Les *palpes* ont 4 articles : les deux basilaires sont très courts, le 3ᵉ est plus long que les deux premiers réunis, enfin le 4ᵉ est le plus long. La moitié apicale de ce dernier article est recouverte d'écailles blanches plates ; tout le reste des palpes est couvert d'écailles noires. Le *clypeus* est volumineux et forme comme une boule entre les palpes ; il est noir et possède une ligne transversale d'écailles blanches plates.

Thorax et abdomen. — Semblables à ceux du mâle.

Ailes . — Semblables à celles du mâle sauf les différences suivantes : la nervure transversale postérieure est éloignée de près de trois fois sa propre longueur de la nervure transverse médiane. L'extrémité de la sous-costale se trouve à la hauteur de l'espace compris entre la transverse surnuméraire et la base de la première cellule sous-marginale ; les franges sont composées de trois étages d'écailles.

Pattes. — L'antérieure est semblable à celle du mâle, à part les écailles des tarses qui ne sont pas aussi noires et ont une teinte jaune. Les deux autres pattes sont semblables à celles du mâle. *Formule unguéale :* 1.1-1.1-0.0.

Longueur. — 6ᵐᵐ, trompe comprise.

HABITAT. — Nous en avons eu de rares spécimens de Diégo-Suarez et d'Ankazobi, mais il nous en est parvenu de Majunga un très grand nombre qui nous ont permis de rédiger la description que nous venons de donner. Sur nos indications, M. Lambert, pharmacien des troupes coloniales, plaça un vase avec de l'eau sur la fenêtre de son laboratoire, à l'hôpital militaire de Majunga et, quelque temps après, il nous envoyait plus de 50 spécimens de ce Moustique, nés en cage. Cet élevage fut fait en juin-juillet, mais on peut capturer ce Moustique toute l'année.

Eretmapodites Condei n. sp.

DIAGNOSE DE LA FEMELLE. — *Tête.* — La tête est noire. Le milieu et les bords de l'occiput sont couverts d'écailles blanches plates. La nuque porte de nombreuses écailles en fourchette noires et jaunes. Le *clypeus* est gris et nu. Les *antennes* ont les articles gris : les deux articles de la base portent des écailles jaunes plates sur leur côté interne. Les autres articles portent de longs poils noirs et des poils blancs courts. Les *palpes* sont complètement recouverts d'écailles noires plates. Ils sont formés de trois articles : les deux basilaires sont courts, le troisième est plus long que les deux autres réunis. La *trompe* est très longue par rapport aux palpes. Elle est noire, mais les écailles qui la recouvrent ont des reflets blanc jaunâtre. Le *labrum* est un peu jaune.

Thorax. — Les lobes du *prothorax* sont noirs et portent de nombreuses écailles blanches plates : la tige de ces lobes est jaune. Le *mésothorax* est jaune ; il est très écailleux sur le dos dans sa moitié antérieure. On remarque : 1° quelques poils noirs ou jaune noirâtre sur le front et sur les côtés ; 2° une ligne d'écailles noires faisant le tour du mésothorax ; 3° deux lignes longitudinales d'écailles noires ; 4° entre ces deux lignes et la ligne courbe précédente on voit de nombreuses écailles jaunes. Toutes ces écailles sont courbes mais les noires sont moins larges que les jaunes. La moitié postérieure est très peu écailleuse. On remarque les mêmes écailles jaunes et noires sur les bords et deux petites touffes d'écailles noires et jaunes en face du scutellum. Le flanc du mésothorax porte une ligne, un peu courbe, à fond noir, couverte d'écailles blanches plates et une petite touffe d'écailles semblables à la base des trois pattes. Le scutellum est jaune et porte : 1° deux touffes d'écailles blanches plates en son milieu, dont l'une est contre le bord du mésothorax et l'autre sur le bord du lobe central ; 2° de nombreuses écailles noires plates sur ses lobes, mais surtout sur le lobe central ; 3° une touffe d'écailles jaunes courbes sur les lobes latéraux ; 4° quelques poils noirs sur le bord des trois lobes. Le *métanotum* est jaune et est parcouru par cinq bandes longitudinales noires. Les *balanciers* ont la tige jaune et la boule noire, couverte de petites écailles noires plates.

Abdomen. — La face dorsale des segments est noire et couverte d'écailles plates, denses, de couleur blanc sale. On remarque une tache blanche sur le milieu des bords : cette tache blanche envahit l'extrémité des deux derniers segments. La face ventrale est couverte des mêmes écailles mais l'extrémité des segments porte une tache blanche triangulaire. Le 1er segment porte une forte touffe d'écailles blanches.

Ailes. — Les ailes ne sont pas tachées. Les écailles sont petites, plates, noires, un peu asymétriques. L'extrémité de la sous-costale arrive au milieu du tronc de la première cellule sous-marginale. Cette cellule est plus longue et un peu moins large que la 2° cellule postérieure. Le tronc de la première est égal à sa longueur, tandis que le tronc de la 2° est une fois et demie plus long qu'elle. La nervure transversale surnuméraire est plus près de la base de l'aile que la nervure transversale médiane. La nervure transversale postérieure est éloignée de la médiane d'une fois et demie sa propre longueur. Les franges ont trois étages d'écailles.

Pattes. — La hanche et le trochanter sont jaunes et portent quelques écailles plates, jaunes et quelques poils jaunes. Le fémur est est jaune, son tiers inférieur est couvert d'écailles jaune pâle, le reste porte des écailles noires. Le reste de la patte est couvert d'écailles noires denses. Toutes les pattes sont semblables. *Formule unguéale :* 1.1-1.1-0.0.

Longueur. — 6mm5.

DIAGNOSE DU MÂLE. — *Tête.* — Semblable à celle de la femelle. Les *antennes* ont les articles blancs et portent de longs poils noirs. Les deux articles de la base portent des écailles jaunes plates. Les *palpes* ont 4 articles et sont complètement recouverts d'écailles noires. La *trompe* est semblable à celle de la femelle et est un peu plus longue que les palpes.

Thorax. — Semblable à celui de la femelle.

Abdomen. — Semblable à celui de la femelle. Les *pinces* sont couvertes de poils noirs.

Ailes. — Elles sont semblables à celles de la femelle, mais les franges sont à deux étages d'écailles depuis la base de l'aile jusqu'au milieu de la cellule anale et à trois étages d'écailles depuis ce point jusqu'à l'extrémité de l'aile.

Pattes. — Semblables à celles de la femelle, sauf pour les ongles qui corespondent à cette formule : 0.0-0.0-0.0.

Longueur. — 6^{mm}5.

Observation. — Je dédie cette espèce au Dr Condé, médecin-major de 2° classe des troupes coloniales. C'est à son obligeance que je dois d'avoir eu des Moustiques de Mayotte.

Heptaphlebomyia argenteopunctata n. sp.

DIAGNOSE DU MÀLE. — *Tête*. — La tête est noire. L'occiput est couvert d'écailles blanches courbes et d'écailles noires en fourchette. Les yeux sont entourés d'écailles blanches courbes. Le *clypeus* est noir. Les *antennes* ont les articles blancs avec de longs poils noirs. Les *palpes* sont à 4 articles, l'article basal est très court, le 2° est très long, noir, couvert d'écailles noires dans sa moitié inférieure : au dessus, il y a une partie dénudée et blanche, puis une portion couverte d'écailles blanches et de quelques écailles noires ; l'extrémité est couverte d'écailles noires. Les deux autres articles sont noirs, couverts d'écailles noires et de longs poils noirs. La base du 3° article porte une petite touffe d'écailles blanches. La *trompe* est plus courte que les palpes. Elle est noire avec une très large bande d'écailles blanc sale sur son tiers moyen.

Thorax. — L'extrémité des lobes du *prothorax* est couverte d'écailles blanches fusiformes. Le *mésothorax* est noir avec de petites écailles noires à reflets jaunes. A la partie supérieure, il présente : 1° une petite touffe d'écailles blanches fusiformes sur son front ; 2° une autre petite touffe de mêmes écailles de chaque côté, dans la partie la plus large ; 3° enfin, un peu plus en arrière, une tache latérale blanche plus large que les précédentes. De côté on aperçoit une petite touffe d'écailles blanches sur le bord du mésothorax, une autre sur le cou et deux autres sur les flancs. Le *scutellum* est jaune et ses lobes sont couverts d'écailles blanches fusiformes. Le *métanotum* est noir sale et nu. Les *balanciers* ont la tige jaune et la boule apicale noire couverte d'écailles noirâtres.

Abdomen. — Les segments ont une teinte jaune, sont couverts d'écailles noires plates et portent quelques poils noirs à leur extrémité. On voit à leur base une tache formée d'écailles blanches. Cette tache, d'abord confinée à la région médiane, va en s'élargissant jusqu'à atteindre les bords du segment ; à partir de ce moment elle se transforme en tache latérale prolongée jusqu'au dernier segment. Les lobes génitaux externes sont assez courts. Ils portent en dessous, vers leur partie médiane, cinq poils et une large lame transparente en forme de spatule. La *pince* est plus large à la base qu'à l'extrémité et est terminée par deux pointes dont une est plus grande que l'autre.

Ailes. — Les ailes ne sont pas tachées. La première cellule sous-marginale est plus longue et plus étroite que la 2e cellule postérieure ; sa base est plus rapprochée de la base de l'aile que l'extrémité de la sous-costale ; son tronc est égal à la moitié de sa longueur, tandis que le tronc de la 2e cellule postérieure est égal à sa longueur. La nervure transversale surnuméraire est plus près de la base de l'aile que la nervure transversale médiane. La nervure transversale postérieure est éloignée de la médiane de deux fois sa propre longueur. Cette espèce a une fausse nervure couverte d'une rangée d'écailles, ce qui fait qu'elle possède 7 nervures au lieu de 6.

Pattes. — Les hanches sont jaunes avec une mince ligne d'écailles blanc sale. Dans la patte antérieure, la partie dorsale du fémur est couverte d'écailles jaunes et la partie ventrale d'écailles noires. L'extrémité est munie d'une petite touffe d'écailles blanches. Le tibia est couvert d'écailles jaunes avec quelques écailles noires sur la partie dorsale. L'extrémité porte une petite touffe d'écailles blanches. Tout le reste de la patte est couvert d'écailles noires à reflets jaunes. Il y a deux ongles égaux, longs et dentés. La patte moyenne est semblable à l'antérieure : elle porte deux ongles inégaux, dont l'un est denté.

Le fémur de la patte postérieure est couvert d'écailles blanc jaunâtre sur les deux tiers de sa longueur ; l'autre tiers est couvert d'écailles noires. L'extrémité porte une petite touffe d'écailles blanches. Le tibia est noir, avec une belle bande blanche à l'extrémité. Tout le reste de la patte est noir. Il y a deux ongles égaux, courts et non dentés. *Formule unguéale* : 1.1 - 1.0 - 0.0.

Longueur. — 6^{mm}5, trompe comprise.

DIAGNOSE DE LA FEMELLE. — *Tête.* — Semblable à celle du mâle. Les articles des antennes sont jaunâtres. Les palpes sont noirs. La trompe est noire avec une bande jaune au milieu.

Thorax. — Vu de côté, le thorax présente 9 à 10 petites taches blanches. Il est semblable à celui du mâle. L'abdomen, les pattes et les ailes sont semblables à ceux du mâle. *Formule unguéale :* 0.0-0.0-0.0.

Longueur. — 5mm5, trompe comprise.

Habitat. — Tananarive et ses environs. On peut le capturer toute l'année mais surtout pendant la saison des pluies. C'est une espèce très rare.

Heptaphlebomyia Monforti n. sp.

DIAGNOSE DU MÂLE. — *Tête.* — La tête est grise : elle porte sur le milieu des écailles courbes fauves et des écailles en fourchette noires et sur les bords des écailles blanc jaunâtre. Les yeux sont bordés de petites écailles blanches. Les *antennes* ont les articles blancs et des poils noirs très longs. Il y a quelques écailles blanches sur l'article basal. Le *clypeus* est petit, noir et nu. Les *palpes* ont 4 articles couverts d'écailles noires : la base des deux articles terminaux porte une petite touffe d'écailles blanches. La *trompe* est noire, non rayée, et n'arrive pas à la hauteur de la base du dernier article des palpes.

Thorax. — Les lobes du *prothorax* portent de nombreux poils jaunes et quelques écailles jaunes allongées. Le *mésothorax* est gris noir et est couvert d'écailles courbes fauves. Le *scutellum* est un peu jaunâtre et possède de très nombreuses écailles fauves sur ses trois lobes. Le *métanotum* est grisâtre et nu. Les flancs portent quelques plaques d'écailles blanches plates. Les balanciers sont blanc jaunâtre.

Abdomen. — Les segments ont une teinte jaune noirâtre et sont couverts d'écailles noirâtres. Ils portent une bande d'écailles blanches plates à leur base et de nombreux poils jaunes au pourtour. Les bords des segments présentent une tache latérale et basale d'écailles blanches plates. La partie ventrale des segments est couverte d'écailles blanches plates.

Ailes. — Les ailes (fig. 1) ne sont pas tachées. Les écailles des ner·

vures sont noires, étroites, excepté celles des nervures sous-costale et première longitudinale qui sont larges et plates. L'extrémité de la nervure sous-costale arrive à la hauteur de la base de la première cellule sous-marginale. Cette cellule est beaucoup plus longue et un peu plus étroite que la 2ᵉ cellule postérieure. Le tronc de la première cellule a le tiers de la longueur de cette cellule, tandis que le tronc de la 2ᵉ cellule postérieure est aussi long qu'elle. La nervure transverse surnuméraire est plus près de la base de l'aile

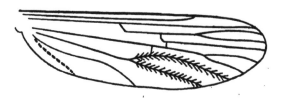

Fig. 1. — Aile d'*Heptaphlebomyia Montforti*.

que la médiane. La nervure transversale postérieure est éloignée de la médiane de plus de deux fois sa propre longueur. Ce Moustique possède une 7ᵉ nervure écailleuse. Les franges ont deux étages d'écailles de la base de l'aile à l'extrémité de la 5ᵉ nervure longitudinale et 3 étages de ce point à l'extrémité de l'aile.

Pattes. — Les hanches sont jaunes et portent quelques écailles blanches. Le fémur de la patte antérieure porte des écailles blanches plates sur la face dorsale et des écailles noires sur la face ventrale. L'extrémité est un peu jaune. Le tibia est noir et presque couvert d'écailles blanches. Les autres parties sont noires, mais couvertes de nombreuses écailles jaune sale. Les pattes moyenne et postérieure sont semblables à l'antérieure, mais les fémurs sont presque entièrement blancs. *Formule unguéale* : 1.1-1.1-0.0.

Longueur. — 6ᵐᵐ

DIAGNOSE DE LA FEMELLE. — *Tête.* — Semblable à celle du mâle. *Antennes* poilues. *Palpes* à 4 articles, portant quelques écailles blanches plates; sur l'article apical, toutes les autres écailles sont noires et plates. La *trompe* est semblable à celle du mâle.

Le *thorax*, l'*abdomen*, et les *pattes* sont comme chez le mâle. Il en est de même pour les ailes, mais les franges ont trois étages d'écailles. *Formule unguéale* : 0.0-0.0-0.0.

Longueur. — 4ᵐᵐ5.

Habitat. — Cette espèce se rencontre à Ankajobé et à Arivonima-mo, mais elle est surtout abondante à Tananarive. On la rencontre pendant toute l'année malgré la sécheresse, dans l'herbe sèche des talus abrités contre les vents du sud-est. C'est grâce à l'obligeance du Dr Monfort, médecin des troupes coloniales, que j'ai pu avoir les premiers spécimens provenant d'Ankajobé.

NOTE BY F. V. THEOBALD

I have examined these new species described with such care. he *Eretmapodites* was placed by the author in *Stegomyia*, but it Tis quite distinct from that genus and 1 have thus altered the generic name. The *Heptaphlebomyinae* are of great interest and have the seventh vein more definitely scaled than in the type of the genus.

PROPHYLAXIE DE LA MALADIE HYDATIQUE (1

PAR

le Professeur R. BLANCHARD

M. le D‍r Dévé, professeur suppléant à l'École de médecine de Rouen et médecin des hôpitaux de cette ville, a adressé à l'Académie un très important mémoire sur la prophylaxie de la maladie hydatique.

Cette affection, qui intéresse à un égal degré les médecins, les chirurgiens, les vétérinaires, les zoologistes, et qui mérite, comme nous allons le voir, toute l'attention des hygiénistes, a fait, de la part de M. Dévé, l'objet d'une série de travaux, qu'il poursuit méthodiquement depuis plusieurs années.

Ses recherches expérimentales, que j'ai eu plaisir à suivre depuis le mois d'octobre 1900, époque à laquelle il vint me soumettre les premiers résultats de ses expériences, ont porté tout d'abord sur la question de la greffe hydatique. La pathogénie et la réalité même de cet accident étaient restées, jusqu'alors, des plus discutées. M. Dévé apporta la démonstration expérimentale de la possibilité d'une greffe des éléments spécifiques renfermés dans la vésicule parasitaire. Non seulement il réalisa la greffe des Hydatides, que quelques expérimentateurs étrangers avaient déjà obtenue, mais, le premier, il établit sur des preuves irréfragables la réalité de l'évolution vésiculaire des scolex (2), notion capitale au point de vue de la pathologie, sans parler du haut intérêt qu'elle présente au point de vue purement zoologique.

Généralisant les résultats que lui avait fournis l'expérimen-

---

(1) Rapport sur un mémoire de M. le D‍r F. Dévé (de Rouen), lu à l'Académie de médecine, le 6 décembre 1904. Cf. *Bulletin de l'Acad. de méd.*, (3), LII, p. 501-512.

(2) F. Dévé, Des greffes échinococciques. *C. R. de la Soc. de biologie* 2 février 1901. — Sur la transformation des scolex en kystes échinococciques *Ibidem*, 16 mars 1901. — Sur l'évolution kystique du scolex échinococcique *Archives de Parasitologie*, VI, p. 54-81, 1902.

tation, M. Dévé a donné, dans sa thèse inaugurale (1), une magistrale étude d'ensemble de ce qu'il a appelé l'*échinococcose secondaire*,
« affection liée à la greffe des germes échinococciques mis en liberté
par la rupture d'un kyste hydatique primitif ». Il y a mis en lumière
la place extrêmement importante, restée insoupçonnée jusqu'à
lui, qu'occupe l'échinococcose secondaire en pathologie humaine :
soit que la greffe spécifique se produise et qu'elle reste sur place,
circonscrite, soit qu'elle se fasse d'une façon diffuse dans le tissu
conjonctif, soit encore, et surtout, qu'elle se réalise d'une façon
systématisée à la surface d'une séreuse, soit enfin qu'elle se fasse
à distance, par la voie circulatoire, donnant alors naissance
à des métastases hydatiques dans le poumon, le cerveau, le
rein, etc.

Depuis ce travail fondamental, M. Dévé s'est attaché à établir
sur des bases expérimentales solides, la prophylaxie à la fois
scientifique et pratique de la greffe hydatique (2). Il a montré que
cette prophylaxie de l'échinococcose secondaire post-opératoire
peut être aisément réalisée par une injection parasiticide faite dans
la poche hydatique avant son ouverture large. Tout dernièrement
encore, il rapportait les résultats de nouvelles expériences extrêmement démonstratives qu'il a pu faire sur ce point, à l'occasion
d'un cas de kyste hydatique opéré par un de ses collègues rouen-
nais, le Dr A. Martin (3). Ces dernières expériences viennent
consacrer d'une façon définitive la valeur de « l'injection ténicide
préalable », qu'il avait proposée aux chirurgiens dès le mois de
février 1901.

Au surplus, la pratique en question a été adoptée par les opéra-
teurs non seulement en France, où MM. Terrier, Ricard, Quénu (4)
et d'autres, lui ont donné leur appui à la Société de chirurgie,
mais aussi à l'étranger, où cette technique a été recommandée

(1) F. Dévé, *De l'echinococcose secondaire*. Paris, F.-R. de Rudeval, in-8° de
253 p., 1901.

(2) F. Dévé, De l'action parasiticide du sublimé et du formol sur les germes
hydatiques. *C. R. de la Soc. de biologie*, 17 mai 1902 et 17 janvier 1903. — Des
greffes hydatiques post-opératoires. Pathogénie et prophylaxie. *Revue de chirurgie*, 10 octobre 1902.

(3) Martin et Dévé, Contribution à l'étude de la prophylaxie de la récidive hydatique post-opératoire. *Revue de gynécologie et de chirurgie abdominale*, n° 5,
septembre-octobre 1904, p. 811.

(4) Quénu, Technique opératoire contre l'échinococcose secondaire. *Bulletin de
la Soc. de chirurgie*, p. 719, 1er juillet 1903.

récemment, en particulier par Madelung en Allemagne (1) et par Oliver en Uruguay (2).

Ce n'est plus de cette question, aujourd'hui jugée, de la prophylaxie de la récidive hydatique que traite le mémoire adressé récemment à l'Académie, mais bien de la prophylaxie de la maladie hydatique elle-même.

Il n'est pas besoin d'insister longuement sur la gravité que présente, encore à l'heure actuelle, la maladie hydatique chez l'Homme, en dépit des progrès si importants réalisés depuis quelques années dans le traitement de cette affection. Cette gravité, qu'on ne peut guère espérer atténuer que dans une faible mesure, est liée, soit à la localisation même du parasite dans certains organes nobles (le cœur, le cerveau, etc.), soit aux accidents multiples (compressions, ruptures variées, suppurations, intoxication hydatique, greffes et métastases spécifiques, cachexie), qui viennent si souvent compliquer l'évolution de l'échinococcose, dans ses différentes localisations, pulmonaire, splénique, rénale, et surtout dans sa localisation hépatique habituelle. Deux cliniciens argentins, Vegas et Cranwell, dont l'expérience est grande en pareille matière, estimaient récemment la mortalité globale de la maladie, à 13,6 p. 100 des personnes atteintes (3). Et l'on doit observer que la maladie frappe les individus à l'époque la plus florissante de la vie !

C'est dire tout l'intérêt qui s'attache à l'étude de la prophylaxie de l'échinococcose humaine.

Pour n'être pas, tant s'en faut heureusement, aussi répandue en France qu'elle l'est dans d'autres contrées (Islande, Australie, République Argentine, Uruguay), qui constituent ce que l'on a appelé les « terres classiques » de la maladie hydatique, cette affection n'en est pas moins d'observation encore suffisamment fréquente chez nous. Certaines régions, comme les Landes, la Normandie, l'Algérie, paraissent même assez gravement contaminées.

(1) MADELUNG, Ueber postoperative Pfropfung von Echinokokkencysten. *Grenzgebiete der Medicin und Chirurgie*, XIII, p. 21, 1904.

(2) OLIVER, Tratamiento de los kistes hidatidicos. *Revista de la Sociedad médica Argentina*, XII, p. 168, 1904.

(3) VEGAS y GRANWELL, Los quistes hidatidicos en la Republica Argentina. *Revista de la Sociedad médica argentina*, n° 66, p. 211, marzo-abril 1904.

Cependant, les hygiénistes en France semblent, jusqu'à ce jour, s'être désintéressés des mesures propres à combattre et à restreindre le développement de l'échinococcose, tant chez l'Homme que chez les animaux. C'est en vain qu'on chercherait, dans les règlements d'hygiène et en particulier dans le décret du 18 octobre 1904, un article, une ligne même, visant la prophylaxie de cette affection, qui,si elle n'est pas à proprement parler « contagieuse », n'en est pas moins transmissible de l'animal à l'animal, et de l'animal à l'Homme.

Une aussi importante question d'hygiène méritait d'être soumise à l'examen de l'Académie, et il faut savoir gré à M. Dévé d'avoir attiré notre attention sur ce point.

Envisageons donc les conditions générales du problème prophylactique. L'évolution du parasite est bien connue. On sait que, pour que son cycle évolutif puisse se fermer, il est indispensable que se réalisent : 1º une migration d'aller, du carnivore à l'herbivore, dans la pratique : du Chien au Ruminant; 2º une migration de retour, du Ruminant au Carnivore. Il est entendu que, lorsqu'il migre du Chien à l'Homme, le parasite « s'est, à proprement parler, embarqué dans une impasse : il est sans avenir, sans espoir, car il a bien peu de chances pour passer jamais dans l'intestin du Chien, où il pourrait poursuivre son évolution et arriver à l'état adulte (1) ».

Mais tout d'abord une importante question se pose. Le Chien, hôte par excellence du *Tænia echinococcus*, constitue-t-il la seule source de contamination pour l'Homme et pour les animaux?

Nous savons bien que le Ténia échinocoque a été rencontré, très exceptionnellement d'ailleurs, chez quelques Carnassiers sauvages, tels que le Loup (Cobbold), le Chacal (Panceri), le Couguar (Diesing); mais, comme il est aisé de le comprendre, de pareilles constatations n'ont guère qu'un intérêt théorique.

On s'est demandé si le Chat, carnassier domestique, ne serait pas susceptible de devenir éventuellement l'hôte du Ténia spécifique. Il était *a priori* d'autant plus rationnel de suspecter cet animal que le parasite a été observé, nous venons de le rappeler, chez un autre Félin, le Couguar (*Felis concolor*). Or, Leuckart (2) et

(1) R. Blanchard, *Traité de Zoologie médicale*, I, p. 453, 1886.
(2) Leuckart, *Die menschlichen Parasiten*. Leipzig, 2ᵉ Auflage, 1881 ; cf. I, p. 341.

Peiper (1), qui ont tenté de résoudre cette question par l'expérimentation, ont conclu, de leurs essais d'infestation demeurés négatifs, que le Chat est réfractaire au développement du dit Ténia.

Plus heureux que ces expérimentateurs, M. Dévé a réussi à obtenir le développement du *Tænia echinococcus* dans l'intestin du Chat. Il a communiqué récemment à la Société de biologie le résultat de ses expériences à ce sujet (2). Sept jeunes Chats avaient été infestés avec du sable échinococcique de kystes de Mouton. De ces sept tentatives, six restèrent complètement négatives : la dernière seule devint positive. L'autopsie de l'animal, sacrifié de trente-trois à vingt-quatre jours après une double inoculation, révéla, dans les premières portions de son intestin, l'existence de plusieurs centaines de jeunes *Tænia echinococcus* typiques, dont un certain nombre laissaient reconnaître, dans leur anneau terminal, une ébauche très nette d'organes génitaux. J'ai examiné un certain nombre d'exemplaires de ces Ténias expérimentaux, que M. Dévé avait tenu à me soumettre : leur nature ne peut être discutée. Le Chat pourrait donc éventuellement devenir l'hôte du *Tænia echinococcus*.

Je dois toutefois faire ici une réserve au sujet de l'interprétation de cette expérience. Les Ténias obtenus n'étaient pas des parasites adultes, renfermant des œufs, mais des Ténias incomplètement développés, dont le dernier anneau montrait seulement une ébauche d'organes génitaux. Dans ces conditions, il est très possible qu'il ne s'agisse là que d'une de ces infestations incomplètes, comme on en a observé à plusieurs reprises avec les Trématodes.

A la vérité, M. Dévé est le premier à insister sur l'inconstance du résultat positif obtenu dans ces expériences, malgré les conditions particulièrement favorables dans lesquelles il s'était placé. « Il est fort probable, écrit-il, que l'infestation du Chat doit être rare dans la pratique, et l'on peut sans doute faire abstraction à peu près complète de cette notion dans le problème qui nous occupe; c'est par le Chien que l'Homme et les animaux sont contaminés dans la vie courante ».

(1) PEIPER, *Die Verbreitung der Echinokokkenkrankheit in Vorpommern.* Stuttgart, 1894, p. 20.

(2) DÉVÉ, Le Chat domestique, hôte éventuel du Tænia échinocoque. *C. R. de la Soc. de biologie,* 22 octobre 1904, p. 262.

Revenons maintenant à l'évolution générale du parasite. La première de ses deux phases évolutives se trouve réalisée, comme on sait, quand l'Homme ou le bétail absorbent avec leurs aliments ou leurs boissons des œufs de Ténia échinocoque disséminés par les matières fécales d'un Chien infesté. Est-il possible d'interrompre cette première migration?

« Lorsqu'on y réfléchit, pareille tâche apparaît vaine, *a priori* : car on ne supprimera pas la dispersion (par le vent, par l'eau, etc.) des excréments d'un Chien parasité. Dès lors, comment empêcher l'Homme d'avaler, quelque jour, des œufs invisibles en mangeant des fruits, des radis ou de la salade? Quant aux animaux, comment les empêcher de s'infecter en broutant l'herbe d'un pré? Car on n'a sans doute pas la prétention d'empêcher les indispensables Chiens de troupeaux de déposer leurs matières fécales dans les pâturages!

« Ce n'est donc pas dans ce sens, de toute évidence, qu'il faut chercher la solution du problème. Lorsqu'on considère, au contraire, le second cycle évolutif du parasite, on a immédiatement l'impression que sa migration de retour au Carnivore devrait être des plus simples à interrompre. Le Chien — et à la rigueur le Chat — ne s'infectent, en effet, que d'une seule manière : en mangeant, — c'est-à-dire lorsqu'on leur donne à manger, — les kystes fertiles d'animaux de boucherie (1). Que cette contamination soit supprimée, et du même coup disparaît le *Tænia echinococcus*, et avec lui l'échinococcose tant humaine qu'animale ».

Ayant ainsi précisé les termes théoriques du problème, M. Dévé apporte un fait brutal et précis, qui va nous montrer tous les progrès qui restent à réaliser à ce sujet dans la pratique.

Aux abattoirs de la ville de Rouen, les Echinocoques ne constituent pas un cas de saisie. Quand on y rencontre, dans un organe,

(1) Les kystes hydatiques du Mouton et, à degré un peu moindre, ceux du Porc, sont précocement et abondamment fertiles, contrairement aux kystes du Bœuf, qui demeurent le plus souvent stériles. Tout récemment, d'ailleurs, un vétérinaire de Leipzig, LICHTENHELD, a apporté sur ce point des données précises. Il a trouvé 92,5 p. 100 de kystes fertiles chez le Mouton, 80 p. 100 chez le Porc, 24 p. 100 seulement chez le Bœuf (*a*). Ce sont les kystes du Mouton qui doivent être surtout visés.

a) LICHTENHELD, Ueber die Fertilität und Sterilität der Echinokokken. *Centralblatt für Bakteriologie, Originale*, XXXVI, p. 546 et XXXVII, p. 64, 1904.

dans un foie ou un poumon, des kystes en nombre restreint, on en pratique l'épluchage sur place, c'est-à-dire qu'on fait l'ablation des parties atteintes, lesquelles sont jetées sur le fumier, dans la cour de l'abattoir. Le viscère contient-il, au contraire, de nombreuses Hydatides disséminées, deux cas peuvent se présenter. Ou bien il est littéralement farci de kystes, comme cela s'observe assez fréquemment; il est, de l'aveu même du boucher, absolument inutilisable; il est alors envoyé à l'équarrissage, avec les viandes avariées saisies. Ou bien, tout en étant impropre à la consommation humaine, il est moins complètement envahi; le boucher est alors autorisé à emporter le viscère contaminé, qu'il vend à bas prix à sa clientèle, comme « nourriture pour Chiens et pour Chats » !

« Est-il besoin de faire remarquer, écrit M. Dévé, qu'on réalise áinsi, comme dans une expérience, comme à plaisir, véritablement, les conditions mêmes de l'infestation d'animaux qui vivent au contact continuel de l'Homme ? »

Et il faut ajouter que l'entrée des Chiens dans l'abattoir n'a été jusqu'ici l'objet d'aucune réglementation stricte. La porte est grande ouverte: on laisse pénétrer librement les Chiens de troupeaux et les Chiens de bouchers, sans parler des Chiens du voisinage; le premier soin de ces animaux, de l'aveu même des surveillants, est d'aller sur le fumier manger les rognures de viande qu'on y a jetées (1).

L'exemple de la ville de Rouen est loin d'être isolé. M. Dévé l'a cité parce qu'il a été mieux à même de l'observer, mais il a pu s'assurer que la pratique déplorable qu'il nous signale est en usage dans la plupart des villes.

A Paris même, aux abattoirs de la Villette, les viscères envahis de façon massive par les Echinocoques sont régulièrement saisis ; par contre, l'épluchage sur place des abats contaminés de façon plus discrète est autorisé, ou tout au moins toléré et, en tout cas, se pratique journellement. C'est ainsi que, au cours d'une de ses

(1) Il est juste d'ajouter que, depuis que son attention a été attirée sur ce point, M. VEYSSIÈRE, le distingué vétérinaire des abattoirs de Rouen, a pris certaines mesures. L'entrée des Chiens dans l'établissement est surveillée. D'autre part, les viscères envahis par les Echinocoques sont saisis, malgré les réclamations et protestations des bouchers, et les résidus d'épluchage sont jetés dans un récipient contenant du crésyl, en attendant d'être envoyés à l'équarrissage.

visites matinales dans ces abattoirs, à l'époque où, interne de
hôpitaux, il y allait faire la récolte de germes hydatiques pour ses
premières recherches expérimentales, M. Dévé a pu voir un boucher
supprimer l'extrémité d'un lobe de foie de Mouton renfermant un
kyste, et la jeter à son Chien. A la Villette, en effet, pas plus que
dans les abattoirs de la province, l'entrée des Chiens n'est réglementée à ce point de vue (1) : ces animaux accompagnent leurs
maîtres (bouchers, cultivateurs, bouviers, bergers, etc.), non
seulement à l'intérieur de l'abattoir, mais dans les « échaudoirs »
mêmes.

Si les règlements ne sont pas plus sévères dans les abattoirs
urbains, même des grandes villes, il est à peine besoin de dire que,
dans les campagnes, fermiers, bergers, bouchers ou charcutiers
ne prennent aucune précaution au point de vue qui nous occupe :
ils donnent couramment en nourriture à leurs Chiens, les abats
que leur envahissement par les kystes rend impropres à la consommation humaine.

Comment s'étonner, dès lors, que la maladie hydatique soit
d'observation encore si fréquente en France, surtout dans certaines
régions où se pratique sur une grande échelle l'élevage du Mouton,
en Algérie et dans les Landes en particulier? Il semblerait pourtant qu'il dût être facile de remédier à cet état de choses.

Les faits si suggestifs que je viens de signaler font toucher du
doigt tout l'intérêt pratique de la question. Ils mettent en évidence
l'urgence avec laquelle certaines mesures prophylactiques s'imposent à cet égard.

Quelles peuvent être ces mesures? Voyons, tout d'abord, comment
a été organisée la lutte anti-échinococcique, dans les pays qui
constituent les terres classiques de la maladie hydatique.

Diverses mesures ont été proposées et appliquées déjà en différents pays: en Islande (2); par D. Thomas en Australie (3) ; par

---

(1) L'ordonnance de police du 20 août 1879, actuellement en vigueur, dit : « Il
est défendu d'amener dans les abattoirs, à moins qu'ils ne soient tenus en laisse,
des Chiens autres que ceux des conducteurs de bestiaux ou ceux dont l'entrée est
spécialement autorisée pour la destruction des Rats ». Les mots « tenus en laisse »
indiquent que seule la rage est visée. Il suffit, d'ailleurs, d'aller quelquefois aux
abattoirs de la Villette pour se rendre compte que pratiquement tout Chien peut
pénétrer dans les abattoirs sans qu'on songe à l'en empêcher.

(2) KRABBE, Recherches helminthologiques. Copenhague et Paris, 1866.

(3) D. THOMAS, Hydatid disease. Adelaïde, 1885; Sydney, 1894.

Peiper en Poméranie (1) ; par Wernicke, Massi, Cranwell et Vegas en Argentine (2, 3) ; par Oliver en Uruguay (4), et dernièrement par Pericic en Dalmatie (5).

Elles sont de trois ordres et se proposent :

1º *De diminuer le nombre des Chiens.* — Réduction des Chiens des troupeaux au nombre strictement nécessaire pour la garde du bétail. Destruction des Chiens errants (*Dog Acts*, en vigueur dans l'Australie depuis l'année 1860). Immatriculation obligatoire (collier gravé, estampille annuelle) de tout Chien au-dessus de trois mois. Impôt sur les Chiens d'agrément.

2º *De préserver les Chiens de la contamination spécifique.* — Recommandation de faire cuire toute viande destinée à servir de nourriture aux Chiens. Recommandation formelle de ne pas leur donner à manger les viscères envahis par les kystes (6). Surveillance particulière, à cet égard, dans les abattoirs. Interdiction de l'entrée des Chiens dans ces établissements. Destruction des viandes malades : à la campagne, par enfouissement profond (avec de la chaux vive, Peiper) ; dans les abattoirs urbains, par incinération : d'ou installation obligatoire de fours crématoires dans tous les abattoirs.

3º *De traiter les Chiens infestés.* — Administration systématique et périodique de purgatifs et de vermifuges (en particulier de la racine de Kamala) aux Chiens de bouchers et de bergers. Destruction, incinération de leurs excréments.

Tous les auteurs insistent longuement, d'autre part, sur les conseils à répandre dans le public, au sujet de la *préservation de l'Homme.* Eloigner les Chiens de l'habitation, ainsi que des jardins potagers et des terrains de culture maraîchère. Filtrer ou faire bouillir l'eau de boisson. Laver longuement et nettoyer méticu-

(1) PEIPER, *Die Verbreitung der Echinokokkenkrankheit in Vorpommern.* Stuttgart, 1894; cf. p. 50.

(2) WERNICKE, MASSI, cités par CRANWELL et VEGAS.

(3) CRANWELL et VEGAS, *Los quistes hidatidicos.* Buenos-Aires, 1901; cf. p. 69.

(4) OLIVER, Profilaxia de la enfermedad hidatidica. Communication au Congrès médical interdépartemental de San José, 18 juillet 1902; *Revista medica del Uruguay,* p. 229, agosto 1902.

(5) PERICIC, *Liecniki Viestnik,* 1904, nº 1 (en croate); analysé dans le *Centralblatt für innere Medicin,* 1904, p. 681.

(6) PEIPER demande même la condamnation à une peine sévère de tout individu nourrissant ses Chiens avec de la viande contaminée.

leusement les légumes et les fruits qui se consomment crus (1).

Vegas et Cranwell demandent en outre que les Conseils d'hygiène répandent, parmi les vétérinaires et les surveillants d'abattoirs, des circulaires destinées à faire connaître la gravité de la maladie hydatique et les moyens de l'éviter.

Dégageant de toutes ces propositions et de ces conseils les points réellement importants et les moyens prophylactiques vraiment applicables, on peut formuler les deux prescriptions suivantes (2) :

1º *Saisie d'office, dans les abattoirs, et destruction effective (par incinération), de tout viscère envahi par les Echinocoques ;*

2º *Réglementation stricte de l'entrée des Chiens dans les abattoirs urbains* (3).

A ces deux mesures directes, dont l'application et la surveillance sont assez faciles, on pourrait en joindre une autre, dont l'efficacité est beaucoup plus douteuse. Elle consisterait en :

3º *Affiches dans les abattoirs,* rédigées dans un style simple et en usant des termes professionnels. On y indiquerait le danger qu'il y a à donner aux Chiens, et également aux Chats, les viscères envahis par ce que les bouchers appellent les « boules d'eau ».

On aurait soin d'insister sur ce fait que les bouchers et les charcutiers sont les premiers intéressés à préserver leurs Chiens de l'infestation spécifique (4). Aux cultivateurs, aux fermiers, aux

(1) Pour OLIVER, on devrait se résigner à ne jamais manger de salade. CRANWELL et VEGAS écrivaient récemment : « Le jour où l'on boira de l'eau filtrée ou bouillie et où l'on mangera les légumes cuits, ce jour-là les kystes hydatiques disparaîtront ». — VEGAS et CRANWELL, *loco citato*, p. 213.

(2) DÉVÉ a déjà formulé ces propositions dans une note récente : Prophylaxie de l'échinococcose. *C. R. de la Soc. de biologie*, 22 octobre 1904 ; cf. p. 261.

(3) Certaines villes d'Allemagne, Cologne et Berlin entre autres, ont établi à ce sujet des règlements extrêmement sévères.

A Cologne, l'article 4 du règlement du 18 novembre 1899 dit : « Les Chiens ne doivent pas être introduits dans les abattoirs, s'ils ne sont employés comme Chiens de bouviers. Ils doivent être placés, immédiatement après leur entrée, dans des niches spéciales.... L'entrée des Chiens est interdite dans les bâtiments de l'Administration et dans les restaurants des abattoirs. »

A Berlin, l'article 1, *g*, du règlement du 4 octobre 1900 stipule que « les Chiens ne peuvent être amenés dans les abattoirs ».

(4) En effet, ainsi que je l'écrivais en 1886, « la maladie sera plus fréquente chez ceux qui vivent dans la compagnie des Chiens de berger ou des Chiens d'abattoir (a) ». DÉVÉ confirme cette opinion : dans une statistique personnelle de 45 cas, il a pu faire remonter cinq fois l'étiologie à un Chien de boucher (11 p. 100). Il a réuni, d'autre part, 58 cas de kystes hydatiques observés à Rouen dans ces quinze dernières années et y a relevé 4 bouchers et 1 charcutier (8, 6 p. 100). Peiper avait, sur 110 cas, relevé 8 bouchers (7, 2 p. 100).

(a) R. BLANCHARD, *Traité de Zoologie médicale*, I, p. 453.

éleveurs, on ferait comprendre que le Chien infesté est la cause de la contamination et de la dépréciation de leurs troupeaux. Ils prêteraient, d'ailleurs, sans doute plus d'attention à cette observation, le jour où tout viscère renfermant des kystes serait impitoyablement saisi et détruit.

Il est vrai que les mesures en question seraient impossibles à imposer à la campagne, dans les tueries particulières, où elles échapperaient au contrôle. On pourrait cependant instituer dans ce but des inspections sanitaires, on adresserait des circulaires aux vétérinaires, on exigerait l'apposition d'affiches dans les locaux servant de tueries : moyens bien insuffisants sans doute, mais dont on aurait cependant tort de négliger complètement l'action.

Quant aux autres propositions : administration périodique de vermifuges aux Chiens, destruction ou incinération de leurs excréments, etc., elles sont inapplicables dans la pratique. « Elles seraient d'ailleurs incontrôlables, comme le dit fort justement M. Dévé, et l'on devrait, à leur sujet, s'en remettre à la sagesse et au zèle intelligent des particuliers. »

« En résumé, écrit-il en terminant, si, en matière de prophy-laxie anti-échinococcique, le précepte *Cave canem* reste bon à conserver, la vraie solution du problème ne réside pas là : elle consiste bien plutôt à PROTÉGER LE CHIEN, *en rendant son infestation impossible*. »

Il est donc de toute urgence de promulguer des mesures sévères, tout au moins dans les abattoirs urbains, où la surveillance serait facile. Ces mesures, strictement appliquées, doivent avoir pour conséquence une réduction progressive et presque la disparition de la maladie hydatique en France.

En résumé :

La maladie hydatique, affection commune à l'Homme et aux animaux, leur est transmise par le Chien ; à la rigueur, elle peut l'être également par le Chat. Ces Carnivores domestiques se contaminent eux-mêmes, en mangeant les viscères du Bœuf, du Porc, et surtout du Mouton, envahis par des Echinocoques fertiles. La prophylaxie de la maladie hydatique, chez l'Homme comme chez les animaux, doit viser avant tout à supprimer l'infestation du Chien. Des mesures sévères s'imposent avec urgence à cet égard, pour le moins dans les abattoirs urbains.

Il y a donc lieu de prescrire :

1º La saisie d'office, dans les abattoirs, et la destruction effective, par incinération, de tout viscère envahi par les Hydatides ;

2º Une réglementation stricte de l'entrée des Chiens dans les abattoirs publics ;

3º L'apposition, dans les abattoirs publics et privés, d'affiches indiquant le danger qu'il y a à donner les organes contaminés en nourriture aux Chiens et aux Chats ;

4º Des inspections vétérinaires visant cette prophylaxie anti-échinococcique seront faites dans les tueries particulières à la campagne ;

5º Une circulaire sera adressée à tous les vétérinaires pour leur rappeler la pathogénie de l'échinococcose et l'importance des mesures préventives qu'il est utile de prendre au sujet de cette affection.

M. H. BENJAMIN. — J'ai écouté avec le plus grand intérêt le si remarquable rapport que l'Académie vient d'entendre et je crois que la conclusion pratique qu'elle pourrait en tirer serait d'attirer sur lui l'attention de M. le Ministre de l'Agriculture, de qui dépendent les services sanitaires. En ce qui concerne Paris et le département de la Seine en particulier, elle pourrait aussi le communiquer à M. le Préfet de Police, qui donnerait sans doute à son chef du service sanitaire, telles instructions pratiques qu'il jugerait nécessaires et qui sont si clairement indiquées par M. Blanchard.

— Les conclusions du rapport, mises aux voix ainsi que la proposition de M. Benjamin, sont adoptées à l'unanimité.

ÉTUDES SUR LES CESTODES DES SÉLACIENS

PAR

Le Dr Paul MARAIS de BEAUCHAMP

Licencié ès sciences naturelles.

Le présent travail, entrepris à l'instigation de M. le professeur R. Blanchard, a été commencé et ses matériaux réunis au laboratoire Arago de Banyuls-sur-mer, où M. le professeur Pruvot a bien voulu m'accueillir et me fournir toutes facilités d'étude. Il m'est doux de renouveler ici mes remerciements à mes deux maîtres, dont j'ai tenu à inscrire le nom sur la première page de cet ouvrage. Qu'il me soit permis d'y ajouter ici celui de M. le professeur agrégé J. Guiart, secrétaire général de la Société Zoologique de France, dont les conseils et l'inépuisable obligeance m'ont été si souvent précieux.

Cette étude est essentiellement faunistique, et systématique, le temps limité dont je disposais ne m'ayant pas permis d'entreprendre un travail anatomique ou embryogénique, qui aurait nécessité un trop grand développement, et je dois expliquer la façon dont mes matériaux ont été recueillis pour faire comprendre ce qui m'a empêché d'y mettre tout ce qu'on aimerait à y trouver. Durant les six semaines de mon séjour à Banyuls, j'allais, toutes les fois que la pêche avait été possible, en examiner les produits lors du débarquement, et demander aux marins les viscères des Sélaciens qu'ils vidaient séance tenante. Ceux-ci étaient alors examinés rapidement pendant les dernières heures du jour; des croquis étaient pris des animaux vivants, puis je me hâtais de les fixer pour l'étude ultérieure.

De cette façon de procéder est résulté d'abord que je me suis trouvé limité aux espèces communes et utiles que rapportent seules les pêcheurs. Les grandes formes de Squales m'ont totalement échappé. En outre, il fallait reconnaître d'un coup d'œil l'espèce à laquelle se rapportait chaque animal vidé, ce qui, faute d'une très grande habitude, s'est traduit par quelques incertitudes et peut-être quelques erreurs sur l'attribution spécifique de chaque parasite. Il n'y faut pas attacher trop d'importance, car j'ai constaté, comme tous les auteurs qui s'en sont occupé, qu'à peu d'exceptions près une même forme peut se rencontrer dans presque toutes les espèces de Raies, voire de Squales.

Dans ces conditions, j'ai jugé inutile d'établir une statistique complète du nombre d'individus de chaque espèce examinés et des parasites rencontrés dans chaque. Pour permettre des conclusions générales, cette statistique aurait dû porter sur un beaucoup plus grand nombre d'examens qu'il ne m'a été possible d'en faire. De plus il aurait été bon de noter exactement, outre l'espèce, l'âge ou du moins la taille, le sexe, le contenu stomacal et intestinal, les diverses particularités normales ou pathologiques de l'hôte considéré en y ajoutant l'endroit où il avait été pêché, la profondeur et la nature du fond, on en eût pu déduire des considérations importantes au point de vue de la répartition géographique des parasites, sujet encore presqu'entièrement inconnu. Tout cela n'était guère possible avec le temps dont je disposais et la façon dont je me procurais mes matériaux. C'est une étude à reprendre dans d'autres conditions. J'en dirai autant des recherches embryologiques si désirables encore dans ce groupe, qui auraient consisté à rechercher les formes larvaires des Cestodes de Sélaciens dans les animaux variés dont ils font leur proie, Téléostéens, Crustacés, Céphalopodes etc., et à tenter de les rapporter aux adultes par la morphologie comparée et par diverses expériences. Cela aurait nécessité un séjour sur place très prolongé et un travail énorme.

On ne trouvera donc dans la première partie que des considérations générales sur les conditions où les parasites ont été rencontrés, leur fréquence, la façon dont ils se présentent, enfin sur les modes d'observation et de préparation dont il a été fait usage, puis, après un bref rappel de la classification des Cestodes et de la place qu'y occupent les espèces parasites des Poissons en général et des Sélaciens en particulier, des remarques sur leur nomenclature et la confusion qui s'y rencontre. La deuxième partie comprendra l'énumération systématique des espèces rencontrées avec une description sommaire de chacune, d'après mes observations comparées à celles qu'avaient déjà faites les auteurs.

PREMIÈRE PARTIE

Conditions générales où se rencontrent les parasites.

J'ai examiné durant mon séjour à Banyuls environ 60 ou 70 tubes digestifs de Raies et une quinzaine seulement de Squales, obtenus de la façon dont j'ai parlé précédemment. Le contenu stomacal a été presque toujours examiné soigneusement comme on doit le faire en pareil cas pour se rendre compte du régime alimentaire de l'animal parasité. On y trouve parfois une bouillie non identifiable, quand la digestion est très avancée, plus souvent, étant donné l'extrême voracité de ces animaux, une ou plusieurs proies de taille relativement grande et presqu'entières encore. Ces proies sont variées, et nullement en rapport avec l'espèce du Sélacien examiné : Téléostéens, nombreux et que je n'ai guère cherché à identifier, la chose étant en général difficile ; Crustacés très fréquemment : débris de Crabes non reconnaissables en général, mais où les Pagures, extrèmement communs dans la région, où chaque coup de drague en ramène des milliers, doivent jouer le rôle prépondérant, plus rarement des Squilles qui sont peu communes ; Céphalopodes, surtout l'*Eledone moschata* qui constitue une des proies de prédilection de nos Sélaciens. C'est évidemment dans ces animaux que vivent, libres dans le tube digestif, enkystées dans le mésentère et dans le tissu conjonctif, les larves des Cestodes qu'on retrouve dans l'intestin du Poisson carnassier, ainsi que l'ont constaté tous les auteurs qui ont pris la peine de les y chercher : Van Beneden, Linton, Vaullegeard et beaucoup d'autres. Pourtant je n'ai jamais trouvé, faute sans doute de l'avoir systématiquement recherché, dans le chyme résultant de la désagrégation des proies les scolex nombreux qu'on peut souvent prendre ainsi sur le fait au moment où ils passent de leur hôte provisoire dans leur hôte définitif.

Le suc gastrique des Sélaciens a un pouvoir digestif considérable : on s'en rend compte aisément en observant qu'au lieu de ces animaux entiers ou partiellement désagrégés qu'on rencontre dans l'estomac, quand ils viennent d'y entrer, on ne trouve plus dans l'intestin qu'une bouillie plus ou moins épaisse ; présentant souvent un aspect nacré dû aux parcelles d'écailles de Téléostéens qu'elle renferme, et où l'on retrouve à peine une arête, un débris de carapace, un cristallin d'Elédone. Il est donc aisé de prévoir que les parasites auront peu de tendance à y séjourner, et de fait on n'y rencontre d'habitude que des Nématodes protégés par leur épaisse couche de chitine contre tous les agents chimiques, et qui vivent fort bien vingt-quatre heures et plus dans une solution de formol à 4 %. Néanmoins il n'est pas absolument exceptionnel d'y rencontrer des Cestodes, et j'y ai trouvé une fois un Tétrarhynque implanté dans la muqueuse, ce qui prouvait qu'il n'y était pas remonté accidentellement depuis l'intestin. Des faits semblables ont été signalés par Van Beneden (36) et Linton (14).

Mais c'est l'intestin spiral qui constitue le lieu d'élection des parasites, comme peut le faire prévoir sa structure compliquée et propice à la stagnation, les tours multipliés de sa rampe hélicoïdale qui suppléent physiologiquement les nombreuses circonvolutions intestinales des autres Vertébrés. On n'y trouve d'ailleurs guère que des Cestodes, car les Distomiens, si fréquents dans les Téléostéens, sont absolument exceptionnels chez les Sélaciens. L'infection est du reste presque constante, et sans vouloir donner de statistique pour laquelle je n'ai pas d'éléments suffisants, je puis dire que je n'ai pas trouvé plus du quart des Sélaciens examinés dépourvus de parasites. Ils semblent être encore plus fréquents chez les Squales que chez les Raies. Les influences qui régissent la distribution des parasites ne pourraient évidemment être mises en évidence que par des statistiques très nombreuses et très détaillées. Il en est une pourtant qui m'a paru bien nette, au moins chez les Roussettes, c'est celle de l'âge : tous les jeunes individus longs de 20 ou 30 cm, conservés dans les bacs de l'aquarium ou venant d'y être apportés, et que j'avais commencé par examiner, ne m'ont présenté d'autres parasites que quelques Nématodes. L'influence de l'âge ne semble d'ailleurs pas exister au même degré chez les Raies, car plusieurs jeunes individus de celles-ci ont été trouvés renfermant des Cestodes.

Au sujet de la prédominance de certaines espèces de parasites dans les jeunes individus, dont nous reparlerons à propos d'*Acanthobothrium filicolle* et d'*Echinobothrium typus*, voir Van Beneden (36) et Monticelli (19).

Je donnerai à la fin de la seconde partie un tableau récapitulatif des Cestodes rencontrés dans chacune des espèces de Sélaciens examinées (pour les Poissons, la terminologie adoptée est celle d'E. Moreau (1) dont l'ouvrage a servi pour les déterminations). Mais je tiens à signaler particulièrement le fait que deux individus de *Centrina vulpecula,* soigneusement autopsiés, n'ont pas présenté le moindre parasite, même visible au microscope, dans le tube digestif, et aucun visible à l'œil nu dans les autres organes. Ce curieux Sélacien, que les pêcheurs prennent parfois sur la limite du plateau continental, paraît avoir une alimentation très spéciale. L'un des individus en question, qui avait vécu plusieurs jours dans l'aquarium, n'y avait rien mangé et son tube digestif était entièrement vide. L'autre, qui avait été apporté mort, ne renfermait qu'une bouillie sans aucune particule reconnaissable. Le seul helminthe de cet hôte dont j'aie rencontré la mention dans la littérature est un Tétrarhynque observé par Rudolphi (cf. Parona, 26).

C'est surtout dans la partie supérieure de l'intestin, dans les tours de spire plus hauts qui sont immédiatement sous-jacents au pylore, que l'on rencontre les Cestodes, parfois en nombre prodigieux, parfois seulement quelques petits strobiles, quelques scolex même non encore segmentés, ou bien deux ou trois proglottis dont il est impossible, fait assez curieux, de retrouver le strobile : il semble que sa vie achevée il puisse se détacher et être digéré ou éliminé, tandis que les proglottis encore vivants résistent plus longtemps. J'ai constaté, comme la plupart des auteurs qui ont fait un nombre suffisant d'examens, que ces parasites sont rarement spécifiques et que la plupart des espèces de Raies, en particulier, présentent la même faune intestinale ou à peu près. Au point de vue des associations de ces animaux entr'eux, il ne m'est jamais arrivé, comme à certains auteurs, de trouver 15 ou 17 espèces dans le même tube digestif. Au contraire il m'a paru exceptionnel d'en rencontrer plus de trois, et plus souvent même une que deux. C'est d'ailleurs heureux pour l'observateur qui a parfois la plus grande peine à classer le matériel recueilli pour rapporter chaque proglottis ou fragment de chaîne à son strobile. Un examen très attentif, au

(1) E. MOREAU, *Histoire naturelle des Poissons de France,* I, Paris, 1881.

besoin sur les objets colorés, permet seul, par comparaison avec
les anneaux restés adhérents, d'éviter des erreurs qui seraient très
fâcheuses.

Quand on ouvre un intestin frais, on trouve en général les strobiles adhérents à la paroi par les appareils de fixation si développés
qui sont caractéristiques des différents genres, tellement adhérents
qu'en essayant de les arracher sans précaution on laisse infailliblement la tête dans la muqueuse ; il est parfois nécessaire d'ex-
ciser avec des ciseaux courbes un petit coin de celle-ci, que le Ver
n'abandonne qu'en mourant, et encore pas toujours quand il s'agit
d'un Phyllacanthidé ou d'un Tétrarhynque. Parfois les animaux
flottent dans le chyle clair dont nous avons déjà parlé ; il est alors
facile de les isoler. Il n'en est pas de même quand ils sont, comme
il est fréquent, noyés dans un mucus excessivement visqueux qui
s'attache aux instruments et ne veut pas les abandonner ; il semble
provenir d'une altération cadavérique de la muqueuse. Il est alors
nécessaire de râcler avec un scalpel le contenu intestinal, ou d'enlever la paroi par morceaux, et d'agiter énergiquement le tout
dans un cristallisoir rempli d'eau de mer pour délayer le mucus.
On peut ensuite reprendre les animaux à la pipette ou à la pince
suivant leur taille.

Le parasitologiste qui aborde l'étude des Tétraphylles vivants,
ne connaissant encore que les Cestodes de l'homme, animaux
généralement considérés comme plutôt maussades et apathiques,
est agréablement surpris tout d'abord de leur vivacité et de leur
élégance. Quand l'animal est en place, dans l'intestin, fixé par la
tête à la muqueuse, son corps seul est animé d'ondulations variées
et de véritables mouvements péristaltiques, ondes de contraction
se propageant tout le long des anneaux, surtout chez les Tétrarhynques. Mais si on le détache et qu'on le place dans un verre de
montre ou sur un porte-objet sous l'objectif du microscope, on
voit les bothridies se mouvoir, se déformer, s'étendre et se contracter
dans tous les sens, se creuser chez les *Echenibothrium* de fossettes
séparées par des replis grillagés d'une régularité parfaite, se
dilater en cornet, s'aplatir en disque, se crisper en pétales de fleurs
chez les *Phyllobothrium*, le myzorhynchus se renfler en boule,
s'allonger en trompe ou s'élargir en ventouse chez les *Discobothrium*,
les crochets se porter à droite ou à gauche comme des crocs qui

cherchent à frapper chez les *Acanthobothrium,* comme des râteaux
à dents mobiles chez les *Echinobothrium,* les trompes épineuses se
dévaginer et chercher dans la préparation un objet auquel elles
puissent s'agripper chez les Tétrarhynques. La vivacité de ces
mouvements a fait penser, ce qui paraît assez vraisemblable, que
l'animal dans l'intestin ne reste pas toujours fixé au même point
comme un Ténia, mais se déplace fréquemment d'un endroit à un
autre.

· Tous les observateurs ont insisté sur ces changements de forme
infinis et rapides qui rangent ces helminthes parmi les objets les
plus jolis et les plus curieux d'observation microscopique, mais
créent en revanche à la diagnose d'extrêmes difficultés, car en cinq
minutes le même Cestode présente une demi-douzaine d'aspects
qu'on pourrait rapporter à autant d'animaux différents, et une
fois mort naturellement ou contracté par l'action des réactifs il ne
ressemble plus en rien à ce qu'il était vivant. D'où une multiplication indue des espèces dont nous verrons plus d'un exemple,
et qui ne peut être évitée que par une longue habitude de l'observation du vivant et du mort. Van Beneden (34) signalait déjà cet
écueil que ses successeurs n'ont pas toujours évité.

A côté des strobiles on trouve dans l'intestin, parfois en si grand
nombre qu'il en est littéralement bourré, les proglottis détachés
et devenus libres, qui constituent des objets non moins remarquables. On sait que dans ces formes ils se séparent de la chaîne
un certain temps avant d'être arrivés à maturité, et qu'ils vivent
isolément dans l'intestin pendant longtemps. Ils rampent avec
des contractions rapides et des ondulations de toutes les parties
du corps qui les ont fait comparer par Van Beneden à des Planaires,
— au *Dendrocœlum lacteum* évidemment, la plupart des Planaires
de petite taille ayant au contraire pour caractère de ramper
sans mouvement apparent du corps par l'action de leurs cils
vibratiles.

Bref, ils ont tellement l'air d'organismes autonomes que l'observateur, même le mieux prévenu, ne manque jamais de les
prendre au premier coup d'œil pour des Trématodes, et ne reconnaît
son erreur qu'après les avoir portés sous le microscope. On comprend
facilement à leur vue l'idée des premiers naturalistes qui prirent
les cucurbitains pour les individus élémentaires et crurent le Ténia

formé par leur agrégation subséquente, et, forme plus scientifique d'une conception analogue, la théorie polyzoïque de ces organismes, dont se fit le champion Van Beneden, qui avait longuement étudié les Tétraphylles. Dans certaines espèces même (*Acanthobothrium* surtout), le proglottis devenu libre acquiert une différenciation secondaire qui lui permet de se fixer à la muqueuse, et qu'on reconnaît à première vue à la forme allongée et à la transparence plus grande de l'extrémité antérieure qui se couvre d'épines minuscules et peut même se creuser temporairement en ventouse. Des proglottis de cette nature, dont on ne savait à quelle espèce les rapporter, ayant été rencontrés isolément dans l'intestin des Sélaciens on a pu, tout en reconnaissant leur analogie avec les précédents, agiter la question de savoir s'ils ne représentaient pas des formes autonomes analogues aux Cestodaires (Lühe, 15 ; Odhner, 23).

Combien de temps ces animaux, dont la vitalité est, comme nous venons de le voir, si remarquable, peuvent-ils la conserver en dehors de l'organisme de l'hôte, ou dans cet hôte une fois mort? Sur le premier point Van Beneden, Zschokke, Linton, s'accordent à dire qu'on peut les conserver un jour ou deux vivants dans l'eau de mer, et même davantage à condition d'y ajouter un peu de peptone ou de blanc d'œuf pour les nourrir. Semblable survie a d'ailleurs été observée chez les Ténias des Vertébrés même à sang chaud. Je n'ai guère tenté de conservations de ce genre, jugeant plus sûr de fixer mes matériaux aussitôt un dessin fait, mais je ne doute pas que je n'y eusse également réussi. Si par contre on laisse les Vers à l'intérieur des intestins non ouverts ou des animaux entiers, j'ai constaté, comme Linton, qu'ils meurent beaucoup plus rapidement. Il m'est maintes fois arrivé d'abandonner jusqu'au lendemain des intestins que je n'avais pas le temps d'ouvrir le soir même; j'y trouvais parfois encore des Vers vivants et en bon état (les mouvements peut-être un peu ralentis), surtout quand ils avaient été conservés simplement dans un seau en toile mouillé et non dans un récipient fermé, où ils subissent rapidement une fermentation qui dégage une forte odeur ammoniacale. Mais le plus souvent les animaux étaient morts, réduits à un ruban amorphe se brisant au moindre contact, ou même complètement digérés, car j'ai observé que les examens faits de cette façon fournissaient une bien plus grande proportion d'intestins vides que ceux faits aussitôt après le retour des pêcheurs, et cela a pu fausser la statistique précédente, où j'ai tenu compte de tous les examens.

Le rôle pathogène des Cestodes de Sélaciens paraît à peu près nul, car leur fréquence est, comme nous l'avons vu, très grande, et les animaux les plus parasités sont généralement les plus grands et les plus forts. Pourtant, quand il s'agit d'animaux pourvus, comme les Tétrarhynques, de trompes et de crochets enfoncés dans la muqueuse, on comprend que leur présence en nombre excessif puisse amener une inflammation de celle-ci, peut-être par inoculation microbienne, et Linton (13) a signalé un cas où le pylore d'un *Carcharinus obscurus* était entièrement obstrué par ce mécanisme.

Procédés d'observation et de préparation.

- Aussitôt les tubes digestifs apportés au laboratoire, l'intestin spiral était fendu longitudinalement à partir de l'anus, puis chaque tour de la valvule, en commençant par le pylore, était successivement débridé et complètement étalé. Les animaux recueillis, soit directement, soit après délayage de la masse dans l'eau de mer quand elle était particulièrement visqueuse, étaient aussitôt placés sur un porte-objet ou dans un verre de montre et examinés avec un faible grossissement (objectif 2 de Stiassnie, avec oculaire 2, ou grand champ de Nachet, très recommandable pour ces observations), en général sans couvre-objet pour ne déformer aucunement la tête, sauf si elle était trop mobile ou si un détail nécessitait l'emploi d'un plus fort objectif. Un ou plusieurs croquis étaient pris de chaque espèce non encore rencontrée, ou des aspects non encore observés des espèces déjà trouvées, afin de conserver l'image de l'animal vivant, si différent, comme nous l'avons vu, du mort. J'ai eu soin également de faire un nombre malheureusement peu considérable de mesures, d'ailleurs difficiles sur des objets aussi mobiles, de la dimension qui m'a paru la moins variable pendant les mouvements, la largeur du cou derrière la tête ou à son endroit le plus mince.

Une fois l'examen extemporané terminé, le matériel était aussitôt fixé encore vivant. Quelques essais avec les liqueurs osmiques ne m'ont fourni que de mauvais résultats. Au contraire j'ai trouvé dans le sublimé un excellent réactif, recommandé d'ailleurs par tous ceux qui ont étudié l'anatomie des Cestodes. La solution saturée additionnée de 10 à 20 %/od'acide acétique cristallisable constitue un fixateur foudroyant qui donne d'excellents résultats pour conserver à peu près la forme de l'animal vivant: j'ai pu obtenir grâce à lui des bothridies d'*Echeneibothrium* complètement étalées. Mais il a l'inconvénient, dans l'étude des Cestodes, de dissoudre les corpuscules calcaires caractéristiques de ces animaux. Si on tient à les conserver, on pourra faire usage d'une solution neutre à 10 %/o dans l'eau de mer, qu'on dédoublera avec de l'eau distillée pour que sa pression osmotique trop grande ne ratatine pas les cellules.

Mais ce fixateur n'est plus aussi rapide, et une anesthésie préalable est nécessaire (on pourrait peut-être l'éviter en employant la solution bouillante; ce procédé que je n'ai pas employé me semble moins pratique que les suivants). J'ai essayé le chloral à 2 %/o dans l'eau de mer, recommandé par Vaullegeard, pour les Tétrarhynques (39); mais il ne m'a fourni que des résultats médiocres. J'en ai eu de beaucoup meilleurs en tuant les animaux par le mélange préconisé par Bujor pour les Vérétilles (1), qui est d'ailleurs précieux pour une foule d'animaux marins contractiles et a l'avantage de la rapidité: formol 10 parties, éther 10 parties, eau de mer q. s. pour 100 parties. On arrose de ce mélange les animaux étendus, puis on les place aussitôt dans le fixateur ou le conservateur choisi. Il est nécessaire au préalable d'agiter vigoureusement pour mettre en suspension l'éther qui n'est pas dissous; j'ai essayé d'obvier à cet inconvénient en diminuant la proportion d'éther et en ajoutant de l'alcool pour augmenter sa solubilité: remplacer par exemple les 10 parties d'éther par 10 parties d'alcool à 90°avec 5 d'éther; peut-être les propriétés du mélange sont-elles un peu diminuées. Si on le conserve quelque temps, il s'y produit toujours un précipité floconneux qui n'est pas nuisible, mais il vaut mieux l'avoir toujours frais. Après la fixation et les lavages prolongés à l'eau, les animaux ont toujours été passés à l'alcool iodé pour dé-

(1) Bujon, Sur l'organisation de la Vérétille. *Archives de Zool. experimentale,* (3), X, 1901.

truire les précipités mercuriels, puis conservés dans l'alcool à 70°.

Le sublimé est excellent pour l'étude histologique, mais il a l'inconvénient de rendre les matériaux extrêmemeht opaques, ce qui est très gênant quand on veut faire la morphologie externe d'un scolex. Pour la simple conservation d'individus de collection permettant l'étude extérieure et par transparence, même la coloration en masse et le montage dans le baume, et à la rigueur l'étude topographique sur des coupes, le formol lui est très supérieur. Je l'ai employé en solution à 3 ou 4 % dans l'eau de mer. On peut y plonger directement la plupart des espèces qui y meurent sans trop se déformer. Les *Acanthobothrium* notamment s'y conservent à merveille. Mais d'autres, surtout les Tétrarhynques, qui sont extrêmement, mobiles se plissent et se contractent d'une façon formidable. Il est alors indiqué de les tuer au préalable par le mélange de Bujor, qui fournit les mêmes résultats que précédemment. D'une façon générale, quand on veut fixer un strobile dont la longueur dépasse quelques centimètres, il est utile, pour l'empêcher de se tordre et de se pelotonner dans tous les sens, de l'étaler complètement sur une plaque de verre de dimension appropriée, puis de l'arroser dans cette position de sublimé acétique ou de formol-éther. On le plonge ensuite dans les différents réactifs, remplissant des éprouvettes hautes, en l'y suspendant à l'aide de crochets de verre, et l'on obtient ainsi de fort beaux échantillons de collection.

L'étude subséquente du matériel fixé en vue de compléter les notions acquises par l'étude du vivant et d'arriver à des déterminations exactes, a été faite par des méthodes simples. La partie antérieure des strobiles a été placée dans quelques gouttes d'un mélange d'alcool, d'eau et de glycérine, s'ils étaient conservés dans l'alcool, d'eau et de glycérine simplement s'ils étaient dans le formol. On laisse évaporer doucement, pour éviter les altérations dues à une brusque plasmolyse, puis on monte la pièce dans la glycérine pure. On peut alors en faire l'étude complète, surtout quand elle n'est pas trop grosse et n'a pas été traitée par le sublimé (un grand usage a été fait de l'éclairage oblique, qui permet d'illuminer sur fond noir les objets peu transparents et d'en apprécier beaucoup mieux les détails), puis fermer la préparation, ou au contraire remettre la pièce qui n'est pas altérée dans le liquide conservateur ou s'en servir pour les coupes. On peut aussi colorer en

masse par le carmin boracique ou le brun de Bismarck et monter
dans le baume, ce qui montre mieux les muscles des ventouses et
les ébauches des glandes génitales; mais les reliefs de la forme
extérieure, noyés dans le milieu trop réfringent, n'apparaissent
plus aussi bien.

Les proglottis ont toujours été étudiés par coloration en masse,
déshydratation et montage dans le baume. Après divers essais, je
me suis arrêté au carmin de Grenacher, qui est d'ailleurs la tein-
ture de choix pour les colorations en masse et qui, à condition que
la différenciation dans l'alcool chlorhydrique ait été très prolongée,
fournit de superbes préparations. Le brun de Bismarck peut aussi
donner de bons résultats. Le bleu de méthylène est peut-être le colorant qui ferait le mieux ressortir les glandes génitales en bleu
sur un parenchyme simplement jaunâtre car, comme Vaullegeard
l'a remarqué, il ne se fixe aucunement sur les cellules de celui-ci.
Il faut l'employer en solution dans l'eau d'aniline, et faire suivre
d'une extraction prolongée à l'alcool. Malheureusement on déco-
lore souvent trop ou trop peu, et d'ailleurs il donne de mauvais
résultats pour les pièces qui ont été fixées au sublimé acétique,
ou qui renferment encore un peu d'iode.

Quelques coupes ont été faites en vue de l'étude anatomique
sommaire du *Discobothrium fallax* (elles sont d'ailleurs nécessaires
pour suivre les trajets des canaux génitaux et excréteurs, si on n'a
pu les étudier par transparence sur l'animal vivant et comprimé).
On a employé la paraffine par les méthodes ordinaires. La coloration
était obtenue en masse par le carmin boracique, en différenciant
moins longtemps que dans le cas précédent, ou sur coupes par
l'hématoxyline-éosine, l'hémalun ou la thionine.

Coup d'œil général sur la classification des Cestodes.

Il ne sera peut-être pas superflu, avant de décrire les espèces
observées dans les conditions que je viens d'indiquer, de rappeler
en quelques mots l'étendue du groupe des Cestodes, ses principales
variations et subdivisions, et la place qu'y occupent les parasites
des Poissons en général et des Sélaciens en particulier, notions
que la préoccupation exclusive des parasites de l'Homme et des
animaux domestiques conduisent trop souvent les parasitologues
et même les zoologistes à négliger.

Van Beneden, en 1850, donnait de la classification des Cestodes le tableau suivant (34) :

	Phyllobothriens	(*Echeneibothrium*, *Phyllobothrium*, *Anthobothrium*).
Tétraphylles ...	Phyllacanthiens	(*Acanthobothrium*, *Onchobothrium*, *Calliobothrium*).
	Phyllorynchiens	(*Tetrarhynchus*).
Acotyles ou Vers Cestoïdes..	Diphylles	(*Echinobothrium*).
	Pseudophylles	(*Bothriocephalus*, *Tricuspidaria*).
	Aphylles ou Téniens	(*Tænia*).

Pour mesurer le progrès que cet observateur de génie a fait faire à cette branche de la zoologie, il suffit de comparer cette classification d'une part à celle donnée par Dujardin cinq ans seulement auparavant (6), où tous les Tétraphylles sont encore rangés dans le genre *Bothriocephalus*, d'autre part à celle que nous allons exposer d'après les plus récents ouvrages généraux, la grosse monographie de M. Braun dans le *Bronn's Thierreich* (3) et l'excellent résumé de Benham dans le *Traité de Zoologie* de Ray-Lankester (1), et qui est la même, sauf quelques points de détail dont le principal est la séparation des Phyllorhynchiens d'avec les Tétraphylles pour les élever au rang d'un ordre spécial. C'est donc aux idées de Van Beneden, comme représentant les véritables affinités des différentes formes du groupe, qu'on est revenu, après avoir passé par diverses classifications dont celle qui s'en éloigne le plus, due à Diesing, est un chef-d'œuvre d'arbitraire et d'artificiel, et les autres ne s'en distinguent que par des modifications dans l'étendue des subdivisions dues à des divergences sur les caractères dominateurs et n'en changent guère les grandes lignes, comme cela a lieu dans tous les chapitres de la zoologie.

Les Cestodes proprements dits, distingués des Trématodes et des autres Plathelminthes par l'absence de tube digestif, et des Cestodaires, qui forment l'autre sous-classe des Cestodes *sensu latiori*, par la métamérie du corps, se divisent très naturellement en cinq ordres basés surtout sur le nombre et la forme des ventouses, auxquels s'ajoutent les caractères de l'appareil génital.

ORDRE I. **Pseudophylles** Van Beneden ou Bothriocephalidés *sensu latiori* (quelques auteurs les ont opposés à tous les autres, en raison du nombre de leurs ventouses ; mais l'existence des Diphylles qu'on ne pourrait réunir ni à l'un ni à l'autre de ces groupes sans en rompre l'unité s'oppose à cette coupure). — Ventouses (*bothria* ou *bothridia* des auteurs) au nombre de deux, dorsale et ventrale, non saillantes, réduites à des fentes du scolex, pouvant d'ailleurs se modifier extrêmement, se fusionner ou disparaître. Elles semblent chacune homologue de deux des ventouses des Tétraphylles. Parfois des crochets. Vitellogènes folliculaires, marginaux. Pores génitaux généralement unifaciaux, ventraux. Un orifice utérin distinct, ventral, qui n'existe que dans cet ordre, d'où résulte qu'il peut y avoir une véritable ponte des œufs avant le détachement des anneaux. En grande majorité parasites des Poissons osseux, à l'état de métacestode et à l'état adulte ; les formes qui ne le sont pas (Solénophoridés des Reptiles, *Bothriotænia* des Oiseaux, *Dibothriocephalus latus* de l'Homme) ont néanmoins en général leur larve dans les Poissons.

ORDRE II. **Tétraphylles** Van Beneden. — Ventouses (*bothridies* ou *phyllidies* des auteurs) en coupes, à bords saillants et très mobiles, souvent pédonculées, subdivisées, crispées. Souvent des ventouses accessoires à leur bord antérieur. Parfois un appendice apical (*myzorhynchus*). Vitellogènes folliculaires, marginaux. Pores copulateurs en général sur l'un des bords, le vagin au-dessus du penis. Pas d'orifice utérin distinct. Le proglottis se détache longtemps avant maturité et vit librement dans l'intestin. Tous dans les Sélaciens, la larve dans les Téléostéens et divers Invertébrés. On y distingue trois familles : **Phyllacanthidés**, à ventouses distinctes, pourvues de crochets, **Phyllobothridés**, à ventouses distinctes inermes, **Gamobothridés** à ventouses soudées en un disque céphalique inerme. C'est d'eux surtout que nous nous occuperons.

ORDRE III. **Diphylles** Van Beneden. — Peu nombreux et n'ayant qu'un genre bien connu dont nous reparlerons avec plus de détail. Tête portant deux phyllidies, dorsale et ventrale, avec des traces de bifidité, chacune surmontée d'une rangée de forts crochets portés par un rostre invaginable et prolongée en une tige céphalique généralement couverte d'aiguillons. Proglottis analogue à celui des Tétraphylles, mais pores génitaux ventraux. Dans les Sélaciens, au moins pour le genre précité. Larves dans les Crustacés et les Mollusques.

ORDRE IV. **Trypanorhynques** Diesing (1). — Tête portant quatre phyllidies plus ou moins fusionnées en deux dorsale et ventrale, chacune surmontée d'une ouverture par laquelle s'évagine une longue trompe couverte de crochets. La tête se termine en arrière par une portion rétrécie renfermant les gaines des trompes qui aboutissent à des bulbes musculeux. D'après Pintner (29), ces trompes représenteraient les ventouses accessoires des Tétraphylles approfondies, leur muscle rétracteur étant un muscle radiaire du scolex. Pourtant Vaullegeard (37) hésite à admettre cette homologie, parce que les bulbes des trompes sont innervés par un nerf spécial. Proglottis semblables à ceux des deux ordres précédents, à pores génitaux marginaux ou submarginaux. Dans les Sélaciens également, avec larves dans divers Téléostéens et Invertébrés.

ORDRE V. **Tétracotyles** Diesing ou Téniadés *sensu latiori*. — Quatre ventouses en forme d'assiette (*acetabulums* ou *cotyles* des auteurs), à bords non saillants ni mobiles sauf rares exceptions. Ces ventouses seraient, d'après Pintner (29), homologues non des phyllidies des précédents, mais de leurs ventouses accessoires, dont elles ont la structure ; les phyllidies ne seraient plus représentées que par les appendices inférieurs existant chez l'*Anoplocephala perfoliata* du Cheval. Généralement un *rostellum* invaginable, souvent garni de crochets. Proglottis ne se détachant qu'à maturité complète, mais ne mettant les œufs en liberté que par leur destruction, car il n'y a pas de pore utérin. Ouvertures génitales marginales. Les vitellogènes au lieu d'être folliculaires et marginaux comme dans les autres Cestodes sont massifs ou lobés, localisés dans la région postérieure et généralement fusionnés. Exception est faite pour les genres *Proteocephalus* Weinland (*Ichthyotænia* Lönnberg) et *Mesocestoïdes*, ce dernier ayant en outre les pores génitaux unifaciaux. En grande majorité dans les Vertébrés supérieurs, Mammifères et Oiseaux. C'est à ce groupe qu'appartiennent tous les parasites de l'Homme, sauf le Bothriocéphale ; aussi est-ce de beaucoup le plus étudié et le mieux connu. Pourtant on en trouve aussi dans les

---

(1) Je rejette le nom de Phyllorhynchiens employé par Van Beneden, comme forgé en vue de mettre en évidence une équivalence avec les Phyllobothriens et Phyllacanthiens qu'on n'admet plus, et celui de Tétrarhynques employé par Benham, parce qu'il a été employé comme nom de genre dans l'intérieur du groupe, ce qui produit toujours des confusions fâcheuses.

Poissons osseux : *Tænia* proprement dit (j'en ai rencontré un scolex invaginé dans l'intestin de *Gobius capito*) et des genres spéciaux : *Tetrabothrium* dans les Poissons marins (1). *Proteocephalus* déjà cité dans les Poissons d'eau douce (en raison de son proglottis, ce genre est rangé par Braun dans les Tétraphylles, dont il rompt évidemment l'unité par son scolex et son habitat), etc. Seul le genre *Polypocephalus* Braun (*Paratænia* Linton) se rencontre dans les Sélaciens ; mais il est encore mal connu et demanderait à être étudié de plus près.

Cette classification nous montre que les Cestodes d'un même ordre se rencontrent très généralement dans les Vertébrés d'un même groupe. Elle nous montre ensuite que trois ordres sur cinq sont exclusivement parasites des Sélaciens à l'état adulte ; et la chose ne tient nullement au régime alimentaire de ces derniers : les Téléostéens les plus carnassiers, comme la Baudroie, ne les hébergent jamais qu'à l'état de larve et ne renferment à l'état adulte que des Pseudophylles ou des Tétracotyles. Le nombre des espèces de ces trois ordres est néanmoins fort inférieur à celui des Téniadés, peut être parce qu'ils ont été moins souvent recherchés. Enfin pour mieux montrer l'intérêt qui s'attache à l'étude des Cestodes des Sélaciens, nous rappellerons qu'au point de vue anatomique ils représentent les formes les plus primitives du groupe, et que leur observation a permis à Van Beneden de débrouiller complètement l'organisation et le développement des Cestodes, mal compris tant qu'on s'était borné à l'étude des parasites plus faciles à rencontrer.

Quelques remarques sur la systématique et l'historique des Cestodes des Sélaciens

Malgré toute leur importance, que nous venons de mettre en lumière, les Cestodes des Sélaciens sont encore mal connus, et le nombre déjà assez considérable d'auteurs qui s'en sont occupés n'est rien à côté de ceux qui ont écrit sur les Cestodes de l'Homme et des animaux domestiques ; il y en a eu assez néanmoins pour embrouiller la systématique, qui est devenue actuellement un vrai

---

(1) Ce nom appliqué par Wagener (39) aux Phyllacanthidés, par d'autres aux Phyllobothridés ou à certains d'entr'eux, doit être réservé au Tétracotyle auquel le donna Rudolphi, et aux formes voisines.

chaos, et la détermination du moindre de ces animaux est un travail d'une très grande difficulté au milieu des auteurs, dont les uns décrivent différemment le même animal, tandis que les autres confondent sous le même nom des formes bien distinctes. Nous en trouverons plus d'un exemple.

Cette confusion tient à plusieurs causes. La première est sans contredit la grande variabilité d'aspect des animaux sur laquelle nous avons déjà eu et nous aurons encore à insister. Vivant et dans différents états d'extension, mort spontanément et fixé dans divers réactifs, le même individu peut présenter des différences telles que tout œil, même prévenu, s'y trompe infailliblement, et que les observateurs qui n'ont pas passé de longues heures à les étudier dans ces diverses conditions peuvent commettre les plus graves erreurs. D'autre part des caractères parfaitement nets, non seulement spécifiques, mais génériques, disparaissent entièrement et sont impossibles à retrouver sur l'animal conservé, de sorte qu'on doit se fier à ses notes et à ses croquis pris sur le vivant et qu'il est à peu près impossible d'identifier les espèces de certains genres quand on n'a pas eu les individus en vie entre les mains. Je me hâte de dire que l'excès inverse est à éviter, et qu'il ne faut pas sur le vu des figures et de la description d'un auteur déclarer trop vite qu'il a commis une telle erreur: l'histoire de *Discobothrium fallax* est là pour nous le prouver.

Une seconde raison est dans la négligence de la loi de priorité. Qu'on ait décrit des espèces sans rechercher suffisamment si elles ne l'avaient pas déjà été, ou même en reconnaissant qu'elle l'étaient, qu'on leur ait donné des noms nouveaux, cela ne fait pas de doute, mais c'est surtout au point de vue des genres que cette négligence a fait du mal. C'est ainsi que Diesing (5) s'est cru autorisé à remanier les genres de Van Beneden, à changer leur acception, à en réunir deux sous un nom arbitrairement choisi, non d'après leurs affinités réelles, mais d'après une idée préconçue, ou au contraire à créer des subdivisions d'après un caractère qui semble fort net sur le papier, mais qui en pratique peut être très difficile à retrouver, ou même variable et de valeur très restreinte. Et certes le tort causé à la science par tel observateur trop soigneux qui dans la masse des individus rencontrés a cru trouver des différences nécessitant la création d'espèces, voire de genres, n'est

pas comparable à celui que peut lui créer un systématicien classant
les formes décrites par d'autres d'après les vues de son esprit! Les
constatations ultérieures suppriment aisément une espèce créée
trop vite, mais la confusion introduite dans l'acception des genres
(telle espèce a pu être rangée successivement dans quatre ou cinq
genres différents) ne pourrait disparaître, et encore! qu'après une
sérieuse révision générale du groupe, fort ardue car, pour ne pas
tomber dans le même défaut, elle devrait être faite d'après l'examen
de nombreux individus frais et conservés des espèces considérées.

Il faut d'ailleurs reconnaître un point, c'est que la loi de priorité est parfois très difficile, sinon impossible à appliquer, quand
il s'agit de parasitologie, et de Cestodes des Sélaciens en particulier.
Pratiquement, il est inutile dans la plupart des cas de remonter
plus haut que 1850, date de l'ouvrage fondamental de Van Beneden.
En effet, dans les auteurs antérieurs beaucoup se sont bornés à indiquer la dimension de leur échantillon et l'hôte dont il provenait;
il n'y a pas lieu d'en tenir compte. Mais dans ceux mêmes qui ont
donné des diagnoses et des figures, l'identification ne peut être
mieux que générique; d'abord ils n'ont eu souvent entre les mains
que des matériaux conservés, et dans des liquides n'ayant pas la
puissance fixatrice de ceux dont nous disposons actuellement;
ensuite l'imperfection de leurs instruments d'optique ne leur a pas
permis d'apprécier les détails sur lesquels est basée la spécification, et il faut déjà les admirer d'avoir vu tout ce qu'ils ont vu.
Combien ne serions-nous pas fondés à répéter l'exclamation de
Leuckart (7) en 1819 déjà, à propos de son prédécesseur Abildgaard:
« Gott weiss, was, der treffliche Abildgaard für ein Vergrösserungs-
glass haben mag! » D'ailleurs dans leurs descriptions sont souvent
mentionnées des différences de forme et de taille qui indiquent
qu'ils ont confondu des espèces distinctes.

C'est ainsi que le *Bothriocephalus coronatus* de Rudolphi (32),
comme le *B. bifurcatus* de Leuckart (7), (tous deux d'ailleurs de la
même année, se rapportent certainement à un *Acanthobothrium*, mais
auquel? Van Beneden (34), en décrivant dans ce genre deux espèces,
pour l'une desquelles il a gardé, arbitrairement, le nom de *coronatum*, dit qu'elles ont été confondues jusqu'à lui par tous les observateurs, et la chose est d'autant plus probable que nous verrons
qu'il en a lui-même confondu une troisième avec l'un d'eux. De

même, le *Bothriocephalus echeneis* de Leuckart, le *B. tumidulus* de Rudolphi, correspondent à un ou plusieurs *Echeneibotrium*, le *B. flos* du premier auteur et le *B. auriculatus* du second à un *Phyllobothrium* ou un *Anthobothrium,* mais c'est tout ce qu'on en peut dire. Vaullegeard (37) est arrivé pour les Tétrarhynques à la même conclusion et admet que le *Rhynchobothrius corollatus* de Rudolphi correspond non à une espèce déterminée, mais au genre tout entier. Les diagnoses très insuffisantes de ces diverses espèces, conservées par Diesing qu'ont suivi la plupart des auteurs, ont été la cause de confusions inextricables. Elles sont purement et simplement à supprimer, la loi de priorité n'étant applicable que quand on peut reconnaître l'animal sans contestation possible, et il serait parfaitement précaire, alors que Van Beneden n'a pas cru devoir les reprendre et leur donner un contenu bien déterminé, de renoncer à ses noms universellement adoptés pour leur en substituer arbitrairement de plus anciens.

Pour toutes ces raisons, le groupe des Tétraphylles a un besoin absolu d'une révision complète, faite dans les conditions énoncées plus haut. Celui des Trypanorhynques, où la confusion est au moins aussi grande, mais tient moins à la variabilité des formes qu'à leur nombre et à celui des larves décrites à part et souvent insuffisamment, a bien subi une révision dans la monographie de Vaullegeard (37), mais elle n'est malheureusement pas l'œuvre d'un systématicien. Bien entendu, ce n'est pas dans ce travail, avec le temps et les matériaux dont je disposais, qu'on peut en chercher même une ébauche ; une telle œuvre doit être complète ou ne sert à rien. Elle demanderait d'ailleurs plusieurs années d'observation et de bibliographie. En son absence je n'ai fait d'autres rectifications que celles qui s'imposaient. Je me suis conformé autant que possible à la nomenclature généralement adoptée en m'efforçant de me baser sur les diagnoses originelles. Malheureusement celles-ci sont souvent insuffisantes et il faut bien s'en fier aux auteurs qui ont cru retrouver l'espèce. De plus quand il s'agit des genres, pour lesquels la confusion est si grande, dans les Phyllacanthidés les crochets fournissent une base solide à la systématique, mais dans les Phyllobothridés, où la variabilité des aspects est énorme, une même espèce peut très bien avoir les caractères donnés par leur auteur à deux genres distincts, et en particulier la distinction

entre un *Phyllobothrium* et un *Anthobothrium* est parfaitement arbitraire (voir *Phyllobothrium gracile*). Il n'y a alors que deux solutions :
ou bien multiplier indéfiniment les genres comme l'ont fait Linton
et quelques autres, mais alors ils ne reposent plus que sur des
caractères sans valeur ; ou bien ne reconnaître dans les Phyllobothridés que deux genres : *Phyllobothrium* et *Echeneibothrium* (et
peut-être *Discobothrium*), où toutes les espèces pourraient rentrer
sans grande difficulté. C'est ce que Vaullegeard, a fait pour les
Tétrarhynques. Mais ce sera affaire à l'auteur qui entreprendra la
révision attendue.

Sur quelques points de terminologie.

Il nous reste à préciser le sens de quelques-uns des termes que
nous emploierons, et qui n'ont guère prêté à moins de confusions
que ceux de la nomenclature. Originairement, dans les travaux
de Van Beneden, le mot *scolex*, employé d'abord comme nom de
genre par Müller pour désigner des formes qu'on croyait distinctes,
s'applique au jeune individu n'ayant pas encore commencé à se
segmenter, composé uniquement d'une tête semblable à celle de
l'adulte ou incomplètement développée, et d'une portion collaire
sans différenciation d'anneaux ni d'organes génitaux, tel qu'on le
trouve dans son premier hôte et même dans l'intestin du Sélacien,
quand il vient d'y arriver. *Strobile* désigne au contraire l'individu
adulte et segmenté, la chaîne complète dont les derniers anneaux
se détachent et prennent alors seulement le nom de *proglottis*,
considérés par Van Beneden comme des individus autonomes et
comparés aux Ephyrules qui se détachent d'un strobile d'Acalèphe.
Appliqués aux Téniadés dont on s'est beaucoup plus occupé, ces
mots ont dévié de leur sens. Le scolex n'étant dans ce groupe
qu'un stade tout à fait transitoire entre le cysticerque et l'adulte
et ne méritant pas de nom spécial, ce mot a fini par désigner ce
qui garde toute la vie la structure du scolex, c'est à dire la partie
antérieure de l'animal, et par devenir synonyme de tête. Le terme
de strobile n'a plus guère été employé, mais celui de proglottis a
de même, le cucurbitain détaché ne différant en rien chez eux de
ce qu'il était avant et ayant moins l'apparence d'un individu autonome, fini par devenir synonyme d'anneau.

Ce qui a aidé à cette transposition, c'est qu'on a voulu établir une profonde démarcation entre la morphologie d'un Cestode et celle d'une Annélide par exemple, et établir que la partie différenciée en vue de la fixation n'est pas la partie antérieure, mais plutôt la postérieure ; dès lors le nom de tête ne pouvait lui être appliqué, il en fallait un spécial et on s'est servi de celui de scolex. De même l'anneau, considéré comme un individu bourgeonné par le scolex, était plutôt comparable aux tronçons épigamiques qu'aux anneaux d'une Annélide, et le nom de proglottis s'attribuait naturellement à lui dès le début de sa différenciation. Sans entrer dans ces discussions théoriques, nous conservons aux mots leur sens originel que rien n'autorise à changer, d'autant plus qu'ils désignent chez les Cestodes des Sélaciens des êtres morphologiquement bien distincts et nécessitant des noms particuliers pour la brièveté du discours.

Un autre point de terminologie fort embrouillé est celui des noms qui servent à désigner les organes de fixation des Cestodes. Le mot de *ventouses* peut être considéré comme s'appliquant à tous, mais il n'en est plus de même des termes spéciaux qui ont été inventés. Celui de *bothridies* a été quelquefois aussi appliqué indistinctement à tous les organes, mais alors il est inutile. Certains auteurs ne l'ont appliqué qu'à ceux des Bothriocéphalidés et d'autres à celles des Tétraphylles et des deux autres ordres des Sélaciens. Son autre forme *bothria*, employée par les auteurs allemands et anglais, est réservée par Benham aux Pseudophylles, appliquée par Linton aux Tétraphylles. Enfin, le mot de phyllidie, qui dérive du même radical que leur nom même, a été forgé pour le remplacer chez ces derniers, tandis que les termes d'*acetabulum* et de *cotyle* ont été généralement appliqués chez les Téniadés.

Pour faire un choix entre ces expressions, il nous paraît utile de se guider sur les homologies probables de ces organes que nous avons exposées d'après Pintner : le nom de *bothridie* désignera la ventouse principale des Pseudophylles, Tétraphylles, Diphylles et Trypanorhynques. Si on veut avoir des termes spéciaux pour exprimer la différence de structure entre le premier et les trois derniers ordres, on emploiera pour l'un le terme de *bothrie*, pour les autres celui de *phyllidie*. Enfin les ventouses accessoires des Tétraphylles, comme les ventouses principales des Tétracotyles qui en sont homologues, porteront le nom généralement employé d'*aceta-*

bulum, ou celui plus bref de *cotyle*. C'est d'ailleurs à peu près ainsi que procède l'usage le plus habituel.

Nous allons passer maintenant à la revue systématique des formes rencontrées pendant notre séjour à Banyuls. Nous serons très bref sur celles qui ont été déjà décrites et étudiées par de nombreux auteurs ; nous nous étendrons davantage sur celles qui sont litigieuses ou mal connues. Au point de vue de la bibliographie, donnée pour chaque genre et espèce, nous avons d'abord négligé systématiquement, pour les raisons exposées plus haut, la partie antérieure à 1850, date des travaux du Linné des Cestodes, sauf quand les divergences des auteurs nous forçaient à y recourir. Citer tous les observateurs qui ont rencontré une espèce donnée, avec la localité et l'hôte où ils l'ont trouvée, est chose nécessaire pour une revision complète, mais qui aurait été disproportionnée dans un travail de cette nature. Nous nous sommes donc bornés à la synonymie essentielle. Nous n'avions pas le temps d'insister non plus sur la répartition géographique. Les Cestodes des Poissons de la Méditerranée n'ont d'ailleurs été étudiés qu'en Italie, de Naples à Gênes et à Trieste. Pour les espèces qui y ont été signalées, on consultera avec fruit l'*Elminthologia italiana* de Parona (26), et le *Prodromus* de Carus (4) ; on devra se reporter aussi aux nombreuses notes plus récentes d'Ariola, Parona, Monticelli, Stossich, Barbagallo, etc.

DEUXIÈME PARTIE

Ordre : **TÉTRAPHYLLES**

Famille : **Phyllacanthidés**

Genre ACANTHOBOTHRIUM Van Beneden, 1850.

Van Beneden (34) définit ce genre par une seule phrase, en effet parfaitement suffisante : « les quatre bothridies sont armées chacunes de deux crochets unis à leur base et bifurqués au sommet ». Elle renferme néanmoins une légère inexactitude : les crochets sont très rapprochés à la base, mais ne sont pas soudés et sont légèrement mobiles l'un sur l'autre, ainsi que le fait remarquer avec justesse Pintner (27). Au point de vue de la synonymie, beaucoup d'auteurs, suivant l'exemple de Diesing (5), l'ont réuni et le réunissent même encore au genre *Calliobothrium,* dans lequel quelques-uns font même rentrer le genre *Onchobothrium* (Monticelli, 19). Si l'on réunit ces trois genres, autant vaut n'en admettre qu'un seul dans la famille, et d'ailleurs dans ce cas ce serait le nom d'*Onchobothrium* qu'il faudrait lui donner, comme plus ancien et créé d'ailleurs avec cette extension. Même la simple réunion d'*Acanthobothrium* à *Calliobothrium* me paraît, comme à Pintner (27), injustifiée : elle n'est basée que sur l'identité des bothridies et la présence de ventouses accessoires, tandis que les crochets, bien qu'ayant à première vue tout à fait le même aspect, sont fort différents ; à un grossissement plus fort on s'aperçoit que les *Calliobothrium,* dont je n'ai rencontré aucun exemplaire à Banyuls, au lieu de deux crochets bifurqués à leur partie inférieure, en ont deux paires, les deux de chaque paire étant superposés par leur base qui paraît commune. Or, contrairement à la conception de Diesing qui a été cause d'une confusion systématique extrême, les caractères tirés des crochets, beaucoup plus constants et plus faciles à apprécier doivent passer avant ceux des ventouses ; ils permettent, comme Van Beneden l'avait déjà fait, de séparer très nettement tous les genres de Phyllacanthidés, avantage précieux que nous ne retrouverons pas dans les Phyllobothridés (1).

ACANTHOBOTHRIUM CORONATUM (Rudolphi, 1819), Van Beneden mende.

Synonymie (2). — *Tetrabothrium coronatum,* Wagener (39). —

(1) Les parasitologues familiers avec l'étude des Ténias pourront s'étonner de voir attribuer tant d'importance aux crochets, considérés généralement dans ce genre comme fournissant des caractères assez médiocres ; il ne faut pas conclure des crochets des Tétracotyles à ceux des Tétraphylles. Les premiers sont des productions cuticulaires assez variables et caduques ; les seconds, dont l'origine est probablement toute différente, ont au contraire une constance remarquable dans le genre et même dans l'espèce ; les dessins des divers auteurs sont en général superposables, et je ne connais aucun fait qui puisse faire admettre que leur nombre ou leur forme soient normalement variables d'une façon sensible dans une même espèce.

- (2) A cette synonymie il faut ajouter le nom d'*Ac. bifurcatum,* emprunté au *Bothriocephalus bifurcatus* de Leuckart, qui avait autant de droit que celui de Rudolphi à être repris pour cette espèce, et que Van Beneden a employé dans une note préliminaire un an avant son grand travail (*Bull. de l'Acad. Royale de Belgique,* XVI, 2, 1849). Mais comme il n'était accompagné d'aucune diagnose ou dessin, il ne constitue pas une priorité. Peut-être a-t-il néanmoins été employé depuis.

Calliobothrium coronatum Diesing (5), Zschokke (42), etc. — *Callio-bothrium corollatum* Monticelli (19). — *Onchobothrium coronatum* Mo lin (18). — *Acanthobothrium coronatum* Van Beneden (34, 36), Olsson (24, 25), Pintner (27), Niemiec (21), Lönnberg (16), Linton (14).

Ce Ver est de beaucoup le plus commun et le mieux connu du groupe. Presque tous les auteurs qui se sont occupés de l'helminthologie des Sélaciens l'ont rencontré dans les hôtes variés. Son étude anatomique a été faite par Pintner (27), Niemiec (22), Zschokke (42), etc. Aussi pourrions-nous être très brefs à son sujet s'il ne constituait un bon type de la famille dont la description nous permettra d'abréger les suivantes.

Acanthobothrium coronatum est un des plus grands Cestodes des Poissons. Mes plus beaux échantillons atteignent 13 ou 14 cm. à l'état fixé, mais il en existe de plus longs. La tête, caractéristique du genre, est de forme carrée, chaque face correspondant à une bothridie. Celles-ci sont allongées, ovales ou en cuiller, libres à leur partie postérieure, et partagées en trois compartiments par deux cloisons transversales qui, quoiqu'en dise Wagener (39) sont généralement fort nettes même sur l'animal vivant. La première cloison est placée environ à la moitié de sa longueur, la seconde vers le dernier cinquième. Les bords supérieurs convergent en s'élargissant pour arriver aux crochets.

Ceux-ci, absolument caractéristiques, forment une fourche composée d'un manche court, dirigé en haut et en dedans vers celui du côté opposé et le touchant presque, et de deux pointes plus longues, légèrement incurvées, surtout l'externe, dirigées vers la bothridie dont elles surplombent la cavité. Il faut ajouter, comme Pintner l'a fait observer, une quatrième apophyse naissant du point de jonction des autres, très courte et difficile à voir sur le crochet en place, qui s'enfonce dans l'épaisseur des tissus pour servir à l'insertion des muscles. Les crochets sont bruns, creux intérieurement, assez trapus dans cette espèce.

En avant de chaque paire, entourant l'extrémité antérieure où se trouve une invagination, rudiment de la ventouse apicale larvaire, existe une ventouse accessoire dont il faut bien connaître la structure pour comprendre les variétés d'aspect qu'elle peut présenter dans cette espèce et dans d'autres : c'est tout bonnement une surface musculaire triangulaire, formée de fibres dirigées en divers sens, que deux bourrelets de même nature concaves en dedans partagent en trois champs juxtaposés transversalement, le médian formant cupule à bords surélevés. On comprend donc que suivant l'état de contraction des fibres, et même suivant leur développement variable dans des individus différents, qui rend saillantes surface et cloison ou les confond avec la masse sous-jacente, on peut croire avoir affaire à trois ventouses comme dans le genre *Calliobothrium*, une ventouse, qu'on décrit habituellement dans *Acanthobothrium*, un simple coussinet musculaire, comme Zschokke l'indique dans la forme qu'il appelle *Onchobothrium uncinatum*, ou rien du tout comme dans les vrais *Onchobothrium*. On voit donc combien est précaire le caractère employé par Diesing, pour classer les Phyllacanthidés.

La tête ainsi constituée est très mobile: on voit les quatre bothridies avancer et reculer, s'allonger et se raccourcir alternativement en prenant appui sur le couvre-objet, semblables, suivant la comparaison de Van Beneden, à quatre Sangsues emprisonnées sous la lame de verre. Une autre comparaison qu'elles suggèrent irrésistiblement, c'est celle de quatre gueules de Crotale dont les dents venimeuses figurées par les crochets se dressent et se portent à droite et à gauche prêtes à frapper. La tête est suivie d'un cou ne dépassant pas une fois et demie à deux fois sa longueur, renflé à sa jonction avec elle où il atteint presque sa largeur, au moins sur l'individu contracté, montrant par transparence les quatre troncs excréteurs sinueux. Puis commencent les anneaux d'abord linéaires, croissant ensuite très lentement pour arriver à devenir carrés, puis ovales, enfin à se détacher. Les orifices génitaux sont irrégulièrement alternes d'un côté à l'autre.

Les proglottis détachés sont fort curieux parce qu'ils nous offrent un des plus beaux exemples de la différenciation qu'ils peuvent subir et de leur ressemblance avec des organismes autonomes. Ils continuent à croître et atteignent à peu près la taille d'un *Dendrocœlum lacteum* dont ils ont l'aspect. Leur couleur est blanc opaque, mais l'extrémité antérieure plus amincie tranche sur le reste par sa transparence, et on voit l'animal se fixer grâce à elle à la muqueuse intestinale en la creusant en forme de ventouse par une différenciation temporaire que Pintner a fort justement comparée à celle qui existe de chaque côté de la tête de la Planaire d'eau douce précitée.

On voit souvent encore cette forme en cuiller persister sur l'individu bien fixé. A un fort grossissement, on s'aperçoit que la cuticule au lieu d'être épaisse, avec des plis réguliers, comme sur le reste du proglottis, y est très mince, mais couverte de petites épines fort ténues régulièrement disposées qui contribuent à la fixation

Si bizarre que la chose puisse paraître, cette différenciation si particulière a été mentionnée pour la première fois par Pintner (27), en 1880 : Van Beneden (34) ni Zschokke (43) n'ont figuré d'anneau complètement mûr ; Wagener (39) non plus, ou du moins il en a figuré un sans le rapporter à son espèce (pl. XXII, fig. 278) comme « un proglottis de *Tetrabothrium* (il range presque tous les Tétra-phylles dans ce genre) de l'intestin du *Mustelus lævis* ». Lühe (15) au contraire dit avoir retrouvé la différenciation dans la plupart des Tétraphylles (je ne l'ai constatée avec ce degré de netteté que chez les deux espèces d'*Acanthobothrium*), et l'on sait qu'il a décrit sous le nom d'*Urogonoporus armatus* un proglottis isolé, qu'il a pu hésiter à considérer comme une forme autonome, où cette différenciation est portée au plus haut degré ; tout récemment Odhner (23) a montré qu'il devait être rapporté à un Phyllobothridé voisin des *Monorygma*, *Trilocularia gracilis* Olsson.

Nous serons bref sur les organes génitaux, ne donnant que leur topographie générale dans le proglottis adulte, qui est bien carac-téristique, et renvoyant à Zschokke pour l'étude plus détaillée qui nécessite les coupes. Les vitellogènes forment le long de chaque marge une seule rangée de petits follicules isolés, brunâtres sur le vivant. L'ovaire est séparé en deux moitiés symétriques, lobées, allongées également ; entre les deux, on trouve la glande coquillière également bilobée. Un vaste utérus irrégulièrement dilaté, et un vagin s'ouvrant vers le milieu de la marge. Les testicules ont com-plètement disparu à ce stade ; le pénis, qui fait saillie immédiatement en arrière de l'orifice femelle, est très allongé, couvert de soies fines et courtes.

Dimensions : bothridies 0^{mm},50 à 0,65 sur 0,35 à 0,40. Largeur du cou derrière la tête, 0,35 à 0,75, sa largeur minima 0,22 à 0,50. La même mesurée sur le vivant, 0,26. Longueur totale d'un crochet 0,16, de chacune des branches 0,10. Largeur de la branche interne vers son milieu, 0,02. Dimensions du proglottis fixé : 7^{mm} sur 2 (au moment où il ne renferme pas encore d'œufs).

J'ai trouvé fréquemment *Acanthobothrium coronatum* dans *Acanthias vulgaris* et *Scyllium catulus*, où il a été déjà signalé, notamment par Zschokke, et dans *Raja macrorhynchus* et *R. punctata*, où je ne l'ai pas vu noté (mais il l'a été dans beaucoup d'autres Raies).

ACANTHOBOTHRIUM FILICOLLE (Zschokke, 1887)

var. BENEDENI Lönnberg, 1889.

Synonymie. — *Acanthobothrium Dujardinii* Van Beneden (36) Olsson? (24). — *Calliobothrium (Prosthecobothrium* Diesing) *Dujardinii* Monticelli (19). — *Acanthobothrium coronatum* (variété) Pintner (27), Niemiec (22). — *Acanthobothrium Benedenii* Lönnberg (16). — *Acanthobothrium paulum* Linton (10).

La synonymie de cette forme est, comme on le voit, étendue, et la synthèse n'en avait pas encore été faite. Elle a été plusieurs fois confondue avec d'autres du même genre, décrite deux fois comme nouvelle. Mais le *Calliobothrium filicolle* de Zschokke qui en est une simple variété lui doit, en raison de la priorité, donner son nom spécifique, ce qui est fâcheux car c'est la forme dont il s'agit maintenant qui est la plus typique.

Van Beneden, en établissant en 1850 le genre *Acanthobothrium*, y a décrit deux espèces, confondues, dit-il, jusqu'à lui : l'*A. coronatum* que nous venons de décrire, et une espèce de taille beaucoup plus petite, à anneaux peu nombreux, croissant rapidement, à pores génitaux unilatéraux, enfin dont la bothridie, au lieu d'être triloculaire, est uniloculaire, mais terminée postérieurement par un appendice en forme de feuille extrêmement mobile. Il lui a donné le nom d'*A. Dujardini*, et Diesing, en se fondant sur cette forme particulière de la ventouse, en a fait un genre spécial *Prosthecobothrium*, qui peut être conservé à titre de simple sous-genre. Or, dans son travail de 1871 (36, pl. VI, fig. 13), Van Beneden figure sous le même nom un *Acanthobothrium* très semblable comme taille et forme générale (les orifices génitaux ne sont malheureusement pas indiqués) mais à bothridie triloculaire comme *A. coronatum*. Il semble d'ailleurs ne pas attacher grande importance à ce caractère, car dans la même planche (fig. 16) il dessine ce dernier avec des bothridies à une seule subdivision postérieure, aspect qu'il peut en effet présenter temporairement. Olsson en 1867 (24) a revu l'*A. Dujardini*, mais indique que les ouvertures génitales sont, suivant les individus, unilatérales ou alternes, ce qui incite Lönnberg à croire qu'il a dû le confondre avec le sien.

Pintner en 1880 (27) signale un petit *Acanthobothrium* transparent plus petit et à anneaux moins nombreux qu'*A. coronatum*, qu'il dit lui-même ressembler à l'*A. Dujardini*, mais qu'il regarde comme représentant peut-être une variété de l'*A. coronatum* liée à la différence de l'hôte (*Torpedo marmorata* et *Mustelus læris*, au lieu de *Scyllium canicula*). Niemiec le retrouve dans les mêmes conditions en 1886 (22). Zschokke en 1887 (41, puis 42) décrit son *Calliobothrium filicolle* auquel il rapporte les formes précédentes : il ne semble pas avoir rencontré la forme typique à cou court. Monticelli en 1888 (19), au cours des recherches qui l'ont conduit à rapporter au *C. filicolle*

la forme larvaire connue sous le nom de *Scolex polymorphus*, a vu au contraire celle-ci incontestablement ; mais il méconnaît son analogie avec la forme à cou long et l'appelle *Calliobothrium Dujardini*, admettant que la forme particulière de ventouses décrite par Van Beneden est une simple erreur d'observation, en effet facile à commettre, ce qui parait confirmé par le fait que l'*A. Dujardini* n'a jamais été revu, à ma connaissance, que par Olsson dans les conditions citées plus haut. Pourtant j'estime comme Linton (10), étant donné l'habituelle exactitude de Van Beneden, et le fait qu'il a vu l'animal bien vivant et insiste beaucoup sur l'extrême mobilité du lobe postérieur, que cette erreur est difficilement admissible. Si on l'admettait, devant le nom d'*A. Dujardini*, tous les noms cités plus haut devraient évidemment disparaître (ainsi que le genre *Prosthecobothrium* Diesing) ; et le nom de *filicolle* Zschokke ne désignerait plus qu'une variété de celle-ci. Mais il est impossible de donner une démonstration dans un sens ou dans l'autre, à moins de retrouver la forme décrite par Van Beneden (1).

Fig. 1. — *Acanthobothrium filicolle* var. *Benedeni* ; individu vivant.

(1) Il y a bien aussi le caractère de l'alternance ou de l'unilatéralité des pores génitaux, mais il faut s'en méfier parce que ces animaux n'ayant qu'un très petit

Lönnberg le premier s'est aperçu qu'il y avait là une espèce nouvelle. En 1889 (16), il décrit l'*Acanthobothium Benedeni*, trouvé dans *Raja clavata*, avec la diagnose suivante : « *Bothria quatuor, oblonga, septis duobus transversalibus inæqualiter tricolularia, antice singulum uncinis duobus, basi junctis, apice furcatis (gracilioribus, sed proportionaliter longioribus quam apud A. coronatum) munitum. — Acetabulum auxiliare nullum. Collum bis scolece longius, dense setis minutissimis vestitum. Aperturæ genitales alternæ.* » Cette dia- gnose correspond à merveille à notre animal, sauf l'absence de

ventouse auxiliaire ; mais ce que j'ai dit pré- cédemment montre assez que cette ventouse peut passer inaperçue, même bien développée (sur plusieurs de mes individus fixés'et de mes dessins faits sur le vivant on ne la retrouve pas, et peut-être même être moins différenciée sans qu'il y ait là un caractère spécifique. A cette diagnose, Lönnberg ajoute que l'animal est tout à fait analogue à l'*A. Dujardini* (ce qui permet de conclure à la croissance rapide des anneaux, l'auteur n'ayant figuré que la tête de son ani- mal) et n'en diffère que par la bothridie tri- loculaire, sans appendice postérieur et les ouvertures génitales alternes. Il fait la remarque citée plus haut sur les observations d'Olsson.

Enfin en 1891 Linton (10), qui ignorait pro- bablement le travail de Lönnberg, a décrit une nouvelle espèce, *Acanthobothrium paulum*, de *Trygon centrurus*, qui diffère d'*A. Dujardini* toujours par le même caractère de la bothridie. Il le décrit fort longuement suivant sa coutume et sa description, comme ses figures ne per- mettent guère de douter que cette espèce ne soit identique à celle que Lönnberg et moi avons observée. Il a vu la ventouse accessoire,

Fig. 2. — *A. filicolle* var. *Benedeni :* indivi- du fixé au formol et observé dans la glycé rino. ×32. Pénis à côté.

mais ne parle pas des épines du cou, qui peuvent facilement lui

nombre d'anneaux suffisamment développés pour que ce caractère soit visible, et les orifices même alternes restant souvent du même côté dans plusieurs an- neaux consécutifs, un auteur a très bien pu les croire unilatéraux, alors qu'ils ne le sont pas.

avoir échappé en raison de leur petite taille.

J'ai fréquemment rencontré dans les Raies, à Banyuls, un *Acanthobothrium* que j'ai fini par identifier avec les descriptions des auteurs précédents. Sa taille est très petite. La tête (fig. 1 et 2) est fort semblable à celle d'*A. coronatum*; peut être la partie libre postérieure de la bothridie est-elle plus développée. En tous cas les crochets (fig. 3), dont la forme générale est la même, sont, comme l'ont vu Lönnberg et Linton, plus élancés, plus minces et plus grands par rapport à la bothridie dont ils atteignent le tiers ou le quart quand elle est étendue, la moitié sur l'animal fixé. La cavité intérieure paraît moins développée. La branche interne est légèrement renflée à sa base et un peu plus longue que l'autre (tandis qu'elles sont presque égales dans *A. coronatum*;

Fig. 3. — 1. *filicolle* var. *Benedeni*; crochet. × 220.

voir les mesures). Linton qui indique ce fait, dit aussi que la distance entre les branches internes des deux crochets d'une même paire est à peu près égale à celle qui sépare les deux branches de la même fourche. C'est exact, mais seulement sur l'animal mort. Sur tous mes dessins du vivant, je remarque au contraire que les deux branches internes sont rapprochées jusqu'au contact et semblent même se confondre avec un faible grossissement. Ceci montre bien la mobilité des deux crochets l'un sur l'autre. La ventouse accessoire est semblable à celle de l'espèce précédente et peut par conséquent présenter la même variété d'aspect.

Fig. 4. — *A. filicolle* var *Benedeni*; proglottis adulte fixé, coloré et monté dans le baume; *gc*, glande coquillière; *t*, lobe antérieur différencié; *ov*, ovaires; *pc*, poche du cirrhe; *t*, testicules; *v*, vagin; *vt*, vitellogènes. Les épines du lobe antérieur ont été considérablement exagérées.

La longueur du cou varie de 1 à 3 fois celle de la tête suivant l'état de contraction et probablement suivant les individus. Il est, au moins dans sa première partie, couvert, comme l'indiquent Lönnberg et Monticelli, d'épines très petites, très serrées, implantées dans la cuticule comme les soies d'une brosse et légèrement obliques vers l'arrière, ce qui leur permet sans doute d'aider à la progression de l'animal par un mécanisme bien connu. Ce cou n'est pas renflé en arrière de la tête et peut même être très mince sur l'animal vivant. Les anneaux qui commencent ensuite croissent très rapidementment, de sorte que le quatorzième ou quinzième a généralement déjà son pénis bien visible et que leur nombre total n'excède pas vingt ou vingt-cinq. Le dernier est atténué à l'extrémité libre. Les orifices génitaux sont irrégulièrement alternes.

Le proglottis détaché (fig. 4) ressemble en plus petit à celui d'*A. coronatum*, quoiqu'un peu plus mince par rapport à la longueur. Il a la même mobilité, et la même différenciation de l'extrémité antérieure en ventouse temporaire (*l*), dont les épines sont presque imperceptibles. La topographie des glandes génitales est la même, mais les deux branches de l'ovaire (*ov*), plus allongées se portent plus en dehors, se confondant à ce niveau avec les vitellogènes (*vi*), et tendant à se réunir en arrière en forme de V. On aperçoit en avant de la poche du cirrhe (*pc*) et du vagin (*v*) qui s'ouvrent vers le milieu de la longueur, les restes des testicules globuleux (*t*), en deux rangées longitudinales. Le pénis (fig. 2), comme l'indiquent les auteurs, est renflé à la base, couvert de soies de longueur assez notable et uniforme sur toute son étendue.

Dimensions — Bothridies, $0^{mm}18$ à 0,33 sur 0,10. Largeur du cou à l'état contracté 0,25; sur le vivant, 0.10. Longueur totale des crochets (en moyenne) 0,11, branche externe 0,06, branche interne 0,07. Largeur de celle-ci 6 μ.

J'ai trouvé cet animal dans *Raja clavata* où l'ont indiqué Van Beneden, Olsson, Lönnberg, et *R. macrorhynchus*, souvent en très grand nombre, parfois associé à l'*A. coronatum*.

ACANTHOBOTHRIUM FILICOLLE (Zschokke, 1887)
var. FILICOLLE s. str.

Synonymie. — *Calliobothrium filicolle* Zschokke (41, 42), Monticelli (19), etc.

Cette forme, qui, ayant été décrite deux ans avant l'*A. Benedeni*, doit donner son nom à l'espèce entière, n'est au fond qu'une simple variété de la précédente caractérisée par la minceur et l'allongement du cou qui sont exceptionnels dans le genre, de sorte qu'on ne saurait la considérer comme la forme typique. Or ce caractère, qui est sujet à varier dans une certaine mesure, quoique sans atteindre la même disproportion, chez les individus de la variété précédente, ne saurait servir de base à lui seul à une distinction spécifique. Linton (10, 13) auquel on a souvent reproché de trop multiplier les espèces, n'a lui même pas osé en créer pour certaines différences de cet ordre qu'il a signalées, notamment dans ses *Anthobothrium laciniatum* et *Crossobothrium laciniatum*, où il distingue deux variétés, *brevicolle* et *longicolle*. Il n'est donc pas douteux que l'*A. Benedeni* et l'*A. filicolle* ne doivent être réunis et l'auteur du dernier indique lui-même, comme ceux qui se sont occupés de la précédente, que son espèce se rapproche d'*A. Dujardini* plus que d'aucune autre. Monticelli (19) a prétendu qu'elle avait été confondue avec l'*A. coronatum* par Olsson, Molin et Stossich; autant que je l'ai vérifiée, cette assertion ne m'a pas paru absolument incontestable.

La tête d'*A. filicolle* s. str. et spécialement les crochets sont tout à fait semblables à ceux de la variété déjà décrite (Zschokke indique lui-même qu'ils sont plus élancés et plus longs que dans l'*A. coronatum*). Peut-être leur taille absolue est-elle moins grande et leur lumière plus large, mais je ne saurais affirmer que ces différences soient constantes. Zschokke insiste beaucoup sur le fait que les ventouses sont proportionnellement plus larges, que le premier compartiment est plus développé par rapport aux deux autres et les cloisons moins marquées que dans l'autre espèce. Le fait m'a paru réel, existant d'ailleurs aussi dans la var. *Benedeni*, mais je doute que ces nuances très sujettes à varier suivant l'état de contraction puissent constituer de bons caractères spécifiques : je possède des individus fixés d'*A. coronatum* où les ventouses ont tout à fait les proportions données par Zschokke. Les ventouses accessoires sont identiques.

Le cou, qui offre le caractère distinctif de la variété, est très long, très mince, et effectivement filiforme. Il atteint au moins 7 fois la longueur de la tête et est couvert de petites épines semblables à ce que nous avons trouvé chez l'*A. Benedeni*. Zschokke parle de ce caractère comme d'un « revêtement ciliaire externe » — terme d'ailleurs fort impropre — constaté sur les coupes. Monticelli l'a rencontré de même que chez l'autre variété qu'il appelle *Calliobo-*

thrium Dujardini, et retrouvé chez la larve (19). Les épines deviennent plus petites et disparaissent en arrière. Ce cou, cylindrique et d'égal diamètre dans toute son étendue, s'élargit brusquement au point où il se continue avec le corps et où apparaissent les premiers segments linéaires. Ceux-ci croissent plus lentement que dans la variété précédente, caractère toujours lié à la plus grande longueur du cou dans les individus d'une même espèce. Le proglottis détaché et adulte, que Zschokke dit n'avoir pas observé, est identiquement semblable à celui que nous avons décrit au chapitre précédent, et alors que je croyais avoir affaire à deux espèces distinctes j'ai vainement tenté de découvrir entr'eux une différence de quelque valeur. J'ai observé parfois l'invagination du lobe antérieur différencié dans le proglottis.

Zschokke n'a pas vu d'individus complètement mûrs d'*Acanthobothrium filicolle*, mais il figure des proglottis isolés qu'il identifie avec la forme trouvée par Rudolphi (31) dans des Squales (*Squatina*) et dans les Raies, et nommée par lui *Cephalocotyleum*, forme qu'il considère avec Diesing (5) comme constituée par des anneaux d'un *Tetrabothrium* (Phyllobothridé) indéterminé. Or ces proglottis présentent au point de vue de la disposition générale des organes génitaux une si grande analogie avec ceux des deux variétés d'*A. filicolle* que je ne doute guère qu'ils ne lui appartiennent, et que Zschokke n'ait méconnu leur rapport avec son espèce nouvelle, bien qu'il n'ait pas figuré la différenciation de la partie antérieure (qu'il ne mentionne pas non plus d'ailleurs chez *A. coronatum*). Sont-ce les mêmes qu'avait rencontré Rudolphi ? La chose est difficile à décider d'après sa diagnose, qui ne permet même pas d'affirmer absolument qu'il s'agit de proglottis de Cestodes, mais elle est rendue vraisemblable par le nom de *Cephalocotyleum* qu'il leur donne et qui s'applique fort bien à la ventouse temporaire que forme à l'avant du proglottis le lobe différencié.

Les dimensions de cet animal sont à peu de chose près celles de la variété *Benedeni*, sauf l'allongement du cou qui atteint 1^{mm} 50 à 2^{mm}. J'en ai rencontré une seule fois d'assez nombreux individus avec proglottis dans un intestin de *Raja punctata*. Monticelli dit que le *Calliobothrium Dujardini*, c'est-à-dire notre variété *Benedeni*, se trouve surtout dans les jeunes raies, le *C. filicolle* dans les grandes; la chose serait fort intéressante, mais mes observations ne   .

n'ont pas paru la confirmer; elles seraient d'ailleurs à reprendre sur un plus grand nombre d'examens.

C'est, on le sait, à l'*Acanthobothrium filicolle*, que les belles recherches de Monticelli (19) déjà plusieurs fois citées, ont rapporté la forme larvaire si commune dans les Teléostéens, décrite sous des noms variés mais dont celui de *Scolex polymorphus* Rudolphi est le plus employé. Il serait peut-être imprudent d'affirmer que ces larves ne puissent provenir aussi d'autres espèces voisines, bien que l'auteur dise avoir trouvé des différences même entre les larves des deux variétés que nous réunissons dans la même espèce, d'autant plus qu'on a souvent rencontré le *Scolex polymorphus* dans des régions où l'*A. filicolle* n'a jamais été trouvé. Quoi qu'il en soit, sur le très petit nombre d'examens de Poissons osseux que j'ai faits à Banyuls, j'ai trouvé deux fois cette forme, l'une dans l'intestin de *Lophius piscatorius* où l'ont déjà signalée de nombreux auteurs, l'autre dans celui de *Sargus Rondeleti*. C'était la forme à bothridies biloculaires, qui ne correspond pas à une espèce distincte, mais bien à un stade du développement entre la bothridie uniloculaire primitive et celle à trois compartiments de l'adulte. Ce sont de petits Vermisseaux blanchâtres (3 ou 4 mm de long) effilés en arrière, très mobiles et très adhérents à la muqueuse. Ils portent, en arrière de la tête, cette tache rouge pigmentaire dont Van Beneden avait fait un œil. Il existe une ventouse terminale bien développée et quatre bothridies ovoïdes, biloculaires, le compartiment antérieur beaucoup plus petit. Dans le corps, on ne distingue que de nombreux corpuscules calcaires en bâtonnets et les troncs excréteurs très minces.

Genre ONCHOBOTHRIUM de Blainville, 1828, Van Beneden emend.

Ce genre a été créé par de Blainville (2), pour englober toutes les espèces alors connues qui devaient plus tard constituer la famille des Phyllacanthidés. Dans son travail de 1850, Van Beneden en a, comme c'était son droit, restreint le sens à l'unique espèce (1) que nous allons décrire, en lui donnant comme diagnose : « Bothridies armées en avant de deux crochets simples en hameçon réunis par une plaque en fer à cheval ». Diesing (5) l'a caractérisé par l'absence de ventouse accessoire; ce caractère, moins important et

(1) Il faut y ajouter l'*Onchobothrium schizacanthum* Lönnberg, qui a les crochets tout semblables, mais non réunis par une plaque commune, ce qui modifierait la diagnose.

moins constant que ceux des crochets, ne devrait pas écarter de ce genre des espèces qui en auraient une, bien qu'il y ait fait ranger par Diesing un *Calliobothrium* proprement dit à deux paires de crochets !

ONCHOBOTHRIUM PSEUDO-UNCINATUM nom. mut.

Synonymie. — *Bothriocephalus uncinatus* Dujardin (6). — *Onchobothrium uncinatum* Van Beneden (34, 36), Olsson (24), Lönnberg (16), Linton (12, 14). — *Calliobothrium uncinatum* Monticelli (18, 20). — non *Bothriocephalus uncinatus*, Rudolphi (32). — non *Onchobothrium uncinatum* Zschokke (42).

Tous les auteurs, à partir de Dujardin et à l'exception de Zschokke ont appliqué le nom spécifique d'*uncinatum* (Rudolphi 1819), à l'animal bien caractéristique dont Diesing (5) a donné la diagnose suivante : « *Caput quadrangulare bothriis duabus costis inæqualiter trilocularibus, apice convergentibus, uncinis duobus simplicibus ex utrisque apicibus dilatatis, laminæ cornuæ semicirculari prominentibus. Collum longum, articuli corporis anteriores rugæformes, mox subquadrangulares, ultimi campanulati, aperturw genitalium marginales...* » Or, ce n'est nullement cet animal qu'avait décrit comme *Bothriocephalus uncinatus* Rudolphi, dont la diagnose porte « *uncinis validissimis octo simpliciter furcatis, binis in singulis papillis oriundis* ». Ces papilles céphaliques qui sont des ventouses accessoires et ces crochets bifurqués ne sauraient s'appliquer qu'à un *Acanthobothrium*, et Rudolphi ajoute que cet animal diffère de son *B. coronatus* où l'on reconnaît d'habitude ce genre « *ob hamulos simpliciores duplici numero præsentes* ». Comme il n'admet chez ce dernier à chaque bothridie qu'un seul crochet deux fois dichotome, il est évident qu'il s'agit d'un autre *Acanthobothrium* où il a pu constater l'écartement des deux crochets à leur base. Il ajoute enfin à cette description « *collum breve* » ce qui ne saurait davantage s'appliquer à l'*O. uncinatum* des auteurs.

Zschokke le premier a eu le mérite de reconnaître la discordance entre la description de Rudolphi et celle de ses successeurs; mais il en a conclu que tous ceux-ci avaient mal vu. Il décrit comme *Onchobothrium uncinatum* un animal dont je ne saurais dire si c'est un *Acanthobothrium* ou un *Calliobothrium*, attendu que sa description des crochets s'applique au premier de ces genres et sa figure au second! Est-ce l'espèce qu'avait vue Rudolphi? Il est, comme dans la plupart des cas de ce genre, impossible de le savoir. En tout cas en admettant qu'il ait droit au nom d'*uncinatum*, il ne saurait avoir droit à celui d'*Onchobothrium* qui n'a jamais été appliqué, dans son sens restreint, qu'à l'espèce à crochets simples de Dujardin et Van Beneden.

Cet historique montre que le nom d'*Onchobothrium uncinatum* ne peut être conservé à l'espèce que j'ai rencontrée puisque le *Bothriocephalus uncinatus* de Dujardin était une erreur de diagnose. Comme je ne sache pas qu'on lui ait jamais donné un autre nom spécifique qui puisse être repris, je propose, pour rappeler cette erreur et modifier le moins possible la nomenclature, de lui donner le nom d'*Onchobothrium pseudo-uncinatum* nom. mut.

Je n'ai rencontré de ce ver que deux ou trois exemplaires incomplets. L'animal est de grande taille (80^{mm}. pour les exemplaires en question), sa tête renflée et fort opaque, de sorte qu'on distingue mal les bothridies, et qu'on peut même méconnaître les crochets, qui sont très petits, à un faible grossissement. Les quatre bothridies qui paraissent disposées en deux paires, ou du moins beaucoup plus écartées les unes des autres que dans le genre précédent où elles constituent à elles seules presque toute la tête, sont triloculaires comme dans ce genre, mais à bords peu saillants. En avant de chacune se trouve la plaque chitineuse en fer à cheval à concavité inférieure qui porte les deux crochets simples, brunâtres, fortement recourbés dans le plan radiaire, s'élargissant rapidement jusqu'à la base qui s'étale pour s'insérer sur elle. Ils sont creux jusqu'à la pointe, mais la paroi est épaisse. Pas de ventouse aux iliaires apparentes. Derrière la tête, un cou renflé en avant et très long, cylindrique, puis les anneaux commencent et croissent lentement. Je n'ai pu voir de proglottis complètement adulte. Dans les plus avancés, à peu près carrés, on distingue un ovaire postérieur formé de deux masses non lobées, deux vitellogènes linéaires sur les côtés, un utérus fortement lobé au milieu. Les pores génitaux sont au milieu d'un des bords, irrégulièrement alternes.

Dimensions. — Longueur de la bothridie 0^{mm}75, d'un crochet 0.07. Hauteur de la plaque basale de ceux-ci, 0^{mm}09. Largeur de la tête 1^{mm} environ.

Dans *Raja punctata* et *Raja* sp. Rare.

Famille : **Phyllobothridés.**

Dans cette famille, le criterium tiré des crochets, qui présentent une certaine fixité, manquant, la confusion de la nomenclature devient extrême et s'étend même aux genres, surtout aux genres devrais-je dire, car chaque auteur les comprend à sa façon et y fait rentrer des espèces différentes. On peut y distinguer deux types principaux : type *Phyllobothrium,* à bothridie arrondie ou ovale, souvent plissée, à surface unie sauf parfois sur le bord, souvent une ventouse accessoire, myzorhynchus nul ou rudimentaire — type *Echeneibothrium* à bothridies allongées, subdivisées par des crêtes musculaires en aréoles quadrangulaires qui les ont fait comparer au disque céphalique du Remora, jamais de ventouse accessoire, myzorhynchus parfois très développé. En dehors de ces deux types, toutes les subdivisions établies, surtout dans le premier qui est le plus hétérogène, portent sur des caractères que nous montrerons très contestables : existence d'un pédoncule aux bothridies, plissement de celles-ci, existence et développement de ventouses accessoires. La revision de cette famille est des plus nécessaires, mais offrira des difficultés inextricables.

Nous la diviserons en deux tribus correspondant à ces deux types : Phyllobothrinés et Echenéibothrinés, en faisant rentrer dans la seconde le genre *Discobothrium,* bien qu'il en rompe un peu l'unité.

Tribu : **Phyllobothrinés**

Genre Phyllobothrium Van Beneden, 1850.

« Les quatre bothridies sont sessiles, échancrées du côté externe. Elles jouissent d'une très grande mobilité, se frisent ou se crispent comme des feuilles de laitue ». Cette diagnose originale l'oppose à l'autre genre établi simultanément, le genre *Anthobothrium* où « les quatre bothridies se creusent au milieu, affectent la forme d'un vase ou d'une fleur monopétale, ou bien encore elles s'étendent comme un disque arrondi porté sur un pédoncule long et portractile. Les bords ne se crispent pas comme une feuille, et il ne se forme pas non plus de replis protractiles ». On voit assez que ces caractères distinctifs n'ont à peu près aucune valeur : d'abord on peut concevoir tous les intermédiaires entre une bothridie sessile, en cornet plus ou moins aplati, et une bothridie disciforme et peltée. De plus ils sont essentiellement sujets à varier suivant l'état de contraction de l'animal, et en général un Ver comme celui dont il va être question sera un *Anthobothrium* à l'état vivant, un *Phyllobothrium* une fois fixé. Il sera d'autant plus difficile de l'attribuer à un de ces genres qu'on l'aura vu aux deux états. Je n'incrimine pas de la part de Van Beneden de mauvaises conditions d'observation : il a eu le malheur de tomber sur des espèces où cette différence était à peu près nette, ce qui l'a conduit à établir ces deux genres dont la distinction a entraîné une confusion extrême, et les auteurs pour s'en tirer n'ont eu d'autre moyen que de modifier leur acception ou d'en créer de nouveaux ; ce dont ils ne se sont pas fait faute.

Diesing et les auteurs qui l'ont suivi donnent comme caractère distinctif la présence chez *Phyllobothrium* seulement d'une petite ventouse accessoire au bord antérieur de chaque bothridie. C'est modifier la conception de Van Beneden, car sur les deux premières espèces de ce genre l'une n'a pas de ventouse accessoire décrite et plus tard Van Beneden a rapporté au genre *Anthobothrium* une espèce (*A. perfectum*) où la ventouse accessoire est si développée qu'elle a motivé de la part de Diesing la création du genre nouveau *Monorygma*. De plus, nous avons assez dit que ce caractère est moins fixe qu'il ne paraît, et souvent difficile à constater même sur le vivant, à plus forte raison sur l'animal contracté où il se perd absolument dans les plis de la bothridie. Nous laisserons donc l'espèce suivante, qui nous fournira un exemple frappant de la confusion créée dans la nomenclature par ces genres mal fondés, dans celui où l'a placé son auteur, et qui est d'ailleurs celui où le plus simple serait peut-être de faire rentrer tous les genres de la tribu à laquelle il donne son nom.

PHYLLOBOTHRIUM GRACILE Wedl, 1855.

Synonymie. — *Phyllobothrium gracile* Wedl (39), Pintner (29), Lönnberg (16). — *Anthobothrium auriculatum* Diesing (5), Zschokke (42). — *Anthocephalum gracile* Linton (10, 14). — *Anthobothrium gracile* Braun (3).

L'histoire de cette espèce est fort curieuse. Elle a été décrite par Wedl en 1855 dans ses Helminthologische Notizen (39); sa diagnose est incomplète et ne suffirait pas à l'identifier avec la mienne, si dans la note suivante (*Zur Oologie und Embryologie der Cestoden*) l'auteur ne figurait des œufs qui sont absolument caractéristiques et identiques à ceux que j'ai rencontrés. De plus Pintner (27), qui l'a retrouvée en 1880, en donne une description et des figures beaucoup plus précises qui permettent de la reconnaître aisément; il rectifie l'erreur de Wedl qui a rapporté à son *Phyllobothrium gracile* des proglottis libres appartenant à un *Acanthobothrium* concomitant et portant les ouvertures génitales vers le milieu de la marge au lieu d'être tout à fait postérieures. Diesing (5), ainsi que Carus (6), se sont bornés à traduire en latin la description insuffisante de Wedl, de sorte qu'il est fort douteux que les auteurs qui s'y sont fiés, comme Lönnberg (17), aient bien trouvé le même animal.

Mais à côté de cela Diesing donne la description d'un *Anthobothrium auriculatum* créé d'après le *Bothriocephalus auriculatus* de Rudolphi. Or il faut répéter de cette espèce de Rudolphi ce que nous en avons déjà dit : qu'elle renferme probablement plusieurs *Anthobothrium* et *Phyllobothrium*. Il est possible que le vieil auteur ait vu l'animal dont il est ici question, car il cite parmi les hôtes la *Torpedo marmorata* qui semble son hôte caractéristique dans la Méditerranée. Mais sa diagnose ne saurait s'appliquer à cette espèce, étant donné qu'elle porte pour les derniers articles « *marginibus alterne medio retusis vel emarginatis* » ce qui s'applique aux pores génitaux qui sont tout à fait postérieurs chez elle, et « *ova globosa* » au lieu des œufs prolongés par deux longs filaments que nous décrirons tout à l'heure. Au contraire la diagnose donnée par Diesing à l'*A. auriculatum* est la suivante : « *Caput bothriis cyathiformibus, undulato-crispis, breve pedicellatis, cruciatim oppositis. Collum breve. Articuli supremi bacillares, subsequentes quadrati, ultimi elongati. Aperturæ genitalium marginales, vage alternæ; in foveola margini posteriori propinqua.* » Cette diagnose, surtout dans ce dernier caractère, convient fort bien à *Phyllobothrium gracile* et de fait Zschokke (41) qui l'a suivie, donne des organes génitaux de l'animal, dont il ne figure pas le scolex, une description identiquement semblable à ce que j'ai pu constater — et elle est très caractéristique. *Anthobothrium auriculatum* au sens de Diesing et *Phyllobothrium gracile* sont une seule et même espèce, et il est curieux de voir que l'auteur même qui a donné tant d'importance comme caractère de classification à la ventouse accessoire l'ait méconnue dans cette espèce, ce qui l'a conduit à la placer dans le genre *Anthobothrium*. Bien entendu, la priorité appartient au nom spéci- · fique *gracile*, celui d'*auriculatum* n'ayant été modifié et restreint à cette forme qu'en 1863 et devant disparaître complétement.

Enfin Linton, en 1891 (10), a décrit une espèce dont il fait le type d'un nouveau genre, l'*Anthocephalum gracile*; ce nom ne saurait en tout cas être valable, étant dès longtemps préoccupé par celui qu'a donné Rudolphi à la larve des Tétrarhynques, et de plus le genre est parfaitement superflu comme plus d'un du même auteur, qui a fâcheusement renchéri sur la tendance citée plus haut. Or la description de la tête donnée par Linton correspond dans ses moindres détails à celle de *Phyllobothrium gracile*, et même les deux figures qu'il donne de l'individu vivant et de l'individu con-tracté sont presqu'identiques à celles que j'ai pu faire dans les mêmes conditions. Il n'a pas vu malheureusement d'individu tout à fait mûr, ni d'œufs, mais signale les orifices génitaux vers la partie postérieure et les parties latérales plus foncées que le reste grâce à la présence des vitellogènes, qui sont très caracté-ristiques. L'identité de cette forme avec celle dont il est question ne fait guère de doute, et il est remarquable qu'elle n'ait pas à changer de nom spécifique, Linton ayant repris à son insu celui de Wedl. Elle a été trouvée non pas dans la Torpille, comme par tous les auteurs qui l'ont rencontrée dans la Méditerranée, mais dans *Trygon centrurus*. Braun (3), qui supprime le genre *Anthoce-phalum* pour les raisons énoncées plus haut est d'avis que l'espèce dont il n'a pas vérifié la synonymie, doit prendre place dans le genre *Anthobothrium* (malgré sa ventouse accessoire). Je la laisse dans *Phyllobothrium*, non qu'il n'y ait autant de raisons pour la mettre dans l'autre, mais uniquement parce que je juge inutile dans l'état actuel de la nomenclature de modifier l'attribution première.

Je possède seulement deux échantillons très complets de *Ph. gra-cile*, trouvés dans l'unique Torpille que j'ai examinée. C'est un ani-mal long, mais fort contractile, n'ayant plus que 4 ou 5 cm. quand il a été mal fixé. Sur le vivant, la tête se réduit à la confluence des pédoncules disposés en croix des quatre bothridies. Celles-ci, très mobiles et très polymorphes, sont un peu allongées quand elles se meuvent, parfaitement disciformes quand elles s'accolent et font prise sur la lame de verre, très transparentes. Leur surface est d'après Wedl et Pintner, finement réticulée ; je ne retrouve pas ce caractère, ce qui n'est pas étonnant ,n'ayant plus de l'animal vivant qu'un croquis rapide fait dans de mauvaises conditions d'éclairage. Sur l'animal mort elles sont plissées et crispées dans tous les sens, parfaitement sessiles, échancrées en arrière, et la ressemblance est alors complète avec les *Phyllobothrium* de Van Beneden. Je comparerai cette tête non tant à une laitue ou un chou frisé qu'au chapeau plissé d'une Helvelle. Les bords sont régulièrement crénelés, ce qui est dû à ce que la marge un peu épaissie est partagée par un bourrelet saillant et festonné en une rangée de petits loculi aussi nets que ceux qui couvrent toute la surface des ventouses d'*Echeneibothrium*. Cette disposition a été décrite en détail par Linton chez son *Phyllobothrium foliatum*, espèce que j'aurais bien ajoutée à la synonymie s'il ne spécifiait pas que les orifices génitaux sont au milieu des marges, mais sa figure d'*Anthocephalum gracile* en montre l'ébauche ainsi que celle de Pintner. Elle est presque un artefact, n'étant parfaitement nette que sur la bothridie contractée : quand elle est étalée on ne voit qu'une marge crénelée dont les dents sont séparées par des ébauches de replis radiaires.

Le bord antérieur de la bothridie porte une petite ventouse accessoire parfaitement circulaire, à peine plus grande qu'une de ces alvéoles dont elle interrompt la série et dont elle pourrait peut-être représenter une différenciation plus accusée. On voit souvent sur le vivant la partie antérieure de la bothridie s'allonger en une sorte de trompe terminée par cette ventouse. Ce qui montre bien comme il peut être difficile de constater ce caractère et explique l'attribution de Diesing, c'est que mon dessin précité de l'animal vivant n'en montre pas trace : mis en éveil par la description des auteurs, et bien que Linton déclare à peu près impossible de la voir sur la bothridie contractée, je l'ai recherchée de très près sur mes échantillons fixés et j'ai fini par en retrouver une sur l'un d'eux.

Du point de réunion des quatre pédoncules, assez courts, part le cou dont la longueur n'atteint guère qu'une fois et demie le diamètre d'une bothridie étalée. et qui est fort grêle comme l'indique le nom spécifique choisi indépendamment à la fois par Wedl et Linton, du moins sur l'animal vivant car mes échantillons qui ont été mal anesthésiés ne suggéreraient guère cette épithète. Puis commencent les anneaux, très nombreux et croissant graduel-

lement; leurs bords s'arrondissent à mesure. Ils se détachent
quand ils sont devenus à peu près aussi longs que larges (à l'état
contracté), et sont alors tout à fait ovales. On les trouve en très
grande abondance dans l'intestin de l'hôte. Mais à ce moment la
plupart des organes ont subi une régression et ils ne représentent
plus que des sacs à œufs qui crèvent d'ailleurs au moindre contact,
répandant dans la préparation et dans les bocaux des milliers de
ces derniers que nous décrirons plus loin. Pour avoir une bonne
idée de l'appareil femelle, il faut décrire d'abord les derniers
anneaux attachés à la chaîne.

Leur anatomie, qu'a étudiée en détail Zschokke, est très spéciale.
Ils sont, comme je l'ai dit, rectangulaires à bords latéraux très
arrondis. Tout à fait en arrière d'un de ces bords, au contact de
l'anneau suivant, on aperçoit une dépression où la sous-cuticule
s'épaissit et qui alterne très irrégulièrement d'un anneau à un autre.
restant souvent dans trois ou quatre de suite du même côté. Ce sont
les orifices génitaux qui s'ouvrent, selon Zschokke, superposés non
dans le plan frontal mais dans le plan transversal, le vagin étant
dorsal, ce qui est tout à fait exceptionnel chez les Cestodes. On voit
qu'il n'y a plus qu'un pas à faire pour arriver à l'ouverture tout à
fait postérieure des pores copulateurs chez l'*Urogonoporus armatus*
de Lühe. En regardant par transparence même sans coloration un
proglottis, on distingue dans sa largeur trois zones, une médiane
un peu plus étroite, claire et transparente, deux latérales plus
sombres et opaques. Cette disposition signalée chez plusieurs espèces
du même groupe, et déjà dans la diagnose du *Bothriocephalus
auriculatus* de Rudolphi, est due aux vitellogènes qui sous la forme
de petits follicules très serrés et brunâtres remplissent toute cette
partie latérale. Dans l'espace clair médian on distingue un utérus
droit, non encore ramifié, et un ovaire bilobé peu découpé. Les
testicules sont déjà régressés à ce stade et je n'ai pas vu le pénis
dévaginé. Sur le proglottis détaché tel qu'on le rencontre d'habitude
on ne voit plus d'autres organes qu'une masse postérieure prenant
fortement le carmin et qui est le reste du germigène. Tout le reste
est rempli par l'utérus qui s'est lobé sur les bords, généralement
vidé par une déchirure médiane. Les orifices génitaux par suite de
l'arrondissement du bord postérieur semblent reportés plus en
avant, jusqu'au dernier quart de la longueur.

Restent à décrire les œufs, qui sont une des meilleures caractéristiques de l'espèce et atteignent un degré de différenciation rare chez les Tétraphylles. Ils ne présentent pas moins de quatre enveloppes successives (fig. 5). La première est assez mince, ovoïde, étirée aux deux extrémités, comme ces ampoules de verre fermées à la lampe qui renferment des solutions stérilisées pour injections hypodermiques, en deux filaments très longs, s'amincissant graduellement et portant même parfois des ramifications, qui s'accrochent partout dans les préparations. Un très petit espace de cette enveloppe est rempli par la seconde, dont le diamètre n'a guère plus de la moitié du diamètre minimum de la première. Elle est beaucoup plus épaisse, parfaitement sphérique et chitineuse. Ces deux enveloppes sont secrétées par l'ootype, comme le prouve la présence entre la dernière et la suivante de quelques débris informes des cellules vitellines digérées par l'embryon. Au-dessous se trouve une troisième coque, très semblable comme aspect à la précédente, mais d'un diamètre notablement moindre et secrétée par l'œuf.

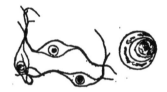

Fig. 5. — *Phyllobothrium gracile*; à gauche, trois œufs entiers, ×56 ; à la première droite, œuf moins enveloppe. × 220.

L'embryon, dont le diamètre est encore de moitié inférieur au sien en est séparé par une dernière enveloppe très mince, non accolée à lui, peu visible et présentant sur la coupe optique des renflements indice d'une structure épithéliale : c'est évidemment un examnios conforme à ce qui existe chez les autres Cestodes. Enfin l'embryon lui-même est un embryon hexacanthe typique, globuleux, sans différenciation cellulaire visible à moins de coloration, et portant trois paires de crochets cunéiformes.

Il faut noter que ces œufs doivent être observés directement dans l'eau ou le formol : la glycérine et les alcools les ratatinent à tel point qu'il est impossible de reconnaître les diverses enveloppes qui ne se laissent d'ailleurs pas traverser par les réactifs. Ce qui corrobore l'origine qui leur a été attribuée plus haut, c'est que Wedl, qui a figuré fort exactement cet œuf, l'a vu à un stade plus jeune où les deux premières, d'origine maternelle, existent seules : on ne trouve en dessous que plusieurs globules granuleux qui représentent l'un l'œuf non encore segmenté et n'ayant pas formé d'enveloppes propres, l'autre les cellules vitellines non encore digérées.

Dimensions: largeur du cou sur le vivant $0^{mm}072$, fixé 0,5. Hauteur de la bothridie fixée $0^{mm}89$ à $0^{mm}60$. Derniers anneaux) $1^{mm}5$ sur 1^{mm} à $1^{mm}5$. Œufs: enveloppe externe (sans les filaments, $180\,\mu$ sur 70 ; deuxième enveloppe $45\,\mu$; troisième, $29\,\mu$; diamètre de l'embryon $16\,\mu$.

Trouvé une fois dans la seule *Torpedo marmorata* examinée.

Genre MONORYGMA Diesing, 1863.

Le genre *Monorygma* a été créé par Diesing (5) pour l'*Anthobothrium perfectum* de Van Beneden (35) qu'il sépare de ce genre par l'existence d'une ventouse accessoire, d'ailleurs plus développée que dans les *Phyllobothrium* où les bothridies sont de plus crispées. Voici sa diagnose : « *Corpus articulatum, tœniæforme. Caput a corpore collo disjunctum, bothriis quatuor oppositis, sessilibus, marginibus integris, singulo acetabulo auxiliario subcirculari instructo. Myzorhynchus terminalis. Aperturæ genitalium terminales.* » Ces caractères, tout relatifs comme nous l'avons montré, sont néanmoins assez nets dans les trois espèces qui composent ce genre (la troisième est *M. chlamydoselachi* Lönnberg), et qui forment un groupe bien naturel.

MONORYGMA ELEGANS Monticelli, 1890.

Synonymie. — *Monorygma perfectum* Zschokke (42). — *Monorygma elegans* Monticelli (20).

Zschokke, qui a trouvé le premier cette espèce et en a fait l'étude anatomique, l'avait rapportée à l'*Anthobothrium (Monorygma* Diesing) *perfectum* de Van Beneden. Dans une note de son travail sur les Helminthes de Wimereux, Monticelli déclare qu'elle en est très différente et en fait une espèce nouvelle sur laquelle il annonce des détails ultérieurs qui n'ont jamais paru à ma connaissance. L'espèce que j'ai rencontrée, et qui est identique à celle de Zschokke, n'étant évidemment pas conforme à la description de Van Beneden, nous pouvons tenir cette opinion pour bien fondée.

J'ai trouvé deux très beaux exemplaires de *Monorygma elegans* dans un *Scyllium catulus*. C'est le plus grand Cestode que j'aie rencontré (longueur totale 17 ou 18 cm. à l'état fixé). La tête, dilatée, porte quatre bothridies convergentes en avant, libres par leur bord postérieur qui s'incurve souvent vers le cou, de forme générale ovale, planes ou légèrement concaves en dehors ou en dedans. Elles ne se crispent jamais comme celles des *Phyllobothrium* mais peuvent, ainsi que l'indique Zschokke, présenter des plissements transversaux qui leur donnent une certaine ressemblance avec celles des *Acanthobothrium*, beaucoup moins nets toutefois, moins réguliers et moins persistants que dans ce genre. A leur partie antérieure se trouve la ventouse accessoire, de taille relativement grande, à contour circulaire ou ovale mais généralement un peu aplati en arrière, ce qui peut lui donner l'apparence en ce point d'un septum cloisonnant en deux loges inégales une bothridie unique, bien que la postérieure n'ait pas de rebord musculaire. Entre ces quatre ventouses qui sont assez rapprochées les unes des autres on devine un petit myzorhynchus pointu et très court.

A la tête fait suite un cou très allongé, montrant comme toujours les vaisseaux par transparence. Puis commencent les anneaux, longtemps tout à fait linéaires, s'allongeant avec une extrême lenteur de sorte qu'ils restent toujours notablement plus larges que longs même à l'état adulte, ce qui est tout à fait exceptionnel chez les Cestodes de Sélaciens et constitue une différence importante avec *M. perfectum*. Chacun d'eux a son bord antérieur légèrement invaginé dans l'anneau suivant et recouvert par le bord postérieur de celui-ci. Je n'ai pas pu les étudier complètement mûrs, mais dans ceux dont la largeur est égale à 2 fois 1/2 la longueur, les glandes génitales sont déjà bien développées et répondent complètement à la description et aux figures de Zschokke. L'orifice est marginal, très voisin du bord antérieur cette fois, irrégulièrement alterne. Il peut y faire saillie un pénis très allongé et hérissé de soies très fines, qui invaginé se porte transversalement vers le milieu sans se replier sur lui-même. Le parenchyme de l'anneau est semé de testicules très petits dans toute son étendue. Latéralement deux vitellogènes formés de follicules épars dans deux régions latérales, comme chez *Phyllobothrium*, mais moins serrés et localisés surtout en arrière. Au milieu on aperçoit l'ootype flanqué de deux petits germigènes triangulaires assez écartés. Utérus peu développé à ce stade.

Dans *Scyllium catulus* où l'a trouvé Zschokke.

Dimensions. — Bothridie 0ᵐᵐ 60 sur 35. Diamètre de la ventouse accessoire 0ᵐᵐ 15. Largeur maxima du cou 0ᵐᵐ 25. Dimension des plus grands anneaux 2ᵐⁱⁿ 50 sur 1ᵐᵐ 50. Longueur du pénis 1 ᵐᵐ.

Tribu : **Echéneibothrinés.**

Genre DISCOBOTHRIUM Van Beneden, 1871.

Ce genre ne comprend qu'une seule espèce :

DISCOBOTHRIUM FALLAX Van Beneden, 1871.

Synonymie. — *Discobothrium fallax* Van Beneden (36), Lönnberg (16). — *Echeneibothrium variabile* Monticelli (20), Olsson (25).

Cette espèce extrêmement remarquable était jusqu'à ce jour fortement soupçonnée de ne reposer que sur une erreur d'observation. Van Beneden en 1871 (36, pl. V, fig. 13) a figuré sans le décrire, sous le nom de *Discobothrium fallax,* la tête d'un Cestode caracté-

Fig. 6. — *Discobothrium fallax;* partie antérieure de l'animal vivant et étalé.

risé par un myzorhynchus énorme aplati en ventouse surmontant quatre bothridies arrondies et presque sessiles, dont il avait trouvé deux exemplaires d'ailleurs passablement contractés. Lönnberg en 1889 (16, pl. I, fig.8-10) rencontre deux strobiles et un scolex qu'il figure et rapporte à la même espèce. Il en donne la diagnose suivante : « *Scolex magnus, acetabulum terminale maximum, crateriforme seu hœmisphericum. Basi illius bothria quatuor, multo minora, crasse pedicellata, versatilia, tum ostio circulari, tumcochlearia. Ultima strobila moniliformia. Aperturæ genitales secundæ, penis echinatus.* » Monticelli en 1890 (20) déclare que les figures données par ces deux auteurs se rapportent à des *Echeneibothrium variabile* contractés, qui peuvent en effet dans certaines conditions présenter une trompe presqu'aussi développée (voir une des figures de Van Beneden se rapportant à cette dernière espèce, 34, pl. III, fig. 4). Le dessin original de Van Beneden prête en effet à cette interprétation qui ne peut guère s'appliquer à ceux de Lönnberg. Celui-ci maintient la réalité du genre et de l'espèce et engage à ce sujet une polémique avec Monticelli (17, 21). Olsson (25) a été de l'avis de ce dernier et Braun (3) ne cite le genre *Discobothrium* qu'avec doute.

La défiance de l'auteur italien était certes justifiée par l'immense variabilité de forme sur laquelle nous avons tant insisté et que nous retrouverons encore plus grande dans les *Echeneibothrium*, et l'on ne saurait montrer trop de prudence à l'égard des espèces et des genres fondés sur un petit nombre d'observations dans de mauvaises conditions. Néanmoins Monticelli était dans son tort : *Discobothrium fallax* existe, et justifie comme on le voit pleinement son nom spécifique. Je l'ai trouvé en grande abondance à Banyuls, où il représente une des formes les plus développées et les plus fréquentes, et j'ai pu m'en procurer de nombreux exemplaires. La connaissance très imparfaite que nous avons de cet animal m'engage à en donner une description un peu plus détaillée, accompagnée d'une étude anatomique sommaire.

Discobothrium fallax est un Cestode de grande taille : 12 à 15 cm. fixé. Sa tête qui est énorme et renflée, offre une très grande variété de forme. Elle se compose essentiellement d'une partie centrale se continuant, d'une manière insensible, avec le cou, qui va en se dilatant jusqu'à l'insertion des quatre bothridies, et d'une trompe extrêmement développée formée par le myzorhynchus, terminée par une ventouse puissante et pouvant s'invaginer complètement à l'intérieur de la première partie, qui se renfle alors en une sorte de pyramide quadrangulaire très arrondie, parfois même presque globuleuse, dont les angles supporteraient les quatre bothridies également rétractées (fig. 8). Décrivons successivement ces différents éléments.

Les bothridies (fig. 6) diffèrent assez profondément de celles des Phyllobothrinés ; sur le vivant elles sont très mobiles et se composent d'un pédoncule cylindrique assez court s'évasant insensiblement à son extrémité en un cornet dont l'orifice ourlé d'un renflement est ovale, ou en pointe à son bord supérieur. On pourrait les comparer à des fleurs d'Aristoloche. Il ne présente aucune espèce d'alvéoles ou de replis transversaux. Mais les bothridies sont tellement contractiles que je n'ai jamais pu parvenir à les fixer dans cet état ; parfois elles se rétractent tellement qu'elles disparaissent dans la masse de la tête et ne sont plus représentées que par une dépression circulaire qui les a fait comparer par Lönnberg aux cotyles des Ténias (fig. 8). Plus souvent elles se réduisent à un moignon cylindrique terminé par une ouverture généralement plissée en bourse; on distingue à l'intérieur par transparence la partie musculaire (fig. 7).

La trompe est l'organe le plus caractéristique, bien que le plus variable. Elle est légèrement rétrécie à son insertion sur la tête dans son état de complète extension, rare il est vrai, où sa longueur (beaucoup plus grande que dans la fig. 6), peut atteindre presque deux fois celle du cou et de la tête réunis, sa largeur étant au moins égale à celle de cette dernière. L'aspect de l'animal rappelle alors d'une manière frappante celui de certaines Annélides comme les

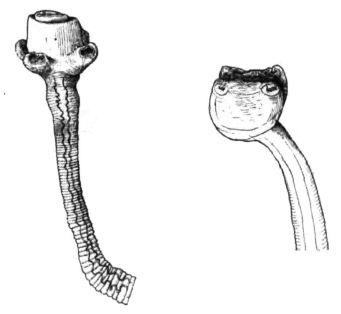

Fig. 7 et 8. — *D. fallax;* individus fixés au formol-éther
et observés dans la glycérine. × 14.

Nereis, quand la partie antérieure du tube digestif se dévagine en une énorme trompe, plus longue et plus grosse que la tête et les premiers segments. Il est, à première vue, impossible de comprendre comment elle arrive chez le Cestode à se loger dans la partie céphalique beaucoup plus petite qu'elle. Son extrémité peut paraître, vue de profil, brusquement tronquée, et l'on s'aperçoit alors qu'elle est invaginée en une énorme ventouse formant un puissant organe d'adhésion. Quand celle-ci se dilate et se rétracte à la fois, la tête prend l'aspect cratériforme décrit et figuré par Lönnberg et sa largeur devient maxima. Mais cette extrémité, complètement évaginée, peut aussi se terminer en pointe plus ou moins obtuse, parfois entourée d'un ressaut circulaire qui représente le bord de la ventouse précédente. Alors, surtout quand l'animal est mort naturellement, la tête peut offrir absolument l'aspect d'un pénis atteint de paraphimosis dont la trompe serait le gland, le ressaut précité la couronne, et la zone d'insertion des ventouses plissées et rétractées le prépuce fortement rejeté en arrière (fig. 9). Enfin la trompe complètement invaginée ne se trahit plus que par une dépression entre les quatre ventouses.

A la tête fait suite un cou proportionnellement assez grêle et dont la longueur a de 1 à 2 fois celle de la portion céphalique proprement dite. Il est légèrement crénelé sur ses bords à l'état de contraction. Ensuite commencent les anneaux qui croissent avec une extrême lenteur; leurs marges sont légèrement bombées ou convergentes en avant, donnant au ruban un aspect dentelé. Il devient rapidement moniliforme et montre des orifices génitaux s'ouvrant un peu en arrière de la moitié de chaque anneau, irrégulièrement alternes (1). Les proglottis qui se détachent sont beaucoup plus petits que chez l'*Acanthobothrium coronatum* dont la taille est à peu près la même. Ils sont elliptiques, deux fois plus longs que large, et leur mobilité est beaucoup moindre que dans ce dernier; ils ne montrent pas de différenciation apparente.

Fig. 9. — *D. fallax*; individu placé dans le formol après sa mort et observé dans la glycérine.×14.

Je donnerai à présent quelques détails anatomiques uniquement topographiques. Tout d'abord la cuticule présente sur la trompe et jusqu'à la base des ventouses une différenciation analogue à celle du cou d'*Acanthobothrium filicolle* : petites épines très serrées, en brosse, obliques en arrière, implantées dans une couche anhiste mince. La partie ainsi revêtue correspond très exactement à celle

(1) Lönnberg dit, sans en être bien sûr, que son espèce se distingue d'*Echeneibothrium variabile* par les pores unilatéraux; les miens sont alternes, mais l'erreur se comprend facilement étant donné qu'il n'en a vu que très peu d'exemplaires et que les pores restent souvent dans plusieurs anneaux de suite du même côté. ses figures ne permettent pas de douter de l'identité de son espèce avec la mienne.

qui est en entier invaginable dans la tête. Sur la ventouse terminale
proprement dite, les bâtonnets sont tellement serrés qu'ils donnent
l'aspect d'un épithélium cylindrique à cellules minuscules. Tout
le reste du corps est revêtu d'une cuticule plus épaisse, glabre,
présentant des plis et des sillons irré-
guliers et qui sur le cou et le corps
se divise en deux couches d'épaisseur
à peu près semblable, inégalement
colorables par l'hématoxyline-éosine.

Sur une coupe longitudinale (fig. 10),
on voit la tête jusqu'au cou formée
essentiellement d'un parenchyme réticulé très ténu et très peu colorable; on
y distingue des fibrilles très minces,
enchevêtrées dans toutes les direc-
tions, que l'imprégnation au carmin
osmique met seule bien en évidence,
et de petits noyaux épars. Sa faible
densité permet de comprendre comment il se tasse quand la trompe rentre, de sorte qu'elle n'occupe guère
plus de place à son intérieur que n'en
tient sa partie musculaire dont nous
allons parler tout à l'heure. A la périphérie la cuticule est doublée par les
cellules sous-cuticulaires (cc) bien connues chez les Cestodes, allongées normalement à la surface, enchevêtrées,
très colorables sauf leur portion distale qui se termine en une couche de
fibrilles radiaires très serrées, se confondant à un faible grossissement avec
la cuticule en une zone incolore en
dehors de la zone colorée des cellules;

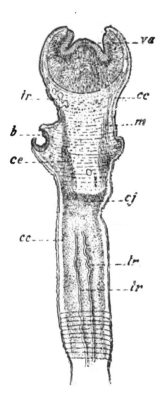

Fig. 10. — *D. fallax;* coupe
longitudinale de la partie antérieure.— *b*, bothridie; *cc*, couche
des cellules sous-cuticulaires ;
ce, éléments cellulaires indéterminés ; *cj*, couche des éléments
jeunes; *m*, muscles rétracteurs
de la ventouse apicale; *tr*, troncs
excréteurs ; *va*, ventouse apicale.

près de leur insertion à cette cuticule, on distingue avec un fort
objectif des fibrilles longitudinales très minces, colorables par l'éosine. Les fibres musculaires de la ventouse terminale et des
bothridies semblent représenter une différenciation sur place

de ces cellules sous-cuticulaires, qui manquent à leur niveau et ont les mêmes rapport qu'elles. La couche sous-cuticulaire devient très mince en approchant du bout de la trompe.

A l'extrémité antérieure on trouve une énorme masse musculaire (*ra*) qui tranche vivement par sa coloration plus intense sur le parenchyme clair dont nous avons parlé. C'est la ventouse terminale. Quand elle est rétractée, elle offre sur la coupe longitudinale une forme semi-circulaire avec une lumière en Y : en effet le fond de la ventouse fait saillie pour en constituer pour ainsi dire le piston quand les bords s'écartent et font prise sur un objet. Mais ce lobe ne borne pas là son mouvement : il peut faire saillie au dehors et, s'agrandissant aux dépens des parties latérales, n'être plus entouré que du sillon que nous avons signalé tout à l'heure et qui disparaît même dans l'extension complète (fig. 11). L'organe est alors complètement retourné comme un doigt de gant, sauf qu'il n'est pas creux, et rien n'y rappelle plus la structure d'une ventouse; sa forme sur la coupe est trapézoïdale, à angle supérieur plus ou moins obtus. Il est impossible de ne pas être frappé de la ressem-

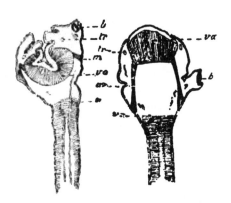

Fig. 11. — *D. fallax;* coupes longitudinales schématisées de la ventouse terminale, à gauche dans l'invagination, à droite dans l'évaginations complète. Mêmes lettres que dans la fig. 10.

blance entre ce mode d'évagination et celui du rostellum des Té-nias. Ceci nous donne la clef des changements de forme et de longueur de la trompe : les premiers dépendent de l'invagination et de la dévagination de cette ventouse, les seconds de sa protraction ou de sa rétraction à l'intérieur de la tête par un mécanisme dont nous allons parler.

Au point de vue de la structure, cet organe est une masse très serrée de fibres qui, à l'état d'extension complète, sont toutes longitudinales et sensiblement parallèles, à l'état d'invagination convergent vers la lumière pour produire l'aspiration. Sur une coupe transversale de la trompe (fig. 12) dans le premier état, après coloration au carmin on ne voit qu'une ponctuation rose clair très peu distincte, avec par endroits des noyaux plus foncés, et des vacuoles plus claires qui semblent être des accidents de fixation ou d'inclusion ; dans le second on voit comme précédemment les fibres converger autour d'une lumière non pas circulaire, mais allongée en une fente frontale. Dans ces fibres on retrouve, beaucoup plus épaisse, la zone non colorable sous jacente à la cuticule dont nous avons parlé ; puis vient une zone très colorable, grâce à l'accumulation dans cette région de presque tous leurs noyaux, et une dernière deux fois plus épaisse que les autres ensemble et ne présentant plus que des noyaux épars. Dans un état moyen de contraction (fig. 10, *va*), on voit qu'elles ne sont pas toutes rigoureusement radiaires, mais disposées en colonnettes convergentes dont les extrémités supérieures s'évasent pour former la couche colorable et dont les parties latérales s'infléchissent et s'éparpillent vers les voisines, ébauchant un système de fibres tangentielles. La ventouse ainsi constituée est séparée du parenchyme, qui se tasse à son voisinage et prend une disposition fibrillaire concentrique, par une ligne nette, sorte de basale.

La rétraction de la ventouse à l'intérieur de la tête est opérée par des muscles (*m*) aisément visibles sur des coupes longitudinales, qui les montrent s'insérant d'une part sur ses côtés, de l'autre sur les parties latérales du cou immédiatement en dessous des bothridies. A ce niveau sont éparses entr'eux des cellules (*ce*) plus grosses et plus colorables que celles du parenchyme, d'une forme anguleuse, et dont je n'ai pu préciser la nature. Quand l'organe musculaire est complètement évaginé, ces muscles très tendus y déterminent par leur traction deux angles postérieurs et lui donnent la forme trapézoïdale que nous avons notée. Quand il est rétracté au fond de la tête, ils sont très raccourcis, plissés et à peu près transversaux (fig. 11, *b*). On voit alors invaginée et complètement retournée non seulement la ventouse, mais toute la trompe comprise entre elle et les bothridies, formant un canal à bords très plissés, tapissé par la cuticule différenciée en brosse qui s'arrête exactement aux lèvres de l'invagination. Sur des coupes transversales, les muscles rétracteurs apparaissent comme des îlots de ponctuations, véritables champs musculaires ; plus bas, on aperçoit les cellules déjà citées, disposées en une rangée

très régulière un peu en dedans des cellules sous-cuticulaires
(fig. 13).

Les bothridies (*b*) se composent chacune d'une petite coupe musculaire qui peut être peu profonde, ou au contraire déprimée en
entonnoir. Sa paroi assez mince est composée de fibres normales à
la surface rappelant en beaucoup plus petit la disposition du grand
acetabulum. Elle peut elle aussi se rétracter dans son pédoncule
dont les parois se rabattent par dessus et, chose assez curieuse,
malgré cette rétractilité si grande sur laquelle nous avons déjà
insisté, il m'a été impossible de mettre en évidence aucun muscle

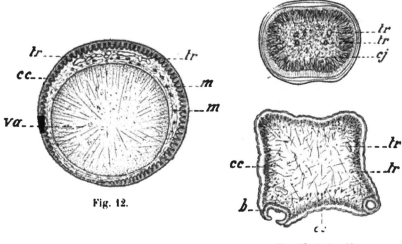

Fig. 12.

Fig. 13 et fig. 14.

Fig. 12, 13 et 14. — *D. fallax*; coupes transversales au niveau : de la base du
myzorhynchus évaginé ; de l'origine du cou ; des bothridies. Mêmes lettres que
dans la fig. 10.

servant à la faire rentrer dans la tête comme ceux de la ventouse
terminale, qui passent devant son pédoncule sans lui envoyer aucune fibre.

Si nous passons maintenant à l'étude du cou, nous voyons sur
les coupes (fig. 10 et 14) qu'immédiatement en arrière de la tête il
est uniquement constitué par des cellules irrégulières qui prennent
les colorants avec une grande intensité : la couche sous-cuticulaire
semble être arrivée à le remplir en entier. C'est évidemment la zone
des cellules jeunes par laquelle s'opère la croissance de l'animal. Un
peu plus loin elles s'écartent, et au centre apparaît un parenchyme

analogue à celui que nous avons décrit. A ce niveau on commence à distinguer les anneaux et plus loin apparaissent les rudiments des glandes génitales. La structure de la paroi (fig. 15), d'abord semblable à ce qu'elle était dans la tête, ne tarde pas à se compliquer par le développement d'une musculature longitudinale. Elle est beaucoup plus épaisse. On trouve d'abord une rangée de fibres isolées immédiatement sous-cuticulaires comme nous l'avons déjà décrit, mais beaucoup mieux visibles, puis des faisceaux de fibres, longitudinales aussi, disposés irrégulièrement entre les extrémités internes des cellules sous-cuticulaires (*ml*). Quelques fibres dorso-ventrales traversent le parenchyme; je n'ai pu voir de fibres circulaires.

La topographie générale des glandes génitales est aisément reconnaissable sur le proglottis coloré en masse, et conforme à ce qui se rencontre chez tous les Tétraphylles (fig. 16) : ovaire postérieur, (*ov*) bilobé, faiblement découpé, glande coquillière (*gc*) à sa partie postérieure et médiane, utérus (*ut*) à contours irréguliers en avant, etc. Les vitellogènes (*ri*), comme chez *Echeneibothrium*, forment deux bandes latérales assez découpées, composées de follicules densément agglomérés au lieu d'être épars dans deux vastes champs latéraux comme chez *Phyllobothrium* ou disposés en une rangée presque linéaire comme dans *Acanthobothrium*. J'ignore si ces différences sont assez constantes pour servir dans la classification. Les conduits vecteurs et l'appareil mâle ne s'étudient bien que sur des coupes, sauf l'extrémité du vagin (*va*) et la poche du cirrhe (*pc*) qu'on voit s'ouvrir l'un devant l'autre dans la position que nous avons indiquée. Sur les coupes, de préférence dans les deux plans longitudinaux, on voit partir de l'ootype un canal vaginal sinueux et contourné qui vient s'ouvrir au pore femelle par une portion à peu près transversale. L'ootype reçoit aussi les vitelloductes transversaux, traversant le germigène avec lequel il est en rapport intime, et l'oviducte (*od*) naissant dorsalement de l'utérus (*ut*), vaste poche plus ou moins lobée à paroi épaisse qui s'étend dans la portion ventrale de l'anneau jusqu'à son niveau. Cet oviducte a à peu près le calibre, la structure et les sinuosités du vagin dont il peut être difficile de le distinguer sur les coupes.

Le cirrhe, plusieurs fois replié sur lui-même, montre à son intérieur les soies qui le couvrent quand il est dévaginé. Il se continue avec un canal déférent (*cd*) plus mince que les précédents, mais encore plus entortillé, qui se porte en avant, croise le vagin et arrive aux testicules (*tt*) placés dorsalement à l'utérus dans la portion antérieure de l'anneau (fig. 15). Ceux-ci sont petits, globuleux, assez peu nombreux, disposés sur deux ou trois rangs très irréguliers.

Restent à étudier les organes s'étendant d'un bout à l'autre du strobile : le système nerveux et l'appareil excréteur. En ce qui concerne le premier, qui n'est pas mis en évidence par les colorations ordinaires, sauf dans la région du cou où les deux nerfs latéraux tranchent par leur teinte moins foncée sur le parenchyme jeune décrit, quelques essais d'imprégnation n'ont pas donné de résultat et j'ai renoncé à les poursuivre, manquant de matériaux frais et n'ayant pas le temps de me livrer à des recherches anatomiques approfondies. Il a sans doute des nerfs spécialement développés pour innerver le myzorhynchus. Au contraire, j'ai pu sans peine

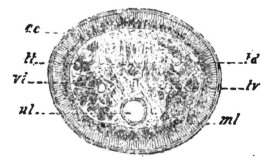

Fig. 15. — *D. fallax* ; coupe transversale d'un anneau jeune dans sa partie antérieure. — *cc*, couche sous-cuticulaire ; *ml*, musculature longitudinale ; *td*, tronc excréteur dorsal ; *tt*, testicules ; *tv*, tronc ventral ; *ut*, utérus ; *vi*, vitellogènes.

suivre sur mes coupes le trajet des troncs excréteurs principaux, que je vais décrire sommairement. Ils sont dans le cou (fig. 10 et 14 *tr*), comme toujours, au nombre de quatre, aisément visibles par transparence, un peu sinueux et groupés en deux paires, droite et gauche. Dans la tête ils divergent, deviennent équidistants et correspondent aux quatre arêtes de la pyramide qu'elle figure à l'état de contraction. Au niveau de l'insertion des ventouses (fig. 10 et 13), ils décrivent de nombreuses sinuosités et pénètrent à leur intérieur, mais en ressortent sans s'y terminer en anse (comme dans l'espèce de *Phyllobothrium* que nous avons décrite d'après Pintner).

Ils continuent ensuite à monter dans leur direction primitive, et

arrivés dans l'angle que délimitent la sous-cuticule de la trompe et
la membrane limitante de la ventouse terminale, les deux canaux
d'un même côté s'infléchissent l'un vers l'autre et viennent se réunir par inoculation, entourant cette ventouse d'un cercle interrompu dorsalement et ventralement (fig. 12). Cette indépendance
des deux moitiés droite et gauche de l'appareil excréteur est la règle chez beaucoup de Tétraphylles (voyez Pintner, 27, Zschokke, 42).

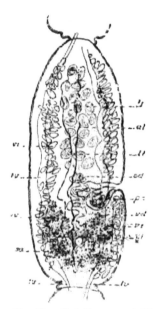

Fig. 16.— *D. fallax*; proglottis
presque mûr reconstitué d'après
les coupes et par transparence.
Mêmes lettres que dans la fig. 15.
— *cd*, canal déférent ; *gc*, glande
coquillière ; *or*, ovaire ; *pc*, poche du cirrhe; *ra*, vagin; *rd*, oviducte.

Dans les anneaux à peu près mûrs
(fig. 15), les deux canaux dorsaux (*td*)
restent très grêles, sinueux, et peuvent même sembler complètement
atrophiés; les deux ventraux (*tr*) au
contraire se retrouvent aisément sur
les coupes. Ils ont un diamètre relativement très grand, mais une paroi
fort mince, et comme ils sont en rapport très intime avec les vitellogènes
qui forment demi-cercle autour d'eux
sur les coupes transversales, on ne
peut d'abord se défendre de l'idée
qu'ils représentent les canaux vecteurs de ces glandes, et l'on ne reconnaît leur vraie nature qu'en s'aperce-
vant qu'ils passent d'un anneau dans
l'autre. Là non plus, je n'ai pas vu
d'anastomose entre eux ; mais je ne les
ai pas recherchées assez soigneusement pour être absolument sûr de
leur absence.

J'ai rencontré une seule fois dans
un intestin de Raie un assez grand
nombre de jeunes individus de *Discobothrium fallax*, qui, venant
sans doute d'être ingérés, étaient encore à l'état de scolex insegmenté (fig. 17). La tête est entièrement semblable comme forme et
comme dimension à celle de l'adulte, et paraît tout à fait disproportionnée avec le reste de l'animal, qui n'a que trois ou quatre
fois sa longueur, avec la largeur du cou de l'adulte. Cette queue
du scolex est cylindrique et ne montre pas d'autre différenciation

que les quatre canaux excréteurs. J'ai négligé de rechercher sur le vivant s'ils se réunissaient en arrière à une vésicule contractile.

Il nous reste à préciser la position systématique de ce genre dont nous avons pu donner pour la première fois une description détaillée. Son analogie est évidente avec les *Echeneibothrium* puisque plusieurs auteurs l'ont ramené à une des espèces connues de ce groupe sur le vu des figures de Van Beneden et Lönnberg. Mais quand on a pu observer longuement l'animal vivant et dans de bonnes conditions, voir les ventouses bien étalées, on s'aperçoit qu'elles ne portent jamais les replis caractéristiques de ce genre sur lesquels est fondé sa diagnose. De plus, l'anatomie nous montre par d'autres caractères que les ventouses sont beaucoup moins différenciées, n'ayant pas de muscles propres ni de canaux excréteurs spéciaux comme ceux qu'a décrits Zschokke, et qu'au contraire, cas très net de balancement organique entre les organes de fixation, le myzorhynchus est beaucoup plus développé, surtout dans sa partie musculaire, car celui d'*Echeneibothrium variabile* paraît parfois extérieurement presqu'aussi ren-

Fig. 17. — *D. fallax*; jeune scolex fixé, coloré et monté dans le baume. × 14.

flé. Es-ce à dire pour cela qu'il faille le rapprocher des Phyllobothrinés ? Nullement ; dans ce groupe, le myzorhynchus est nul ou rudimentaire, et en corrélation avec ce fait les troncs excréteurs se terminent dans les phyllidies qui sont grandes, plates, foliacées, bien différentes de celles de *Discobothrium* qui sont des bothridies d'*Echeneibothrium* aux alvéoles près. Enfin la structure du vitellogène le rapproche aussi de ce genre, auquel nous le réunirons dans la tribu des Echénéibothrinés, pour n'en pas faire une tribu spéciale qui serait peut-être justifiée (1).

(1) L'animal décrit par Linton dans son dernier travail (15) comme « a new Cestode of Tile-fish (*Lopholatilus chamelæonticeps*) » pourrait bien être un *Discobothrium* présentant une large ventouse terminale au milieu d'un disque céphalique qui est peut-être un myzorhynchus rétracté, dont la coupe figurée ressemble beaucoup aux miennes et quatre bothridies qui paraissent différer de celles de D. fallax par une taille plus grande et une ventouse accessoire ; ceci ferait un véritable passage vers les *Phyllobothrium*. Mais l'auteur n'en ayant vu que deux échantillons conservés dans le formol, il convient d'imiter sa réserve au sujet de cet animal.

Je proposerai de modifier et compléter ainsi, pour me résumer, la diagnose de Lönnberg : « *Caput magnum ; myzorhynchus maximus, proboscidiformis, in toto retractilis, acetabulo terminali ingenti, vel crateris modo invaginato, vel glandis forma evaginato. Basi illius bothria quatuor, multo minora, crasse pedicellata, summe retractilia versatilia, tum ostio circulari, tum cochlearia, acetabulo auxiliari aut loculis nullis. Collum satis breve, gracile. Articuli plurimi. Ultima strobila moniliformia. Aperturæ genitales alternæ, post medium articulum. Penis echinatus.*

Dimensions. — Largeur de la trompe 1^{mm}, de la tête contractée 1^{mm}30. Largeur du cou sur le vivant 0^{mm}10 à 0^{mm}30, fixé 0^{mm}25 à 0^{mm}55. Diamètre de la ventouse terminale sur les coupes, 0^{mm}57. Scolex insegmenté : longueur à 4^{mm}, de la tête seule 1^{mm}, largeur de la trompe 0^{mm}82, de la tête 0^{mm}92. Proglottis 2 à 3^{mm} sur 1^{mm} à 1^{mm}50. ·

J'ai rencontré fréquemment *Discobothrium fallax* à Banyuls dans les raies : *Raja clavata, R. macrorhynchus, R. punctata.*

Genre ECHENEIBOTHRIUM Van Beneden, 1850.

A part le *Discobothrium* que nous venons de décrire, la tribu des Echénéibothrinés ne compte que le genre *Echeneibothrium*, car les genres *Rhinebothrium* et *Spongiobothrium* Linton n'en sont tout au plus que des sous-genres, surtout le premier. Contrairement à ceux des Phyllobothrinés, ce genre est fort bien caractérisé et la diagnose de Van Beneden suffit à le reconnaître : « Les quatre bothridies du scolex sont portées sur un pédoncule long et protractile; elle sont extraordinairement variables dans leur forme; elles se distinguent par les replis réguliers qui se développent sur toute la longueur de ces organes et qui les font ressembler aux lamelles qui recouvrent la tête des Poissons du genre *Echeneis*. » Mais quand il s'agit de passer à l'espèce les difficultés commencent. et quiconque a jamais vu vivants quelques-uns de ces animaux comprendra que la spécification y soit à peu près impossible, (voir les figures de Van Beneden, 34). Ni le nombre des alvéoles, qui est peut-être assez constant mais sur lequel on peut aisément se tromper comme nous allons le démontrer tout à l'heure, ni la forme générale de la bothridie, ni la présence ou l'absence de myzorhynchus (sur laquelle Linton a fondé son genre *Rhinebothrium*) ne sont des caractères au-

dessus de toute critique. Enfin la longueur du cou et la loi de croissance des anneaux sont, comme nous l'avons déjà indiqué, caractères de variété ou d'individu plutôt que d'espèce.

Il en résulte qu'il n'y a peut-être pas dans le genre une seule
espèce qui puisse être nettement distinguée des autres; sans parler
de celles de Linton, certains auteurs ont réuni sous le nom d'*E.
tumidulum* (Rudolphi) l'*E. variabile* et l'*E. minimum* Van Beneden,
qui paraissent pourtant bien distincts. L'*E. sphærocephalum* Diesing a été rapporté à l'*E. variabile* et l'*E. affine* Olsson à l'*E.
dubium* Van Beneden, de l'individualité duquel une de mes observations pourrait me faire douter. J'ai rencontré à Banyuls deux
formes paraissant distinctes sans que je veuille absolument l'affirmer, dont je rapporte la plus commune à l'*E. variabile*, bien
qu'elle en diffère par quelques caractères, et dont l'autre ne m'a
paru se rapporter à aucune des descriptions des auteurs, mais
dont je n'oserais pas faire une espèce nouvelle.

ECHENEIBOTHRIUM VARIABILE Van Beneden, 1850.

Synonymie. — *Echeneibothrium variabile* Van Beneden (34,35,36),
Wagener (39), Olsson (25,26), Monticelli (20), Lönnberg (16), Linton
(9,10,12,14), Diesing (51), etc. — *Echeneibothrium tumidulum* Carus
(4). — *Echeneibothrium sphærocephalum* Diesing (5).

Je rapporte avec doute à cette espèce, rencontrée par tous ceux
qui ont étudié les Cestodes des Sélaciens et à laquelle il faut
peut être encore en réduire d'autres considérées comme distinctes,
une forme que j'ai trouvée très communément à Banyuls. Elle est de
plus petite taille (25 à 30ᵐᵐ) et son nombre d'anneaux est beaucoup
moins grand que d'après la description de Van Beneden. La tête
porte quatre bothridies et un myzorhynchus; les premières
présentent des changements de forme considérables, qui paraissent
impossibles à comprendre de prime abord, et dont je vais essayer
de donner la clef. Il faut considérer chaque bothridie comme
composée d'un pédoncule très contractile qui s'évase en une
semelle légèrement concave, de forme générale triangulaire, à
sommet supérieur et base inférieure arrondie, insérée beaucoup
plus près de celle-ci. C'est la forme dont on peut faire la forme de
repos, ne différant guère que par un évasement plus grand de
celle des bothridies de *Discobothrium*.

Cette semelle est divisée en deux rangées longitudinales de champs musculaires, approximativement quadrangulaires, dans chacun desquels les fibres sont disposées d'une façon radiaire et paraissent, comme l'indique Zschokke (42), ne pas passer dans les voisins. Il faut bien comprendre que le nombre de ces champs, qui sont des unités anatomiques, mais qu'on ne peut guère distinguer que sur une ventouse bien fixée et colorée, est le seul qui puisse présenter une certaine constance (sur le degré de laquelle je ne suis d'ailleurs pas fixé) — il paraît être de 5 ou 6 de chaque côté dans l'espèce dont il s'agit — mais qu'il peut ne pas correspondre du tout à celui des alvéoles visibles par un examen superficiel. En effet les plis qui séparent celles ci sont des modifications dynamiques qui répondent à l'état variable de la contraction. Le plus généralement ils se font en effet à la limite de deux champs musculaires, et peuvent être alors soit simples, comme le figure Van Beneden, soit doubles, et chaque champ devient alors suivant l'expression de Zschokke une petite ventouse avec sa paroi propre. Ils peuvent disparaître complètement ou partiellement à l'état d'extension, et les limites des champs ne sont plus visibles sans coloration, leur nombre paraît plus petit. Il peut aussi s'en former de surnuméraires, comme nous l'allons voir.

La forme générale de la bothridie peut se modifier par l'allongement de sa semelle, qui prend la forme d'une bande souvent creusée en gouttière, et qui peut porter sur les deux extrémités : on a alors l'aspect indiqué par Linton dans la plupart de ses *Rhinebothrium*, où le pédoncule paraît inséré au milieu; plus souvent elle ne porte que sur la partie supérieure, et le pédoncule paraît inférieur, les alvéoles de la portion sous-jacente semblent rangées en demi-cercle autour de lui. La feuille peut même sembler se continuer directement avec son pétiole, par disparition de celle-ci. Sur l'animal fixé, la semelle se creuse souvent en une coupe ovale, très concave, insérée par son milieu, dont les bords se rabattent vers le dedans. Mais alors ces bords se plissent et se festonnent eux-mêmes très régulièrement, un peu comme nous l'avons vu chez *Phyllobothrium gracile*, et voilà deux autres rangées d'alvéoles qui paraissent situées en dehors des premières ; l'aspect se rapproche beaucoup de celui que décrit Linton dans *Rh. cancellatum*. Enfin sur l'animal mort ou mal fixé, la semelle devient globuleuse et son orifice se plisse en bourse ; on ne soupçonne plus la subdivision que par quelques traces du feston régulier des bords qui subsistent.

Le myzorhynchus peut être complètement invisible quand il est rétracté, et ne crée pas alors un élargissement particulier de la tête comme chez *Discobothrium*. On ne peut donc ranger une espèce dans le sous-genre *Rhinebothrium* Linton, que caractérise son absence, avant de s'être assuré qu'il manque réellement par une longue observation sur le vivant, ou mieux encore par des coupes. Protracté, il se dilate en général en une large cupule hémisphérique, toujours moins développée proportionnellement que chez *Discobothrium* et dont surtout la partie réellement musculaire est beaucoup plus petite ; elle présente généralement un rebord mince et dentelé qui n'existe pas dans ce genre. Cette cupule peut se contracter en globe, et je ne serais pas étonné qu'elle pût aussi présenter dans cette espèce les formes spéciales que je décrirai dans la seconde.

A la tête fait suite un cou très court, puis les anneaux qui croissent rapidement et montrent bientôt à leur intérieur les testicules disposés en deux rangées imbriquées comme les grains d'un épi, entourés de deux bandes marginales plus foncées qui s'élargissent et se rejoignent en arrière, rudiments communs du germigène et des vitellogènes qui existent de même chez les *Acanthobothrium* par exemple. Le proglottis, qui a été bien figuré par Wagener (39), est de petite taille, absolument gonflé d'œufs quand il est mûr. Les orifices génitaux sont marginaux, un peu en arrière de la moitié, et le pénis est couvert d'épines de longueur uniforme sur toute son étendue. On distingue dans la région postérieure un ovaire massif, de forme générale triangulaire. Les vitellogènes forment deux bandes latérales épaisses, pas très découpées. Le milieu est rempli par l'utérus.

Dimensions : longueur de la tête et du cou réunis $1^{mm}2$ à $1^{mm}5$; largeur de la tête 0,44, du cou 0,10. Longueur d'une bothridie à un état moyen de contraction 0.38 à 0,39, largeur 0,28. Longueur du bulbe évaginé 0,14, largeur 0,35 à 0,36. Proglottis 1,50 sur 0,60 environ.

J'ai trouvé ce Ver très fréquemment dans l'intestin de *Raja punctata*, mais souvent mort ; il paraît peu vivace. Il est connu dans la plupart des espèces de Raies.

ECHENEIBOTHRIUM sp.

J'ai trouvé à plusieurs reprises, mais un ou deux exemplaires seulement à chaque fois, dans *R. punctata* et *R. macrorhynchus* un *Echeneibothrium* qui semble distinct du précédent et que je n'ai pu rapporter à aucune des descriptions des auteurs. La tête (fig. 19 et 20) est remarquable par un myzorhynchus ¡très développé, généralement aplati en un disque très large à fibres radiaires nettes. dont les bords sont fréquemment godronnés et plissés, caractère que je n'ai jamais constaté sur l'espèce précédente. Mais il peut aussi se creuser en cupule, se contracter en globe, et même j'ai trouvé une fois un individu dont le strobile et l'aspect de la tête une fois fixée étaient absolument semblables, même au point de vue de ce caractère, mais dont le myzorhynchus avait sur le vivant une forme toute particulière. celle que Van Beneden donne comme caractéristique de son *E. dubium* d'ailleurs fort différent par le nombre des alvéoles et des anneaux : une petite ventouse longuement pédonculée qui a absolument l'air d'une cinquième bothridie, celles-ci ayant au même moment une tige longue et une semelle contractée (fig. 18). Il serait fort désirable qu'une étude anatomique analogue à celle que j'ai faite pour *Discobothrium* fut entreprise sur la tête des diverses espèces d'*Echeneibothrium*, surtout de celles pourvues d'un myzorhynchus sur lesquelles nous n'avons aucun détail de cette nature; elle donnerait la clef des variations d'aspect de ce dernier et pourrait servir de base à la révision très nécessaire des espèces du genre, et permettre d'identifier les échantillons conservés.

Les ventouses sont à peu près semblables à celles de l'espèce précédente· à l'état fixé, leur bord postérieur a une tendance très remarquable à s'enrouler en dedans. Elles peuvent s'allonger beau-

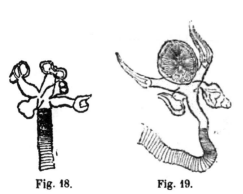

Fig. 18.   Fig. 19.

Fig. 18 et 19. — *Echeneibothrium* sp. Individus vivants.

coup, et dans ce cas leur forme est tout à fait linéaire et les replis transversaux invisibles. Les alvéoles paraissent au nombre de 6 ou 7 de chaque côté. Le cou ne dépasse pas la longueur de la tête. mais il est par rapport à elle très grêle ainsi que le corps dont le sépare un léger étranglement et dont la largeur n'augmente presque pas. Les anneaux croissent avec une extrême lenteur ; je n'ai pu colorer qu'un seul proglottis en mauvais état, mais la forme de l'ovaire et des vitellogènes m'y a paru différer de la description précédente. Je ne puis évidemment songer dans les conditions actuelles à donner un nom à cette espèce, qui se confond peut-être avec une de celles qui ont été décrites, à moins qu'elle ne soit une simple variété de la précédente, ce qui m'étonnerait néanmoins.

Fig. 20. — *Eche-neibothrium* sp. Individu fixé, coloré,et monté dans le baume. × 20.

Dimensions : largeur du myzorhynchus étalé en disque 0ᵐᵐ60. Longueur d'une bothridie moyennement contractée 0,60. Longueur du cou 0,50 à 0,60. Largeur sur le vivant 0,083, fixé 0,14 à 0,2. Proglottis 2,50 sur 0,50 environ.

Ordre : **DIPHYLLES.**

Famille : **Echinobothridés.**

Genre Echinobothrium Van Beneden, 1849.

Ce genre, qui constitue à lui seul presque tout le groupe des Diphylles, est un des plus caractéristiques qu'on puisse rencontrer. Ses affinités sont assez douteuses et on peut lui en trouver avec toutes les autres formes de Cestodes ; la symétrie binaire de sa tête (les bothridies montrent d'ailleurs des traces de bifidité), de même que l'ouverture ventrale des pores génitaux rappellent les Pseudo-phylles ; mais il n'existe pas de pore utérin distinct. Des Trypa-norhynques le rapproche le fait que la tête est portée par une tige différenciée qui n'est pas un véritable cou, car on peut trouver entr'elle et les anneaux une région insegmentée. Il est très voisin des Tétraphylles par la disposition des glandes génitales, la forme et la motilité du proglottis, et par ses ventouses qui sont de véri-tables phyllidies très mobiles et semblables à celles que nous avons vues jusqu'ici. Les crochets qu'on voit disposés devant elles semblent d'abord homologues de ceux des Phyllacanthidés, mais leur rétractilité à l'intérieur de la tête, et le fait que dans une espèce (*E. musteli* Pintner), il est séparé d'elles par une portion différenciée de celle-ci montrent qu'en réalité ils correspondent bien plutôt à l'unique couronne de crochets de certains Ténias, cette partie invaginable étant un véritable rostre dont il suffit de supposer l'armature très développée et interrompue à droite et à gauche.

L'historique du genre est brève. Il fut établi par Van Beneden en 1849 (33) pour l'*Echinobothrium typus* dont il sera ici question. Wagener (39) rapporte à cette espèce une forme que Leuckart et Pagenstecher reconnurent différente (8) et que Diesing (5) en sépara sous le nom d'*E. affine*. Pintner en 1889 (28) fit la révision du genre et y ajouta deux espèces nouvelles, *E. musteli* et *E. brachysomum*. Ces quatre espèces sont les seules connues, car l'*E. leticolle* de Lespès est une forme larvaire enkystée dans *Nassa reticulata*, qui correspond peut-être à l'*E. musteli*. Les larves d'*Echinobothrium* semblent vivre surtout dans les Amphipodes et les Gastéropodes.

ECHINOBOTHRIUM TYPUS Van Beneden, 1849.

Synonymie. — *Echinobothrium typus* Van Beneden (34, 35, 36), Olsson (24), Lönnberg (16), Pintner (28), Monticelli (20). — non *Dibothrium typus* Wagener (39). — non *Echinobothrium typus* Wedl (40), Leuckart et Pagenstecher (8).

Ce Ver est l'espèce typique décrite par Van Beneden en 1849 dans une notice préliminaire à son grand travail, retrouvée par une foule d'auteurs. Elle paraît présenter une distribution assez irrégulière et être fort rare sur les côtes françaises: tandis que Van Beneden et Pintner l'ont trouvée parfois en grande abondance. Monticelli ne l'a rencontrée qu'une fois à Wimereux, M. Guiart (communication orale) qu'une fois à Roscoff, et je n'en possède de Banyuls qu'un seul exemplaire. Linton, dont les recherches étendues et scrupuleuses nous ont fait connaître tant de formes spéciales de Cestodes ne mentionne aucun *Echinobothrium*.

Echinobothrium typus est un Cestode de fort petite taille (3 ou 4 ^{mm}), composé d'un très petit nombre d'anneaux, quatre ou cinq dans mon individu. A l'œil nu, son aspect est presque celui d'un Echinocoque. La tête porte deux larges bothridies, libres à leur partie

postérieure et très mobiles comme celles des Tétraphylles. Vues
de face, elles ont la forme d'une raquette à petite extrémité antérieure dont la surface paraît finement ponctuée, ce qui est dû à ce
qu'elle est couverte de petites soies visibles à un plus fort grossissement. Vues de profil, elles se retroussent en pétales de fleurs.
Au-dessus de chacune est disposé un veritable peigne formé par
les crochets, qu'on voit s'invaginer et se dévaginer d'un brusque
mouvement de bascule à l'intérieur de la tête, et, tandis que l'animal progresse, se porter à droite ou à gauche en s'écartant comme
pour chercher à agripper un obstacle. Ces mouvements sont extrêmement curieux et frappants. Leur longueur n'excède pas le quart
ou le cinquième de celle de la bothridie; j'ai pu difficilement les
compter, les voyant de profil sur mon individu monté, mais ils
paraissent au nombre de sept ou huit grands de chaque côté entremêlés de plus petits. Leur profil a la forme d'une lame de couteau
pointue, évidée à la base et légèrement recourbée vers le bas. Au
milieu de la tête on aperçoit un espace clair qui est une sorte de
bulbe musculaire et que les premiers auteurs ont pu prendre pour
un rudiment de tube digestif.

La tête se continue en arrière sans démarcation par son pédoncule qui dépasse les bothridies de une fois et demie à deux fois leur
longueur. A un faible grossissement, il paraît régulièrement cannelé
et même grillagé; on s'aperçoit vite que cette apparence est dûe aux
longues épines régulièrement disposées en files longitudinales qui
l'arment, et dont chacune comprend une pointe allongée, se portant en bas pour s'imbriquer sur la suivante et s'appliquant étroitement au pédoncule, et une base composée de trois courtes épines
dirigées à angle droit les unes des autres et de la précédente, et
rejoignant les voisines (mais sans s'y souder) pour dessiner le qua-
drillage précité. J'en ai compté 14 à 15 dans chaque file longitudinale. Par transparence on ne distingue dans cette tige aucune
différenciation. Vient ensuite une très courte région collaire proprement dite, peu distincte du premier article, portant une tache
rouge comme dans *Scolex polymorphus*, puis les anneaux qui, dès le
troisième, laissent apercevoir à leur intérieur des testicules en
deux files imbriquées comme dans *Echeneibothrium*, et en arrière
la masse bifide du germigène. Le dernier anneau, qui a plus du
double de la longueur du précédent, est mûr à point pour se déta-

cher. Les organes génitaux, que je n'ai pu étudier que très super-
ficiellement, sont conformes au type Tétraphylle; la poche du
cirrhe s'aperçoit facilement par transparence vers le tiers postérieur de l'anneau et est entourée d'une boucle décrite par le vagin
(position et rapport qui avec le nombre des crochets antérieurs et
pseudo-collaires sont caractéristiques de l'espèce). L'ouverture est
ventrale, mais rapprochée d'un des bords, le pénis échiné. Les
œufs, que je n'ai pas vus, sont isolés dans cette espèce.

Dimensions : longueur de la portion céphalique 0 mm 360, de la
tête, 0 mm 116, d'un grand crochet 0 mm 093, d'une épine pédoncu-
laire la même à peu près, du dernier anneau 1 mm 5. Largeur du
pédoncule céphalique 0 mm 046.

Trouvé une seule fois dans l'intestin de *Raja punctata*. Il a été signalé par les auteurs surtout dans *R. clavata*.

Ordre : **TRYPANORHYNQUES.**

Les Trypanorhynques forment un groupe très bien délimité dont
nous avons déjà indiqué les caractères principaux et les affinités.
Ils comprennent des espèces fort nombreuses dont la systématique
et la nomenclature sont au moins aussi embrouillées que chez les
Tétraphylles; il faut en incriminer non tant la variabilité de la
forme extérieure qui est peu marquée, la taille et la disposition
des crochets sur les trompes pouvant d'ailleurs intervenir utilement dans la spécification, que l'existence de formes larvaires qui
ont été décrites indépendamment des adultes et mal rattachées à
eux, et surtout de la part des auteurs beaucoup de descriptions in
suffisantes et le médiocre souci des lois de la priorité. Ils ont été
étudiés depuis plus longtemps et par plus d'observateurs que les
précédents, ce qui a contribué à accroître la confusion.

Là aussi, l'inutile multiplication des genres a sévi. On a longtemps distingué les Tétrarhynques en quatre ou cinq genres et
deux familles, Dibothriorhynchidés et Tétrabothriorhynchidés de
Diesing, suivant qu'ils avaient deux ventouses ou quatre. Vaullegeard (37) qui a entrepris la révision de ce genre basée sur des recherches anatomiques et embryogéniques étendues, a eu le mérite
de montrer que ce caractère n'a absolument aucune importance,
qu'il conduit à rapprocher des formes très différentes, et qu'on
trouve tous les intermédiaires marqués par la fusion plus ou moins

complète des deux ventouses d'une même paire. Il a donc conclu,
après Von Siebold, à la réunion de tous les Trypanorhynques en un
genre unique. Malheureusement il a eu le tort, comme Railliet l'a
justement fait observer (30) de donner à ce genre le nom de *Tetrarhynchus* qui a été donné originairement à une forme larvaire et n'a
même pas la priorité à ce point de vue, comme plus répandu, alors
qu'il doit porter le plus ancien nom donné à une forme adulte du
groupe, celui de *Rhynchobothrius* Rudolphi, 1819. Par la même raison, les formes larvaires doivent porter le nom, non de *Floriceps*
Cuvier ou d'*Anthocephalus* Rudolphi, mais de *Tentacularia* Bosc
1797. Le nom très employé de Tétrarhynque ne peut être conservé
qu'en français comme nom vulgaire, l'usage devant en ce cas prévaloir.

De plus pour la subdivision de ce genre Vaullegeard a employé
des caractères un peu vagues, sauf le caractère embryogénique qui
n'est point aisé à constater, et la revision des espèces existantes
s'en est vivement ressentie; on ne pourrait guère déterminer une
forme quelconque avec son seul secours. Quoiqu'il en soit, l'ouvrage
étant le plus récent sur la matière, nous nous servirons de sa terminologie, sauf les rectifications énoncées plus haut, pour les quelques espèces que nous avons eu l'occasion de rencontrer et que
nous décrirons brièvement avec la synonymie essentielle, renvoyant
à Vaullegeard pour tous les détails bibliographiques, anatomiques,
embryogéniques, etc.

Famille : **Rhynchobothridés.**

Genre : RHYNCHOBOTHRIUS Rudolphi, 1819.

Caractères de l'ordre.

RHYNCHOBOTHRIUS ROBUSTUS (Linton, 1891).

Synonymie. — *Tetrarhynchus phycis Mediterranei* Wagener (38)?.
— *Tetrarhynchus robustus* Linton (10), Vaullegeard (37).

Cette espèce appartient à la première section de Vaullegeard, qui
a pour type le *Rh. lingualis* (Van Beneden) et qui est caractérisée par
une larve Tentaculaire enkystée dans les tissus de son hôte, mais
entourée simplement du kyste fourni par leur réaction et non invaginée dans une vésicule faisant partie de son propre corps, et, dans
la plupart des espèces, par un collier ou repli formé par la base du

pédoncule céphalique autour du cou proprement dit qui s'y invagine pour ainsi dire. Je rapporte le seul échantillon que j'aie rencontré à cette espèce, qui diffère du *Rh. bisulcatus* (Linton) par sa taille plus grande, sa tête et la tige de celle-ci plus allongées, et ses trompes plus minces à crochets plus gros. Elle n'avait encore été observée qu'en Amérique, dans *Trygon centrurus*, par Linton ; mais Vaullegeard admet que sa larve est probablement le *Tetrarhynchus phycis Mediterranei* décrit par Wagener en 1851, ce que vient confirmer la rencontre de l'adulte dans la Méditerranée.

Fig. 21. — *Rhynchobothrius robustus* ; tête de l'individu vivant.

La tête de *Rh. robustus* (fig 21) porte quatre bothridies qui sur le vivant sont allongées en forme de cuiller, à bords flexibles, assez rapprochées les unes des autres; leur disposition en deux groupes dorsal et ventral se voit surtout sur l'animal mort, et est accusée par celle des trompes. Celles-ci sont grêles, atteignent la longueur des bothridies ; leurs bulbes allongés commencent dans le pédoncule céphalique immédiatement en arrière de l'insertion de celles-ci. On ne distingue donc guère les gaines, très courtes. La tige céphalique, assez mince, atteint presque une fois et demie la longueur des bothridies, et s'évase en arrière pour engainer assez profondément le début du strobile. Je n'ai guère pu étudier celui-ci, ne l'ayant pas dessiné vivant et mon échantillon.

Fig. 22. — *Rh. robustus*; extrémité d'une trompe presqu' entièrement invaginée. × 220.

que je n'avais pas eu la précaution d'anesthésier, s'étant contracté et froncé extrêmement lors de la fixation. A un fort grossissement (fig. 22), les crochets de la trompe apparaissent gros et courts, fortement recourbés; leur base est dilatée en une plaque d'insertion et ils sont assez peu espacés.

La longueur totale pouvait atteindre une dizaine de centimètres avant fixation. En raison de la grande contraction, je ne puis donner, n'ayant rien mesuré sur le vivant, que le diamètre d'une trompe (48μ), la longueur d'un crochet (11μ) et de sa plaque basale (15μ).

. J'ai trouvé une seule fois cet animal dans un *Scyllium* dont je ne puis préciser l'espèce.

RHYNCHOBOTHRIUS TETRABOTHRIUS (Van Beneden, 1850).

Synonymie. — *Tetrarhynchus tetrabothrius* Van Beneden (34, 36), Olsson (24, 25), Lönnberg (16), Vaullegeard (37), etc. — *Tetrarhynchobothrium affine* Diesing (5). — *Tetrabothriorhynchus affinis* Monticelli (20).

Ce Ver, qui correspond peut-être au *Rhynchobothrius paleaceus* de Rudolphi, a été fréquemment trouvé par divers observateurs, et son anatomie a été étudiée par Lönnberg et Blochmann. Il ferait passage entre les deux groupes principaux de Vaullegeard. Mais son embryologie est totalement inconnue, sa forme larvaire n'ayant jamais été rencontrée.

Rh. tetrabothrius est un animal d'assez petite taille (25 à 30^{mm}) et très transparent. Ce qui frappe d'abord quand on l'examine vivant, c'est que sa tête se bifurque en deux prolongements. deux véritables cornes divergentes à l'extrémité de chacune desquelles se dévaginent deux trompes grêles, et qui portent chacune, insérées un peu plus bas à droite et à gauche, deux bothridies transparentes, ovales ou circulaires. Ces bothridies se collent volontiers à la lame porte-objet, et rappellent alors tout à fait celles d'un Phyllobothriné dans la même position. Sur l'animal fixé, les deux prolongements ne sont plus séparés que par une légère échancrure, mais les bothridies restent nettement en deux groupes. Il faudrait le comprimer d'une façon extraordinaire pour qu'il arrivât à ressembler à la figure de Vaullegeard, qui en donne une très mauvaise idée. A l'état fixé, on voit aussi ces bothridies limitées par un bord épais, musculeux, en forme de boudin, qui paraît passer sans interruption d'une des ventouses d'une même paire à l'autre, formant boucle autour du sinus qui les sépare. Le pédoncule céphalique est court : deux fois à deux fois et demie la longueur de la tête. On y distingue par transparence les quatre gaines très sinueuses des trompes qui se terminent dans quatre petits bulbes ovales n'ayant que le tiers ou le quart de sa longueur. Ces trompes sont très grêles ; elles sont couvertes de petits crochets légèrement recourbés, insérés sur une spirale très serrée de telle sorte qu'on en voit cinq ou six sur la même demi-spire, et qui à un faible grossissement apparaissent comme de simples aspérités.

Les anneaux croissent très rapidement. On y aperçoit dès les premiers le vagin déjà formé s'ouvrant sur un des bords, d'une façon irrégulièrement alterne, tout près de l'anneau précédent, et gagnant ensuite la ligne médiane. Je n'ai pas vu le proglottis entièrement mûr; dans les plus avancés on distinguait simplement un canal femelle médian aboutissant en arrière à deux petits ovaires juxtaposés, et de nombreux testicules minuscules épars dans le parenchyme.

Dimensions.—Longueur de la portion céphalique $1^{mm}25$ à $1^{mm}50$ sur une largeur de $0^{mm}35$ à $0^{mm}45$. Longueur d'une bothridie $0^{mm}38$ à $0^{mm}40$. Bulbes $0^{mm}35$ sur $0^{mm}14$. Largeur d'une trompe $25\ \mu$. Longueur d'un crochet $5_{,}'\mu$. Proglottis le plus âgé 2 à 3^{mm} sur $0^{mm}5$ à 1^{mm}.

Cet animal est le Tétrarhynque le plus commun à Banyuls. Je l'ai trouvé deux ou trois fois en assez grande abondance dans l'intestin d'*Acanthias vulgaris*, où l'ont signalé Van Beneden, Lönnberg, Monticelli, etc.

RHYNCHOBOTHRIUS ERINACEUS (Van Beneden, 1858).

Synonymie. — *Tetrarhynchus erinaceus* Van Beneden (35, 36), Olsson (24, 25), Lönnberg (16) Linton, (11, 14) etc. — *Rhynchobothrium erinaceum* Diesing (5). — *Rhynchobothrium imparispine* Linton (10, 11, 14).

Cet helminthe est un des types de la deuxième grande section de Vaullegeard, où la Tentaculaire est entourée d'une vésicule formée par la partie postérieure de son corps où elle est invaginée. On sait que cette production avait été prise par les premiers observateurs pour un Amphistome à l'intérieur duquel était parasite une larve de Tétrarhynque. *Rh. erinaceus* est bien caractérisé par les crochets de ses trompes : il semble que le premier qui ait signalé cette disposition est Dujardin (6), qui l'indique dans son *Tetrarhynchus corollatus* (Rudolphi); mais il n'y a pas lieu de reprendre ce nom, car il ne correspond que pour une partie au *Bothriocephalus*, puis *Rhynchobothrius corollatus* de Rudolphi, auquel Vaullegeard reconnaît simplement valeur générique, comme nous l'avons fait pour *B. coronatus, tumidulus* ou *auriculatus*, et qui comprend tous les Tétrarhynques, et pas du tout au premier Cestode de Sélacien ayant porté ce nom, le *Tænia corollata* d'Abildgaard, qui est un Phyllacanthidé qu'on a même voulu identifier à l'*Acanthobothrium coronatum.* Le nom employé par Van Beneden en 1858, et à sa suite par de nombreux observateurs, peut donc être conservé. J'ai fait figurer à la synonymie le *Rhynchobothrium imparispine* de Linton, n'ayant jamais pu comprendre pourquoi l'auteur, qui reconnaît sa grande affinité avec *Rh. erinaceus*, l'en avait séparé, l'identité de la description et de la disposition si caractéristique des crochets sur les trompes étant absolue; il prétend néanmoins avoir trouvé lui-même *Rh. erinaceus* à l'état larvaire seulement (en même temps que son espèce). Vaullegeard l'admet comme variété différant par ses dimensions; je crois que c'est lui donner beaucoup d'importance(1).

Rhynchobothrius erinaceus est un Tétrarhynque de grande taille, surtout de grande épaisseur car il n'a guère que 30^{mm} de long, à portion céphalique très allongée par rapport à la tête proprement dite. Celle-ci porte seulement deux bothridies, épaisses et peu mobiles, nettement bifides d'ailleurs, ce qui le faisait ranger autrefois dans les Dibothriorhynchidés de Diesing. Les trompes, qui sortent par paires au-dessus de chaque ventouse, sont très épaisses et très longues. Leurs gaînes, modérément sinueuses, aboutissent en arrière à des bulbes musculaires extrêmement allongés qui occupent près de la moitié de la longueur du pédoncule céphalique. Dévaginée, la trompe se montre couverte de crochets très caractéristiques et disposés avec une grande régularité sur une spirale serrée. Il en existe de trois ordres : sur chaque demi tour de spire on trouve en dedans un crochet très gros, très fort, avec plaque basale et extrémité fortement recourbée en bas ; auprès de sa base s'insèrent deux crochets aussi longs, mais beaucoup plus minces, faiblement arqués, renflés à la base. Un ou deux autres semblables sont espacés sur la spire. Enfin entr'eux sont disposés par groupes de petits aiguillons ayant à peu près la même forme que les précédents, mais quatre ou cinq fois moins grands (voir les figures des auteurs). C'est l'appareil de fixation le plus puissant que nous ayons encore rencontré.

Les anneaux croissent rapidement, et les derniers articles qui se

(1) Zschokke a signalé la larve du *Rh. erinaceus* dans un Poisson d'eau douce, une Lote du lac Léman, en même temps qu'une autre espèce dans un Silure du Bielersee (43). C'est le seul cas connu de Tétrarhynque dans des Poissons non marins, et il serait intéressant de savoir s'ils peuvent avoir leur forme adulte en dehors des Sélaciens, dans des Poissons carnassiers d'eau douce, ou si ce sont des formes égarées et condamnées à ne pas évoluer.

détachent sont presque cylindriques, gonflés d'œufs qui leur donnent une couleur noirâtre. Leur épaisseur et le mauvais état de fixation de ceux dont je disposais ne m'ont pas permis d'en faire une étude anatomique même sommaire.

Dimensions. — Longueur de la portion céphalique 4^{mm} 90, de la tête 0^{mm} 80. Largeur du pédoncule derrière la tête 0^{mm} 53, à la jonction du corps 0^{mm} 80. Bulbe 1^{mm} 78 sur 0^{mm} 35. Largeur d'une trompe 84 μ. Longueur des grands crochets des deux espèces 50 μ, des petits 15 à 9 μ. Proglottis 4^{mm} sur 1^{mm} 5 à peu près.

J'ai trouvé deux individus de *Rhynchobothrius erinaceus,* dont un seul complet, l'un dans une Raie non déterminée, l'autre dans *R punctata* où il a déjà été signalé par les auteurs.

TABLEAU RÉCAPITULATIF DES PARASITES RENCONTRÉS DANS CHAQUE ESPÈCE DE SÉLACIEN.

SOUS-ORDRES	ESPÈCES PARASITÉES	NOMS DES PARASITES
SQUALES ...	*Acanthias vulgaris...*	1° *Acanthobothrium coronatum, Rhynchobothrius tetrabothrius.*
	Scyllium catulus.....	2° *Acanthobothrium coronatum, Monoryma elegans.*
	Scyllium sp........	3° *Rhynchobothrius robustus.*
RAIES......	*Raja clavata ....*	1° *Acanthobothrium filicolle* (var. *Benedeni),Discobothrium fallax, Echeneibothrium* sp.
	Raja punctata.......	2° *Acanthobothrium filicolle* (s. str. et var. *Benedeni), Acantho-thrium coronatum, Onchobo-thrium pseudo-uncinatum, Dis-cobothrium fallax, Echeneibo-thrium variabile, Echeneibo-thrium* sp., *Echinobothrium typus, Rhynchobothrius erina-ceus.*
	Raja macrorhynchus.	3° *Acanthobothrium coronatum, Acanthobothrium filicolle* (var. *Benedeni), Echeneibothrium* sp.
	Raja sp............	4° *Acanthobothrium coronatum, Onchobothrium pseudo-uncina-tum, Discobothrium fallax, Echeneibothrium variabile.*
	Torpedo marmorata .	5° *Acanthobothrium* sp., *Phyllobo-thrium gracile.*

REMARQUE. — Je n'ai pas donné le nombre d'individus de chaque espèce examinée, n'ayant pas les éléments d'une statistique suffisante; mais il ne faut pas oublier qu'il est très inégal, que les *R. punctata* sont de beaucoup les plus nombreuses, tandis qu'une seule Torpille et un très petit nombre de Squales ont été autopsiés.

Conclusions.

Comme le montre le tableau précédent, la présente étude, qui donne une première approximation de la faune des Cestodes parasites des Sélaciens à Banyuls, porte sur douze espèces réparties en huit genres et dont l'une se divise elle-même en deux variétés. Je ne reviens pas sur leur distribution dans les six ou huit espèces d'hôtes, ayant déjà dit tout ce que je pouvais en dire et l'ayant résumé dans le tableau en question. Des douze espèces, la plupart appartiennent aux Tétraphylles (trois aux Phyllacanthidés, deux aux Phyllobothrinés, trois aux Echénéibothrinés), une aux Diphylles et trois aux Trypanorhynques. Si l'on compare cette liste à celles qu'ont données de nombreux auteurs pour des régions très diverses on remarque d'abord le petit nombre de ces derniers dont la proportion est généralement plus élevée par rapport aux Tétraphylles. Ensuite l'absence de certains genres tels que *Calliobothrium* et *Anthobothrium* qui sont d'habitude signalés comme très communs partout. Enfin un fait assez curieux est que je n'ai trouvé aucune des espèces, appartenant d'ailleurs surtout à ces deux genres, caractérisées par des dentelures ou laciniures à la partie postérieure de chaque anneau, qui donnent au strobile un aspect verticillé *(C. rerticillatum* et *A. cornucopia* de van Beneden par exemple). Les espèces ayant cette particularité morphologique semblent manquer à Banyuls, tandis que Linton en signale dans la faune des États-Unis des quantités appartenant à des genres très différents. D'ailleurs ces considérations générales sont un peu prématurées et pourraient bien être modifiées par des examens plus nombreux et étendus à un plus grand nombre de Sélaciens.

Comme points offrant un intérêt particulier, je signalerai dans cette étude : la mise au point de la synonymie d'*Acanthobothrium filicolle* (Zschokke), auquel je rattache comme simple variété l'*A.*

Benedeni Lönnberg identique à l'*A. paulum* Linton, mais probablement différent du *Prosthecobothrium Dujardini* (Van Beneden) ; celle
également du *Phyllobothrium gracile* Wedl que je considère comme
synonyme de l'*Anthobothrium auriculatum* (Rudolphi), au sens de
Diesing, et de l'*Anthocephalum gracile* Linton ; la structure curieuse
de son œuf embryonné ; le changement du nom d'*Onchobothrium
uncinatum* (Dujardin nec Rudolphi) en *O. pseudo-uncinatum,* motivé par l'erreur de diagnose de la plupart des auteurs ; la redécou-
verte du *Discobothrium fallax* de Van Beneden et Lönnberg, généralement considéré comme une simple erreur d'observation ; l'étude
morphologique et anatomique que j'ai pu en faire et qui m'a permis de
préciser sa position systématique ; la constatation d'une espèce
d'*Echeneibothrium* peut-être nouvelle, en tous cas montrant bien le
peu de valeur des caractères employés jusqu'ici dans la spécification,
enfin la rencontre dans la Méditerranée du *Rhynchobothrius robustus*
(Linton) qui n'était connu qu'en Amérique, ce qui corrobore l'attribution à ce genre de la larve décrite par Wagener comme
Tetrarhynchus phycis Mediterranei. Je serais heureux si ce modeste
travail pouvait contribuer à éclaircir deux ou trois points de la
systématique si confuse des Tétraphylles et faciliter la tâche de
celui qui entreprendra la révision urgente, mais ardue, de ce
groupe.

INDEX BIBLIOGRAPHIQUE

1. Benham (W.), Cestoda *in* Mesozoa, Platyelma and Nemertini. *A Trea-
tish on zoology,* edited by Ray Lankester, IV, Londres, 1901.
2. Blainville (H. M. de), Article Vers. *Dictionnaire des Sciences naturelles,* p. 365-625, Paris, 1828.
3. Braun (M.), Cestoden. *Bronn's Ordnungen und Classen des Thierreich.*
Leipzig, 1896-1900.
4. Carus (J. V.), *Prodromus Faunae Mediterraneæ,* I, Stuttgart, 1885.
5. Diesing (M.), Revision der Cephalocotyleen : Abth. 1, Paramecocoty
leen. *Sitzungber. der kais. Acad. der Wissenschaften zu Wien* (mathem. na-
turwiss. Classe). XLVIII, p. 200-345, 1863.
6. Dujardin (F.), Histoire naturelle des Helminthes. *Suites à Buffon.*
Paris, 1845.
7. Leuckart (Fr. S.), *Zoologische Bruchstücke.* I. *Zur Kenntniss der g.*
Bothriocephalus. Helmstadt, 1819.

8. Leuckart (R.) und Pagenstecher (A.), Untersuchungen über niedere Seethiere : *Echinobothrium typus*. *Müller's Archiv für Anatomie und Physiologie*, XXV, p. 600-09, 1858.

9. Linton (E.), Notes on Entozoa of Marine Fishes of New England. *United States Comm. of Fish and Fisheries*, Report for 1886, p. 453-511, 1889.

10. Linton. Report for 1887, p. 719-899, 1891.

11. Linton, Notes on Larval Cestodes parasites of Fishes. *Proc. United States National Museum, Smithsonian Instit.*, XIX, p. 767-824, 1897.

12. Linton, Notes on Cestodes Parasites of Fishes. *Ibidem*, XX, p. 423-456, 1898.

13. Linton, Fish Parasites collected at Woods Hole in 1898. *Bull. of the United States Comm. of Fish* for 1899, p. 267-304, 1900.

14. Linton, Parasites of Fishes of the Woods Hole Region. *Ibidem*, p. 405-92, 1900.

15. Lühe (M.), Ueber einen eigenthümlichen Cestoden aus Acanthias, *Urogonoporus armatus*. *Zool. Anzeiger*, XXIV, p. 345-49. *Archives de Parasitologie*, V, p. 209-250, 1901.

16. Lönnberg (E.), Bidrag till känuedomen om i Sverige forkommende Cestoder. *Bihang till kön. Svenska vetenskaps Akad. Handlingar*, XIV, n° 9, p. 69, 1889.

17. Lönnberg, Bemerkungen zum *Elenco degli Elminti...* von Prof. Monticelli. *Verhandl. des biolog. Vereins*, Stockholm, III p. 4-9, 1890.

18. Molin (R.), Prodromus faunæ helminthologicæ venetæ. *Denkschr. der kais. Akad. der Wissenschaften zu Wien.* XIX, p. 189-338, 1861.

19. Monticelli (F. S.), Ricerche sullo *Scolex polymorphus* Rud. *Mittheil. der zoolog. Station zu Neapel*, VIII, p. 85-152, 1888.

20. Monticelli, Elenco degli Elminti studiati a Wimereux nella primavera del 1889. *Bull. scientifique de la France du Nord et de la Belgique*, XXII, p. 417-444, 1890.

21. Monticelli, Un mot de réponse à M. Lönnberg. *Ibidem*, XXIII, p. 355-357, 1891.

22. Niemiec (J.), Untersuchungen über das Nervensystem der Cestoden. *Arbeiten aus dem zool. Inst. der Universität zu Wien*, VII, p. 1-60, 1886.

23. Odhner (Th.), *Urogonoporus armatus* Lühe 1901, die reifen Proglottiden von *Trilocularia gracilis* Olsson 1869. *Archives de Parasitologie*, VIII, p. 465-471, 1904.

24. Olsson (P.), Entozoa, iakttagna hos Scandinavian Hafsfiskar. *Acta Univ. Lundensis for 1886, for 1867, 1866-1868*.

25. Olsson (P.), Bidrag till Scandinavian helminth fauna, II. *Kön. Svenska Vetenskap Akad. Handlingar*, XXV, n° 12, 1893.

26. Parona (C.), *Elmintologia italiana*. Gênes, 1894.

27. Pintner (Ch.), Untersuchungen über den Bau des Bandwurmkörpers. *Arb. aus dem zool. Inst. der Univ. zu Wien*, III, p. 163-242, 1881.

28. Pintner. Zur Kenntniss des genus *Echinobothrium*. *Ibidem*, VIII, p. 371-420, 1889.

29. Pintner, Versuch einer morphologischen Eklärung des Tetrarhyn-chenrüssels. *Biolog. Centralblatt*, XVI, p. 258-267, 1896.

30. Railliet (A.), Sur la synonymie du genre *Tetrarhynchus* Rudolphi, 1809. *Archives de Parasitologie*, II, p. 319-320, 1899.

31. Rudolphi (C. A.), *Entozoorum, sive vermium intestinalium historia naturalis*. Amsterdam, 1808-1810.

32. Rudolphi, *Entozoorum Synopsis*. Berlin, 1819.

33. Van Beneden (P. J.), Notice sur un nouveau genre d'helminthes Cestoïdes. *Bull. de l'Acad. roy. de Bruxelles*, XVI, p. 182-193, 1849.

34. Van Beneden, Recherches sur la faune littorale de la Belgique (Cestodes). *Nouveaux Mém. de l'Acad. roy. de Bruxelles*, XXV, 1850.

35. Van Beneden, Mémoire sur les Vers Intestinaux. *Suppléments aux C. R. de l'Acad. des sciences de Paris*, II, 1861.

36. Van Beneden, Les Poissons des côtes de Belgique et leurs para-sites. *Nouveaux Mém. de l'Acad. roy. de Bruxelles*, XXXVIII, 1871.

37. Vaullegeard (A.), Recherches sur les Tétrarhynques. *Thèses de la Fac. des sciences de Paris* et *Mém. de la Soc. linnéenne de Normandie*, 1899.

38. Wagener (G.), Notiz über die Entwicklung der Cestoden. *Froriep's Tagsber.*, Zool. und Palæont., III, p. 65-71, 1852.

39. Wagener, Die Entwicklung der Cestoden. *Verhandl der. k. Leopold. Carol. Acad. der Naturforscher* (Breslau), XXIV, Suppl., 1854.

40. Wedl (K.), Helminthologische Notizen. Zur Ovologie und Embryologie der Helminthen. *Sitzungber. der kais. Akad. der Wissenchaften zu Wien* (mathem.-naturwiss. Classe), XVI, p. 371-408.

41. Zschokke (F.), Studien über den anatomischen und histologischen Bau der Cestoden. *Centralblatt für Bakt. und Parasitenkunde*, I, p. 161-165, 193-199, 1887.

42. Zschokke, Recherches sur la structure anatomique et histologique des Cestodes. *Mém. de l'Institut national Génevois*, XVII, 1889.

43. Zschokke, Marine Schmarotzer in Süsswasserfischen. *Verhandl. der naturw. Gesellschaft Basel*, XVI, p. 118-157, 1903.

TABLE DES MATIÈRES

FRÉQUENCE DE L'UNCINAIRE

ET DE QUELQUES AUTRES VERS INTESTINAUX

DANS UNE RÉGION DU BASSIN HOUILLER DU PAS-DE-CALAIS

PAR

le Dr BRÉHON

Médecin de la Compagnie des mines de Béthune.

A l'occasion de recherches relatives à la fréquence de l'uncinariose dans une région du bassin houiller du Pas-de-Calais, j'ai pu noter tout ce que l'examen microscopique des fèces montrait d'intéressant et faire quelques considérations sur la propagation du Ver du mineur dans notre pays.

Je n'insisterai pas sur la façon de recueillir les échantillons et de faire des préparations microscopiques; je dirai simplement que j'ai suivi en tous points la méthode que j'ai vu appliquer à Liége par le Professeur Malvoz et le Dr Lambinet. J'ajouterai que je n'ai pu être trompé sur l'authenticité des échantillons, puisque la récolte des déjections a été opérée sous l'œil sévère d'un gardien dévoué et inlassable, et que le préparateur intelligent a toujours soigneusement flambé son vase en ma présence, pour confectionner chaque plaque, avant de l'examiner au microscope.

La Compagnie de Béthune, qui m'a confié les recherches, occupe environ 6.000 ouvriers, dont 4.737 travaillent au fond, répartis dans neuf puits différents. Dans une première série de recherches, 1196 examens de déjections provenant d'ouvriers occupés dans les diverses fosses ont été pratiqués : c'est donc plus de 25 0/0 du personnel du fond qui a été examiné.

Le *Trichocephalus trichiurus* est extraordinairement fréquent : je l'ai trouvé 603 fois, soit dans 50 0/0 des cas. J'ai remarqué que les ouvriers habitant les villages étaient porteurs de ce Ver plus fréquemment encore que le mineur habitant les cités ouvrières. On trouve le Trichocéphale associé à tous les autres Vers intestinaux. Quel rapport y a-t-il entre le Trichocéphale et la fièvre typhoïde, chez nous ? La Société de secours mutuels des mines de Béthune compte 7.770 membres; les médecins de cette société ont eu à soigner, en 1904, 7 cas de fièvre typhoïde et 3 cas d'appendicite. L'examen microscopique des déjections de ces dix personnes a montré chez tous des œufs de Trichocéphale.

L'*Ascaris lumbricoïdes*, que nous avons l'occasion d'observer chez presque tous les enfants dans notre pays, est encore assez répandu chez les adolescents, mais rare chez les adultes. Je l'ai trouvé :

    78 fois chez des ouvriers âgés de moins de 20 ans;

    19 —   —   —   — de 20 à 25 ans;

    21 —   —   —   — de plus de 25 ans;

soit au total 118 cas d'*Ascaris*, ou 10 pour 100.

L'*Oxyurus vermicularis* n'a été trouvé que trois fois, mais des cas ont pu échapper à mes investigations, puisque je l'ai recherché dans les matières fécales d'enfants indéniablement atteints de ce parasite, et que, dans certains cas, je n'ai pas trouvé d'œufs dans les préparations.

Le *Tænia* n'est point rare chez nous, mais les œufs restent dans les anneaux. Une seule fois, j'ai rencontré les œufs très nombreux d'un Bothriocéphale, chez un Italien venu depuis peu de temps dans notre pays.

Enfin, *deux fois seulement*, j'ai trouvé l'Uncinaire. Les œufs se trouvaient dans les déjections d'ouvriers occupés tous deux à la fosse de Sains-en-Gohelle. Huit fosses pouvaient être considérées comme n'occupant aucun ouvrier porteur du Ver; en interrogeant le passé des deux uncinariosés, on découvrait que ces deux cas n'étaient pas propres à notre pays.

L'un deux a déserté au cours de son service militaire et a travaillé à Ghlin, près de Mons, pendant trois ans. C'est là qu'il a pris la maladie du Ver ; il y fut même soigné, puis, lors de l'amnistie de mars 1904, il rentra en France incomplètement guéri. L'autre a aussi travaillé à Ghlin pendant plus d'une année, et n'est rentré au pays que depuis 15 mois. Ces deux hommes n'avaient-ils pas contaminé quelques-uns de leurs camarades de travail? Pour m'en rendre compte, je résolus d'examiner le personnel total du fond de la fosse de Sains-en-Gohelle. Mes nouvelles recherches portèrent sur 512 ouvriers, ce qui élevait le nombre d'examens à 1708. Aucun nouveau cas ne fut constaté. Comme les autres, cette fosse était indemne. La proportion d'ouvriers porteurs d'Uncinaires n'atteint donc que 2 pour 1000, sur le nombre d'examens, et 0,4 pour 1000 sur le nombre total de travailleurs occupés au fond.

Le résultat obtenu à la fosse de Sains-en-Gohelle est extrêmement intéressant. Cette fosse est nouvelle, on n'y extrait du charbon que depuis le 7 juin 1903 ; tout le personnel est composé d'ouvriers venus des différents charbonnages du bassin du Nord et du Pas-de-Calais. Puisqu'il n'y a pas d'Uncinaires à Sains-en-Gohelle, on peut conclure que les Compagnies voisines ne doivent pas avoir plus que nous à compter avec le parasite.

Un autre fait démontre assez que le bassin houiller du Nord et du Pas-de-Calais n'est pas contaminé : c'est le mouvement des ouvriers. La Compagnie de Béthune, a qui j'ai demandé des renseignements sur le mouvement du personnel, m'a donné les chiffres suivants :

EXERCICE 1902 - 1903	Embauchages	2209
	Sorties	1841
	Personnel au 30 juin 1903	5665
EXERCICE 1903 - 1904	Embauchages	2600
	Sorties	2318
	Personnel au 30 juin 1904	5945

On voit que les ouvriers sont remplacés presque par moitié, en un an. Les nouveaux venus sortent des compagnies voisines; s'ils étaient porteurs d'Uncinaires, j'aurais trouvé de nombreux cas lors de mes recherches. Non, l'uncinariose n'existe pas chez nous. Peut-elle exister? On sait qu'il faut pour l'éclosion des œufs et le développement des larves deux conditions : de l'humidité et une chaleur de 25° à 35°. Les conditions d'humidité ne sont pas réalisées; ce sont précisément les endroits les plus chauds qui sont les plus secs. On ne trouve de ci, de là, que quelques flaques dans les bowettes, et là le courant d'air est vif et la température ne dépasse jamais 18°. Dans les culs-de-sac et dans les galeries où l'on travaille, pas une goutte d'eau ne suinte sur les parois. Qu'on ne croie point que l'urine émise en même temps que la défécation puisse favoriser l'éclosion des œufs ; je n'ai jamais pu obtenir de larves dans une culture où l'eau était remplacée par l'urine.

La température n'a que bien rarement le degré voulu, en tous cas, elle n'est pas constante. Une expérience m'a prouvé que la contamination ne pouvait se faire à la fosse de Sains-en-Gohelle. Je

fis une culture avec un mélange d'eau et de déjections chargées
d'œufs d'Uncinaire, préparé en une seule masse. Je divisai cette
culture en deux parties et portai l'une de ces parties au fond, dans
l'endroit le plus chaud de toute la fosse (24°), puis je plaçai le reste
de la culture dans une salle obscure du sous-sol des machines à
vapeur, où la température est de 27°. Quatre jours après, je voyais
des larves dans la culture témoin placée à la surface, tandis
que je retrouvais les œufs presqu'intacts dans la culture déposée
au fond.

Y eut-il d'ailleurs la chaleur et l'humidité nécessaires à l'évolution des œufs, que la contagion ne se ferait point. Les ouvriers
ne satisfont pas leurs besoins dans les chantiers d'extraction, ni
dans les galeries, comme cela se fait, paraît-il, dans certains charbonnages étrangers. Habituellement, l'homme va à la selle chez
lui. En cas d'urgence seulement, il défèque dans son wagonnet qui
remonte aussitôt au jour ; tout danger est ainsi conjuré. Parfois
il se satisfait dans les remblais, mais les mains des travailleurs ne
sauraient s'y souiller, puisqu'on ne fouille pas ces tas de pierres.

Au jour, la contamination ne se fait pas. Dans les pays où l'uncinariose sévit avec intensité, le travailleur rentre à la maison
couvert de vêtements certainement chargés de larves et il ne communique pas l'infection aux siens. Pour mon compte, j'ai tenu à
examiner la famille de mes deux uncinariosés ; tous deux sont
mariés, l'un a deux enfants, l'autre trois. L'examen microscopique
des déjections des deux femmes et des cinq enfants ne montra point
d'œufs d'Uncinaire.

Je me suis demandé aussi quel était le sort de l'œuf d'Uncinaire
rejeté dans les fosses d'aisance. Le produit de la fosse d'un mineur
porteur du Ver, employé comme engrais dans le jardin, peut-il
être un mode de contagion? L'examen du liquide fécal des fosses
de mes deux uncinariosés ne m'a pas montré de larves et les œufs
avaient disparu.

Un fait bien établi, contrôlé par les recherches microscopiques,
expliqué par l'étude des conditions du milieu et des habitudes,
c'est que l'ouvrier mineur indigène, celui qui n'a jamais quitté le
pays, n'est pas porteur d'Uncinaires. Sont atteints du parasite ceux
là seuls qui ont été infectés dans les puits étrangers.

Au point de vue prophylactique, en admettant que dans l'ave-

nir les galeries des mines puissent devenir assez chaudes et assez
humides pour être un milieu favorable à l'éclosion des œufs, une
précaution efficace et suffisante est de ne pas admettre dans notre
population minière, actuellement indemne, des ouvriers qui ont
travaillé à l'étranger, c'est-à-dire qui sont peut-être infectés. Cette
mesure radicale a été prise dans les différentes Compagnies du Pas-
de-Calais, quand l'on sut que les bassins houillers de Mons et de
Liége étaient fortement contaminés. Un mineur, revenant de l'étranger, ne trouvait plus d'occupation au fond chez nous. Aujourd'hui,
depuis que l'on sait reconnaître d'une façon certaine les porteurs
d'Uncinaires, par l'analyse microscopique des déjections, on soumet à l'examen tout candidat venu ou revenu de l'étranger.

Mais il faut s'entourer de précautions. Chez nous, les ingénieurs
comprennent le danger que pourrait présenter dans l'avenir la présence d'hommes uncinariosés. Aussi, quand un ouvrier sollicite du
travail, son livret est-il consulté, son passé soigneusement fouillé.
S'il a travaillé à l'étranger, si seulement il y a doute à cet égard,
c'est-à-dire s'il y a une lacune dans son existence, car souvent il
ne veut pas avouer qu'il s'est exilé, cet homme ne sera point embau-
ché, s'il n'a confié à l'analyse un peu de ses déjections. Encore
faut-il être sûr que l'échantillon est authentique. C'est pourquoi je
me suis assuré un gardien ayant assez de dévouement et d'autorité
pour imposer sa surveillance au candidat pendant la défécation.
Celui-ci est donc obligé d'opérer loyalement.

C'est ainsi que systématiquement, depuis 5 mois, j'ai recherché
les œufs d'Uncinaires chez 118 ouvriers ayant travaillé à l'étranger,
sollicitant du travail à la Compagnie de Béthune. Onze fois j'ai noté
la présence de l'Uncinaire. Ces onze ouvriers avaient tous travaillé
dans des mines belges ; tous les candidats qui n'étaient pas ouvriers
du fond étaient indemnes.

Cette proportion de 11 cas sur 118, soit 10 pour 100, paraît forte ;
elle s'explique, si l'on songe que ces ouvriers ont dû être refusés
pour le même motif, par d'autres Compagnies.

Il faut être persuadé que l'examen microscopique des déjections
est de toute nécessité, pour diagnostiquer la présence du parasite
chez un individu. Un simple examen physique ne saurait suffire.
Il y a beaucoup plus d' « uncinariés » ou infectés bien portants que
d' « uncinariosés » ou infectés malades. A Liége, on m'a montré

des hommes en traitement : ils avaient tous bonne mine et ne se plaignaient d'aucun malaise. Ici, l'un de mes deux uncinariés a été soumis au traitement lors de son séjour à Mons, mais il est rentré en France incomplètement guéri. Cependant il ne souffrait point et travaillait bien ; son salaire quotidien moyen est de 6 fr. 23 c. L'autre sujet n'a jamais été malade et fut bien étonné d'apprendre qu'il était porteur du Ver. Son salaire est de 7 fr. 23 c. La moyenne des salaires des compagnons de travail de ces deux hommes est de 6 fr. 44 c. Les 11 candidats revenus de l'étranger, que j'ai reconnus porteurs du Ver, avaient subi un examen médical et étaient jugés aptes au travail.

CONCLUSIONS. — Le mineur du Pas-de-Calais, s'il est très souvent porteur du Trichocéphale, quelquefois de l'Ascaride, rarement de l'Oxyure vermiculaire, n'a pas l'Uncinaire. Il n'aura pas à compter avec ce parasite, si les conditions intérieures des mines ne changent pas et si l'on refuse pour le fond tout individu reconnu porteur du Ver.

CONTRIBUTION A L'ÉTUDE

DES

CYTOTOXINES CHEZ LES INVERTÉBRÉS (1)

PAR

Mlle WANDA SZCZAWINSKA

DOCTEUR ÈS SCIENCES, DOCTEUR EN MÉDECINE

Lorsque les connaissances concernant les cytotoxines chez les Vertébrés furent à peu près établies dans leurs points essentiels, on ne savait encore rien à ce sujet sur les Invertébrés. Un an avant la découverte des cytotoxines par Bordet, le professeur Metshnikov a fait une étude comparée de la faculté de divers êtres vivants de produire les antitoxines. Ses expériences chez les Invertébrés portaient sur *Scorpio occitanus* et les larves d'*Oryctes nasicornis* auxquels il injectait de la toxine tétanique. Chez les Scorpions, la toxine tétanique injectée dans la cavité du corps fut en peu de temps éliminée du sang et pénétrait dans le foie. Chez les larves d'*Oryctes* elle ne passait point dans les organes et restait au contraire des mois dans le sang. Mais, aussi bien chez les Scorpions que chez les larves d'*Oryctes*, la toxine tétanique n'a jamais provoqué la production d'antitoxine, malgré la durée de l'expérience pendant six mois. Ceci a amené Metshnikov à conclure que « si ce résultat négatif est insuffisant pour prouver que les Invertébrés sont en général incapables de produire les antitoxines, il démontre néanmoins que ces animaux n'acquièrent point la propriété antitoxique dans des conditions où les Vertébrés supérieurs la produisent d'une façon très marquée ». Et il ajoutait que vu l'existence très manifeste chez les Invertébrés de la réaction phagocytaire contre les microbes, « la propriété antitoxique dans le règne animal aurait une évolution moins ancienne que la réaction phagocytaire ». Beaucoup plus tard, Mesnil nourrissait *Anemonia sulcata* de sang coagulé de Poule et de Brebis et n'a pu constater chez cet animal la présence d'aucune substance spécifique.

En 1902, j'ai entrepris mes premières recherches sur l'immu-

(1) Travail de l'Institut Pasteur.

nisation de l'Écrevisse contre le sérum hémotoxique de son sang. J'ai publié la même année les premiers résultats de mes recherches. Ils concernaient la préparation du sérum hémotoxique artificiel, ainsi que son mode d'action *in vitro* et *in vivo* sur les cellules du sang de l'Écrevisse.

Le sérum fut alors préparé chez les Cobayes par des injections sous-péritonéales de sang d'Écrevisse. Les deux Cobayes préparés avaient reçu 21 ᶜᶜ. de sang dans l'espace de 1 à 2 mois (l'un fut préparé en un mois, l'autre en deux mois). Les sérums des deux Cobayes avaient une action puissante sur les cellules du sang de l'Écrevisse. Elle se traduisait sur les cellules observées sous le microscope (deux gouttes de sérum + une goutte de sang) par l'arrêt brusque des leurs mouvements, par la destruction presque instantanée de grosses granulations dans les cellules à granulations, cette destruction étant précédée de l'assombrissement des mêmes cellules, enfin par les contours très nets et régulièrement arrondis que prenaient toutes les cellules. Tous ces changements, survenus au premier moment de l'action du sérum, donnaient aux cellules et à leur noyau un aspect particulier que nous avons retrouvé dans toutes nos expériences. On aurait dit deux vésicules s'emboîtant l'une dans l'autre : la vésicule cytoplasmique remplie de liquide clair avec quelques rares granulations fines, la vésicule nucléaire conservant encore ses grains chromatiques et son nucléole. L'action du sérum ne s'arrêtait pas là : le processus de destruction suivant son cours, le cytoplasma subissait d'abord la rétraction et les cellules de rondes devenaient irrégulières, le cytoplasma se détruisait ensuite peu à peu. Le noyau n'était pas non plus épargné, il devenait moins réfringent et perdait sa chromatine. La destruction complète se produit avec lenteur : nous avons pu l'obtenir dans nos recherches ultérieures. Le sérum neuf de Cobaye possède aussi, mais à un plus faible degré, la même action destructive sur les cellules du sang de l'Écrevisse.

Nous avons pu constater, dans la même série d'expériences, la présence de deux substances actives, de la cytase et de la philocytase, dans le sérum que nous avons préparé. La cytase se détruisait par le chauffage du sérum pendant une demi-heure à 57°; le sérum perdait alors son action destructive sur les cellules du sang de l'Écrevisse. On pouvait toutefois lui rendre son activité en l'additionnant de sérum neuf.

Nos expériences *in vivo* visaient alors la détermination, pour les Écrevisses, de la dose mortelle du sérum neuf et préparé de Cobaye. Cette dose fut évaluée à 1 cc. pour le sérum neuf injecté dans le système circulatoire de l'Écrevisse, à 0 cc. 4 pour le sérum préparé introduit chez l'animal de la même façon. La mort de l'Écrevisse survenait de 24 à 48 heures après l'injection. Celle-ci était suivie de la raréfaction des cellules dans le sang en circulation, puis de la disparition complète de ces mêmes cellules au moment de la mort.

Un an plus tard (en 1903), en rapport avec le sujet qui nous occupe, parurent les travaux de von Dungern et de Hideyo Noguchi. Von Dungern a publié deux travaux sur les précipitines qu'il avait obtenues chez des Lapins avec le plasma de *Maja squinado*, de *Dromia vulgaris*, d'*Octopus vulgaris* et d'*Eledone moschata*. Il a surtout étudié les rapports quantitatifs entre les précipitines des sérums précipitants et les substances précipitables des plasmas lorsqu'elles forment le précipité. Il a en outre démontré la nature albuminoïde des subtances précipitables, leur quantité variable dans le plasma des différents individus de même espèce, leur quantité constante au contraire dans le plasma des mêmes individus. Il croit à l'existence de deux groupes de précipitines dans le même plasma. Les précipitines de l'un des groupes sont spécifiques et n'agissent que sur les albumines de l'espèce animale qui a servi à leur préparation. Les précipitines du second groupe exercent leur action à la fois sur les albumines précipitables de plusieurs espèces animales à parenté rapprochée. L'auteur obtenait le précipité dans le sang de divers Crustacés avec les précipitines de *Maja*.

Il a encore cherché à produire les précipitines chez les Invertébrés. Mais ses recherches n'ont pas été couronnées de succès. Il injectait *Eledone moschata* et *Aplysia depilans* de plasma de *Maja*. L'*Eledone* contenait encore, le septième jour après l'opération, le plasma injecté dans le sang, *Aplysia* l'avait conservé pendant plusieurs semaines dans la cavité du corps (à l'endroit où l'injection fut faite). L'auteur n'a pas trouvé de précipitines chez *Eledone*, il ne les a pas cherchées chez *Aplysia*. Ces résultats concordent avec ceux qui ont été obtenus par Metshnikov chez les Scorpions et les larves d'*Oryctes*.

Hideyo Noguchi a fait des recherches sur les précipitines, les agglutinines et les hémolysines chez des animaux à sang froid. Parmi les Invertébrés, il expérimentait les Limules. Le sérum normal de Limule possède déjà les précipitines et les agglutinines actives pour le sang de certains Poissons. Il en est de même du sérum du Homard. Mais les sérums normaux de ces deux espèces animales n'ont aucune action hémolytique sur les globules rouges du sang. L'auteur a fait à ce propos la remarque générale que les animaux ne possédant pas eux-mêmes d'érythrocytes dans le sang, ne peuvent non plus avoir d'anticorps pour ces éléments. Cependant l'auteur a produit artificiellement les hémolysines chez les Limules en leur injectant à plusieurs reprises le sang de divers Poissons : Carrelet, Chien de mer et autres. Les sérums des animaux préparés présentaient des propriétés agglutinantes très marquées pour les globules du sang des Poissons qui ont servi à leur préparation, mais leur action hémolytique restait toujours très faible. L'hémolyse s'effectuait en 8 à 12 heures, une seule fois l'auteur a obtenu l'hémolyse en 6 heures. Les agglutinines des Limules sont, d'après les recherches de Hideyo Noguchi, très thermolabiles, elles s'altèrent déjà par le chauffage à 40°, elles sont multiples dans chaque sérum. Tous ces résultats ont amené l'auteur à conclure que les hémolysines, les agglutinines et les précipitines se forment chez les Limules de la même façon que celles des Vertébrés à sang chaud et à sang froid.

Nos recherches récentes ne sont que le développement des recherches ébauchées dans notre premier travail. Nous insisterons sur certains points concernant la destruction des cellules du sang de l'Écrevisse, produite avec le sérum de Cobaye neuf et préparé et nous parlerons du même phénomène observé sous l'influence des mêmes sérums chez quelques Crustacés marins. Ayant poussé la préparation des Cobayes avec le sang de l'Écrevisse plus loin que nous ne l'avions fait dans nos expériences antérieures, nous avons obtenu un sérum non seulement destructif et agglutinant mais aussi précipitant pour le sang de l'Écrevisse. Cela nous a permis d'observer chez l'Écrevisse le phénomène de précipitation; nous l'avons également cherché, avec le même sérum, chez les Crustacés marins. Nous préciserons enfin les résultats de nos recherches sur l'immunisation des Écrevisses contre l'action hématoxique.

agglutinante et précipitante de sérum neuf et préparé de Cobaye.

Pour nos recherches actuelles, nous avons préparé deux Cobayes. L'un d'eux avait reçu 43^{cc} de sang d'Écrevisse en 5 mois, l'autre 39^{cc} de même sang en 7 mois. Les injections aux Cobayes de sang d'Écrevisse furent pratiquées sous le péritoine et exécutées avec la même technique opératoire que nous avons adoptée dans notre premier travail. Le sérum de deux Cobayes manifestait, *in vitro*, en présence du sang de l'Écrevisse, les propriétés hémotoxiques, agglutinantes et surtout précipitantes.

Nous devons signaler avant tout que les sérums des Cobayes préparés dernièrement avaient les propriétés hémotoxiques plus faibles que ne les avaient les sérums de nos premiers Cobayes. Nous attribuons cet affaiblissement du pouvoir hémotoxique du sérum de nos seconds Cobayes, malgré qu'ils aient reçu deux fois plus de sang d'Écrevisse comparativement aux premiers, à la lenteur de la préparation.

Voici le pouvoir hémotoxique du sérum de nos premiers Cobayes : n° 1 : (ayant reçu 21^{cc} de sang d'Écrevisse en 1 mois) comparé à celui du Cobaye : n° 2 ; préparé récemment (injecté de 43^{cc} de même sang en 5 mois) et du Cobaye neuf: n° 3. La destruction complète des cellules du sang de l'Écrevisse étant très lente à se produire, pour évaluer le pouvoir hémotoxique des sérums nous avons adopté comme terme de comparaison la rapidité avec laquelle ces cellules prenaient l'aspect vésiculeux caractéristique décrit plus haut. Pour des raisons que nous avons exposées dans notre premier travail et sur lesquelles nous ne reviendrons plus ici, toutes nos expériences *in vitro* furent faites sous le microscope en gouttes pendantes.

N° 1. — 2 gouttes de sérum + 1 goutte de sang : apparition *instantanée* de l'aspect vésiculeux de toutes les cellules du sang.

N° 2. — 2 gouttes de sérum + 1 goutte de sang : l'aspect vésiculeux commence à apparaître après 1 à 2 minutes, toutes les cellules prennent cet aspect au bout de 10 minutes.

N° 3. — 3 gouttes de sérum + 1 goutte de sang : l'aspect vésiculeux des cellules n'apparaît qu'après 15 minutes et seulement dans quelques cellules.

Les modifications profondes dans le cytoplasme et les noyaux des cellules du sang n'apparaissaient, avec notre sérum préparé qu'au bout d'une quinzaine d'heures. On ne voyait alors que les membranes cellulaires et nucléaires : toute la chromatine des noyaux était détruite. Si nous fixions les cellules dans cet état elles ne trahissaient aucune structure et se coloraient uniformément en bleu pâle par la thionine. La destruction complète des cellules n'avait lieu qu'au bout de 24 heures et même plus.

Pendant mon séjour à la station zoologique de Luc-sur-mer j'ai soumis à l'action du sérum d'un de mes Cobayes (de celui qui a reçu 39ᶜᶜ du sang d'Écrevisse et que j'ai amené à la station), le sang de quelques Crustacés marins, notamment celui de *Carcinus mænas*, de *Pinnoteres* et de *Palæmon*. Je mettais une goutte de sang de chacun de ces animaux avec 3 à 6 gouttes de sérum (le Cobaye était saigné à l'oreille avant chaque opération).

Notre sérum agglutinait les cellules du sang des animaux en question et les faisait prendre, au bout d'un temps variable, le même aspect caractéristique que nous avons décrit dans les cellules du sang de l'Écrevisse : il arrêtait d'abord leurs mouvements, dissolvait les grosses granulations de sorte qu'elles finissaient par avoir l'aspect vésiculeux. Cet aspect était plus saillant chez *Carcinus mænas* et *Pinnoteres* que chez *Palæmon* qui a de tout petits globules et des petites granulations. Le sérum de Cobaye neuf, dont nous avons éprouvé l'action sur le sang de *Carcinus mænas*, agglutinait les globules, mais n'avait sur eux guère d'action destructive.

Lorsque l'hémolyse des sérums cytotoxique fut découverte par Bordet survint alors la question du mécanisme de ce phénomène. On avait émis à ce sujet une série d'hypothèses que je rappelerai ici brièvement. Nolf après des recherches comparatives sur la globulolyse produite par des substances chimiques et par les sérums hémolytiques fut amené à conclure que les deux phénomènes sont semblables et que tous deux se laissent ramener à des phénomènes d'osmose. D'après Ehrlich et Morgenroth, l'action dissolvante des sérums résultait de la combinaison des globules avec les éléments actifs des sérums. Enfin le prof. Metshnikov, avait comparé l'hémolyse des globules rouges du sang causée par les sérums cytotoxiques aux phénomènes de la digestion et les éléments actifs des sérums aux ferments solubles. C'est pourquoi il appela l'alexine de Buchner la cytase et la sensibilisatrice de Bordet la philocytase.

Délezenne vint apporter, l'année dernière, une preuve expérimentale à l'appui de cette hypothèse. Il sensibilise les hématies du Lapin avec le suc intestinal, puis les traite avec le suc pancréatique : il obtint l'hémolyse au bout d'une demi-heure.

J'ai essayé l'action du suc gastrique du Chien sur les globules du sang de l'Écrevisse afin de comparer son action avec celle des sérums hémotoxiques de Cobaye. 3 gouttes de suc gastrique mélangées à une goutte de sang d'Écrevisse donnaient aux globules après une demi-heure d'action, le même aspect caractéristique que j'ai décrit à propos de l'action des sérums de Cobaye : le contour net des cellules, la disparition complète des granulations précédée de l'assombrissement des cellules tout entières. La seule différence consistait dans la conservation de la forme allongée des globules telle qu'on la voit dans les globules en circulation.

Je n'ai pas poussé jusqu'au bout l'analogie de l'action du suc gastrique et des sérums hémotoxiques des Cobayes sur les globules du sang de l'Écrevisse. Vu cependant les résultats démonstratifs obtenus par Délezenne et la ressemblance de l'aspect que prenaient les cellules du sang de l'Écrevisse sous l'action du suc gastrique et des sérums hémotoxiques au premier moment de leur action, on doit admettre aujourd'hui que l'action des sérums sur les globules est d'ordre digestif.

Il a été dit plus haut que le sérum des deux Cobayes préparés dernièrement était pour le sang de l'Écrevisse non seulement hémotoxique et agglutinant mais qu'il était surtout précipitant. La propriété précipitante n'existe pas dans le sérum de Cobaye neuf, elle manquait également dans le sérum que nous avons préparé en premier lieu, lorsque les Cobayes n'ont reçu que 21^{cc} de sang d'Écrevisse. Elle apparut chez les Cobayes à partir du moment où ils eurent reçu 29^{cc} de sang d'Écrevisse. A ce moment la propriété précipitante fut encore faible, elle devint dominante après l'injection à un de nos Cobayes de 43^{cc} de sang d'Écrevisse. Avec le sérum de ce dernier Cobaye, le précipité apparaissait immédiatement et couvrait toute la préparation lorsqu'on mélangeait le sérum avec le plasma de l'Écrevisse dans la proportion de 1 pour 10.

La propriété précipitante arrivée la dernière, se maintenait longtemps dans les sérums. Elle était encore très forte dans le sérum conservé pendant 20 jours à la glacière, le précipité se formait cependant lentement dans le sang de l'Écrevisse, sa formation était instantanée avec le sérum fraîchement prélevé. Mais il était aussi abondant avec le sérum frais qu'avec le sérum conservé. Le sérum maintenu 4 mois à la glacière pouvait encore précipiter le plasma de l'Écrevisse; il a entièrement perdu la propriété hémotoxique. Dans l'organisme de l'animal préparé, la propriété précipitante se conserve aussi très longtemps après la dernière injection.

La lecture du travail de von Dungern, qui avait obtenu le précipité dans le sang de nombreux Crustacés avec le sérum de Lapin préparé au moyen du sang de *Maja*, nous a fait espérer que nous pourrions obtenir le précipité dans le sang de *Carcinus mænas*, de *Pinnoteres*, de *Palæmon* avec le sérum de Cobaye préparé par les injections du sang de l'Écrevisse. Il n'en était rien. Nous savons déjà que notre sérum préparé avait une action agglutinante et hémotoxique manifeste sur les cellules du sang des Crustacés cités, mais nous n'avons jamais observé trace de précipité ni avec le sérum préparé ni avec le sérum neuf. Et cependant le sérum de notre Cobaye préparé était fortement précipitant pour le sang de l'Écrevisse.

Cette contradiction apparente entre les résultats de nos expériences et ceux de von Dungern nous a fait penser à un facteur qui pouvait entrer en jeu dans nos expériences et qui n'existait pas dans les expériences de von Dungern. L'Écrevisse est un Crustacé d'eau douce, *Carcinus mænas*, *Pinnoteres* et *Palæmon* sont des animaux marins. Von Dungern expérimentait seulement sur les animaux marins. Il est admis, il est vrai, que les animaux à parenté rapprochée donnent du précipité dans leur sang avec le sérum préparé au moyen du sang de l'un d'eux, mais le milieu extérieur des animaux aquatiques doit influencer la composition du milieu intérieur que présente le sang. Nous savons que la composition en sels du sang des Crustacés d'eau douce diffère de la composition de celui des Crustacés marins, mais nous ne savons pas si la même différence existe au point de vue de la composition en substances albuminoïdes. Les résultats de nos expériences prouveraient que cette composition doit être également différente. Ils prouveraient encore que l'existence dans le même sérum de deux espèces de précipitines, spécifique et non spécifique comme le veut von Dungern ne peut pas être généralisée.

Les recherches ayant en vue l'immunisation des Écrevisses étaient remplies de difficultés. J'ai déjà indiqué, dans mon premier travail les causes de ces difficultés : l'extrême fragilité de ces animaux, lorsqu'on les élève dans l'aquarium, le manque de connaissances quant à ce qui concerne leur physiologie et d'autant plus leur pathologie. Parmi les difficultés de l'élevage des Écrevisses il faut mettre avant tout l'infection microbienne. Au cours de mes expériences, sur 27 Écrevisses neuves mortes dans l'aquarium, j'ai isolé dans le sang de 25 un microbe pathogène qui rappelait par beaucoup de caractères le microorganisme trouvé par Hofer dans l'épidémie des Écrevisses, appelée peste des Écrevisses.

Je pratiquais aux Écrevisses les injections dans l'abdomen, dans les espaces inter-annulaires du côté ventral et latéralement pour ne pas léser le système nerveux. Je les immunisais avec le sérum de Cobaye neuf et préparé, injectant aux unes des doses faibles que j'augmentais progressivement pour arriver à la dose mortelle, aux autres des doses plus considérables dès le début. J'ai vérifié enfin la valeur de la dose mortelle du sérum de Cobaye neuf qui était toujours de 1 ^{cc}, comme je l'ai déterminé dans mon premier travail. Les animaux mouraient 24 à 48 heures après l'injection. Quant à la dose mortelle de mon sérum dernièrement préparé, elle était supérieure à la dose du sérum préparé antérieurement (0 ^{cc} 4 à 0 ^{cc} 5), ce qui cadrait bien avec les résultats de l'action de ces deux espèces de sérums sur les globules du sang de l'Écrevisse *in vitro*.

Au mois de juillet de l'année dernière, ayant eu un Cobaye suffisamment préparé (il a reçu 43 ^{cc} de sang d'Écrevisse), dont le sérum était agglutinant, hémotoxique et précipitant pour le sang de l'Écrevisse (j'ai précisé plus haut la valeur de ces propriétés) j'ai soumis aux injections 3 Écrevisses. Deux d'entre elles ont reçu en une fois 0 ^{cc} 5 de sérum préparé, une autre a été injectée de la même quantité de sérum neuf. Toutes trois étaient de grande taille et très vigoureuses. L'analyse bactériologique de leur sang m'a donné des résultats négatifs. Je les appellerai Écrevisses *A*, *B* et *C*. Je dois ajouter ici que l'Écrevisse *A* a rejeté une partie du liquide injecté.

J'ai procédé, avant l'expérience, à la numération des globules. Je la faisais sans dilution préalable, les globules du sang de l'Écrevisse n'étant pas assez nombreux pour nécessiter cette opération.

Variations du nombre des globules du sang chez les Écrevisses en expérience.

		ÉCREVISSE A.	ÉCREVISSE B.	ÉCREVISSE C.
		\textit{Nombre de globules dans 0^{mmc} 1 de sang}		
4/VII	......	\textit{Injection de 0^{cc} 50 de :} Sérum préparé	Sérum neuf	Sérum neuf
4 août	Avant l'injection	25,28	28,36	26,12
4 —	4 heures après	25 28	9,48	11,72
5 —	24 heures —	13,84	2,12	11,72
6 —	48 heures —	16,00	3,04	19,32
7 —	72 heures —	12,12	8,84	21,48
11 —	7e jour après	20,28	17,20	12,40
11 —	. . . .	\textit{Injection de 1 centim. cube de :} Sérum préparé	Sérum préparé	Sérum neuf
12 —	24 heures après . . .	4,04	3,06	4,88
13 —	48 heures — . . .	5,12	1,16	4,36
14 —	72 heures — . . .	16,36	(le calcul n'a pas été fait)	(le calcul n'a pas été fait)
15 —	4e jour après . . . (le calcul n'a pas été fait)		4,32	Morte.
20 —	9e jour — . . .	11,57	22,84	(Résultat négatif par ense-
24 —	13e jour — . . .	L'animal mue.	Continue à bien se porter.	mencement du sang).
25 —	14e jour — . . .	Meurt en muant.	Meurt le 25 novembre.	

J'avais l'habitude de compter les globules sur 25 divisions dont je prenais ensuite la moyenne. Les trois Écrevisses désignées pour l'immunisation avaient avant les expériences : A 25, 28 globules (dans 0 ^{mmc} 1 de sang), B 28, 36 globules, C 26, 12 globules.

Le tableau ci-dessus résume les changements du nombre des globules du sang chez nos trois Écrevisses pendant les sept jours qui ont suivi les injections. L'état général de nos animaux était alors excellent.

Le 7e jour de l'expérience in vitro, j'ai soumis le sang de mes Écrevisses à l'action du sérum préparé : 3 gouttes de sérum actif + 1 goutte de sang de l'animal injecté. Le précipité a apparu immédiatement dans la préparation : l'agglutination était assez forte, l'hémolyse commençait après 1 minute d'action du sérum ; après 7 minutes presque toutes les cellules avaient l'aspect vésiculeux caractéristique. La préparation témoin, 3 gouttes de sérum actif + 1 goutte de sang de l'Écrevisse neuve, a montré même un faible retard dans l'hémolyse en comparaison avec les globules du sang de l'Écrevisse injectée : les cellules n'ont pris l'aspect vésiculeux qu'au bout de 10 minutes. Cette épreuve nous a montré que l'injection du sérum aux Écrevisses était restée sans effet sur les globules de leur propre sang.

Les animaux étant très bien portants, bien que le nombre de leurs globules n'ait pas atteint le chiffre initial, je les ai soumis à une nouvelle injection : les Écrevisses A et B ont reçu 1^{cc} de sérum préparé, l'Écrevisse C fut injectée de la même quantité de sérum neuf de Cobaye. Vingt-quatre heures après l'injection je constatais une grande diminution dans le nombre des globules chez les trois Écrevisses: l'Écrevisse A avait 4,04 globules dans 0 ^{mmc} 1 de sang, l'Écrevisse B en avait 3,06, l'Écrevisse C 4,88. J'ai noté à ce moment le ralentissement de la plasmochise des globules en goutte pendante de l'Écrevisse B; les globules restaient longtemps sans se détruire et émettaient de nombreux pseudopodes.

Quarante-huit heures après l'injection, le nombre de globules a encore diminué chez l'Écrevisse B; il a augmenté légèrement chez l'Écrevisse A et est resté stationnaire chez l'Écrevisse C. Chez l'animal A, je constatais un grand nombre de lymphocytes. L'animal lui-même était vigoureux, ne ressentait point les effets de l'injection. Il n'en était pas du tout de même avec l'Écrevisse B, qui était visiblement affaiblie. Son sang contenait à peine quelques rares globules à grosses granulations, les lymphocytes prédominaient. L'animal *C* était resté vigoureux. La plasmochise de ses globules en goutte pendante ne se faisait pas comme ordinairement : les granulations disparaissaient, il est vrai, mais sur place, car les cellules gardaient leur forme. Les globules se comportaient comme s'ils étaient dans le sérum préparé, ils se détruisaient assez lentement.

Soixante-douze heures après l'injection, l'Écrevisse *A* continuait à se porter bien, le nombre de ses globules avait considérablement augmenté, il était monté à 16,36. Les globules à grosses granulations étaient devenus très nombreux, leurs granulations se détruisaient en goutte pendante, comme si les globules étaient dans le sérum ; cette destruction se faisait lentement, on pouvait voir les granulations encore 25 minutes après prélèvement du sang. Il n'y avait pas de plasmochise à proprement parler. Le bon état de l'Écrevisse se maintint encore pendant quelques jours, lorsque 8 jours après l'injection, l'animal devint très souffrant ; le nombre de ses globules avait diminué (11,57). J'ai soumis alors son sang *in vitro* à l'action du sérum préparé. Ce sérum étant vieux de 15 jours, je pris 5 gouttes de sérum et je les mis en présence d'une goutte de sang de l'Écrevisse *A*. Le précipité se forma lentement, mais il finit par envahir toute la préparation. Les granulations des globules résistèrent pendant 15 minutes à l'action du sérum, elles se détruisirent activement après ce laps de temps. Après une demi-heure toutes les cellules ont pris l'aspect caractéristique. La même quantité de sérum avec une goutte de sang de l'Écrevisse neuve donna les réactions suivantes : un peu plus de précipité que ne l'avait présenté le sang de l'Écrevisse préparée. La destruction des granulations devenait active au bout de 10 minutes d'action de sérum, quelques cellules gardaient encore leurs granulations une demi-heure après. Cette expérience prouve, malgré l'affaiblissement visible de l'action du sérum, que les globules du sang de l'Écrevisse ayant reçu plus de 1 ^{cc} de sérum hémotoxique avaient peut-être la sensibilité un peu diminuée à l'égard de ce sérum, comparativement aux globules des animaux neufs. La préparation de l'Écrevisse n'a pas modifié les propriétés des substances précipitables de son sang. Cependant l'animal lui-même a résisté à l'action d'une

dose mortelle du sérum. Il a refait ses globules après une
perte considérable et, s'il devint faible le huitième jour après
l'injection, c'est parce qu'il devait muer quelques jours après. En
effet, le 12ᵐᵉ jour après l'injection, je l'ai trouvé immobile dans
l'aquarium, en train de rejeter sa carapace. Il est mort en muant,
au 14ᵐᵉ jour après l'injection.

Les Écrevisses *B* et *C* devinrent très souffrantes, 72 heures après
la dernière injection. J'ai trouvé l'Écrevisse *C* morte le lendemain, 4ᵉ jour après l'injection. Pour avoir une goutte de sang,
j'ai dû piquer l'animal en plusieurs endroits. Ce sang montrait
quelques rares globules vivants. Mis en présence du sérum
préparé, le précipité se formait lentement comme avec le sang
de l'Écrevisse *A* et d'ailleurs comme avec celui de l'Écrevisse
neuve (le sérum datait de quinze jours). La destruction des
grosses granulations se faisait après 14 minutes d'action du sérum,
les cellules prenaient alors peu à peu l'aspect vésiculeux caractéristique. A l'air, en goutte pendante, les cellules du sang résis-
taient longtemps à la plasmochise, elles gardaient encore leurs
granulations, alors que les cellules de l'animal neuf les avaient
perdues depuis bien longtemps. Une goutte de sang fut ensemencée
sur gélose. Le résultat de l'ensemencement fut négatif.

A l'autopsie, l'ouverture du thorax nous a donné l'explication de
la difficulté que nous avons éprouvée à prélever une goutte de sang :
la cavité péricardique était remplie de coagulum, le sang formait
une seule masse gélatineuse. Le cœur était dilaté, le foie enveloppé
de coagulum, la vessie distendue. Le caillot ne contenait pas de
globules. Il était évident que la mort de l'animal était provoquée
par la coagulation en masse du sang.

La santé de l'Écrevisse *B* s'améliorait pendant ce temps. Les
globules avaient augmenté en nombre, ils étaient au nombre de
4,52 par 0 ᵐᵐᶜ 1 de sang. Ils présentaient une résistance particulière à la destruction en goutte pendante. Lorsque, 5 jours après,
j'ai refait la numération des globules, je les ai trouvés au nombre
de 22,84 par 0 ᵐᵐᶜ 1 de sang. L'animal lui-même était dans un état
de santé excellent. Une goutte de son sang, mise en présence du
sérum préparé, nous a donné à peu près les mêmes résultats que
ceux obtenus avec le sang des Écrevisses *A* et *C*.

L'Écrevisse *B* a vécu longtemps dans l'aquarium ; nos expériences ayant été faites au commencement de mois du juillet, l'animal mourut le 25 novembre. Un mois après le dernier examen de son sang, j'ai de nouveau essayé sur lui l'action du sérum préparé de Cobaye ayant reçu 39 cc de sang d'Écrevisse. La comparaison de l'action du sérum sur le sang de cette Écrevisse avec son action sur le sang de l'animal neuf n'a révélé aucune différence appréciable. Cependant l'animal lui-même a résisté à la dose mortelle du sérum, comme l'animal *A*, les globules du sang des deux animaux ont acquis incontestablement la résistance à la plasmochise.

Dans une autre série d'expériences j'immunisais les Écrevisses contre l'action toxique du sérum neuf de Cobaye en leur injectant des doses faibles au commencement, que j'augmentais progressivement tous les 8 à 10 jours. Je ne me préoccupais pas alors des changements que pouvaient produire les injections dans le nombre des globules, chez les animaux en expérience. Je voulais les ménager pour pouvoir pousser l'immunisation le plus loin possible.

J'ai commencé les injections par la dose inoffensive de 0 cc 1 de sérum neuf. Six Écrevisses furent injectées en une journée, comme d'habitude, dans les espaces interannulaires de l'abdomen, du côté ventral et latéralement. Le 2e tableau résume les résultats de ces injections. Il est intéressant à consulter, car il prouve combien les recherches de ce genre sont difficiles à exécuter. Sur les six Écrevisses vigoureuses soumises aux injections, trois (I, V et VI), moururent après la première injection d'une dose de sérum absolument inoffensive. La quatrième Écrevisse (IIe de notre tableau), ayant subi trois injections consécutives, mourut probablement par infection (Saprolégniées). Des deux Écrevisses survivantes, l'une a succombé 24 heures après avoir reçu la dose mortelle de sérum. Elle fut très malade le lendemain de l'injection. L'examen du sang montrait une notable diminution des globules, qui étaient tous immobiles et très altérés. L'animal mourut le même jour. La seconde Écrevisse a survécu à l'injection de la dose mortelle.

Elle a encore reçu 7 jours après, une injection de 0 cc 8 de sérum neuf, et deux fois, à un intervalle de 7 jours, 1 cc du même sérum, qu'elle a bien supporté. Douze jours après la dernière injection, j'ai fait l'examen de son sang : le nombre des globules était moindre qu'il n'était au début des injections. Leur état était cependant excellent.

Injections aux Écrevisses du sérum normal du Cobaye.

DATE de l'INJECTION	DOSE	ÉCREVISSE I	ÉCREVISSE II	ÉCREVISSE III	ÉCREVISSE IV	ÉCREVISSE V	ÉCREVISSE VI
30 octobre	0 cc 1	Disparition des globules après 24 heures. *Morte* après 24 heures.				Diminution des globules après 24 heures. *Morte* après 6 jours.	Diminution des globules après 24 heures. *Morte* après 5 jours.
6 nov.	0 cc 2		Bien portante	Bien portante	Bien portante.		
13 —	0 cc 5		Bien portante	Bien portante	Bien portante.		
20 —	0 cc 7		Disparition des globules 4me jour. — *Morte* 4me jour (Suprélymiée).	Bien portante	Bien portante.		
27 —	1 cc			Disparition des globules après 24 heures. *Morte* après 24 heures.	Bien portante.		
4 déc.	0 cc 8				Bien portante.		
11 —	1 cc				Bien portante.		
18 —	1 cc				Bien portante.		
30 —	1 cc				Faiblesse, premières heures. Remise le lendemain.		
10 janvier	1 cc				Deux jours après l'injection, mauvais état général. Pas un seul globule. *Morte* au 3e jour.		

L'animal a ainsi reçu 8 injections de sérum neuf, et trois fois la dose mortelle qu'il a bien supportée. Aussi ai-je soumis son sang *in vitro* à l'action du sérum, pour voir si ses globules restaient toujours également sensibles à l'action destructive du sérum. Ils manifestaient la même sensibilité que les cellules de l'Écrevisse neuve.

La même Écrevisse a encore reçu deux fois 1 ^{cc} de sérum neuf. L'animal était très souffrant pendant les premières heures qui suivirent l'injection. Le nombre de ses globules n'avait pas diminué. Le lendemain, il était entièrement remis. L'examen du sang, fait le 7me jour après la dernière injection, a montré une diminution du nombre de globules, mais leur état était parfait. L'animal lui-même était vif et manifestait, les jours suivants, une excellente santé. Le nombre de globules continuait à être faible. J'ai fait encore une dernière injection d'un centimètre cube de sérum neuf, la dixième en tout. Le lendemain de l'injection, les globules ont beaucoup diminué en nombre, l'animal lui-même conserve un excellent état de santé. 48 heures après l'injection, tous les globules ont disparu de la circulation, l'animal commence à faiblir. Le lendemain (3me jour après l'injection), je l'ai trouvé immobile; son sphincter anal se contractait encore, ses pattes natatoires remuaient. Il était tombé dans l'état de torpeur dans lequel se trouvaient toutes les Écrevisses mourant à la suite de l'action de sérum. Je l'ai trouvé mort le lendemain, 5 jours après l'injection. Le sang pris dans l'espace interannulaire ne contenait point de globules. J'ai trouvé quelques globules clairs dans la cavité péricardique; quelques-uns étaient encore vivants. A l'autopsie, le foie m'a paru gros, j'étais surtout frappé de la grosseur de la glande verte. Le sang retiré du corps ne s'est pas coagulé pendant 24 heures.

Il découle de nos expériences que le sérum d'un Vertébré préparé au moyen du sang d'un Invertébré (Écrevisse) acquiert les propriétés habituelles des sérums hémotoxiques pour le sang de l'animal qui a servi à sa préparation, à savoir, propriétés agglutinante, précipitante et hémolytique. Autrement dit, le sang d'un Invertébré se comporte vis-à-vis le sérum hémotoxique préparé, comme le fait dans les mêmes conditions, le sang d'un Vertébré.

On ne peut pas être aussi affirmatif pour se prononcer sur la façon de réagir des Invertébrés contre l'action toxique des sérums pour leur sang. Dans nos expériences, nous n'avons obtenu l'immunisation nette des Écrevisses que contre la dose mortelle de sérum hémotoxique pour leur sang ; les Écrevisses soumises aux expériences n'ont pas manifesté d'une façon précise d'immunité spécifique contre l'action du sérum pour leur sang.

Nous sommes loin cependant d'attribuer notre échec uniquement à l'incapacité des Écrevisses de produire des antitoxines. Nos résultats peuvent être interprétés de deux façons : ou les Écrevisses ne produisent pas d'anticytotoxines ou notre sérum était trop faible pour provoquer la production d'une quantité appréciable d'anticytotoxine. Les expériences de Hideyo Nogushi, dans lesquelles il a réussi à obtenir des hémotoxines chez les Limules, prouvaient que les hémotoxines et notamment l'hémolysine étaient très faibles chez cet Invertébré. Elles pourraient contribuer à faire admettre la seconde interprétation de nos expériences.

Ainsi, la question des anticorps chez les Invertébrés reste toujours en suspens, car, parmi plusieurs investigateurs qui ont fait des expériences en vue de les obtenir chez les Invertébrés, seul Hideyo Nogushi a obtenu des résultats positifs, et seulement chez la Limule. Sans vouloir diminuer la valeur des expériences de cet auteur, nous les considérons comme insuffisantes pour trancher une question d'aussi haute importance pour le groupe des Invertébrés tout entier.

Je ne veux pas terminer sans exprimer à M. le professeur Metshnikov mes très chaleureux remerciements pour les conseils qu'il a bien voulu me donner au cours du présent travail.

INDEX BIBLIOGRAPHIQUE

E. Metchnikoff, Recherche sur l'influence de l'organisme sur les toxines. *Annales de l'Institut Pasteur*, p. 801-809, 1897.

Mesnil, Digestion chez les Actinies. *Annales de l'Institut Pasteur*, p. 352, 1901.

W. Szczawinska, Sérum cytotoxique pour les globules du sang d'un Invertébré. *C. R. de la Soc. de biologie*, p. 1303, 1902.

W. Szczawinska, Sérums cytotoxiques. *Archives de Parasitologie*, p. 321-358, 1902.

E. von Dungern, *Die Antikörper. Resultate früherer Forschungen und neue Versuche.* Jena, 1903; cf. p. 114.

E. VON DUNGERN, Bindungsverhältnisse bei der Präzipitinreaktion. *Centralblatt für Bakteriol.; Originale*, XXXIV, p. 355-380.

HIDEYO NOGUCHI, A study of immunisation, hæmolysins, agglutinins, precipitins, and coagulins in cold-blooded animals. *Centralblatt für Bakteriol., Originale*, XXXIII, p 353.

HIDEYO NOGUCHI, The interaction of the blood of cold blooded animals with reference to haemolysis, agglutination and precipitation. *Centralblatt für Bakteriol., Originale*, XXXIII, p. 362.

HIDEYO NOGUCHI, On the multiplicity of the serum hæmagglutinins of cold-blooded animals. *Journal of med. Research*, IX, p. 165-169, 1903.

NOLF, Le mécanisme de la globulolyse. *Annales de l'Institut Pasteur*, 1900, p. 656.

E. METCHNIKOFF, Les poisons cellulaires. *Revue génerale des sciences*, XII, p. 7-15.

C. DELEZENNE, Action du suc pancréatique et du suc intestinal sur les hématies. *Annales de l'Institut Pasteur*, p. 171, 1903.

NOUVEAU COPÉPODE PARASITE

PAR

LE D' ALEXANDRE BRIAN

Assistant à l'Université de Gênes.

Caligus remorae n. sp.

A première vue, cette espèce ressemble au *Caligus curtus* Müller, Le bouclier céphalique, assez développé, est ovale; les deux côtés, surtout chez le mâle, sont un peu plus rétrécis en avant qu'en arrière. Il présente une faible échancrure entre les deux lames frontales et possède deux ventouses (*lunulae*) relativement grandes. L'abdomen est large chez la femelle, de forme presque carrée, néanmoins ses angles inférieurs sont assez saillants et arrondis. Le post-abdomen est petit et court, de forme rectangulaire, un peu plus long que large, et se termine par deux appendices garnis de soies plumeuses.

Les caractères qui distinguent l'espèce se présentent de suite à nos yeux, en examinant les extrémités de la bouche ainsi que les pattes natatoires. Les deux paires d'antennes n'ont rien de particulier. Le premier maxillipède, chez la femelle, est assez developpé, plus que dans d'autres espèces, et surtout en longueur. La *furcula sternalis* est très caractéristique (fig.5). Comme le dessin l'indique, elle se termine inférieurement par deux branches fourchues. La première paire de pattes est constituée à peu près comme chez le *Caligus curtus*; elle se termine par 4 épines, disposées à son extrémité et par trois soies plumeuses qui sont fixées à son bord inférieur. La deuxième et la troisième paire de pattes ont très peu de différences avec celles du même *Caligus*; la quatrième paire, au contraire, est d'une forme très particulière. Soit chez le mâle, soit chez la femelle, cette patte est garnie de cinq épines presque de même longueur, sauf la dernière qui est un peu plus longue, surtout chez la femelle. La conformation de l'abdomen et du post-abdomen de la femelle ressemble à peu près à celle des mêmes parties chez le *Caligus balistae* Stp. et Ltk.

DESCRIPTION DE LA FEMELLE. — La longueur du corps est d'environ 5ᵐᵐ 5, non compris les ovisacs. La longueur des ovisacs est de 5ᵐᵐ 5.

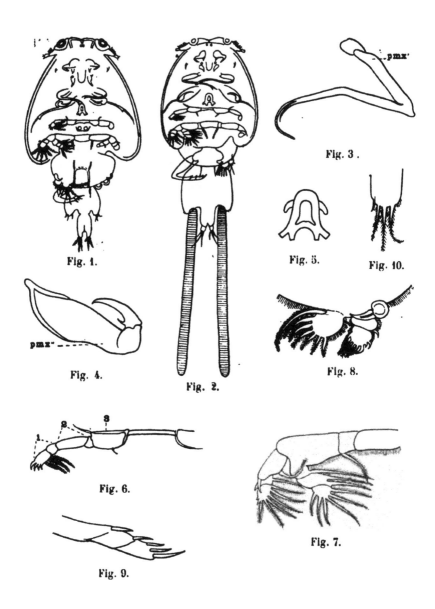

Fig. 1. Corps du mâle, face ventrale. $\times$ 12,5. — Fig. 2. Corps de la femelle, face ventrale. $\times$ 9. — Fig. 3. Premier maxillipède de la femelle. — Fig. 4. Second maxillipède de la femelle. — Fig. 5. *Furcula sternalis* de la femelle. — Fig. 6. Première patte natatoire de la femelle. — Fig. 7. Seconde patte natatoire de la femelle. — Fig. 8. Troisième patte natatoire de la femelle. — Fig. 9. Extrémité de la quatrième patte natatoire de la femelle.

Les antennes antérieures sont foliacées et se composent de deux articles ; l'article de la base est relativement développé et garni de soies plumeuses sur son bord antérieur et à l'extrémité ; le deuxième est plus petit, moitié moins long que le premier, et se termine par une houppe formée de plusieurs poils. Les antennes postérieures possèdent deux articles et un fort crochet de fixation. L'article de la base est large, de forme carrée et muni d'une épine près de son bord inférieur. Le *rostre* ou *siphon* est relativement large. On voit des deux côtés un crochet, c'est-à-dire un palpe maxillaire rudimentaire et, près de l'origine de ce dernier, une autre petite protubérance. Le premier maxillipède (fig. 3) est très grêle, le deuxième article est plus long que le premier, partagé en deux branches minces à son extrémité, et un peu replié en dehors vers la moitié de sa longueur. Le deuxième maxillipède (fig. 4) est puissant. Le premier article est droit, gros et plus long que le dernier, qui est en forme de crochet et porte près de sa base une petite dent ou épine. La *furcula sternalis* (fig. 5) est épaisse et présente une conformation tout à fait particulière : c'est ici qu'on trouve les caractères particuliers à l'espèce. C'est-à-dire que les deux branches de cette *furcula* ne sont pas simples, comme dans les autre *Caligus*, mais ils montrent une ramification à leur extrémité inférieure.

La première paire de pattes natatoires (fig. 6) est uniramée et chaque patte est divisée en deux parties. Celle qui représente la base est formée par une lamelle rectangulaire, relativement grande, garnie d'une épine à son bord postérieur, et d'une soie à l'angle extérieur du bord antérieur. La partie terminale est constituée par une lamelle allongée, qui, à son tour, se termine par une palette garnie, à l'extrémité, de 4 épines courtes. Trois soies plumeuses se trouvent fixées à son bord inférieur. La seconde paire (fig. 7) est biramée, chaque rame se composant de trois articles. Le premier article de la branche externe est garni d'une épine d'un côté et d'une soie plumeuse de l'autre. De même, le second article porte une épine en dehors et une soie en dedans, tandis que l'article terminal porte six soies plumeuses, augmentant de longueur de l'extérieur à l'intérieur, et possède en outre deux épines courtes. La rame interne est conformée différemment. Son premier article porte d'un seul côté une soie plumeuse, tandis que l'article suivant est muni de deux soies disposées sur le même côté, et que le dernier en possède six, qui augmentent de longueur de l'extérieur vers l'intérieur.

La troisième paire de pattes (fig. 8) est formée d'une grande lame qui occupe toute la largeur du corps de l'animal : de chaque côté sont fixées deux rames rudimentaires et simplement bi-articulées. La rame externe est munie à sa base d'un gros crochet et d'une épine sur le premier article; son deuxième article est garni de trois épines et de quatre soies plumeuses, les premières disposées du côté externe, les dernières fixées à l'extrémité, mais sur le bord interne. L'autre rame présente sur le premier article une longue soie, sur le deuxième six autres soies plumeuses, toujours croissant de longueur de l'extérieur vers l'intérieur. La quatrième paire de pattes est uniramée (fig. 9) et se compose d'un segment basal assez long, auquel est articulée une pièce de même longueur, formée de trois articles munis d'épines : le premier et le second de ces articles ont seulement une épine, le dernier en porte trois et celles-ci augmentent de longueur de l'intérieur à l'extérieur. Chaque lamelle caudale est garnie de trois soies plumeuses relativement longues et d'une petite soie disposée a l'extérieur de celle-ci. Les tubes ovigères, allongés et étroits, ont à peu près la longueur du corps.

DESCRIPTION DU MALE. — Sa longueur est de 3^{mm} 7 à 4^{mm} (fig. 1). La différence la plus remarquable entre les deux sexes est présentée par le somite génital du mâle, qui est plus large que long et dont les deux angles postérieurs sont très saillants et garnis de trois soies, représentant les rudiments d'une cinquième paire de pattes. Pour ce qui regarde les appendices, je n'ai point relevé de différences importantes entre la femelle et le mâle et la description donnée pour la première peut servir pour le second.

Plusieurs exemplaires de cette espèce sont conservés au *Museo civico di storia naturale* de Gênes (Italie). Ils ont été pris pendant la campagne hydrographique de la *Regia Nare Scilla*, dans la mer Rouge, sous la direction du commandant C. Marcacci (années 1895-1896). Ces Copépodes ont été trouvés sur le corps d'un *Remora* capturé avec la sonde dans la localité d'*Eia canale sud*, *Massaua*, le 29 janvier 1896.

CONTRIBUTION A L'ÉTUDE
DES LARVES CUTICOLES DE MUSCIDES AFRICAINES

PAR

L. GEDOELST

Professeur à l'École de Médecine vétérinaire de l'État, à Bruxelles.

L'existence de larves de Diptères vivant en parasites sous la peau de l'Homme ou des animaux a été signalée à maintes reprises en Afrique.

La première constatation en a été faite en 1862 par Coquerel et Mondière (1-2), qui ont donné du parasite une description très détaillée. Il s'agissait d'une larve de coloration blanc jaunâtre, formée de 11 segments, mesurant 14ᵐᵐ de long sur 4ᵐᵐ de large (au niveau du cinquième segment). Le corps, de forme cylindrique, s'atténuait vers l'extrémité céphalique, tandis qu'il se renflait vers le milieu et se contournait légèrement en S. La tête présentait deux appendices antennaires globuleux munis de deux points ocelliformes, en dessous desquels on observait encore deux renflements plus petits chargés d'épines très fines sur leur bord interne. Entre ces organes apparaissaient deux crochets buccaux noirs, cornés, très aigus et recourbés en dehors. Les stigmates antérieurs s'ouvraient au bord postérieur du premier segment, qui était armé de très petites épines éparses, peu serrées. Les segments suivants, qui augmentaient progressivement de volume jusqu'au sixième, étaient également munis de petites épines noires, triangulaires, courtes, disposées en rétroversion, plus abondantes et plus fortes sur les côtés et le long du bord supérieur. Cette armature épineuse, surtout puissante sur les segments 6 et 7, se réduisait progressivement sur les segments suivants jusqu'au neuvième pour disparaître presque complètement sur les derniers segments. Le onzième segment portait les stigmates postérieurs, qui étaient superficiels et non renfermés dans une dépression plus ou moins profonde. Ils étaient constitués par deux plaques cornées d'un fauve foncé, munies de trois boutonnières à bords cornés très contournées.

Cette même larve semble avoir été revue les années suivantes et
fait l'objet en 1872 d'une nouvelle étude par Bérenger-Féraud (3-4).
Cet auteur en fournit une description qui, malheureusement, manque de précision. La larve, d'un blanc légèrement brunâtre,
mesurait 10 à 12^{mm} de longueur sur 5^{mm} de diamètre. Le corps de
forme cylindrique était un peu aplati de haut en bas; l'extrémité
antérieure légèrement effilée portait un petit crochet noir, en apparence bifide; l'extrémité postérieure était obtuse et portait au-
dessus un orifice noirâtre. L'animal était formé de neuf anneaux;
la peau de couleur blanche était recouverte d'une infinité de petits poils noirs dirigés obliquement en arrière, courts et rudes.

En 1879, Dutrieux (5) signale une autre larve cuticole qui parasite chez l'Homme, mais plus souvent chez le Bœuf et désignée
pour cette raison sous le nom de *founza ia ngombé* (Ver du Bœuf).
C'est une larve molle, blanchâtre, lisse et nacrée, présentant des
rides transversales qui lui donnent un aspect vermiforme et annelé. Elle est munie d'un dard à extrémité noire, qui peut se
projeter en avant.

R. Blanchard (6) consacre en 1893 une étude très détaillée à
deux larves cuticoles africaines. La première avait été signalée en
1891 par Péringuey (22) à la South African philosophical Society
et transmise pour étude par M. R. Trimen, directeur du Museum
de Cape Town. Cette larve était longue de 12^{mm} et large de 5^{mm}.
Le corps d'un blanc pur, formé de 11 anneaux, s'atténue progressivement sur les quatre premiers segments et affecte la forme
cylindrique sur les segments suivants. L'extrémité céphalique
porte la bouche munie de deux crochets noirs, au dessus desquels
se voient deux papilles arrondies, dépourvues de tache oculaire.
La surface des anneaux dans leurs deux tiers antérieurs est parsemée de courtes villosités faiblement brunâtres. La face ventrale
des anneaux 2 à 10 est divisée en trois zones par deux sillons
transversaux. L'extrémité postérieure est tronquée obliquement
de haut en bas et d'avant en arrière et formée par le 11e anneau
qui présente à considérer l'orifice anal et les stigmates postérieurs.
Les stigmates antérieurs s'ouvrent au bord postérieur et sur les
parties latérales du premier anneau.

La deuxième larve décrite par R. Blanchard est dite de Livingstone, parce qu'elle a été extraite de la jambe du célèbre explo-

rateur. « Elle est entièrement blanche, longue de 5ᵐᵐ, large de 2ᵐᵐ, un peu aplatie, dépourvue de crochets aussi bien à la bouche qu'à la surface ou autour des anneaux. Ceux-ci sont parsemés de petites spinules, disposées sans ordre apparent et d'ailleurs peu nombreuses. La tête est peu distincte; le onzième et dernier anneau est de petite dimension et porte en sa partie médiane deux orifices stigmatiques. »

En 1896, Peringuey (7) communique à la South African philosophical Society une larve envoyée par le Dʳ Veale de Pretoria et déclare qu'elle est identique à celle qu'il avait signalée en 1891 et qui a été décrite par R. Blanchard.

L'année suivante, Brauer (8) décrit deux exemplaires d'une même espèce de larve. Le corps est légèrement claviforme, s'amincissant plus fort en arrière qu'en avant; il est composé de 12 segments recouverts entièrement de petites épines assez fortes, plus grandes et plus serrées aux anneaux moyens. Le segment céphalique porte deux crochets buccaux, au-dessus desquels se voient deux courts renflements antennaires largement séparés et munis de 2 points ocellaires. Les stigmates postérieurs sont constitués par deux plaques portant chacune trois fentes ondulées en S convergeant toutes trois en haut et en dedans. Les 4ᵉ et 7ᵉ anneaux portent un bourrelet intermédiaire. Les épines disposées sur 4 à 5 rangées sont situées à la partie antérieure de chaque anneau et sur les bourrelets intermédiaires, la partie postérieure des anneaux étant seule inerme.

Peu après, R. Blanchard (9) donne la description de deux nouvelles larves. La première, qui mesure 10ᵐᵐ de long sur 3ᵐᵐ de large, présente 11 anneaux. L'extrémité céphalique est munie de deux crochets buccaux et de deux renflements antennaires à double point ocelliforme; l'extrémité postérieure porte les plaques stigmatiques, dont les boutonnières sont rectilignes ou légèrement incurvées à concavité interne, et disposées obliquement de haut en bas et de dedans en dehors. Les anneaux du corps, surtout du 3ᵉ au 7ᵉ, montrent sur leurs deux faces deux sillons transversaux et deux bosselures latérales; le sillon postérieur est plus long et plus accusé que l'antérieur; la surface des anneaux est parsemée de très petites épines chitineuses noires en rétroversion disposées en rangées irrégulières et plus clairsemées dans la moitié postérieure de chaque anneau; ces épines sont plus noires, plus nombreuses et plus fortes sur les anneaux médians du corps, du 3ᵉ au 7ᵉ.

La seconde larve, plus grosse que la précédente, mesurait 10ᵐᵐ de long sur 5ᵐᵐ de large; elle était claviforme et ressemblait beaucoup à la première sans lui être cependant identique; les épines étaient notablement plus grosses et recouvraient toute la surface des anneaux.

La même année, Nagel (10) signale deux larves mesurant 20 à 25ᵐᵐ de long sur 6 à 8ᵐᵐ de large. Le corps, qui s'amincissait en arrière, comprenait 10 ou 12 anneaux couverts partiellement de crochets. La coloration en était blanc jaunâtre.

Kolb (11) a observé également des larves cuticoles de Diptères. Pour toute description, il se borne à dire qu'elles sont de coloration blanche et mesurent 15ᵐᵐ de long sur 4ᵐᵐ de large.

Plehn (12) n'est pas plus explicite sur les larves qu'il a rencontrées : elles sont d'un blanc sale et mesurent 5 à 8ᵐᵐ de long.

Arnold (13) donne des indications plus détaillées sur les larves qu'il a étudiées : elles mesuraient en moyenne environ un tiers de pouce (8ᵐᵐ 5) en longueur; leur coloration était celle du Ver à soie ordinaire; la tête était étroite et présentait des dessins noirâtres visibles à travers les téguments; l'extrémité caudale était obtuse et arrondie; le corps était annelé et de l'épaisseur d'une sonde n°3. La bouche entourée de quatre petits cercles (ventouses?) était portée sur une sorte de trompe qui pouvait se projeter en avant. Toute la surface du corps était ornée d'un grand nombre d'épines, qui près de la tête étaient distribuées en une double couronne, en arrière de laquelle existait une seconde couronne simple; cet arrangement en couronne régulière s'accusait vers l'extrémité caudale, mais plus imparfaitement. Ces épines étaient de couleur brune et en forme de piquants de rosier.

Strachan (14) reproduit les dessins des extrémités céphalique et caudale d'une larve, dont il se borne à dire que la partie antérieure du corps est recouverte d'épines ; à l'extrémité postérieure s'ouvrent les stigmates postérieurs.

Une indication tout aussi sommaire est donnée par Hector (15), qui a recueilli cinq larves mesurant 12ᵐᵐ de long, de couleur blanche avec une tache noire à une extrémité. Le corps présentait 12 segments.

Fuller (**16**) décrit les larves qui causent la myiase cutanée chez l'Homme dans l'Afrique du sud : elles mesurent un demi-pouce de longueur (12^{mm} 5 à 13^{mm}), sont de couleur blanche ou blanc sale et ont les téguments armés de petites épines noires.

Une étude plus complète de ce genre de parasites a été faite par Grünberg (**17**), qui a disposé à cet effet de sept larves : trois larves, dont deux déjà décrites par Brauer en 1897, provenaient de l'Homme et quatre provenaient d'animaux (Chiens, Antilopes, Léopard). La première larve d'origine humaine était au second stade de son développement : elle mesurait 5^{mm} 5 de long sur 2^{mm} 5 au niveau de sa plus grande largeur. Le corps claviforme présente sa largeur maximum au niveau des 3e et 4e segments; les renflements antennaires sont peu proéminents et présentent deux points ocellaires; les téguments sont parsemés de piquants aigus, noirs, surtout abondants du 4e au 7e segment, qu'ils recouvrent assez uniformément ; sur les 2e et 3e segments, ils sont plus grêles, moins nombreux sur la face ventrale et disposés surtout sur la partie antérieure des anneaux. A partir du 3e segment, ils deviennent beaucoup plus petits et sont disposés surtout sur le bord postérieur des anneaux; les plaques stigmatiques sont légèrement incurvées; des bourrelets intermédiaires s'observent à la face ventrale du 5e au 9e segment, des bourrelets latéraux du 5e au 7e; à la face dorsale, il n'y a pas de bourrelets.

A la description des larves de Brauer, Grünberg apporte quelques rectifications : l'amincissement du corps est plus accusé vers l'extrémité antérieure que vers l'extrémité postérieure; les bourrelets intermédiaires se constatent jusqu'au 10e segment à la face ventrale ; à la face dorsale, ils sont à peine indiqués; les piquants sont répartis sur toute la surface des segments, mais sont plus petits et moins nombreux dans le tiers postérieur que dans les deux tiers antérieurs de chaque anneau.

Les larves d'origine animale étudiées par Grünberg, à l'exception de celle provenant du Léopard, ne présentent pas de différence morphologique d'avec les larves de Brauer, sinon qu'elles sont plus avancées dans leur évolution. Aussi l'auteur en donne une description nouvelle très complète. Le corps mesure 10 à 14^{mm} de long et 4^{mm} à 5^{mm} 5 dans sa plus grande largeur ; il comporte 12 anneaux; il est de forme généralement cylindrique, présente son diamètre maximum vers le milieu, s'amincit un peu vers l'extrémité postérieure qui est tronquée et s'effile progressivement vers l'extrémité antérieure; il est souvent un peu aplati dans le sens dorso-ventral. Les renflements antennaires, séparés à leur base de la distance entre les crochets buccaux, sont coniques, obtus et portent deux points ocellaires placés l'un derrière l'autre.

A la base des crochets buccaux existent deux autres renflements plus petits, aplatis et munis d'un cercle de petits crochets chitineux. Les téguments, à partir du premier segment, sont parsemés de petits piquants brunâtres, disposés en séries transversales nombreuses et irrégulières; petits sur les deux premiers segments, ces piquants sont le plus grands du 3e au 7e segment et diminuent de taille à partir du 8e; sur le tiers postérieur des anneaux, les piquants sont plus petits que sur les deux tiers antérieurs et échappent facilement à l'observation superficielle. Les segments 4 à 10 portent à la face ventrale un bourrelet transversal intermédiaire; les segments 5 à 10 portent en outre encore un sillon transversal; les bourrelets latéraux sont diversement développés et souvent indiqués seulement par de faibles sillons longitudinaux; la face dorsale des anneaux est généralement uniforme. Les plaques stigmatiques libres sont légèrement incurvées; les boutonnières consistent en trois arcades longitudinales incurvées, telles que Brauer les a décrites.

La larve du Léopard mesurait 8mm 5 à 12mm de long sur 3mm 5 à 5mm dans sa plus grande largeur. Le corps est cylindrique ou en forme de tonne; l'extrémité céphalique et les plaques stigmatiques sont identiques à celles des larves précédentes. La disposition des piquants tégumentaires diffère seule : les piquants noirs à base plus claire sont de forme triangulaire et recouvrent le corps à partir du 2e segment jusqu'au 8e; ils sont disposés en rétroversion sur la moitié antérieure, en antéversion sur la moitié postérieure de chaque segment; régulièrement répartis sur les faces ventrale et latérales, ils sont plutôt rassemblés à la face dorsale dans la zone antérieure, où ils forment une couronne serrée surtout sur les 2e et 3e segments, alors que la partie postérieure paraît à peu près nue.

A partir du 6e anneau, les piquants diminuent de taille jusqu'au 11e, où ils sont excessivement petits. A la face dorsale des 9e et 10e segments, ils sont très peu abondants.

Une larve qui mérite une mention spéciale, bien qu'elle ne soit pas cuticole et sorte par conséquent du genre de parasites que nous envisageons dans cette étude, est la larve décrite sous le nom de *Congo Floor Maggot* par Dutton, Todd et Christy (**18**). Elle est de coloration blanc sale, amphipneustique et comporte onze anneaux. Elle présente sa plus grande largeur vers les 9e et 10e segments et montre nettement une face dorsale et une face ventrale, à la jonction desquelles se voit une série de protubérances irrégulières au nombre de deux ou plus pour chaque segment; chacune de ces protubérances porte une petite épine en rétroversion et une petite fossette. La face ventrale est plane et au bord postérieur de chaque segment existe trois tubercules disposés transversalement et recouverts de petites épines en rétroversion. Le dernier anneau est le plus volumineux; sa face dorsale est plane surbaissée et porte les stigmates, qui se présentent sous la forme de deux groupes de lignes brunes transversales parallèles. Sur le bord postérieur de l'anneau existent des groupes d'épines proéminentes. La face ventrale du même anneau porte l'anus, qui s'ouvre en avant sur la ligne médiane sous la forme d'une fente longitudinale entourée d'un léger rebord. Un peu en arrière et sur chaque côté de l'anus se voit une forte épine. L'anneau céphalique est conique et porte en avant les pièces buccales sous la forme de deux crochets noirs incurvés, entre lesquels s'ouvre la bouche et qui sont entourés par des groupes de petites denticules. En arrière, du côté de la face dorsale, se voient les deux stigmates antérieurs sous la forme de deux taches brunes.

Enfin, pour clôturer cette revue bibliographique, il nous reste à citer une note récente de Le Dantec et Boyé (**20**), qui ont signalé sommairement des larves mesurant de 8 à 12mm de long, formées de onze segments, de coloration blanc sale et recouvertes de poils courts et rugueux. A l'extrémité céphalique, on observe deux petits manchons munis chacun d'un crochet.

A cette liste déjà longue de larves cuticoles, nous pouvons ajouter une nouvelle larve, qui nous a été remise pour étude par M. le Baron de Haulleville (**1**), chef des services du Musée et de la

(1) Nous tenons ici à remercier M. le Baron de Haulleville pour la communication qu'il a bien voulu nous faire de diverses pièces intéressantes de parasitologie congolaise et à lui exprimer publiquement notre sincère reconnaissance.

Bibliothèque de l'Etat indépendant du Congo. Elle était accompagnée de cette simple note : *recueillie sous la peau du bras du comman-dant Lund, 2 août 1902.*

Telle qu'elle nous parvient (fig. 1), la larve montre des replis irréguliers, qui résultent d'une compression accidentelle et ont été fixés par le liquide conservateur. La partie postérieure de l'animal est surtout modifiée dans sa forme normale: le dernier anneau étant légèrement comprimé et enfoncé dans les anneaux antérieurs. Néanmoins, il est encore possible de reconnaître la forme générale du corps, qui est celle d'un cylindre fortement incurvé, la face dorsale dessinant une ligne concave et la face ventrale une ligne convexe (fig.1).

L'extrémité céphalique est ramenée vers la face ventrale, de telle sorte qu'on peut distinguer une double curvature, une antérieure peu étendue, à laquelle participent les 2 ou 3 premiers segments du corps, et une postérieure plus considérable, dirigée dans le sens opposé à l'antérieure et intéressant tous les autres anneaux. La forme générale du corps est donc celle d'un S, dont les deux incurvations seraient inégales.

Le corps est formé de 11 segments ; il mesure 12mm 5 de long et 4mm 5 dans sa plus grande largeur ; sa coloration générale est jaune sale, coloration qui est rendue

Fig. 1. — Larve recueillie sous la peau du bras du commandant Lund, au Congo. × 6.

plus foncée par l'existence en proportion variable sur chaque anneau de petites épines brunâtres, dont la disposition fait que la larve paraît à l'œil nu traversée d'une série de bandes brunes séparées par des lignes claires.

L'extrémité antérieure est atténuée et nettement conique. Le corps augmente progressivement de diamètre du 3e au 6e ou 7e anneau, niveau auquel on observe le diamètre transversal maximum. Celui-ci diminue très légèrement en arrière jusqu'au 10e anneau, qui entoure le 11e segment ou segment stigmatique, de sorte que l'extrémité postérieure du corps paraît obtuse et comme tronquée brusquement.

Le segment céphalique présente deux bourrelets antennaires

hémisphériques réguliers, à surface lisse, munis chacun de deux points ocellaires dessinés par de petits cercles jaunâtres (fig. 2). Ces deux bourrelets antennaires sont réunis par une éminence transversale qui limite au-dessus une cavité ; celle-ci constitue une espèce d'atrium buccal. En dessous et en dedans de ces bourrelets antennaires se voient deux crochets noirs courts, épais, incurvés, à extrémité obtuse ; ils sont peu proéminents, de sorte que leur partie libre affecte une forme générale assez régulièrement triangulaire. En dessous et en dehors de ces crochets, il existe deux bourrelets latéraux, surbaissés, moins accentués que les renflements antennaires ; ils limitent à droite et à gauche l'atrium buccal et sont munis d'une armature chitineuse constituée par de petites plaques cornées triangulaires, de coloration jaune brun, à rebord libre finement denticulé. Ces petites plaques sont disposées suivant

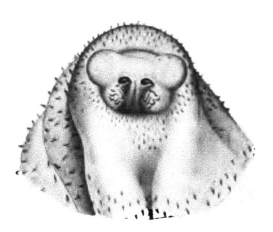

Fig. 2. — **Extrémité céphalique de la larve de Lund.**

deux lignes qui convergent en bas et en arrière en formant un angle dans lequel s'observent encore 2 ou 3 plaques analogues. A raison de cette armature spéciale, nous croyons pouvoir désigner ces bourrelets sous le nom de renflements mandibulaires.

Enfin en arrière et en dessous, un rebord transversal achève de limiter l'atrium buccal et se continue latéralement à droite et à gauche, de manière à entourer tous les organes céphaliques en formant le premier anneau. Celui-ci est armé de petites épines, dont la coloration légèrement jaunâtre ne tranche que faiblement sur celle du tégument lui-même de cet anneau.

Au plafond de l'atrium buccal, c'est-à-dire sur sa paroi supérieure ou dorsale, existe une traînée de minuscules épines cornées brun foncé. Cette traînée commence au niveau de l'espace qui sépare les deux crochets buccaux et se poursuit en arrière sur une certaine longueur. Les épines qui la composent ont leur extrémité dirigée en arrière et par leur ensemble doivent agir à la manière d'une lime.

Les anneaux du corps augmentent progressivement de dimensions du 2e au 6e ou 7e; les 8e et 9e ne le cèdent guère à ces derniers en grandeur, tandis que le 10e apparaît fort réduit et le 11e est circonscrit par celui-ci.

La surface des anneaux est parsemée d'épines triangulaires jaunes, à extrémité brun foncé. Les épines sont réparties assez irrégulièrement sur toute la surface des segments, mais elles sont plus serrées sur la face dorsale que sur la face ventrale; elles augmentent de taille du 2e au 6e anneau et diminuent du 7e au 9e. Sur le 10e, elles sont fort réduites, moins serrées et faiblement teintées. Sur le 11e anneau, les épines, disposées à la périphérie du segment, sont fort petites et hyalines comme sur le segment céphalique.

Sur les trois quarts antérieurs de chaque anneau, les épines sont disposées en rétroversion, tandis que sur le quart postérieur elles ont l'extrémité dirigée en avant, sauf sur les anneaux 2 et 3 où elles sont toutes en rétroversion.

Les épines forment ainsi sur chaque anneau une ceinture continue; ces différentes ceintures sont séparées les unes des autres par un espace étroit, où le tégument est inerme et qui est constitué par le bord postérieur d'un anneau et le bord antérieur de l'anneau suivant. Ces zones inermes ont la coloration claire des téguments eux-mêmes, dessinent ainsi autant de lignes claires entre les ceintures d'épines brunes et rendent fort apparente la segmentation du corps (fig. 1).

Les anneaux ne montrent aucune indication de sillons transversaux ou longitudinaux; il n'existe donc ni bourrelets intermédiaires ni bourrelets latéraux.

Au bord postérieur du premier anneau et sur la ligne médiane latérale, on observe de chaque côté les stigmates antérieurs sous la forme de plaques jaunâtres arrondies, dont le contour supérieur et antérieur dessine 5 à 6 incurvations convexes en dehors limitées par un rebord brunâtre, tandis que le contour inférieur et postérieur est indistinct et ne présente pas de démarcation nette. Ces incurvations correspondent probablement à autant de pertuis stigmatiques.

Le 11e anneau porte les stigmates postérieurs, qui se présentent sous la forme de deux plaques ovoïdes incurvées, se regardant par leur face concave (fig. 3). La grosse extrémité de l'ovoïde est dirigée du côté inférieur ou ventral, tandis que la petite extrémité est dirigée vers la face dorsale. Dans la concavité du bord interne de chacune de ces plaques se voient les pseudo-stigmates sous la forme de deux cicatrices arrondies à aspect rayonné. Chacune des plaques stigmatiques porte trois boutonnières présentant des sinuosités très accusées. La boutonnière supérieure de la plaque de droite était divisée en deux parties.

La larve que nous venons d'étudier est arrivée au 3e stade de son évolution larvaire ; elle appartient incontestablement à la division des *Diptera cyclorrhapha* de Brauer et en particulier aux *Muscaria schizometopa*. Une détermination plus précise semble difficile en l'absence de l'imago ; mais la forme générale du corps, l'absence de bourrelets latéraux sur les segments, les caractères de la spinulation, la constitution des stigmates postérieurs sont autant de caractères qui éloignent nettement cette larve des Œstrides cuticoles, pour la rapprocher plutôt des Muscides proprement dites. Nous inclinons donc plutôt à

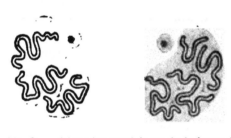

Fig. 3. — Stigmates postérieurs de la larve de Lund.

considérer notre larve comme appartenant à une muscide ; cette conclusion est du reste conforme à l'opinion de la plupart des auteurs qui ont étudié les diverses larves africaines décrites jusqu'ici.

En l'absence de toute détermination spécifique possible, nous proposons de désigner provisoirement cette larve sous le nom de *larve de Lund*.

En présence du grand nombre de cas de myiase cutanée signalés en Afrique, une double question s'impose :

1º Les diverses larves décrites par les auteurs appartiennent-elles à un genre unique d'insectes ou doivent-elles être rapportées à des genres multiples ? 2º Leur répartition géographique fournit-elle à ce sujet quelque indication intéressante ?

Nous envisagerons d'abord cette seconde question.

Les premières larves ont été observées au Sénégal, par Coquerel et Mondière (1-2) et par Bérenger-Féraud (3-4); elles provenaient plus particulièrement de la province du Cayor, où l'on crut primitivement que se bornait leur habitat. C'est la raison pour laquelle on les désigna sous le nom de Vers du Cayor. Mais des observations ultérieures montrèrent qu'elles se rencontraient dans un rayon plus étendu du Sénégal, sans toutefois, dépasser au nord Saint-Louis. Une des larves décrites par R. Blanchard (9) en 1896 avait la même origine sénégalaise.

Depuis lors, l'habitat de ce genre de parasites s'est étendu bien au delà de ces limites primitives, comme il ressort des indications suivantes que nous reproduisons sans tenir compte de l'ordre chronologique de leur publication.

Dans le pays de Togo, des larves cuticoles s'observent chez l'Homme aussi bien que chez les animaux, comme il résulte d'une communication faite par le Dr A. Collin, conservateur au Musée zoologique de Berlin et rapportée par R. Blanchard (6). A la Guinée française appartiennent les larves signalées récemment par Le Dantec et Boyé (20).

Pour la Nigérie, nous avons les observations de Strachan et de Rangé. Le premier de ces auteurs (14) rapporte la fréquence des larves de Diptères à Lagos et le Dr Rangé (21) a fait une constatation analogue sur les soldats du corps expéditionnaire au Bénin.

Dans la Nigérie septentrionale, à Kano, T. J. Tonkin (19) signale la présence d'une larve qu'il identifie au Congo floor Maggot.

Une des larves étudiées par Grünberg (17) provenait de Johann-Albrechtshöhe dans le Kameroun et la deuxième larve décrite en 1896 par R. Blanchard était originaire du Gabon.

Au Congo belge appartiennent le Congo floor Maggot décrit par Dutton, Todd et Christy (18) et la larve que nous venons de décrire. Le premier de ces parasites se rencontre dans le Bas Congo depuis Matadi jusque Tchumbiri et s'étendrait jusque sur le territoire portugais à San Salvador, où il serait commun.

Plus au Sud, du Damaraland provenaient des larves étudiées par Grünberg : ces parasites s'observaient pendant l'été chez les Chiens et de petites Antilopes.

Au Natal, les cas de myiase cutanée sont nombreux. C'est d'abord celui rapporté par R. Blanchard (9) en 1893 : il s'agissait d'une

Mouche et de sa dépouille de pupe, qui résultaient de l'éducation d'une larve développée sous la peau d'un enfant. Ce parasite est très commun sur la côte de Natal et se présente quelquefois en exemplaires nombreux chez un même individu. Le Colonel J. H. Bowker rapporte qu'on en a extrait jusqu'à dix exemplaires du bras d'un même enfant.

Peringuey (**22**) a signalé de même des larves retirées du bras d'un enfant au Natal et Arnold (**13**) cite ce dernier pays comme faisant partie de l'habitat des Diptères dont il a étudié les larves. Celles ci s'étendaient dans le Transvaal (Murchison Range) et même dans la Rhodésie (district de Tuli). Pour ce dernier pays, nous pouvons encore citer les observations de Marshall (**23**), de Townsend (**24**) et de Mennell (**25**). Ces deux auteurs s'accordent à déclarer que ces parasites sont tout particulièrement communs à Salisbury, où ils constituent une réelle nuisance. D'après Mennell, le Diptère qui donne ces larves a pour habitat principal la Rhodésie, mais s'étend dans l'Afrique centrale anglaise et dans l'Uganda.

R. Blanchard (**6**) et Peringuey (**22**) citent des larves provenant de Delagoa Bay (Lourenço-Marquez). Fuller (**16**) attribue à ce genre de parasites comme habitat le Natal et la région de Delagoa-Bay.

Une autre larve décrite par R. Blanchard (**6**) sous le nom de *larve de Livingstone* avait été recueillie dans le bassin du Zambèse.

Les données bibliographiques abondent pour l'Afrique allemande orientale. Les deux larves décrites par Brauer (**8**) et étudiées à nouveau par Grünberg (**17**) provenaient de Tanga. Ce dernier auteur signale en outre des larves recueillies sous la peau des Chiens à Dar-es-Salam. Plehn (**26**) rapporte de même la fréquence des tumeurs furonculeuses produites par des larves de Muscides chez l'Homme et les animaux sur la côte de Tanga.

Nagel (**10**) a observé sur lui-même de semblables parasites à La Longa (Usagara). Il signale que de pareils cas de myiase sont fréquents chez les indigènes de l'Usagara. Une mention analogue avait déjà été faite par Dutrieux (**5**) pour la région de l'Uniamwesi, où l'on rencontre fréquemment des larves d'Insectes cuticoles chez l'Homme et surtout chez les Bovidés.

Smith (**27**) signale comme fréquents sur la côte ouest du lac Nyassa des cas de myiase analogues à celui de M. Arnold. Les indigènes attribuent les larves à une Mouche marbrée de brun, qu'ils désignent sous le nom *tshizeti*. A propos de cette même indication d'Arnold, Maberly (**28**) rappelle une mention du Dr Ker Cross, qui parle également de larves cuticoles s'observant chez les enfants, les Chiens et les Antilopes dans l'Afrique centrale anglaise.

Pour l'Afrique orientale anglaise, on peut citer les observations de Kolb et certaines larves étudiées par Grünberg. Kolb (**11**) signale la présence sur le cours supérieur de la Tana d'une Mouche de coloration brun rouge appelée *ngumba*, dont les larves donnent naissance à des tumeurs furonculeuses de la peau. Quant aux larves décrites par Grünberg et originaires de la même région, elles provenaient du Léopard.

Nous pouvons ajouter ici les mentions faites par Hector (**15**) d'une larve à laquelle il a donné pour origine probable l'Uganda, et par Balfour (**29**) de cas fréquents de myiase cutanée chez les animaux domestiques (Chameau, Mule et Cheval) dans le Bahr-el-Ghazal.

De ce long exposé, il résulte que des larves cuticoles se rencontrent non seulement sur presque toute la côte occidentale de l'Afrique depuis le Sénégal, mais aussi sur toute la côte orientale jusqu'au pays Somali et se retrouvent jusqu'à une certaine distance dans l'hinterland correspondant et même au centre du continent africain. Mais, fait digne de remarque, aucun cas n'est signalé d'une région située au Nord du parallèle de Saint-Louis. Il semble donc que les Diptères qui donnent lieu à ces larves cuticoles ne se rencontrent guère en deçà de ce parallèle. On peut cependant prévoir que des observations ultérieures puissent déceler de semblables parasites au nord du Somaliland, puisque Brauer a signalé une larve originaire de la côte arabe de la mer Rouge, sans toutefois préciser davantage son lieu d'origine.

Il nous reste maintenant à examiner la question de la nature de ces larves. Les différentes larves citées par les auteurs appartiennent-elles toutes à une espèce de Diptère ou bien différentes espèces peuvent-elles fournir des larves cuticoles ? Dans l'une et l'autre hypothèse, quelle est l'espèce ou quelles sont les espèces de Diptères dont les larves vivent en parasites sous la peau de l'Homme ou des animaux ?

La réponse à ces questions peut être fournie soit par l'examen comparé des larves qui ont été décrites à ce jour, soit par la détermination des Insectes parfaits obtenus par l'éducation de ces mêmes

larves. L'examen comparé offre de multiples difficultés en l'absence
des pièces originales, parce que les descriptions des auteurs sont
trop incomplètes ou encore parce que les larves décrites ne se
trouvent pas toutes au même stade de leur évolution et sont ainsi
difficilement comparables. C'est pourquoi nous ne pouvons retenir
pour les soumettre à la comparaison que les larves décrites par
Coquerel et Mondière, R. Blanchard, Brauer et Grünberg et la larve
étudiée ici par nous-même. Nous faisons évidemment abstraction
du Congo Floor Maggot, qui se différencie nettement des autres
larves africaines non seulement par ses caractères morphologiques,
mais encore par son mode si particulier de parasitisme.

Un essai comparatif a déjà été tenté par Grünberg, qui a eu l'occasion d'examiner personnellement les larves décrites en 1897 par
Brauer et s'est prononcé pour l'identité des larves de Tanga avec
celles qu'il a obtenues lui-même du Cameroun, du Damaraland et
de l'Afrique allemande orientale. Il croit pouvoir étendre cette
identité aux larves de Coquerel et Mondière et de R. Blanchard.
Pour ce qui concerne la larve décrite en 1893 par ce dernier auteur,
Grünberg signale quelques différences qu'il attribue à une observation incomplète. L'étude que nous avons pu faire de cette larve nous
permet de confirmer et de compléter les descriptions du savant
parasitologue français (1).

La larve du Natal se différencie nettement des larves étudiées
par Brauer-Grünberg par les caractères du segment céphalique et
du segment anal. La bouche est dépourvue des tubercules latéraux
(fig. 4), qui s'observent à la base des crochets et qui sont armés
d'une série de denticules chitineuses, tubercules qui se remarquent
sur les larves de Brauer-Grünberg et sur la larve du Congo qui fait
l'objet de la présente note (fig. 2). Quant au onzième anneau qui
porte les stigmates postérieurs, R. Blanchard en a fourni une description suffisamment détaillée, pour qu'il soit possible de reconnaître combien il diffère du dernier anneau des larves de Brauer-
Grünberg tel qu'il est représenté par ce dernier auteur dans sa

(1) Nous devons la communication de cette pièce si intéressante à M. le Professeur
R. Blanchard, qui a bien voulu avec son obligeance habituelle nous la confier pour
examen. Nous saisissons avec empressement cette occasion pour lui en témoigner
toute notre reconnaissance et lui renouveler nos remerciements pour l'accueil si
empressé qu'il nous a réservé en son laboratoire et la complaisance avec laquelle
il a mis à notre disposition les riches matériaux de ses collections de parasitologie.

figure 4, que nous reproduisons ici (fig. 5). Il est vrai que Blanchard ne nous renseigne pas sur les caractères des stigmates postérieurs. C'est pourquoi il nous a paru utile de figurer ici ce onzième anneau (fig. 6).

Nous ne croyons pas devoir insister sur les différences de conformation de cet anneau chez la larve du Natal de R. Blanchard d'une part et les larves de Grünberg d'autre part. Nous nous bornerons à comparer les plaques stigmatiques. Si la forme et la disposition des fentes rappellent assez exactement celles représentées par Grünberg, la forme des plaques elles-mêmes et leur disposition sur l'anneau sont totalement

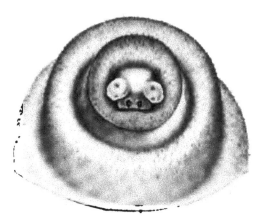

Fig. 4. — Extrémité céphalique de la larve du Natal.

différentes, de sorte qu'il ne saurait être question d'une identité spécifique, ni même générique; tout au plus, à raison de la simi-

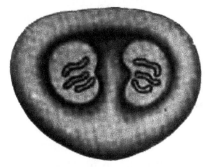

Fig. 5. — *Cordylobia anthropophaga*: 11ᵉ segment avec plaques stigmatiques d'une larve développée sous la peau d'un Chien. D'après Grünberg.

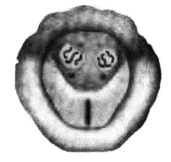

Fig. 6. — Larve du Natal; 11ᵉ anneau avec plaques stigmatiques.

litude de forme des fentes stigmatiques, pourrait-on affirmer que ces diverses larves appartiennent à une même famille de Diptères.

Un autre caractère différentiel réside dans la nature des ornements qui recouvrent les téguments : la larve du Natal paraît au premier abord dépourvue de tout ornementation chitineuse ; vue à la loupe, elle présente un aspect tomenteux, qui est dû à l'existence de courtes villosités dont la coloration n'est guère différente de celle de stéguments eux-mêmes. Blanchard a parfaitement reconnu cet aspect particulier et a nettement distingué ces formations tégumentaires des épines proprement dites que l'on rencontre généralement chez les larves de Diptères, puisqu'il a eu bien soin de les désigner sous le nom de villosités. Aussi devons-nous dire que les figures qu'il donne de sa larve rendent imparfaitement l'aspect réel de celle-ci, qui y apparaît recouverte d'une spinulation très apparente. Nous croyons donc utile de décrire avec quelque détail la répartition et les caractères des productions qui ornent les téguments de la larve du Natal.

Ces productions ne sont pas, à la vérité, des villosités au sens exact du mot. mais bien des épines d'un caractère très spécial : elles sont transparentes comme du cristal et leur coloration ne diffère pas de celle des téguments qui les portent, de telle sorte qu'elles sont d'une observation fort difficile, difficulté qui est augmentée en outre par leur extrême petitesse sur les segments postérieurs. C'est sur les premiers anneaux qu'elles possèdent leurs plus grandes dimensions ; mais à partir du 5ᵉ segment elles diminuent de taille, pour devenir minuscules sur les derniers segments. Elles affectent en outre cette disposition très particulière d'être réunies par petits groupes linéaires de 2 à 4 et même de 8 à 12, formant ainsi des traînées plus ou moins étendues de petites denticules contiguës. disposées transversalement ou plus ou moins obliquement par rapport à l'axe du corps. Cette disposition en séries n'apparaît qu'à partir du 2ᵉ segment, où ces séries sont relativement rares et peu étendues, formées de 2, 3 ou 4 épines ; sur les anneaux suivants, elles se montrent plus nombreuses et plus étendues, pour atteindre leur développement maximum sur le 6ᵉ segment (8 à 12 spinules) ; cette disposition se maintient sur tous les anneaux suivants, sauf que les séries sont moins longues et les épines plus petites. Des épines isolées ne se voient que sur les segments antérieurs : elles existent seules sur l'anneau céphalique ; sur les anneaux 2 à 4, elles sont associées aux séries et deviennent d'autant moins nombreuses que ces dernières se font plus abondantes du 2e au 4e anneau : à partir du 5e, elles disparaissent presque complètement. Ces productions tégumentaires présentent en outre une répartition un peu différente suivant les anneaux qu'on considère : elles ne recouvrent que la moitié antérieure des 1er et 2e anneaux, les deux tiers du 3e et les trois quarts du 4e : à partir du 5e, elles sont réparties sur toute la surface des anneaux, ne laissant libre qu'une zone étroite au niveau de la ligne de démarcation des segments.

Dans les larves de Brauer-Grünberg, au contraire, les téguments sont ornés d'épines simples, puissantes, plus ou moins développées et de coloration variant du brun clair au noir foncé, tranchant ainsi nettement sur le tégument qui est toujours de couleur claire.

Nous voyons donc qu'il existe suffisamment de points de différenciation pour pouvoir affirmer que la larve du Natal, décrite en 1893 par R. Blanchard, ne saurait être identifiée aux larves de Brauer-Grünberg.

Quant aux larves du Sénégal et du Gabon décrites en 1896 par R. Blanchard, nous ne pouvons mieux faire que de reproduire à leur sujet l'opinion de celui qui les a étudiées. Après avoir déclaré que la larve du Gabon n'est pas identique à celle du Sénégal, R. Blanchard, rapprochant ces larves de celles de Brauer et de sa larve du Natal, reconnaît qu'elles ont entre elles suffisamment d'affinités pour qu'on ne puisse douter de leur proche parenté, sans cependant qu'il y ait identité spécifique.

Les caractères qui séparent ainsi la larve du Natal des larves de Brauer-Grünberg la différencient de même de la larve sénégalienne décrite par Coquerel et Mondière. Ces mêmes caractères rapprochent au contraire le Ver du Cayor des larves de Brauer-Grünberg. Y a-t-il identité complète, comme Grünberg tend à l'admettre? Nous n'oserions nous prononcer catégoriquement à ce sujet. Il est incontestable que la conformation de l'anneau terminal du Ver du Cayor, telle qu'elle est reproduite dans la figure 1d de Coquerel et Mondière, est fort semblable à celle que Grünberg attribue au même anneau de ses larves. Nous reconnaissons en outre que la spinulation du Ver du Cayor rappelle assez parfaitement celle des larves de l'Afrique orientale, d'autant plus que Coquerel et Mondière ne paraissent pas décrire avec suffisamment de précision la disposition des épines sur les derniers anneaux du corps, lorsqu'ils disent qu'à par-

tir du neuvième segment les épines sont moins serrées et plus petites et qu'elles disparaissent complètement sur les segments suivants; ils ajoutent immédiatement après que le dixième anneau
est nu. Or, il suffit de se reporter à leur figure 1^d pour constater que
le dixième anneau porte deux séries inégalement développées de
petites épines, constatation qui écarte d'autre part l'hypothèse que
les petites épines des derniers anneaux auraient échappé à l'observation des savants français. Du reste, de légères différences dans
la spinulation peuvent s'expliquer par des différences spécifiques.
Mais où le Ver du Cayor semble s'écarter davantage des larves de
Brauer-Grünberg, c'est dans la conformation du segment céphalique et en particulier dans la forme des crochets buccaux que Coquerel et Mondière décrivent et figurent sous la forme de crochets très
aigus légèrement recourbés en dehors. Aussi préférons nous adopter
l'avis de Brauer, lorsqu'il déclare qu'il lui semble très probable
que les larves qu'il a étudiées appartiennent au même genre ou à
un genre très voisin que la forme désignée sous le nom de Ver
du Cayor.

Quant à la larve du Congo que nous avons décrite ci-dessus,
toute assimilation à l'une quelconque des larves décrites antérieurement est impossible. Il suffira pour justifier cette assertion de
rappeler ses principaux caractères différentiels: absence de champs
intermédiaires ou latéraux sur les segments du corps, caractères
de la spinulation, stigmates postérieurs à fentes fortement contournées. Ce dernier caractère fait de notre larve congolaise un type
spécial à opposer aux autres larves connues à ce jour. Celles-ci
constituent un groupe caractérisé par la constitution des stigmates
postérieurs, constitution qui rappelle celle des stigmates des
Calliphorines parmi les Muscides. Les diverses formes qui rentrent dans ce groupe n'appartiennent pas nécessairement à une
même espèce de Diptère ni même probablement à un même genre.
Comme nous l'avons montré ci-dessus, on peut en effet distinguer
trois types qui sont le Ver du Cayor de Coquerel et Mondière, la
larve du Natal de R. Blanchard et les larves de Brauer-Grünberg
Les véritables affinités de ces trois types ne sauraient être décidées
que par la détermination des Insectes adultes qui leur donnent
naissance.

Le problème de cette détermination a préoccupé tous les auteurs qui ont eu l'occasion d'observer ces larves, mais les éléments nécessaires pour sa solution, c'est-à-dire les Insectes parfaits obtenus de l'éducation de ces larves, ont manqué à la plupart d'entre eux.

Coquerel et Mondière se bornent à citer l'opinion des indigènes, qui rapportent les Vers du Cayor à une petite Mouche que Bigot a reconnue comme appartenant au genre *Idia* et que Coquerel a dénommée *Idia Bigoti*. Mais cette opinion, qui ne repose pas sur l'observation directe, ne méritait aucune créance et Coquerel et Mondière ne s'y sont pas arrêtés davantage. Ils résument leur avis sur ce point en déclarant qu'il leur semble probable que le Ver du Cayor « appartient à un Diptère d'un genre nouveau, qui devra être placé à côté des Hypodermes, c'est-à-dire des Œstrides cuticoles sans caverne stigmatique ».

Bérenger-Féraud fut le premier qui réussit l'éducation des larves sénégaliennes et qui en obtint le Diptère adulte. Celui-ci fut étudié par Em. Blanchard (**30**), qui reconnut qu'il s'agissait d'un représentant de la grande famille des Muscides, voisin du genre *Lucilia* et qu'il crut pouvoir ranger dans le genre *Ochromyia* de Macquart. Il lui donna le nom de *Ochromyia anthropophaga*; c'était une Mouche de coloration gris jaunâtre mesurant de 8 à 10 millimètres.

Cette détermination n'a pas été acceptée immédiatement : Pruvot (**34**) et Jacobs (**32**) se sont prononcés plutôt dans le sens de Coquerel et Mondière, en considérant ces Insectes comme étant plutôt de véritables Œstrides. Cependant l'observation si précise de Railliet (**33**) a définitivement résolu cette question dans le sens d'Em. Blanchard. Les spécimens étudiés par le savant professeur d'Alfort avaient été obtenus par Lenoir en faisant éclore les larves recueillies par la pression de boutons furonculeux ; il s'agissait bien évidemment de la même espèce observée par Em. Blanchard comme il résulte de la comparaison des descriptions de ce dernier auteur et de Railliet.

R. Blanchard se prononce en 1893 dans le même sens, à la suite de l'étude qu'il fait de deux Diptères originaires du Natal et provenant tous deux de l'éducation de larves développées sous la peau d'enfants. Bien que l'état de conservation de ces deux exemplaires ait laissé à désirer, R. Blanchard a pu reconnaître sans difficulté qu'il s'agissait d'une Muscide véritable présentant de grandes affinités avec les *Ochromyia*, mais sans pouvoir affirmer si ce Diptère fait réellement partie de ce genre. Il considère cependant cette opinion comme la plus vraisemblable, en présence des observations si précises de Bérenger-Féraud, de Railliet et de Lenoir. Cependant, Brauer (8) a fait remarquer que la nervation de l'aile de l'Insecte décrit par R. Blanchard ressemble à celle de *Bengalia depressa* (Walker) Schiner et d'*Auchmeromyia luteola* (Fabricius) Schiner, tous deux de Port-Natal. Pour le surplus, il attribue également les larves qu'il a décrites à des Muscides, sans pouvoir déterminer davantage les affinités de ces larves par rapport aux différents genres de Muscides.

La détermination d'*Auchmeromyia luteola* ne saurait plus être prise en considération, depuis qu'Austen (18) a établi que la larve de ce Diptère constitue le Congo floor Maggot.

Kolb (11), qui a observé le Diptère donnant naissance aux larves cuticoles de l'Afrique orientale anglaise, le signale comme un Œstride (Dasselfliege) de coloration brun rouge. Il n'en fournit pas de description plus ample et se borne à déclarer qu'il correspond au *Dermatobia noxialis* de l'Amérique du Sud, raison pour laquelle il le désigne sous le nom de *Dermatobia Keniæ*.

Un semblable rapprochement a été fait par Plehn (12 et 26) pour les Diptères de la côte de Tanga; il déclare que ces Insectes sont rares et qu'il n'est pas encore parvenu à les déterminer. Smith (27) rapporte que les larves cuticoles observées sur la côte ouest du lac Nyassa et dans la contrée environnante sont attribuées par les indigènes à une Mouche de couleur marbré brun désignée par eux sous le nom de *tshizeti*. Strachan (14) semble incriminer plusieurs espèces de Diptères au Lagos, lorsqu'il dit qu'il n'a pas identifié toutes les Mouches dont les larves vivent sous la peau et que ces larves sont fort variables entre elles.

Peringuey (22) a eu l'occasion d'étudier une Mouche obtenue de larves retirées du bras d'un enfant au Natal et déclare qu'elle est peut-être voisine de *Bengalia depressa* (Walker). Austen (23) est arrivé à une conclusion analogue pour un exemplaire mâle d'une Mouche provenant de larves recueillies sous la peau de jeunes enfants dans la Rhodésie. Il signale qu'une espèce analogue sinon identique, avec des mœurs semblables, existe sur la côte occidentale de l'Afrique.

Fuller (16) décrit l'Insecte dont les larves vivent sous la **peau** au Natal sous la forme d'une Mouche de teinte brun gris mesurant 12 à 13ᵐᵐ. Ce Diptère a été déterminé par Coquillett comme *Auchmeromyia (Bengalia) depressa* Walker. Cette détermination a été acceptée par Mennell (**25**), du Museum de la Rhodésie, à Buluwayo.

Cette étude a été reprise par Grünberg (**17**), qui a disposé de plusieurs exemplaires adultes de ces Diptères; c'était d'abord un mâle avec son enveloppe pupale provenant d'une larve ayant vécu sur un Chien à Bagamoyo; ensuite deux mâles et deux femelles originaires du lac Nyassa; l'un de ces derniers exemplaires résultait de la métamorphose d'une larve recueillie sous la peau d'un Singe. Ce sont des Mouches mesurant 8ᵐᵐ. 5 à 11ᵐᵐ. 5, de coloration jaune brun. Grünberg consacre à ces Insectes une étude très minutieuse, d'où il ressort qu'ils appartiennent bien à la famille des Calliphorines, mais se différencient cependant nettement des genres *Ochromyia*, *Bengalia* et *Auchmeromyia*, bien qu'ils montrent beaucoup d'affinités avec ces différents genres. Il les range en conséquence dans un genre nouveau, pour lequel il propose le nom de *Cordylobia*. Il compare en outre les descriptions de ses prédécesseurs (Em. Blanchard, Railliet, R. Blanchard) et constate que les caractères attribués par ces auteurs aux Diptères adultes qu'ils ont observés s'appliquent parfaitement à ses exemplaires de *Cordylobia*. Il en conclut que toutes les larves cuticoles signalées en Afrique appartiennent à une même espèce, qui prend le nom de *Cordylobia anthropophaga* (Em. Blanchard), et qui possède une aire de dispersion fort étendue : toute l'Afrique centrale et une partie de l'Afrique du Sud. Cette opinion a été acceptée par Austen, le savant diptérologue du British Museum, comme il résulte d'une communication qu'il a bien voulu nous faire.

Si l'on envisage que Grünberg n'a pas disposé des Insectes originaux étudiés par Em. Blanchard, Railliet, R. Blanchard, Coquillett, etc., pour les comparer avec ses exemplaires de *Cordylobia*, et qu'il s'est borné à comparer les descriptions parfois incomplètes que ces auteurs ont données des Insectes qu'ils ont étudiés, on ne saurait adopter les conclusions de Grünberg sans y apporter de très sérieuses réserves. Ces réserves seront d'autant plus justifiées que nous avons montré plus haut que toutes les larves cuticoles africaines connues à ce jour ne sauraient être rapportées à une seule et même espèce.

Cette opinion est fortifiée encore par ce fait que ces différentes larves ne font pas un égal séjour sous la peau de leurs hôtes. Alors que, pour le Ver du Cayor, ce séjour ne dépasse jamais la durée d'une semaine, Kolb attribue aux larves de l'Afrique orientale anglaise un séjour d'une à deux semaines et Nagel a observé sur lui-même que les larves de l'Afrique orientale allemande ne quittent leur hôte qu'après 5 à 6 semaines. Townsend (24), en se basant sur des observations faites sur des Chiens dans la Rhodésie, évalue à quinze jours la durée du temps qui s'écoule entre la ponte des œufs et la sortie des larves des tumeurs furonculeuses. Pour les autres larves, nous ne possédons aucune indication à ce sujet, mais celles-ci suffisent déjà pour établir qu'il existe à ce point de vue des différences fort tranchées.

Pour toutes ces raisons et dans l'état actuel de la question, nous estimons qu'il y a lieu de distinguer provisoirement parmi les larves africaines plusieurs types, dont les principaux sont :

1° Le Ver du Cayor dû à l'*Ochromyia anthropophaga* Em. Blanchard, qui a pour pays d'origine le Sénégal et les régions voisines ;

2° La larve du Natal, due probablement à la *Bengalia depressa* (Walker) Schiner, qui serait répandue dans toute l'Afrique de Sud ;

3° Les larves de Brauer-Grünberg dues à la *Cordylobia anthropophaga* Grünberg, dont l'aire de dispersion comprendrait l'Afrique orientale allemande et les pays circonvoisins ;

4° La larve de Lund, dont la forme adulte est encore inconnue et qui serait originaire de l'Etat Indépendant du Congo.

Les trois premiers types appartiendraient à une même famille, celle des Calliphorines, tandis que la larve de Lund appartient très probablement à une autre famille de Muscides.

La question de la détermination définitive de ces différentes larves ne saurait être tranchée actuellement avec les matériaux incomplets que l'on possède à ce sujet. A raison de l'intérêt qui s'attache à ce problème de parasitologie, il serait éminemment désirable de voir recueillir le plus de matériaux possibles, larves et Insectes adultes éclos de ces mêmes larves, provenant des régions les plus diverses de l'Afrique et de les soumettre à une étude comparée.

BIBLIOGRAPHIE

1. — Coquerel et Mondière, Note sur des larves de Diptère développées dans les tumeurs d'apparence furonculeuse au Sénégal. *Annales de la Soc. entomol. de France*, (4) II, 1862, p. 95-108.

2. — Coquerel et Mondière, Larves d'Œstrides développées dans les tumeurs d'apparence furonculeuse, au Sénégal sur l'Homme et sur le Chien. *Gazette hebdomadaire de méd. et de chir.*, IX, 1862, p. 100.

3. — Bérenger-Féraud (L. J. B.), Etude sur les larves des Mouches qui se développent dans la peau de l'Homme au Sénégal. *C. R. de l'Acad. des sciences*, LXXV, 1872, p. 1133.

4. — Bérenger-Féraud (L. J. B.), *Traité clinique des maladies des Européens au Sénégal*, I, 1875, p. 225.

5. — Dutrieux (P.), *Aperçu de la pathologie des Européens dans l'Afrique intertropicale*, Paris, 1885, p. 60. — Extrait des rapports publiés par l'Association internationale africaine. Bulletin de 1879.

6. — Blanchard (R.), Contributions à l'étude des Diptères parasites; *Bull. de la Soc. entomol. de France*, 1893, p. cxx.

7. — Peringuey (L.), Some notes on a Fly that is parasitic on human beings. *Transactions of the South African phil. Soc.*, IX, 1895-1897, Capetown, 1898, p. XXII-XXIV.

8. — Brauer (Fr.), Beiträge zur Kenntniss aussereuropäischer Oestriden und parasitischer Muscarien. *Denkschriften der kais. Akad. der Wiss., math.-naturw. Cl.*, LXIV, 1897.

9. — Blanchard (R.), Contributions à l'étude des Diptères parasites. *Annales de la Soc. entomol. de France*, (6), LXV, 1896, p. 641.

10. — Nagel (O.), Ein Fall von Myiasis dermatosa œstrosa. *Deutsche med. Woch.*, n° 39, 1897, p. 629.

11. — Kolb (G.), *Beiträge zu einer geographischen Pathologie Britisch Ost-Afrikas*. Giessen, 1897.

12. — Plehn (F.), Die sanitären Verhältnisse von Tanga während des Berichtsjahres 1896/97. *Arbeiten aus dem kais. Gesundheitsamte*, XIV, 1898, p. 643.

13. — Arnold (F.), An unknown larval parasite. *The Lancet*, I, p. 960-961, 1898.

14. — Strachan (H.), Notes from Lagos, West Africa. *Journal of trop. med.*, I, 1899.

15. — Hector (E. B.), A case of subcutaneous myiasis. *The Lancet*, 1902, april 26, p. 1175.

16. — Fuller (C.), The Maggot Fly : myiasis. *The Agricultural Journal Cape of Good Hope*, XX, 2, 1902, p. 102.

17. — GRÜNBERG (K.), Ueber afrikanische Musciden mit parasitisch lebenden Larven. *Sitzungsbericht der Gesellschaft naturforschender Freunde zu Berlin*, n° 9, 1903, p. 400.

18. — DUTTON (J. E.), TODD (J. L.) and CHRISTY (C.), The Congo floor Maggot, a blood-sucking dipterous larva found in the Congo free State. *Liverpool School of trop. med.*, Memoir XIII, 1904, p. 49; *British med. Journal*, sept. 17, 1904, p. 664.

19. — TONKIN (T. J.), *British med., Journal*, n° 2281, sept. 1904, p. 666.

20. — LE DANTEC (A.) et BOYÉ. Note sur une myiase observée chez l'Homme en Guinée française. *C. R. Soc. de biol.*, LVII, p. 602. 1904.

21. — RANGÉ (C.), Rapport médical sur le service de santé du corps expéditionnaire et du corps d'occupation au Bénin (1892-1893). *Archives de méd. navale et coloniale*, LXI, 1894.

22. — PERINGUEY (L.), Note on a Fly which preys on human beings. *Transactions of the South-African phil. Soc.*, VIII, pt 1, 1890-92, Capetown, 1893.

23. — MARSHALL, A Rhodesian Muscid Fly parasitic on Man. *Transactions of the entomol. Soc. London*, 1902, p. 540.

24. — TOWNSEND (R. M.), Note on a parasitic Fly — *Bengalia depressa* — which deposits its eggs or larvæ on the skin or covering of Man and Dogs. *Proceedings of the Rhodesia scientific Association*, IV, part 1. july 1903, p. 7-8.

25. — MENNELL (F. P.), The Natal Maggot Fly (*Bengalia depressa*). Theo bald's *Second Report on economic Zoology*, London, 1904, p. 112.

26. — PLEHN (F.), Die physikalischen, klimatischen und sanitären Verhältnissle der Tanga-Küste mit spezieller Berücksichtigung des Jahres 1896. *Arbeiten aus dem kais. Gesundheitsamte*, XIII, 3, 1897, p. 359-373.

27. — SMITH (St. K.), An unknown larval parasite. *The Lancet*, april 16, 1898, p. 1080.

28. — MABERLY (F. H.), An unknown larval parasite. *The Lancet*, 1898, april 30, p. 1219.

29. — BALFOUR (A.), *First Report of the Wellcome Research Laboratories at the Gordon Memorial College*. Khartoum, 1904.

30. — BLANCHARD (Em.), *C. R. de l'Acad. des sciences de Paris*, LXXV, 1872, p. 1134.

31. — PRUVOT (G.), *Contribution à l'étude des larves de Diptères trouvées dans le corps humain*. Thèse de Paris, 1882.

32. — JACOBS (Ch. J.), De la présence des larves d'Œstrides et de Muscides dans le corps de l'Homme. *Bull. de la Soc. entomol. de Belgique*, XXVI, 1882, p. CL.

33. — RAILLIET (A.), Mouche et Ver du Cayor : *Ochromyia anthropophaga*. *Archives vétérinaires*, IX, 1884, p. 212. — La Mouche du Cayor « *Ochromyia anthropophaga* » parasite des animaux domestiques. *Bull. et mém. de la Soc. centrale de méd. vét.*, XXXVIII, 1884, p. 77.

ULTERIORE CONTRIBUTO
ALL'AZIONE DEGLI INNESTI EPITELIALI
COME STUDIO SPERIMENTALE ALL'ETIOLOGIA
E PATOGENESI DEI TUMORI EPITELIALI

PER IL

Dr SALVATORE FABOZZI

Aiuto nell' Istituto anatomo-patologico degli Incurabili di Napoli.

Dalla pubblicazione del mio lavoro come contribuzione all'etiologia ed istogenesi dei tumori maligni, sperimentando con innesti epiteliali fetali tra le lamine corneali, grandi progressi sull'argomento non si sono avuti, ed ancora rimane dubbiosa la soluzione del grave problema.

In quella prima parte delle mie ricerche la letteratura si arresta al settembre 1903, quindi è da quest'epoca che cercherò, per quanto più brevemente mi sarà possibile, di riportare quanto è stato prodotto sulla etiologia del carcinoma.

Sovinsky ha visto che, precipitando con alcool una cultura di Bacilli di Ducrey, si ottiene una tossina, che nel peritoneo del Coniglio dà luogo a concrezioni purulenti, portando a morte l'animale; nel connettivo sottocutaneo determina una tumefazione localizzata e nella corna uterine (Coniglio, Cavia) produce una piometrite.

Bashfont et Murray in proposito della trasmissibilità del cancro dicono che le divisioni cellulari, alle quali i tumori maligni debbono il loro accrescimento, si operano generalmente per una segmentazione cariocinetica del nucleo, precedente alla divisione del corpo protoplasmatico. Questa ultima però può mancare, e di qui risultano delle cellule polinucleate, le quali, dividendosi a loro volta, danno luogo a delle figure cariocinetiche con corpuscoli polari multipli. Non già che la divisione diretta del nucleo dell'elemento cancerigno non avvenisse, che anzi essa si osserva ugualmente, ma il suo vero significato resta ancora problematico. Dagli studii degli autori fatti sul cancro della Trota, del Sorcio e del Cane, risulta che le cellule cancerigne passano per le medesime fasi evolutive degli elementi sessuali. Così mentre le cellule neoplastiche non subiscono tutta la riduzione cromatica, alcune fra esse si differenziano nel senso del tessuto in mezzo a cui si sviluppano, e queste mitosi somatiche o regolari si rattrovano pure nel limite delle metastasi, quando esistono. Allorquando poi si trapianta un frammento di un tumore epiteliale proveniente da un Sorcio in un altro, si constata che il novello tumore ha ancora per origine le cellule estranee introdotte con il pezzetto, ma una parte di questi elementi è destinata a degenerare ed a scomparire, mentre il resto moltiplicano, alcuni per divisione diretta, la maggior parte per cariocinesi. Questi fenomeni per vero avvengono quando il tessuto neoplastico innestato ha raggiunto un certo volume ; quindi i trapianti di neoplasma in animali della stessa specie percorrono le medesime fasi istologiche delle metastasi. Il tumore di cui si son serviti gli autori, dato ad essi da Jensen, non aveva dato mai metastasi. Cosicchè, essi concludono col dire, che il cancro è una manifestazione irregolare di un processo che esiste allo stato normale in tutti gli organismi.

Donati in un tumore dell'ovario a struttura molto complessa di osteocondrosarcoma cistico a cellule polimorfe, spiega la patogenesi con la teoria dei germi aberranti, ipotesi confortata dalla presenza della cartilagine da cui, per una specie di metaplasia, deriverebbe il tessuto osseo, e per trasformazione maligna parte almeno del tessuto sarcomatoso.

Il Bosc considera le inclusioni cancerigne come di indole parassitaria, e dice, che sul principio esse sono formate da un piccolo granulo contornato da un'alone di sostanza omogenea. Questo granulo aumenta di volume, rappresentando il nucleo, e la parte omogenea, protoplasma, si fa più estesa ed a contorni ondulati. Esse possono presentare la divisione diretta in due parti, quella multipla e la cariocinesi multipla. Firket in un cancro della cistifellea trova che la proliferazione epiteliale aveva tutti caratteri epidermoidali del foglietto esterno, cosa che per lui non sarebbe un'anomalia di sviluppo per inclusione ectodermica, ma un processo partito dalla cute e diffuso alla cistifellea ; però sulla pelle non si aveva lesione di sorta.

Noble trova che, per una forma di metaplasia, nello spessore di un fibroma uterino, un adenoma a cellule cilindriche aveva subita una trasformazione epidermica, con tutti i caratteri di quest'ultima.

Il Petersen a proposito degl'innesti cancerosi dice che in certi casi pare che si trattasse di trapianto di elementi neoplastici, ma in realtà non sarebbero altro che forme di cancri multipli o metastasi retrograde per via linfatica, essendo ostruite le vie centripete; in altri casi ha potuto vedere che, per una flogosi localizzata alla periferia del sistema linfatico, si ha attrazione degli elementi cancerigni. Egli dice che un contatto passeggiero di un elemento con un tessuto non è sufficiente a dare l'innesto e quindi conclude per la grandissima rarità di una trasmissione del cancro da individuo ad in individuo. Monsarrat, Keith ha isolato da un cancro mammario un microrganismo che si presenta sotto tre forme diverse, forse a seconda del grado di sviluppo, e dice che, inoculato negli animali, provoca un'attiva proliferazione nelle cellule endoteliali ed epitaliali, sotto forma di noduli atipici simili a quelli del tumore umano; e Roger e Weil hanno potuto, in un caso di melanoglossia, isolare un Blastomiceta, molto simile a quello di Lucet, e che essi pure chiamano *Saccharomyces linguae pilosae*. Inoculato nei Conigli ha un'azione elettiva sul rene e sul fegato, specie sul primo, dove, quando l'animale sopravvive a lungo (tre mesi), si hanno produzioni papillari a struttura adenomatosa nella papilla, mentre nel fegato agisce sui canalicoli biliari. Da ciò deducono potersi stabilire una certa correlazione con ciò che produce nell'Uomo (produzione papillari sulla lingua), però questi risultati non pretendono che siano intesi in tesi generale per rispetto all'etiologia parassitaria dei tumori maligni.

Il Klar in una giovanetta, che aveva riportato un trauma nella mano riscontrò un tumoretto, che si addimostrò come una cisti epidermica, e che egli interpreta essersi formata per innesto epitaliale avvenuto per il trauma; ed il Campbell, in una nota sulle cause efficienti il cancro, ammette che un trauma qualunque ovvero un agente irritante possa indurre delle modificazioni speciali nel modo di dividersi delle cellule per cui queste ritornano al tipo embrionale, ciò che costituisce il rapido accrescimento del tumore; mentre il Cushnell e Cavers studiando le diverse forme di cariocinesi in mlti tumori, ametteno che vi abbia massima influenza una specie di diminuzione della cromatina.

Kalb cerca di mettere in evidenza un certo rapporto tra la diffuzione del cancro e le condizioni del suolo e delle abitazioni, affermando che esse possano perfino sestuplicare la mortalità, è da questa ipotesi che egli crede suffragata l'etiologia parassitaria del cancro ed ammette come fattore un saprofita, che trova in circostanze speciali le condizioni favorevoli alla sua vitalità e virulenza. L'Alessandri in un operato d'ernia riscontrò un noduletto residuale, che crebbe rapidamente, asportato si vide che nel suo centro esisteva un punto di seta, intorno a cui si era neoformato del connettivo, e che in molti punti aveva struttura sarcomatosa.

Cristiani provocando innesti di tiroide in diverse condizioni in animali della stessa specie e di specie differenti, ha potuto vedere, dopo un certo tempo, che in quelli della stessa specie i fenomeni degenerativi erano passeggieri, ma che ben presto si aveva la formazione di un organo perfetto e permanente, non cosi per gl'innesti in animali di specie diversa. Dagonet ha visto che inoculando immediatamente dopo l'estirpazione un epitelioma pavimentoso, nel peritoneo di un Ratto, si détermina la formazione di tumori a struttura simile all'inesto, ciò che prova all'autore la trasmissibilita dell'epitelioma dall'Uomo al Ratto e dà un appoggio alla teoria della contagiosità del cancro; mentre lo Ziegler in un caso di morbo di Paget dice trattarsi di una degenerazione progressiva degli epitelii con bouleversemente delle loro proprietà biologiche, per cui le cellule acquistano la loro autonomia, con capacità di proliferazione illimitata. Il Marullo in un caso di Mollusco contagioso studia molto da vicino e con mezzi appropriati le alterazioni cellulari ed in special modo le produzioni endocellulare, che sono state considerate come parrassiti dando loro molta importanza per la genesi dell'epitelioma; ma all'autore esse sembrano il rappresentante dell'ultimo stadio della degenerazione colloidea, la quale aveva già invaso tutta la cellula: un fatto simile aveva già visto per la degenerazione jalina nel cancro cutaneo : quindi egli crede che quanto a genesi parassitaria, in questi casi, non è ancora a parlarne non avendosi conferma dalle esperienze istituite dai sostenitori di tale teoria.

Charrin e Le Play hanno inoculato ad animali un Fungo che frequentemente si riscontra sulla vite invasa dalla Filossera, ed hanno visto svilupparsi sotto la pelle o nelle sierose una serie di nodosità, la cui disposizione e numero ricorda la carcinosi, e sono costituite dal Fungo incapsulato in un tessuto formato di leucociti ed elementi fibrosi, con un pigmento nero prodotto dal parassita. In questi animali si osservano lesioni dello scheletro, spécie nodosità nelle costole, della stessa natura di quelle della pelle. Parodi con i suoi esperimenti su gli innesti di capsule surrenali ha potuto osservare che l'innesto omoplastico della capsula fetale ha un attecchimento sempre parziale, cioè la sostanza corticale attecchisce quasi nella sua totalità, non cosi la midollare; ed il Simon ha visto che è possibile il trapianto delle ovaia; ma che la parte corticale seguita a vivere, mentre la centrale tende ad involversi.

Il Carnot ha seguito l'evoluzione di innesti vescicali sulla sierosa dell'intestino, ed ha visto che questi innesti evolvono molto rapidamente, determinando la formazione di cavità cistiche che possono acquistare la grandezza di un, Avellana, e sono tappezzate su tutta la faccia interna di epitelio vescicale attivo e vivente. Si producono inoltre molteplici invaginazioni secondarie, avendosi in generale la tendenza alla formazione di cavità policistiche, cosa, egli dice, in perfetto rapporto con la proprietà fisiologica dell'epitelio mucoso di non potersi accollare abolendo il lume.

Lo Stricker ha potuto trapiantare un linfosarcoma da un Cane in altri con risultati positivi. Mentre lo Schmauch a proposito di un corion — epitelioma propende per l'etiologia embrionaria nei tumori maligni.

Sull'argomento hanno pure scritto il Muns, il quale sarebbe più per la teoria dei germi atterrati, il Merk, il Lucas, il Leyden, che ammette la teoria parassitaria, il Simmonds, il Deboucaud, il Giannattasio, il Lewisohn, lo Smith, il Saul, il Vieira de Carvalho, il Colombo ed altri; il Michaelis comunica il risultato di alcune sue ricerche fatte sulla anatomia patalogica e l'inoculabilità dei cancroidi dei Sorci, e dice che essi sono inoculabili, sempre però che si adoperino emulsioni con pezzetti grossi, e si ha riproduzione del processo, e da questo egli deduce che il cancro è di natura parassitaria, ma che il parassita si trovi nelle cellule.

Il Doyen ritorna sulla sua scoverta del *Micrococcus neoformans* isolato dal cancro, e dice che inoculato in animali da esperimento,

riproduce la forma neoplastica, e che anzi a lui è riuscito di curare
con risultati più o meno positivi, parecchi ammalati di carcinoma.
Simile fatto riferisce al 16° Congresso francese di chirurgia, però
al Reynes non sembra possibile che lo stesso parassita possa dare
diverse forme di tumori a seconda del sito in cui si inocula ; ed
allo stesso Congresso il Poirier obietta che egli non può credere
alle proprietà curative di un parassita specifico, la cui esistenza
non è stata ulteriormente confermata da altri batteriologi.

Recentemente il Doyen stesso ritorna sull'argomento e dice che
il parassita da lui scoverto, fu in precedenza (nel 1902) studiato da
Calmette, dagli studi del quale risulta che si tratti di uno Stafi-
lococco con caratteri speciali, che lo fanno distinguere da altri
consimili, e che il Metshnikov, che egli ha interessato sull'argomento, ha potuto isolare il parassita da parecchi cancri da lui
mandatigli ; però infine anche egli dice che la sua specificità non
ancora è ben accertata e che esso ha molte analogie col Cocco poli-
morfo della pelle.

Come si vede da tutti questi lavori non appare ancora ben chiara
la questione di cui mi occupo, in quanto che persistono le due
teorie a contendersi il campo, ed i sostenitori della parassitaria
non pare che vogliano cedere terreno in rispetto a quelli della
embrionale e viceversa.

Io, non propendendo nè per l'una nè per l'altra, studio l'argomento spassionatamente, facendomi guidare esclusivamente dal
risultato degli esperimenti che istituisco, e di cui ora porto la seconda parte, come avevo di già annunziato.

Esperienze.

Con i presenti esperimenti ho cercato di studiare : 1° quale fosse
la sorte del tessuto epiteliale embrionale trapiantato in organi
glandolari, nella cavità retroperitoneale e nel cellulare sottocutaneo;
2° quale l'azione di diversi Blastomiceti in queste diverse parti; 3°
quale quella di essi sul tessuto epiteliale trapiantato; 4° quali le
alterazioni cellulari fini in una larga serie di tumori epiteliali presi
dal vivo e dal cadavere ; 5° quale raffronto era possibile stabilire
tra le cellule innestate e quelle dei tumori.

I modi tenuti per stabilire detti esperimenti verranno da me descritti in ogni serie di ricerche. L'animale di cui mi son servito è stato sempre il Coniglio.

I lembi trapiantati sono stati di congiuntiva presa da feti di Coniglio in diversa epoca di sviluppo, che venivano estratti dalla madre mercè laparatomia. Di Blastomiceti ne ho adoperate sette specie diverse.

La tecnica per gli esami istologici è stata quella descritta nel precedente lavoro, però a quei metodi di colorazione ho aggiunti i seguenti:

1° I tagli provenienti da pezzi fissati in Flemming, Pianese od in sublimato acetico, venivano immersi per 24 ore in una soluzione di allume ferrico al 2, 5 %, e dopo, senza lavaggio, e per altrettanto tempo nella seguente miscela:

Soluzione acquosa di ematossilina 1°/. p. 15.
  »   » » eritrosina » p. 10.
  »   » » orange G. 0,5°/.p. 5.

Poscia venivano differenziati nella soluzione di allume ferrico fino a che non si avevano più nubecole brune, e, dopo lavaggio in acqua, si procedeva come di solito.

2° Le sezioni dei pezzi fissati in sublimato acetico si coloravano per 2 ore in una soluzione idroalcoolica all'1°/o di rosso neutro, e dopo lavaggio prolungato in acqua, venivano ricolorati in picronigrossina Martinotti allungata al terzo. Poscia, dopo rapido lavaggio in acqua, si passano in alcool al 90 °/o fino a che il taglio non avesse acquistato una tinta rosso bruna; in seguito come di ordinario.

Debbo dire in verità che con questo secondo mezzo, che non mi pare sia stato finora adoperato, mi è riuscito di rilevare alcune particolarità di struttura del nucleo delle cellule neoplastiche, che non si notano adoperando i mezzi comuni.

Vengo ora ad esporre quanto ho potuto osservare in ogni singolo gruppo di esperienze, a cui farò seguire le poche considerazioni che ne ho potute trarre.

1ᵃ SERIE

Innesti epiteliali nel parenchima renale.

Dopo aver depelata e disinfettata, nel Coniglio, la regione dei lombi, praticavo un taglio longitudinale della cute ad un cm. e

mezzo dalle apofisi spinose, capitando cosi nell'interstizio muscu-
lare, (dopo l'incisione della aponevrosi) fatto dal lunghissimo del
dorso, dal quadrato e dal trasverso addominale. Divaricato questo
interstizio, compare immediatamente la capsula adiposa del rene.
facevo spingere in sopra il rene per la parte addominale da un assis
tente, e che riusciva sempre veder comparire l'organo tra le labbra
della ferita con una leggiera pressione. Con grande cautela lo li-
beravo dalla capsula cellulo adiposa, e, fissatolo tra due dita
della mano sinistra, vi praticavo, con un sottilissimo e tagli-
entissimo coltellino, un taglio di 3-4 mm. sul bordo convesso,
immer gendo il ferro par mezzo cm. nella spessezza del parenchima.

In questa ferita immettevo il lembetto di epitelio congiuntivale,
prevelato da un assistente. con tutti i mezzi di asepsi, dal fetolino
di Coniglio estratto nello stesso momento mediante laparatomia
dall'utero della madre. Di poi, posto un punto di sutura con catgut
sulla ferita renale, per impedire una possibile fuoriuscita del
lembetto, affondavo l'organo, dopo averlo ben lavato con acqua
sterile a + 37º C; e, suturata a strati la ferita delle pareti addominali, spalmavo la cutanea con collodion.

Dopo 8-10 giorni, assicuratomi che la ferita cutanea era cica-
trizzata, toglievo i punti di sutura, ricovrendo con novello strato di
collodion la parte. Debbo dire che, adoperando tutti i mezzi di
asepsi ed antisepsi, qualche rarissima volta ho visto insorgere il
processo suppurativo, il quale però non andava oltre il connettivo
sottocutaneo. L'animale così operato in brevissimo tempo ritornava
vispo e vegeto quasi che nulla avesse sofferto.

Ho adoperato per questi esperimenti 10 Conigli, ai quali il rene
innestato veniva asportata ripraticando l'atto operativo, ed allac-
ciando il peduncolo. Immédiatemente prelevavo dei pezzetti, curan
do di pigliare quelli contenenti l'innesto, e li immergevo nei liquidi fissatori.

I reni furono tolti rispettivamente dopo : 8 giorni (1), 15 g. (1), 30 g.
(2), 45 g. (1), 60 g. (2), 75 g. (1) 90 g. (2), e presentoronsi tutti ade
renti alla loggia renale con la ferita asterna completamente adesa,
e, nei tagli praticati transversalmente e in direzione del punto
di innesto, fanno osservare questo completamente attecchito e di
volume variabile a seconda del tempo in cui era stato prelevato

l'organo. Sui preperati ottenuti, variaménte fissati e colorati, ecco quanto mi è stato dato di osservare.

In generale debbo dire che gli innesti praticati erano tutti attecchiti ed il loro spessore era variabile a seconda del tempo in cui l'organo veniva levato. L'epitelio innestato era vivo mostrandosi in fase molto attiva di proliferazione.

Un fatto molto importante a notare in questi esperimenti si è il modo specifiale secondo cui si orienta il trapianto nei reni estratti nei primi 8-30 giorni. Il pezzetto di congiuntiva acquista la forma di cisti epiteliale, nel senso che il piccolo straterello di connettivo aderente all'epitelio piglia aderenze e si confonde con quello provveniente dalla distruzione del tessuto renale circumambiente, mentre al centro si forma un vacuolo a mo' di cisti, le cui pareti sono tapezzate dall'epitelio piatto. Questo è una proprietà speciale che acquista il lembetto, in quanto che certamente quando si pratica l'innesto, affondandolo nel parenchima dell'organo, non si orienta in modo da far capitare l'epitelio da un lato ed il connettivo dall'altro, ma il trapianto va in un modo qualunque, è solo in seguito che esso piglia la speciale orientazzione. L'epitelio in questa epoca è vivo e presentasi in fase di attiva proliferazione per il numero abbastanza notevole di figure cariocinetiche; non è raro però riscontrare delle cellule in fasi degenerative, che più tardi descriverò.

A datare da questa epoca da un punto della periferia della cisti si avanza un piccolo mammellone, il quale gradatamente crescendo, raggiunge il lato opposto, ripiegandosi, in seguito, su sè stesso costituendo cosi delle anfrattuosità nella cisti medesima. L'epitelio di rivestimento segue completamente queste diverse fasi evolutive del connettivo, però è a notare che in questo momento esso cresce di spessore per sovrapposizione di strati provenienti da proliferazione di esso. In alcuni tratti, per combaciamento delle due superficie si ha fusione perfetta di due strati di rivestimento di due bendelette, e perchè le superficie vengono in contatto e perchè lo strato è di molto cresciuto di spessore. Dai lati poi dello strato epiteliale si dipartono gittate secondarie verso la periferia della cisti, le quali si avanzano lungo i tramiti linfatici, e, per spessore, alcune volte superano lo strato di rivestimento, e per forma sono più atipiche (fig. 1).

In alcuni preparati si notano (60-75 g.) nodulini secondarii nello spessore del connettivo neoformato, i quali sono costituiti da epitelio pavimentoso più o meno atipico e sempre racchiusi in piccoli alveoli. E' in questa epoca che nella cavità cistica non si osservano più anfrattuasità, ma cordoni cellulari provenienti dalla fusione completa degli strati epiteliali. Il modo d'insorgere di un nodulino novello è il seguente : in uno spazio linfatico connettivale appare un elemento fusato e piccolo, il quale si distingue molto facilmente dalle cellule fisse del, connettivo, in

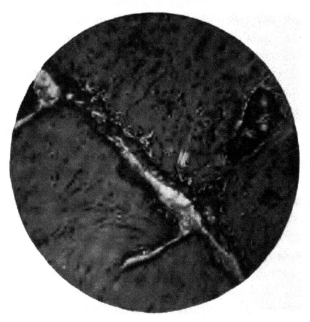

Fig. 1. — Innesto epiteliale nel rene (60 g.) con gittate literali e noduli secondarii.

quanto che il suo protoplasma è granuloso ed il nucleo è abbastanza grosso, nè questi caratteri possono farlo confendere con una cellula endoteliale. Gradatamente esso cresce di volume, entra in fase cariocinetica, o per divisione diretta o per mitosi vera, crescendo in tal modo di numero, fino a costituirsi un grosso nodulo secondario, nel quale, come nell'innesto principale, accanto alle figure mitotiche si riscontrano fasi degenerative delle cellule.

E nel nodulo principale che in quelli secondarii si rattrovano delle produzioni speciali che vanno sotto il nome di *perle epiteliali*, il cui modo di insorgere e la cui interpetrazione verrò descrivendo in appresso.

Osservando il rene con innesto épiteliale di 90 g. si resta oltremodo sopreso per il numero di gittate epiteteliali vecchie e giovani, per la qanntità di perle, per le produzioni inter ed intra cellulari, e per l'atipia cellulare, tanto da poter considerare l'innesto un nodulo neoplastico epiteliale di indole maligna.

Sebbene in genere l'epitelio è dato da elementi di forma pavimentosa, pure in molti punti essi mostrano un aspetto atipico, discostandosi in diverso grado dal tipo primitivo, e questo avviene quando i noduli sono abbastanza grossi e numerosi. Io credo che ciò possa addebitarsi alla legge di adattamento, in quanto che gli elementi neoformati trovansi ad occupare uno spazio abbastanza piccolo e limitato, da non poter contenere l'abbondante numero delle cellule, ed ancora lo spazio connettivale non segue il moltiplicarsi più o meno rapido dell'epitelio, e quindi gli elementi debbonno, per mutuo contatto, cangiare di forma e dare la atipia, che costituisce uno dei caratteri delle neoplasie maligne, e perciò si potrebbe mettere in conto più al rapido moltiplicarsi delle cellule, che a forme speciali del neoplasma. Le diverse alterazioni che ho potùte riscontrare nelle cellule verrò descrivendo in ultimo, appunto per non ripetere la stessa cosa nei varii gruppi di esperimenti da me istituiti.

Il tessuto renale che circonda l'innesto epiteliale non mostra gravi note alterative, e se in un primo momento fa osservare, per un piccolo tratto circondante il trapianto, molti elementi epiteliali dei tubuli in fase più o meno avanzata di degenerazione, in seguito si ha neoformazione connettivale che si confonde con quello del l'innesto nel modo sopra descritto, formando un sol corpo con esso, ed i capillari sanguigni provenienti dal connettivo intertubulare, mandano dei rametti secondarii, i quali vanno ad irrorare l'innesto praticato, impedendone cosi la necrosi. Quando il nodulo aumenta di volume, allora, esercitando una lenta e graduale compresssione sui tubuli che lo circandano, costringe questi, in un primo momento a diminuire di volume, e poi, per la pressione sempre crescente, si ha l'atrofia e la scomparsa di essi e la imancabile neoformazione di connettivo.

In nessun tratta ho potuto sorprendere rigenerazione dei tubuli renali, la qual cosa, sebbene non da tutti ammessa, pare che non potesse avvenire, tenendo presente il rapido accrescimento del lembo innestato.

2ª Serie

Innesti epiteliali nel parenchima epatico.

Dopo di aver fissato l'animale sul tavolo, praticata la depelazione e resa asettica la pelle del terzo superiore dell'addome, in corrispondenza dell'ipocondrio destro, ho praticata un'incisione, per 4-5 cm., semilunare tenendo per guida il bordo costale: giunto, tagliando a strati, sulla fascia entoaddominale, la ho sollevata con una pinza, praticandovi un occhiello con le forbici, e di poi divari cavo la ferita con le dita. In tal modo ho posto allo scoverto uno dei lobi del fegato, che tiravo fuori, adagiandolo su di un pannolino sterile. Indi praticavo, sul punto più spesso, una ferita lineare, nella quale immergevo il pezzetto di congiuntiva prelevato con lo stesso sistema adoperato per il rene. Lavato il campo operativo con acqua sterile, suturata la ferituccia del fegato, ho affondato il lobo, ed ho suturato a strati le pareti addominali spalmandovi sopra il solito collodion. Neppure in questi casi ho visto mai insorgere suppurazione.

Per questi esperimenti ho adoperato lo stesso numero di Conigli, che per i reni, e ad essi vennero asportati i pezzetti di fegato, contenenti l'innesto, ripraticando il processo operativo nello stesso ordine e nella medesima unità di tempo.

Debbo dire che il fegato si è mostrato sempre aderente alla parete addominale per il piccolo punto ferito, e che per i primi 8-10 giorni vi si notava una piccola macchia biancastra, la quale è andata sempre diminuendo, fino a notarsi una cicatrice che si confondeva con il resto del fegato. Praticati dei tagli in corrispondenza dell'innesto, ho osservato questo sempre aderente e di uno spessore vario a seconda del tempo rimasto.

Nei preparati ottenuti con i metodi dianzi detti ho potuto notare quanto appresso: in generale l'innesto segue le stesse fasi che subisce nel rene, e quindi io per brevità non riporto; presenta le stesse fasi evolutive, gli stessi fenomeni involutivi nei suoi elementi.

Un fatto molto importante poi è a notare quivi e si è una tendenza speciale, che ha l'epitelio, che si neoforma, a canalizzarsi ed a mutare di natura, cioè da pavimentoso tende a divenire cilindrico, quasi simile a quello dei dotti biliari. Infatti nei trapianti di 75-90 g. in alcuni tratti si nota che una gittata secondaria, provenisnte dall'innesto principale e proprio dai margini della cisti epiteliale gi à chiusa peJ proliferazione e saldamento degli elementi di rivestimento, per un certo tratto conserva ancora i caratteri di un tubo epiteliale pieno a cellule pavimentose, ma poi si osserva che il filone cellulare centrale incomincia a scomparire ed a stabilirsi così un canalicolo; l'epitelio che riveste il tubulo al principio è più o meno piano, mentre verso l'estremo periferico acquista tutti i caratteri del cilindrico, tanto da rimanere in certi punti ingannato di potersi trattare proprio di un canalicolo biliare, se, in generale, questi ultimi non contenessero quasi sempre bile.

Il parenchima epatico, che circonda l'innesto, in primo tempo resta necrotizzato, e gli elementi secernenti subiscono una graduale degenerazione grassa, dopo di cui si ha riassorbimento di essi e sostituzione di connettivo più o meno ricco di elementi cellulari giovani ed in diverso grado fibroso o fibrillare, a seconda dell'epoca in cui è rimasto il pezzetto. In questo connettivo neoformato si riscontra una vastissima proliferazione di dotti biliari in diverso grado di sviluppo e formanti variamente delle reti piuttosto eleganti. Questo connettivo si salda e si confonde completamente con quello dell'innesto, nel quale manda capillari sanguigni che lo nutriscono, mentre in precedenza si era già stabilita la rete linfatica.

Nessuna parte pigliano gli elementi secernenti al processo neoformativo, ma restano sempre distrutti per degenerazione grassa. Non così il connettivo degli spazii porto biliari circostanti all'innesto, che anzi si salda con quello neoformato ed è proprio di qui che incomincia la proliferazione dei dotti biliari.

3ª Serie

Innesti epiteliali nel connettivo e retroperitoneale.

Gl'innesti in queste due località mi hanno dati i migliori risultati. Per i primi (c. s.) ho praticato l'innesto in diversi punti della superficie del corpo dell'animale; per quelli invece retroperitoneali ho prescelta sempre la loggia renale. Non ho praticato innesti nel cavo peritoneale, tenendo presente sempre il suo potere distruttivo, cosa che ho potuta constatare e quindi non già che ne ometto la descri zione, per il mancato esito, ma perchè è risaputo il modo di comportarsi di questa sierosa rispetto a corpi estranei in genere in essa capitati; quantunque si immetessero organi vivi, o per lo meno atti a vivere.

Per questi espérimenti ho adoperato complessivamente 15 Conigli (5 per i sottocutanei e 10 per i retroperitoneali), sperimenta ndo nel

Fig. 2. — Innesto epiteliale nel connettivo sottocutaneo in cui si notano gittate laterali, noduli secondarii ed una grossa perla epiteliale.

modo più asettico che mi è stato possibile e prelevando i pezzetti in diverse epoche, come per i precedenti. Suddivido la descrizione per le due specie di innesti :

A. — Il lembetto epiteliale nel tessuto connettivo sottocutaneo (fig. 2), ha seguito su per giù le stesse fasi di quando era innestato tra le lamine corneali, ciò che ho largamente descritto nella prima parte delle ricerche che mi son proposto, e che quindi io qui non riporto per non cadere in inutili ripetizioni. Solo debbo far notare che in alcuni tratti, negli innesti di 75-90 g., parecchie volte ho potuto osservare che delle gittate epiteliali secondarie avevano tendenza a saldarsi con le papille dello strato superficiale della cute dell'animale ed in qualche punto, essendo ciò avvenuto, sembra come se la papilla, approfondandosi, avesse data la gittata; ma l'errore termina quando si considera che gli elementi del nodulo profondo sono ancora a tipo embrionale, con protoplasma molto delicato, con nucleo netto, ben colorabile, mentre quelli dello strato papillare hanno tutti i caratteri dell'epitelio adulto. Negli elementi del trapianto molto antichi si può notare la presenza di granuli di eleidina.

B. — I lembi trapiantati nella loggia renale in generale hanno sempre pigliata aderenze o con il rene, ovvero con un punto qualunque della loggia. Se in un primo momento sembra che la sovrabbondanza di leucociti voglia comprometterne l'attecchimento e l'ulteriore sviluppo, per fagocitosi, ben presto però si ha una neoproduzione connettivale abbastanza attiva, che, circondando l'innesto, lo difende e gli somministra l'alimento necessario alla sua vitalità. E' importante notare anche quivi la tendenza del lembetto a costituirsi nella solita cavità cistica, in cui l'epitelio guarda sempre il lume. Questa proprietà pare che sia provvidenziale, in quanto che serve al trapianto per guardarsi dagli attacchi dei leucociti, i quali di fatti, poche volte si rinvengono nella cavità, e in questo caso inglobano qualche elemento epiteliale in via di disfacimento, ma non è raro rinvenire anche in essi note degenerative più o meno avanzate.

Osservando preparati d'innesti di 30 a 45 g. si vede l'infiltramento leucocitario scomparso, ed il connettivo prendere la prevalenza, stabilendo connessioni molto intime, vascolari, con il tessuto, sul quale il trapianto ha preso aderenza. Infatti sul rene è la capsula, che manda ramuscoli nutritivi; come ne distribuisce il connettivo retroperitoneale se su questo ha preso rapporti il lembetto. In questepoca il tessuto epiteliale mostrasi sempre vivo e vitale, addimostrandolo con un numero rilevante di cariocinesi negli elementi, ciò che ha fatto avvenire aumento negli strati di essi.

Quando si sono bene stabilite le connessioni vascolari il lembetto è nel massimo suo sviluppo, facendo osservare gittate secondarie dai margini dell'innesto, e noduli secondarii (fig. 3) più o meno lontani ed il cui modo di insorgere e di svilupparsi è in tutto simile a quanto ho descritto per gli innesti epiteliali tra le lamine corneali. Nel l'epitelio trapiantato e neoformato si riscontrano il più gran numero di alterazioni degenerative nel nucleo e nel protoplasma, e si assiste al modo di insorgere, allo sviluppo, ed alle fasi involutive delle perle epiteliali, cose tutte di cui parlerò di qui a poco. In nessun punto, sia nel primo che nel secondo caso, ho potuto osservare modificazioni tali nelle cellule connettivali, che mi avessero potuto, in un modo qualunque, far supporre la loro partecipazione al processo neoformativo epiteliale, e l'ufficio

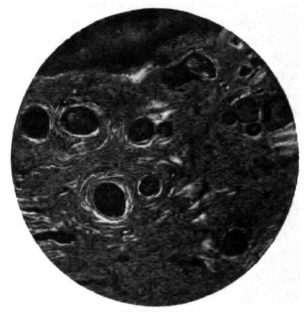

Fig. 3. — Innesto epiteliale nello spazio retroperitoneale; in sopra è l'innesto principale, nel resto della figura si vedono moltissimi noduli secondarii, in alcuni dei quali si osservano perle epiteliali.

del connettivo, in questi casi, come nei precedenti esperimenti, non sarebbe altro che un mezzo di connessione, per stabilire le vie nutritive, al trapianto, le cui cellule epiteliali, in base di ciò potrebbero vivere e proliferare.

Alterazioni cellulari.

Cercherò in questa parte di descrivere, con quanta più chiarezza mi sarà possibile, le molteplici e varie alterazioni protoplasmatiche e nucleari che mi è riuscito osservare nei noduli epiteliali ottenuti con il trapianto nelle diverse parti, di cui ho sopra parlato. Debbo dire in precedenza che quanto vado a descrivere mi è stato dato osservarlo sia nell'epitelio proprio dell'innesto che nelle gittate e noduli secondari.

In alcuni elementi cellulari si nota frammentazione della cromatina in granuli finissimi, ed in altri si ha fusione di essa in masse compatte, aderenti alla membrana nucleare (ipercromatosi parietale), mentre nel centro avvi sostanza acromatica. La tendenza basicromatica ordinaria del nucleo in alcuni si trasforma in ossicromatica, conservando alcune volte la forma.

Molti nuclei mostransi in fase picnotica più o meno decisa; ed in altre si ha rottura della membrana e spargimento per il citoplasma di tutti i materiali carioplasmatici. In diverse cellule il nucleo è scomparso in seguito a fatti disgregativi molto ben constatabili. Oltre di questi fatti, osservabili in parecchi riscontri, in alcuni elementi si vedono comparire uno o più corpuscoli rotondeggianti, di diversa grandezza, simili ai corpi di Negri, ed i quali o sono contenuti nel nucleo o nel protoplasma, ma sono sempre circondati da un alone chiaro di diverso spessore. Essi restano tinti in rosso molto vivo dal rosso neutro o dalla saffranina, ovvero in verde dal verde malachite, ed è molto difficile stabilire

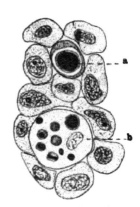

Fig. 4. — Corpi endocellulari e corpo fuxsinofilo. Innesto di tre mesi nel parenchima renale. × 1000.

con esattezza se trattasi di centrosomi più o meno alterati o di alterazioni proprie del protoplasma, dappoichè essi alcune volte possono osservarsi in cellule in fase cariocinetica più o meno avanzata, ed in questi casi sembra che essi sieno granuli di cromatina distaccati dal nucleo per fatti alterativi avvenuti nel processo mitotico. Quando si rinvengono queste produzioni la cellula è più grossa delle altre, e se il nucleo è in quiescenza, esso acquista una policromatofilia, la quale potrebbe far supporre una divisione indiretta abbozzata, e sospesa in uno dei suoi momenti.

In molti preparati si possono osservare, tra le cellule normali degli elementi a doppio contorno con nel centro un reliquato nucleare (fig. 4, a), mentre il protoplasma è omogeneo ed ha la pro-

prietà, nelle colorazioni multiple, di tingersi molto intensamente
col colore acido.

In altri preparati si possono osservare delle produzioni in tutto
simili ai corpuscoli di Russell (fig. 5, *a*) e per la loro forma e per
le loro proprietà microchimiche ; infatti esse o sono contenute in
un elemento cellulare, ed in tal caso il protoplasma circonda come
un anello la produzione, stabilendosi intorno ad essa un alone più
chiaro, ed il nucleo è ricacciato alla periferia e ridotto di volume,
avente figura semilunare; ovvero esse sono libere e quindi com-
prese tra le cellule vive e vegete. In questo caso la produzione è
munita di doppio contorno molto
accentuato ; ed in alcune, quando il
protoplasma omogeneo piglia una
tinta rosea più o meno carica, esiste
ancora un reliquato nucleare, mentre
quando si perde completamente l'aspetto di cellula, allora resta tinta in
rosso molto scuro dalla fuxsina.

In molte cellule, alterate in questo
modo speciale, resta ancora un anello
protoplasmatico, ma la produzione ha
sempre il doppio contorno, mentre in
altre l'anello è scomparso e sono contenute completamente tra gli elementi
vicini : è in questi casi che la somi-
glianza con i corpi fuxsini è massima.
Non è raro il caso che intorno ad un
elemento così alterato, le cellule cir-

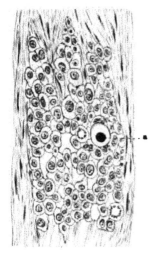

Fig. 5. — Nodulo epiteliale
innesto nel connettivo sottocutaneo di due mesi. Cellule
in cariocinesi ed elementi
atipici. × 865.

cumambienti si appiattiscono (fig.6) disponendosi a brattee circolari,
iniziandosi in tal modo la perla epiteliale. In altri elementi molto
grossi il protoplasma ha perduto completamente il suo aspetto granuloso; in essi è contenuto un nucleo piuttosto piccolo e pallido (fig. 4, *b*)
ed inoltre vi si notano produzioni rotondeggianti in vario numero
da 2 a 15. Queste si colorano o in rosso giallastro o in rosso vivo
con la fuxsina : in alcune però si osserva come un piccolo strato
protoplasmatico, omogeneo, tinto in rosso e nel centro un corpicciuolo di varie forme, colorato fortemente in verde splendente,
quasi fosse un reliquato nucleare.

In altri preparati mi è riuscito di notare un fatto molto im-por-
tante, cioè: in mezzo a cellule epiteliali in pieno sviluppo si
osservano elementi addirittura giganteschi, con protoplasma omogeneo, molto trasparente, che assume con una certa difficoltà le
sostanze plasmatiche. In questi celluloni (fig. 7) sono contenute
altre cellule in diverso numero, e le quali hanno tutti i costituenti
della cellula normale, e solo se ne distinguono per grandezza,
essendo più piccole. Sembra proprio che la cellula, direi quasi,

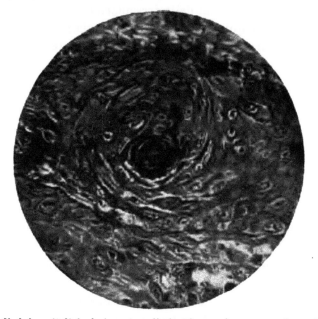

Fig. 6. — Nodulo epiteliale da innesto nella loggia renale, con un elemento degenerato, intorno a cui le cellule pigliano una disposizione a brattee come nelle
perle epiteliali.

madre abbia iniziato e condotto a termine il processo cariocinetico
nel nucleo, che però non si sia esteso al protoplasma, ma che invece in quest'ultimo sia avvenuta una divisione interna e le cellule
figlie sieno rimaste inglobate. Il protoplasma di queste ultime, in
alcune è finemente granuloso, in altre omogeneo; in parecchie si
tinge come nel normale e in altre resta colorato fortemente dalla
fucsina. Non è raro osservare in qualcuno di questi elementi
rimasti inglobati delle inclusioni cellulari simili per forma e proprietà a quelle innanzi descritte.

Oltre di queste forme principali, e che mi è stato facile descrivere con una certa esattezza, altri elementi fanno osservare delle alterazioni abbastanza strane, e difficile ne riesce una descrizione precisa, ed il ritrarle sembrerebbe un'esagerazione o addirittura una creazione.

Il fatto molto importante che si osserva in questi esperimenti si è il modo di comportarsi della riproduzione di molti elementi epiteliali. In generale le cellule si moltiplicano per cariocinesi tipiche bipolari con tutti i momenti di *anafase*, *metafase* e *catafase*, però in alcune si avverano delle irregolarità negli atti meccanici della cariocinesi, e quindi si riscontra un'atipia nel processo, forse per stimoli abnormi alla divisione, diversi per intensità o qualità,

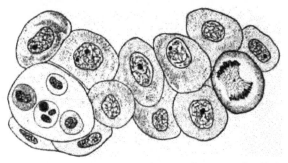

Fig. 7. — Nodulo epiteliale da innesto nel parenchima renale di tre mesi, con una cellula grossa, racchiudente 4 cellule figlie. × 1315.

per cui si verificano numerose ed affrettate divisioni cellulari (fig. 8, *a-h*).

Abbiamo infatti in molti elementi cellulari cariocinesi pluripolari; il centrosoma si divide in tre, quattro, cinque o più corpuscoli, e conseguentemente a questo si hanno irregolari anche i diversi momenti susseguenti, quindi si hanno diversi aspetti istologici nelle stelle madri, potendosi osservare nelle figure ad Y, a croce, a stella di diversi raggi, a seconda della disposizione dei cromosomi nelle piastre equatoriali. In alcune cellule si possono riscontrare le forme di cariocinesi asimmetriche, riconoscibili perfettamente dalla divisione ineguale del contenuto cromatico nelle due stelle figlie. Questa forma di divisione prenderebbe origine, secondo Galeotti, da una ineguale divisione del centrosoma, risultandone due corpuscoli polari di diversa grandezza e quindi le fibrille dei semifusi vengono a ripartirsi in due fasci irregolari, attaccandosi perciò al semifuso più piccolo le fibrille soltanto di alcuni dei cromosomi.

In alcuni casi, in uno dei momenti della cariocinesi, la cromatina, forse per alterazione chimica, si addimostra frammentata ed
il processo arrestasi in questo momento; mentre in altre sono
alcune masse cromatiche che non pigliano parte alla costituzione
dello spirema, e rimangono come corpi del tutto estranei vicino
alla figura cariocinetica, che si effettua con la restante cromatina.
In poche cellule in cariocinesi mi è riuscito di notare come se
alcuni cromosomi avessero perduta la connessione coi corpuscoli
polari, e, non seguendo così il loro modo normale di disporsi,
restano abberranti e sempre estranei al processo di divisione.
Alcuni elementi epiteliali in fase cariocinetica bi o tri polare fanno

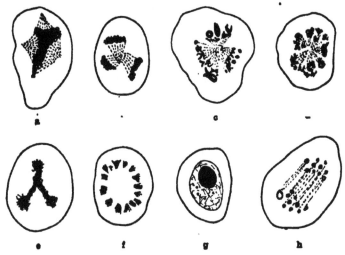

Fig. 8. — Diverse forme di cariocinesi. Disegni presi da innesti di diverse epoche
ed in diversi siti. × 1315.

osservare una distribuzione curiosa delle anse cromatiche, in quanto che alcune di esse sono di grandezza e forma normale, mentre
altre sono grosse e di forma strana (fig. 9, c). Ed in altri in cariocinesi pluripolari le anse si dispongono a varii gomitoli, lontani
l'uno dall'altro, sul medesimo semifuso, e non è raro riscontrare
alcune anse in cariolisi od in frammentazione. Queste in generale
sono le forme degenerative che mi è riuscito di osservare negli
innesti epiteliali praticati nei diversi organi, e che ho cercato di descrivere quanto più esattamente mi è stato possibile, mentre altre
ne ho viste ed abbastanza strane e di difficilissima descrizione.
   Vengo ora a parlare della costituzione delle perle epiteliali.

Intorno ad uno o più elementi in fase più o meno avanzàta di degenerazione si costituisce un alone jalino con contorni ben netti di
forma varia. Intorno a questo può o non esistere un piccolo strato
di sostanza più compatta, che regolarizza la figura; gli elementi
circostanti incominciano a cangiare di forma, a rendersi fusati ed a
disporsi a brattee concentriche. Queste cellule a misura che si procede verso la periferia della produzione si rendono gradatamente
più piccole, riacquistando la loro forma ordinaria; anco il nucleo
segue queste diverse fasi, adattandosi completamete alla forma che
acquista la cellula. A poco a poco gli elementi che circondano la cellula degenerata vanno accostandosi ad essa, stringendola fra di
loro, fino a che questa scompare completamente, ed allora finisce la
forma di perla; gli elementi incominciano a riacquistare la loro
forma primitiva e ricompare il nodulo pieno con gli elementi in
massima proliferazione. Non è raro rinvenire in alcune di queste produzioni gli elementi allungati carichi di granuli di cheratoialina,
i quali scompaiono con lo scomparire della disposizione a perla.

Il fenomeno è abbastanza complesso per poterlo spiegare con
molta faciltà e dargli un'interpetrazione adeguata, dappoichè è difficile dire se gli elementi che circondano quello degenerato acqui-
stino la forma fusata per adattamento, ovvero per una proprietà
speciale che acquisiscono: inoltre non si potrebbe con esattenzza
affermare se la constituzione della perla epiteliale ci stia a dimostrare una fase involutiva ovvero una evoluzione del nodulo. Ragioni
molto potenti militano per l'una come per l'altra interpetrazione, ma io, pure avendo considerata la cosa molto da vicino e
studiato il fenomeno molto attentamente, non mi fiderei di azzar-
dare un'opinione netta e precisa, e, piuttosto che cadere in una
disquisione metafisica, mi accontento di aver descritte le diverse
fasi della produzione.

4ª SERIE

Inoculazione di blastomiceti nel parenchima
del rene e del fegato.

Per queste esperienze ho adoperato ben sette specie diverse di
parassiti. Oltre quella usata negli esperimenti precedenti, cioè: il
Saccharomyces neoformans Sanfelice, ne ho potuto isolare due

specie (*a,b*) dà due carcinomi ulcerati della mammella, uno dall'u-
rina di un bambino affetto da nefrite (dopo di una pulmonite),
una dal Limone in putrefazione ed infine due favoritemi dal Dott.
Cappellani dell'Istituto di Igiene.

Non descriverò i caratteri biologici del Saccharomicete del Sanfelice, come pure di quelli datimi dal Cappellani, dappoichè ciò è
stato fatto da essi, ma invece accennerò brevemente a quelli dei
Blastomiceti isolati da me.

Il metodo da me tenuto per isolare le quattro forme di parassiti
è stato quello comune per simili evenienze.

Le due specie isolate dai carcinomi mammarii si assomigliano nelle
loro note generali, in quanto che misurano in media da 4 à 7 μ, di
forma rotondeggiante constante nei diversi terreni di cultura, solo
la grandezza varia a seconda dell'epoca dello sviluppo. In quelli
di una certa età vi si nota nell'intero un piccolo reliquato nucleare.

Si colorano con i comuni colori di anilina e resistono bene al
Gram. Sviluppano in quasi tutti i terreni di cultura sieno essi a
reazione acida come a reazione neutra, molto lentamente, anzi uno
di essi (*b*) non vegeta affato. in quelli alcalini. L'*optimum* di sviluppo
si ha a + 27° C.

In brodo vegetano lentamente, uno (*b*) intorbidando il terreno e
formando dopo un certo tempo un sedimento al fondo del tubo abbastanza spessso e di un colorito grigiastro; e l'altro (*a*) conserva
sempre limpido il brodo formando alla superficie una pellicola abas
tanza spessa e granulosa, che in tempi diversi si divide in molte
porzioni che si depositano al fondo, formando un sedimento pulve-
rulento grigio giallastro.

In agar lo sviluppo è rigoglioso, facendo notare dopo 24-48 ore
una patina abbastanza spessa, lucente come porcellana, a margini
più o meno irregolari, di colore o grigio o grigio-giallastro a
seconda che si tratti dell'una o d'ell'altra specie, mentre l'acqua
di condensazione è torbida e con deposito al fondo.

In gelatinatina vivono abbastanza bene, dando caratteri molto
meno spiccati delle culture in agar. Sulla patata si sviluppano
meschinamente.

Il Blastomiceta isolato dall'urina di un bambino con nefrite
postpneumonica ha tutti i caratteri biologici di quello isolato del
Roger e Weil nella melanoglossia.

La specie invece ottenuta dal Limòne in putrefazione possiede
tutti i caratteri del Saccharomyces neoformans del Sanfelice.

Tutte queste diverse specie di Saccharomiceti sono state da me
rese virulente la mercè il passaggio attraverso 10-15 Cavie.

Il metodo tenuto per l'inoculazione nel parenchima dell'organo
è stato dei più semplici, cioè, dopo messo a nudo, con il processo
descritto innanzi, il rene ed il fegato, ho iniettato poche grocce
di cultura del parassita, mediante siringa Tursini munita di ago
sottilissimo, per produrre il minor trauma possibile. La cultura
iniettata era di quelle in agar di 24-48 ore, e che veniva diluita,
al momento di adoperasi, in brodo nutritivo.

Per ogni campione di Blastomiceta ho adoperato 5 Conigli, i
quali vennero rispettivamente sacrificati in epoca diversa da 48
ore a 3 mesi; dico pure che, sia per il rene che per il fegato, ho
adoperato lo stesso numero di animali.

Dirò subito che gli effetti in generale di queste diverse forme
sono su per giù gli stessi, avendosi solamente un'intensità
maggiore dal *Saccharomyces neoformans* e dalla forma *b* da me
isolata.

Dopo 48 ore il parassita è vivo e vegeto, mostrandosi in tutte le
sue fasi di sviluppo osservate nelle culture, però già notasi una
discreta invasione di leucociti, e non è raro, in quest'epoca, rat-
trovare qualche parassita inglobato da un leucocita, ovvero qualcheduno penetrato in una cellula epiteliale secernente.

Quando ho riscontrato il parassita nel pratoplasma cellulare, ha
sempre avuto la tendenza a distruggerlo, crescendo sempre a
detrimento della cellula e subendo tutte le fasi di sviluppo e pro-
ducendo i diversi stadii degenerativi già de me descritti nel
precedente mio lavoro.

Il modo poi di comportarsi del parassita nei leucociti verrà da
me descritto più tardi, quando parlerò della sua azione nel tessuto
connettivo seottocutaneo.

In generale però una grande resistenza questi microrganismi non
la tengono, e dopo un certo tempo più o meno lungo (15-30 g.) nel
focolaio d'inoculazione è molto difficile riscontrarne qualcheduno,
ed al loro posto si nota un infiltramento più o meno accentuato di
piccoli elementi rotondeggianti sparsi in una rete connettivale
ricca di fibroblasti. Il connettivo insomma ripara la perdita di

sostanza avutasi per la distruzione degli elementi glandolari con la presenza dei parassiti.

Il tessuto circumambiente dopo un certo tempo dà segni evidenti di rigenerazione ; cosi noi abbiamo che nel fegato tra le maglie del connettivo neoformato si infiltrano tubuli biliari cosi come sono stati descritti dal Cesaris Demel a proposito dei vasi biliari aberranti ; però oltre di questo si osserva una vivace proliferazione delle cellule epatiche e le neoformate si dispongono in conglomerati od in tubi, insinuandosi nel connettivo, e che poi, forse, potranno diventare lobuli normali, come ha potuto constatare il Kretz, ma che a me non è riuscito intravedere, ed i fatti enumerati sarebbero riferibili piuttosto ad un fenomeno compensativo anzicchè a fatti rigenerativi.

Quanto al rene poi potrebbe dirsi ciò che brevemente ho accennato per il fegato, però quivi è molto più evidente la riparazione per connettivo quando non si tratta di distruzioni di piccoli tratti di epitelio tubulare, il quale allora si rigenera per cariocinesi.

In nessuno dei momenti testè descritti, nè con alcuna specie di Blastomiceta potrei parlare di produzione neoplastica, alla cui costituzione non vi è il benchè minimo accenno ; e se vi è un'attività molto accentuata negli elementi circostanti al punto d'inoculazione, ciò è dovuto alla tendenza che ha ogni organo, in presenza di una distruzione più o meno vasta di parenchima. Nè la neoformazione connettivale può mettersi in conto di tumore, in quanto che allora ogni riparazione di perdita di sostanza, ogni cicatrice, sarebbe un tumore. E poi il non riscontrare più parassiti dopo un certo tempo (2 mesi) ed il ritorno allo stato di quiete di tutti gli elementi che in un primo momento avevano addimostrato una certa attività proliferativa ci stanno e dimostrare la nessuna tendenza del punto a dare una forma qualunque di neoplasia.

5ª SERIE

Inoculazione di Blastomiceti nel connettivo sottocutaneo.

Per questi esperimenti mi son servito del *Saccharomyces neoformans* e della forma *b* da me isolata ; iniettando a 16 Conigli nel tessuto connetivo sottocutaneo della regione addominale $0^{cc}5$ di

cultura in agar stemperata in brodo, e, dopo un tempo variabile
tra 48 ore e tre mesi, ho asportato i pezzetti di cute con la parete
muscolare, per poter stabilire l'azione del parassita progressi-
vamente ed in tale località. E' inutile accennare che nel sito d'inoculazione si aveva sempre la formazione di un nodulo più o meno
grosso. il quale peró aveva sempre la tendanza a scomparire, e
quindi alcune volte mi è riuscito difficile la ricerca del punto inoculato.

Diró subito che ho costantemente ottenuto forte reazione locale.
fino alla formazione di una vera raccolta puriforme, racchiusa in
una saccoccia formata di pareti connettivali più o meno spesse, a
seconda del tempo in cui era rimasto in sito la cultura. In questa
raccolta ho riscontrato, all'inizio, sempre numerosissimi Blastomiceti, i quali sono andati mano scomparendo, ottenendosi come
risultato finale la completa *restitutio ad integrum* del tessuto.

Nei preparati fatti dal tessuto estirpato dal punto infiammato, ho
potuto studiare le fasi involutive del microrganismo fino alla sua
completa distruzione. In generale ho potuto notare in questi esperimenti una chemiotassi positiva abbastanza accentuata ció che
dava la raccolta puriforme. I parassiti in massima parte si trovano
contenuti nei corpuscoli bianchi, a preferenza nei grossi linfociti
polinucleati, in numero variabile da 2 ad 8 o 10 : quindi quivi si
riscontra il fenomeno della fagocitosi, in quanto che i microrganismi nell'interno dei leucociti, col procedere del tempo, non si
conservano intatti, ma subiscono fasi multiple di involuzione, ed
ho potuto notare in quelli sia liberi, sia inglobati dai leucociti, numerose forme degenerative, le quali, come evidentemente risulta
dall'osservazione, costituiscono una serie non interrotta fino al
completo disfacimento del parassita.

In brevi parole i fatti che si notano e si seguono al microscopio
consistono sopratutto in disfacimento della sostanza *cromatica*,
sotto foama di rarefazione prima centrale e poi periferica. La sostanza cromatica si riduce a globetti, in prima assai numerosi, e che
poi mano mano vanno facendosi assai rari, fino a scomparire del
tuttto. Si ha come residuo una sostanza *paraplasmica* sempre meno
colorabile e meno distinta, la quale dopo un certo tempo più o meno
lungo, a poco a poco, perde la sua forma *spezzettandosi*, e del parassita
non rimane più traccia, Cosicchè neppure quivi è a parlare di pro-

duzione neoplastica, dappoichè, a prescindere che il microrganismo inoculato viene ad essere distrutto per fagocitosi, nel sito si produce connettivo fibroso; nè questo può considerarsi come tumore, in quanto che esso ha tutto l'aspetto del connetivo cicatriziale con tendenza alla immedisemazione col circostante. Niente mi è riuscito di trovare negli organi interni, dopo minutissime ed accurate ricerche.

6ª SERIE

Azione dei Blastomiceti sull'epitelio trapiantato.

Dopo di aver praticato l'innesto epiteliale nel modo descritto nelle prime tre serie di ricerche, ho atteso 15-20 gr., facendo in modo che il lembetto trapiantato fosse attecchito e dopo, ripraticando il processo operativo, ho cercato di inoculare con siringa Tursini, munita di un ago sottilissimo, qualche goccia di cultura del Blastomiceta, di cui ho adoperatol i *Saccharomyces neofosrman* e la forma *a* da me isolata,

Confesso francamente che con grande difficoltà son potuto capitare nel mezzo dell'innesto epiteliale; quantunque avessi procurato di far penetrare l'ago dalla cicatrice esterna dell'organo e lo avessi approfondato quasi per quanto avevo fatto penetrare il bistorino, pur tuttavia in 2 Conigli, l'innestocon nel rene mi è riuscito di capitarvi, mentre negli altri l'inoculazione è capitata sempre nelle vicinanze. Innanzi a sì grande difficoltà ho pensato di vedere quale azione avesse il parassita inoculandolo per la vena auriculare. Debbo dire però senza premboli che tale tentativo è riuscito del tutto infruttuoso, dappoichè per poco tempo (2 a 5 g.) ho riscontrato il microrganismo nel sangue e negli organi, però in questi non aveva prodotta nessuna alterazione degna di nota, nè influenza alcuna aveva dispiegata sull'innesto epiteliale praticato. Quindi mi dovrò accontentare di descrivere quanto ho potuto osservare nei due Conigli nei quali mi riusci di capitare con l'ago nell'innesto epiteliale ed i quali furono ammazzati l'uno dopo 15 e l'altre dopo 30 giorni dalla inoculazione.

L'inoculazione era capitata nell'interno della cisti epiteliale, di cui ho fatto parola nella prime serie di ricerche, ed ho potuto notare, nel primo Coniglio, il microrganismo vivo e vegeto (fig. 9), però molti erano contenuti nell'interno delle cellule epiteliali, in

cui essi descrivono tutte le diverse fasi di accrescimento già da me
descritte quando ho pubblicato l'azione dei Blastomiceti sull'epitelio
trapiantato tra le lamine corneali. Quindi anche qui potrei dire che
il parassita invade e distrugge la cellula epiteliale, crescendo ed
assolvendo le sue diverse fasi di sviluppo a detrimento di essa.

Nel 2° Coniglio la zona di revestimento della cisti epiteliale era
completamente distrutta dal parassita, il quale però era ancora vivo, ma ho potuto osservare l'invasione di leucociti, dei quali moltissimi avevano distrutti; molti granuli, risultanti dal loro sfacelo,

Fig. 9. — Blastomiceti nel centro della cisti formatasi per l'innesto
epiteliale nel rene.

si notano nell'interno di parecchi grossi leucociti. Neppure quivi
mi è stato possibile intravedere nessun processo che si assomigliasse ad una neoplasia, nè le cellule fisse del connettivo hanno
dato nessun sintoma di tumore ovvero di trasformazione in un
tessuto che si avvicinasse a qualche cosa di neoplastico nel senso
di tumore, che anzi è rimasto sempre tessuto di cicatrice con tendenza alla diminuzione di volume.

Negli animali in cui non mi è riuscito di imperciare con l'ago
della siringa il nodulo epiteliale innestato, questo ha subite tutte

le fasi di accrescimento dette innanzi, mentre il parassita ha prodotto nell'organo le cose dette nelle descrizioni precedenti e poi è scomparso per fagocitosi. .

LE CELLULE NEI TUMORI EPITELIALI. — Per queste richerche mi son servito di una grande quantità di tumori estratti dal vivo e dal cadavere così suddivisi :

Cancro della mammella (dal vivo)		14
» dello stomaco con metastasi (dal cadavere)		12
» del fegato (dal cadavere)		7
» del pancreas (dal cadavere)		5
» delle capsule surenali (p. dal vivo e dal cadavere)		1
» dell'utero (dal vivo)		5
» » (dal cadavere)		4
Adenoma della prostata (dal cadavere)		2
Epitelioma cutaneo (dal vivo)		25
» della vescica (dal cadavere)		2

Certamente io qui non pretendo di riportare quanto ho potuto osservare come alterazioni cellulari nei tumori sui quali ho avuto occasione di studiare, dappoichè sarebbe un ripetere quanto è stato già detto e con molta finezza dai moltissimi ricercatori che si sono occupati della questione ; ma io invece procurerò di far noto ciò che mi è riuscito di osservare nei preparati colorati con il rosso neutro e picronigrosina, e con la saffranina e verde di metile, dappoichè a me sembra che tali cose non siano ancora state descritte, almeno per quanto appare nei trattati di istologia patologica e nelle monografie sul proposito. Inoltre descriverò il risultato dell'osservazione da me istituita su preparati a fresco trattati o con l'acido osmico o con i clori di anilina in soluzione fisiologica di NaCl, ed infine ciò che è avvenuto in pezzetti di tumore fatti permanere per un tempo variabile o nella soluzione fisiologica o nel brodo nutritivo nel termostato alla temperatura di + 37° C.

Il nucleolo nelle cellule epiteliali neoplastiche in genere è un corpicciuolo sferoidale, che può rappresentare in massima circa la decima parte del nucleo, ed è situato o nel centro, ma il più delle volte occupa un punto eccentrico della periferia, a poca distanza dalla membrana nucleare : esso è più o meno facilmente colorabile con le sostanze nucleari, ma spicca molto più con i colori di anilina.

Ora è in questo corpicciuolo che io ho potuto notare diverse forme alterative che procurerò descrivere. In parecchie cellule il nucleolo incomincia ad ingrandirsi, fino ad occupare la metà, 2/3 o tutto intero lo spazio nucleare, conservando sempre le sue proprietà biochimiche. In altre cellule invece esso, con tutte le ricerche più accurate, non esiste; mentre in parecchie è fuoriuscito ed è contenuto nel protoplasma, e puòsi seguire con una certa facilità i diversi stadii della migrazione di questo corpicciuolo dall'interno del nucleo. Infatti esso in un primo momento si ingrandisce e si accosta maggiormente alla membrana nucleare, in seguito può osservarsi metà nel nucleo e metà nel protoplasma, ed in tal caso quel tratto di membrana non si osserva pur colorando il taglio col secondo metodo mio di colorazione, in cui la membrana resta tinta in verde nero, ed il nucleolo in rosso brillante : in ultimo esso vien fuori dal nucleo, pigliando posto nel protoplasma, conservando però sempre tutti i suoi attributi biochimici, ed il nucleo alcune volte riacquista la sua forma normale, allorquando però il nucleolo fuoriuscito era piuttosto piccolo; ma quando esso occupava quasi per intero lo spazio nucleare, allora piglia una forma ellissoidale volendo quasi abbracciare il corpo fuoriuscito; ed alcune volte, la membrana nucleare è ad immediato contatto per un certo tratto della periferia con la superficie esterna del nucleolo. Questo, in tali casi, può considerarsi come un corpo endocellulare ed il protoplasma si dirada intorno formandogli un alone chiaro, dando così maggiormente la illusione di un corpo estraneo ivi immigrato, e che da molti è stato considerato come elemento parassitario e l'inganno è molto facile, in quanto che esso non è mai delle stesse dimensioni e si potrebbe dire che fosse un microrganismo nei diversi stadii di sviluppo, se con un esame accurato e con colorazioni adatte non avessi potuta riconoscerne la sua vera natura e provvenienza.

In altri nuclei il nucleolo, dopo di aver subita la fase di ipertrofia o rigonfiamento, si spezzetta, ed allora noi possiamo vedere un nucleo con parecchi nucleoli disordinatamente nelle maglie del cromatofilo; mentre in alcune cellule non è più possibile riscontrare la membrana nucleare, con tutti i mezzi messi a nostra disposizione dalla tecnica, ma invece si vedono le anze cromatiche sparse nell'interno del protoplasma e fra esse i diversi nucleoli.

Oltre a questa forma di spezzettamento, il nucleolo presentasi in altre fasi degenerative : in alcuni offre la vacuolizzazione, mentre in altri subisce una decisa degenerazione granulare. Non è raro il caso di incontrare un nucleo al massimo ingrandito e coloranites proprio come i corpuscoli prostatici, subendo cioè la degenerazione colloide più o meno accentuata; mentre altrove esso presenta tutti i caratteri della degenerazione mucosa o ialina. In alcuni poi, con pezzi fissati in liquidi osmici, è possibile riscontrare delle finissime granulazioni tinte in nero. In alcuni elementi il nucleolo mostrasi in forme stranissime e di abbastanza difficile descrizione.

Il cromatofilo alcune volte è riccacciato alla periferia del nucleo (cromatolisi periferica), altre e in forma di granuli, mentre in altre cellule non si colora più come d'ordinario; cioè, col rosso neutro e picronigrosina, la *cromatina* si tinge in rosso cupo e la *linina* in giallo deciso, mentre in alcuni nuclei in fase alterativa viene alcune volte a mancare una di queste parti. Il quelli però che si avviano alla cariocinesi, i cromosomi si tingono in verde olivo e la linina in giallo. In nessun punto delle cellule in mitosi ho potuto riscontrare il nucleo, nè con ricerche abbastanza pazienti mi è riuscito di intravedere qualche tratto della figura che assumesse un colorito che avesse fatto supporre risultare formato dal medesimo.

Tralascio qui di descrivere l'atipia del processo cariocinetico, dappoichè non vi è monografia o trattato di istologia che non si sia occupato di una descrizione minutissima del fatto, e posso assicurare che mi è riuscito di riscontrarne quante ne sono state viste, a prescindere da quelle di difficilissime descrizioni tanto è complicato e strano il processo con cui procede il fenomeno.

Nei pezzetti fatti rimanere nel brodo o nel siero fisiologico alla temperatira di 37° C per un tempo variabile tra 24 ore e 8 giorni, aggiungo che i pezzetti erano sempre di tumori presi dal vivo, mi son potuto convincere che la parte della cellula che subisce maggiore alterazione si è il cromatofilo il quale passa dal rigonfiamento puro alla degenerazione granulare più tipica. La membrana nucleare perde i suoi caratteri e si colora come la linina, mentre alcune volte più non si osserva e nel protoplasma si vedono sparsi i granuli del cromatofilo spezzettato, dando all'elemento l'aspetto di un *labrocito(Mastzelle)*. Il nucleolo assume delle proprietà acidofile e tende all'atrofia. Non mi è riuscito mai di riscontrare forme parassitarie di nessun genere e con le più minute ricerche e nella trama del tumore e nel brodo nutritivo, tranne nei due casi di carcinoma mammario, i quali però erano già ulcerati, e da cui ho isolate le due forme di *Saccharomyces* di cui ho parlato innanzi. Questi parassiti però non erano mai contenuti nell'interno delle cellule epiteliali, ma sempre negli spazii o intercellulari o linfatici connettivali; non mi è mai riuscito di vederli subire quelle fasi evolutive che ho avuto opportunità di studiare nelle inoculazioni sperimentali nei lembetti epiteliali trapiantati. Se alcune volte mi è sembrato di intravedere qualche aspetto istologico che si assomigliasse ad un microorganismo, con un attento esame e con colorazioni adeguate mi son potuto convincere trattársi sempre di elementi cellulari in degenerazione più o meno avanzata.

Anche importanti sono state le cose da me notate nei preparati ottenuti con raschiamento dei pezzi freschi e montati in glicerina, o trattati con l'acido osmico, ovvero colorati senza fissazione, con il rosso neutro, col verde malachite o colla fuxina (in soluzione al $1/2$ % in siero fisiologico) ovvero trattati prima con l'acido osmico e poi colorati con le dette sostanze. In questo modo ho potuto notare, che, nei preparati a fresco incolori, si vedevano delle produzioni rotondeggianti, alcune volte munite di doppio contorno, molto splendeti e refrangenti la luce, e che simulavano perfettamente un Blastomiceta osservato a fresco; mentre poi queste stesse, trattando il preparato con acido osmico, rimanevano tinte in nero più o meno intenso, addimostrando in tal modo la loro natura grassa. Alcune di queste erano contenute nel protoplasma cellulare; mentre la maggior parte rimanevano libere.

Nei preparati colorati poi molté di queste produzioni, specie quelle che si tingevano in grigiastro coll'acido osmico, assumevano ora il rosso ed ora il verde: in tal modo si restava convinti che esse non erano altro che forme metacromatiche del grasso, e ciò maggiormente riesciva dimostrativo se prima il preparato si osservava con il trattamento all'acido osmico e poi si faceva pervenire a contatto la soluzione colorante.

7ª SERIE

Innesti di pezzetti di tumore nel conettivo sottocutaneo.

In 10 Conigli ho praticato innesti di pezzetti di tumori epiteriali cutanei, prelevando piccolissimi lembetti prima che il tumore avesse perdute le sue connessioni vascolari, e ciò con le più grandi cautele di asepsi. Debbo dire che non ho potuto mai ottenere l'attecchimento di tali trapianti, e, quantunque in un primo momento (8-10 g.) sembrava che tutto procedesse per lo meglio, in quanto che le cellule neoplastiche si mostravano in piena attività cariocinetica, pur tuttavia col passare dei giorni avvenivano fatti involutivi per degenerazione degli elementi cellulari, ed il pezzetto innestato, subendo la degenerazione o grassa o granulare, veniva fagocitato dai leucociti ivi accorsi, e finiva col disparire completamente, ed al suo posto si notava il solito connettivo cicatriziale, il quale non aveva nessuna tendenza all'accrescimento od a modificazioni istologiche nei suoi elementi fissi.

Riassumendo quanto mi è riuscito di osservare nei miei esperimenti, abbiamo che :

1º L'innesto di epitelio embrionale nel rene, nel fegato, nel connettivo sottocutaneo e retroperitoneale attecchisce e vive, crescendo per moltiplicazioni dei suoi elementi cellulari, ed avendo la proprietà, dopo un certo tempo, di dare i noduli secondarii più o meno lontani da esso, e ciò per trasporto di un elemento embrionale dalle correnti linfatiche in uno spazio connettivale.

2º Questi innesti acquistano la proprietà speciale a costituirsi in cisti epiteliali ; e nel fegato, i noduli secondarii tendono alla canalizzazione ed alla trasformazione dell'epitelio da piatto in cubico.

3º In mezzo alle masse epiteliali si hanno perle e fasi degenerative degli elementi cellulari, che danno un aspetto istologico simile quasi ai Blastomiceti, avendo di questi anco le proprietà specifiche di colorazione. Inoltre la loro riproduzione si effettua non solo per divisione diretta, ma per cariocinesi atipiche, proprio simili a quelle che si sogliono rinvenire nei tumori epiteliali maligni.

4° L'innesto passa per due fasi nutritive consecutive : appena dopo l'operazione i suoi elementi non possono ricevere più nella nuova sede che i liquidi interstiziali, provvenienti dai vasi del tessuto vicino, e che penetrano per imbibizione fra gli elementi. Questo modo di nutrizione rudimentale ha una corta durata ; infatti dalla zona cicatriziale formatasi intorno al trapianto, partono dei tratti congiuntivo-vascolari, che traversano il connettivo della cisti formatasi, andando così ad irrorare gli strati epiteliali del rivestimento interno. Il tempo che impiega per tali cose e tutte le cifre che si potrebbero stabilire, hanno sempre un valore relativo, dipendendo il tutto da fenomeni biologici di assai difficile interpetrazione e la spiegazione fa cadere sempre in una disquisizione metafisica. In tutti i modi, questa novella circolazione rudimentale non potrà certamente rapportarsi a quella che si effettua nella rete capillare normale, e quindi tale cosa si traduce in una modificazione nella struttura istologica delle cellule, le quali acquistano quegli aspetti di cui sopra ho parlato.

5° I Blastomiceti, di qualunque specie, ed io ne ho adoperato di sette, subiscono la sorte di tutti i fermenti, cioè rientrano nella legge della fagocitosi, essi in un primo momento distruggono le cellule epiteliali dell'organo in cui capitano, restano sempre poi distrutti dai leucociti, il connettivo risultante non ha nessuna tendenza ad ulteriori modifiche, ma sempre quella a subire fasi involutive.

6° I Blastomiceti, almeno dai due Conigli in cui sono riuscito a penetrare nel mezzo del nodulo epiteliale, esercitano una azione deleteria sulle cellule epiteliali del trapianto, distruggendole, e restando poi in secondo tempo essi stessi distrutti per fagocitosi, rimanedo nel sito tessuto connettivo cicatriziale.

7° Il parassita inoculato per via endovenosa, in piccole dosi non esercita nessuna azione sia sull'organismo in genere che sul trapianto epiteliale in ispecie.

8° Inutili sono riusciti gl'innesti di tumori epiteliali, anche presi dal vivo e nel massimo di loro attività proliferativa ; e se in un primo momento sembra potersi avere un attecchimento per le figure cariocinetiche che addimostrano le cellule epiteliali, in seguito questa attività proliferativa finisce e si ha distruzione di esso e formazione di connettivo.

9º Dall'osservazione di moltissimi tumori epiteliali, con colorazioni speciali, mi son potuto convincere che molti di quei corpi endocellulari, che da alcuni sono stati considerati come parassiti specifici, non rappresentano altro che nucleoli fuoriusciti, dopo di aver subito parecchie modificazioni, dal nucleo e rimasti o nel protoplasma o negli spazii intercellulari.

10º Molte formazioni osservate a fresco danno tutto l'aspetto di Balstomiceti, ma che poi facendo agire su di esse l'acido osmico ed i colori di anilina, si addimostrano come forme metacromatiche del grasso.

In base di questi risultati potrei riaffermare quanto ho detto nel precedente mio lavoro, quando cioè ho sperimentato con l'epitelio trapiantato nelle lamine corneali, che cioè il *Saccharomyces* non esercita nessuna azione neoformativa sotto forma di tumore, ma resta completamente distrutto, subendo la sorte di tutti i fermenti ; nè al connettivo che si neoforma si possono dare attributi di neoplasma, in quanto che esso è il rappresentante della cicatrice che suole avvenire in qualunque distruzione di parenchima e comunque provocata.

Mentre invece l'epitelio embrionale trapiantato vive e progredisce, acquistando proprietà tali che il suo modo di moltiplicarsi ha tutta la rassomiglianza con le cariocinesi che si avverano nei tumori epiteliali che si svolgono ordinariamente nell'Uomo, dando pure i medesimi aspetti degenerativi negli elementi e le perle epiteliali.

Il lembetto trapiantato cresce e si moltiplica pur non ricevendo nessuna influenza estranea ; ma se vi si fa capitare un Blastomiceta, questo non solo non esercita nessuno stimolo sulla proliferazione, ma distrugge le cellule epiteliali in cui penetra, mentre poi esso stesso resta distrutto dai leucociti ivi accorsi per chemiotassi positiva, e nel sito non rimane altro che tessuto cicatriziale, con nessuna tendenza ad ulteriori modificazioni.

Quindi da questi esperimenti parrebbe maggiormente comfortata la teoria dei germi aberranti come spiegazione della etiologia e patogenesi dei tumori epiteliali maligni, perchè i piccoli innesti di epitelio embrionale riesocono molto bene e persistono indefinitamente, avendo ancora, in condizioni favorevoli, una tendenza marcata ad ipertrofizzarsi ed a dare propagini e noduli secondarii (bisogna por mente che il lembetto deve essere sempre piccolo perchè allora è più facilmente vascolarizzabile).

Però il fatto sperimentale, pur dimostrando la possibilità di una proliferazione del tessuto epiteliale embrionale in seno ai diversi tessuti, non può riprodurre esattamente le particolari condizioni in cui naturalmente avviene una tale inclusione.

L'inclusione naturale di epitelio è sempre autoplastica, si compie durante lo sviluppo dell'organismo, quando cioè parte inclusa ed organo includente hanno una vitalità potenziale massima. Questo fatto insieme con altri non ancora ben definiti e di cui può forse spiegarci in parte la esistenza di un'inclusione naturale per un periodo assai lungo della vita di un individuo, mentre l'innesto sperimentale dopo un certo periodo di tempo, invaso dal connettivo, viene da questo distrutto. D'altra parte la particolare tendenza di certe inclusioni embrionali naturali ad una proliferazione neoplastica non può essere spiegata col semplice fatto anatomico, ma implica forse la conoscenza di particolari processi ontogenetici ed istochimici, sui quali la moderna patologia non ha ancora detta l'ultima parola.

Però con tutto questo io credo che la teoria dei *germi embrionali* soddisfi sempre di più di quella *parassitaria*, in quanto ad etiologia ed istogenesi dei tumori epiteliali in genere, in quanto che se non si ha la riproduzione vera del tumore, si ha almeno l'accenno all'inizio di esso, mentre che con i Blastomiceti non si ha altro che distruzione di pochi elementi del parenchima e neoformazione di tessuto connettivo.

Fra breve porterò alla luce altre ricerche sul soggetto e le quali serviranno maggiormente a confortare la teoria innanzi enunciata.

LETTERATURA

ALESSANDRI, Neoformazione a tipo progressivo intorno ad un corpo estraneo. *A. R. Acc. med. di Roma*, 22 mai 1904.

BASHFOND et MURRAY, Sur la nature des mitoses dans le cancer et la transmissibilité de cette affection. *Lancet*, 13 février 1904.

BUSCHNELL and CAVERS, Structural links in malignant growths. *British med. Journal*, 30 avril 1904.

CAMPBELL, Note upon the causation of cancer. *British med. Journal*, 30 avril 1904.

CRISTIANI, De la greffe hétérothyroïdienne. *Journal de physiologie et path. générales*, 15 mai 1904.

CHARRIN et LE PLAY, Pseudo-tumeurs et lésions du squelette de nature parasitaire. *C. R. Soc. de biologie*, 9 juillet 1904.

CARNOT, Greffes vésicales et formation de cavités kystiques. *C. R. Soc. de biologie*, 25 juillet 1904.

CESARIS DEMEL, Sui vasi biliari aberranti dal punto di vista anatomopatologico. *Giornale d. r. Accad. di med. di Torino*, LXVII.

CAPPELLANI, Dell'influenza dei Blastomiceti sulla virulenza del *B. coli*. *Annali d'ig. sperimentale*, III, 1904.

DONATI, Osteocondrosarcoma a cellule giganti primitivo dell'ovario. *Giorn. Accad. di med. di Torino*, 19 febbraio 1904.

DAGONET, Transmissibilité du cancer. *Arch. de méd. et d'anat. pathol.*, XVI.

DOYEN, Traitement des affections cancéreuses. *Bull. Acad. de méd.*, 23 fév. 1904; *XVII° Congrès franç. de chir.*, 17-22 oct. 1904. — Bactériologie et traitement du cancer. *C. R. Soc. de chir.*, 16 déc. 1904.

FIRKET, Cancer épidermoïde de la vésicule biliaire. *C. R. Acad. de méd. de Belgique*, 26 mars 1904.

FABOZZI, Azione dei Blastomiceti sull'epitelio trapiantato nelle lamine corneali. *Archives de Parasitologie*, VIII, p. 481, 1904.

KALB, *Influenza del suolo e delle abitazioni sulla frequenza del cancro*. München, 1904.

KLAR, Ueber traumatische Epithelcysten. *Münch. med. Wochenschr.*, 19 avril 1904.

MONSARRAT KEITH, On the etiology of carcinom. *British med. Journal*, 23 janv. 1904.

MARULLO, Contributo allo studio del mollusco contagioso. *Giorn. intern. delle sc. mediche*, 15 juin 1904.

MICHAELIS, Recherches sur les tumeurs d'apparence cancéreuse des Souris. *C. R. Soc. de méd. interne*, 31 oct. 1904.

MUNS, Eine Geschwulst der Pleura von aberrierenden Lungengewebe ausgegangen. *Virchow's Archiv*, CLXXVI, 1.

NOBLE, Adénocarcinome greffé sur un fibromyone de l'utérus et ayant acquis par métaplasie etc. *Amer. journ. of Obstetrics*, mars 1904.

PETERSEN, Sugli innesti cancerosi. *C. R. 33° Congr. della Soc. ted. di chir.*, 6 9 avril 1904.

POIRIER, *Actes du 17° Congr. franç. de chir.*, 17-22 oct. 1904.

PARODI, Dell'innesto della capsula surrenale fetale. *Lo Sperimentale*, LVIII, 1, 1904.

SOFER et WEIL, Contribution à l'étude des adénomes, une nouvelle saccharomycose expérimentale chez le Lapin. *Arch. de méd. exp. et d'anat. pathol.*, mars 1904.

Reynes, *Actes du 17ᵉ Congr. franç. de chirurgie*, 17-22 oct. 1904.

Sovinsky, La tossina del cancro. *Vratch*, 24 janv. 1904.

Stricker, Transplantables Lymphosarkom des Hundes; ein Beitrag zur Lehre der Krebsübertragbarkeit. *Zeitschrift für Krebsforschung*, I, 5, 1904.

Schmauch, Chorio-epithelioma malignum vaginale post partum maturum; its etiology and its relation to embryonal tumours. *ouJrnal of the Amer. med. Assoc.*, 4 juin 1904.

Ziehler, Ueber die unter dem Namen « Paget's disease of the nipple » bekannte Hautkrankheit und ihre Beziehungen zum Karcinom. *Archiv für pathol. Anat. und Physiol.*, CLXXVII.

REVUE BIBLIOGRAPHIQUE

O. von SCHRŒN, *Der neue Mikrobe der Lungenphthise und der Unterschied zwischen Tuberculose und Schwindsucht.* Munich, C. Haushalter, in-8° de 81 p. avec 21 fig. Prix, broché : 2 mk. — *Schlüssel zu den technischen Fachausdrücken.* Ibidem, in-8° de 18 p., 1904. Prix : 0 mk 20 pf.

L'auteur établit une distinction entre la tuberculose pulmonaire, causée par le Bacille de Koch, et la phtisie pulmonaire, causée par un organisme spécifique découvert par lui dans les masses caséeuses. Celles-ci seraient presque entièrement constituées par le « microbe phtisiogène », formé de tubes ramifiés qui portent des fructifications latérales. Ce « microbe » ne serait donc autre chose qu'un Hyphomycète. J'ajoute très sincèrement n'être pas convaincu de la réalité de cette espèce parasitaire; je crois que la théorie du D' von SCHRŒN reste à démontrer.

J.ARNETH, *Die neutrophilen weissen Blutkörperchen bei Infektions-Krankheiten.* Iena, G. Fischer, in-8° de 200 p. avec 30 pl., 1904.

L'étude des leucocytes a pris en clinique une importance capitale ; on tire de leur examen et de leurs variations numériques des renseignements très utiles, relativement au diagnostic, à la gravité et au pronostic des infections. Ces renseignements n'ont peut-être pas toute la précision qu'on a voulu leur attribuer ; l'éosinophilie, par exemple, n'a sûrement pas la signification absolue qu'on a cru lui reconnaître.

Quoi qu'il en soit, la question de la formule leucocytaire a un réel intérêt pratique. A ce titre, le livre du D' ARNETH vient à l'heure favorable. L'auteur est privat docent à l'Université de Würzburg et premier assistant de la clinique médicale. Il a donc pu faire porter ses investigations sur un grand nombre de malades.

Il fait l'étude méthodique des leucocytes neutrophiles dans la pneumonie, la fièvre typhoïde, l'angine, la diphtérie, le rhumatisme articulaire, le scorbut, la varicelle, la variole, les oreillons, l'érysipèle, la pérityphlite, la tuberculose, le tétanos, etc. Les résultats sont résumés en 30 planches graphiques. Ce travail est sérieux et de longue haleine ; c'est un document que l'on consultera avec profit. Un seul reproche : les travaux français, pourtant non négligeables, sont presque totalement passés sous silence. Mes compatriotes témoignent, en général, d'un plus grand souci de rendre à chacun la part qui lui est due.

B. HOFER, *Handbuch der Fischkrankheiten.* München, Verlag der *Allgemeinen Fischerei-Zeitung.* Un volume in-8° de xv-359 pages avec 18 planches en couleur et 222 figures dans le texte, 1904.—Prix, broché : 12 mk 50.

Voici un très intéressant ouvrage, écrit spécialement pour les pisciculteurs, mais destiné à rendre aussi de grands s vices à ceux qui étudient l'anatomie ou la physiologie des Poissons. L'auteur est professeur à l'École vétérinaire de Munich et président de la Station expérimentale de pisciculture ; il a donc toute la compétence requise pour écrire un traité sur la pathologie et la tératologie des Poissons d'eau douce. Le parasitologue a grand intérêt à connaître les êtres qui se rencontrent ordinairement chez ces Vertébrés aquatiques ; non seulement ils sont par eux-mêmes d'utiles objets d'étude, mais une notion précise de leur habitat, de leur structure et de leurs métamorphoses est indispensable à quiconque songe à expérimenter sur les Poissons : c'est la seule condition pour éviter les graves erreurs qui pourraient résulter de la fausse interprétation des formations parasitaires observées. Ces quelques aperçus permettent d'apprécier à quel point le livre du professeur Hofer répond à un besoin dès longtemps ressenti.

L'ouvrage se divise de la façon la plus claire en un grand nombre de chapitres eux-mêmes subdivisés méthodiquement, en sorte que la vérification du détail cherché est rapide et sûre. Tout d'abord sont décrites les *bactérioses* et les *sporozooses*, c'est-à-dire les maladies causées par des Bactéries et des Sporozoaires. Puis viennent successivement les maladies de la peau, des branchies, de l'intestin, de l'appareil biliaire, de la vessie natatoire, de l'appareil urinaire, des muscles, du système nerveux, des organes des sens, etc. ; puis encore, une étude des tumeurs, des maladies du squelette, des malformations de l'embryon et de la peste des Écrevisses ; enfin, l'indication des règles à suivre et des mesures à prendre pour éviter ou atténuer les accidents énumérés plus haut.

La partie purement clinique, si j'ose ainsi dire, est restreinte ; la description des maladies parasitaires constitue la majeure partie de l'ouvrage : Bactéries, Champignons, Protozoaires, Vers, Crustacés sont étudiés dans leur structure, leurs métamorphoses et leur nuisance. A ce titre, le livre du professeur Hofer méritait donc d'être signalé et recommandé par nous. D'excellentes figures et de très belles planches hors texte augmentent encore sa valeur.

C. Mense, *Handbuch der Tropenkrankheiten.* Leipzig, J. A. Barth, 1. in-8° de xii-354 p. avec 9 planches hors texte et 124 fig. dans le texte. 1905. — Prix, broché : 12 mk ; cartonné : 13 mk 50.

Le Dr C. Mense, de Cassel, directeur de l'*Archiv für Schiffs- und tropen-Hygiene*, vient d'entreprendre la publication d'un *Traité des maladies tropicales* pour l'exécution duquel il a fait appel à la compétence d'une vingtaine de collaborateurs des plus qualifiés. Parmi ceux-ci, Calmette représente la France, Rho l'Italie, Carroll et Mac Callum les Etats-Unis, etc. ; ces noms suffisent pour donner une idée de la valeur des collaborateurs de cette importante publication.

L'ouvrage comprendra trois volumes. Le premier, que nous avons sous les yeux, est absolument irréprochable, pour la forme et pour le fond ; l'illustration est abondante et bien venue ; le texte est, cela va de soi, au courant des derniers progrès de la science.

Le Dr A. PLEHN, qui a une longue pratique des pays chauds, a écrit un très bon article sur les maladies de la peau (p. 1-76). Il considère l'aïnhum comme le résultat d'un trouble de la nutrition. Les inflammations de la peau, les dermites d'origine inconnue et les affections résultant d'une idiosyncrasie individuelle sont étudiées avec des détails suffisants. Les mycoses sont décrites avec méthode, mais auraient gagné à être un peu plus développées.

Le prof. Looss a rédigé un très important article sur les helminthes et les Arthropodes pathogènes. Sa haute compétence en ces questions nous dispense d'insister sur la perfection d'un tel travail. Signalons simplement un léger lapsus (p. 205) : l'*Ochromyia anthropophaga* est d'Emile BLANCHARD et non de R. BLANCHARD.

Le D^r VAN BRERO, de Lawang (Sumatra), est l'auteur d'un article sur les maladies mentales et nerveuses (p. 210-235) ; passons.

Puis vient un très bon article du prof. RHO, de Naples, sur les plantes vénéneuses. Les poisons de flèches (curare, upas antiar, ipoh aker, *Strophanthus*, ouabao), les poisons usités pour les « jugements de Dieu », pour la pêche ou dans un but homicide, les plantes toxiques pour les animaux ou pour l'Homme, celles qui sont vermifuges ou abortives, etc., sont successivement envisagées. De même, les plantes alimentaires toxiques (pellagre, lathyrisme) ou excitantes (opium, haschisch), etc.

Le premier volume s'achève par une magistrale étude du professeur CALMETTE sur les animaux venimeux (p. 291-337). Comme on pense bien, c'est surtout des Serpents qu'il s'agit ; l'auteur résume et expose avec une clarté parfaite ses importants travaux sur le venin et la sérothérapie de l'envenimation ophidienne.

Le second volume comprendra les maladies infectieuses bactériennes et d'origine encore inconnue ; le troisième comprendra les protozooses ou maladies causées par les Protozoaires.

Un pareil programme répond véritablement à tous les desiderata actuels de la pathologie des pays chauds ; on peut tout au plus lui reprocher de se tenir trop exclusivement dans les hautes sphères de la science théorique ou de laboratoire et de ne pas faire une petite part à la clinique ; un chapitre sur les ophtalmies des pays chauds, un autre sur la chirurgie n'eussent pas été superflus.

Quoi qu'il en soit, en établissant un tel programme, le Dr MENSE a prouvé qu'aucune des questions essentielles de la médecine des pays chauds ne lui était étrangère. « Nous avons consacré, dit-il, une attention particulière aux sciences-sœurs de la médecine, à la zoologie, la botanique, la biologie et la chimie, que leur importance a depuis longtemps fait sortir de leur rang primitif de modestes sciences accessoires. Il nous a aussi paru indispensable d'envisager les plus importantes maladies des animaux.»

On ne saurait mieux dire, ni mieux penser ; on ne saurait non plus avoir une conception plus nette et plus large des besoins et des limites d'un enseignement relatif à la médecine des pays chauds.

J'étais arrivé moi-même à une conception toute semblable du programme de l'Institut de médecine coloniale. Pendant les deux années qu'a duré ma campagne en faveur de cette utile création, j'ai eu maintes fois l'occasion d'exposer par écrit aux représentants de l'Administration, et spécialement au Doyen de la Faculté de médecine, un programme détaillé dans lequel figuraient des leçons sur les plantes vénéneuses, médicamenteuses ou utiles ; sur l'anthropologie et l'anthropométrie ; sur l'ethnographie, les mœurs, la linguistique, etc. des colonies françaises. Au cours d'une conférence qui eut lieu au Ministère de l'Instruction publique et où je donnai lecture du plan d'études que j'avais préparé, je fus prié de supprimer, entre autres choses, toutes les parties du programme qui n'étaient pas strictement médicales, comme prenant trop d'extension (1). Je dus me soumettre, mais j'ai toujours regretté la restriction qui était apportée à mon programme. Certaines des nécessités que j'avais comprises dès 1900 sont apparues aussi à l'esprit éclairé du Dr MENSE. Je le félicite d'avoir les coudées plus franches que moi et d'avoir pu leur donner satisfaction. — R. BL.

Major Chas. E. WOODRUFF, *The effects of tropical light on white Men*. New York and London, Rebman and Cⁱᵉ, un volume in-8° de VII-358 pages. — Prix, cartonné : 10 sh. 6 d.

Cet ouvrage n'a rien à voir avec la Parasitologie, mais les *Archives* s'occupent assez activement de médecine et d'hygiène des pays chauds pour qu'il paraisse opportun de rendre compte ici d'un livre traitant des effets de la lumière tropicale sur l'Homme blanc.

L'auteur est médecin dans l'armée des Etats-Unis. Il se propose de discuter la théorie émise par SCHMAEDEL en 1895, d'après laquelle la pigmentation de la peau humaine se serait développée à l'effet de repousser les rayons actiniques ou rayons courts de la lumière, qui exercent une action néfaste sur les êtres vivants et détruisent le protoplasma. Cette théorie explique tout à la fois pourquoi il existe des blonds et des bruns, pourquoi les Européens ne peuvent réussir à coloniser sous les tropiques, pourquoi les blonds disparaissent, quand ils émigrent de leurs pays septentrionaux. De cette théorie, si elle est exacte, découlent des règles d'hygiène pratique à l'usage des blancs contraints de vivre dans les régions intertropicales.

Or, WOODRUFF considère comme exacte la théorie de SCHMAEDEL et son livre n'a pas d'autre but que d'en démontrer la justesse, en l'appuyant de preuves diverses, mais pas toujours très concluantes.

La pigmentation de l'Homme, jusqu'ici considérée comme sans utilité physiologique ou comme un simple caractère ancestral, joue en réalité un rôle très important. Elle existe chez tous les individus normalement constitués ; du noir au blond, elle ne diffère que par des degrés, ce qui démontre que, même chez ce dernier, son rôle protecteur contre les rayons les moins réfringents du spectre (de l'infra-rouge au vert) n'est nullement

_____

(1) Cf. *Archives de Parasitologie*, VI, p. 589, 1902, en note.

négligeable; elle ne fait défaut que chez les albinos, qui sont, à proprement parler, des dégénérés.

Je me figure l'auteur sous les traits d'un brun élégant, d'origine galloise ou écossaise. D'après lui, le brun a été et redeviendra le roi du monde; le blond, auquel se rattache l'anglais, entre autres, n'est qu'un envahisseur, partout en train de disparaître. Aux Etats-Unis, les émigrés blonds se maintiennent moins bien que les bruns; ceux-ci tendent manifestement à devenir prédominants. Plus près de l'Equateur, au Mexique, par exemple, l'Espagnol n'est déjà plus apte à lutter contre l'action pernicieuse de la lumière et ne peut faire souche durable que par des croisements avec la race indigène. L'acclimatement absolu des Européens sous les tropiques est une utopie.

Néanmoins, les individus peuvent y vivre jusqu'à un âge avancé, en se conformant aux prescriptions suivantes. Les vêtements de jour doivent être opaques et ne se laisser traverser ni par les rayons actiniques ni par les rayons ultra-violets; la couleur importe peu, mais le bleu foncé est très avantageux. La coiffure aussi doit être opaque, l'habitation sera tenue dans l ombre... et en avant pour la conquête des tropiques.

S. P. James and M. Glen Liston, *A monograph of the Anopheles Mosquitoes of India.* Calcutta, in-4° de viii-132 p. avec 30 planches, dont 15 en couleur, 1904. — Prix, cartonné : 24 sh. = 30 francs.

Ce très important ouvrage est parvenu en Europe trop tardivement pour que le Prof. R. Blanchard puisse en tenir compte dans son récent ouvrage : *Les Moustiques, histoire naturelle et médicale.* Il constitue une excellente monographie des *Anophelinae* des Indes; naturellement, il est appelé à rendre aussi de grands services pour la détermination des espèces qui sévissent dans d'autres pays d'Orient. Les animaux sont décrits dans toutes les phases de leur existence; les adultes sont figurés en couleur, par un procédé très démonstratif : qu'on ait affaire à l'œuf, à la nymphe ou à l'adulte, la détermination est rendue facile et précise. Un tel livre, pratique et scientifique à la fois, peut servir de modèle; il est grandement désirable qu'une semblable monographie soit publiée pour chaque région du globe, principalement pour chaque centre de colonisation.

E. Martini, *Insekten als Krankheitsüberträger.* Berlin, L. Simion, in-8° de 39 p., 1904. — Prix : 1 mk.

Exposé des notions actuellement acquises sur la transmission des maladies infectieuses par l'intermédiaire des Insectes. L'auteur décrit successivement le rôle des Moustiques dans le paludisme, la filariose et la fièvre jaune ; celui des Glossines dans la maladie du sommeil, celui des Punaises dans la fièvre récurrente, celui des Acariens dans la fièvre tachetée des Montagnes Rocheuses. Résumé succinct, orné de 27 figures dans le texte.

NOTES ET INFORMATIONS.

Visite de l'Institut de médecine coloniale de Paris à l'École de médecine tropicale de Londres. — Nous avons déjà rendu compte (*Archives*, VIII, 630) de cette visite. Au cours du banquet, le Dr L. W. Sambon a offert à M. le Professeur R. Blanchard une très belle aquarelle dont nous donnons la reproduction en gravure (pl. IV). Cette œuvre d'art, est due au très habile pinceau de MM. Sambon et Terzi; elle est très intéressante, en raison des personnages d'une parfaite ressemblance qui s'y trouvent représentés.

Un groupe de quatre musiciens attend les navigateurs français : on y reconnaît sir Patrick Manson, en costume de mandarin; M. J. Cantlie, directeur du *Journal of tropical Medicine*, en costume de highlander, se disposant à souffler dans sa cornemuse; le Dr Low, en costume de sauvage armé d'un vaste bouclier et de deux sagaies, tout en s'apprêtant à jouer du triangle; le Dr L. W. Sambon, docteur de l'Université de Naples, en costume de pifferaro, le tromblon tout armé, interrogeant l'horizon et tout prêt à faire sa partie de grosse caisse dans le concert. Derrière, on devine un groupe d'étudiants qui viennent d'interrompre leur partie de tennis et agitent leurs chapeaux pour saluer les voyageurs. Ceux-ci vont bientôt aborder : au premier plan se voit le professeur R. Blanchard. Une tente a été dressée sur le rivage; elle porte des guirlandes de lanternes vénitiennes; le sol est recouvert du drapeau britannique.

Hommage à sir Patrick Manson. — L'Association médicale britannique a tenu à Oxford, en juillet 1904, sa 62e session annuelle. Le diplôme de Docteur ès-sciences *honoris causâ* a été conféré à sir Patrick Manson. Voici le texte de l'allocution prononcée en cette circonstance par le professeur Love, en présentant le récipiendaire :

« Magna hæc Britannia, cum tot gentes diversissimas in fidem reciperet, confessa est se debere et indigenis vivendi rationes meliores reddere et efficere ut in eorum finibus cives nostri habitare possint. Quo in opere Patricio Manson adiutore egregio usa est, quem in natura morborum cognoscenda, quibus obnoxii sunt regionum sole perustarum incolae, auctorem insignissimum habent cum medicorum scholae Londiniensis, tum Regalis Societas, tum ipsi rei publicae rectores in coloniis gubernandis versati. Quorum morborum causas ut cognosceret in diversissimas orbis terrarum partes navigavit, in regionibus omni pestium et febrium genere infestatis multos menses vixit. Tot itineribus perfunctus, tantam cognitionem adeptus, multos commentarios conscripsit, summae patientiae, peritiae, sagacitatis testes, qua arcana naturae reseraret et reperta præclarissime exponeret. Tanto de imperio nostro, de omni humano genere meritus præmium accepit a Rege Illustrissimi Ordinis Sanctorum Michaelis et Georgii Eques creatus. »

Souvenir
de l'Institut de Méde
à l'Ecole de Médecin

e la visite

e Coloniale de Paris

Tropicale de Londres.

28-29 Décembre 1903

F. R. DE RUDEVAL Imprimeur-É

BANQUET DU 2 MARS 1905 SOUS LA PRÉSIDENCE D'HONNEUR DU PROFESSEUR NEUMANN DE TOULOUSE

INSTITUT DE MÉDECINE COLONIALE. — TROISIÈME SESSION, Octobre-Décembre 1904.

Pl. VI bis.

INSTITUT DE MÉDECINE COLONIALE. — TROISIÈME SESSION.

1. Dʳ Berté.
2. Dʳ Bouchet.
3. Dʳ Bignami.
4. Dʳ de la Hoz.
5. Dʳ Brito.
6. Dʳ Orion.
7. Dʳ Javaux.
8. Hernandez.
9. Hensson.
10. Dʳ Crededio.

11. Prof. Obregon.
12. Dʳ Laborde.
13. Dʳ Collard.
14. Dʳ Poncetton.
15. Dʳ Kyrtsonis.
16. Dʳ Wurtz, A.F.M., M.H.
17. Prof. Brouardel, M.A.S., M.A.M.
18. Liard, Recteur de l'Université.
19. Dʳ Duchaussoy, A.F.M.
20. Prof. R. Blanchard, M.A.M.

21. Dʳ Jeanselme, A.F.M., M.H.
22. Dʳ Laurent.
23. Rodriguez.
24. Dʳ Posada.
25. Guénot.
26. Dʳ Lorcin.
27. Dʳ Perdomo.
28. Dʳ Nemorin.
29. Dʳ Inujo.
30. Dʳ Michel.

Pl. VII.

Prof. A. LOOSS   Prof. H. B. WARD   Prof. R. BLANCHARD   Prof. A. J. E. LÖNNBERG

Prof. F. ZSCHOKKE   Dr C. W. STILES   Prof. Fr. MONTICELLI

Hommage au Professeur G. Neumann. — La Société Zoologique de France a pris l'aimable habitude d'offrir la présidence d'honneur de son Assemblée générale annuelle aux personnes qu'elle désire honorer d'une façon toute spéciale. C'est, en effet, un grand honneur, dont les titulaires connaissent tout le prix : il échoit parfois à un Parasitologue.

En 1901, le président d'honneur était le Professeur R. BLANCHARD; en 1902, c'était le Professeur Ed. PERRONCITO (1); en 1903, ce fut le Professeur G. NEUMANN.

On trouvera dans le *Bulletin de la Société Zoologique de France* le compte-rendu des séances présidées par le savant professeur de l'École vétérinaire de Toulouse, ainsi que le charmant discours prononcé par lui au banquet du 2 mars. Nos lecteurs seront du moins heureux de trouver ici (pl. V) le menu que Mlle Julie CHARLOT, dessinatrice habituelle des *Archives*, a composé pour ce banquet : il rappelle avec beaucoup d'à-propos les remarquables travaux du Professeur NEUMANN sur les Ixodidés.

Onoranze al Prof. Perroncito. — On lit dans le *Popolo romano* du 8 février 1903 :

Parigi, 3. — Oggi alle 16 il Prof. BLANCHARD tenne nell'aula magna della Facoltà medica una lezione sull'Anchilostoma in onore del prof. PERRONCITO dell'Ateneo di Torino, proclamato l'alto giorno a Manchester dottore in scienze dalla nuova « Università Vittoria ».

L'uditorio numeroso e sceltissimo costituito di medici e studenti ed anche di non poche signore applaudì più volte il valoroso oratore e fece una vera ovazione al PERRONCITO, pel quale l'illustre BLANCHARD ebbe le più lusinghiere parole.

Un Professore torinese festeggiato a Parigi. — Ci scrivono da Parigi in data 5 febbraio :

« Il Prof. PERRONCITO, reduce dall'Inghilterra, ove ricevette il titolo di dottore onorario in scienze nell'Università di Manchester, si è fermato qui un paio di giorni per visitare l'Istituto Pasteur ed il Laboratorio di Parassitologia diretto dal Prof. BLANCHARD.

L'accoglienza che si ebbe dai colleghi della Francia è stata veramente cordiale, e il celebre BLANCHARD volle festeggiare la sua venuta con una lezione speciale sulla malattia dei minatori, in ricordo delle scoperte che il Prof. Perroncito fece 25 anni fa.

L'aula era piena di studenti e laureati francesi ed italiani, tra i quali si noverarono il dott. GUELPA, medico dell'Ambasciata, il dott. MASSAIA dell'Istituto Pasteur, il dott. FOA, che è qui a perfezionarsi nel Laboratorio di fisiologia del Prof. DASTRE.

La lezione del BLANCHARD è stata indovinatissima, e quando egli passò in rassegna le più belle osservazioni elmintologiche del PERRONCITO

(1) Cf. *Archives de Parasitologie*, V, p. 602-604, 1902. — Page 602, ligne 13 en remontant, lire 1902 au lieu de 1901.

sulla resistenza delle larve dell'Anchilostoma pei vari medicamenti e
sostanze chimiche sulle quali si appoggiano la cura e la profilassi di
detta affezione, un fragoroso applauso salutò il Prof. PERRONCITO pre
sente. » — *Gazzetta del Popolo*, 6 febbraio 1905.

Troisième session de l'Institut de médecine coloniale. — Nous avons
déjà rendu compte de cette session (IX, 323). Nous donnons maintenant une photographie faite à l'hôpital de l'Association des Dames Françaises, au sortir de la distribution des diplômes, le 25 décembre 1904
(pl. VI et VI bis).

Nécrologie. — Le Dʳ Pio MINGAZZINI, professeur à l'Institut des études
supérieures, à Florence, est mort le 25 mai 1905. Il était gendre du professeur Fr. TODARO, sénateur du royaume d'Italie, dont il avait été longtemps l'assistant à l'Université de Rome. Je perds en lui un ami bien
regretté, les *Archives* perdent un de leurs plus fidèles collaborateurs.
J'adresse au professeur TODARO mes bien vives et respectueuses condo-
léances. Le nom de MINGAZZINI restera dans la science, en raison de ses
importants travaux sur les Sporozoaires et sur les Helminthes (*Archives*,
I, 583; III, 134). — R. BL.

Un groupe de Parasitologues. — Un certain nombre de Parasitologues se sont rencontrés au Congrès international de zoologie, à Berne
(août 1904); nous en donnons une photographie (pl. VII). Au premier
rang et de gauche à droite, on voit le Prof. F. ZSCHOKKE (de Bâle), le Dʳ
C. Wardell STILES (de Washington) et le Prof. F. S. MONTICELLI (de Naples); au second rang et de gauche à droite, le Prof. A. Looss (du Caire),
le Prof. H. B. WARD (de Lincoln, Nebr.), le Prof. R. BLANCHARD (de Paris)
et le Prof. A. J. E. LÖNNBERG (d'Upsal).

La peste de 1679 et les monnayeurs de Vienne — La chronique
raconte que, en 1679, la peste sévissant sur l'Autriche, la population avait
pris la fuite de toutes parts devant le fléau. Le maître de la Monnaie,
Mathias Mittermayer de Waffenbourg, réunit alors ses employés, leurs
femmes, leurs enfants, et s'enferma avec tout ce monde dans l'Hôtel des
monnaies, après avoir abondamment pourvu de vivres cette forteresse d'un
nouveau genre. Toute communication fut sévèrement interdite pendant
plusieurs semaines avec l'extérieur, et quand les prisonniers sortirent,
ils étaient tous indemnes. C'est en souvenir de cet événement que chaque
année, huit jours avant la Pentecôte, les monnayeurs de Vienne, fidèles
au vœu de leurs devanciers, se rendent en pèlerinage à l'église de la Trinité de Lainz. Cette curieuse anecdote est rapportée par le *Monatsblatt*
(*numismatique*), de Vienne (juin 1904). — *Revue numismatique*, (4), IX,
p. 105, 1905.

TABLE DES MATIÈRES

Le présent volume comprend 7 planches hors texte (dont une en double) et
78 figures dans le texte.

Il a été publié en quatre fascicules :

1er fascicule, comprenant les pages 1 à 160, paru le 1er décembre 1904 ;
2e, pages 161 à 328, paru le 15 janvier 1905 ;
3e, pages 329 à 440, paru le 15 avril 1905 ;
4e, pages 441 à 640, paru le 1er juillet 1905.

L'Éditeur-Gérant, F. R. de Rudeval.

École Professionnelle d'Imprimerie, à Noisy-le-Grand (S.-et-O.)

Lightning Source UK Ltd.
Milton Keynes UK
UKHW020618120219
337137UK00005B/601/P